冶金分离科学与工程

张启修 曾 理 罗爱平 编著

中南大学出版社
www.csupress.com.cn

图书在版编目(CIP)数据

冶金分离科学与工程/张启修,曾理,罗爱平编著.
—长沙:中南大学出版社,2016.11
ISBN 978 - 7 - 5487 - 2313 - 4

Ⅰ.冶… Ⅱ.①张…②曾…③罗… Ⅲ.冶金 - 分离 Ⅳ.TF11

中国版本图书馆 CIP 数据核字(2016)第 140655 号

冶金分离科学与工程
YEJIN FENLI KEXUE YU GONGCHENG

张启修 曾 理 罗爱平 编著

□责任编辑	史海燕	
□责任印制	易红卫	
□出版发行	中南大学出版社	
	社址:长沙市麓山南路	邮编:410083
	发行科电话:0731-88876770	传真:0731-88710482
□印　装	湖南鑫成印刷有限公司	

□开　本	720×1000　1/16	□印张 27.5	□字数 518 千字		
□版　次	2016 年 11 月第 1 版	□印次	2016 年 11 月第 1 次印刷		
□书　号	ISBN 978 - 7 - 5487 - 2313 - 4				
□定　价	90.00 元				

序

　　《冶金分离科学与工程》一书已经问世了 12 年，在发行的当年被列入全国工程硕士研究生教育的核心教材，但现在市面上已经售完，影响了有关院校的开课计划，所以我校出版社要求根据科学技术的发展改写，重新出版。

　　在重新阅读了原书的基础上，结合在教学中遇到的问题，对原书中的勘误做了更正，根据湿法冶金工业的发展作了大幅度修改。全书表面上仍分八章，但内容与版面都作了较大的调整。第一章"绪论"重点叙述了冶金分离科学与工程这一学科产生的背景及研究内容。第二章"溶剂萃取"对于一般教科书甚至专著中没有介绍或介绍过于简单的内容如动力学、稀释剂与相调节剂、萃取过程的表面化学与胶体化学作了较为详尽的介绍。而"离子交换与吸附"在冶金类教材中，一般只是作为一种技术手段介绍，内容过于简单，故本书第三章作了较详细的补充。对于色层法，在冶金类教材中充其量只是在离子交换和溶剂萃取篇章中顺便介绍一下，很多冶金工作者对这一方法的概念甚至非常模糊，故本书专辟第四章，对此法作了系统介绍。第五章和第六章两章均是介绍膜技术。膜技术完全是一种新化工单元过程，冶金行业刚开始引进，作者是首次在冶金类教科书中系统介绍这种技术。由于本校冶金专业现已开设膜分离技术的相关课程，故第七章改名为其它分离技术，删除了一些其它膜技术内容的同时，又增补介绍了某些新出现的分离方法。在这七章中为了帮助读者理解相关方法的作用，我们选择了 50 多个应用实例。本书第八章与第一章相呼应，从 11 个方面用新旧工艺对比的手法描述了现代分离方法对提升冶金工业技术水平的贡献。为了慎重，对书中引用的工程案例及相关产品资料，专门与有关公司及科技人员进行了核实。

第二章至第七章均有单元过程在冶金中应用的案例，课堂讲授时应注意分析这些单元过程的技术发展、特征原理及工艺条件。而第八章介绍了用这些单元过程开发的现代绿色冶金新工艺，并列出了以前的原流程作对比，讲授重点是引导读者认识现代分离技术对发展绿色冶金新工艺的贡献，培养读者的分析、判断能力，不必全讲授，可以采用课堂讨论及写读书心得的课外作业方式进行。

2014 年 9 月底，我主编的《萃取冶金原理与实践》一书正式发行，本想开始享受一下真正的退休生活，但适逢本书再编的任务下达，于是邀请曾理博士与我共同完成此任务，他除了更正原书之错误与不当之处外，还撰写了有关章节，并负责全书的总串与整理工作，同时我也是以此方式，向本学科的新秀做一个移交。

罗爱平博士 1998 年毕业后留校任教，同年晋升教授，1999年底去广东发展。在校期间参与了冶金分离科学与工程实验室开展的膜技术在冶金中应用的有关课题研究工作，并与我合作为本科生及硕士研究生开设了这门课程，对于母校重新出版此书非常关心，建议本书增加二次资源方面回收内容，并撰写了 8.6.1 及8.6.2 两节，将他在广东工作的成果奉献给读者参考。

在国民经济进行结构调整，产业技术换代、更新升级的大背景下，冶金工业面临巨大的压力和挑战。为产业技术升级培养合格的人才是教育工作者的重要任务，希望此书能在这方面有所作为。

龚柏藩教授与肖连生教授亲自为本书分别撰写了 4.5.2 及7.7 节，张贵清教授亲自为本书撰写了 8.4.1 节，借此机会向他们表示深深的谢意。

最后，向使用本书的兄弟院校的师生，向为本书提供素材的朋友及广大读者致谢，向为本书出版提供经济支持的广东芳源环保股份有限公司、成都易态科技有限公司、上海御隆膜分离设备有限公司、湖南宏邦新材料有限公司致谢，仅以此序作为我从学术岗位退下来的临别赠言。

张启修于中南大学
2016 年 11 月 15 日

目录 / Contents

第一章 绪 论

1.1 分离科学与技术概况

1.1.1 分离技术的产生

社会发展的需要是任何科学技术发展的原动力,人类为了自身的生存发展和提高生活质量而开发了许多分离技术,只要我们稍加注意,就会发现在我们周围存在着许多分离的需要与分离方法的应用。例如:

古代人们饮用的酒为低度酒,对高度酒的需求以及后来石油的发现与利用,推动了蒸馏与精馏技术的发展。

20 世纪 40 年代,由于发展核武器需要提纯 U^{235},从而促进了有化学反应的溶剂萃取技术及离子交换技术的发展。

对富氧及纯氧的需求导致了空气液化技术的出现,后来又推动了膜法气体分离技术的诞生。

地球上水资源的缺乏迫使人们寻求淡化海水的方法,于是推动了电渗析及反渗透技术的发展。而集成电路的发展,对水的纯度要求越来越高,因此出现了EDI 技术(离子交换电渗析)。

这样的例子比比皆是,可以说目前在国民经济的各个部门都在应用分离技术解决与该行业有关的技术问题。只不过由于分离对象不同、目标不同,对分离方法的选择、要求及应用方式有所区别而已。

1.1.2 分离科学与工程

各种分离方法在它出现的初期只不过是一种解决问题的技术手段。随着应用范围的扩大,甚至从一个行业扩散到其他相关行业,对这种技术的认识与研究也就日趋深入,人们从简单应用这些技术发展到能从理论高度解释及指导这些技术的深入、完善、改进及发展,形成了分离科学。

分离过程往往与气体及液体的流动状态息息相关,对流体流动现象与规律的研究形成了流体力学这门科学,反过来应用流体力学的原理指导分离设备的设计,提高分离的效率;而对流体流过颗粒和颗粒层现象的研究,对非均相混合物的分离技术的发展起到了重要的作用。

应用各种分离方法实现物质分离时，被分离对象以固体微粒、胶体颗粒、分子、离子的形式在流体中运动并实现相间的传质，分离效果的好坏涉及分离介质的性质与作用、传质过程的机理或分离对象的移动速度差。分离过程也可分为平衡分离过程与速率差分离过程两大类，对它们的深入研究，发展丰富了分离过程的物理化学及传质理论。

但是由于分离方法的多样性与复杂性，目前还不可能用统一的参数去研究，在研究它们的共性的同时，人们更多的注意力还是研究它们的个性。因此每一类分离技术都有它们自己的一套参数，专有的名词与术语，涉及的基础知识非常广泛。这就要求从事分离工作领域的科技工作者要不停地学习，扩大自己的知识基础。

分离科学来源于实践，反过来又指导实践。分离方法的开发、完善与应用在分离科学理论指导下不断进步，逐渐成熟而形成了分离工程科学。分离单元过程的工艺参数的优化，如何将一个分离单元过程有机地组合到完整的工艺流程中以得到理想的分离效果与最佳的经济效益，以及分离装置的设计是分离工程需解决的问题。前两个问题往往与具体的应用行业的特性密切相关，因此分别由相应的学科去研究，如冶金、化工、水处理、食品加工、环保，等等，而分离装置的通用性较强，因此已逐渐发展成独立的工业部门和相关的学科并逐渐建立了专业的研究队伍。

1.2 分离过程的能耗

1.2.1 分离与混合

分离是混合的逆过程，试设想在一个中间隔开的方盒两边各置有 A、B 两种理想气体，压力 p 与温度 T 相同，其量分别为 n_A、n_B(mol)。

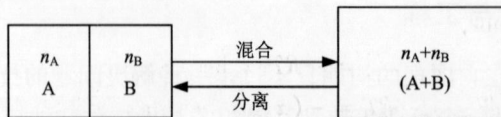

图 1-1 混合与分离过程

根据不同理想气体在等温等压下的混合过程的热力学关系式：

$$\Delta S_{mix} = -R \sum_M n_M \ln x_M$$

可知，A、B 两种理想气体的混合熵为：

$$\Delta S_{mix} = -R\left[n_A\ln\left(\frac{n_A}{n_A+n_B}\right) + n_B\ln\left(\frac{n_B}{n_A+n_B}\right)\right] \qquad (1-1)$$

若混合物为 1 mol，则有

$$\Delta S_{mix} = -R(x_A\ln x_A + x_B\ln x_B) \qquad (1-2)$$

其中 x_A、x_B 为组分 A、B 的相应摩尔分数。

如 $x_A = x_B = 0.5$，代入（1-2）式，计算得

$$\Delta S_{mix} = 5.76 \text{ J/(mol·K)}$$

显然，混合是一个熵增过程，故是一个自发过程，而分离是其逆过程，因此结论显而易见，任何分离过程都需要由外界提供能量。本书所讨论的各种分离方法，由外界提供的能量可以有下述形式：

（1）力学能：机械能、流体动能、位能；

（2）热能；

（3）电能；

（4）化学能：浓度差、化学结合能。

利用混合物的各组分的某种性质差异，对该体系施以某种适当的能量，才可能实现分离。

1.2.2　分离过程的理论耗能量

等温等压条件下理想溶液及理想气体混合时即有热效应和体积效应，过程的吉布斯函数变化为：

$$\Delta G_{mix} = RT\sum_M n_M\ln x_M$$

对恒温恒压的可逆过程 $\Delta G = -W$，此时 W 代表非体积功，因此对恒温恒压条件下的分离而言，$-\Delta G$ 即代表了分离的理论耗能量（最小功），因此对两种理想气体混合物的分离，有

$$W_{\min(T,p)} = -RT\left[n_A\ln\left(\frac{n_A}{n_A+n_B}\right) + n_B\ln\left(\frac{n_B}{n_A+n_B}\right)\right] \qquad (1-3)$$

若混合物为 1 mol，

则　　　　　　　　$$W_{\min(T,p)} = -RT(x_A\ln x_A + x_B\ln x_B) \qquad (1-4)$$

将（1-4）式整理为 $W_{\min(T,p)}/RT = -(x_A\ln x_A + x_B\ln x_B)$ 的无因次功表示式进行计算，可得出图 1-2 的曲线。它表示对半混合物即 $x_{AF} = 0.5$ 时分离 A、B 所需的功最大。图 1-3 则给出了要得到 1 mol 100% 纯的 A 组分，其分离所需最小功与组成 x_{AF} 之间的函数关系，当 x_{AF} 变得很小时，最小功急剧增大，若 x_{AF} 接近于零，最小功将趋于无限大。这意味着，实际分离过程中盲目追求高纯度的效果是不经济的。要求将一个体系中的每一个组分都分离为纯产物并不是合理的。

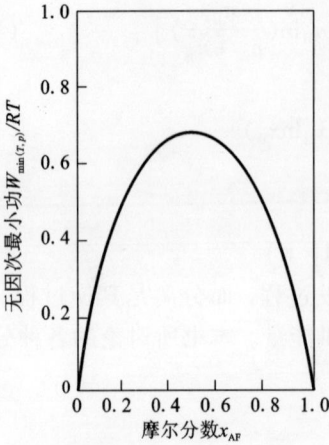

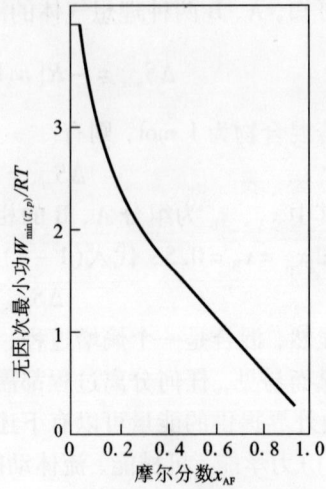

图 1-2　1 mol 双组分理想混合溶液分离为各　图 1-3　从理想的混合溶液中分离出 1 mol
　　　　自纯组分所需的最小功　　　　　　　　　　纯组分所需的最小功

若混合物由 J 个组分组成，要分离为 i 个产品时（$i \leqslant J$），在恒温、恒压条件下，将 1 mol 混合物进料，原料浓度为 x_{jF}，产品浓度为 x_{ji}，分离所需最小功应为：

$$W_{\min(T,p)} = -RT\Big[\sum_j^J x_{jF}\ln(r_{jF}x_{jF}) - \sum_i^I \varPhi_i \sum_j^J x_{ji}\ln(r_{ji}x_{ji}) \Big] \qquad (1-5)$$

式中：r_{jF}、r_{ji} 分别是原料 F 和产品 i 中 j 组分的活度系数；$\varPhi_i$ 为产品 i 所占进料的摩尔分数；x_{ji} 为产品 i 中 j 组分的摩尔分数。

设一个双组分 A 和 B 的混合物，且为理想溶液（r_{AF}、r_{Ai} 为 1.0）。则将其分离成产品 1 和 2 所需的最小功为：

$$W_{\min(T,p)} = -\frac{RT}{x_{A1}-x_{A2}}\Big\{ (x_{AF}-x_{A2})\Big[x_{A1}\ln\frac{x_{AF}}{x_{A1}} + (1-x_A)\ln\frac{1-x_{AF}}{x_{A1}} \Big]$$

$$+ (x_{A1}-x_{AF})\Big[x_{A2}\ln\frac{x_{AF}}{x_{A2}} + (1-x_{A2})\ln\frac{1-x_{AF}}{x_{A1}} \Big] \Big\} \qquad (1-6)$$

1.3　分离方法

1.3.1　分离依据

为了使混合物实现分离，必须对它施予能量，形成一种推动力，而施加的能量只是一种外因，它必须通过内因起作用，被分离物的某种性质差异就是内因。一个最简单明了的例子就是蒸馏分离法，此时对分离体系供热，使它们的温度升高,如果 A、B 两组分在此温度下的蒸气压基本相同或者蒸气压很低,则用蒸馏法分离它们是不可能的。施加能量也只是徒劳而已。分离科技工作者的任务就是要巧妙地选择、利用被分离物的某种性质差异,通过施予能量(变化条件)扩大这种差异,使它们得以分离。多种性质的差异与能量的组合,就形成了各种各样的分离方法,表 1-1 列出了可用于分离的性质及相应的分离方法的一些例子。

表 1-1 可用于分离的性质与相关的分离方法

性 质	分离方法
力学性质:密度	重力选矿法
尺寸	筛分法、膜滤
电学性质:电荷	电泳法、电渗析、膜电解
磁学性质:磁性	磁力选矿法
热力学性质:溶解度	沉淀法、结晶法
蒸气压	蒸馏法、精馏法
吸附平衡	炭吸附法
迁移速率	渗析法
反应平衡	萃取法、离子交换法、色层法

表 1-1 只是举出一些例子,无论是可利用的性质还是分离方法都是不全面的。事实上有些分离方法还同时利用了两种甚至两种以上的性质差异,但无论如何,结论是明确无误的,体系中的组分只有在它们存在某些可被利用的性质差异时,才能实现分离。

1.3.2 冶金工艺中的分离方法

冶金工艺中的分离方法尽管多种多样,但都是使被分离组分富集到不同的相中而实现分离。下面我们从分析一些冶金分离过程来考察这些方法的共性。

1.3.2.1 利用物质在液-气两相间的分配实现分离

典型的例子是利用精馏与蒸馏法净化四氯化钛。

四氯化钛是生产金属钛的基本物料,其纯度直接影响金属钛的质量,四氯化钛中的主要杂质分三类:低沸点杂质,如 $SiCl_4$;与四氯化钛沸点接近的杂质 $VOCl_3$ 及 VCl_4;高沸点杂质,如 $FeCl_3$、$AlCl_3$ 等。有关氯化物的沸点见表 1-2。如图 1-4 所示 $SiCl_4$ 与 $TiCl_4$ 为一连续互溶体。因此净化四氯化钛工艺的核心是蒸馏与精馏法,其工艺流程如图 1-5 所示。

表 1-2 某些氯化物沸点

氯化物	TiCl$_4$	SiCl$_4$	FeCl$_3$	MgCl$_2$	VOCl$_3$	VCl$_4$	AlCl$_3$
沸点/℃	136	58	319	1418	127	164	180

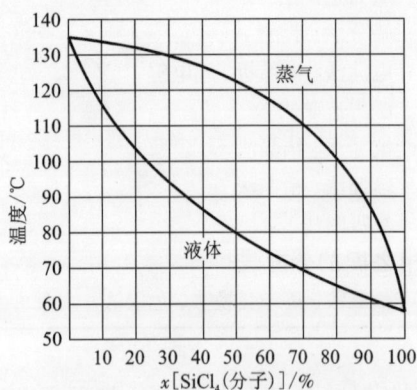

图 1-4 TiCl$_4$-SiCl$_4$ 系状态图

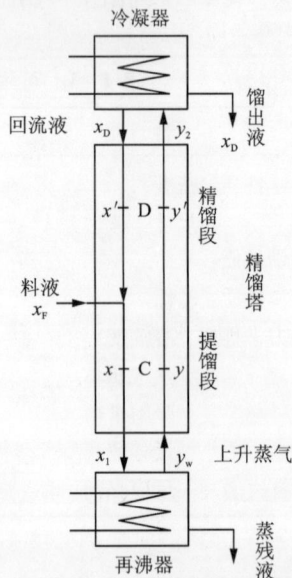

图 1-5 粗 TiCl$_4$ 精制流程示意图

通过过滤除去 TiCl$_4$ 中的固体颗粒(超过溶解度的 FeCl$_3$、金属氧化物、炭粉等)后,液体 TiCl$_4$ 从图 1-5 中的精馏塔的中部进入精馏塔,通过塔上部的精馏段得到的富 SiCl$_4$ 馏出液,经冷凝器而进入低沸点贮槽;从精馏塔下部的提馏段流出的 TiCl$_4$ 液,大部分进入蒸馏釜(再沸器),少部分作回流液用,通过蒸馏釜的 TiCl$_4$ 在铜丝塔中发生下列反应:

$$VOCl_3 + Cu == VOCl_2 + CuCl$$

产物为固体渣。精 TiCl$_4$ 收集于贮槽中。蒸馏釜中的高沸点氯化物为蒸残液返回氯化工段回收处理。

实际过程比上述要复杂,但任何一个钛冶炼厂在净化 TiCl$_4$ 时都少不了蒸馏-精馏法。就除 SiCl$_4$ 而言,这一分离体系的分离对象 TiCl$_4$-SiCl$_4$ 是液相均匀体系;分离依据是利用它们沸点的差异;分离手段是液-气两相间的传质,最后产生两个分开的液相。

这类方法在冶金中应用还不广泛,在化工原理课程中有较详尽的介绍,故本书不列专章介绍。

1.3.2.2 利用物质在固 – 气两相间的分配进行分离

在湿法冶金领域尚无合适的实例，为此我们借用火法冶金领域的一个典型实例——升华法提纯 MoO_3 介绍这一分离过程原理。

三氧化钼在低于熔点的温度下(600～795℃)就开始蒸发，但速度不大，蒸气压在熔点时(795℃)显著增大(约 1.6 kPa)，在 1155℃时(沸点)达 101 kPa，而 MoO_3 中的杂质挥发性很差，特别当它们以钼酸盐形式存在时，更难挥发，如在 950～1100℃，Ca、Mg、Fe、Si 均不进入气相，留在残渣中。

例如品位为 56% 的辉钼矿经氧化焙烧得到的焙砂用升华法处理，得到的纯 MoO_3 纯度 >99.95%，其中 Al、Ca、Cu、Fe 的含量小于 0.001%。Mg、Ni、Cr、Ti 含量小于 0.0005%，Pb 含量小于 0.002%。

按物理学定义固体直接变为气体的过程称之为升华，液体变为气体的过程称之为蒸发，因此 MoO_3 挥发提纯的方法实质是升华蒸发法。我们不拘泥于 MoO_3 挥发提纯法的学科归类，就升华法而言，显然其分离对象(焙砂)为固相非均匀体系，分离依据是利用挥发性的差异，分离手段是利用固 – 气两相间的传质，产生两个固相，一个为纯 MoO_3，一个为渣。

1.3.2.3 利用物质在互不相溶的液 – 液两相之间的分配进行分离

溶剂萃取是最典型的代表。溶剂萃取的分离对象是液相均匀体系，分离依据是被分离物质生成萃合物的能力不同及生成的萃合物在两相的溶解度不同。分离手段是通过被分离物质在两液相间的传质分配，使它们分布在两个互不相溶的液相之中。

1.3.2.4 利用物质在液相与固相之间的分配进行分离

最典型的代表是沉淀和结晶法，它们不仅是湿法冶金的分离方法，而且也是从溶液中析出固体产品的主要方法。沉淀法的种类很多，分类法各异，文献[6]的作者将沉淀法分为化合物沉淀法及还原沉淀法两大类。前者如硫化物沉淀、氢氧化物沉淀、碳酸盐或其他盐沉淀、硫酸盐(或其复盐)沉淀、氯化物沉淀及有机沉淀剂沉淀；后者如金属置换法、氢还原沉淀法及一氧化碳气体沉淀法。

沉淀法与结晶法都是利用不同化合物的溶解度的区别进行分离。从提取金属的湿法路线出现开始，冶金工业就广泛采用各种沉淀或结晶法进行分离、纯化与富集、提取。至今在某些金属的生产过程中沉淀或结晶法都是占统治地位的方法，如氧化铝的生产就是一个典型的代表，而且今后很长一段时间内都很难找到替代的新技术。又如在从硫酸锌溶液中分离铁的各种铁矾法，在未找到特殊选择性的萃取剂之前也是不便替换的方法。但是一些分离效果不好、成本高或对环境不友好的方法也必然遭到或将遭到被现代分离方法所淘汰的命运。如稀土冶金与钽铌冶金中的分级结晶法、从溶液中析出铜或金的锌粉置换法。

由于沉淀法及结晶法的悠久历史，科技工作者在高中学习阶段就开始接触它们的基本概念。现有冶金专业的课程设置使学生们能够有很多机会学习这方面的知识。而且这些方法的理论研究，无论是热力学方面还是动力学方面都比其他方法更为深入透彻，因此在本书中不再作重复介绍。

除此之外，离子交换法、吸附法与色层分离法也属于在液－固两相之间进行分配分离的方法，本书有专章介绍。

1.3.2.5 利用中间相实现分离

各种膜分离技术即属于此一类。膜分离方法种类繁多，无论是液膜、离子交换膜、压力驱动膜、热驱动膜，都是利用膜将两种液相分开，被分离组分被分配在膜两边的不同液相中而实现分离，原则上它们是一类物理分离方法。其分离对象除微滤膜外均为液相均匀体系，微滤膜能除去肉眼不易察觉的很细小的微小颗粒或者胶体微粒，这种溶液我们可称为"假均相体系"。不同的膜可以利用被分离对象的分子大小、荷电状态或者蒸气压大小等性质差异作为分离依据。其分离手段也是将分离对象分别富集于两个液相中，不过要借助于一个膜中间相而已。

从以上这些介绍不难看出，分离方法虽然多种多样，但它们都有一个共同特点，即都是通过将被分离组分富集在不同的相中，通过相分离而达到组分的分离。为了使待分离组分进入不同的相，如前所述，就必须利用它们物化性质的差异，而强化或改善分离效果的基本措施就是施加能量设法利用或扩大这种性质差异，因此从哲学的观点来总结分离方法的特点就是利用矛盾、扩大矛盾。

1.4 冶金分离科学与工程

1.4.1 学科产生背景

顾名思义，冶金分离科学与工程是冶金学的一个分支，是研究实现湿法冶金领域分离、富集提纯方法的科学。

早期的冶金工业处理对象为精矿，因此都无例外地采用火法冶金的方法通过较短的流程获得金属。然而，随着工业化社会的进步，一些活性金属及稀有金属复杂矿物的处理难于用简单的火法冶金工艺解决问题；而一些原采用火法处理的金属，随着资源的贫化，可供利用的精矿越来越少，而处理低品位矿及利用二次资源的需要日益迫切，加上能源紧缺这些原因促使了湿法冶金技术的出现与发展，而湿法冶金的瓶颈是分离问题。另外，随着现代科学技术的进步，特别是高科技的出现，对金属材料的纯度要求越来越高，传统的分离方法已不能满足材料科学对高纯原料的要求，因而出现了对新分离方法的需求。第三，工业化给人类生存环境的破坏促使了人们环保意识的加强，各国政府加大了环保执法力度，而环保领域中诸如废水处理与回用问题、废渣等二次资源的利用问题都涉及许多分离需要，而且往往也难以用单纯的传统分离方法解决问题。因此资源、能源、环境、产品高纯化促成了冶金分离科学与工程这门学科的产生与发展。

与此同时，分析化学的发展，化工及环保科技的进步，以及水处理技术的进步使这些领域中的分离技术得到了突飞猛进的发展，冶金学借鉴这些成就使得冶金分离科学与工程这一子学科的发展成为可能。

社会的发展是任何新学科产生、发展的动力，冶金分离科学与工程学科的产生与发展再一次证明了这一颠扑不破的真理。

显而易见，冶金分离科学与工程也是分离科学的一个分支，它是多学科交叉的产物，这就要求任何从事这一领域工作的科技工作者，不但需要具备坚实的自然科学基础知识和熟练掌握提取冶金的知识，而且还要不断地从化学、化工、环保、水处理等相关学科领域吸取营养。

1.4.2 冶金分离科学与工程学科的研究内容

为了研究方便，冶金学科可划分为许多子学科。子学科的划分方法也很多。例如，最简单地按金属划分：钢铁冶金与有色金属冶金；更进一步细划，则有色金属冶金又可以分成重金属冶金、轻金属冶金、稀有金属冶金、贵金属冶金、核燃料冶金乃至铜镍冶金、铅锌冶金、钨钼冶金等；如果按方法则可分为火法冶金、湿法冶金、电冶金、真空冶金、纯金属冶金、气相冶金、氯化冶金、汞齐冶金等。甚至按学科内容划分为冶金物理化学、冶金工程、冶金环保、冶金史等。

湿法冶金一般分为原料的浸出、从溶液中分离、纯化和富集相关组分、从纯溶液中析出金属或其化合物产品三个阶段。相比之下中间这一阶段无论从理论上还是工程实践问题方面均比其他两个阶段薄弱，冶金专业毕业的学生在这一领域的知识难以适应社会的需要，现实状况与社会发展需求的强大反差促使我们集中加强针对这一瓶颈的研究，并催生了冶金分离科学与工程学科。

一个学科的研究范围的界定往往是约定俗成自然形成的。各种冶金分离方法有一个共同的研究对象和目标，相近的理论基础与相似的研究路线，所以我们才将它们纳入冶金分离科学与工程学科内进行研究。正因为如此，在冶金学科内不将原料的湿法浸出列入分离过程，因为它的研究目标是如何经济地将主体金属从原料中提取出来，在研究路线上也不是通过调整影响主体金属与伴生元素的分离因素来提高浸出率。同理，重、磁、电、浮这四大类选矿过程也不包括在本学科内。但是区域熔炼的目标也是分离，基本理论依据也是分配定律，研究路线上也是调控主体金属与杂质的分离因素达到提纯目的，但它是一个高温火法冶金过程，其研究对象是高温金属熔体，习惯上将其纳入纯金属冶金范畴而不是本学科。

那么冶金分离科学与工程学科的研究范围是什么呢？根据冶金工艺的特点与需要，我们认为：冶金分离科学与工程学科是针对湿法冶金过程总工艺的需要研究应用各种分离技术，特别是现代分离技术形成新的冶金单元过程，为组合高效、节能、无污染的冶金新工艺服务的科学。其研究对象是含金属离子的溶液体系。

从 1973 年 Karger B. L 等在其专著《分离科学导论》中首次正式使用"分离科学"这一术语至今才四十多年，而一些高效分离技术在冶金中的大规模应用大约始于 20 世纪 40 年代。本书所介绍的现代分离方法有：

有机溶剂萃取法

离子交换与吸附法

——离子交换树脂交换法

——非水溶剂中的离子交换法

——无机吸附剂吸附（合成无机材料、活性炭）

——大孔树脂吸附法

色层分离法

——萃取色层

——离子交换色层

压力驱动膜过程（微滤、超滤、纳滤、反渗透）

离子交换膜分离技术

——扩散渗析

——电渗析

——离子膜隔膜电解

——双极膜电渗析（电解）

混键晶体多孔膜分离方法

膜蒸馏

渗透汽化

膜生物反应器

微孔固体隔膜萃取

结晶分离

参考文献

[1] 大矢晴彦. 分离的科学与技术[M]. 张瑾译，梁振林校. 北京：轻工业出版社，1999.

[2] 姜志新. 湿法冶金分离工程[M]. 北京：原子能出版社，1993.

[3] 陆九芳，李总成，包铁竹. 分离过程化学[M]. 北京：清华大学出版社，1993.

[4] 刘茉娥，陈欢林. 新型分离技术基础[M]. 杭州：浙江大学出版社，1993.

[5] 蒋维钧. 新型传质分离技术[M]. 北京：化学工业出版社，1992.

[6] E JACKSON. Hydrometallurgical Extraction and Reclamation ELLIS[M]. HORWOOD Ltd, 1986.

[7] D S Flett. Developments in Separation Science in Hydrometallurgy[A]. R L Haughton. Mintek 50 [C]. int. conf. Min. sci Tech, The Council for Mineral Technology, 1984：63.

[8] 耿信笃. 现代分离科学理论导引[M]. 北京：高等教育出版社，2001.

第二章　溶剂萃取

2.1　基础知识

溶剂萃取技术应用于冶金工业始于 20 世纪 40 年代。当时，由于战争的需要，核燃料工业迅速发展，溶剂萃取法在核燃料的富集、提纯方面获得了广泛的应用，紧接着由于新技术的发展，对使用纯的稀有金属日益提出了更高的要求，而一般分离方法获得纯稀有金属化合物难度大，所以推动了溶剂萃取法在稀有金属工业中的普遍应用，到了 70 年代，溶剂萃取技术突破了世俗偏见的约束，在贱金属领域也获得了应用。其中以铜溶剂萃取实现了工业化为重大突破性标志。

2.1.1　萃取体系与萃取过程

1）萃取体系的组成

有机溶剂萃取体系由有机溶剂和水溶液组成，它们按密度差别分为两个液层；一般两液层之间有明显的界面。我们分别称这两个液层为有机相和水相。通常有机相密度小于水相，所以在水相的上面。每个相内部的物理和化学性质是完全均匀的，水相中含有被萃取物及其他共存离子，或因改善萃取效果而加入的各种添加剂，以及在某些情况下会有可溶于水的萃取剂等。有机相中含有萃取剂、稀释剂或某些情况下所需的相调节剂（极性改善剂），现分述如下：

（1）萃取剂　是一种能与被萃物作用生成一种不溶于水相而易溶于有机相的化合物，从而使被萃物从水相转入有机相的有机试剂。萃取剂在常温下，有的呈液态，有的呈固态。采用固体萃取剂时，在萃取作业中，必须另加有机溶剂构成连续有机相，此时固体萃取剂可以是油溶性的，也可以是水溶性的。在后一种情况下，萃取剂与被萃物反应生成一种新的不溶于水的化合物而进入有机相。

（2）有机溶剂　与水溶液难以混溶且能构成连续有机相的液体称之为有机溶剂。如这种有机溶剂能与被萃物发生化学结合，则本身就是萃取剂，因为它是一种液体，所以又称之为萃取溶剂，如这种有机溶剂仅仅用于改善有机相的物理性质，如密度、黏度、表面张力，而不与被萃物发生化学结合，则称之为稀释剂。如果添加某种溶剂，其目的在于改善有机相的极性，则称之为相调节剂或极性改善剂，有机相有时仅由萃取溶剂组成；有时由萃取剂、稀释剂两者按一定比例混合构成；有时由萃取剂、稀释剂、相调节剂三者按一定比例混合构成，在一体系中，起萃取剂作用的有机溶剂，在另一体系中，可能起相调节剂作用。

（3）萃合物：萃取剂与被萃物发生化学反应生成的不易溶于水相而易溶于有机相的化合物（通常是一种络合物）称为萃合物。

2）萃取体系的表示方法

为了简单明了地表示一个萃取体系，一般用下式表示：

被萃物（起始浓度范围）/水相组成/有机相组成[萃合物的化学式]

例如：$Ta^{5+} \cdot Nb^{5+}$（100 g/L）/4 mol/L H_2SO_4 + 4 mol/L HF/80% TBP + 煤油$[H_2Ta(Nb)F_7 \cdot 3TBP]$

表示被萃取物是五价 Ta、Nb 的离子，萃取前它们的浓度为 100 g/L，水相的组成为 4 mol/L 硫酸和 4 mol/L 氢氟酸。有机相的组成为 80% TBP 作萃取剂，20% 煤油作稀释剂，萃合物的化学式为 $H_2TaF_7 \cdot 3TBP$ 及 $H_2NbF_7 \cdot 3TBP$。

3）萃取过程

图 2-1 形象地描述了萃取过程的概念。首先当水溶液（水相）与一个不与其相混溶的有机溶液（有机相）混合时，水相中的金属离子与有机相中的萃取剂发生化学反应，生成的萃合物进入有机相，这一过程称为萃取，两相接触后的水相称为萃余液，含有萃合物的有机相称为萃取液或负载有机相。由于萃取剂的选择性，易萃离子进入有机相，难萃离子留在水相，如果难萃离子是需除去的无用杂质离子，则此时萃余液又称为残液。

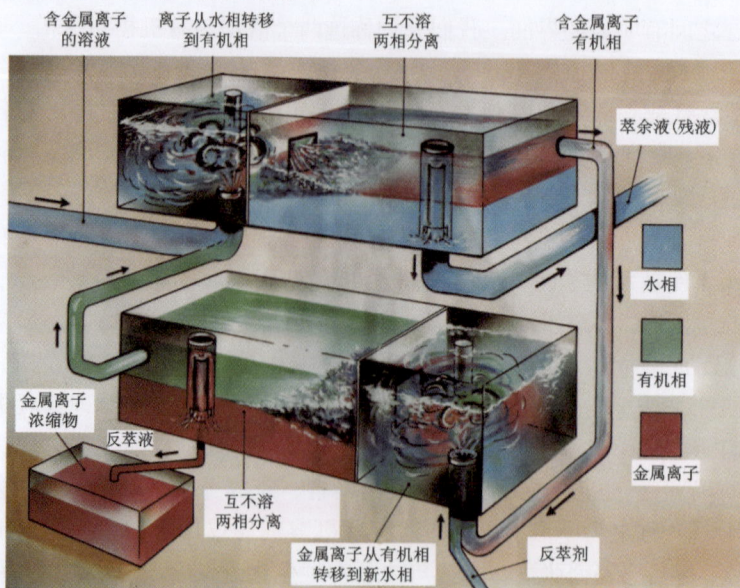

图 2-1 溶剂萃取过程

负载有机相在另一个混合器中与另一种水溶液(反萃剂)混合,萃合物分解,金属离子又重新回到水相,这一过程称为反萃取。得到的反萃液是含被萃金属离子的纯溶液。反萃后之有机相称为空白有机相,返回再用。

在萃取或反萃时有机相的体积(或体积流量)与水相的体积(或体积流量)之比称为相比(或流比),控制萃取和反萃时的相比(或流比),可以将被萃离子浓缩得到金属离子的浓缩物。

实际的过程可能更为复杂一些,因萃取剂的选择性有限,故可能有少量杂质离子在萃取时也进入有机相,此时可在反萃前用某种水溶液与负载有机相接触,使杂质离子回到水相,这一过程称为洗涤,洗净后的有机相再送往反萃。

经反萃后的有机相也可能要用纯水洗去夹带之水相,在某些情况下还必须用无机酸混合处理,或碱液(氨溶液或碱溶液)处理,这一过程可统称为再生。经过再生的有机相返回使用。

2.1.2 溶解度规律

2.1.2.1 溶剂分类

为了研究各种溶剂间的互溶规律,可以根据溶剂分子间形成氢键的能力将溶剂进行分类,众所周知,作用于溶剂分子之间的作用力有两种,即范德华力与氢键,后者比前者强。范德华力存在于任何分子之间,其大小随分子的极化率和偶极矩的增加而增加。氢键 A—H⋯B 的生成(其中 A 和 B 为电负性大而半径小的原子如氧、氮、氟)依赖于溶剂分子具有给电子的原子 B 和受电子的 A—H 键。因此溶剂按照是否含有 A—H 或 B 分为下述四种类型。

(1)N 型溶剂 即惰性溶剂,如烷烃类、苯、四氯化碳、煤油等。它们不能生成氢键。

(2)A 型溶剂 即受电子溶剂,如氯仿、二氯甲烷、五氯乙烷等。含有 A—H 基团,能与 B 型或 AB 型溶剂生成氢键。

一般的 C—H 键(例如 CH_4 中的 C—H 键)不能形成氢键。但如碳原子上连接几个 Cl 原子,则由于 Cl 原子的诱导作用,使 C 原子的电负性增加,所以能形成氢键。

(3)B 型溶剂,即给电子溶剂,如醚、酮、醛、酯、第三胺等,它们含有 B 类原子,能与 A 型溶剂生成氢键。

(4)AB 型溶剂 即给受电子型溶剂,同时具有 A—H 和 B,因此它们可以结合成多聚分子,且可以分为三类:

①AB(1)型,交链氢键缔合溶剂,如多元醇、胺基取代醇、羟基羧酸、多元羧酸、多酚等。

②AB(2)型,直链氢键缔合溶剂,如醇、胺、羧酸等。

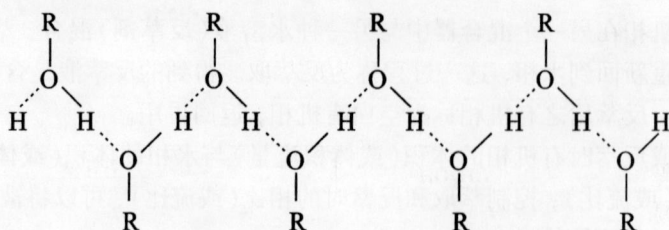

③AB(3)型,生成内氢键的分子,如邻位硝基苯酚,因已形成内氢键,故 A—H 已不再起作用,所以它们的性质与一般 AB 溶剂不同,而与 B 型和 N 型溶剂相似。

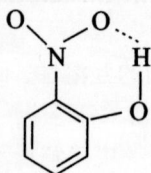

尽管水不是有机溶剂,但它是一种最普遍应用的溶剂,而且是 AB(1)型溶剂中生成氢键缔合最强的溶剂。

2.1.2.2 溶剂互溶规则

1)相似性原理

相似性原理是指结构相似的溶剂容易互相混溶,结构差别较大的溶剂不易互溶。

(1)溶剂的结构与水的相似性愈大,则在水中的溶解度愈大,如表 2 - 1 所示,随着苯环上 OH—的增加,即与水的相似性增加,在水中溶解度增加。

(2)溶剂的结构与水的相似性减少,则在水中溶解度也减少,如表 2 - 2 所示,随着醇中碳链的增长,在水中的溶解度也越来越小,这是因为碳氢基团部分是与水不相同的部分,碳链增长,就意味着与水不相似部分增加,所以溶解度就越来越小。

表 2 - 1　苯和酚在水中的溶解度

化合物	溶解度(g/100 g 水)(20℃)
C_6H_5 苯	6.072
C_6H_5OH(酚)	9.06
$1.2 - C_6H_4(OH)_2$	45.1

表 2-2 醇的同系物在水中的溶解度

化合物	分子式	溶解度(g/100 g 水)(20℃)
甲 醇	CH_3OH	完全互溶
乙 醇	C_2H_5OH	完全互溶
正丙醇	C_3H_7OH	完全互溶
正丁醇	C_4H_9OH	8.3
正戊醇	$C_5H_{11}OH$	2.0
正己醇	$C_6H_{13}OH$	0.5
正庚醇	$C_7H_{15}OH$	0.12
正辛醇	$C_8H_{17}OH$	0.03

这一规律不仅适用于解释溶剂的互溶性,而且它是物质溶解于溶剂的一条普遍规律,一般而言,极性强的溶质易溶于强极性溶剂中,而极性弱的溶质易溶于弱极性溶剂中,所以也可以利用这一规律解释萃合物在有机相中的可溶性。

2)分子间的相互作用与溶剂的互溶性

由表 2-2 可知,甲醇、乙醇、丙醇都能与水完全互溶,除了相似原因之外,还由于它们与水分子之间产生了氢键缔合。

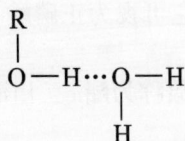

$$\begin{array}{c} R \\ | \\ O\!-\!H\cdots O\!-\!H \\ | \\ H \end{array}$$

一般而言,凡两种溶剂混合生成氢键的数目或强度大于混合前氢键的数目和强度,则有利于互相混溶,反之则不利于互溶,故溶剂之间互溶性规律可归纳如下:

(1)A 型和 B 型溶剂混合前无氢键,混合后形成氢键,故有利于完全互溶,如氯仿与丙酮。

(2)AB 型和 A 型、AB 型和 B 型、AB 型与 AB 型在混合前后都有氢键形成,互溶度大小视混合前后氢键的强弱及多少而定。

(3)A 型和 A 型、B 型和 B 型、N 型和 N 型、N 型和 A 型、N 型和 B 型,混合前后均无氢键形成,互溶度大小取决于混合前后范德华力的大小,即由分子的极化率和偶极矩决定。

2.1.3 萃取剂、稀释剂与相调节剂

工业萃取剂种类繁多，稀释剂的种类也不少，读者可参阅有关专著，本书仅介绍萃取剂的分类及稀释剂与相调节剂的作用。

2.1.3.1 萃取剂

目前，对萃取剂分类还没有统一的标准，一种简单的分类法是根据萃取剂分子功能基的特征原子进行分类，也有人简单地按照萃取剂的酸碱性能进行分类。常用冶金萃取剂的特征原子是氧、氮、磷、硫。

1) 含氧萃取剂

此类萃取剂分子中只含有碳、氢、氧三种元素的原子。包括醚 $\left(\begin{array}{c}R\\R\end{array}\!\!>O\right)$、醇 $(R—OH)$、酮 $\left(\begin{array}{c}R\\R\end{array}\!\!>C{=}O\right)$、酸（RCOOH）、酯 $\left(RC\!\!<\begin{array}{c}O\\OR'\end{array}\right)$ 的各种有机化合物，它们通过氧原子与被萃物结合形成萃合物。

2) 含磷萃取剂

此类萃取剂分子中除含有碳、氢、氧三种元素外，还含有磷原子。它们亦可分为三类：

(1) 中性磷（膦）型萃取剂：它可视为正磷酸 $\left(\begin{array}{c}HO\\HO—P{=}O\\HO\end{array}\right)$ 分子中羟基或氢原子完全被烷基取代的衍生物，故称为酯。

$$\begin{array}{c}R—O\\R—O—P{=}O\\R—O\end{array} \quad 或 \quad \begin{array}{c}R\\R—P{=}O\\R\end{array}$$，前者分子中只有 C—O—P 键，故称为中性磷酸酯，后者分子中只有 C—P 键，故称为中性膦酸酯，它们通过磷氧键上的氧原子发生配位作用。

(2) 酸性磷（膦）型萃取剂：它可视为正磷酸分子中部分羟基被烷基取代的衍生物，同样只有 C—O—P 键者称之为磷酸，而有 C—P 键者称之为膦酸，例如：

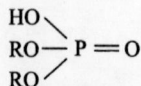
双烷基磷酸

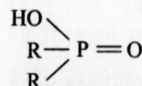
双烷基膦酸

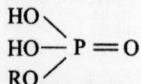
单烷基磷酸

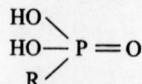
单烷基膦酸

它们通过羟基上的氢与金属阳离子发生交换，在高的酸度下，磷氧键上的氧原子也可参与配位。

3) 含氮萃取剂

含有碳、氢、氮或碳、氢、氧、氮原子的萃取剂称为含氮萃取剂，它们主要分为如下四类：

(1) 胺类萃取剂：它可视为氨的烷基取代衍生物，氨分子中一个氢被烷基取代的衍生物，称为伯胺(RNH_2)，两个氢被烷基取代的衍生物称为仲胺(R_2NH)，三个氢被烷基取代的衍生物称为叔胺(R_3N)，季胺盐 R_4NCl 视为氯化铵分子中的四个氢被烷基取代的衍生物，它们通过氮原子与金属离子配位。

(2) 酰胺萃取剂：氨分子中的一个氢被酰基 $R-\overset{O}{\underset{|}{C}}$ 取代，另两原子氢被烷基取代的衍生物称为酰胺，如 $R-\overset{O}{\underset{|}{C}}-N\overset{R'}{\underset{R''}{}}$ ，它们也是通过氧原子与金属离子配位。

(3) 羟肟与异羟肟酸类萃取剂：同时含有肟基 $C=NOH$ 及羟基的萃取剂，称为羟肟萃取剂，例如 $R-\overset{}{\underset{OH}{CH}}-\overset{}{\underset{NOH}{C}}-R'$ 。它们通过羟基氧原子与肟基氮原子与金属离子配位生成螯合物而实现萃取。而具有 $R-\overset{O}{\underset{|}{C}}-NH-OH$ 结构的萃取剂为异羟肟酸，金属离子也是与它生成螯合物而被萃取。

(4) 羟基喹啉类萃取剂：最有代表性的是 kelex100，其结构式为

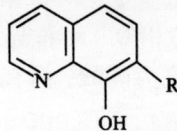

它也是一种螯合萃取剂。

4) 含硫萃取剂

此类萃取剂的分子中，除含碳、氢原子外，还含有硫原子，冶金萃取剂中，目前得到应用的有硫醚类和亚砜类萃取剂。

硫醚(R_2S)可以看作是硫化氢的二烷基衍生物，而亚砜则是硫醚被氧化的产物。

$$RSR \xrightarrow{(O)} R_2S =\!=\!= O$$

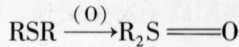

硫醚的萃取作用主要是通过硫原子，而亚砜类的萃取是通过氧原子配位实现的，常用萃取剂与稀释剂可查阅有关专著或手册。

2.1.3.2 稀释剂与相调节剂

有机相中除了萃取剂之外，在许多情况下还必须有稀释剂，而且在大部分情况下，稀释剂在有机相中占有更大的比例。

常用稀释剂分为脂肪烷烃与芳香烃两大类，有些工业稀释剂常由不同比例的这两类化合物组成。有时还含有一定比例的环烷烃。

如前所述，稀释剂的作用是溶解萃取剂构成连续有机相、改善有机相的物理性能，因此早期认为它们在萃取过程中是"惰性"的，然而随着研究过程的深入，人们越来越认识到稀释剂对萃取过程的重要影响。

极性改善剂又名相调节剂，它的作用是增加有机相的极性，从而增加萃取剂与萃合物在有机相中的溶解度。常用的极性改善剂有高碳醇与中性磷性萃取剂如 TBP。

正因为稀释剂与相调节剂在萃取中具有重要作用，我们在本章中对它们的影响将辟专节予以讨论。

2.1.4 萃取平衡

2.1.4.1 分配定律

1891 年能斯特从理论上系统总结了物质在两平衡液相间的分配规律，其数学表达式为：

$$\lambda = [M]_2 / [M]_1 = 常数$$

式中：$[M]_1$、$[M]_2$ 分别为达到平衡后，溶质在 1、2 两相中的浓度，λ 称为能斯特分配平衡常数，简称分配常数，定律成立的前提条件是：①两溶剂基本不互相混溶；②温度一定；③溶质在两相中的分子式相同或分子量相等。

能斯特从热力学角度推导了这一定律。根据热力学理论，恒温恒压下，溶质 M 在两相间达到平衡时，其化学位相等。可推导出：

$$a_{m(2)}/a_{m(1)} = e^{-(\mu_2^\ominus - \mu_1^\ominus)/RT} = \lambda^\ominus$$

式中：$a_{m(1)}$、$a_{m(2)}$ 分别为溶质 M 在 1、2 两相中的平衡活度；$\mu_1^\ominus$、$\mu_2^\ominus$ 为 M 在两相的标准化学位；$\lambda^\ominus$ 称为能斯特热力学分配平衡常数。又

$$\lambda^\ominus = a_{m(2)}/a_{m(1)} = [M]_2 \cdot r_2 / [M]_1 \cdot r_1 = \lambda \cdot \frac{r_2}{r_1}$$

式中：r_1 及 r_2 为溶质 M 在两相中的活度系数，对极稀溶液而言，r_2 及 r_1 均等于 1，故 $\lambda = \lambda^\ominus$。所以能斯特分配平衡常数 λ 只是近似常数，仅仅对极稀溶液而言，λ 才等于能斯特热力学分配平衡常数 $\lambda^\ominus$。

2.1.4.2 络合物的分级平衡

根据络合物的分级平衡理论，多合配位体络合物在溶液中是逐级形成的，每一步络合反应都存在平衡。例如：MX_n 的各级络合物可用下列各反应式表示：

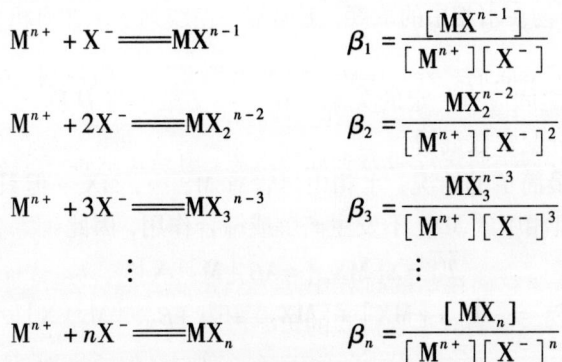

$$M^{n+} + X^- \rightleftharpoons MX^{n-1} \qquad \beta_1 = \frac{[MX^{n-1}]}{[M^{n+}][X^-]}$$

$$M^{n+} + 2X^- \rightleftharpoons MX_2^{n-2} \qquad \beta_2 = \frac{MX_2^{n-2}}{[M^{n+}][X^-]^2}$$

$$M^{n+} + 3X^- \rightleftharpoons MX_3^{n-3} \qquad \beta_3 = \frac{MX_3^{n-3}}{[M^{n+}][X^-]^3}$$

$$\vdots \qquad\qquad \vdots$$

$$M^{n+} + nX^- \rightleftharpoons MX_n \qquad \beta_n = \frac{[MX_n]}{[M^{n+}][X^-]^n}$$

β_n 称为络合物 MX_n 的积累稳定常数，简称稳定常数。

因此在溶液中实际上同时存在着 M 的配体数不同的各级络离子，M^{n+}，MX^{n-1}，MX_2^{n-2}，MX_3^{n-3}，$\cdots$，MX_n。用化学分析测定的是以不同形态存在的 M 的总和，即 M 的总浓度。以 T_M 表示 M 的总浓度，有下列关系式：（价态不标出）

$$T_M = (M) + (MX_1) + (MX_2) + \cdots + (MX_n)$$

$$= \sum_{i=0}^{n} (MX_i) = \sum_{i=0}^{n} \beta_i(M)(X)^i$$

$$= (M) \sum_{i=0}^{n} \beta_i(X)^i = (M) \left[1 + \sum_{i=1}^{n} \beta_i(X)^i \right]$$

定义福劳内乌斯函数：

$$Y_0 = \frac{T_M}{(M)} = \sum_{i=0}^{n} \beta_i(X)^i = 1 + \beta_1(X) + \beta_2(X)^2 + \cdots + \beta_n(X)^n$$

$$= 1 + \sum_{i=1}^{n} \beta_i(X)^i$$

Y_0 又称为络合度 $\qquad T_M = (M)Y_0$

2.1.4.3 萃取过程的参数

1. 分配比（D）

同一金属离子在溶液中由于成络作用，而具有多种形态，往往是其中一种或几种形态的离子能被萃取。换言之，即能在两相之间分配，其中每一种形态的离子的分配都应服从分配定律，但是各形态离子的 λ 并不一定相同，同时宏观上分别测定各种形态离子的浓度也是不可能的。因此在实际工作中用分配比（D）来描述物质在两平衡液相之间的分配，其定义为：在萃取达到平衡后，被萃取物在有机相的总浓度和水相中的总浓度之比值称为分配比。

$$D = \frac{\overline{T_M}}{T_M} = \frac{[\overline{M_1}] + [\overline{M_2}] + [\overline{M_3}] + \cdots + [\overline{M_n}]}{[M_1] + [M_2] + [M_3] + \cdots + [M_n]} \tag{2-1}$$

式中：T_M 和 $\overline{T_M}$ 分别为被萃物在水相和有机相的总浓度。$[M_1]$，$[M_2]$，$\cdots$，$[M_n]$ 分别为各种形态的被萃物在水相中的浓度，上面带一横线则表示在有机相中的浓度。以下同。

显然 D 与 λ 之间应有一定的关系。在一些文献中将 D 称之为分配系数。注意不要与能斯特分配常数混淆。

现考察一种最简单的情况：水相中尽管有 M，$\cdots$，MX_n，但只有 MX_n 能被有机相萃取；而有机相中的 MX_n 不发生离解或缔合作用，因此：

有机相中 $\qquad \overline{T_M} = \lambda[\overline{MX_n}] = \lambda\beta_n[M][X]^n$

水相中 $\qquad T_M = [M] + [MX] + [MX_2] + \cdots + \beta_{MX_n}[M][X]^n$

$$= [M]\left[1 + \sum_{i=1}^{n}\beta_i(X)^i\right] = [M]Y_0$$

$$D = \frac{\overline{T_M}}{T_M} = \frac{\lambda\beta_n[M][X]^n}{[M]Y_0} = \frac{\lambda\beta_n[X]^n}{Y_0} \tag{2-2}$$

故 D 受 λ 支配，即受分配定律支配，但决不能将两者混同，同时当水相中有两种以上物种被萃取，或有机相有二次反应发生时，则情况会更复杂。

由上式知，D 是变数，易测定，而 λ 难于测定。

从下面的实例中，我们可以直观地区别 D 与 λ 的意义。

例：用 TBP 从硝酸溶液中萃取钍时，因钍在硝酸溶液中可能有 Th^{4+}、$Th(NO_3^-)^{3+}$、 $Th(NO_3^-)_2^{2+}$、 $Th(NO_3^-)_3^+$、 $Th(NO_3^-)_4$、 $Th(NO_3^-)_5^-$、 $Th(NO_3^-)_6^{2-}$ 各种形态存在，而仅仅中性的分子能被萃取。此时钍的分配比为：

$$D_{Th} = \frac{[\overline{T_{Th}}]}{[T_{Th}]} = \frac{[\overline{Th(NO_3^-)_4}]}{[Th^{4+}] + [Th(NO_3^-)^{3+}] + \cdots + [Th(NO_3^-)_6^{2-}]}$$

而中性 $Th(NO_3^-)_4$ 的分配平衡常数为

$$\lambda_{Th(NO_3^-)_4} = \frac{[\overline{Th(NO_3^-)_4}]}{Th(NO_3^-)_4}$$

2. 萃取比(E)

E 指有机相中某一组分的质量流量(kg/min)与水相中该组分的质量流量之比。即：

$$E = \frac{\overline{C}\,\overline{V}}{CV} = D \cdot R \tag{2-3}$$

3. 萃取率(q)

q 指被萃取物进入到有机相中的量占萃取前料液中被萃取物总量的百分比。即：

$$q = \frac{\overline{C}\,\overline{V}}{\overline{C}\,\overline{V} + CV} \times 100\% = \frac{\overline{C}}{\overline{C} + C(V/\overline{V})}100\% = \frac{D}{D + 1/R} \times 100\% \quad (2-4)$$

因为 $E = D \cdot R$ 将 $D = E/R$ 代入上式，有：

$$q = \frac{E}{1+E} \times 100\% \quad (2-5)$$

4. 分离系数 $(\beta_{A/B})$

$\beta_{A/B}$ 又称为分离因数，它是表示两组分分离难易程度的一个参数，定义为在同一萃取体系内，在同样条件下两组分的分配比的比值，对 A、B 两组分而言，其分离系数可表示为：

$$\beta_{A/B} = \frac{D_A}{D_B} = \frac{E_A}{E_B} \quad (2-6)$$

因为一般 A 表示易萃组分，B 表示难萃组分，所以 $\beta_{A/B}$ 越大，说明 A、B 越易分离，也就是说萃取的选择性越好。有时可简单用 β 表示分离系数。

2.1.4.4 萃取等温线、饱和容量与饱和度

D 是一个变数，水相中被萃取物浓度增加，D 即随之发生变化。也就是说其在有机相的浓度也要随着变化。因此在一定温度下，被萃取物质在两相的分配达到平衡时，以该物质在有机相中的浓度和它在水相中的浓度关系作图，可得到如图 2-2 所示的曲线，称为萃取等温线（又称萃取平衡线，简称平衡线），当水相浓度达到一定程度时，则曲线趋向水平，说明当水相金属离子浓度逐渐升高到一定程度后，有机相的金属离子浓度基本维持不变。这种现象表明一定浓度的萃取剂能结合的金属离子的量是一定的，也就是说，它具有一定的饱和容量，当曲线趋于水平时，有机相中金属离子浓度，就是该萃取剂在平衡条件下对该离子的饱和容量。根据萃取等温线，可以计算出不同浓度时的分配比，确定萃取级数，推测萃合物的组成等。

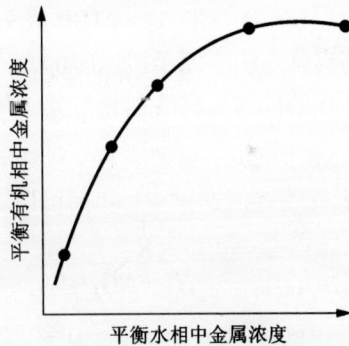

图 2-2 萃取等温线

萃取饱和容量的单位为：克（被萃取物）/升（有机相）或克（被萃取物）/摩尔（萃取剂），其测定方法除了用等温线外切线法之外，还可以用一份有机相同数份新鲜料液相接触，直到有机相不再发生萃取作用为止，分析此时有机相所含被萃取物的量则为饱和容量。

在实际工作中，还用到饱和度的概念，饱和度系指有机相中的实际容量与饱和容量之比。

2.2 萃取过程的基本规律

2.2.1 萃取体系的分类

金属的溶剂萃取绝大部分情况下均伴随有化学反应发生，即水相中的金属离子以不同的形式与萃取剂发生化学结合，生成易溶于有机相的萃合物而被萃取。冶金学家更为关心的是这一类萃取，按照化学反应的不同或被萃金属的存在形式，这类萃取一般包括下列四个子类。

2.2.1.1 中性溶剂化络合萃取

1. 特征

当组分以生成中性溶剂化络合物的机理被萃取时，具有以下三个特征：①被萃取物是以中性分子形式与萃取剂作用。如 $UO_2(NO_3)_2$；②萃取剂本身也是以中性分子如 TBP、R_2O 等形式发生萃合反应；③生成之萃合物是一种中性溶剂化络合物。如 $UO_2(NO_3)_2 \cdot 2TBP$ 或 $UO_2(NO_3)_2 \cdot (H_2O)_4 \cdot 2R_2O$，其中萃取剂的功能基直接与中心原子(原子团)配位的称为一次溶剂化，通过与水分子形成氢键而溶剂化的称为二次溶剂化。其结构式如图 2-3 所示

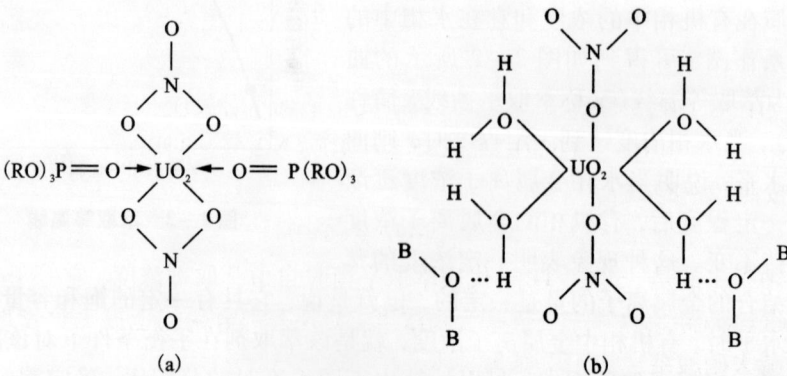

图 2-3 中性溶剂化络合物结构式
(a)一次溶剂化；(b)二次溶剂化

2. 平衡关系式

现假设有一正 m 价的金属离子按中性溶剂化机理被萃取，它在水相中与一价阴离子 A 成逐级络离子：$MA, \cdots, MA_m, \cdots, MA_n, n > m$，中性分子 MA_m 能被萃取剂 R 所萃取，并与萃取剂分子生成逐级萃合物 $MA_m \cdot R, \cdots, MA_m \cdot 2R, \cdots,$ $MA_m \cdot eR$，它们进入有机相。设平衡后此金属在有机相中的总浓度为 $\overline{T_M}$，在水相

中的总浓度为 T_M 则：

$$\overline{T_M} = [\overline{MA_m \cdot R}] + [\overline{MA_m \cdot 2R}] + \cdots + [\overline{MA_m \cdot eR}]$$

$$= \{K_1[\overline{R}] + K_2[\overline{R}]^2 + \cdots + K_e[\overline{R}]^e\}[M][A]^m$$

其中 K_1, K_2, $\cdots$, K_e 为生成各种形式的萃合物的平衡常数，$[\overline{R}]$ 表示萃取剂在有机相中的浓度

$$T_M = [M] + [MA] + \cdots + [MA^n]$$

$$= [M] + \beta_1[M]A + \cdots + \beta_n[M][A]^n$$

$$= (1 + \sum_{i=1}^{n} \beta_n[A]^n)[M]$$

β_n 为水相中络离子积累稳定常数

萃取达到平衡时，分配比可表示为

$$D = \frac{\overline{T_M}}{T_M} = \frac{(K_1[\overline{R}] + K_2[\overline{R}]^2 + \cdots + K_e[\overline{R^e}])[A]^m}{1 + \sum_{i=1}^{n} \beta_n[A]^n} \qquad (2-7)$$

当平衡水相中未被萃取的金属离子只以 M^{m+} 形态存在且只生成一种萃合物 $MA_m \cdot eR$ 时，则(2-7)式可简化为

$$D = K_e[R]^e[A]^m = K_c[R]^e[A]^m \qquad (2-8)$$

因只生成一种萃合物，故 K_e 就是萃取反应的总平衡常数，以 K_c 表示，称为萃合常数。

例如：用 TBP 萃取三价稀土元素时，发生下列萃合反应

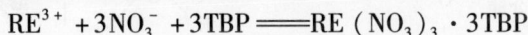

$$RE^{3+} + 3NO_3^- + 3TBP \Longrightarrow RE(NO_3)_3 \cdot 3TBP$$

显然，按照(2-8)式

$$D = K_c[NO_3^-]^3[TBP]^3 \qquad (2-9)$$

必须指出的是，式中 [TBP] 代表萃取平衡时自由萃取剂浓度，它等于 TBP 的起始浓度（即总浓度）减去三倍萃合物浓度，如果有部分硝酸也被 TBP 萃取的话，还必须减去硝酸结合的 TBP 浓度，即：

$$[TBP] = C_{TBP} - 3[RE(NO_3)_3 \cdot 3TBP] - [HNO_3 \cdot TBP]$$

一般 TBP 萃取金属中性盐时，萃合物大致有三类：

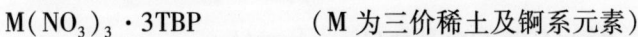

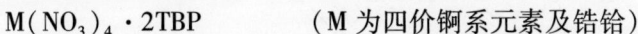

$M(NO_3)_3 \cdot 3TBP$　　　（M 为三价稀土及锕系元素）

$M(NO_3)_4 \cdot 2TBP$　　　（M 为四价锕系元素及锆铪）

$MO_2(NO_3)_2 \cdot 2TBP$　　（M 为六价锕系元素）

式(2-7)及式(2-8)是分析中性溶剂化机理萃取的基本关系式。除水相中阴离子配位体的浓度及游离萃取剂浓度外，所有影响水相络离子稳定性及萃合物稳定性的因素都将影响分配比，从而影响到选择性。

2.2.1.2 酸性络合萃取

1. 特征和萃取剂

酸性络合萃取又称为阳离子交换萃取，它具有三个特征：①萃取剂是一种有机弱酸，用通式 HR 表示；②被萃物以阳离子或荷正电原子基团被萃取；③萃取机理是阳离子交换：

$$M^{n+} + nHR \Longrightarrow MR_n + nH^+$$

能按此机理发生萃取作用的萃取剂有三类。

(1)螯合萃取剂　此类萃取剂有两种官能团，即酸性官能团和配位官能团。金属离子与酸性官能团作用，置换出氢离子，形成一个离子键。而配位官能团又与金属离子形成一个配位键。从而生成疏水螯合物而进入有机相，在选择合适的条件下，能达到很完全的萃取，且分离系数也较大，但它们的萃合反应速度一般较慢，萃合物在有机溶剂中的溶解度不够大，萃取剂的价格也较贵。在冶金中目前较有应用前途的螯合萃取剂主要是含氮螯合萃取剂。如羟肟类萃取剂、异羟肟酸类萃取剂及 8 - 羟基喹啉类萃取剂。8 - 羟基喹啉类萃取剂在酸性介质和碱性介质中有不同的配位方式：

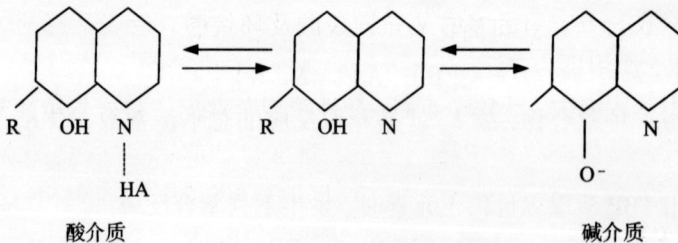

酸介质　　　　　　　　　　　　　　　　　碱介质

因此，可以在碱性介质中与金属阳离子配位生成螯合物，而在酸性介质中借助氢键萃取金属络合酸。

(2)酸性磷型萃取剂　在这一类萃取剂中目前获得最广泛应用的有磷酸二异辛脂，又称磷酸二(2 - 乙基己基)酯，代号 P204，缩写为 HDEHP 或 D2EHPA；异辛基膦酸单异辛酯，又称 2 - 乙基己基膦酸 2 - 乙基己基酯，代号 P507，缩写为 HEHEHP。

这类萃取剂(例如 P204)在非极性溶剂中由于氢键作用以二聚形态存在，以 $(HR)_2$ 表示：

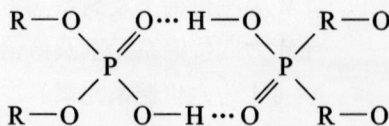

二聚分子与金属阳离子发生交换反应：

$$M^{n+} + n(HR)_2 \Longrightarrow M(HR_2)_n + nH^+$$

生成的萃合物也有螯环，其结构式如图 2-4 所示。

由图 2-4 可见，这类萃合物的结构中有三个八原子环，其中四个氧原子在一个平面上，但是这种螯环中有氢键存在，故稳定性不如螯合萃取剂生成的螯环。

(3) 羧酸萃取剂 RCOOH 以单分子和二聚分子两种形式参与萃取反应，其反应式可表示为：

$$M^{n+} + nHR \Longrightarrow MR_n + nH^+$$

$$M^{n+} + n(HR)_2 \Longrightarrow M(HR_2)_n + nH^+$$

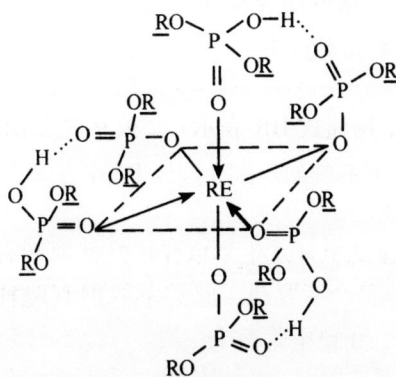

图 2-4 P204 与稀土离子的萃合物的结构

与稀土形成的萃合物除 RER_3、$RE(HR_2)_3$ 外，还有其他中间形式的物质，如 $RER_3 \cdot XHR$。在萃合物 $RE(HA_2)_3$ 中也含有与 P204 萃合物类似的螯环。在 RER_3 中也可能有不稳定的四元螯环。

羧酸类萃取剂中应用最多的是异构羧酸及环烷酸。后者是石油工业的副产品，价廉易得，使用更为广泛。

上述三类萃取剂中，就酸性而言，酸性磷型萃取剂比螯合与羧酸萃取剂均要强。故能在较强酸性的溶液中进行萃取；就螯合物的稳定性而言，羧酸最差而 P204 居中，因为它们的萃取机理相同，所以影响萃取的因素也是相似的。

2. 平衡关系式

萃取过程中这类酸性萃取剂发生的基本反应有：

(1) 萃取剂在两相的分配

其分配常数为

$$\lambda = \frac{[\overline{HR}]}{[HR]} \tag{2-10}$$

在萃取剂分子中，引进长碳链可增加油溶性，减少水溶性。反之引进亲水基团如 —OH、—NH$_2$、—SO$_3$H、—COOH 等可使 λ 减小。通常要求 λ 大于 100，否则萃取剂的溶解损失太大。

(2) 酸性萃取剂的电离平衡

其电离反应为

$$HR \longrightarrow H^+ + R^-$$

电离常数

$$K_a = \frac{a_{H^+} \cdot [R^-]}{[HR]} \tag{2-11}$$

（3）萃取剂在有机相的聚合：$2\overline{HR} \Longleftrightarrow \overline{(HR)_2}$

其聚合常数为

$$K_2 = \frac{[\overline{(HR)_2}]}{[\overline{HR}]^2} \tag{2-12}$$

K_2 随溶剂而不同，例如 P204 在苯中的 $K_2 = 40000$，而在三氯甲烷中的 K_2 只有 500。

（4）萃取剂阴离子与金属阳离子 M^{n+} 的络合反应

$$M^{n+} + nR^- \Longleftrightarrow MR_n$$

络合物稳定常数为

$$\beta_n = \frac{[MR_n]}{[M^{n+}][R^-]^n} \tag{2-13}$$

（5）萃合物 MR_n 在两相的分配

其分配平衡常数为

$$\Lambda = \frac{[\overline{MR_n}]}{[MR_n]} \tag{2-14}$$

总的萃取反应为：

$$n\overline{HR} + M^{n+} \Longleftrightarrow \overline{MR_n} + nH^+$$

萃合常数为

$$K_C = \frac{[\overline{MR_n}] \cdot a_{H^+}^n}{[\overline{HR}]^n[M^{n+}]} \tag{2-15}$$

将式（2-10），式（2-11），式（2-13），式（2-14）代入式（2-15）中，有：

$$K_C = \frac{[\overline{MR_n}] \cdot a_{H^+}^n}{[\overline{HR}]^n \cdot [M^{n+}]} = \frac{a_{H^+}^n[R^-]^n}{[HR]^n} \times \frac{[HR]^n}{[\overline{HR}]^n} \times \frac{[MR_n]}{[M^{n+}][R^-]^n} \times \frac{[\overline{MR_n}]}{[MR_n]}$$

$$= \frac{\beta_n \cdot \Lambda \cdot K_a^n}{\lambda^n} \tag{2-16}$$

因为分配比 $D = \dfrac{[\overline{MR_n}]}{[M^{n+}]}$，故式（2-16）可改写为：

$$K_C = D \times \frac{a_{H^+}^n}{[\overline{HR}]^n} = \frac{\beta_n \cdot \Lambda \cdot K_a^n}{\lambda^n}$$

所以

$$D = K_C \times \frac{[\overline{HR}]^n}{a_{H^+}^n} = \frac{\beta_n \cdot \Lambda \cdot K_a^n}{\lambda^n} \times \frac{[\overline{HR}]^n}{a_{H^+}^n} \tag{2-17}$$

由（2-17）式可见，萃取剂的酸性，萃取剂、萃合物在两相的溶解性能，自由萃取剂浓度及水相酸度，以及影响被萃络合物稳定性的因素，均影响金属离子的萃取性能及选择性。

将下式用对数展开

$$D = K_C \times \frac{[\overline{HR}]^n}{a_{H^+}^n}$$

得：

$$
\begin{aligned}
\lg D &= \lg K_C + n\lg[\overline{HR}] - n\lg a_{H^+} \\
&= \lg K_C + n\lg[\overline{HR}] + n\text{pH}
\end{aligned}
\tag{2-18}
$$

对于一个具体的萃取体系，总可以找到一个 pH，使 $D=1$，定义这个 pH 为半萃取的 pH，并以符号 $\text{pH}_{1/2}$ 表示，所以由式（2-18）有：

$$\lg D = \lg K_C + n\lg[\overline{HR}] + n\text{pH}_{1/2}$$

而 $\lg D = 0$，则

$$\text{pH}_{1/2} = -\frac{1}{n}\lg K_C - \lg[\overline{HR}] \tag{2-19}$$

因为 $\Lambda \gg \lambda \gg 1$，且 $\beta_n \gg 1$，所以水相中的 $[HR]$、$[R^-]$ 和 $[MR_n]$ 可以忽略不计，假设有机相内不发生二聚合作用，则自由萃取剂浓度可按下式计算：

$$[\overline{HR}] = C_{HR} - n[\overline{MR_n}] \tag{2-20}$$

将式（2-19）代入式（2-18），得

$$\lg D = n(\text{pH} - \text{pH}_{1/2}) \tag{2-21}$$

利用该式很容易计算不同 pH 时之分配比 D。由上述各式可见 pH 对分配比影响很大，K_C 与 $[\overline{HR}]$ 越大，则 $\text{pH}_{1/2}$ 越小，即越容易萃取。因此 $\text{pH}_{1/2}$ 可作为酸性络合萃取体系表示萃取能力的又一指标。

2.2.1.3　离子缔合萃取

1. 特征

金属离子以裸阳离子，或带有中性有机配位体的阳离子形式或者以络阴离子形式与带相反电荷的离子形成疏水性离子缔合体而进入有机相的萃取过程，称之为离子缔合萃取。大多数情况下，带相反电荷的离子均为有机离子，特定情况下也可为无机离子。

（1）鉷盐萃取　一般含氧萃取剂与磷型萃取剂可按鉷盐机理萃取，此时氧原子提供电子对与氢离子配位形成鉷阳离子，而金属形成络阴离子。两者靠静电作用形成疏水离子对而进入有机相。例如乙醚从盐酸溶液中萃取铁，发生下述反应：

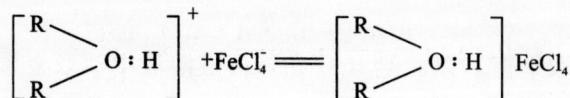

$$\left[\begin{matrix} R \\ R \end{matrix} > O \vdots H\right]^+ + FeCl_4^- = \left[\begin{matrix} R \\ R \end{matrix} > O \vdots H\right] FeCl_4$$

随着萃取机理研究的深入，认为有一种情况，萃取剂是与水化质子结合再与阴离子形成离子对，例如从氢氟酸溶液中萃取钽（或铌），发生下述反应：

$$[H^+ \cdot (H_2O)_n R_m] + TaF_6^- \Longrightarrow [H^+(H_2O)_n R_m]TaF_6$$

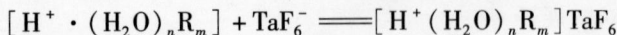

故有人称之为水化溶剂化机理,尽管有各种不同的诸如此类的看法,但并不妨碍我们研究这种萃取平衡的本质及其影响因素。

这类萃取的基本特点是高酸萃取(NH₄SCN 体系除外),低酸反萃,作为反萃取剂的可以是水、稀酸或碱。

(2)胺盐萃取 胺类萃取剂的氮原子上的未共用电子对与质子配位生成胺盐,例如:

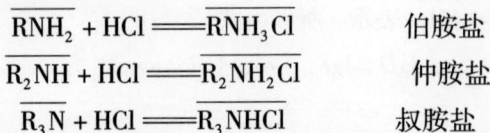

$$\overline{RNH_2} + HCl \Longrightarrow \overline{RNH_3Cl} \qquad 伯胺盐$$

$$\overline{R_2NH} + HCl \Longrightarrow \overline{R_2NH_2Cl} \qquad 仲胺盐$$

$$\overline{R_3N} + HCl \Longrightarrow \overline{R_3NHCl} \qquad 叔胺盐$$

而季胺 R_4NCl 本身就是一种盐,就碱性强弱而言一般是:季胺 > 叔胺 > 仲胺 > 伯胺,所以对酸的萃取能力是叔胺 > 仲胺 > 伯胺。胺盐能与水相中的阴离子进行离子交换,交换能力有下列次序:

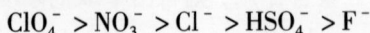

$$ClO_4^- > NO_3^- > Cl^- > HSO_4^- > F^-$$

同样,金属之络阴离子也可进行交换,故胺类萃取剂对金属络阴离子的萃取称为阴离子交换萃取。典型的阴离子交换反应可写为:

$$(n-m)\overline{R_3NH \cdot X} + MX_n^{(n-m)-} \Longrightarrow \overline{(R_3NH)_{n-m} \cdot MX_n} + (n-m)X$$

另外,也有一种观点,认为胺盐可按亲核反应萃取金属络阴离子:

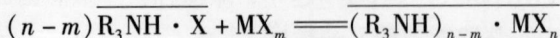

$$(n-m)\overline{R_3NH \cdot X} + MX_m \Longrightarrow \overline{(R_3NH)_{n-m} \cdot MX_n}$$

虽然两种机理不一样,但生成的萃合物是一样的,当水相中 X^- 浓度大时,交换机理的百分比大。同样,这种对机理解释上的差别,对我们研究萃取平衡的影响没有什么妨碍。

胺盐是弱碱性的盐,故与较强的碱作用可分解出相应的胺:如

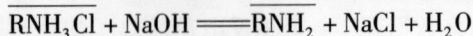

$$\overline{RNH_3Cl} + NaOH \Longrightarrow \overline{RNH_2} + NaCl + H_2O$$

同时弱碱强酸盐还可发生水解反应:如

$$\overline{RNH_3Cl} + H_2O \Longrightarrow \overline{RNH_3OH} + HCl$$

利用这种原理,可用碱和水作为伯、仲、叔胺萃取的反萃剂。

2. 平衡关系式

离子缔合体系的种类较多,也比较复杂,但本章仅讨论常见的鲜盐及胺盐两类萃取的平衡。

(1)鲜盐萃取平衡 以乙醚 R_2O 在氢卤酸溶液中萃取金属离子 M^{n+} 为例,则有:

a. 络阴离子生成反应

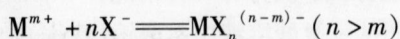

$$M^{m+} + nX^- \Longrightarrow MX_n^{(n-m)-} \quad (n > m)$$

$$\beta_n = \frac{[\,MX_n^{(n-m)-}\,]}{[\,M^{m+}\,][\,X^-\,]^n} \qquad (2-22)$$

b. 𝜁离子生成反应

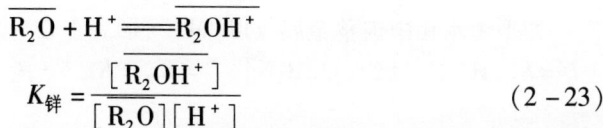

$$\overline{R_2O} + H^+ \Longrightarrow \overline{R_2OH^+}$$

$$K_{𝜁} = \frac{[\,\overline{R_2OH^+}\,]}{[\,\overline{R_2O}\,][\,H^+\,]} \qquad (2-23)$$

c. 离子缔合反应

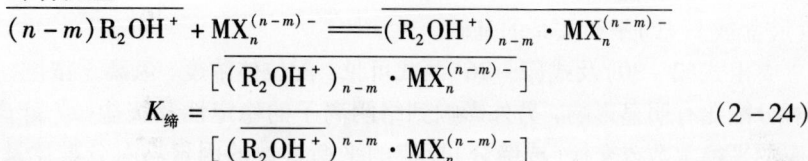

$$(n-m)\overline{R_2OH^+} + MX_n^{(n-m)-} \Longrightarrow \overline{(R_2OH^+)_{n-m} \cdot MX_n^{(n-m)-}}$$

$$K_{缔} = \frac{[\,\overline{(R_2OH^+)_{n-m} \cdot MX_n^{(n-m)-}}\,]}{[\,\overline{(R_2OH^+)^{n-m} \cdot MX_n^{(n-m)-}}\,]} \qquad (2-24)$$

总的萃取反应

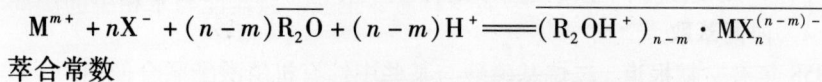

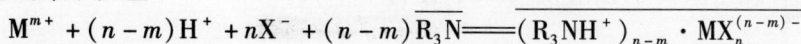

$$M^{m+} + nX^- + (n-m)\overline{R_2O} + (n-m)H^+ \Longrightarrow \overline{(R_2OH^+)_{n-m} \cdot MX_n^{(n-m)-}}$$

萃合常数

$$K_C = \frac{[\,\overline{(R_2OH^+)_{n-m} \cdot MX_n^{(n-m)-}}\,]}{[\,M^{m+}\,][\,X^-\,]^n[\,\overline{R_2O}\,]^{(n-m)}[\,H^+\,]^{n-m}} \qquad (2-25)$$

假设平衡水相中被萃金属仅以$[\,M^{m+}\,]$形态存在，则

$$D = K_c[\,R_2O\,]^{n-m} \cdot [\,X^-\,]^n \cdot [\,H^+\,]^{n-m}$$

$$= K_{缔} \cdot K_{𝜁}^{n-m} \cdot \beta_n \cdot [\,R_2O\,]^{n-m} \cdot [\,X^-\,]^n \cdot [\,H^+\,]^{n-m} \qquad (2-26)$$

(2) 胺盐萃取平衡　以叔胺 R_3N 在氢卤酸中萃取金属离子 M^{m+} 为例，同样有：

a. 络阴离子生成反应：$M^{m+} + nX^- \Longrightarrow MX_n^{(n-m)-} \qquad (n>m)$

$$\beta_n = \frac{[\,MX_n^{(n-m)-}\,]}{[\,M^{m+}\,][\,X^-\,]^n} \qquad (2-27)$$

b. 胺盐生成反应：

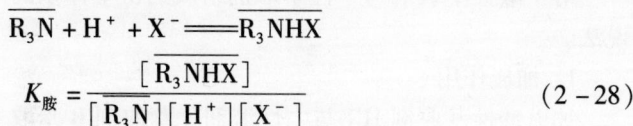

$$\overline{R_3N} + H^+ + X^- \Longrightarrow \overline{R_3NHX}$$

$$K_{胺} = \frac{[\,\overline{R_3NHX}\,]}{[\,\overline{R_3N}\,][\,H^+\,][\,X^-\,]} \qquad (2-28)$$

c. 阴离子交换反应：

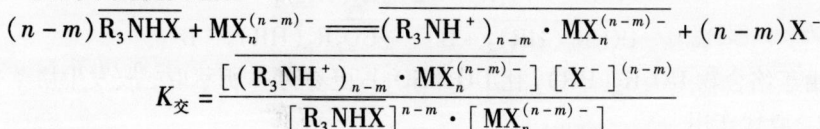

$$(n-m)\overline{R_3NHX} + MX_n^{(n-m)-} \Longrightarrow \overline{(R_3NH^+)_{n-m} \cdot MX_n^{(n-m)-}} + (n-m)X^-$$

$$K_{交} = \frac{[\,\overline{(R_3NH^+)_{n-m} \cdot MX_n^{(n-m)-}}\,][\,X^-\,]^{(n-m)}}{[\,\overline{R_3NHX}\,]^{n-m} \cdot [\,MX_n^{(n-m)-}\,]}$$

总的萃取反应

$$M^{m+} + (n-m)H^+ + nX^- + (n-m)\overline{R_3N} \Longrightarrow \overline{(R_3NH^+)_{n-m} \cdot MX_n^{(n-m)-}}$$

萃合常数

$$K_C = \frac{\overline{[(R_3NH^+)_{n-m} \cdot MX_n^{(n-m)-}]}}{[M^{m+}][H^+]^{(n-m)} \cdot [X^-]^n[\overline{R_3N}]^{n-m}} \qquad (2-29)$$

如平衡水相中被萃金属仅以 $[M^{m+}]$ 形态存在，则

$$D = K_C[H^+]^{n-m}[X^-]^n[\overline{R_3N}]^{n-m} = K_{交} \cdot K_{胺}^{n-m} \cdot \beta_n \cdot [H^+]^{n-m}[X^-]^n[\overline{R_3N}]^{n-m}$$

$$(2-30)$$

式(2-30)及式(2-26)在形式上是相同的，它们是分析一般离子缔合体系（胺盐或锌盐）平衡关系的基础。

由式(2-30)及式(2-26)两式可见：配位体浓度、氢离子浓度、萃取剂浓度对分配比有明显影响，另外影响到络阴离子的稳定性及胺盐（或锌离子）生成反应的平衡常数或交换（或缔合）反应的平衡常数的因素均对分配比及分离系数有影响。因而可以通过调节控制这些因素，实现分离、提取的目的。

2.2.1.4 协同萃取

1958 年有文献报道，二烷基磷酸与某些中性有机磷酸酯联合使用时，该混合物的萃取能力便超过各组分萃取能力的总和，这种现象称为协同效应。随着研究工作的深入，人们对混合萃取剂的萃取作用认识更加深刻，并定义：

(1)如果混合萃取剂对被萃物 M 的分配比远大于组成它的单一萃取剂在同一条件下对 M 的分配比的加合值，即 $D_{协} \gg D_{加合}$ 则称为协同萃取。

(2)如果混合萃取剂对被萃物 M 的分配比远小于组成它的单一萃取剂在同一条件下对 M 的分配比的加合值，即 $D_{协} \ll D_{加合}$ 则称为反协同萃取。

(3)如果 $D_{协} \approx D_{加合}$，则认为此体系无协同效应。

同一类中两种萃取剂形成的协萃体系称为二元同类协萃体系，不同类中两种萃取剂形成的协萃体系称为二元异类协萃体系。依此类推也有三元同类协萃体系及三元异类协萃体系之说。但与前述的单一萃取剂的情况相比，目前对协萃体系的认识还是很肤浅的。

对于酸性萃取剂与中性萃取剂组成的协萃体系的理论解释，目前有下列三种说法。

1. 加成作用

如以酸性萃取剂 HR 与中性溶剂化萃取剂 B 萃取 UO_2^{2+} 离子的情况为例。

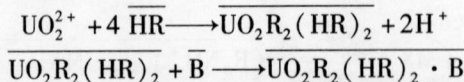

$$UO_2^{2+} + 4\overline{HR} \longrightarrow \overline{UO_2R_2(HR)_2} + 2H^+$$

$$\overline{UO_2R_2(HR)_2} + \overline{B} \longrightarrow \overline{UO_2R_2(HR)_2 \cdot B}$$

由于络合物 $UO_2R_2(HR)_2$ 比 $UO_2(NO_3)_2$ 更易为 B 所萃取，故发生协萃效应。

2. 取代作用

这种观点认为中性溶剂可从萃合物中取代出另一种萃取剂的中性分子，例如：

$$UO_2^{2+} + 4HR \longrightarrow UO_2R_2(HR)_2 + 2H^+$$
$$UO_2R_2(HR)_2 + 2B \longrightarrow UO_2R_2B_2 + 2HR$$

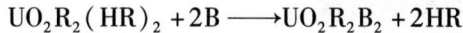

这相当于增加了游离萃取剂 HR 的浓度,故分配比增加。

3. 溶剂化作用

这种观点认为水化离子被 HR 所萃取,而中性溶剂分子可将水分子置换出来,增加萃合物的油溶性,故分配比增加。

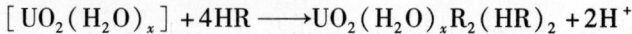

$$[UO_2(H_2O)_x] + 4HR \longrightarrow UO_2(H_2O)_xR_2(HR)_2 + 2H^+$$
$$UO_2(H_2O)_xR_2(HR)_2 + yB \longrightarrow UO_2R_2(HR)_2 \cdot yB + xH_2O$$

而对于其他类型的协同效应,则解释各异。我们在研究仲辛醇萃钽的机理时,发现了辛醇-2与辛酮-2存在协萃效应,它们属于二元中性同类协萃体系。如图2-5所示,在辛酮-2为70%~80%,辛醇-2为30%~20%时,体系分配比出现极大值。以协萃比 r_s 定量描述协萃效应,则对应最大分配比 D_{max} 的协萃比 $r_s = \dfrac{D_{max}}{D_\Sigma}$ 为4.6,对应最小 $D_{加合}$ 值 $D_{\Sigma min}$ 的 $r_s = \dfrac{D_s}{D_{\Sigma min}} = 6.7$。

由于辛醇-2分子间是靠氢键缔合成长链分子,而辛酮-2的羰基与辛醇-2的羟基之间可以形成氢键,故辛醇-2中加入辛酮-2后,使其分子间氢键断裂,故其有效浓度高于煤油作辛醇-2稀释剂的情况,故分配比增大,按照这种解释,其他酮类应有相同效果,故研究了往辛醇-2中添加 MIBK 的情况,结果如图2-6所示,同样产生了明显的二元中性同类协萃效应。

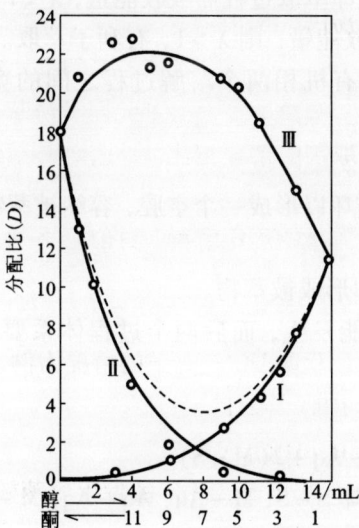

图2-5 辛醇-2与辛酮-2萃取钽

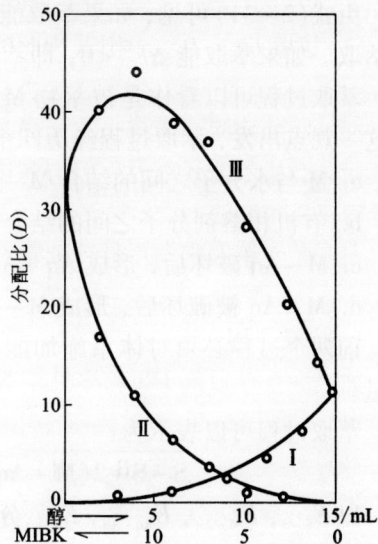

图2-6 辛醇-2与 MIBK 萃取钽

2.2.2 萃取过程的影响因素

2.2.2.1 萃取过程的热力学近似处理

如果我们不考虑萃取过程的化学反应，则萃取过程变成了被萃物简单地在两相进行物理分配的过程。分配比仅仅取决于被萃物在两相的溶解度。

因为 $\Delta G^{\ominus}$ 为被萃物在有机相的标准化学位与其在平衡水相的标准化学位差，即：

$$\Delta G^{\ominus} = \mu_2^{\ominus} - \mu_1^{\ominus}$$

而按能斯特分配定律，$\lambda^{\ominus} = e^{-(\mu_2^{\ominus} - \mu_1^{\ominus})/RT}$

故有 $$\lambda^{\ominus} = e^{-\frac{\Delta G^{\ominus}}{RT}} \qquad \Delta G^{\ominus} = -RT\ln\lambda^{\ominus} = -RT\ln\frac{a_2}{a_1}$$

式中，$\Delta G^{\ominus}$ 称为萃取自由能。

而 $$\Delta G^{\ominus} = \Delta H^{\ominus} - T\Delta S^{\ominus}, \ \Delta H^{\ominus} = \Delta E^{\ominus} + \Delta(pV)$$

萃取过程的 p 与 V 的改变很小，所以 $\Delta H^{\ominus} \approx \Delta E^{\ominus}$

即 $$\Delta G^{\ominus} \approx \Delta E^{\ominus} - T\Delta S^{\ominus}$$

我们假设的前提是认为萃取过程是简单的物理分配，被萃物在两相的存在形式相同，因此萃取过程的 $\Delta S^{\ominus}$ 可以忽略不计，故 $\Delta S^{\ominus} = 0$，另一方面，被萃物浓度很低，所以有下列关系式：

$$\lambda = \lambda^{\ominus} = e^{-\frac{\Delta E^{\ominus}}{RT}} \qquad\qquad (2-31)$$

由式(2-31)可见，如果萃取能 $\Delta E^{\ominus} > 0$，即萃取过程需吸收能量，$\lambda < 1$ 不利于萃取。如果萃取能 $\Delta E^{\ominus} < 0$，即萃取过程释放能量，则 $\lambda > 1$，有利于萃取。

萃取过程可以看作是被萃物 M 在水相与有机相两个溶解过程之间的竞争。从这一观点出发，萃取过程经历四个阶段，即：

a. M 与水分子之间的结合 M-Aq 被破坏。

b. 有机相溶剂分子之间的结合 S-S 被破坏以形成一个空腔，容纳被萃物。

c. M-Aq 破坏后，形成 Aq-Aq 结合。

d. M-Aq 被破坏后，形成 M-S 结合，即形成被萃物。

前两个过程必须对体系施加能量以后才能发生，而后两个过程体系要释放能量。

萃取过程可以表示为：

$$S-S + 2(M-Aq) \longrightarrow Aq-Aq + 2(M-S)$$

以 E_{S-S}，E_{M-Aq}，E_{Aq-Aq}，E_{M-S} 分别代表破坏 S-S，M-Aq，Aq-Aq，M-S 结合所需要的能量，则萃取能 $\Delta E^{\ominus}$ 等于

$$\Delta E^{\ominus} = E_{S-S} + 2E_{M-Aq} - E_{Aq-Aq} - 2E_{M-S}$$

如被萃物在两相以同一分子形式存在，并近似地将此分子看作是球形分子，

其半径为 r，则

$$E_{Aq-Aq} = K_{Aq} \cdot 4\pi r^2, \quad E_{S-S} = K_S \cdot 4\pi r^2$$

因此有：

$$\Delta E^{\ominus} = (K_S - K_{Aq})4\pi r^2 + 2\Delta E^{\ominus}_{M-Aq} - 2\Delta E^{\ominus}_{M-S} \qquad (2-32)$$

2.2.2.2　萃取过程的影响因素

上一节介绍了各类萃取体系的平衡，得到了它们的分配比的重要关系式：

$$D = K_C [R]^e [A]^m$$

$$D = K_C \frac{[\overline{HR}]^n}{a_{H^+}^n}$$

$$D = K_C [R_2O]^{n-m} \cdot [X^-]^n \cdot [H^+]^{n-m}$$

$$D = K_C [R_3N]^{n-m} [X^-]^n \cdot [H^+]^{n-m}$$

由以上关系式可知，影响分配比的因素可以简单地归纳为：

(1)水相中被萃取金属离子的浓度；

(2)溶液的酸度；

(3)游离萃取剂浓度；

(4)萃合常数 K_C。

(1)至(3)项因素很易理解，我们着重讨论第(4)项因素。凡影响 K_C 的因素都会对分配比造成影响，影响 K_C 的因素很多，使其增加者有利于萃取，使其减小者不利于萃取。因此可以用式(2-32)：

$$\Delta E^{\ominus} = (K_S - K_{Aq})4\pi r^2 + 2\Delta E^{\ominus}_{M-Aq} - 2\Delta E^{\ominus}_{M-S}$$

从萃取能的角度，即从吸收能量还是释放能量的角度对萃取过程的影响因素进行定性分析。

1. 空腔作用

式(2-32)中 $(K_S - K_{Aq})4\pi r^2$ 项反映了空腔作用的大小，M 进入有机相，则必须在有机相中形成一个空腔以容纳 M；M 进入水相则必须在水相中形成一个空腔以容纳 M。而 $4\pi r^2$ 即代表了空腔的大小，$K_S(K_{Aq})$ 越大表明形成空腔所需施加的能量越高。因 AB(1)型溶剂的 K_S 较其他类型溶剂的 K_S 为大，而水是 AB(1)型中 K_S 最大者，所以 $(K_S - K_{Aq})$ 项永远为负值，K_S 越小则 $(K_S - K_{Aq})$ 的负值越大，即 $\Delta E^{\ominus}$ 越小，λ 越大。在溶剂体系固定的情况下，如 $4\pi r^2$ 项越大，即被萃取物越大则 $\Delta E^{\ominus}$ 越小，$\Delta E^{\ominus}$ 越小，λ 越大，它越易进入有机相。

2. $\Delta E^{\ominus}_{M-Aq}$ 的影响

式(2-32)中 $\Delta E^{\ominus}_{M-Aq}$ 项符号为正，因此 $\Delta E^{\ominus}_{M-Aq}$ 越大，萃取能 $\Delta E^{\ominus}$ 越大，$\Delta E^{\ominus}$ 越大，即越难萃取，影响 $\Delta E^{\ominus}$ 的因素有：

(1)离子水化作用　在溶液中金属离子以水化离子形式存在，为了进入有机相必须脱除包围金属离子的水分子外壳，离子水化程度越严重则越难萃取。衡量离子水化程度的参数有：a. 荷径比：Z/r；b. 离子势：Z^2/r；c. 比电荷：复杂离子的净电荷与组成复杂离子的原子个数之比。例如 $FeCl_4^-$ 的比电荷为 $\frac{1}{1+4} = \frac{1}{5}$，$ZnCl_4^{2-}$ 的比电荷为 $\frac{2}{1+4} = \frac{2}{5}$。比电荷越大越难萃取。

在盐酸溶液中用含氧萃取剂很易将三价铁离子萃取出来就在于铁氯络离子的比电荷很小，而又有足够氢离子生成锌阳离子，两者能结合成大的离子缔合体进入有机相。图 2 - 7 所示为硝酸溶液中用 P350（甲基膦酸庚酯）萃取稀土离子时，三价稀土离子原子序数与分配比的关系。在重稀土部分随原子序数增加，离子半径减小，即 Z^2/r 增加，离子水化作用增强，故分配比减小。然而在轻稀土部分，情况则相反，随 Z^2/r 增加，分配比不但不减小，反而增加，这是因为，随 Z^2/r 增加，稀土络合物的稳定性也增加，在轻稀土部分，络合物稳定性影响占支配地位，而在重稀土部分，水化作用影响占支配地位，从而在 $D - Z$ 关系图上形成凸形曲线。

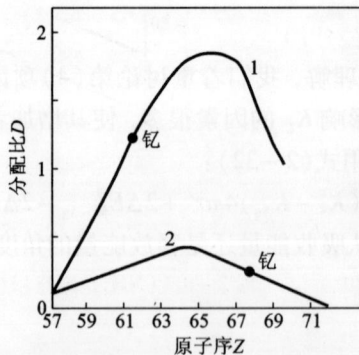

图 2 - 7　P350/RE(NO₃)₃/HNO₃ + NH₄NO₃ 的 D - Z 关系图
1. P350 1 mol/L，RE³⁺ 0.5 mol/L，HNO₃ 0.92 mol/L，NH₄NO₃ 6 mol/L
2. P350 1 mol/L，RE³⁺ 0.05 mol/L，HNO₃ 2.1 mol/L

（2）金属离子的水解与聚合作用　金属离子与水分子相互作用的结果，可以使金属离子发生水解，在氢氧化物沉淀产生之前，在溶液中就形成了金属的逐级羟络离子，例如 $Fe(OH)^{2+}$、$Fe(OH)_2^+$ 等。水合或羟合金属离子之间的相互作用可导致聚合离子的生成，例如：

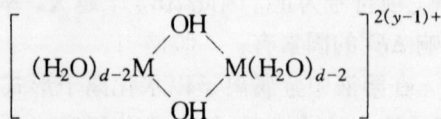

该离子是一种二羟合络离子。

在上一节中提到的酸性络合萃取，按照式(2-18)，pH 增加，D 增加，可是实际上 pH 的增加有限制，其极限值就是金属离子的水解 pH。而 $\lg D - pH$ 关系的直线在接近极限 pH 时其斜率逐渐变小，直线开始弯曲，它反映了逐级羟合络离子已经形成。

所以金属离子水解或水解聚合作用的结果使 $\Delta E_{M-Aq}^{\ominus}$ 增加，从而使 $\Delta E^{\ominus}$ 增加，故难萃取。

（3）盐效应　在萃取过程中，可以往水相中添加一种无机盐，它本身并不被萃取，但是由于它的加入可使被萃取对象的分配比增加，这种盐称之为盐析剂。

在一些情况下盐析作用可以用同离子效应来解释。例如往硝酸稀土溶液中添加 NH_4NO_3，由于 NO_3^- 浓度增加，P350 萃取稀土元素的分配比按式(2-8)增加，反映在图 2-7 中线 1 比线 2 高出了许多。

但一般情况下，用盐析作用对 K_S 的影响进行分析，能更科学、明了地说明问题。一般盐析剂阳离子的半径较小，有强烈的水化作用，故可与被萃离子争夺水分子，脱除或部分脱除被萃金属离子的水化层，使 $\Delta E_{M-Aq}^{\ominus}$ 减小，从而使 $\Delta E^{\ominus}$ 减小，故易于萃取，盐析剂阳离子的 Z^2/r 越大，盐析作用越强烈。当然阴离子也可与水分子配位，但一般其 r

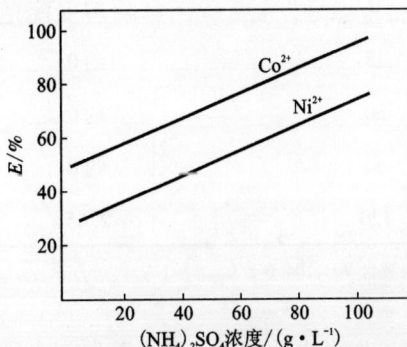

图 2-8　$(NH_4)_2SO_4$ 浓度(g/L)对萃取钴镍的影响

较大，盐析作用无阳离子强烈。因此在阳离子交换萃取体系中同样可以添加盐析剂以提高 D 值。如图 2-8 所示，用螯合萃取剂 N530(2-羟基-4 仲辛氧基二苯甲酮肟)从硫酸镍溶液中萃取分离钴镍，以 $(NH_4)_2SO_4$ 作盐析剂，金属的萃取率随水相中 $(NH_4)_2SO_4$ 浓度的升高而增大。其原因就在于铵离子及硫酸根离子有强的水化能力，使它成为一种有效盐析剂。

添加盐析剂尽管可以提高分配比，但是它的回收方法及对下道工序的影响也是必须考虑的问题。因此为了简化流程，有时可利用萃取体系本身的自盐析作用。例如，在氯化物溶液中用三正辛胺萃取分离钴、镍。钴以氯络阴离子形式被萃取，镍不生成络阴离子故不被萃取，在镍浓度较低时，必须在较高的盐酸浓度或者添加氯化物盐析剂时钴才能被萃取。但是当镍浓度较高时，例如 Ni 浓度 ≥ 100 g/L 情况下，溶液 pH 近于 1 时，50 g/L 的钴也能被定量萃取，这时氯化镍即为该体系的自盐析剂。又如在稀土分离中，可用提高稀土浓度的办法代替外加盐析剂。此时稀土的无机盐本身就是自盐析剂,当然稀土浓度提高,也有一定限制,当它明显降低自由萃取剂浓度时,分配比反而会降低。

与盐析效应相反的是盐溶效应,它使萃取率反而降低,尽管这种现象并不常见,在实际作业中却也会碰到,例如我们在系统研究钨的溶剂萃取工艺时,发现往 pH = 2 左右的料液中添加 NaCl,其含量对 N1923 体系及 N235 体系有明显不同的影响。表 2 – 3 列出了它们的对比数据。随 NaCl 含量增加,萃余液中 WO_3 含量增加,表明分配比与萃取率下降,只是两体系的影响程度不同而已。

表 2 – 3 萃取料液中 NaCl 含量对钨萃取的影响

NaCl/(g · L^{-1})	萃余液含 WO_3/(g · L^{-1})	
	10% N1923 + 10% 异辛醇	10% N235 + 10% 仲辛醇
0	约 0	约 0
15	约 0	0. 106
30	约 0	0. 212
60	约 0	1. 760
120	2. 65	5. 989

注:料液含 WO_3 104.6 g/L。

(4)丧失亲水性作用 螯合萃取剂之所以有较好的萃取效果就在于它们在生成电中性盐的同时,还能提供配位键满足中心离子的配位数,排挤掉与中心离子配位的水分子,从而使中心离子丧失亲水性,使 $\Delta E_{M-Aq}^{\ominus}$ 降低。

中性溶剂化络合萃取同样也具有使被萃取离子丧失亲水性的能力。中性萃取剂与中性无机盐络合时,萃取剂分子提供孤对电子配位,可以挤掉与中心离子配位的水分子形成一次溶剂化络合物,或者与第一水化层的水分子配位,形成二次溶剂化络合物,而将水分子屏蔽起来,从而使其亲水性降低,即 $\Delta E_{M-Aq}^{\ominus}$ 降低,$\Delta E^{\ominus}$ 随之降低。

(5)水相中添加其他络合剂的作用 在水相中除添加盐析剂会影响分配比外,添加水溶性络合剂也会影响萃取过程,如果添加的络合剂使被萃物的分配比降低,则称为抑萃络合剂或掩蔽剂,例如在萃取稀土硝酸盐时,如往水相中加入乙二胺四乙酸钠盐(EDTA)。它能与稀土生成 1:1 的螯合物,由于 EDTA 有多个亲水基团,故使 $\Delta E_{M-Aq}^{\ominus}$ 增大,$\Delta E^{\ominus}$ 增大,使 M 更难萃取。

如果添加的络合剂使被萃物的分配比增加,则称为助萃络合剂。其作用是使 $\Delta E_{M-Aq}^{\ominus}$ 降低,$\Delta E^{\ominus}$ 也相应降低。

3. $\Delta E_{M-S}^{\ominus}$ 的影响

式（2-32）中 $\Delta E_{M-S}^{\ominus}$ 的符号是负号，因此 $\Delta E_{M-S}^{\ominus}$ 越大，即萃取剂与被萃物 M 作用越强烈，则萃取能 $\Delta E^{\ominus}$ 越小，越有利于萃取。影响 $\Delta E_{M-S}^{\ominus}$ 的因素有：

（1）溶剂氢键作用　一般而言，凡被萃物与溶剂有氢键缔合者有利于萃取，没有氢键缔合者不利于萃取。

例如羧酸 RCOOH 在溶剂 S 与水之间的分配比随下列次序而递减，

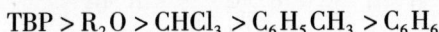

$$TBP > R_2O > CHCl_3 > C_6H_5CH_3 > C_6H_6$$

这一顺序与溶剂与羧酸生成氢键能力的顺序相一致，氢键的生成，使 $\Delta E_{M-S}^{\ominus}$ 增大，故 $\Delta E^{\ominus}$ 减小，分配比增大。

（2）离子缔合作用　在上一节中介绍的𨦥盐萃取或胺盐萃取体系，由于金属络阴离子与有机阳离子生成离子对而被萃取。如前所述其原因在于空腔作用。除此之外，$\Delta E_{M-S}^{\ominus}$ 的增大也是重要的原因。①离子对的形成，使大离子外缘球面上电荷密度很小，Z^2/r 大大降低，故水化很弱。②大离子的外缘基团是碳氢化合物，根据相似性原理，易溶于有机相而不易溶于水相。③大离子外缘基团把亲水基团包在里面，因而阻碍了亲水基团的水化作用。这三方面归纳起来都是使 M-S 作用加强，即 $\Delta E_{M-S}^{\ominus}$ 增大，因而 $\Delta E^{\ominus}$ 减小，有利于萃取。

同理，如果金属阳离子不易生成络阴离子，我们也可利用大的有机阴离子与简单金属阳离子缔合生成离子缔合体，此时由于 $\Delta E_{M-S}^{\ominus}$ 增大，而使 $\Delta E^{\ominus}$ 降低，有利萃取。

4. 其他因素的影响

（1）协萃作用　如前所述，协萃效应的原因很复杂，但从萃取能角度出发，可以认为有两种或两种萃取剂分子的萃合物，其体积较大，根据空腔原理 $\Delta E^{\ominus}$ 减小；第二种萃取剂分子排挤掉萃合物中水分子使 M-Aq 作用更弱，即 $\Delta E_{M-Aq}^{\ominus}$ 减小，也使 $\Delta E^{\ominus}$ 降低；或者第二种萃取剂使 M 的配位数完全饱和，即 M-S 作用加强，$\Delta E_{M-S}^{\ominus}$ 增大，使 $\Delta E^{\ominus}$ 减小。因此总的结论是协萃效应使 $\Delta E^{\ominus}$ 减小，故有利于萃取。

（2）温度的影响　根据特范荷夫等压方程式，前述各反应方程中的萃合常数 K_C 与温度的关系可表示为：

$$\left[\frac{\partial \ln K_C}{\partial T} \right] = \frac{\Delta H^{\ominus}}{RT^2}$$

对于吸热反应，$\Delta H^{\ominus} > 0$，萃合常数 K_C 随温度升高而增加。对于放热反应，$\Delta H^{\ominus} < 0$，萃合常数 K_C 随温度升高而减小。因此萃取过程的温度对分配比有一定影响。例如用 10% P507 及 90% 的 260 号溶剂油萃取分离钴镍时，$\Delta H_{Co}^{\ominus} = 31.3$ kJ/mol，$\Delta H_{Ni}^{\ominus} = 6.8$ kJ/mol，所以温度升高，它们的分配比增加，但由于钴的热焓值大，故温度对钴的分配比的影响比对镍的影响大，从而可以用改变温度的办法

来调整它们的分离系数，有关试验结果如表 2-4 所示。

表 2-4　温度对 P507 萃取分离钴镍的影响

温度/℃	10	20	30	40	50
D_{Co}	18.3	32.6	53.1	61.5	151
D_{Ni}	0.304	0.294	0.304	0.294	0.341
$\beta_{Co/Ni}$	60.2	111	202	412	443

2.3　萃取过程动力学

萃取反应的速度即达到平衡所需时间对于选择萃取设备的类型、萃取设备的大小及溶剂的用量有明显的影响，甚至当两种金属的反应速度相差较大时，还可利用这种差异实现动力学分离。因此研究萃取过程动力学对于解决萃取过程的工程技术问题有非常现实的意义。

但实际上与萃取的工业应用及萃取化学的其他分支相比，萃取动力学的研究是相当落后的。究其原因除了问题的复杂性外，生产实践对解决此问题的迫切性不足是一个重要根源。因为对于大部分实际应用的萃取体系而言，反应速度一般很快，在几分钟内就能达到平衡，因而在相当一段时间内对动力学研究重视不足。随着萃取工业的发展，人们发现在核燃料萃取中，减少两相接触时间对于减缓萃取剂的幅照降解现象有益；以及羟肟类萃铜的大规模工业应用和在实践中观察到某些元素有极慢的萃取反应速度，萃取动力学的研究才逐渐活跃起来。

萃取动力学研究的影响因素复杂，而且受实验技术的影响，采用不同的研究方法往往会得到不同的结论，因此至今无法得出统一的结论，甚至对不同的萃取体系也无法得到适合这一类体系的一致结论。

本书对这一问题也只能作一粗略的介绍。

2.3.1　分类

由于萃取是涉及两液相中带有化学反应的传质过程，因此像处理气体吸收速度或液固反应速度那样，可将萃取过程按动力学特征分为三类，即动力学控制萃取过程、扩散控制萃取过程和混合控制类型萃取过程。事实上，由于萃取反应既可能发生在相内也可能发生在相界面上，从而使萃取过程动力学变得更加复杂。

2.3.1.1 扩散控制的萃取过程

这类过程的化学反应速度相当快。当化学反应发生在相界面上时，界面组成，即界面上反应物及生成物的比例与界面反应平衡表示式中各物质的浓度关系相一致，萃取速度不仅与搅拌强度及界面积有关，而且与扩散慢的物质浓度也有关。

2.3.1.2 动力学控制的萃取过程

这类过程的化学反应速度相当慢，因此研究控制萃取速度的一个或若干个化学反应发生的位置很重要，即判明反应是发生在相内或者是相界面上还是在界面附近很薄的一个相邻区域内。

(1)相内化学反应控制的情况。此时萃取剂的溶解度，它们的分配常数(随稀释剂的种类及水相离子强度不同而变化)，萃取剂在水相中的离解常数及相比是研究此类动力学的重要参数。

(2)界面化学反应控制的情况。此时界面积、反应物的界面活度及与界面上分子优先取向有关的分子的几何排列是研究动力学的重要参数。

2.3.1.3 扩散－动力学混合控制

当化学反应的一个或多个步骤的速度与通过界面膜的扩散速度相当时，萃取过程属于混合控制。实际上，相对于受动力学控制和扩散控制，溶剂萃取过程受混合控制的情况更多，动力学控制和扩散控制仅是混合控制的极端情况。在达到极限条件之前，在等温萃取体系中，提高扩散速度可通过强化搅拌来实现，而提高化学反应速度可通过增加反应剂的浓度来实现。

2.3.2 不同萃取体系的动力学特征

迄今为止对不同萃取体系的动力学研究发展极不平衡。相对而言阳离子交换体系的动力学研究，特别是对螯合萃取剂的动力学行为研究较为集中。

2.3.2.1 阳离子交换体系的动力学

如同 2.2 节所述，这类萃取体系的总反应为：

$$n\overline{\mathrm{HR}} + \mathrm{M}^{n+} = \overline{\mathrm{MR}_n} + n\mathrm{H}^+$$

故此类反应的正向反应速度可表示为：

$$-\frac{\mathrm{d}[\mathrm{M}^{n+}]}{\mathrm{d}t} = \frac{K_f[\mathrm{M}^{n+}]^x[\overline{\mathrm{HR}}]^y}{[\mathrm{H}^+]^z}$$

式中：K_f 为反应速度常数；x，y，z 为反应级数。

(1)酸性萃取剂 在冶金上常用的该类萃取剂有酸性有机磷萃取剂及羧酸。后者的动力学研究数据还不充分。而现有对酸性有机磷萃取金属离子的动力学资料表明，大部分研究过的萃取体系都具有界面化学反应控制特征。也有一些研究表明存在混合扩散－化学反应动力学特征。

（2）螯合萃取剂　这类萃取剂的动力学研究报道较多，用非水溶性的打萨宗萃取二价锌离子的研究报道表明，速度控制步骤随锌浓度变化而变化，在高锌浓度，打萨宗扩散至界面的速度是控制步骤，而在低锌浓度，界面上打萨宗阴离子与锌离子的化学反应是控制步骤。而用同系列的水溶性的萃取剂的研究表明很可能是随水相萃取剂浓度增加反应控制区从界面移向水相内。

2.3.2.2　阴离子交换体系的动力学

1. 胺萃取酸的情况

用三月桂胺的甲苯溶液萃取盐酸的结果证明，萃取具有两个慢的过程，一为界面化学反应，二为生成的胺盐从界面离去的过程，即：

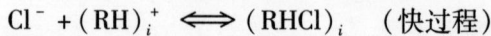

$$H^+ + R_i \Longleftrightarrow (RH)_i^+ \quad （慢过程）$$

$$Cl^- + (RH)_i^+ \Longleftrightarrow (RHCl)_i \quad （快过程）$$

$$(RHCl)_i + \overline{R} \Longleftrightarrow \overline{RHCl} + R_i \quad （慢过程）$$

下标 i 代表界面浓度。

2. 胺盐萃取金属的情况

由于胺盐的界面活性很大，有理由相信在这一体系内界面反应也占有优势。例如，三月桂胺萃取铁的情况可表示为：

$$FeCl_3 + q(RHCl)_i \Longleftrightarrow [FeCl_3(RHCl)_q]_i$$

$$[FeCl_3(RHCl)_q]_i + \overline{RHCl} \Longleftrightarrow \overline{FeCl_3(RHCl)} + q(RHCl)_i$$

$$[FeCl_3(RHCl)_q]_i + 3\overline{RHCl} \Longleftrightarrow \overline{FeCl_3(RHCl)_3} + q(RHCl)_i$$

式中：$(RHCl)_i$、$\overline{RHCl}$ 分别为界面水相侧及有机相侧 RHCl 的浓度。

2.3.2.3　中性溶剂化络合体系动力学

该体系主要的研究对象是中性有机磷萃取剂。对 HNO_3 – TBP，HSCN – TBP，HNO_3 – TOPO，HSCN – TOPO 体系以水反萃的动力学研究表明，其传质过程为界面化学反应所控制，而随着反应的进行变为扩散控制，在扩散控制情况下，萃取剂从有机相内向界面的扩散是控制步骤。而对 $HClO_4$ – TBP 体系而言，在整个过程传质似乎均为扩散所控制。

2.3.3　影响萃取速度的因素

2.3.3.1　搅拌强度及界面积

扩散控制的萃取过程速度与搅拌强度与界面积大小均有关系，随搅拌强度增加其速度呈规律性地上升。而化学反应控制的情况则比较复杂，在相内化学反应控制的情况下，萃取速度与界面大小及搅拌强度均无关系。在界面化学反应控制的情况下，萃取速度与搅拌强度无关但随界面积增大而增大。若被萃金属的萃取反应为一级反应,其他组分大大过量的条件下,控制步骤的 $k_V = f(S)$ 的关系为直线关系(k_V 为速度常数)。图 2-9 为一级化学反应控制的 K_V 与比表面积 F 的关系。

界面化学反应控制时,直线(2)通过原点,表示界面积影响很大。相内化学反应控制时,直线(3)与横轴平行,表示与界面积无关。如为混合控制过程,则出现如直线(1)所表示的关系。根据变更比表面积大小的方法对 81 种

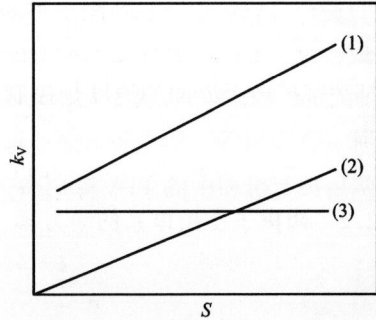

图 2-9 化学反应控制下的 k_V 与 S 的关系

螯合萃取体系进行研究的结果表明,大多数萃取过程属于界面化学反应控制,只有极少数属于相内反应和混合控制过程。

2.3.3.2 温度

如果是扩散控制,温度上升,黏度与界面张力会下降,萃取速度会有所上升,但影响不是那么明显,而对于化学反应控制的过程,则温度影响非常显著。一般而言,化学反应控制的活化能大于 42 kJ/mol(见表 2-5),但也并非绝对如此,有的化学反应控制的活化能也很小。

表 2-5 某些金属萃取反应的活化能(E)值

金属离子	萃取体系	$E/(\text{kJ} \cdot \text{mol}^{-1})$
Cu(Ⅱ)	N530-甲苯-H_2SO_4(0.1 mol/L)(pH 2.42,Na_2SO_4,0.5 mol/L)	43.05
Al(Ⅲ)	P204-煤油-H_2SO_4(0.2 mol/L)(0.05 mol/L)	79.50
Fe(Ⅲ)	P204-辛烷-$HClO_4$(0.1 mol/L)($\mu = 2$)	62.70
Fe(Ⅲ)	P204-煤油-H_2SO_4(0.1 mol/L)(0.25 mol/L,$\mu = 2$)	58.31
Am(Ⅲ)	P204-正庚烷-$HClO_4$($\mu = 2$)	51.10
Fe(Ⅱ)	P507-煤油-H_2SO_4(0.25 mol/L,$\mu = 2$)	83.14

2.3.3.3 水相成分

由速率表示式可见,被萃金属离子浓度对萃取速度有直接影响,随其浓度的变化,速度的控制步骤会发生变化;其次由速率表示式也可看出,水相酸度对萃取过程也有影响。图 2-10 为用 P507 萃钴时,钴浓度及 pH 对萃取速度影响的实

验结果。

除此之外,水相中其他阴离子配位体对萃取速度有重要影响。例如用烷基磷酸萃取铁时,氯离子能加速 Fe^{3+} 的萃取,这是因为氯离子可取代 Fe^{3+} 的水化层水分子而生成动力学活性被萃物;又如 TTA - 苯从 $HClO_4$ 中萃铁的反应很慢,往水相中加入 NH_4SCN 后,由于 SCN^- 与 Fe^{3+} 生成 $Fe(SCN)_3$,它能立即被萃入有机相,尔后被有机相中的 TTA 将 SCN^- 取代出来,从而使反应速度大大增加。

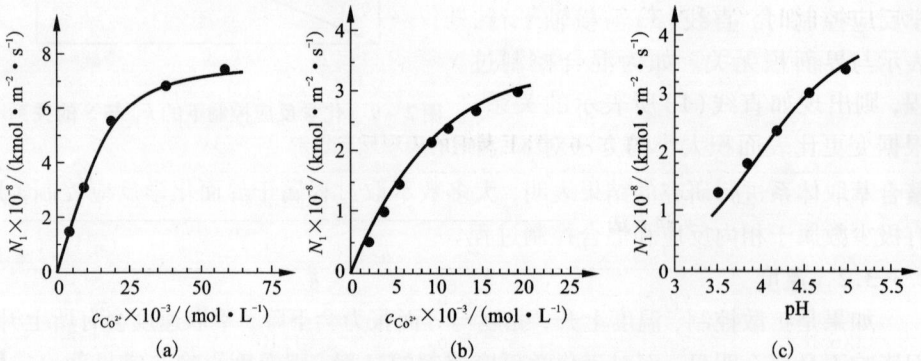

图 2 - 10　P507 萃 Co 时,萃取速度与 Co 浓度及 pH 的关系

(a)、(b):P507 浓度分别为 0.070 mol/L 及 0.035 mol/L 时,萃取速度与 $c_{Co^{2+}}$ 的关系;

(c)P507 及 Co 浓度分别为 0.035 mol/L 及 0.02 mol/L 时,萃取速度与 pH 的关系

2.3.3.4　有机相组成

由速率表示式可见,萃取剂浓度对萃取速度有影响,图 2 - 11 为 P507 萃取钴时,萃取剂浓度与萃取速度关系的实际结果。

稀释剂对萃取速度也有影响,因为它影响萃取剂的聚合作用,从而影响到有机相内各组分的活度系数及反应的活化能。因而同一萃取剂用不同稀释剂时对同一水相同一金属离子萃取时的反应级数是不相同的。

萃取剂分子在相界面上的几何排列情况对萃取速度也有影响。

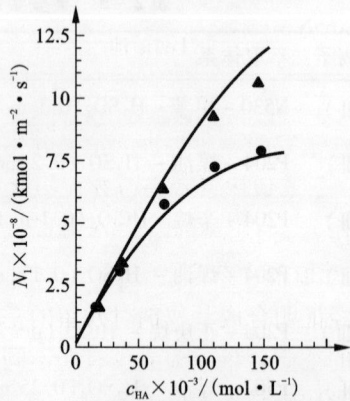

图 2 - 11　P507 浓度与萃 Co 速度关系

●—c_{Co} = 0.020 mol/L；▲—c_{Co} = 0.035 mol/L

2.3.4 铜萃取的动力学研究

由于肟类萃取剂萃铜的速度较慢，因此在金属萃取领域内，对铜萃取动力学的研究最为活跃，为此，本书对此作一简单介绍，以利于读者进一步了解萃取动力学的研究状况。

2.3.4.1 肟类萃铜的反应级数

研究动力学的方法主要有三种：AKUFVE 仪器，Lewis 池，单液滴法。有关这些方法的详细介绍可参考有关专著，此处仅介绍用这三种方法的试验结果。表2-6总结了肟类萃取剂 LIX65N 及 LIX64N 萃铜的表观反应级数。

表 2-6 羟肟萃铜的表观反应级数

萃取剂	实验方法	反应级数		
		H^+	RH	Cu^{2+}
LIX65N	AKUFVE	-0.9	1.01	1
	Lewis 池	-0.6	1.10	1
	单液滴法	ND	0.5	1
LIX64N	AKUFVE	-1.0	1.5	1
	单液滴法	0	0.5	1
LIX65N	单液滴法	-1.0	—	1
	Lewis 池	-2.0~0	2.0~1.0	1.0~0

显然不同的实验得到的结果并不一致，除了不同的实验方法和实验条件不完全相同外，萃取体系本身也存在一些造成萃取速度不同的因素，M. Cox 与 D. Flett 对不同作者关于这个问题产生不同结果的原因概括为四个方面：

1. 萃取剂中杂质的影响

已经证明合成萃取剂时残留的壬基酚会使萃取速度降低。在不同的试验中，萃取剂的杂质含量或多或少有所不同，因此对不同试样的萃取速度与其浓度的关系作定量比较是不大可能的。

2. 萃取剂分子构型的影响

一个明显的事实是，醛肟类萃取剂 P1 萃铜的速度显著大于酮肟，其原因在于醛肟的分子构型使它在两相界面上有非常有利的几何排列。

3. 萃取剂在有机相内聚合状态的影响

羟肟在有机相内的聚合对动力学有非常重要的意义。而聚合状态与萃取剂浓度及所用的稀释剂有关,因而忽略聚合情况来研究萃取速度与萃取剂浓度的关系,往往会得到不同的萃取级数。

4. 水力学因素影响

流体动力学的影响会使在 pH 大于 2 的情况下,用单液滴法得到的反应级数是不可靠的,这一点已由试验及计算所证明。表 2-6 中萃取速度与 pH 关系非常矛盾的结果由此可以得到说明。

2.3.4.2 反应速度的控制步骤

比较一致的意见认为界面化学反应是速度的控制步骤。但什么是实际的控制步骤仍然是一个值得探讨的问题。

Hummelstedt 认为,铜离子的配位水的交换反应是速度控制步骤。实验观察到,从氯化物溶液中萃取铜比从硫酸溶液中萃取铜快,这与动力学活性物质铜氯络离子的配位体氯离子比水化铜离子的配位水容易交换密切相关。这一实验事实间接地支持了配位水的交换反应是速度控制步骤的观点。

而 R. F. Dalton 等人却认为羟肟首先与水合铜离子反应形成带电的共轭酸 $[(HR)_2Cu]^{2+}$,然后释放出 H^+。反应式如下:

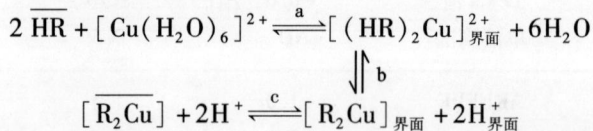

$$2\overline{HR} + [Cu(H_2O)_6]^{2+} \overset{a}{\rightleftharpoons} [(HR)_2Cu]^{2+}_{界面} + 6H_2O$$
$$\big\Downarrow b$$
$$[\overline{R_2Cu}] + 2H^+ \overset{c}{\rightleftharpoons} [R_2Cu]_{界面} + 2H^+_{界面}$$

并认为 b 步骤即从共轭酸中释放出 H^+ 而形成电中性的螯合物是整个过程中的决定性一步。

中科院上海有机所的研究认为,从共轭酸中释放出 H^+ 的反应应分两步进行,其中每一步分别释放出一个 H^+。萃取历程用下列各式表示:

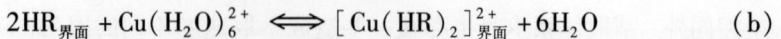

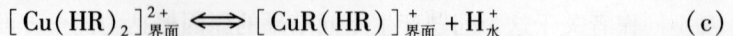

$$\overline{HR} \Longleftrightarrow HR_{界面} \tag{a}$$
$$2HR_{界面} + Cu(H_2O)_6^{2+} \Longleftrightarrow [Cu(HR)_2]^{2+}_{界面} + 6H_2O \tag{b}$$
$$[Cu(HR)_2]^{2+}_{界面} \Longleftrightarrow [CuR(HR)]^+_{界面} + H^+_{水} \tag{c}$$
$$[CuR(HR)]^+_{界面} + H^+_{水} \Longleftrightarrow [CuR_2]_{界面} + H^+_{水} \tag{d}$$
$$[CuR_2]_{界面} \Longleftrightarrow \overline{[CuR_2]} \tag{e}$$

反应(d)是决定速度的一步,它与 D. S. Flett 等人测得的正反应速度常数与 Cu^{2+} 及 LIX65N 浓度的一次方成正比,与水相 H^+ 浓度的一次方成反比的关系相符合(表 2-6 第一例)。

2.3.4.3 萃铜的动力学协萃

最早在工业上获得广泛应用的铜萃取剂是 LIX64N,它是 LIX65N 与 LIX63 按一定比例配成的混合物。LIX65N 的学名是 2-羟基-5壬基二苯甲酮肟,它有很好的萃铜能力,但是萃取速度太慢,往其中加入 5,8-二乙基-7羟基-6-十二烷基酮肟(LIX63)后萃取动力学得到了明显的改善。这种效应称为动力学协萃。LIX64N 的成功应用引起了人们对动力学协萃的研究兴趣。

D. S. Flett 等人的研究认为 LIX64N 产生动力学协萃的原因是由于在界面上形成了 LIX65N 与 LIX63 的混合络合物 $CuR^{65}R^{63}$。这种中间络合物转入有机相后,随即发生被 LIX65N 的取代反应生成最终产物 CuR_2^{65}。R. L. Atwood 等人和 R. J. Whawell 等人的研究结论则认为,是由 LIX63 的肟基氮原子与 LIX65N 的羟基氢原子发生质子化所引起的。

$$HLIX63 + HLIX65N \Longleftrightarrow H_2LIX\,63^+ \cdot LIX\,65^-$$

这种质子化作用使得 LIX65N 羟基上的氢解离增强,从而加速了萃取反应。

中科院上海有机所合成了一种适合在高的铜浓度、低 pH 下使用的铜萃取剂 N530,其学名为 2 - 羟基 - 4 仲辛氧基 - 二苯甲酮肟,并研究了分别添加各种有机碱类化合物及有机酸类化合物的协萃效应。他们认为,由于带电共轭酸 $[CuR(HR)]_{界面}^+$ 释放质子形成中性螯合物是速度的决定步骤,而添加的有机碱能吸收质子,故可以使反应加速。添加酸性较强的有机酸,如烷基磷酸与磺酸也有动力学协萃作用,原因在于相转移催化作用。即在靠近界面的水相边,发生有机酸 (HR') 与铜离子的快速交换反应,它进入有机相后发生螯合萃取剂 $(HR)_{螯}$ 置换出 $(HR')_{酸}$ 生成电中性螯合物的反应。全过程可示意如下:

$$
\begin{array}{lll}
\text{有机相} & \overline{2HR'_{酸}} + \overline{CuR_2} \longleftarrow & \overline{CuR'_2} + \overline{(HR)_{2(螯)}} \\
\text{界面} & \Big\downarrow \qquad\qquad\qquad & \Big\uparrow \\
\text{水相} & 2HR'_{界} + Cu^{2+} \Longleftrightarrow & CuR'_{2界} + 2H^+
\end{array}
$$

由于把相间反应转化成有机相内部的反应,故使反应大大加速。而反萃取时,界面上的 $\overline{CuR_{2(螯)}}$ 与 H^+ 发生界面反应,由于长碳链有机酸一般都有强烈的表面活性,在界面上对 CuR_2 起着排挤作用,故添加有机酸类化合物使反萃取速度减慢。

2.3.5 动力学分离

了解被萃物的萃取速度除了采取措施使其加速及为设备设计提供基本参数外,还可利用两种被萃物的速度差别进行分离,称之为动力学分离。典型的例子是在湿法炼锌中用 P204 萃取分离铟、铁。

萃取料液为铁矾渣的硫酸浸出液,铟含量 800 mg/L,铁含量约 15 g/L,铁和铟均以三价阳离子状态存在。有机相为 40% P204 - 煤油。萃取反应如下式所示:

$$In^{3+} + 3\,\overline{(HR)_2} \Longleftrightarrow \overline{In(HR_2)_3} + 3H^+$$

$$Fe^{3+} + 3\,\overline{(HR)_2} \Longleftrightarrow \overline{Fe(HR_2)_3} + 3H^+$$

由于铟与铁可以共萃,一般做法是将三价铁还原为二价,再进行萃取。萃取平衡试验发现铟的萃取速度很快,不到 1 分钟几乎能定量被萃取,而铁的萃取速度却很慢,在铟萃取完全时其萃取率仅在5%以下(图2-12),因此,如果控制两相接触时间就可实现铟铁分离。

生产实际是采用离心萃取器达到两相短时间接触后即迅速分离的目的。

三价铁的反萃性能又比铟差,因此先用 4 mol/L 盐酸与 1.5 mol/L $ZnCl_2$ 反萃铟,再用 6 mol/L 盐酸与 0.25 mol/L $ZnCl_2$ 反萃铁,使铟得以进一步提纯。

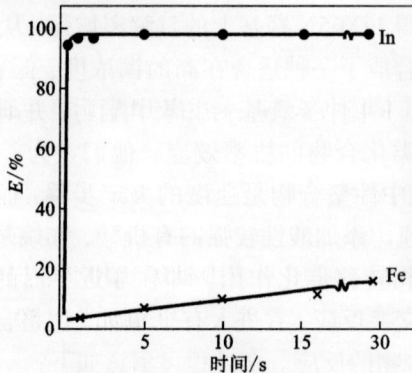

图 2 - 12　萃取时间对铟铁萃取率的影响

料液:Zn 107.4 g/L; In 870 mg/L; Fe 14.88 g/L;

聚醚 100×10^{-6};[H^+]20 g/L;

有机相:40% P204 + 煤油;相比:O/A = 1:5

在2011 年的国际溶剂萃取会议上,加拿大 CESL 的技术资源部与澳大利亚 CSIRO 的矿物部报道了他们联合开发的动力学分离钴镍新工艺。

萃取料液为高压浸出加拿大 Mesaba 铜 - 镍精矿的硫酸浸出液,采用常规萃取工艺提取铜后,再净化除去铝、铁、锌、镉杂质,送往萃取钴、镍的溶液其成分为镍21.2 g/L,钴 0.78 g/L,锰 0.11 g/L,镁 4.25 g/L,钙 0.6 g/L。研究发现,钴的萃取速度大于镍的萃取速度,钴的萃取率作为接触时间的函数,先升后降,其最大值与料液 pH 有关。pH 在 4.5~5,其萃取高峰值在 45~60 s,而镍的萃取率随接触时间延长逐渐增加,没有峰值出现。采用的有机相为含 0.28 mol/L LIX63 及 0.2 mol/L Versatic 10 的协萃体系,稀释剂为 Shellsol D80。

在管道反应器中进行二级顺流连续试验,两相在一个停留时间只有 8~15 s,而混合相当猛烈(桨叶端速为 2.5~3.1 m/s)的小混合箱中混合后进入管道反应器。四个星期的连续萃取试验平均结果列于表 2-7。

表2-7 各级元素的萃取率与萃余液组成/%

级	Ni	Co	Mn	Mg	Ca	萃余液镍钴比
E1	5.3	71.5	<0.1	<0.1	<0.1	90:1
E2	9.4	89.7	<0.1	<0.1	<0.1	768:1
E3	14.2	96.9	<0.1	<0.1	<0.1	——

　　显然，料液中镍钴比原为20:1，经过两级顺流连续萃取，萃余液中镍钴比达768:1，超过667:1的控制指标，而且即使有部分镍被共萃取，其他杂质也不被萃取。负载有机相中钴镍比为0.74:(0.98~1.2)。反萃试验结果表明，钴与镍的反萃速度也有差别。低温、低酸度及短的停留时间有利于钴的反萃，例如，用3 g/L硫酸，停留时间45 s，72%的钴被反萃下来，而镍只有3%被反萃下来；反萃液中钴镍比为16，当反萃剂的硫酸浓度增至5 g/L时，虽然钴反萃率增至95%，但镍的反萃率也增加，反萃液中钴镍比降为(4~5):1。增加相比，可使反萃液中游离酸浓度降低，反萃液体积减少，反萃液中钴镍比增加，但钴反萃率降低。高温、高的酸度及长的停留时间，可使镍反萃彻底。例如，用50 g/L硫酸，相比为1:1，在45~50℃，停留时间8分钟以上，镍的反萃率可达99%，反镍后的有机相中残留镍浓度低于0.2 g/L，循环试验结果表明不影响下一周期中选择性萃钴。

　　由于制取纯钴产品对钴镍比要求很高，所以推荐两种方案用于反萃，一种为用一级逆流选择性反钴，再用两级逆流高酸反镍，分别得到富钴液及富镍液再进一步处理；另一种方案为用高酸三级逆流反萃，使镍、钴共反萃下来，再用C272从反钴液中萃钴分离镍。此时由于有机相中杂质锰、镁、钙已极少，故可得到纯的钴与镍溶液。

　　以上的试验表明，巧妙地利用萃取与反萃阶段的速度差别，可以简化分离工艺，达到用一般平衡分离法不能达到的效果。

2.4 稀释剂与相调节剂

2.4.1 稀释剂对萃取过程的影响

　　稀释剂与被萃物不发生直接的化学结合作用，随着研究的深入，人们发现稀释剂对萃取过程的影响非常复杂，很多现象还不能从理论上进行系统解释，本节仅对一些主要的研究结果进行粗略的归纳介绍。

2.4.1.1 稀释剂组成的影响

　　稀释剂的芳香烃或脂肪烃的相对含量对金属离子萃取有着相当大的影响。用

P204 从硫酸盐中萃取稀土时,脂肪烃的含量对萃取比的影响示于图 2 – 13。

图 2 – 14 为 P204 萃取钴镍时,稀释剂的芳烃含量对负载有机相中钴镍比的影响。

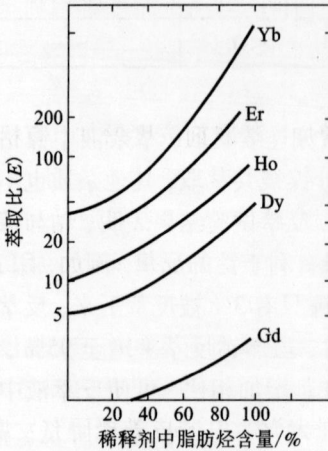

图 2 – 13 稀释剂中脂肪烃含量对
P204 萃取稀土的影响

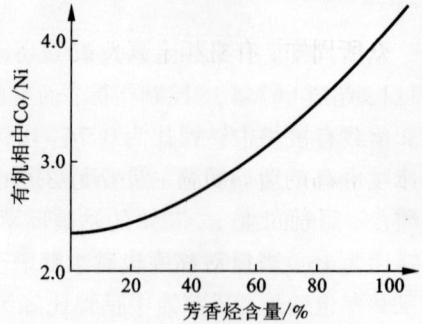

图 2 – 14   15％P204 + 5％TBP
萃取钴镍时芳烃含量的影响

稀释剂中芳烃含量对肟类萃取剂萃铜的影响,已作了广泛的研究,一般而言,芳香烃含量高,相分离好,沉清时间缩短,萃取剂的稳定性也增加。但是高的芳香烃含量却会使有机相的平衡负载量降低,萃取速度和反萃情况均会变差。所以工业上一般采取折中办法,在直链烷烃中加入少量壬基酚等(详见 2.7.2.1)。

但是稀释剂中芳烃含量对不同类型的萃取剂却有不同的影响,例如对 D2EHPA,LIX 和 Kelex 类萃取剂,稀释剂中芳烃含量超过 25％时会导致金属萃取率下降,但对胺类和 TBP 的影响却相反。

在石油工业上,用 K_B(贝壳松脂丁醇值)值表示一种溶剂的溶剂化能力,实质上它是溶剂芳香率的一种量度。其测量方法是用在丁醇中的 20％ 的栲利树脂的标准溶液滴定溶剂,直至溶液开始浑浊。所以在溶剂萃取中借用这一参数研究稀释剂对萃取性能的影响。根据现有资料报道,总的趋势是随着 K_B 值的增加,萃取剂的萃取能力下降,对 LIX64N 萃取剂,K_B 值超过 20,有机相金属负载量迅速下降,而对于胺类萃取剂其下降点从 80 开始,对 Kelex100 则从 92 开始。一般 K_B 值的影响与芳烃含量的影响是相类似的。

加拿大的 Ritcey 与 Lucas 认为随稀释剂中芳烃含量增加,稀释剂的惰性减弱,稀释剂有可能以某种方式进入萃合物。英国伯明翰大学化工系的 N. T. Balley 等在研究单壬基磷酸从含铝的酸浸液中萃铝时发现,芳烃含量相差很大的稀释剂可以得到完全相同的萃取结果(参见表 2 - 10)。这至少说明稀释剂对萃取的影响并不能完全归因于芳烃含量的差别,必须从不同的角度去考察研究这一问题。

2.4.1.2 稀释剂物理性质的影响

此处所说的物理性质是黏度、密度及闪点。

有机相的物理性质,一方面决定了它的分相性能,另一方面也影响到生产的安全、设备的投资及溶剂存储量,而有机相的物理性质却有赖于用稀释剂进行调节。

众所周知,有机相金属负载量高,则密度增加,萃取剂浓度增加,有机相的密度也增加。因此,随着萃取过程的进行,有机相与水相之密度差会缩小,因而会影响到分相性能,因此恰当选择稀释剂密度尤为重要,这一点在使用高的萃取剂浓度和高的金属负荷时要格外注意。一般而言:芳香产品密度要高于脂肪族产品密度,目前工业上常用的稀释剂密度均小于1。

溶剂之负载量对黏度也有影响,一般随有机相金属负荷量的增加,黏度显著增加,在这种情况下,为了减少黏度的影响和增加分相速度,只有两种办法:提高操作温度或者选择低黏度的稀释剂。日本静冈大学的 T. Sato 教授研究发现,在用三辛基甲基氯化胺从盐酸溶液中萃取二价金属时,分配比 D 甚至是稀释剂的绝对黏度的函数,在绝对黏度 $\eta_d < 1$ CP 时,η_d 增加,D 增加,$\eta_d > 1$ CP 后,D 变化较小,当稀释剂的绝对黏度接近水的黏度时,D 变为常数。在 η_d 小于 1 CP 范围内,有经验关系式:

$$\lg D/D_0 = A(\eta_d - 1)^2$$

式中:D_0 为用邻二氯苯作稀释剂时的分配比;A 为斜率。这一结果预示有机分子间的作用力可能是稀释剂影响萃取性能的因素。

稀释剂的闪点是保证萃取过程安全运行的基本条件,早期采用的低闪点稀释剂,现在均已淘汰。与萃取剂混合后可调整闪点。

2.4.1.3 稀释剂的极性与有机相中萃取剂的聚合作用

1. 稀释剂的极性对萃取过程的影响

考虑到有机分子间的作用力,人们很自然地注意到稀释剂的极性对萃取过程的影响。表 2 - 8 为用 Aliquat 336 萃取稀土时,不同极性稀释剂对稀土萃取的影响,随稀释剂极性增加,萃取率及镧镨分离系数均下降。

极性的影响可归因于稀释剂与萃取剂分子之间存在氢键与范德华力,产生溶剂化作用,如用氯仿作 TBP 的稀释剂,它们之间形成分子间氢键,从而削弱了磷氧键的电子云密度或者降低了游离 TBP 浓度,故分配比显著下降。

表 2-8   稀释剂的极性对 Aliquat 336 萃取稀土之影响

稀释剂	极性	$q/\%$	$\beta_{La/Pr}$
甲 苯		27	2.7
二甲苯		24	2.8
辛 烷	由小至大	18	2.0
标准矿物油		18	2.6
乙 醚		14	1.6
甲异丁酮		9	1.2
乙酸丁酯		4	1.4

不同的溶剂对各种胺的碱性的影响，也说明了稀释剂分子与萃取剂分子之间的相互影响。例如，不同的稀释剂中各种胺有如下碱性强弱顺序：

在苯中，$(C_4H_9)_2NH > (C_4H_9)_3N > C_4H_9NH_2$

在氯苯中，$(C_4H_9)_3N > (C_4H_9)_2NH > C_4H_9NH_2$

在二丁醚中，$(C_4H_9)_2NH > C_4H_9NH_2 > (C_4H_9)_3N$

介电常数和偶极矩分别是溶液和分子极性的一种量度，因此人们试图寻找它们与萃取参数之间的某种关系，但是研究结果可以得出甚至完全不同的结论。

例如：T. Sato 在研究三辛基甲基氯化胺从盐酸溶液中萃取二价金属时，未发现分配比与稀释剂的偶极矩或介电常数之间有明显的关系，而冶金分离科学与工程重点实验室在研究 N235 萃取偏钨酸根时，无论是用硫酸还是用盐酸调酸制备萃取料液，均发现分配比与常用醇类稀释剂的偶极矩之间存在双曲线关系，且硫酸调酸时这一规律更为明显。这些结果如图 2-15 所示。

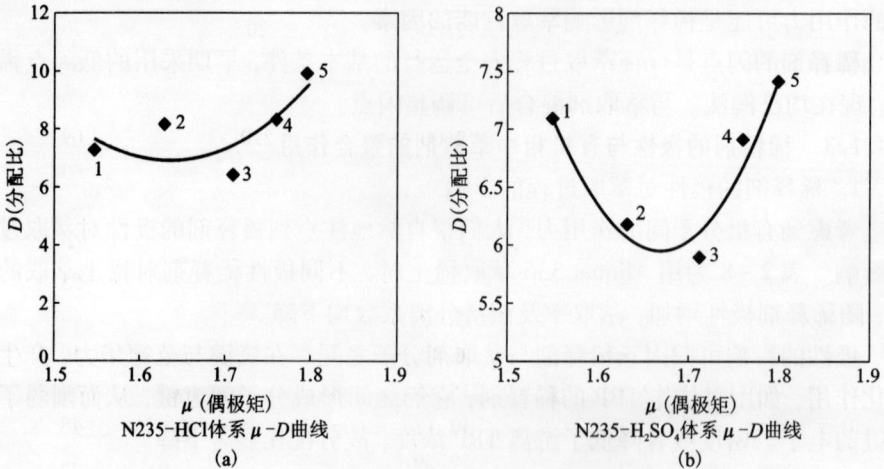

N235-HCl体系 μ-D 曲线
(a)

N235-H$_2$SO$_4$体系 μ-D 曲线
(b)

图 2-15   N235 萃取钨时分配比与稀释剂偶极矩的关系

1—正己醇；2—癸醇；3—异辛醇；4—正辛醇；5—戊醇

表2-9表明，在大部分情况下，随着稀释剂介电常数的增加，萃取效果（D 或 q）下降，但冠醚类却相反，胺类情况较复杂，有时分配比随介电常数增加而下降，有时却相反。这说明不能简单地将稀释剂对萃取能力的影响单纯归因于介电常数的影响。

表2-9 若干体系萃取能力与介电常数的关系

稀释剂	介电常数	D2EHPA Du	TOA Du	Primene JM-T Du	Amine S-24 Du	穴醚 (2, 2, 1) q_{Na}/%	TBP Du
煤油	2	135		3	110		1.77
环已烷	2.02		130				2.10
四氯化碳	2.24	17					1.53
苯	2.28	13	47	10	20	0	1.89
氯仿	4.81(5.1)	8	0.09	90	2	44.2	0.10
邻二氯苯	9.93					64.8	
硝基苯	34.8					99.5	0.56
水相		pH=1 H$_2$SO$_4$	8 mol/L HCl	H$_2$SO$_4$	H$_2$SO$_4$	NaClO$_4$	4 mol/L HNO$_3$

表2-10为N. T. Balley研究铝萃取时，其萃取率与稀释剂的介电常数偶极距及芳烃含量的关系。

表2-10 单壬基磷酸萃取铝时稀释剂的影响[1]

稀释剂	极性（偶极距）	介电常数	芳烃含量/%	萃取率/%
Escaid 100	0.8	2.00	20	70
Escaid 110	0.08	2.00	0.8	69
Escaid 120	0.08	2.00	0.9	69
煤油	0.08	2.00	2.0	69
Exsol D 200/240	0.08	2.00	0.0	69
甲苯	0.31	2.24		63
Solvesso 150	—	—		60
Solvesso 200	—	—		55
正丁基醋酸酯	1.84	5.10		54
醋酸乙酯	1.88	6.40		50
甲基乙基酮	2.76	15.45		54
甲异丁酮	2.79	13.11		48
乙酰苯	3.02	17.39		48
辛醇-2	1.67	10.30		43
对壬基酚	—	—		27

注：①Al浓度10 g/L，料液酸度0.01 g/L(H$^+$)。

由表 2 – 10 可看出,在介电常数与偶极距相同或相近时,萃取率相同,原则上随这两个参数的降低萃取率降低。其原因可能是稀释剂影响萃取剂的溶剂化。稀释剂与萃取剂的交互作用,使游离萃取剂浓度降低,从而降低总的金属萃取率。

无论如何,以上数据表明很难单独将稀释剂的影响归因于其极性。这就是说在大多数情况下我们不能简单地将稀释剂的影响归因于它的某一单一的物理性质或化学性质的影响。

2. 萃取剂在稀释剂中的聚合作用

萃取剂在有机相中可能以单体分子形式存在,也可能以聚合形态存在。而稀释剂对聚合程度有明显影响,这也可能是稀释剂的极性对萃取过程有重要影响的原因。

D2EHPA 在极性稀释剂中以单分子形式存在,而在非极性稀释剂中则以二聚合形式存在,有的报道甚至认为还有四聚合形态化合物存在。

脂肪羧酸和磺酸在非极性稀释剂中一般是二聚合的。分子间氢键对提高它们的二聚合作用有利。

烷基胺也有聚合作用,而稀释剂的性质和它的溶剂化能力是影响烷基胺聚合的两个主要因素。

当然,聚合程度并不全决定于稀释剂的性质,也与萃取剂分子的碳链长度和萃取剂的浓度有关。

萃取剂在有机相的聚合作用如果导致能生成金属可萃络合物的那种形式的萃取剂的成分降低,会对萃取过程造成不利影响。当然这还要取决于聚合物和萃合物的相对稳定性。

聚合作用对萃取过程的影响,可以 D2EHPA 为例说明。在二聚合情况下,萃取反应为

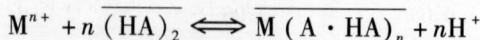

$$M^{n+} + n\,\overline{(HA)_2} \Longleftrightarrow \overline{M(A \cdot HA)_n} + nH^+$$

而对单分子占优势的情况,萃取反应为:

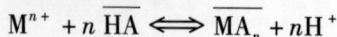

$$M^{n+} + n\,\overline{HA} \Longleftrightarrow \overline{MA_n} + nH^+$$

而一般 MA_n 的被萃取能力低于 $M(A \cdot HA)_n$,所以总的趋势是在非极性溶剂中的萃合常数大于在极性溶剂中的萃合常数。

稀释剂对中性磷型萃取剂萃取金属的能力有类似的影响。如 TBP 萃取金属时,在低负载情况下,用非极性稀释剂时的分配比比用极性稀释剂时的分配比高。

2.4.1.4 萃取剂与萃合物在稀释剂中的溶解

稀释剂是构成连续有机相的溶剂,萃取剂与萃合物在溶剂中的溶解性自然对萃取过程有重要影响。

一般来说，希望萃取剂与萃合物在稀释剂中溶解度大一些，在水中溶解度小一些。为此采取增大萃取剂碳链长度或支链化程度的措施。显然同一萃取剂在同一水相与不同稀释剂之间的分配常数不同，按常规其值大一些对萃取过程是有利的。

但就酸性络合萃取体系而言，则不尽然，从（2－17）式可知，分配比 D 与 $\dfrac{\Lambda}{\lambda^n}$ 有关，根据相似相溶原理，一般 λ 大，Λ 也大，但 λ 有 n 次方，所以当萃取剂的两相分配常数越大，而分配比反而越小。表 2－11 列出了螯合剂 PMBP 萃取三价铈的分配比。PMBP 在稀释剂中的 λ 值顺序为 $CHCl_3 > C_6C_6 >$ 环己烷。所以铈的分配比都与上述顺序相反。

表 2－11　稀释剂对 PMBP 萃 Ce(W) 的影响

稀释剂 (PMBP)$_M$	分　配　比		
	环己烷	苯	氯　仿
0.1	27.9	4.8	3.34
0.05	21.9	0.70	0.62
0.025	10.9	0.12	0.48

从有机物的互溶性出发，许多工作都将注意力放在金属萃取程度与溶解度参数的关系方面，溶解度参数以 δ 表示，它来源于正规溶液理论，是相似相溶规则的理论依据，是一个溶液性质的综合性指标。其一般表示式为：

$$\delta = \left[\frac{\Delta H - RT}{M/D}\right]^{1/2}$$

式中：ΔH 为蒸发焓；M 为分子量；D 为密度。δ 与稀释剂的表面张力（σ）之间的关系为：

$$\delta = 3.75\left[\frac{\sigma}{(M/D)^{1/3}}\right]^{1/2}$$

因此可以根据表面张力数据估计溶解度参数，并研究金属萃取程度与 δ 的关系。图 2－16，图 2－17，图 2－18 为用不同萃取剂时，具有不同 δ 值的稀释剂对金属萃取的影响。

英国 Hansen 教授将溶解度参数表示为：

$$\delta^2 = \delta_d^2 + \delta_p^2 + \delta_h^2$$

式中：δ_d 为色散力的贡献；δ_p 为极性的贡献；δ_h 为氢键的贡献，而且他估计 $\delta_h = \dfrac{5000n}{M/D}$，其中 n 为分子中羟基的数目；而 δ_p 采用 Bottcher 推导的方程

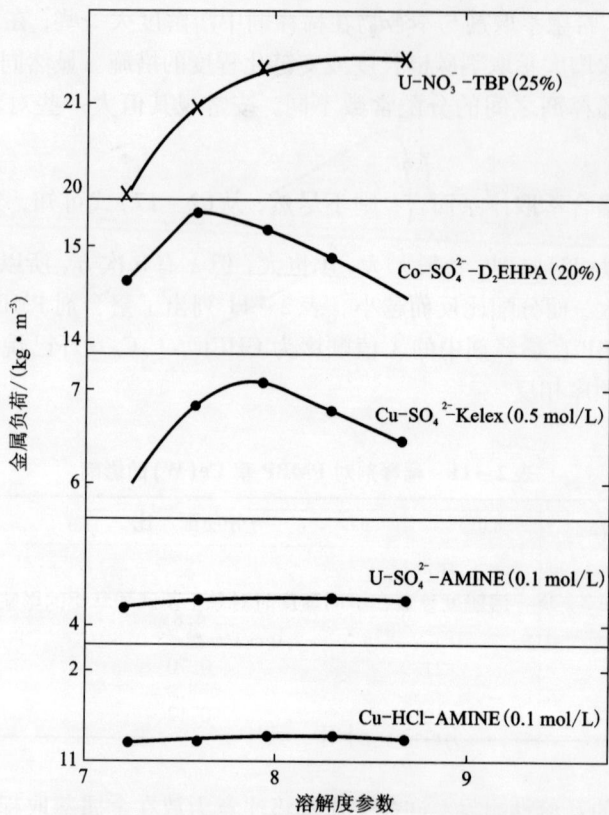

图 2-16 溶解度参数和它对溶剂负载量的影响

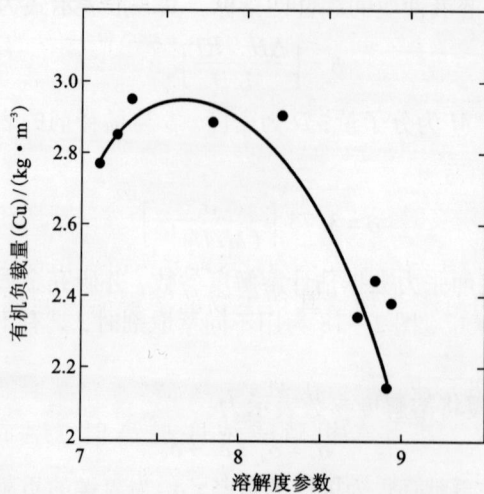

图 2-17 溶解度参数对 LIX64N 萃铜负载量的影响

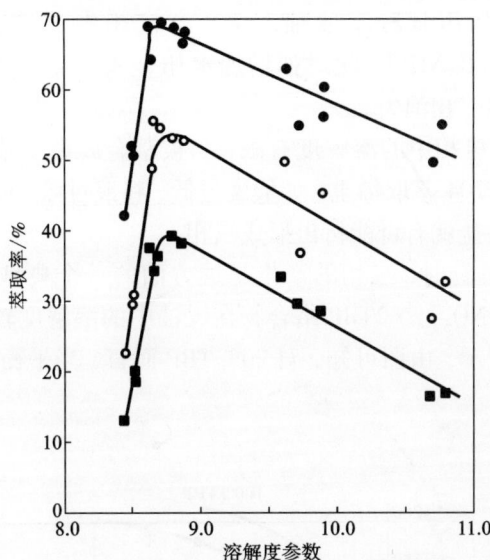

图 2 - 18 溶解度参数在不同酸度时对单壬基磷酸萃铝的影响

(●—0.001 mol/L HCl ○—1.0 mol/L ■—3.0 mol/L)

$\delta_p^2 = \dfrac{12.108}{(M/D)^2} \dfrac{\varepsilon - 1}{2\varepsilon + n_D^2}(n^2 + 2)\mu^2$ 进行计算，其中 ε 为介电常数，n_D 为 Na 光谱 D 线的折射指数，μ 为偶极距。因此可以进一步研究金属萃取程度与 δ_h、δ_p 的关系，借以判断研究萃取体系中，稀释剂的哪一类性质对萃取的影响占主导地位。

T. Sato 的研究结果也证明，Aliquat 336 从盐酸溶液中萃取二价金属离子时，D 与稀释剂的溶解度参数 δ 之间有抛物线关系，δ 是估计 D 的重要因素。

2.4.2 三相的生成与相调节剂

2.4.2.1 形成三相的原因

在溶剂萃取过程中有时在两相之间形成一个密度居于两相之间的第二有机液层现象，称之为三相。早期的研究认为，大部分实验证据都说明，产生三相的主要原因应归于有机相对萃合物或其衍生物的溶解能力问题。具体说来，可认为是：

(1)第二萃合物的形成 例如在 TBP - 煤油体系中萃取铀，正常的萃合物为 $UO_2(NO_3)_2 \cdot 2TBP$，但当水相硝酸浓度过高时，生成第二种萃合物，$H(UO_2(NO_3)_3 \cdot 2TBP)$，从而形成三相。实践证明，水相铀浓度对三相的生成影响不大，而硝酸浓度影响较大。当水相铀浓度为 300 g/L，有机相为 20% TBP - 煤油时，水相硝酸浓度增加到 9.3 mol/L，开始出现第三相，且随水相硝酸浓度的增加而显著增加，又如用叔胺萃取铀，两个有机相中分别含有两种胺盐，即 $(R_3NH^+)_2UO_2Cl_4$ 和 R_3NHCl，此时如增加水相金属浓度，使 R_3NHCl 全部变成 $(R_3NH)_2UO_2Cl_4$，则三相消失。

（2）萃合物在有机相中的溶解度有限，当被萃金属离子浓度过高时，就可能形成三相。例如用 P204 萃取稀土，如酸度过低，料液过浓，或相比过小，这时生成的 P204 – RE 内络盐就有可能析出形成三相。

用 TBP 萃取硝酸钍时，三相的产生是这方面的一个典型例子。如钍浓度过高，则因形成的 $Th(NO_3)_4 \cdot 2TBP$ 络合物在煤油中的溶解度较小，而析出形成第三相，如图 2 – 19 所示，由图可知，对 20% TBP 而言，当平衡水相钍浓度超过 80 g/L 则出现第三相。

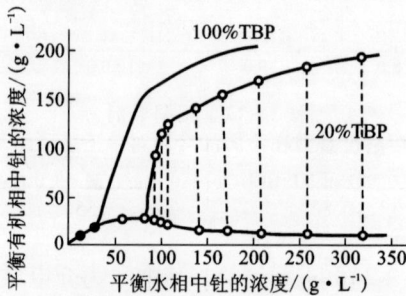

图 2 – 19　TBP – 煤油萃取 $Th(NO_3)_4$ 时，第三相的形成

（20% TBP；水相酸度 5 mol/L；O/A = 1∶1，$t = 25℃$）

此时有机相分成富煤油和富 TBP 两相，同时，硝酸浓度增加，第三相体积也增加，TBP 与硝酸盐形成的络合物也进入第三相。

（3）萃合物在有机相内的聚合作用，也是三相产生的一个原因。例如用胺类萃取剂时，若以煤油等非极性溶剂作稀释剂，则因为胺盐在非极性溶剂中容易聚合，聚合物在有机相溶液中溶解度又较小，因而析出形成第三相，此时如用极性溶剂作稀释剂，或者在有机相中添加极性改善剂——高碳醇，则可避免此现象的出现。

（4）反应温度过低也是三相生成的可能原因，一般温度增加，萃合物在有机相中溶解度增加，故有些萃取体系要求在一定的温度下进行，如国外用叔胺萃钨时，一般在 40℃ 进行，而国内采用添加仲辛醇的办法，可使该体系萃取段在常温下进行。

（5）水相阴离子的种类对生成三相的难易程度也有影响。一般相同的烷基与无机酸生成的盐，生成三相的倾向，有下列次序：

硫酸盐 > 酸式硫酸盐 > 盐酸盐 > 硝酸盐。用 D2EHPA 作萃取剂时，也观察到类似的倾向。

2.4.2.2 相调节剂

1. 相调节剂消除三相的作用

相调节剂又称为极性改善剂。加入相调节剂是克服三相的主要办法。常用的相调节剂列入表 2－12，其中异癸醇及壬基酚是国外普遍采用的相调节剂，而国内却多采用仲辛醇，尽管仲辛醇中含有具有腐烂苹果臭味的辛酮－2，但由于价廉易得，故仍获得较广泛的应用。

使用不同的相调节剂和浓度时，消除三相的能力不同，例如中南大学冶金分离科学与工程有色金属行业重点实验室(下文简称为冶金分离科学与工程重点实验室)在研究 N263 萃取硫代钼酸根与钨的分离时，发现 TBP 与仲辛醇对萃合物析出有不同的影响，表 2－13 所示为用仲辛醇作相调节剂时，萃合物析出情况，而用 TBP 作相调节剂时，由于它的极性强，含量达15%时已无萃合物析出。而且有趣的是，当仲辛醇与 TBP 混合使用时，萃钼率显著增加，说明产生了协萃效应。

表 2－12 相调节剂

相调节剂	比 重	沸点/℃	闪点/℃
2－乙基乙醇	0.834	185	85
异 癸 醇	0.840	220	104
磷酸三丁酯	0.973	178	193
壬 基 酚	0.94		
仲 辛 醇	0.3193	1735	73

表 2－13 相调节剂对 N263 萃钼的影响

相调节剂用量(%,V/V)	仲辛醇		TBP		TBP + 仲辛醇	
	萃钼率/%	现 象	萃钼率/%	现 象	萃钼率/%	现 象
6	93.93	萃合物析出严重				
8	93.98	萃合物析出				
10	93.47	同 上			98.34	萃合物少量析出
12	93.05	同 上				
15	91.67	同 上	94.0	有机相均匀	98.55	有机相均匀
20			94.0	有机相均匀	98.10	有机相均匀

注：萃取剂：1.2% N263 稀释剂：煤油；料液：[WO_3]79.88 g/L；[Mo]0.246 g/L；pH = 8.30；萃取条件：O/A = 1:1，t =20℃，混合时间 5 min。

2. 相调节剂对萃取过程的影响

如前所述，在萃取过程中加入相调节剂一方面可以解决三相的问题，另一方面也会影响有机相的萃取性能。

例如,冶金分离科学与工程重点实验室进一步研究了 TBP 浓度对 N263 萃钼时钼与钨的萃取率的变化规律,其结果示于图 2-20。随 TBP 浓度增加,钼萃取率下降幅度很小,而钨萃取率下降很快,因而钨钼分离系数明显增加。

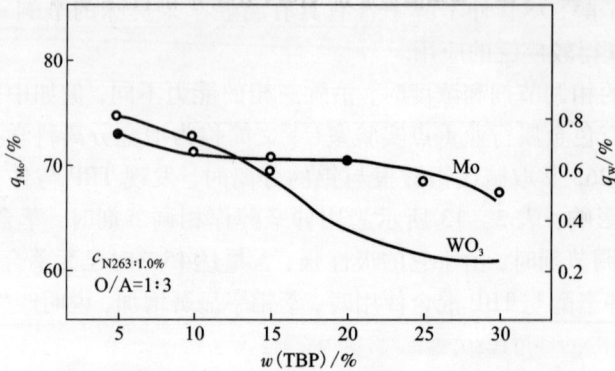

图 2-20　相调节剂浓度对钼与钨萃取率的影响

料液:WO_3 93.29 g/L;$Mo/WO_3 = 0.051$

又如 2-乙基己醇、异癸醇、TBP 三种相调节剂对 D2EHPA 萃取稀土元素也有类似的影响,它们均使萃取分配比降低,而且影响的大小按三种调节剂的这一排列顺序而降低,即 TBP 的影响很少,2-乙基己醇的影响最大。

相调节剂也会影响从有机相中洗涤共萃杂质元素,表 2-14 列出了 D2EHPA 萃取钴,用钴盐作洗涤剂时,相调节剂异癸醇及 TBP 对有机相中洗涤共萃的镍的影响,以异癸醇作相调节剂时,有机相的金属总负载量高,但有机相的钴镍比小,而用 TBP 作相调节剂时,却得到完全相反的情况,即低的总金属负载量和高的钴镍比。

表 2-14　含钴镍 15% D2EHPA 的洗涤[①]

洗涤剂	相调节剂	Co /(kg · m^{-3})	Ni /(kg · m^{-3})	接触 次数
$Co(NO_3)_2$ 20 kg/m^3 Co	异癸醇(A) 5% V/V	20.8 21.6 22.4	2.0 1.5 1.4	1 2 3
$CoSO_4$ 27 kg/m^3 Co	TBP(B) 5% V/V	16.0 16.1 16.0	0.1 0.04 0.03	1 2 3

注:①A:有机相分别含 8.4 kg/m^3 及 4.5 kg/m^3 的 Co 与 Ni;B:有机相分别含 12.9 及 3.8 kg/m^3 的 Co 与 Ni。

相调节剂与稀释剂一样对分相性能有重要的影响，例如，冶金分离科学与工程重点实验室研究 N1923 萃取钨新工艺时，采用异辛醇作相调节剂，随着醇浓度的增加，分相时间明显缩短(表 2 – 15)。

表 2 – 15　异辛醇浓度对 N1923 萃钨分相性能的影响

有机相组成(*V/V*)		分相	萃取率
醇/%	煤油/%	时间	/%
5	85	11′20″	99.49
10	50	3′10″	99.16
20	70	1′45″	99.30
30	60	1′20″	99.14
40	50	1′10″	99.40

注：萃取剂：10% N1923 用 H_2SO_4 酸化；料液：WO_3 112.49 g/L；萃取：O/A = 1∶1，t = 室温，τ = 5 min。

3. 相调节剂的副作用

在南非和美国叔胺萃铀工厂中曾发现在其萃取槽澄清器壁上生长出灰白色的真菌，这种海绵状的物质，可生长到约 3 厘米厚。而异癸醇被认为是这种真菌的营养液。为此用含 35% 的芳香稀释剂 SolVesso150 代替异癸醇。

但 SolVesso150 的表面张力较大，密度也较大，故相分离速度较慢，且由于夹带增加造成的有机相损失增加。另一方面，应用 SolVesso 的成本也高一些。

除此之外，芳香物质对橡胶零部件的腐蚀也比异癸醇大，对油漆的溶解作用也较严重。

因此，选择适当组分的相调节剂，始终是溶剂萃取中的一个重要问题。

2.4.3　稀释剂与相调节剂的选择

无论是对传质过程和动力学，还是对相澄清分离和溶剂夹带的影响，稀释剂与相调节剂在萃取段的影响有可能与它们在洗涤段和反萃段影响有很大的不同，而归根结底，选择相调节剂与稀释剂的决定性因素是相澄清分离速度。

到目前为止，我们还只能依靠实验方法进行选择。因此，既要考虑试剂成本，也要考虑它们的物理性质，同时还要考虑它们对萃取、洗涤、反萃各方面的影响。

合适的稀释剂与相调节剂，对萃取成本会有实质性影响。①因为稀释剂与相调节剂对动力学有显著的影响，故会影响到萃取设备类型的选择和设备大小。②相澄清分离速度影响澄清器面积，因此影响到溶剂的储备量及成本；③由于它们影响萃取平衡，故影响到萃取级数的多少及投资成本。

因此，慎重而正确地选择稀释剂与相调节剂是实现最经济的工厂设计的前提条件。

2.5 萃取过程的界面化学与胶体化学问题

溶剂萃取过程是一相分散在另一相中而发生的传质过程，巨大的表面积对传质速率有重要的意义。因此了解界面物理化学性质对于认识萃取机理、过程动力学及传质的影响因素是至关重要的。

2.5.1 萃取体系的界面性质

萃取有机相中的萃取剂、助溶剂，合成萃取剂时残存的原料，使用过程中的降解产物都是一些表面活性剂，由于它们在界面上的吸附及相互作用，界面性质与主体相有很大差别，这些界面性质包括界面张力、黏滞能、电位、黏度等。

2.5.1.1 界面张力

其定义为在液液界面上或其切面上垂直作用于单位长度上的使界面积收缩的力，单位为 N/m 或 mN/m。萃取过程中，分散相一般呈液珠状态，其原因在于界面张力的作用使界面处于最小的球面。界面吉布斯函数是在一定温度和压力下，增加单位面积时，体系吉布斯函数的增加量，单位为 J/m^2。

与气液两相间表面张力产生的原因一样，有机溶液与电解质溶液之间界面张力的产生仍然是基于分子间的作用力及构成两相物质的性质差异而引起的。它反映了界面上分子受到两相分子作用力之差，温度升高，界面张力下降。

表 2–16 至表 2–19 分别列出了 DEHPA（P204）、Cyanex 272、AcorgaP17、LIX63 与 NH_4NO_3 溶液间的界面张力。

表 2–16 DEHPA 一正庚烷体系的界面张力

有机相		pH	阴离子 /(mol·L⁻¹) NH₄NO₃	界面张力 /(N·m⁻¹)	温度 /℃
DEHPA /%(V)	正庚烷				
0.3	99.7	0.53	1.0	0.031	室温
0.3	99.7	0.72	1.0	0.029	室温
0.3	99.7	4.99	1.0	0.023	室温
0.3	99.7	5.97	1.0	0.023	室温

表 2 - 17　Cyanex272 - 正庚烷体系的界面张力

有机相		pH	阴离子 /(mol·L^{-1}) NH$_4$NO$_3$	界面张力 /(N·m^{-1})	温度 /℃
Cyane272	正庚烷 /%(V)				
0.3	99.7	0.61	1.0	0.025	室温
0.3	99.7	1.69	1.0	0.025	室温
0.3	99.7	2.77	1.0	0.025	室温
0.3	99.7	5.01	1.0	0.025	室温
0.3	99.7	6.00	1.0	0.025	室温

Cynanex272 属二烷基膦酸，其酸性比二烷氧基类的 D2EHPA 弱得多，因此它像螯合类萃取剂一样，在相当宽的 pH 范围内，pH 变化对界面张力没有影响。

表 2 - 18　Acorga　P17 - Escaid100 体系的界面张力

有机相		pH	阴离子 /(mol·L^{-1}) NH$_4$NO$_3$	界面张力 /(N·m^{-1})	温度 /℃
Acorga P17	Escaid100 /%(V)				
5.0	95.0	0.51	0.167	0.028	28
5.0	95.0	1.26	0.167	0.029	28
5.0	95.0	1.69	0.167	0.029	28
5.0	95.0	3.58	0.167	0.029	28
5.0	95.0	4.35	0.167	0.029	28

表 2 - 19　LIX63 - 正己烷体系的界面张力

有机相		pH	阴离子 /(mol·L^{-1}) NH$_4$NO$_3$	界面张力 /(N·m^{-1})	温度 /℃
LIX63	己烷 /%(V)				
0.003	99.997	2.0	0.167	0.046	28
0.015	99.95	2.0	0.167	0.042	28
0.05	99.95	2.0	0.167	0.036	28
0.3	99.7	2.0	0.167	0.030	28
0.6	99.4	2.0	0.167	0.028	28
1.5	98.5	2.0	0.167	0.026	28
3.0	97.0	2.0	0.167	0.024	28

从表 2 - 19 可以显然看出,随着 LIX63 浓度的增加,界面张力下降。

界面张力数据可用于估计平衡界面的表面浓度,在金属萃取中通常用吉布斯等温线进行估算,吉布斯公式以 $\Gamma = -1/RTd \dfrac{\sigma}{\mathrm{d}\ln C}$ 表示,Γ 代表表面过剩值,它比相内浓度高很多,因而可以假设它等于表面浓度。最大的 $\mathrm{d}\sigma/\mathrm{d}(\ln C)$ 值可从 σ 与 $\ln C$ 的线性关系,即界面张力等温线获得。当然也可用微分 σ 与 C 之函数而得到这种关系。

有许多经验方程能用于描述界面张力等温线,计算 $\mathrm{d}\sigma/\mathrm{d}C$。借助于这些微分方程并引入 $\mathrm{d}\sigma/\mathrm{d}C$ 项到吉布斯等温线的适当表示式中,能直接计算表面过剩值。最大的表面过剩值能用于估计有机相中萃取剂活度或者萃取剂的缔合程度。这些经验方程中的系数,称为吸附系数,有重要的物理化学意义,它们能表征萃取剂并提供界面特征的信息,也能用于确定有机相和水相的自由能。

2.5.1.2 黏附功与内聚功

黏附是液液界面形成的一种方式,它指在两种不同的液体(如 A 和 B)相接触后,A 和 B 的表面消失,同时形成 A 与 B 的液液界面(AB)的过程。

若 A、B 和 AB 的表(界)面积均为单位面积,则黏附过程表面吉布斯函数变化为:

$$\Delta G = \gamma_{AB} - \gamma_A - \gamma_B \qquad W_{AB} = -\Delta G \qquad W_{AB} = \gamma_A + \gamma_B - \gamma_{AB}$$

式中:γ_A 与 γ_B 分别为 A 和 B 的表面张力;γ_{AB} 为 A 和 B 的液液界面张力;W_{AB} 称为黏附功,又称为黏滞能。

若为同一种液体间的黏附,则称为内聚,内聚功 $W_{AA} = 2\gamma_A$,显然内聚功反映的是同种液体间的相互吸引强度,而黏附功反映的是不同液体间的相互吸引强度,表 2 - 20 是几种有机液体的内聚功和它们与水的黏附功。

表 2 - 20　有机液体的内聚功 W_{AA} 及其与水的黏附功 W_{AB}

有机液体	$W_{AA}/(\mathrm{mJ \cdot m^{-2}})$	$W_{AB}/(\mathrm{mJ \cdot m^{-2}})$
烷烃类	37 ~ 45	36 ~ 48
醇类	45 ~ 50	91 ~ 97
乙基硫醇	43 ~ 46	68.5
甲基酮类	约 50	85 ~ 90
有机酸类	51 ~ 57	90 ~ 100
有机酯类	约 50	约 90

显然,除烷烃类外,其他各类物质的 W_{AA} 值比 W_{AB} 值小许多,且不同类型有机液体的 W_{AA} 值相差不大。说明有机物的极性基是伸入液体内部的。由表 2 - 20 中

的数据可见，非极性有机物与水的黏附功较小，极性有机物与水之间的粘附功较大，说明前者与水的相互作用力小，后者与水的相互作用力大。这与在油 – 水界面上极性有机物分子定向排列，极性基向水，非极性基朝有机相的分析一致。

2.5.1.3　界面电位

在油水界面上吸附的表面活性物质，其亲水基穿过界面朝向水相一边引起附近的水偶极分子取向，从而引起一个横跨界面的相体积的位差 φ。φ 的大小随体系不同而异，并与有关参数如温度、pH、离子强度有关。正因为界面位差与分子取向及它们与水相中金属离子的交互反应有关，故界面位差的研究结果可以作为界面张力研究的补充，帮助人们更深入研究萃取过程。

亲水基团穿过界面朝向水相边的排列会引起界面相内的电荷分布变化，反过来影响界面相内的离子浓度。我们可以用染料在界面的吸附证明这一观点，如果在苯 – 水界面吸附酸性染料，此时界面相的酸性则会比水相内的强。已经证明，如果离子浓度分布服从波尔兹曼分布，则

$$C_s = C_b \exp\left(-\frac{\varepsilon\varphi}{kT}\right)$$

$$pH_s = pH_b + \frac{\varepsilon\varphi}{2.303kT}$$

式中：pH_s 与 pH_b 分别代表界面相及水相内的 pH，ε 为介电常数；C 为浓度；k 为波尔兹曼常数。只有当 $\varphi = 0$ 时，才使 $pH_s = pH_b$。如果 $\varphi < 0$，则 $pH_s < pH_b$。如果 φ 值达 200 mV，则 pH_s 与 pH_b 相差 3 ~ 4 个单位。

2.5.1.4　界面黏度

液液界面上的吸附在表面饱和情况下将产生一个黏滞的单分子层。而测量液液界面的黏度是很困难的，尽管如此，界面黏度数据对解释萃取机理还是有价值的，譬如，知道界面上的膜是气体膜、液体膜还是固体膜是有用的，而这种结论从界面黏度数据是容易得到的。

界面黏度的一个最重要的影响是在相内或单分子层的某一边，例如当单分子层沿着液体表面流动时，它下面的一些液体被带着一起移动，反过来运动的主体相将拖住均匀的单分子层，最终两个相反的作用力将达到平衡。这种现象能减少或防止运动的液滴中的循环，这一点在用表面活性剂的液 – 液萃取中(如微乳状液萃取)是非常重要的。

2.5.2　界面活性在认识溶剂萃取过程中的作用

溶剂萃取体系中油水界面上由于表面活性剂的界面吸附而形成的表面能过剩，使界面性质不同于相内，从而对萃取平衡、动力学及反应机理、分散与聚结性能均发生影响。这种情况称之为界面活性的影响。界面活性常以上一节介绍的

各种参数来表征,在解释溶剂萃取规律方面,目前试验数据较多的为界面张力,其次为界面电位。而影响这些界面活性参数的因素是相当复杂的。

(1)萃取剂的影响　萃取剂既有亲水基也有疏水基,因此是萃取体系中的主要表面活性剂,它可以被吸附在碳氢化合物与水的界面,降低界面的张力,其大小取决于亲水性的大小,它也可以存在于有机相及水相内,在两相之间分配。

酸性和碱性萃取剂在水相中有一定的溶解度,在合适的 pH 下还能质子化,从而使其亲水性增加。另一方面萃取剂与稀释剂之间会发生溶剂化作用,又使萃取剂分子的亲水性降低,疏水性增加。不仅如此,这种溶剂化的萃取剂分子也可能被吸附在两相界面,从而在界面上形成萃取剂分子与溶剂化萃取剂分子组成的混合吸附层。

因此所有影响极性基团水化作用,或萃取剂分子的质子化或溶剂化反应的因素,均可影响萃取剂的两亲性质。故吸附单分子层的结构和萃取体系的界面性质均可随水相酸度、温度、电解质的组成与含量及有机相的组成而改变。

而对于疏水的萃取剂,其界面活性还与碳氢键的位置有关。

除了萃取剂结构与性质外,萃取剂的浓度也是影响界面性质的重要因素。

(2)稀释剂种类对界面性质的影响　由于不同类稀释剂分子与萃取剂分子的相互作用并不一样,所以对界面性质的影响也不一样。以芳香烃作稀释剂时,随萃取剂烷基长度减小,表面活性增加,带碳氢支链的化合物的表面活性低于只有直链烷基的同类萃取剂,但也会出现反常的情况,即烷基长度的影响较弱,其原因可能与界面上这些化合物具有的特殊构型有关;当以脂肪族碳氢化合物为稀释剂的萃取体系中,萃取剂的烷基长度与烷基支链化的影响与芳香稀释剂的情况相反,似乎支链化的影响胜过链长度的影响,因此具有长的支链化的烷基萃取剂与其同类的具有短的直链化合物相比,前者的界面活性较小。

(3)其他共存表面活性剂的影响　除了萃取剂之外,萃取体系中的助溶剂、络合剂或者合成萃取剂时残存的杂质、有机相长期循环使用中的降解产物均是表面活性剂,这些表面活性物质同样既能影响萃取体系的界面静力学特性,也能影响界面动力学性质。因此可利用这一特点有意识地向萃取体系中添加另一种表面活性剂来改变萃取参数。

在涉及界面张力对萃取过程的影响的论述中常常用到表面压这个术语,实际上表面压是在测定表面张力时得到的结果,其值 $\pi = \gamma_0 - \gamma$。γ_0 与 γ 分别为纯水和溶液的表面张力,因此,表面压等于表面张力的降低值,其单位与表面张力的单位相同,均为 mN/m。

界面张力变化的测量对判断配合物的化学成分、揭示混合萃取剂之间及萃取剂与相调节剂之间的相互作用是有用的,而且至少从定性角度说明稀释剂的影响也是有用的。

　　界面电位的数据总是与界面张力变化相关，因此总是与界面张力结合来解释试验现象。它在解释分子的几何构型和在界面的取向方面是有用的。而且在解释萃取剂与金属离子的相互反应方面可以得到一些有价值的信息。界面 pH 概念就是界面电位理论衍生的一个重要概念。

　　界面黏度涉及界面吸附膜的性质。它随体系参数的改变而变。但由于试验的困难，积累的资料甚少。

　　通过综合应用反映界面活性的这些参数来处理界面平衡和动力学问题可能获得认识金属溶剂萃取过程本质的一些重要结论。

　　界面活性影响萃取速度，它们之间的关系相当复杂。例如羟肟类萃取剂萃铜的速度总是随其疏水性降低而增加，但只有在含溶剂化的芳香稀释剂的体系中羟肟类萃取剂的界面活性也随羟肟类萃取剂疏水性降低而增加。而在含脂肪族碳氢化合物的体系中界面活性的顺序与萃取速度的顺序相反。因此我们只能说在某些萃取体系中具有最强界面活性的萃取剂具有最大的萃取速度，为了说明萃取剂结构对界面活性、萃取速度和机理的影响尚需做许多工作。也正因为如此，往往在萃取体系中添加第二种萃取剂时，会产生不同的影响。

　　往一个萃取体系中添加第二种萃取剂，将显著改变体系的界面张力。例如向 P204 – UO_2^{2+} 体系内添加 TBP，界面张力将增加。而且萃取率显著增加，但铀的萃取速度却下降。

　　当向一个萃取体系中添加另一种萃取剂时，由于两种萃取剂分子之间的氢键交互作用，使界面物质的活性减小，这种现象在金属萃取化学中很有实际意义。例如用 8 – 羟基喹啉萃钴，在界面上发生钴氧化成惰性的三价钴的反应，三价钴难于萃取，此时可以添加过量的脂肪酸，界面上的 8 – 羟基喹啉受羧酸分子所排斥，故将界面反应转化成相内反应，脂肪酸不但可以有效防止钴氧化反应，而且允许以混合络合物形式萃取二价钴，可以预期添加烷基磷酸也会达到同样的效果。然而如果添加磺酸，由于它具有非常高的界面活性，从而可以从界面上有效地排除所有的其他分子，并对溶剂萃取动力学产生显著影响。

　　在铜的溶剂萃取中，有机相中添加第二种试剂的影响更是人所皆知的事实。以烷基 8 – 羟基喹啉作萃取剂时，如果往有机相中添加壬基酚，它与 8 – 羟基喹啉之间相互作用，故随着壬基酚的浓度增加，系统的界面张力增加，伴随着铜的萃取速度减小，铜的萃取率提高，这意味着形成了混合络合物；羟肟萃取剂与壬基酚的混合络合物也有类似行为，随壬基酚的加入，铜的萃取速度下降，但不同的是此时萃取率降低。这意味着未生成混合络合物。有趣的是，往另一羟基二苯酮肟（LIX65N）中添加 α – 羟肟（LIX63）配成工业应用的萃取剂 LIX64N。LIX63 是 LIX65N 的加速剂且其界面活性低于 LIX65N，它的作用与添加磺酸类或类似化合物作加速剂的情况相反，似乎与界面物理化学作用无关。

2.5.3 界面现象与传质

无论萃取机理如何,也无论动力学反应的位置是在相内还是在界面,传质过程必须通过界面。在研究通过界面的相间传质时,通常是假设界面上萃取达到平衡,没有传质阻力。事实上,即使在清洁界面的情况(即无表面膜污染),由于萃取是通过非均相反应进行的,而且这种反应速度有时还很慢,所以分配并未达到平衡。故消耗了部分传质推动力;另一方面界面传质的物理性质的阻力也消耗一定的浓度推动力,这些因素会引起传质速率降低。相反,由于传质引起的界面扰动又可能强化传质。因此研究传质与界面性质的相互关系对深入了解萃取传质过程及考虑工程实际问题是有意义的。

2.5.3.1 界面扰动

液-液界面处往往存在着激烈活动的区域,在两相接触后的几秒内,界面开始表现出很强的活动能力,例如,在盛水的表面皿的边缘缓慢地加入一滴丙酮,此时可以看到,由于发生传质,在水的表面引起了波纹现象,当丙酮扩散与水完全混溶后,波纹就消失了。这种现象不是由于两相流体的湍流运动造成的,通常称为界面扰动或 Marangoni 效应。

一般认为,界面上发生传质时,界面浓度不可能完全均匀,因此界面张力也不是处于完全相等。而根据热力学原理,界面张力较低的表面面积扩展而使整个表面趋于表面能最低的稳定状态是自发过程,这就是产生界面扰动的本质原因。

根据这一认识,可以解释丙酮加入水中引起的波纹现象。如图 2-21 所示,由于丙酮的表面张力比水的表面张力小得多,所以在水面上加一滴丙酮时,瞬间形成界面张力很低的区域,并迅速扩展,由于扩展液体动量很大,可以在中央部分把液膜拉破,并把下面的液体暴露出来。从而形成了一个表面张力低的扩展圆环和表面张力高的中心。中心处较高的界面张力趋

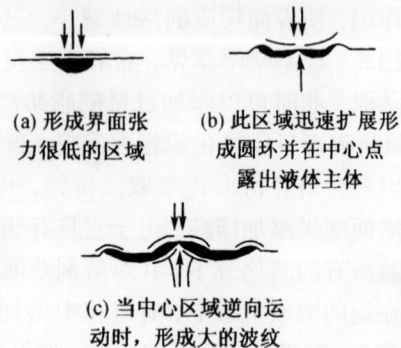

(a) 形成界面张力很低的区域

(b) 此区域迅速扩展形成圆环并在中心点露出液体主体

(c) 当中心区域逆向运动时,形成大的波纹

图 2-21 波纹形成示意图

于产生相反方向(即指向中心)的扩展运动,因而液体又从流体主体和从扩展着的液膜流向圆环中心,它们的动量使中心部分的液面隆起,即产生波纹。

2.5.3.2 界面扰动与相间传质

显然,界面扰动现象总是和同时发生的传质联系在一起,当传质过程很快时,这种效应就更为明显,反过来,当存在显著的界面扰动时,传递速率也特别高,实验表明,界面扰动可能使传质速率提高几倍。

　　另一方面界面扰动现象与传质方向密切相关,当溶质从分散相朝着连续相方向传递时,界面活动性加强。而当溶质朝相反方向传递时,却不产生界面扰动。

　　化学反应与表面活性物质也对界面扰动的产生及传质过程产生影响,一般而言,发生化学反应时,界面扰动最明显,这可能由于化学反应引起两相密度差变化,反应热引起界面温度变化有关。一般而言,表面活性物质会抑制界面的不稳定性,制止界面扰动,其原因可能是它们在水面形成的单分子层,堵塞传质表面,形成传质的界面阻力,或者它们降低了界面活动性,使界面变得僵硬,界面的运动变弱,故传质系数降低。但另一方面,由于表面活性剂降低液滴表面张力,使液滴容易变形,对传质又可能产生一些有利影响。

2.5.4　乳化

2.5.4.1　概述

　　为了保证萃取过程有正常的传质速度,要求两相有足够的接触面积,这样势必有一个液相要形成细小的液滴分散到另一相中。在正常情况下当停止搅拌后,由于两相的不互溶性及密度差,混合液会自动分为两个液层,这一过程的速度很快,因此萃取作业才能实现连续化。

　　然而在实际萃取作业中,由于搅拌(混合)过于激烈,分散液滴直径在0.1微米至几十微米之间,形成通常所说的乳状液,在一定条件下,这种乳状液会变得很稳定,不分相或需经过很长时间才分相,使连续萃取作业无法进行,这一现象称为乳化。

　　乳状液通常可分为水包油型和油包水型,如分散相是油,连续相是水溶液,称为水包油型(O/W)乳状液,如分散相是水溶液,连续相是油,叫做油包水型(W/O)乳状液。在萃取作业中一般将占据设备的整个断面的液相称为连续相,以液滴状态分散于另一液相的称为分散相。到底哪一相成为分散相,哪一相成为连续相,视具体情况而定,一般存在如下规律:

　　(1)假设液珠是刚性球体,则因为尺寸均一的刚性球体紧密堆积时,分散相的体积分数(分散相体积占两相总体积的比值)不能超过74%,因此对于一定的萃取体系,如相比小于25/75则有机相为分散相,相比大于75/25,则水相为分散相。

　　(2)搅拌桨叶所处的一相易成为连续相。

　　(3)亲混合设备材料的一相易成为连续相。

　　实际上,界面张力对决定乳状液的类型有很大影响,故必要时需通过实验测定。

2.5.4.2　乳化的成因

　　因为表面活性剂能使界面张力降低,如果表面活性剂使水的界面张力降低,则形成 O/W 型乳状液，如果表面活性剂使油的界面张力降低，则形成 W/O 型乳状液。

但是表面活性剂并不一定能使乳状液都很稳定，决定其稳定性的关键因素，即造成乳化的关键因素是界面膜的强度和紧密程度。所以表面活性物质使界面张力降低，使它们在界面上发生吸附，这时如果此表面活性物质的结构和足够的浓度使得它们能定向排列形成一层稳定的膜，就会造成乳化。此时的表面活性物质就是一种乳化剂。萃取过程中有能成为乳化剂的表面活性物质存在，是形成乳化的主要原因。换言之，表面活性物质的存在，是乳化形成的必要条件，界面膜的强度和紧密程度是乳化的充分条件。研究萃取过程乳化的成因就是要寻找什么成分是乳化剂。

2.5.4.3 萃取过程中乳化原因分析

1. 有机相中的组分可能成为乳化剂

有机相中存在的表面活性物质有可能成为乳化剂。有机相中表面活性物质的来源：

(1)萃取剂本身，它们有亲水的极性基和憎水的疏水基(非极性基)。

(2)萃取剂中存在的杂质及在循环使用过程中由于无机酸和辐照等的影响使萃取剂降解所产生的一些杂质。

(3)稀释剂、助溶剂中的杂质，例如煤油中的不饱和烃，以及在循环使用中降解产生的杂质。

这些表面活性物质可以是醇、醚、脂、有机羧酸和无机酸脂(如硝酸丁酯、亚硝酸丁酯)以及有机酸的盐和胺盐等。它们在水中的溶解度大小不一，有可能成为乳化剂。如果它们是亲水性的，就有可能形成水包油型乳状液，如果它们是亲油性的，就可能形成油包水型乳状液。但决不能认为所有这些表面活性物质一定都是乳化剂，否则，萃取作业将无法进行，是否能成为乳化剂，还与下列因素有关：

(1)萃取过程哪一相是分散相，如表面活性物质亲连续相，则乳状液稳定，它有可能成为乳化剂。如果它刚好亲分散相，反而会有利分相。

(2)存在的表面活性物质能否形成坚固的薄膜，即它们的结构和浓度如何，如果亲连续相的表面活性物质又能形成坚固的界面膜，则可能成为乳化剂。

(3)体系中存在的各种表面活性物质之间的相互影响，从而对界面张力产生的总的影响是决定萃取过程分相难易及是否产生乳化的关键因素。例如：

①许多中性磷(或膦)酸酯萃取剂在长期与酸接触或辐射的作用下，能缓慢降解，产生少量酸性磷(或膦)酸酯，如 TBP 中的磷酸一丁酯、二丁酯，它们是表面活性剂，同时又能与金属离子生成能导致乳化的固体或多聚络合物，提高液滴界面膜强度，因此使乳化液稳定。

②在用 TBP 萃取硝酸铀酰时，稀释剂煤油降解所得含氧化合物与铀酰离子可形成稳定的复合物，它是产生乳化的主要原因，而且用硝酸氧化过的煤油比未用硝酸氧化过的煤油更易引起乳化。

2. 固体粉末、胶体可能成为乳化剂

极细之固体微粒也可能成为乳化剂，这与水和油对固体微粒的润湿性有关。根据对水润湿性能的不同，固体也分为憎水和亲水两类，当然这与它们的极性有关。

在萃取过程中，机械带入萃取槽中的尘埃、矿渣、炭粒以及存在于溶液中的 $Fe(OH)_3$，$SiO_2 \cdot nH_2O$，$BaSO_4$，$CaSO_4$ 及繁殖的细菌等都可能引起乳化。

例如 $Fe(OH)_3$ 是一种亲水性固体，水能很好地润湿它，所以它降低水相表面张力，是 O/W 型的乳化剂，如图 2-22 所示，此时固体粉末大部分在连续相水相中，而只稍微被分散相有机相所润湿。

而炭粒是憎水性较强的固体粉末，是 W/O 型乳化剂。固体粉末大部分也是在连续相有机相中，而只稍微被分散相水相所润湿。

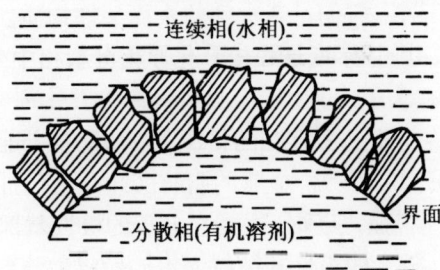

图 2-22 亲水性固体形成乳状液示意图

固体如不在界面上而是全部在水相中或有机相中时，则不产生乳化。

当能润湿固体的一相，恰好是分散相而不是连续相时，则可能不引起乳化。所以萃取体系中，如有固体存在，应能使润湿固体的一相成为分散相。这就是矿浆萃取时，往往控制相比是 3:1 到 4:1，甚至更高的原因。因为矿粒多半属亲水性，采用高的相比，则能润湿固体的水相刚好为分散相，此时小水滴润湿固体矿粒，且在颗粒上聚结成大水滴，反而有利于分相。

实验证明，湿固体比干固体乳化作用大，絮状或高度分散的沉淀比粒状的乳化作用要强，当用酸分解矿石时，表面看起来是清澈的滤液中，实质上有许多粒度 <1 μm 的 $Fe(OH)_3$ 等胶体粒子存在。当两相混合时这部分胶体微粒，就在相界面上发生聚沉作用，生成所谓触变胶体（胶体粒子相互搭接而聚沉，产生凝胶，但不稳定，在搅拌情况下又可分散），它们是很好的水包油型乳化剂，界面聚沉产生触变胶体越多，则乳化现象越严重。

某厂用含钇稀土草酸盐煅烧成氧化物，然后溶于盐酸，用环烷酸萃取制备纯氧化钇，发现由于草酸盐煅烧不完全，有游离炭粒子存在，从而引起乳化，此外在用 P204 萃取分离稀土、P350 或 TBP 萃取分离铀、钍、稀土时均发现由于料液不清，悬浮固体微粒引起乳化，且乳状液破灭后在相界面积累一层污物的情况。

同样的道理，我们只能说，固体粉末可能引起乳化，但并不一定发生乳化，将视萃取条件及固体粉末的性质和数量而定。

3. 水相成分和酸度变化对乳化的影响

萃取时水相中存在着各种电解质，除了被萃取的金属离子外，还有一些其他的金属离子，此外有机相中的一些表面活性物质，也或多或少在水相中有一定溶解度，它们的存在都有可能成为产生乳化的原因。

由于电解质可以使两亲化合物溶液的界面张力降低，所以可能造成乳化。实验证明：少量的电解质可以稳定油包水型乳状液。

当水相酸度发生变化时，一些杂质金属离子例如铁可能水解成为氢氧化物。如前所述，它们是亲水性的表面活性物质。常常有可能成为水包油型乳状液的稳定剂。其中有些金属离子还可能在水相中生成长链的无机聚合物，使黏度增加，分相困难。

在有脂肪酸存在的情况下，脂肪酸与金属离子生成的盐是很好的乳化剂。如 K、Na、Cs 等一价金属的脂肪酸盐是水包油型乳状液的稳定剂。因为这些离子的亲水性很强，此外，这类盐分子的极性基部分的横切面比非极性基部分的横切面为大，较大的极性基被拉入水层而将油滴包住，因而形成了油分散于水中的乳状液，如图 2-23(a) 所示。与此相反，Ca、Mg、Zn、Al 等二价和三价金属离子的脂肪酸盐都是油包水型乳状液的稳定剂。这些离子的亲水性较弱，它们的脂肪酸盐分子的非极性基碳链不止一个，因而大于极性基，分子大部分进入油层将水包住，因而形成水分散于油中的乳状液，如图 2-24(b) 所示。因此应用脂肪酸作萃取剂时，更应注意萃取剂引起乳化的问题。

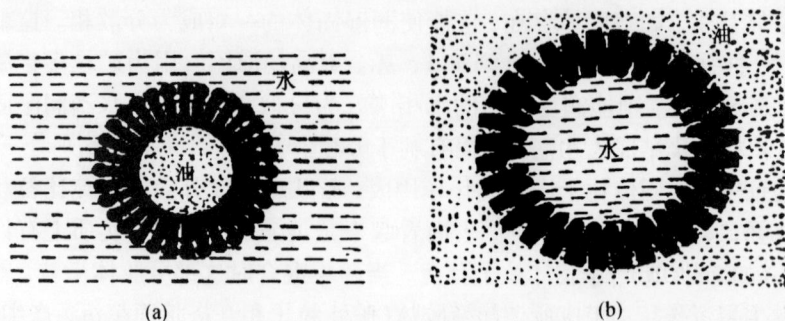

(a)   (b)

图 2-23　脂肪酸盐引起乳化示意图

4. 料液金属浓度与有机相萃取剂浓度对乳化的影响

有些萃取剂，由于它们极性基团之间氢键的作用，可以相互连接成一个大的聚合物分子，例如用环烷酸铵作萃取剂时发生下述聚合作用：

$$\begin{array}{cccccccccccc}
& R & & H & & R & & H & & R & & H \\
& | & & | & & | & & | & & | & & | \\
O=C-O&\cdots&H-N-H&\cdots&O=C-O&\cdots&H-N-H&\cdots&O=C-O&\cdots&H-N-H \\
| & & | & & | & & | & & | & & | \\
H & & H & & H & &
\end{array}$$

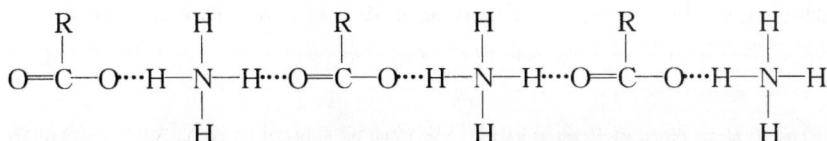

由于聚合作用使有机相在混合时整个分散相的黏度增加，从而使乳状液稳定，难于分层。所以用这类萃取剂时，一定要稀释。萃取剂的浓度不能太高，如果破坏氢键缔合条件，例如用环烷酸的钠盐代替环烷酸的铵盐，则可大大减少乳化趋势。

同样，水相料液浓度过高，则使有机相中金属浓度升高，从而使黏度增加，引起乳化。例如，当用环烷酸萃取稀土时，若水相稀土浓度过高，有机相稀土浓度过大，则容易出现乳化。所以用环烷酸生产氧化钇，当洗涤段洗水的酸度过高或洗水流量过大时，将已萃取的稀土洗下过多，从而造成萃取段水相稀土浓度不断积累提高，以致逐步引起乳化。环烷酸及酸性磷萃取剂在使用前需进行皂化处理。当皂化度过高，则有机相的金属浓度也增大，容易引起黏度增加，同样也可能引起乳化。为此，必须控制好料液的稀土浓度、洗水酸度和流量以及萃取剂的浓度等。

5.其他物理因素的影响

激烈搅拌常常使液珠过于分散。强烈的摩擦作用，使液滴带电，难于聚结，因而更有利于稳定乳状液的生成。因此，适当控制搅拌浆的转速，选择恰当的浆叶形状，调整搅拌桨的高低，都应当注意。

此外，温度的变化也有影响，升高温度，液体的密度下降，黏度也下降。因此温度不同时，两相液体的密度差和黏度会发生变化，从而影响分相的速度。如用 P350 萃取时，如温度太低，则有机相发黏，难于分相。

2.5.4.4 乳状液的鉴别及乳化的预防和消除

乳状液的鉴别是采取预防措施和消除乳化的第一步。乳状液的鉴别分三步进行：首先观察乳状液的状态，鉴别乳化物的类型；其次，分析乳状物的组成；最后进行必要的乳化原因的探索试验。在此基础上进行防乳和破乳试验。

1. 乳状液的鉴别

(1)稀释法鉴别 将两滴乳状液分别放在玻璃片上，分别加入一滴水和一滴有机相，用细玻棒轻轻搅动。如水相和乳状液混匀，则乳状液是 O/W 型，如有机相和乳状液混匀，则乳状液是 W/O 型。这是因为加入的水相或有机相液滴与乳状液的连续相能混匀。但与乳状液的分散相不能混匀，在低倍显微镜下作此试验，可以更好地观察结果。

(2)电导法鉴别 乳状液的电导主要由连续相的电导所决定。如连续相是有机相则电导小，连续相是水相则电导大。分别测量有机相、水相及乳状液的电导。乳状液电导与某一相电导值接近，则该相为乳状液连续相。但要注意，W/O型乳状液，当分散相体积分数大时，例如微乳状液的情况，则其电导可能并不太小。若 O/W 型乳状液的稳定剂不是离子型的，电导也不见得高。

(3)染色法鉴别　将两滴乳状液分别放在玻璃片上，分别加入一滴油溶性染料(例如苏丹红Ⅲ号)和一滴水溶性染料(例如蓝墨水)。用细玻棒轻轻搅动，如使整个乳状液皆着色的染料是油溶性的，则乳状液为 W/O 型，反之则为 O/W 型。

(4)滤纸润湿法　将一滴乳状液放在滤纸上，如滤纸为之润湿只剩余一小油滴，则乳状液属 O/W 型，如滤纸不润湿，则属于 W/O 型，对于分散相浓度小的乳状液，此方法不合适。对于苯等能在滤纸上展开的液体，此法显然无用。

2. 乳化的预防和消除

(1)原料的预处理　加强过滤，尽量除去料液中悬浮的固体微粒或硅溶胶、铁溶胶等有害杂质。含有硅胶的溶液极难过滤，加入适量的明胶(0.2～0.3 g/L)，利用明胶与硅胶带相反的电荷，可以使硅胶凝聚，改善过滤性能。显而易见，明胶加入过量，同样引起乳化。采用超滤膜技术，可以有效地除去溶液中存在的铁溶胶与硅溶胶。

对于料液中存在的可能因析出沉淀而引起乳化的金属离子，也可采取预先除去它们，或者采取相关措施抑制它们的析出，例如用环烷酸从混合稀土的氯化物溶液中制备纯氧化钇时，往往需预先除铁。我们在用 P350 从盐酸体系中萃取铀和钍时，由于杂质钛引起乳化，所以采用水解除钛法，使钛优先水解除去，也可以适当调节料液酸度，避免沉淀析出引起乳化。

含有价金属的矿物往往黏附有一些浮选剂，它们有时也成为乳化剂甚至使有机相中毒，冶金分离科学与工程重点实验室研究硫代钼酸盐萃取分离钨钼进行工业试验时，运行 8 小时后，两相出现不分相的严重乳化现象，槽外分相后，无论用什么办法处理，此有机相的分相性能也无法恢复，表明有机相中毒，后试验用氧化焙烧的办法或浸出液多段吸附脱除法将浮选药剂除去后，萃取作业才转入正常。

(2)有机相的预处理和组成的调整　新的有机相或使用过一段时间后的有机相，由于其中可能有引起乳化的表面活性物质存在，所以在使用前应该进行预处理。处理的方法，一般用水、酸或碱液洗涤法，要求高时采用蒸馏或分馏的方法，例如用环烷酸提取氧化钇的工艺中，使用新配好的有机相，容易产生乳化，如果用稀盐酸洗涤有机相，在两相界面间会产生一种薄膜状乳化物，除去这种乳化物，并用水洗有机相后再使用，乳化就不容易产生。冶金分离科学与工程重点实验室应用 P350 从盐酸溶液中萃取铀、钍时，发现使用循环过多次存放一年多时间的有机相，会严重乳化并有泡沫产生，界面也有很多乳状物。将此有机相先用 5% 的 Na_2CO_3 溶液处理，水洗几次之后，再萃取时就没有乳化和泡沫产生。

向有机相中加入一些助溶剂或极性改善剂，改变有机相组成也可以防止乳化。例如在用 P204 - 煤油从盐酸或硝酸溶液中萃取稀土时，加入少量的 TBP 或高碳醇通常可以预防乳化生成，一般认为是由于改善了有机相的极性，降低了有机相黏度的缘故。有的还认为 P204 和 TBP 对轻稀土有协萃作用，生成的协萃物在有机相中的溶解度增大，是克服乳化的原因之一。环烷酸萃取制备纯氧化钇时，向有机相中添加辛醇或混合高碳醇是利用助溶剂破乳的典型例子之一。譬如在 24% 的环烷酸非极性溶剂 - 煤油溶液中，加等摩尔的浓氨水转化成环烷酸铵盐，有机相就成为胶冻状，流动性很差。这说明环烷酸铵盐在非极性溶剂中是高度聚合的，它可能通过氢键缔合形成多聚分子，用这样的有机相去萃取硝酸稀土溶液就会造成乳化，引起分相困难，如果往环烷酸煤油溶液中添加一定量的辛醇，在皂化时，形成微乳状液，流动性良好，萃取过程分相性能也大为改善。也可以调整有机相的皂化度，避免乳化的发生。

（3）转相破乳法　所谓转相就是将水包油型乳状液转为油包水型，或者使后者转变为前者。因为乳化的本质原因是有成为乳化剂的表面活性物质的存在。如表面活性物质所亲的一相刚好为分散相，则这样的乳状液不稳定。如果体系中含有亲水性的乳化剂，为了避免形成稳定的水包油型乳状液，则需加大有机相的比例，使有机相成连续相，这样可能达到破乳的目的。例如当料液中含有较多的胶态硅酸时，或矿浆萃取时料浆中含较多亲水固体微粒时，加大有机相的比例就可能克服乳化。冶金分离科学与工程重点实验室在用 P350 从盐酸体系中萃取分离铀、钍和稀土时，增大有机相的比例成功地解决了乳化问题，就是利用这一原理。

（4）化学破乳法　加入某些化学试剂来除去或抑制某些导致乳化的有害物质的方法叫化学破乳法。

①加入络合剂抑制杂质离子的乳化作用：例如为了消除硅或锆的影响，可考虑在水相中加入氟离子，使之生成氟络离子。而在萃铀工艺中，F^- 往往又是有害的乳化剂，此时可加入 H_3BO_3，使之生成 BF_4^- 从而消除它的乳化作用。但需要注意的是，加入的络合剂不应与被萃取元素发生络合作用，否则影响萃取效果。

②加入适当的表面活性剂破乳：表面活性物质可以成为乳化剂，但在一定条件下又可能成为破乳剂。如为了破乳，有时加入戊醇等极性稀释剂。其原因在于：其一，戊醇起到反相破乳作用。因戊醇是亲水性表面活性物质，当乳状液是 W/O 型时，加入戊醇使乳状液在变型时加以破坏；其二，因戊醇有更大的表面活性，所以可将原先的乳化剂顶替出来，但它又形成不了坚固的保护薄膜，所以使分散液滴易于聚集，达到破坏乳状液的目的。这种情况又称为顶替法。

③其他化学破乳法：例如加入铁屑使 Fe^{3+} 还原成 Fe^{2+}，从而防止 Fe^{3+} 水解引起的乳化作用。此时铁屑则成为一种破乳剂。在 TBP - HCl - HNO$_3$ 体系中萃取分离锆、铪时，加入 Ti^{4+}，可以抑制磷引起的乳化作用。这里与用 P350 - HCl 体

系萃取铀、钍情况相反，Ti^{4+}成了一种化学破乳剂。

（5）控制工艺条件破乳　如前所述，控制相比可以利用乳状液的转型达到破乳的目的。也可以用改变萃取方式的方法防止乳化的产生。例如冶金分离科学与工程重点实验室在研究硫代钼酸盐萃取分离钨钼时，开始用逆流反萃，在负载有机相进料端，由于含硫代钼酸根最高的有机相与氧化能力已消耗到很弱的反萃剂（NaClO 碱性溶液）相接触，产生元素硫，造成严重乳化现象。为此改用并流反萃，此时氧化产物为钼酸根与硫酸根，故乳化作用不再发生。

除此之外，还可以控制一些工艺条件来预防和消除乳化。

酸度：溶液 pH 升高时，某些金属离子会水解，生成氢氧化物沉淀，如前所述，它是良好的乳化剂，所以从控制乳化发生角度考虑，控制酸度的变化也是重要的，必要时，在不影响萃取作业正常进行的前提下，还可以加酸破乳。

温度：提高操作温度，可降低黏度，从而有利于破乳，但是温度高会增大有机相的挥发损失，大多数情况下，还会降低分离系数，所以除了冬季用必要的保温措施来预防乳化外，一般不希望采取提高作业温度的方法来防止乳化。

搅拌：过激的搅拌造成乳化，已在前面予以说明，为了防止因这种原因而造成的乳化，应该适当降低搅拌桨速度，选择合理的搅拌桨类型。转速太低时，混合不均匀，这可以采取低转速大桨叶的办法加以克服。

此外，在萃取过程中添加合适的盐析剂，选择合适的萃取设备材料，在澄清室设置适当的填充物也可达到防止乳化的目的。

2.5.5　萃取体系中胶体组织的生成及影响

2.5.5.1　概述

在油 – 水体系中，如果表面活性剂的浓度达一定值时，这些表面活性剂会形成一定数量的聚集体并且使溶液主体的很多物理性质发生变化，常见的聚集体组织有胶团、反胶团和微乳状液。

简单分子缔合时，存在如下平衡

$$nS \iff S_n$$

则

$$[S_n]/[S]^n = K$$

式中：$[S_n]$代表胶团浓度，n 是胶团大小的一种量度，一般 n 为 $50 \sim 100$。经典胶团的结构模型认为，胶团近似球形，表面活性剂分子的极性头向外，疏水基团向内自由接触，这样使界面能降至最低。胶团核心几乎没有水存在。形成胶团时溶液中表面活性剂的浓度称为临界胶团浓度或 CMC 值，一般为 $0.1 \sim 1.0 \text{ mol/L}$。

而聚集数 n 随烷基链长度的增加而增加，同时也随温度的升高而增加，这表明聚集数随溶解度参数的增加或溶剂的极性减小而增加，盐的种类和浓度及表面活性剂浓度均影响聚集数。

现在的研究表明，胶团有离子型与非离子型之分，其形状可以是球形，也可以是柱形，当表面活性剂浓度超过临界值时，长的可变形的柱状胶团可以缠绕起来形成胶束有机凝胶。这种胶凝作用伴随着黏度增加。有机凝胶实际上是在有机相中形成的胶冻，在油－水体系中除了有机凝胶外尚可形成在水中的胶冻，有机凝胶的胶冻组织如果由许多晶粒构成，则成为结晶有机凝胶。在一定的条件下，油－水体系中还会有液晶及无定形沉淀生成。

胶团的主要用途是它能增加许多难溶于水的化合物的溶解度，利用此特点发展了胶团萃取技术。此时胶团相当于萃取剂。

相反的情况下，表面活性剂分子的极性头可向内排列，而非极性头向外朝向有机相，因此聚集体内有水存在，最新的研究表明，水分子在聚集体的内核形成一个水池，水池内的水量等于或少于表面活性剂分子极性部分的水合水，故称之为反胶团。图2－24为阴离子表面活性剂二2－乙基己基磺基琥珀酸钠（简称AOT）的反胶团示意图。

反胶团有加溶水的能力，以 W_o 代表反胶团溶液中加溶水的量，即水与

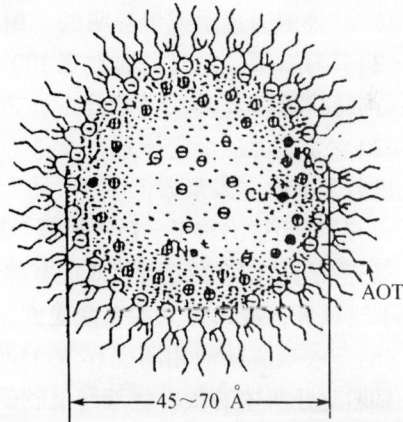

图2－24　AOT反胶团示意图

表面活性剂的摩尔比，对于 AOT－异辛烷－水体系，W_o 最大值在 60 左右。高于此值，透明的反胶团溶液就会变成混浊的乳浊液，发生分相。

反胶团一般小于 10 nm，比胶团要小，它们依据表面活性剂的类型以单层分散或多层分散的形式存在，其形状可以从球形到柱形，一般随被加溶水量的增加从非对称球形向球形转变。深入的研究表明，其形状与平衡离子种类及它们的水合离子半径有关。反胶团的大小还取决于盐的种类和浓度，溶剂、表面活性剂的种类和浓度以及温度等。球形反胶团的半径随 W_o 增加而增大，其半径与 W_o 有如下的关系，$\gamma = 3\dfrac{W_o V_w}{A_o}$，式中 γ 为胶团半径，V_w 为水的分子体积，A_o 为每个表面活性剂分子所占有的面积。

反胶团内的水的物理化学性质与主体水不同。加溶到反胶团内的水的黏度是主体水的 200 倍，其极性与氯仿相似，随 W_o 增高，其流动性增加，与主体水的差异逐渐消失，另外，反胶团内的水由于表面活性剂分子的极性头电离具有很高的电荷浓度，加溶后的水的 pH 不同于主体水的 pH。

反胶团有能力加溶更多的水形成更大的聚集体，即生成所谓 W/O 型微乳状

液。虽然反胶团与微乳状液之间有一定的差别,早期的胶体化学研究发现液珠大小范围为 100~600 Å 的乳状液是透明的,后称其为微乳状液。而反胶团也是透明的,因而有些文献中认为反胶团就是微乳状液。

随着溶剂萃取化学研究的深入,目前从配位化学和界面化学的观点和方法去研究萃取有机相络合物的微结构,以便透彻了解萃取机理的工作逐渐展开。萃取文献中胶团、反胶团、微乳状液这些术语出现的几率也逐渐增多,因此从本质上弄清它们是必要的。

徐光宪教授研究环烷酸萃取机理时,对微乳状液的特征作了如下介绍:

(1)其外观为透明或半透明的一相;

(2)其分散颗粒的直径通常在 100~2000 Å,比一般胶体颗粒(>2000 Å)小,但比典型的胶团(<100 Å)大。

(3)它是热力学稳定体系,用超速离心方法也不易使它们分相,而一般胶体却是热力学不稳定体系。

(4)其界面张力很低,趋近于零,其具体测定值大约为 10^{-9} N/cm。

(5)它的生成经常需两种或更多种表面活性剂存在,而且表面活性剂的浓度也要求比较大,如 10%~20% 或更大。

(6)与一般乳状液相同也有 W/O 型或 O/W 不同类型。

显然此处所述的微乳状液与反胶团也并不是一回事。

实际上现在的研究表明,形成微乳状液也不一定要辅助表面活性剂存在。胶团、微乳状液、反胶团三者均为热力学稳定体系,相互间有天然的内在联系,有许多相似之处,但并不是一回事,在一定的条件与范围内,反胶团与微乳状液同时存在,它们之间的界限确实很模糊。这大概就是在文献中有时将微乳状液等同于反胶团的原因。在实际工作中关心的是这些含水胶体组织的增溶作用,即它对提高萃取能力的影响,及由此而引起的萃取体系的一系列性质和行为的变化。另外也有些文献中将这些胶体组织笼统称为胶团。本节在介绍相关内容时,完全尊重原文作者的提法,而不去探究到底用哪一名词较为妥贴。

2.5.5.2 界面絮凝物

1. 界面絮凝物的概念

连续萃取作业中,常常在两相之间出现一层稳定的高黏度胶体分散组织,它们看起来像浆糊、乳浊液或胶冻,有时它也部分漂浮在有机相的上部,如图 2-25 所示。通常将其视作为多相乳状物,通常称作为絮凝物或污物(crud),国外文献中也有用泥流(gunk)、凝块(grungies)或凝团(grumos)等术语来表述这种多相乳状物。它一般由固体微粒、水相、有机相共同组成。

2. 絮凝物生成的原因

俄罗斯门捷列夫化工大学的 Yurtov 等人对 P204 体系中胶体组织的形成、性

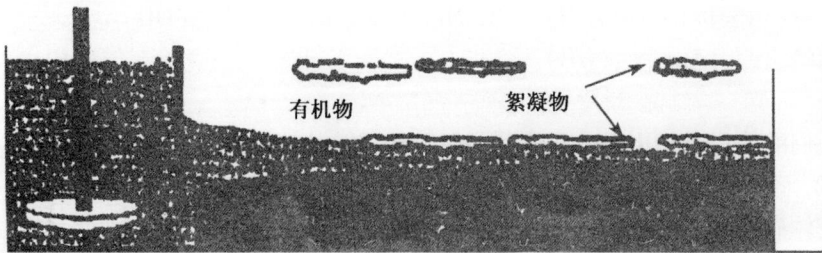

图 2 -25 界面絮凝物

质及它们对污物生成的影响进行了专门的实验研究。他们的研究结论认为：在不同的萃取体系中各种胶体组织能参与污物的形成。这些胶体组织有：

（1）胶冻：例如在含有机磷萃取剂（TBP 及二丁基磷酸）及 Si、Zr 等元素的萃取体系中，可能出现这种胶冻（water gels）。

（2）胶束有机凝胶（micellar organogels）：例如 D2EHPA 钠盐有可能形成这种胶体组织。

（3）结晶有机凝胶（crystalline organogels）：例如在 D2EHPA/Cu（OH）$_2$/癸烷/水体系中，Cu（OH）D2EHPA 碱式盐会生成一种在有机相中的胶冻（即有机凝胶），因为在这种胶冻中有许多小晶粒构成的胶体组织，故称其为结晶有机凝胶。Cu（OH）D2EHPA 有机凝胶粒子一般小于 0.1 mm，呈蓝色，透明或稍微发暗，它们是一类非触变性胶体，实验证明它能生成萃取过程中的污物。

（4）松散无定形沉淀：它由 D2EHPA 的碱式盐与有机溶剂组成，在 D2EHPA（工业级）/镧系氢氧化物/癸烷/水体系中，在一定的 D2EHPA 与氢氧化物浓度比范围内会产生这种沉淀，例如对 Nd（OH）$_3$ 而言，在 [D2EHPA]/[Nd（OH）$_3$] ≤ 1.5（工业 D2EHPA 浓度为 0.3 mol/L）时，相应于有 D2EHPA 的单取代碱式盐 Nd（OH）$_2$D2EHPA 存在，此时会有松散无定形沉淀产生，如果 [D2EHPA]/[Nd（OH）$_3$] 的比值较高则产生致密结晶沉淀和有机溶液。而这种松散无定形沉淀会参与污物的形成。

（5）水中的胶冻（water gels）或结晶有机凝胶或无定形沉淀所稳定的乳状液参与形成的污物。

如果从乳状液的稳定性理论来分析这种多相乳状物，认为它是乳状液的"分层"现象，此时一个乳状液分裂成两个乳状液，在一层中分散相比原来的多，在另一层中则相反。现在越来越多的研究结果证明了溶剂萃取中产生的界面絮凝物是在混合室中形成的乳状液"分层"的产物。

对铜萃取中絮凝物的研究表明，稳定这种分层乳状液的乳化剂有：

（1）由浸出液带来的微细的矿粒，例如：

云母(白云母)——$(K_1Na)(Al, Mg, Fe)_2(Si_{2.1}Al_{0.9})O_{10}(OH)_2$

高岭土——$Al_2Si_2O_5(OH)_4$

α - 石英——结晶 SiO_2

它们的粒径小于 1 μm，平均为 0.15～0.40 μm。

(2)萃取过程中化学反应产生的沉淀,例如:

胶体硅$[Si(OH)_4]_x$

黄钾铁矾　$2(A)Fe_3(SO_4)_2(OH)_6$, A 为 K^+, Na^+, NH_4^+

石　　膏　$CaSO_4$

如前所述,萃取过程中产生的新鲜沉淀是很强的乳化剂。如图 2 - 26 所示,由于氢键的作用,胶体硅会在界面聚集,影响界面性质,形成水包油的稳定乳状物。

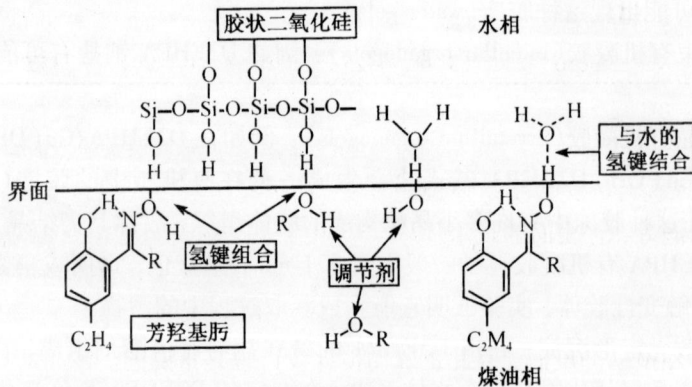

图 2 - 26　界面上胶体硅的吸附

(3)料液中腐植酸含量过高也可导致絮凝物生成,这种絮凝物又称之为生物絮凝物。其特点是体积很大。例如我国某矿山由于居民生活垃圾场放在废石堆上,腐烂垃圾产生的腐殖酸全部流进萃取料液池,污染了含铜料液,使浸出液有机碳含量达 40 mg/L,故投产数天后絮凝物大量产生,呈乳凝状,充满澄清室中有机相层,无法正常生产,最后在废石堆处将水引开,不让其进入料液池,才使工厂生产恢复正常。

(4)有机相的组分也可能是稳定乳状液形成絮凝物的重要因素,但此问题很复杂,与其他条件有很大关系,大概可以归纳成以下几个方面:

①有些石油产品含有硫,用此类产品作稀释剂就有可能形成絮凝物。

②有机相的降解产物也可能引起絮凝物生成。特别是电解液中的二价锰离子在电解时被氧化成高价锰离子,含高价锰离子的贫电解液与有机相接触能氧化破

坏有机相，从而导致漂浮絮凝物产生。

③不同的萃取剂及添加剂与同种料液接触产生絮凝物的多少也有很大差别，表 2 – 21 的数据在某种程度上回答了这一问题。

表 2 – 21　各种萃取剂对絮凝物形成速率(mm/h)和夹带量(ppm)的影响

萃取剂	有机相连续			水相连续		
	水相夹带有机 (ppm)	有机相夹带 (ppm)	絮凝物形成速率 (mm/h)	水相夹带有机 (ppm)	有机相夹带 (ppm)	絮凝物形成速率 (mm/h)
醛肟 + C$_{20}$醇(低支链)	313	792	3.4	50	350	5
醛肟 + 异 C$_{18}$有支链的醇	73	467	2.2	120	0	0.75
醛肟 + 十三醇[Acorga5397]	147	675	1.6	90	117	0.75
醛肟 + 甲基月桂酸盐	300	1125	14	360	3000	11.5
醛肟 + 酯[AcorgaM5640]	53	25	0.57	94	50	1.0

注：1 ppm = 10^{-6}。

(5)空气也对形成絮凝物有间接影响，如果浸出液带入混合室的固体粒子只有部分被水润湿，它表面的疏水部分会吸附空气，这部分固体成为絮凝物的组分后，絮凝物密度就低于有机相，于是就浮到有机相表面来。这种由空气/矿物/有机物/水组成的絮凝物就是形成所谓"漂浮絮凝物"的原因。空气的一个主要来源是混合室激烈搅动的旋涡，因此正确的搅拌设计也是重要的。

3. 界面絮凝物的影响

界面絮凝物如果被压缩在澄清室的相界面处，如伯胺萃钍时出现的界面污物及钽铌矿浆萃取时产生的"黑皮"，它们并不影响萃取作业的连续进行，故影响不大，也不需特殊处理。但在铜萃取作业中絮凝物却是一个必须注意预防和处理的问题，絮凝物对萃取过程的影响有下列几个方面：

(1)絮凝物不但造成昂贵萃取剂损失，而且处理絮凝物也要增加操作成本。

(2)因为要采取降低料液流量的措施使萃取槽内有机相的存槽量增加，从而破坏絮凝物，故会造成铜产量下降。

(3)絮凝物如在系统内迁移，进入反萃液，则会使电解液质量下降，进而影响阴极铜质量。

(4)絮凝物引起分层速度下降，澄清时间增加，造成分离效果降低。

4. 界面絮凝物的处理

为了尽量减少界面絮凝物的生成或避免絮凝物漂浮在有机相内，一般采取如下措施：

（1）因絮凝物大部分情况为水包油系，故选择混合室中有机相为连续相，可使絮凝物体积尽量小，即乳状液的内相少，密度加大，故停留在澄清室的相界面处。

（2）尽量预先除去进入萃取槽的料液中夹带的微小固体数量。

（3）减少空气进入量，萃取槽预先充满溶液可以减少被裹夹进入澄清槽的空气量，降低搅拌速度，一般控制混合浆的外沿线速度小于400 m/min，可以避免过度混合或旋涡带进的空气。在混合室周边壁上安装挡板，清除旋涡，可减少空气进入量。

（4）长期使用过的有机相可用添加干的黏土进行处理，此时有机相内的降解产生的表面活性物质被吸附在黏土的表面，尔后用过滤的办法将黏土分离。由于湿黏土的吸附效率大大降低，故从萃取槽中抽出待处理的有机相应尽量将水与絮凝物除去后再添加黏土。黏土不可避免也会带走部分有机相，故必须注意分离黏土与有机相。

对于系统中存在的絮凝物，通常采用定期从萃取槽中抽出进行离心过滤或压滤办法处理，也可在一个存有有机相的贮槽内，将絮凝物加入搅拌，从而使乳状液破裂，残留的固体再进行过滤处理。

2.5.5.3 溶剂萃取中微乳状液（ME）的生成及对萃取机理的解释

1. 萃取剂的表面活性

一些重要的萃取剂和许多表面活性剂的结构非常相似，因此萃取体系有形成ME的必需条件。表2-22列出了几种常用萃取剂与表面活性剂的对比资料。它们的分子都有一个亲油基团和亲水基团，因此有的萃取剂本身就是一种典型的表面活性剂。

表2-22 几种常用萃取剂与表面活性剂的对比

萃取剂	表面活性剂
1. 季胺盐类，如 N263 $[CH_3(CH_2)_{7-11}]_3N^+Cl^-$ 连接 CH_3	阳离子表面活性剂，如 $C_{16}H_{33}$—NBr 连接 $(CH_3)_3$
2. 脂肪酸和环烷酸的碱金属或铵盐	阴离子型表面活性剂，长链脂肪酸盐，如油酸钠
3. 酸性磷萃取剂，如 P204 RO、O、RO、$OH(M^+)$ 围绕 P	磷酸盐，表面活性剂 $RO(CH_2CH_2O)_n$、$RO(CH_2CH_2O)_n$、$P-O^-M^+$、O

2. 皂化环烷酸是微乳状液体系

环烷酸用于萃取金属离子之前必须先用氨水或氢氧化钠进行皂化处理。皂化环烷酸有下列特点：

(1) 皂化后萃取剂体积显著增大，油相中大概含有 50% 以上的水。

(2) 皂化环烷酸萃取金属离子后，相体积又明显减小，油相中大量水又重新回到水相。

(3) 有机相中的碱含量比 HR 的含量高出许多。

这一奇怪的现象引起了人们的极大兴趣，比较皂化环烷酸与典型 ME 体系（表 2 – 23），发现它们极其相似。

表 2 – 23　皂化环烷酸与典型 ME 体系比较

皂化萃取剂组成	典型 ME 体系组成
环烷酸盐（钾、钠、铵、锂）	油酸钾
仲辛醇	正己醇
煤油	己烷
水	水

为此对这些体系进行了进一步仔细的研究。

(1) 有机相中含 H_2O 的实验证明：皂化环烷酸的含水量从 5% 起可达 20%（K、Na、Li 皂）或 50%（铵皂），而外观始终保持清澈透明。用重水（D_2O）代替 H_2O 配碱并皂化环烷酸，对皂化环烷酸进行红外光谱研究，谱图上发现 D_2O 取代 H_2O，在近红外区（1.4 m 及 1.9 m）定量测水，更进一步证实了有机相中存在水。但是水在油中溶解度有限，这种外观透明的"溶液"不可能是水在有机相中的真分子溶液。

(2) 皂化有机相的物理性质研究

① 光散射的研究证实，从不同角度观察，有机相呈现不同的颜色，证明它不是真溶液体系。

② 用二甲酚橙进行显色研究，二甲酚橙是一种水溶性指示剂，它不溶于未皂化的环烷酸，但是却溶于皂化后的环烷酸，并呈现出特征的玫瑰红色。

③ 用 1600 × 的显微镜观察显色有机相看不到染色水滴，此显微镜的分辨率约为 2000 ~ 3000 Å，因而证明分散水滴直径小于 2000 Å。

④ 在 0℃ 用超速离心机（42000 r/min）离心皂化有机相 5 min，没有任何水相析出，表明它不是一般乳状液，而是异常稳定的一种液 – 液分散体系。

以上研究证明，皂化环烷酸不是水在油中的真溶液，而是水以自由水滴形式分散在油相中的微乳状液，并设想提出了它的结构模型（图 2 – 27）。

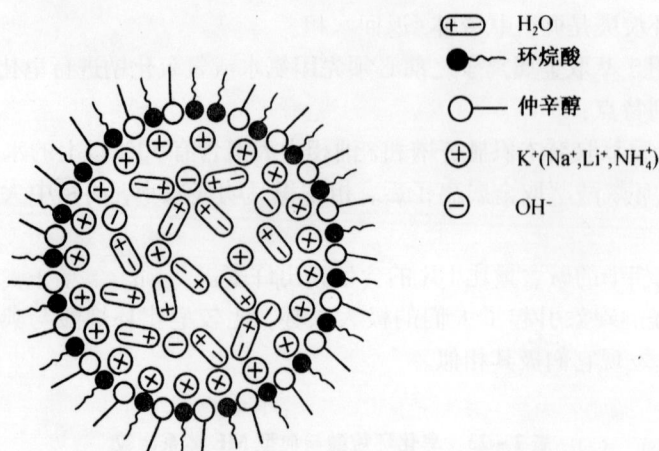

图 2 – 27　皂化环烷酸微乳状液结构模型示意图

3. 环烷酸体系萃取稀土的机理

该机理可用图 2 –28 所示形象解释。

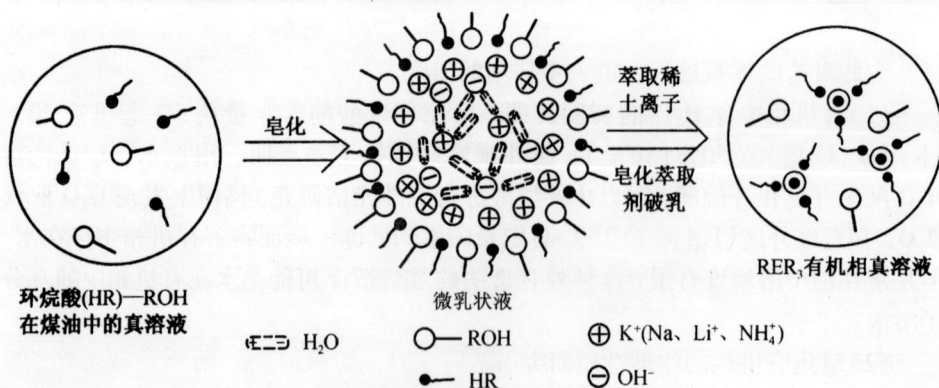

图 2 –28　皂化环烷酸萃取稀土机理图

大量生产实践证明，稀土的饱和萃取量为环烷酸铵浓度的三分之一。在煤油 CCl_4 或其他惰性溶剂中未皂化的环烷酸是以二聚分子的形式存在，但加入仲辛醇后，有一部分转为与仲辛醇缔合的单分子，皂化成环烷酸盐后形成微乳状液，二聚环烷酸分子已不存在。皂化环烷酸萃取稀土离子的过程实际上是油水界面上的离子交换反应：

$$3\,\overline{NH_4R} + RE^{3+} \Longrightarrow \overline{RER_3} + 3NH_4^+$$

此时由于离子型表面活性剂 $RCOO^- NH_4^+$ 的消失，导致微乳状液破乳，使其中所含的大量水从有机相中析出，返回水相。

近红外光谱研究证明，皂化萃取剂萃取稀土时，稀土离子被萃取多少，微乳状液相应破乳多少，当稀土离子浓度小于皂化萃取剂的饱和萃取容量时，过剩的萃取剂仍以微乳状液状态存在于有机相中。

皂化环烷酸对二价金属离子萃取情况稍为复杂一些。一类二价离子，如 Ni^{2+}、Zn^{2+}、Cu^{2+} 等，饱和萃取时形成 MR_2，有机相含水量小于万分之二，其过程类似于三价稀土离子，而 Mn^{2+}、Cd^{2+}、Pb^{2+} 等与 Pr^{3+}、Eu^{3+} 等稀土离子类似，生成 $MR_2 \cdot H_2O$，故饱和有机相中水含量稍高，为千分之几。另一类二价离子如 Ca^{2+}、Mg^{2+} 则与萃取稀土离子的情况有所不同，饱和萃取后，有机相还含有 1% 以上的水，且对温度十分敏感，高于 30℃，有机相析出水而变浑浊，温度降低后，体系又重新变成透明的一相。

4. 酸性磷萃取体系萃取机理

研究了 P204(1 mol/L) – 15% 仲辛醇(ROH) – 煤油及 P204(1 mol/L) – 15% TBP – 煤油体系，情况与环烷酸类似。皂化后有机相含 20% 甚至 50% 的浓度 $NH_3 \cdot H_2O$ 或 NaOH 水溶液，外观清彻透明，不析出水相。对其多种物理性质的研究表明，皂化 P204 萃取剂同样是一种能生成油包水型的微乳状液体系。此时 P204 形成了离子缔合物 $(RO)_2P - O^- NH_4^+ (Na^+)$，用它萃取稀土离子时，萃取反应发生在微乳状液界面上。同样萃取稀土离子后生成稳定的螯合物，由于螯合物不具有表面活性剂性质，故引起 ME 破乳，其中的水进入水相中。

皂化 P204 萃取二价金属离子生成的萃合物组成为 MR_2，对某些离子饱和萃取后有机相含水量 <0.02%，另一些二价离子即使达到饱和萃取，仍含有 1% 的水，且用超高速离心机在 0℃、离心 5 min 也不析出水，表明还有微乳状液存在。

其他酸性磷萃取剂如 P507 也与 P204 体系的情况相同。

5. 离子缔合体系萃取机理

N263 – 仲辛醇 – 煤油体系萃取分离稀土时，如使用有机相及含盐析剂(如 NH_4NO_3)的水相预平衡，有机相的含水量可达百分之几。用这种含水萃取剂与稀土料液(同样含盐析剂)平衡，发现稀土萃取过程，也是一个顶替水的过程，当稀土含量达到饱和时，有机相中含水量小于 0.02%，表明季胺盐萃取过程中，同样伴随有有机相中微乳状液的生成和破乳。

2.5.5.4　微乳状液与三相

2.4.2 节介绍了萃取过程中三相的形成问题，长期以来人们一直都是从溶解度的角度来研究萃取过程中的三相，因而工作的重点一直致力于从定量角度寻找体系中溶解度最小的萃合物。而很少从相行为与结构角度去研究三相。"三相"有时是表示有机相劈裂为两个有机液层的现象，有时却是特指处于轻有机液层下部的重有机液层。

在 2002 年的国际溶剂萃取会议上,美国宾州大学 K. Osseo - Asare 发表了微乳状液与三相的生成论文,从相行为与结构的角度讨论了三相的本质。

任何一种微乳状液均有三个基本组分:水、油及表面活性剂。为此该文作者首先从 Kahlwei 等人绘制的假设的水 - 油 - 表面活性剂体系的简单三元相图入手,分析了这一体系中三相区的情况(图 2 - 29)。图中小三角形 abc 代表一个三相区,α,β,γ 为相应的两相区。在 α 区相 b 与 c 平衡,在 β 区相 a 与 c 平衡,而在 γ 区相 a 与 b 平衡。

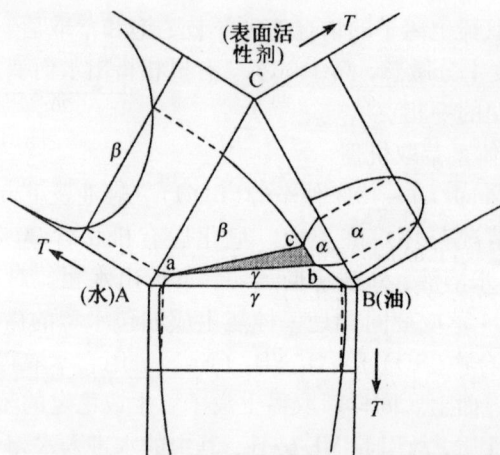

图 2 - 29 水 - 油 - 表面活性剂体系的简单三元相图

事实上,随温度、表面活性剂和油的变化,图 2 - 29 中三相区 abc 的形状和大小会发生变化,这种变化将反映到相应的二元相平衡的变化。例如随温度升高,A - C 图上 β 区扩大,相应于 B - C 图上 α 区缩小。从而影响到三相区的 ac 边拉长,bc 边缩短。同样,油的疏水性越强,BC 图上的 α 区越大,故如从芳香化合物油换为碳氢化合物油,则三相区 abc 应扩大。这些实验结果表明,从相行为角度观察微乳状液体系,其三相区的行为及大小是随体系的条件而变化的,从这一观点出发很难说三相是某一溶解度最小的化合物析出的现象。

在此基础上,该文作者比较了 TBP 体系的二元相图,(图 2 - 30,图 2 - 31)。图 2 - 30 类似于图 2 - 29 中的 BC 图,图 2 - 31 类似于倒置的图 2 - 29 中 AC 图,它们表明,由于水与 TBP 互溶度很小,它们的二元相区很大,随温度升高,二元相区缩小,250℃以上时水与 TBP 互溶;富稀释剂相(图 2 - 30 左边)与富 TBP 相(图 2 - 30 右边)相平衡。在没有 HNO_3 的情况下,随 $Th(NO_3)_4$ 浓度升高,两相区扩大(曲线 a 与 c 比较)而在同一金属浓度下,加入 HNO_3 使两相区扩大(曲线 a 与 b 比较),在 BC 二元相图上两相区的扩大,参考图 2 - 29,它意味着形成三相的范围增大。

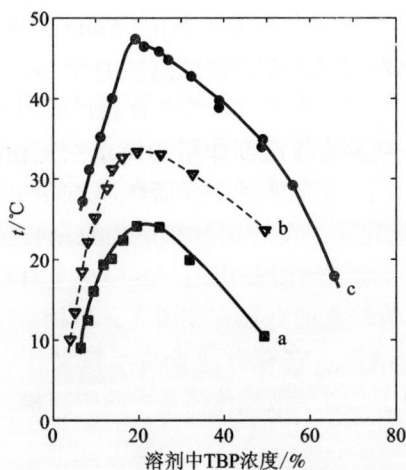

图 2 - 30　TBP - 煤油 - 水 - HNO$_3$ - Th(NO$_3$)$_4$
体系的伪二元系相图

a: 0.69 mol/L Th(NO$_3$)$_4$　b: 0.69 mol/L Th(NO$_3$)$_4$ +
0.96 mol/L HNO$_3$　c: 0.86 mol/L Th(NO$_3$)$_4$

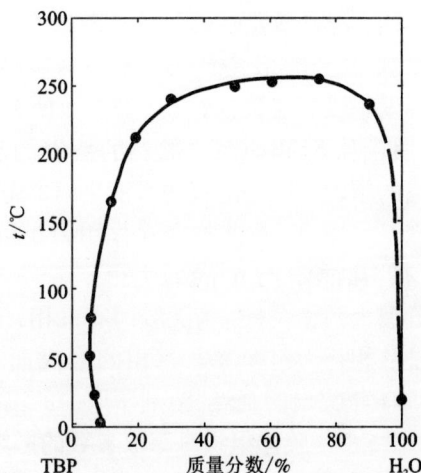

图 2 - 31　TBP - 水系二元相图

图 2 - 32 为分别以正己烷
(C$_6$)、正辛烷(C$_8$)及正十二烷
(C$_{12}$)为稀释剂时 50% TBP 萃取盐
酸的等温线。实际上这三种体系均
产生了三相。为便于讨论问题,将
它们叠加在一张图上。随水相浓度
增加至某一点开始形成三相,上面
的一层有机相含盐酸少,而下面的
一层有机相含盐酸浓度高。就生成
三相的难易而言 C$_{12}$ 烷最易生成三
相,C$_6$ 烷在盐酸浓度较高时才生成
三相,就两个有机相液层的含酸浓
度而言,下层有机相中有 C$_{12}$ > C$_8$ >

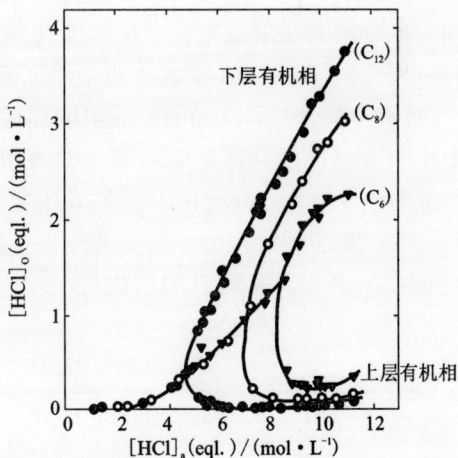

图 2 - 32　不同稀释剂时 TBP 萃取盐酸的等温线

C$_6$ 关系,而上层有机相的情况则相反。这种情况也与微乳状液的相行为完全一
致,即疏水性越强的碳氢化合物对形成三相越敏感。

目前有关形成三相的报道已涉及有机磷酸脂、醚及胺等萃取剂,而 TBP 是最
易形成三相的一种萃取剂,以往的研究已经证明,对高酸与高金属盐浓度的溶
液,TBP 的萃合物以离子对形式存在,这种离子对化合物是具有两亲性的表面活

性剂,与典型表面活性剂一样,它自身能参与非极性有机溶剂中反胶团的生成。K. Osseo – Asare 认为,随酸及金属离子被萃取量的增加,黏度急剧增加;体系电导发生激烈变化,水分子被萃取使有机相体积增大是 TBP 体系中存在反胶团及微乳状液的证据。而油相中存在的反胶团之间也会发生交互作用,引起这种交互作用的原因可能是溶解的水滴之间的范德华力或者是疏水的表面活性剂之间的空间交互作用力,在这种交互作用力足够大的情况下,反胶团开始产生聚结作用而"挤"出油分子,甚至发生相分离—— 一种沉淀或者凝胶作用。其结果是有机相分裂为两相,上部为无胶团有机相,而下部为较重的富集有胶团的有机相。这就是从相行为角度考虑三相的形成而得到的结论。它有力地支持了该文作者在 1991 年提出的观点"溶剂萃取中的三相相当于微乳状液流体体系中的中间相"。

2.5.5.5 胶体组织对萃取参数的影响

近十年来许多文献相继报道了萃取体系中胶体组织,如胶团、微乳状液、液晶对金属萃取过程的热力学及动力学特征的影响。许多金属萃取剂都具有表面活性剂的性质,当往萃取体系中添加辅助表面活性剂时,萃取体系的热力学参数如分配比、萃取剂的负荷容量以及动力学参数如传质速率等均会发生变化。

1. 分配比及 $\beta_{A/B}$ 的变化

分配比的变化与辅助表面活性剂与萃取剂的浓度有关,以 u 表示辅助表面活性剂与萃取剂的摩尔浓度比,D 的变化与 u 有关,相应于最大分配比值之 u 以 U_{opt} 表示,如往 D2EHPA 萃取体系中添加辛醇,则 $u = [$正辛醇$]/[$D2EHPA$]$。而 U_{opt} 与被萃金属性质、添加的醇的浓度和性质以及 pH 有关。表 2 – 24 为辛醇浓度对 D2EHPA 从硝酸盐体系中萃取镧时有机相组成的影响。显然添加辛醇使有机相中金属离子浓度、分配比 D 值均发生变化,且它们有一最大值。

表 2 – 24 还同时列出了随 u 的变化有机相中含水量的变化,及有机相中水与 La 的摩尔浓度比。显然 D 的变化与加入辛醇引起的有机相水含量变化息息相关。

表 2 –24 辛醇浓度对 D2EHPA 萃镧时有机相组成的影响[①]

u	D	$[La]_o/(mol \cdot L^{-1})$	$[H_2O]_o/(mol \cdot L^{-1})$	$[H_2O]_o/[La]_o$
0	0.38	0.0273	0.037	1.34
0.05	0.40	0.0286	0.049	1.72
0.1	0.43	0.0300	0.051	1.71
0.2	0.37	0.0271	0.051	1.88
0.4	0.31	0.0237	0.052	2.19
0.6	0.28	0.0221	0.057	2.58
1.0	0.23	0.0186	0.058	3.12

注:①$[La(NO_3)_3] = 0.1$ mol/L, pH = 2.0;有机相$[D2EHPA] = 0.2$ mol/L 在甲苯中。

　　测定有机相中胶体颗粒大小的实验结果指出，有机相中添加的醇的含量对反胶团与微乳状液的形成及含量有很大影响，而对有机相中水含量的变化规律的研究，如醇的种类（碳链长度）及浓度的影响、水相酸介质的种类及被萃取金属性质的影响，均与反胶团、微乳状液中水含量变化的规律符合，因此结论很明显，是添加的醇引起了有关胶体组织形成，从而导致了分配比的变化。

　　分配比变化影响到 $\beta_{A/B}$ 发生变化，俄罗斯门捷列夫化工大学的 Oxana A 等人研究了添加辅助表面活性剂对分离系数的影响。

　　实验发现添加辅助表面活性剂引起 D 变化，故 $\beta_{A/B}$ 也随之变化。表 2-25 为 TBP 从硫酸介质中在 NH_4SCN 存在下萃取分离锆、铪时分离系数的变化，可见可利用胶体组织改善分离效果。

表 2-25　TBP 萃取分离 Zr、Hf 时表面活性剂对 $\beta_{Zr/Hf}$ 的影响

醇种类	醇浓度	D_{Hf}	D_{Zr}	$\beta_{Hf/Zr}$
—	—	1.00	0.053	18.87
丁醇	0.0365	1.45	0.13	11.15
异戊醇	0.0365	2.72	0.12	22.64
已醇	0.0365	2.93	0.10	29.25
辛醇	0.0365	3.00	0.08	37.50
癸醇	0.0365	1.84	0.05	36.80

　　$[M]=0.075$ mol/L，$[H_2SO_4]/[MO_2]=2.0$，$[NH_4SCN]$：100 g/L。

　　有机相 $[TBP]=1.46$ mol/L，稀释剂甲苯。

　　俄罗斯 Novosibirsk Boreskov 催化剂学院的 E. S. Stoyanov 研究了用 D2EHPA 萃取分离 Co、Ni 时混合胶团的组成和结构，认为通过控制含 Co 混合胶团形成条件，可促进 Co/Ni 分离系数的提高。

　　但是另外的文献证实添加 TBP 或异癸醇至含酸性萃取剂体系会导致 Co/Ni 分离因素剧烈降低，其原因可能是极性改善剂能增加有机相水含量，因而有利于混合胶团形成，胶团造成 $\beta_{Co/Ni}$ 降低。

　　2. 对萃取能力的影响

　　美国阿拉巴马州 Auburn 大学化工系 Ronald D. Neuman 等人采用动力学光散射、傅利叶转换红外光谱、小角度中子散射（SANS）、光折射等一系列现代测试研究手段及表面化学性质、表面张力的测定，确切地证明了反胶团在液-液萃取中的作用。他们的研究证明，在酸性有机磷萃取剂萃取体系中，形成反胶团是一种普遍的现象。对 D2EHPA/正庚烷/$Ni(NO_3)_2$ 体系的研究清楚地证明镍的萃合物缔合形成小的圆柱状的反胶团，它具有 Ni-D2EHPA 和 Na-D2EHPA 的混合组成，每一个 D2EHPA 单分子增溶 5~6 个水分子，游离水与键合水存在于反胶团的核心中，少量

的水是被夹在萃取剂的碳氢链的界面层之间。圆柱状的反胶团存在于萃取体系的扩散液液界面区,反胶团的形成促进了萃取能力的提高。

图 2 - 33, 图 2 - 34, 图 2 - 35 是 D2EHPA 在甲苯溶液中萃取钇的等温线。

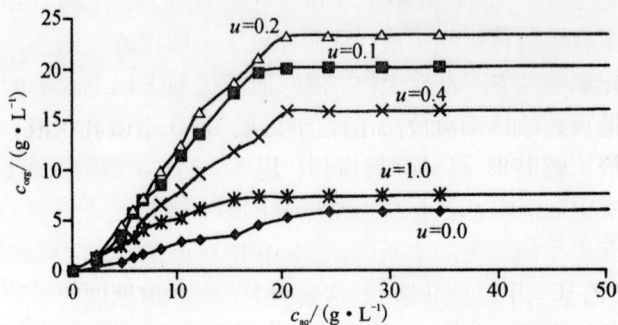

图 2 - 33　添加正丁醇时 D2EHPA 从盐酸中萃钇的等温线

[D2EHPA] = 0.2mol/L, 稀释剂:甲苯　pH = 2

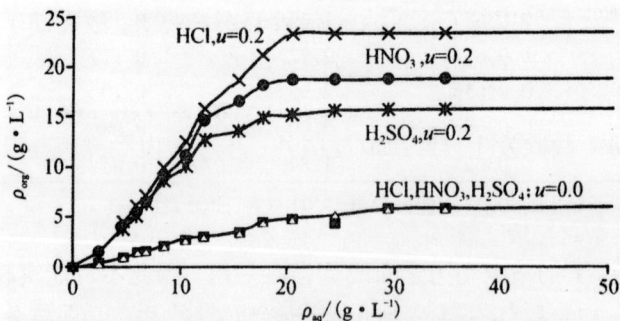

图 2 - 34　添加正丁醇时 D2EHPA 从不同介质中萃钇的等温线

[D2EHPA] = 0.2 mol/L, 稀释剂:甲苯　pH = 2

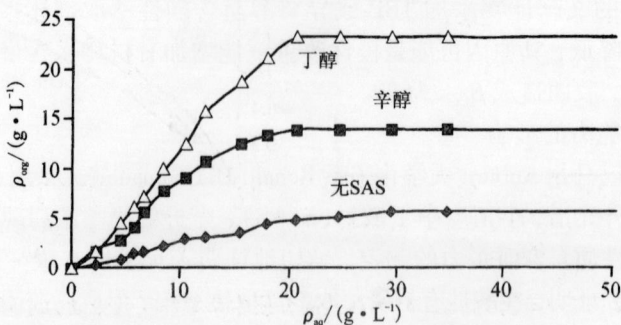

图 2 - 35　添加辛醇或丁醇对 D2EHPA 从盐酸中萃钇的影响

[D2EHPA] = 0.2 mol/L, 稀释剂甲苯, u = Uopt(丁醇 0.2, 辛醇 0.1) pH = 2

Oxana A 等人的实验结果表明，金属负载量取决于添加的表面活性剂性质、u值及水相介质种类。添加丁醇时盐酸介质中钇的负载量最高，其 $U_{opt}=0.2$，如果用辛醇取代丁醇，则负载量降低。此外对不同金属其等温线变化的斜率也并不一样。

3. 对萃取速度影响

1983 年文献报道了用 Kelex 100 萃取 Ge(Ⅳ)和 Fe(Ⅲ)，用 D2EHPA 萃取 Al(Ⅲ)和 Fe(Ⅲ)时，如果添加表面活性剂形成 W/O 型微乳状液，它们的萃取速度几乎增加一倍。而 1989 年又有报道称，用 Kelex 100 萃取 Ni(Ⅱ)和 Co(Ⅱ)，添加表面活性剂形成 ME，萃取速度反而下降。前者是应用十二烷基磺酸钠(NaLS)/正戊醇或者十二烷基苯磺酸钠(NaDBS)/正丁醇，而后者应用一种阳离子表面活性剂(乙基三甲基溴化胺)，这表明 ME 对萃取速度的影响是复杂的。

英国帝国理工学院化工系 E. V. Brejea 等人研究了 D2EHPA 萃取锌和铝的情况，发现当形成 W/O 乳液体系时，铝的萃取速度有较大幅度提高，锌萃取速度不变，究其原因在于这两种金属的萃取速度控制步骤不同，Al^{3+} 六个配位水的脱除是速度控制步骤，反胶团核心形成水池有利于 Al^{3+} 脱水，故有助于铝的萃取，而锌的萃取机理无脱水步骤，故形成反胶团无影响。

另一方面用 NaLS 形成 O/W ME 时，两种金属离子的萃取速度均增加，此时 D2EHPA 溶于水，故除发生界面萃取反应外，在水相内也有萃取反应，故总的结果使萃取速度增加。

萃取速度的变化也会引起 β 变化。图 2-36 所示为不添加表面活性剂时，La、Pr、Er、Dy、Y 的萃取动力学曲线重合在一起，因此不可能实现动力学分离，而添加辛醇后，由于胶体组织的影响，这五个元素的动力学曲线分开为三组，因此可以利用此性质实现动力学分离。

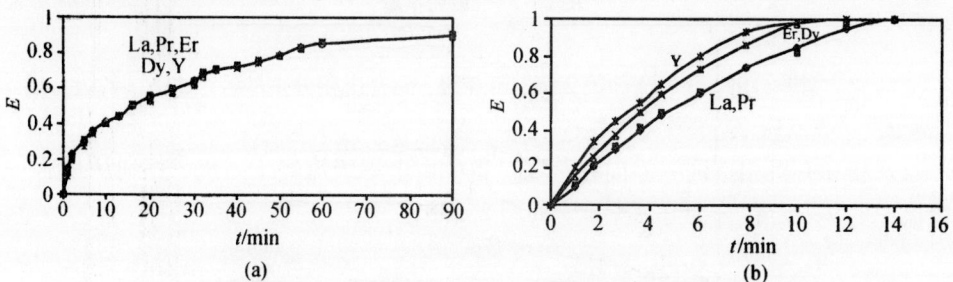

图 2-36 辛醇对 D2EHPA 从盐酸介质中萃取镧系元素动力学影响

(a)无辛醇；(b)添加辛醇 [$RECl_3$] = 0.1 mol/L；pH = 2；[D2EHPA] = 0.2 mol/L；稀释剂甲苯

2.6 工程技术基础

2.6.1 萃取串级工艺

2.6.1.1 萃取方式

将含有被萃组分的水溶液与有机相充分接触，经过一定时间后，被萃取组分在两液相间的分配达到平衡，两相分层后，把有机相与水相分开，此过程称为一级萃取，在一般情况下，一级萃取常常不能达到分离、提纯和富集的目的。故需经过多级萃取过程，将经过一级萃取的水相与另一份新的有机相充分接触，平衡后再分相，称之为二级萃取。依此类推，将这样的过程重复下去，称为三级、四级、五级萃取。同样，也不难理解多级洗涤和多级反萃。这种水相与有机相多次接触，大大提高了分离效果的萃取工艺称为串级萃取。

为了提高分离效果，获得预期萃取结果，按有机相与水相接触方式不同，串级工艺可分为：并流萃取、逆流萃取、分馏萃取、回流萃取与错流萃取。

1. 错流萃取

错流萃取方式如图 2 – 37 所示。

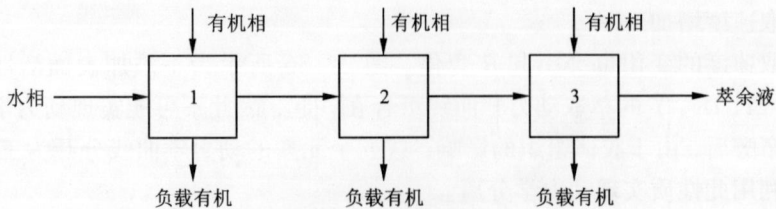

图 2 – 37 错流萃取

料液从第 1 级进，顺序流经第 2 级、第 3 级，而有机相分别从各级进入、各级分出。

2. 并流萃取

水相和有机相按同一方向在萃取设备中由上一级流经下一级，直到从最后一级流出的萃取过程称为并流萃取，如图 2 – 38 所示。

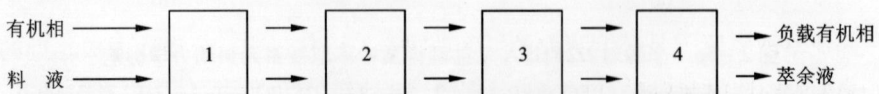

图 2 – 38 并流萃取示意图

3. 逆流萃取

多级逆流萃取就是把有机相与水相分别从多级萃取器的两端加入,两相逆流而行,如图 2-39 所示。

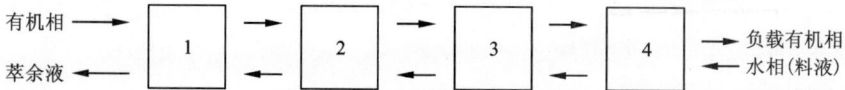

图 2-39 逆流萃取示意图

在每一个萃取器中,两相经过充分接触和澄清分离分别进入相邻的两个萃取器。

事实上,水相(料液)进入端是料液浓度最高的水相与游离萃取剂浓度最低的有机相相遇。而在有机相进入端是游离萃取剂浓度最高的有机相与被萃物浓度最低的水相接触,从而使有机相萃取剂得到了充分的利用,它特别适合于分配比和分离系数较小的物质的萃取分离。

4. 分馏萃取

分馏萃取就是加上洗涤段的逆流萃取,如图 2-40 所示。

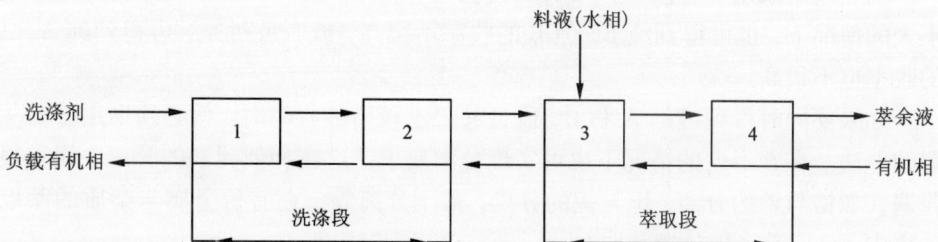

图 2-40 分馏萃取示意图

为了提高产品纯度又不降低产品的实收率,将经多级逆流萃取后的有机相再进行多级连续逆流洗涤。两者结合起来,利用洗涤保证足够的纯度。利用多级逆流萃取获得高实收率。这种方法可以使分配比不高的物质,获得很高的实收率,并保证得到要求的纯度。也能使分离系数相近的各种元素得到较好的分离。

5. 回流萃取

回流萃取实际上是分馏萃取的一种改进,采用萃取法来分离性质极相近的两种元素时,用回流萃取可以提高产品的纯度,改进分离效果,但产量有所降低。

例如:料液中含 A、B 两种性质相似的元素。A 易被萃取,B 难被萃取(以后均同),按图 2-41 进行多级萃取。所得萃余液中有纯 B,而负载有机相有纯 A。

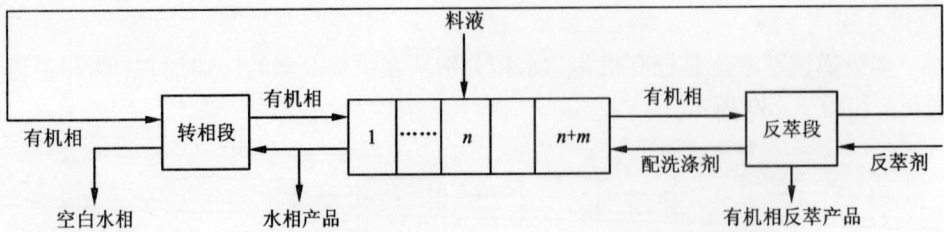

图 2-41　回流萃取示意图

但为了分别提高 A、B 的纯度，而使分馏萃取的洗涤剂中含有一定量的纯 A。在洗涤过程中，使它与负载有机相中所含的微量 B 进行交换，从而使进入反萃段的负载有机相中 A 的纯度进一步提高。同样，为了使水相产品中 B 的纯度提高，而使有机相在进入萃取段前，在转相段中与部分水相产品接触，从而使其含有部分纯 B。这部分纯 B 与水相中含的 A 进行交换，使水相产品 B 的纯度更高。

在冶金工业中最常应用的是逆流萃取与分馏萃取两种方式。

逆流萃取可用于从水相中富集、提取有价成分，也可用于"转型"，例如用胺类萃取剂将钨酸钠溶液变成钨酸铵溶液，用阳离子交换萃取剂将氯化锌转变成硫酸锌。

当逆流萃取用于分离 A、B 两组分时，不可能同时得到纯的 A 和 B，即使在 β 不大的情况下，也可得到纯 B，但 B 的收率不很高，或者反过来，可得到纯 A，A 的收率也不很高。

如果要同时得到纯的 A 和 B，而且又要求较高的收率时，就必须采用分馏萃取的办法。在 β 不大的情况下也可实现分离要求。这在相似元素的分离中用得很普遍。如锆与铪的分离，钽与铌的分离，稀土分离等。在有价金属与杂质的萃取分离中，也广泛采用分馏萃取法。

如果 β 相当小，又要求纯度较高时，就必须采用回流萃取法。

错流萃取虽可得到一个纯产品，但收率低，试剂消耗量大，只是在个别特定情况下（如分相很困难）才采用。

并流萃取也是只有在特定情况下才被采用。

2.6.1.2　逆流萃取图解与计算

1. 图解法求萃取级数

像蒸馏过程一样，在多级逆流萃取过程中我们可以利用 McGabe-Thiele 图解，即利用平衡线与操作线作图，求理论萃取级数。

设有一多级逆流萃取过程如图 2-42 所示。

经 n 级逆流萃取后的总物料平衡：

$$V_a \cdot X_f + \overline{V}_s \cdot Y_0 = V_a \cdot X_1 + \overline{V}_s \cdot Y_n$$

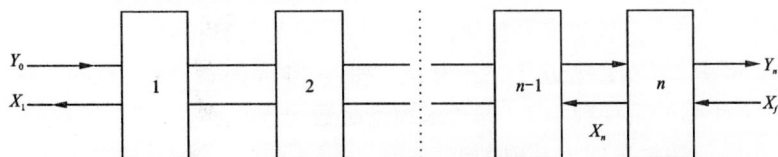

图 2 - 42 逆流萃取示意图

$$V_a(X_f - X_1) = \overline{V}_s(Y_n - Y_0)$$

$$\frac{V_a}{\overline{V}_s}(X_f - X_1) = Y_n - Y_0$$

$$Y_n = \frac{V_a}{\overline{V}_s}(X_f - X_1) + Y_0 = \frac{1}{R}(X_f - X_1) + Y_0 \qquad (2-33)$$

这是一条斜率为 $1/R$ 的直线方程，凡流入某一级的水相中被萃取组分的浓度和流出同一级的有机相中被萃取组分的浓度在此直线上用同一状态点表示，这条直线即为操作线。

将平衡线与操作线绘于同一坐标系中，即可用阶梯法求级数(图 2 - 43)，显而易见，进入第 n 级的水相组分浓度 X_f 与离开第 n 级的有机相浓度 Y_n 为在操作线上的 A 点(X_f、Y_n)，而离开第 n 级的水相组分浓度 X_n 与离开第 n 级的有机相组分浓度 Y_n 处于平衡状态，故应为过 A 点的水平线与平衡线的交点 $B(X_n$、$Y_n)$。从 B 点作垂直线交操作线于 C，其坐标(X_n、Y_{n-1})表示进入第 $n-1$ 级的水相组分浓度 X_n 与离开第 $n-1$ 级的有机相组分浓度 Y_{n-1}。从 C 点作水平线交平衡线于 D，

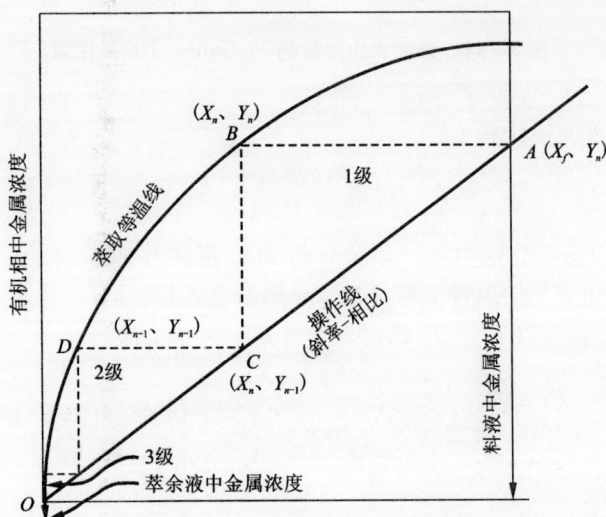

图 2 - 43　McGabe - Thiele 图解

其坐标(X_{n-1}、Y_{n-1})代表离开该级的水相和有机相平衡浓度，如此继续下去，一直作到水相出口浓度接近于 X_1 为止，所得之阶梯数，即为所求理论级数。图 2 – 43 上所画的阶梯数为 3，即所求理论级数为 3。

2. 用图解法推导逆流萃取的计算式

如果假设各级中组分的分配比 D 相同，过程的相体积不变化，则图 2 – 43 中的平衡线变成一斜率为 D 的直线，如图 2 – 44 所示，操作线 CB 的斜率为 $\tan\alpha = 1/R$，显而易见，在理想情况下，$X_f = a + c + e + g$，因为 $\tan\alpha = 1/R = b/c$，所以 $c = b \cdot R$，同理 $e = d \cdot R$，$g = f \cdot R$。又 $b/a = D$，所以 $b = aD$，同理 $d = cD$，$f = eD$，故 $c = a \cdot D \cdot R$，$e = c \cdot D \cdot R = a(D \cdot R)^2$，$g = f \cdot R = e \cdot D \cdot R = a(D \cdot R)^3$，即 $c = aE$，$e = aE^2$，$g = aE^3$。

所以　$X_f = a + aE + aE^2 + aE^3$　如为 n 级，则 $X_f = a + aE + aE^2 + aE^3 + \cdots + aE^n$。

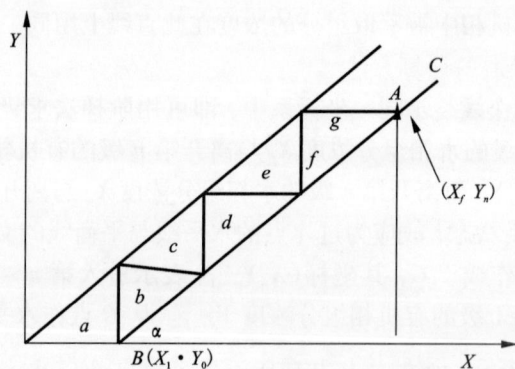

图 2 – 44　分配比为常数的 McGabe – Thiele 图解

按等比级数求和计算

$$X_f = \frac{X_1(E^{n+1} - 1)}{E - 1} \tag{2 – 34}$$

如果我们引进一个函数——萃余分数 Φ_x，定义其为水相出口组分 X 的质量流量与料液中组分 X 的质量流量之比，显然由上式知：

$$\phi_X = \frac{(X)_1 \cdot V_a}{(X)_f \cdot V_a} = \frac{(X)_1}{(X)_f} = \frac{E - 1}{E^{n+1} - 1} \tag{2 – 35}$$

如有 A、B 两组分，则对 A 组分有 $\phi_A = \dfrac{A_1}{A_F} = \dfrac{(A)_1}{(A)_f} = \dfrac{E_A - 1}{E_A^{n+1} - 1}$，当 $E_A \to 1$ 时，根据罗彼塔法则有

$$\phi_A = \lim \frac{E_A - 1}{E_A^{n+1} - 1} = \frac{1}{n + 1} \tag{2 – 36}$$

而对 B 组分有 $\phi_B = \dfrac{B_1}{B_F} = \dfrac{(B)_1}{(B)_F} = \dfrac{E_B - 1}{E_B^{n+1} - 1}$，通常 $E_B < 1$，$E_B^{n+1} \ll 1$

$$所以 \quad \phi_B \approx 1 - E_B \qquad (2-37)$$

式 2-34 是 A. Kremser 在 1930 年首先提出来的，所以称为 Kremser 方程，为了方便用 Kremser 方程进行计算，必须引进一个概念叫做 B 的纯化倍数，用 b 表示，定义

$$b = \frac{水相出口中 B 与 A 的浓度比}{料液中 B 与 A 的浓度比}$$

即
$$b = \frac{(B)_1/(A)_1}{(B)_F/(A)_F} = \frac{(B)_1/(B)_F}{(A)_1/(A)_F} = \frac{\phi_B}{\phi_A} \qquad (2-38)$$

产品 B 的纯度 P_B 等于

$$P_B = \frac{(B)_1}{(B)_1 + (A)_1} = \frac{(B)_1/(A)_1}{(B)_1/(A)_1 + 1} = \frac{b(B)_F/(A)_F}{b(B)_F/(A)_F + 1} \qquad (2-39)$$

2.6.1.3 分馏萃取的计算方法

1. 阿尔德斯公式

1995 年阿尔德斯在他的名著《液液萃取》一书中推导出分馏萃取的基本方程：

$$\phi_A = \frac{(E_A - 1)\left[(E_A')^m - 1\right]}{(E_A^{n+1} - 1)(E_A' - 1)(E_A')^{m-1} + \left[(E_A')^{m-1}\right](E_A - 1)} \qquad (2-40)$$

$$\phi_B = \frac{(E_B - 1)\left[(E_B')^m - 1\right]}{(E_B^{n+1} - 1)(E_B' - 1)(E_B')^{m-1} + \left[(E_B')^{m-1}\right](E_B - 1)} \qquad (2-41)$$

式中：E 为萃取比，下标 A 及 B 分别代表易萃组分 A 及难萃组分 B，右上角 "'" 符号表示洗涤段。

阿尔德斯公式一直沿用至今，在溶剂萃取工艺中有重大影响，它的成功之处在于，当知道 n、m、E_A、E_B、E_A'、E_B' 后可利用式（2-39）及式（2-40）两式计算 ϕ_A 及 ϕ_B，从 ϕ_A 和 ϕ_B 及料液组成就可计算产品的纯度和收率。

但是阿尔德斯公式不能解决串级工艺的最优化设计问题，且他假定各级萃取器中萃取比 E_A 和 E_B 是恒定的，这一假定与实际偏差较大。

2. 徐光宪串级萃取理论

徐光宪教授认为对于 A、B 两组分分离体系，尽管 E_A 和 E_B 不恒定，但是萃取段的混合萃取比 $E_{M(A+B)}$ 及洗涤段的混合萃取比 $E_{M(A+B)}'$ 可以认为是恒定的，同时尽管分馏萃取中各级分离系数并不相同，但变化不大，因此可用平均分离系数 β 和 β' 进行计算。在这种基本假设的前提下，如果流比 R 恒定，而进料级无分离效果，按接近饱和萃取来考虑问题，则可推导出一系列计算公式，解决了串级工艺最优化的设计问题。这一理论在稀土萃取工艺中已获得成功应用。由于篇幅太大，本书不作介绍，感兴趣的读者可参阅本章所附文献[2]及[22]。

2.6.1.4 串级萃取模拟实验

串级模拟实验是在分液漏斗中用间歇操作模拟连续多级萃取过程,最好在预先用图解法或计算法确定级数的基础上,再在分液漏斗中进行实验验证。

1. 逆流萃取模拟实验

(1)齐头式模拟法 以三个分液漏斗模拟三级逆流过程为例,如图2-45中每一方框代表一个漏斗,每行上方相应的1#、2#、3#代表三个漏斗的编号,料液浓度为100,萃取比 $E=2$,则可根据下式计算每萃取一次后,有机相及水相中被萃物的含量。

$$q = \frac{E}{E+1} \quad \varphi = \frac{1}{E+1}$$

图2-45中,F 表示料液,S 代表有机相,且不含被萃物,E 代表萃取液,R 代表萃余液,各方框及箭头上之数字为根据上两式计算的结果。

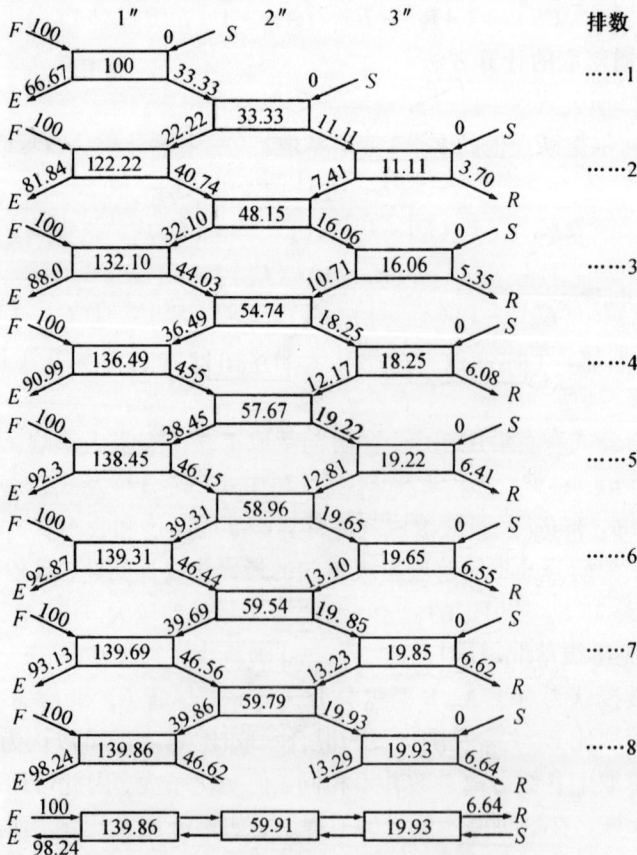

图2-45 齐头式逆流模拟实验相浓度逐级变化图($E=2$、O/A=1:1)

　　实验开始先向 1#漏斗按相比加入料液与新鲜有机相，振荡平衡后静置分相，水相转入 2#漏斗，有机相移出去，再在 2#漏斗中按相比加入有机相，振荡平衡分相，水相转入 3#漏斗，有机相转入 1#漏斗，在 1#中加入料液，3#中加入有机相，振荡 1#、3#后静置分相，1#中之有机相移出去，水相转入 2#，3#中之水相弃之，有机相转入 2#，振荡后静置分相，如此继续按箭头方向进行下去，每出料一次，就称之为一排，由图 2-45 数据看出，随着振荡排数增加，相邻两排出口浓度逐渐接近，当相邻两排水相及有机相出口中被萃组分浓度、酸度不再发生变化时，则体系达到稳态平衡。

　　(2)宝塔式模拟法　如果同样用这三个漏斗，加料从中间 2#漏斗开始，则形成如图 2-46 所示的操作方式，称之为宝塔式模拟法。同样随着振荡排数增加，相邻两排出口浓度逐渐接近，但与图 2-45 相反，浓度变化顺序是由高值逐渐减少向稳态值靠拢。

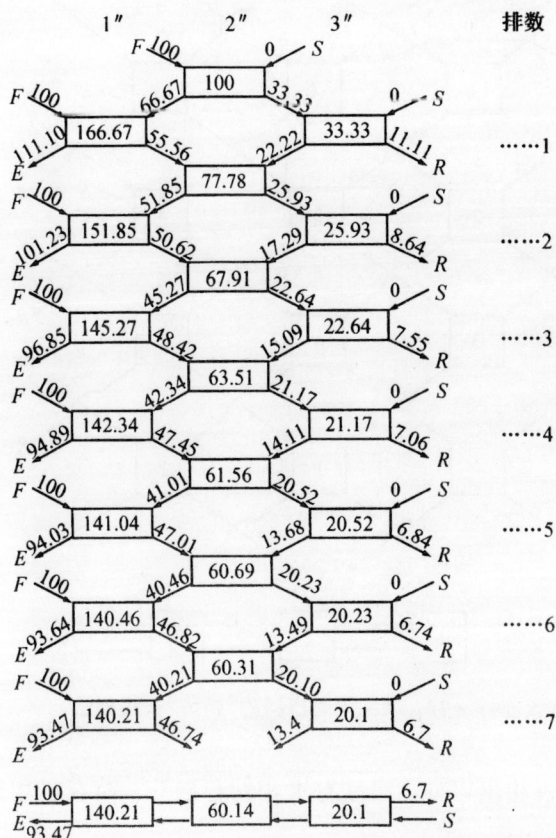

图 2-46　宝塔式逆流模拟实验相浓度逐级变化图

上述这两种方法都是经典模拟实验方法，在整个操作过程中，漏斗的位置不变，不易弄混淆。当萃取比离 1 越远，越易达到稳态平衡，一般当振荡排数是级数的 2~3 倍时，大约可达稳态，可以开始取样分析。

（3）"矩阵"模拟法　实际工作中，有时用 $N+1$ 个漏斗模拟 N 级连续萃取，每排同时出水相和有机相，速度是上述两法的 2 倍，其操作模式如图 2-47 所示，故称为"矩阵"模拟法。图 2-47 表示用 4 个漏斗模拟三级逆流萃取，第一排在 $1^{\#}$、$2^{\#}$、$3^{\#}$ 三个漏斗中同时进有机相和水相，振荡平衡后，$3^{\#}$ 之水相弃之，$2^{\#}$ 之水相进 $4^{\#}$，同时在 $4^{\#}$ 进新有机相，$1^{\#}$ 之水相进 $3^{\#}$，有机相移出去，$2^{\#}$ 进料液，之后进行第二排振荡，平衡后 $4^{\#}$ 水相弃之，$3^{\#}$ 水相进 $1^{\#}$，同时在 $1^{\#}$ 进新有机相，$2^{\#}$ 水相进 $4^{\#}$，有机相移出去，在 $3^{\#}$ 进料液，再振荡第三排，依此类推，直至稳态平衡达到。这种操作方式有下列特点：

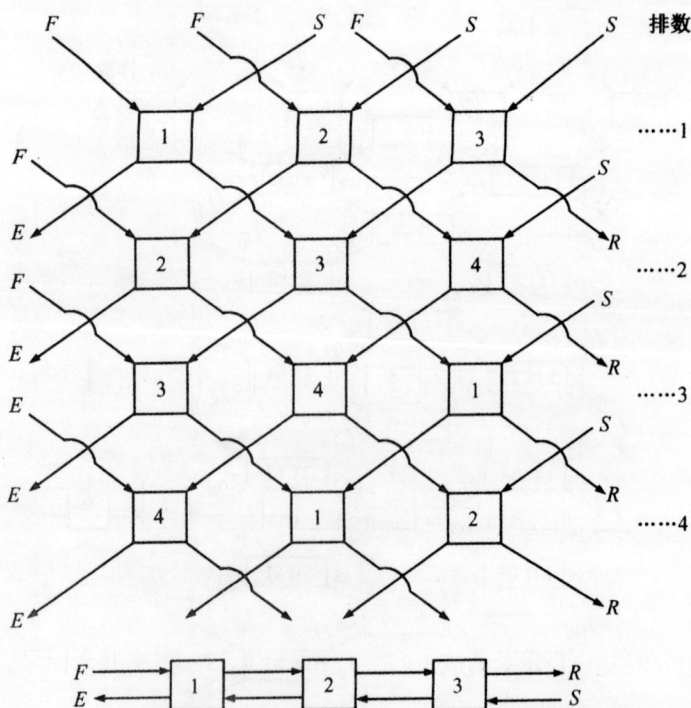

图 2-47　两头同时出料的"矩阵"式模拟法

（1）每次除有机相出口外，都只有水相转移漏斗，而有机相留在漏斗中，可减少损失。

（2）每一排都是两头同时有溶液排出。

（3）$N+1$ 个漏斗按序号排列位置不动，但每次空一个漏斗不用。

（4）水相不是进入下一个编号漏斗，而是跳过下一个编号漏斗进入次下一个编号漏斗，或排出。

2. 分馏萃取模拟实验

图 2-48 所示为五级萃取四级洗涤的分液漏斗模拟法，实验步骤如下：

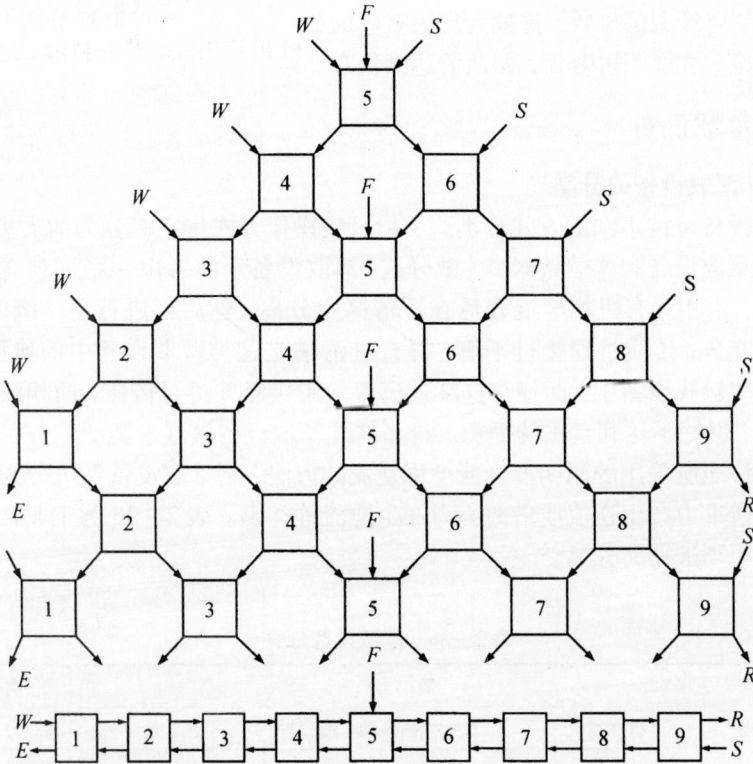

图 2-48　五级萃取四级洗涤的分液漏斗模拟法

（1）取九个分液漏斗，分别编成 1、2、3、4、5、6、7、8、9 九个标号，开始操作时，按图所指的箭头方向进行。

（2）从第 5 号分液漏斗做起，即加入有机相、料液和洗涤剂振荡，待两液相澄清分层后，有机相转入第 4 号，水相转入第 6 号。

（3）在第 4 号加入洗涤剂，第 6 号加入新有机相，第 2 次振荡 6、4 两号，静止分层，第 6 号的有机相移入 5 号，水相移入 7 号，而第 4 号的有机相移入 3 号，水相移入 5 号。

（4）在第 3 号加入洗涤剂，第 7 号加入新有机相，第 5 号加入料液，第 3 次振荡 3、5、7 号，随后静止分层，它们的水相分别转入 4、6、8 号，而有机相移入 2、4、6 号，在第 8 号加入新有机相，第 2 号加入洗涤剂。

按上述步骤继续做下去，一直到体系达到稳态平衡。

由图 2-48 可见，水相总是向右移动，而有机相总是向左移动。在图示的操作中 1、2、3、4 级是洗涤级，而 5、6、7、8、9 级是萃取级。

这种操作法的特点是，每次振荡约 $N/2$ 个漏斗，进料级的位置固定不变，开始出料时，记录振荡排数，排数大约为级数的 2~3 倍时，可以取样分析，如出料口溶液浓度、酸度不再变化，即认为达到稳态。

2.6.2 萃取设备

2.6.2.1 萃取设备的分类

萃取设备可按不同的方式分类。一般可按操作方式将它们分为两大类，即逐级接触式萃取设备和连续接触式（微分式）萃取设备。前者由一系列独立的接触级所组成，水相和有机相经混合后在澄清区中分离，然后再进行下一级的混合，两相混合充分，传质过程接近平衡，混合澄清槽是这类萃取设备中的典型代表。而在连续接触式设备中，两相在连续逆流流动中接触并进行传质，两相浓度连续发生变化，但并不达到真正的平衡。许多柱式萃取设备属这一类。

如果按照所采用的两相混合或产生逆流的方法，则萃取设备又可分为不搅拌和搅拌或借重力产生逆流或借离心力产生逆流等类别。表 2-26 为工业常用萃取器按上述原则进行的分类。

表 2-26　萃取设备分类

产生逆流方式	重　力					离心力
相分散的方法	重力	机械搅拌	机械振动	脉　冲	其　他	离心力
逐级接触设备	筛板柱	多级混合澄清槽 立式混合澄清槽 偏心转盘柱（ARDC）		空气脉冲 混合澄清槽		圆筒式单级离心萃取器 多级离心萃取器
连续接触设备	喷淋柱 填料柱 筛板柱	转盘柱（RDC） 带搅拌器的填料萃取柱（Scheibel 萃取柱） 带搅拌器的筛板萃取柱（Oldshue-Rushton 萃取柱） 带搅拌器的多孔板萃取柱（Kuhni 萃取柱） 淋雨桶式萃取器	振动筛板柱（Karr 萃取柱） 带溢流口的振动筛板柱 反向振动筛板柱	脉冲填料柱 脉冲筛板柱 控制循环脉冲筛板柱	静态混合器 超声波萃取器 参数泵萃取器 管道萃取器	波式离心萃取器

2.6.2.2 冶金工业用的萃取设备

1. 混合澄清槽

混合澄清槽是在湿法冶金中应用最广泛的一种萃取设备,按多级混合澄清槽的装配方式不同可分为卧式混合澄清槽和立式混合澄清槽,前者以水平方式相连,后者以垂直方式相连。混合澄清槽的每一级由两部分构成,即混合与澄清两部分。混合的手段有机械搅拌、空气脉冲、超声波等方式。机械搅拌装置一般有桨叶式(平桨或涡轮)及泵式两类。澄清槽通常采用重力澄清方式,为了加速澄清过程,也可在澄清室内充填填料,安装挡板或装设其他促进分散相聚集的装置。因此随混合槽、澄清槽的不同及它们的连接方式的不同,目前发展了约二十种混合澄清槽。

(1)箱式混合澄清槽

把混合槽与澄清槽连成一个整体,从外观看像一个箱子,内部用隔板分隔成一定数目的级,每一级又分隔成混合室与澄清室,奇数级与偶数级的混合室交叉相对排列在长箱的两边(澄清室亦同样)。图 2–49 所示为四级箱式混合澄清槽的三视图。

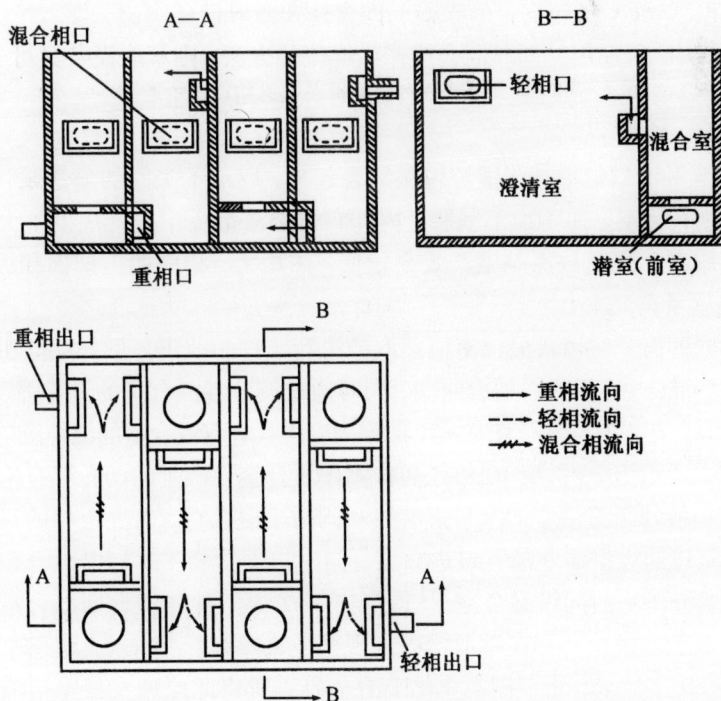

图 2–49 四级箱式混合澄清槽

从 B－B 剖面可以看出，每一个混合室下方设置一个潜室（有的设计中也取消潜室），重相由相邻级的澄清室经下部的重相口进入潜室，借助搅拌抽吸作用从潜室上部圆孔进入混合室，潜室的作用是使重相稳定地进入混合室并防止返混，而轻相则由与混合室另一边相邻的澄清室经上部的轻相入口进入混合室。混合相则由混合相口进入同级澄清室。各相口设置挡板（或起挡板作用的其他构件），挡板的作用是防止返混和减少搅拌对澄清室的影响，并使混合相进入澄清室的扩散带。由图 2－49 可以看出，在这种混合澄清槽中，就同一级而言，两相是并流的，但就整个箱式混合澄清槽来讲，两相的流动方向是逆流的。从图 2－50 可以更明确地看出典型的箱式混合澄清槽中两相的流动路线。

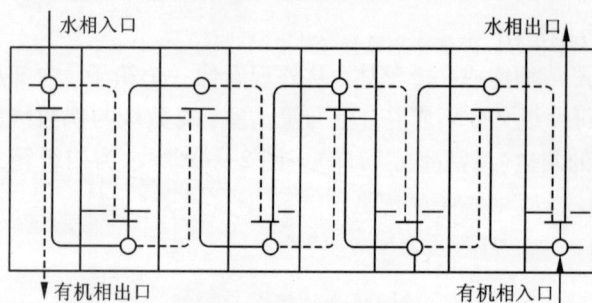

图 2－50　典型箱式混合澄清槽两相流动路线示意图

箱式混合澄清槽把搅拌与液流输送结合起来，取消了级间的输送泵，简化了结构，槽体结构紧凑，便于加工制造。因此它是湿法冶金中生产规模不大时普遍采用的萃取设备。但其缺点是生产效率较低，体积大，相应的占地面积大，物料和溶剂的积压量也大。

针对不同的需要对箱式混合澄清萃取槽进行了许多改进。例如在同一级内设置两个或多个混合室，延长总混合时间，同时通过调节各混合室的搅拌强度，使进入澄清室的混合相更易分相。图 2－51 所示为一种具有双混合室的混合澄清槽。

图 2－52 所示为 20 世纪 70 年代初株洲硬质合金厂研制的两孔混合室矿浆萃取槽。混合室接邻级澄清室的上口进有机相同时出混合相，出混合相的目的是出水相，混合室接同级澄清室的下口进矿浆，同时出混合相，此时出混合相的目的是出有机相，澄清室向同级混合室下口方向有一斜板，使矿渣返回混合室而不至于在澄清室沉积。因此两相在萃取槽内实现全逆流操作。

20 世纪 80 年代末，北京核工业化工冶金研究所将此原理发展至清液萃取系统，上相口同时作轻相入口及混合相出口，出混合相的目的是为了出水相，下相口作重相入口及混合相出口，此处出混合相的目的是出有机相，从而使物料走向

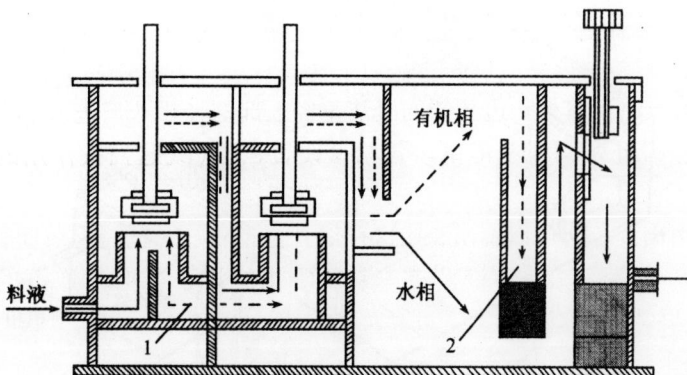

图 2 –51 双混合室混合澄清槽(1、2 均为有机相)

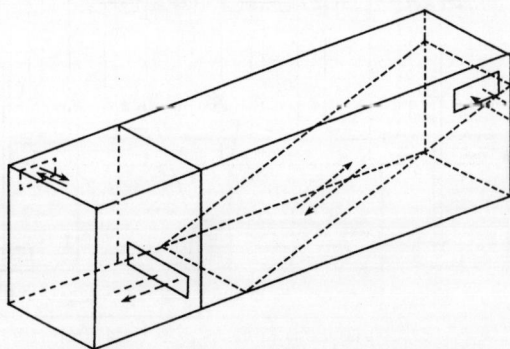

图 2 –52 两孔混合室矿浆萃取槽

由图2 –50的情况(同一级内并流)变为全逆流流动。其结构及物料走向分别示于图 2 –53、图 2 –54。

(2)非箱式混合澄清槽

目前世界上已发展了一系列具有特殊结构的混合澄清槽,如通用磨机公司的浅层澄清混合澄清槽,戴维电力煤气有限公司的混合澄清槽,以色列矿业公司的 I. M. I 混合澄清槽,法国克鲁伯公司的混合澄清槽,英国戴维马克公司的 CMS 萃取槽,等等。

这类萃取槽与箱式混合澄清槽的最主要差别是其混合槽与澄清槽可以有不同尺寸:混合槽与沉清槽可以分开,而且级与级也可以分开,它们之间用管道连接。因此我们称它们为非箱式混合澄清槽,它们的处理量可以很大。图 2 –55 为浅层澄清的混合澄清槽,它专为大规模湿法冶金工程设计,最初用于铜的萃取。

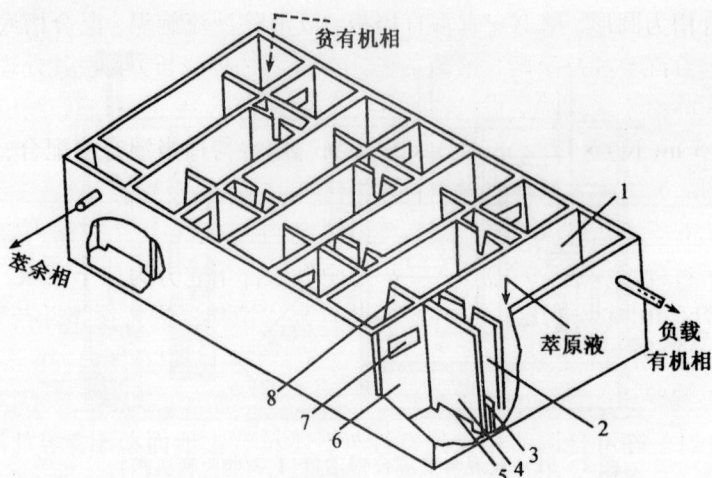

图2-53　全逆流混合澄清器结构简图

1—澄清室；2—轻相堰；3—重相堰；4—隔板；5—下相口；6—混合室；7—上相口；8—折流板

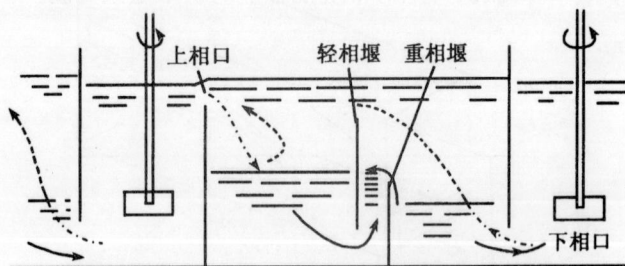

图2-54　全逆流混合澄清槽内液流流向示意图

重相———；轻相------；混合相—·—·

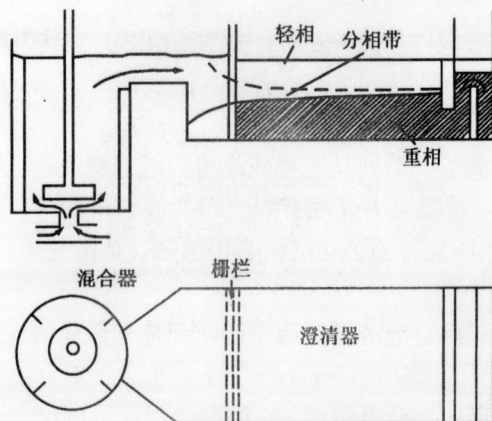

图2-55　浅层澄清的混合澄清槽

其混合槽为圆形,壁上安有垂直挡板,以消除液流旋涡,混合槽底部的封闭叶轮同时起着混合和泵吸两相液流的作用。澄清槽为浅长方形,其处理能力取决于其载面积。由于采用浅层设计,溶剂积压量大为减少。据报道,浅层澄清槽尺寸可达 36.5 m(长)×12.2 m(宽)×0.76 m(高),与适当混合槽配合,流通量可达 820 m³/h。

图 2 – 56 是 CMS 萃取器示意图,它的主要特点是在一个容器内综合了混合和澄清两个过程。在这个容器中,在一定操作条件下它分为三个区域,即上澄清区、下澄清区和中心分散区。中心区内装置泵式搅拌器进行搅拌并起泵吸作用,中心区上下端设置挡板,以抑制湍流并促进澄清分相。中心区内的两相相比可通过调节有机相堰或水相堰进行控制,而进料流比即使为 1:10,在中心区内也可控制相比为 1:1。除可自调节相比的特性外,还具有占地面积小、溶剂滞留量小、输入能量低、易于操作控制及可处理固含量达 3×10^{-8} 的料液等特点,其建设和操作费用比常规混合沉清槽均大大降低。据报道其安装投资成本仅为常规混合沉清槽的 72.8%,故 CMS 被认为是对常规混合槽的一个重大突破。

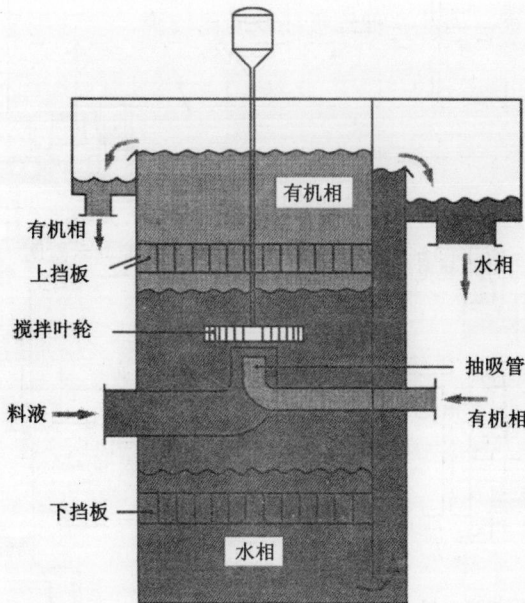

图 2 – 56 CMS 萃取槽示意图

2. 液 – 液萃取柱

顾名思义,萃取柱是一种具有一定高度的圆形柱。显然,柱式萃取设备占地面积小、处理能力大而且密闭性能好,对于易燃、易爆及强放射性萃取体系,应

用柱式萃取设备非常有利,柱式萃取设备种类很多,冶金工业中主要应用的萃取柱简介如下:

(1)筛板柱　冶金工业中较有应用价值的筛板柱有脉冲筛板柱及振动筛板柱。

脉冲筛板柱:如图 2-57 所示,其基本结构特点是柱内安装了一组水平的筛板。筛板孔径通常为 3 mm,板间距约为 50 mm。筛板的开孔率一般为 20% ~ 25%。从柱底部输入一外加脉冲能量使柱内流体周期性地上下脉动。脉冲的作用有利于液滴分散,增大流体的湍动,增大两相接触面积,同时它又是流体通过筛板的动力。一般重相从柱顶部加入,底部流出,而轻相则从柱底部进入,上部流出,柱的上下端部分截面积较大,以便分别降低两相流速,有利相澄清与分离。故起澄清段作用。

振动筛板柱:为了克服脉冲筛板柱能耗较大的缺点,发展了振动筛板柱,其结构如图 2-58 所示。其特点是流体不振动,筛板固定在能作往复运动的轴上作上下往复运动。振动的筛板使液滴得到良好地分散和均匀地搅拌。筛板开孔率约为 58%,筛板振幅通常为 3~50 mm。振动频率可以从低频一直增加到 1000 次/min。这种筛板柱相分散均匀,混合良好,处理量大,传质速率高,操作弹性大,结构简单,易于放大。因此这种筛板柱发展比较快。

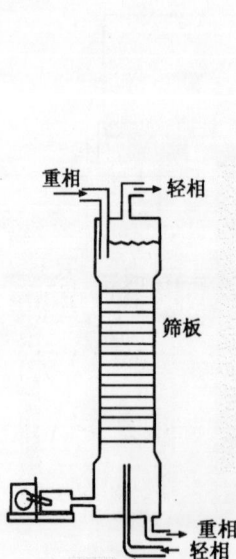

图 2-57　脉冲筛板柱示意图

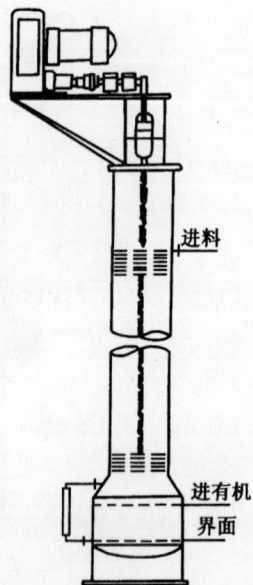

图 2-58　振动筛板柱示意图

（2）机械搅拌萃取柱　利用各种形式的机械搅拌可以改善两相的接触,增加单位设备体积内的相界面面积。下面介绍其中的两种。

转盘柱,一般简称为 RDC 柱,如图 2－59 所示,在柱内沿垂直方向等距离安装了若干固定圆环。在柱中央的轴上安装有圆盘,其位置介于相邻的两个固定圆环之间,借中央轴的转动,圆盘旋转并将两相分散混合,借助密度差实现逆流运动。

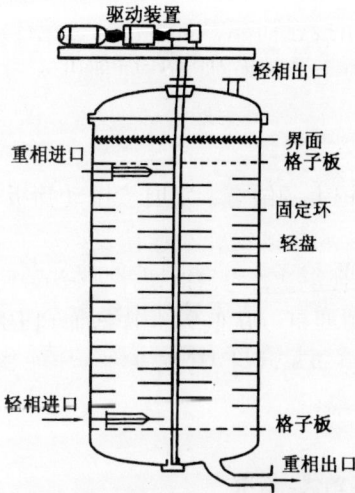

图 2－59　转盘柱（RDC）示意图

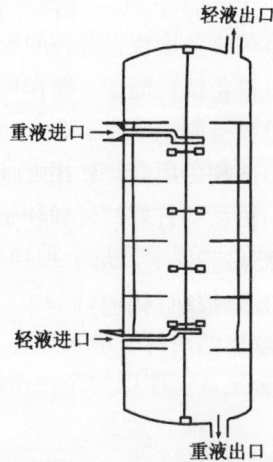

图 2－60　Oldshue－Rushton 柱

Oldshue－Rushton 柱,由搅拌设备公司制造,如图 2－60 所示,柱内装有挡板,搅拌由装在中央旋转轴上的六叶桨式搅拌器完成。它的搅拌器直径约为柱径的 1/3,级高度约为柱径的 1/2。其优点是电能消耗少。

3. 离心萃取器

离心萃取器有许多种,按安装方式可分为立式与卧式,按其转速则可分为高速与低速,按每台的级数分为单级与多级,按两相接触方式又可分为逐级接触式与连续接触式,图 2－61 为最简单的单筒离心萃取器示意图。

此类萃取器生产能力大,分离效率高,接触时间短,因此对于两相密度差很小（如 0.01 g/cm³）及易乳化、化学性质不稳定的体系,或利用动力学分离的体系最

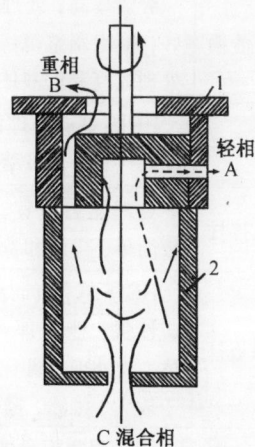

图 2－61　环隙式离心萃取示意图
1—相堰；2—转鼓
A—轻相出口；B—重相出口；C—混合相出口

为合适，但其制造维修费用高，能耗高，过程对流量控制要求严格。

2.6.2.3 工业萃取设备的选择

由于萃取设备的种类繁多，每一种萃取设备均是为适应一种特定萃取体系的工业化需要而设计的，尔后再进一步推广、改进完善。它们均有各自的优、缺点，因此在选择设备前对各种萃取设备的优、缺点进行归纳比较是必要的。

1. 各种萃取设备的优、缺点

一个好的工业萃取器通常应符合下列要求：

(1)传质速度快，设备的流通量大，综合起来就是设备的效率高。

(2)设备结构简单，操作可靠，控制容易。

(3)设备制造成本和操作成本低，易于维修保养。

(4)两相分离好，互相夹带少。

(5)劳动条件好，有利环境保护。

当然这些要求只是一种理想状态，一种萃取设备不可能满足各种要求，其中重点应考察传质效率及流通量。对混合澄清槽而言，传质效率用级效率 η 表示。而对萃取柱则用传质单元高度 HTU 或者理论级当量高度 HETS 表示。表2-27归纳了冶金工业上使用的几种萃取设备的优、缺点。

表 2-27 几种萃取设备的优、缺点

设备分类	优　点	缺　点
混合澄清槽	级效率高；处理能力大；操作弹性好；相比调整范围广；放大可靠；能处理较高黏度液体	溶剂滞留量大；需要厂房面积大；投资较大，级间可能需要用泵输送液体
脉冲筛板柱	HETS 低；处理能力大；柱内无运动部件；能多级萃级；工作可靠	对密度差小的体系处理能力较低，不易高流比操作，处理易乳化体系有困难，扩大设计方法较复杂
机械搅拌柱	处理能力适宜，HETS 适中，结构较简单，操作和费用较低	
振动筛板柱	HETS 低，流通量大，结构简单，适应性强，能处理含悬浮固体物的液体、能处理具乳化倾向的混合液，易于放大、维修、操作费用较低	
离心萃取器	能处理两相密度差小的体系；能处理易乳化物料，适于处理不稳定物质接触时间短，传质效率高，溶剂积压量小，设备体积小，占地面积小	设备费用大，操作费用高，维修费用大

2. 萃取设备的选择

萃取设备的选择涉及的因素比较多,本节对这些因素作简单介绍。

(1)萃取体系性质

A. 萃取体系的化学性质不稳定(如萃取剂易降解),则要求接触时间短;或溶剂昂贵,所需级数又多的体系,要求试剂的存槽量小,则需选用离心萃取器,或其他高效萃取设备,而不宜选用混合澄清槽。

B. 影响两相混合澄清性能的因素主要是两相的密度差及界面张力,其次是连续相的黏度,对于易混合而不易澄清的体系(两相密度差及界面张力小),适宜的设备是离心萃取器,不应选用外加能量的萃取设备;不易混合而易于澄清分离的体系(两相密度差及界面张力较大的体系),则宜选用外加能量的萃取设备。

C. 动力学因素的影响:体系反应速度快,则可供选用的设备较多,若反应速度快,而聚结速度也高则可采用脉冲柱;如聚结速度低,以采用 oldshue – Rushton (Mixco 柱)及 RDC 等为宜;若反应速度慢,又需较长澄清分相时间,则不宜选用接触时间短的离心萃取器,而需采用混合澄清槽,它可以借相的再循环来延长停留时间,有人认为反应时间超过 5 min,许多柱式设备都不宜选用,当利用两种物质的萃取反应速度来进行分离时,则选用离心萃取器最合适。

D. 处理含固体悬浮物的料液,很多萃取器要定期停工清洗,筛板柱、转盘柱能适用。Luwesta 离心萃取器,因有排除固体物的装置亦可应用。另外,CMS 萃取器,也有一定的适应能力,若处理未经固液分离的浸出液,应采用矿浆萃取槽。

E. 如有放射性及其他有害气体和液体,应选用密封性能好,或防护较好的柱式萃取设备,特别是对于挥发性大的体系,一般不宜选用混合澄清槽。

(2)萃取级数 级数很少时,几乎所有的萃取设备均可选用,级数较多时,选用高效的柱式设备,如筛板柱、oldshue-Rushton(Mixco 柱)、转盘柱等。亦可采用混合澄清槽。至于离心萃取器,它能适应多级的要求,但目前冶金工业上应用尚不普遍。

(3)处理能力 物料通过量低而级数少,可选用喷雾柱、填料柱等萃取设备,物料通过量中等或高时,应选用筛板柱、机械搅拌萃取柱等效率大的萃取设备或混合澄清槽。

(4)操作条件和现场条件

A. 传质的方向:若由有机相向水相传质时,一般水相液滴尺寸变大,引起喷雾塔、填料塔的性能恶化,机械搅拌的萃取设备可克服这一弊病。

B. 为了获得最大的界面面积,物料通过量大的液相应是分散相。

C. 当厂房高度受限制时,不宜选用立式的柱式设备;当厂房面积受限制时,不宜选用卧式的混合澄清槽。

在选择萃取设备时,除了前述各影响因素外,产品的规格、建厂的投资和产品成本都应考虑，尽量选择经济合理的萃取设备。

2.7 溶剂萃取在提取冶金中的应用与发展

2.7.1 概况

溶剂萃取在冶金工业中的应用可以归纳为如下几方面：

(1)从低浓度浸出液中选择性萃取、富集有价金属。

(2)萃取分离杂质，净化有价金属溶液。

(3)相似金属元素分离。

(4)从废水、废液中萃取回收有价成分或萃取浓缩有害成分。

迄今为止，对元素周期表中几乎所有的金属和半金属元素都进行过可萃性的研究。本书选择几个有代表性的实例介绍。

2.7.2 典型应用

溶剂萃取在冶金工业中的应用非常广泛，有些金属的溶剂萃取工艺已经非常成熟，在各类参考书中均有详细介绍，考虑到第八章还要涉及许多萃取应用实例，因此本节仅选择两个典型的金属及两个特殊的问题进行简单介绍。

2.7.2.1 铜的溶剂萃取

最先面世的酮肟类萃取剂由美国 General Mills 公司开发，首先生产出的萃取剂为 LIX63(5,8 - 二乙基 - 7 - 羟基 - 6 - 十二烷基酮肟)。这种萃取剂在酸性溶液中萃取铜时，有两个致命的缺点：一是萃取料液需要 pH 太高(pH > 2)，这样高的 pH 浸出作业很难达到；二是对铜的选择性差，铜铁分离不好。后来经过一系列的改进，进入商业应用的萃取剂是 LIX64N，其基本配方是 LIX65N(2 - 羟基 - 5 壬基二苯酮肟)加 1% LIX63。以后由此开发出多种配方产品如 LIX70，LIX71，LIX73 等。由于 LIX65N 含有顺式和反式羟肟，而只有反式羟肟才有活性，因而它的有效容量只有 50%，不能满足生产要求。后来荷兰壳牌公司加以改进，推出了 SME529(2 - 羟基 - 5 壬基 - 乙酰苯甲酮肟)，它是用甲基(CH_3)取代 R2 中的苯环(C_6H_5)，使酮肟摆脱顺反式羟肟的困境，萃取剂容量大大提高。20 世纪 70 年代 General Mills 公司推出的 LIX64N 萃取剂和荷兰壳牌公司的 SME529，先后被德国 Henkel 公司收购，并改名为 LIX84，Henkel 公司以后又被 Cognis 公司收购。此后，LIX84 取代 LIX64N 成为酮肟萃取剂的主要产品。酮肟萃取剂是一种能力较弱的萃取剂，需要在料液 pH 2 左右的条件下萃取铜。Cu/Fe 选择性较差，但容易反萃，而且容易分相，稳定性很好。早期的萃取工厂大都采用这种萃取剂，虽然这种萃取剂需要的萃取级数多一些，但那时对铜萃取工艺发展起了很大作用。它证明了溶剂萃取从稀酸性溶液中回收铜的可行性。

20 世纪 70 年代末出现的醛肟萃取剂，由英国帝国化学公司(ICI)和非洲英美矿业公司(现在的 Cytec 公司)研究合成并取得专利。基本试剂是 Acorga P50 (5－壬基水杨酸醛肟)。后来 Henkel 公司也推出了 LIX860 (5－十二烷基水杨酸醛肟)。醛肟萃取剂具有很强的萃铜能力，可以在较高的酸度(低 pH)下萃取铜，甚至可以达到化学计量的负载能力。Cu/Fe 选择性好，但反萃困难，需要用很高的酸度，难以用常规的贫电解液反萃。最终导致铜的净迁移量低。所以商业应用的醛肟萃取剂都需要添加改质剂改善其反萃性能。醛肟萃取剂的出现，使铜萃取工艺产生了革命性的变化，减少萃取/反萃级数，极大地降低了萃取工厂萃取剂的一次投入量。

迄今为止，除铜萃取剂外，还没有出现一种对某种特定金属离子具有高选择性的萃取剂。40 多年来，羟肟类萃取剂还在不断发展。目前 95% 以上的铜萃取工厂，都是采用改质醛肟或醛肟/酮肟混合物萃取剂。

商业铜萃取剂的种类有多种，总的来说可划分为醛肟和酮肟两大类，其分子结构通式如图 2－62 所示。它们与铜形成的配合物如图 2－63 所示。

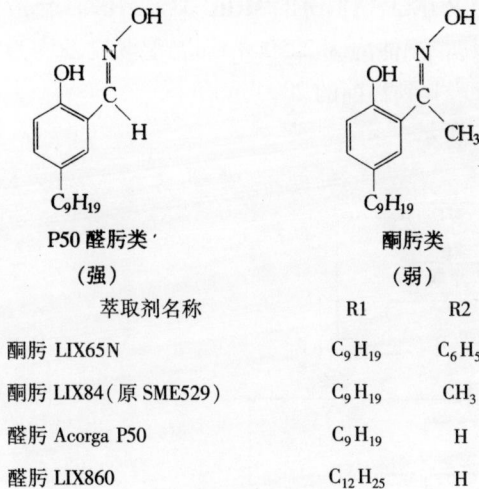

萃取剂名称	R1	R2
酮肟 LIX65N	C_9H_{19}	C_6H_5
酮肟 LIX84(原 SME529)	C_9H_{19}	CH_3
醛肟 Acorga P50	C_9H_{19}	H
醛肟 LIX860	$C_{12}H_{25}$	H

图 2－62 几种铜萃取剂的分子结构式   图 2－63 肟－铜配合物

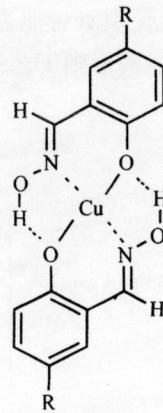

羟肟类萃铜的反应式为

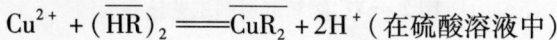

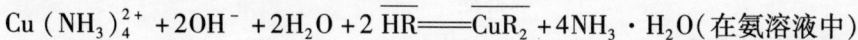

$$Cu^{2+} + (\overline{HR})_2 \Longrightarrow \overline{CuR_2} + 2H^+ \text{(在硫酸溶液中)}$$

$$Cu(NH_3)_4^{2+} + 2OH^- + 2H_2O + 2\overline{HR} \Longrightarrow \overline{CuR_2} + 4NH_3 \cdot H_2O \text{(在氨溶液中)}$$

中国市场上主要的铜萃取剂有 ACORGA M5640 及 Cognis(现为德国 BASF 公司)的 LIX984N。前者为用酯改质的醛肟萃取剂，后者为 2－羟基－5－十二烷基水杨醛肟(LIX860)与2-羟基-5-壬基苯乙酮肟1∶1的混合物。

萃取剂性质的不断改进与完善是铜的浸出-萃取-电积工艺取得飞速发展的关键。表2-28总结了铜萃取剂的发展概况。

表2-28　铜萃取剂性能的进步

性能	1965	1970	70年代末	现在
萃取强度	中等	中等	强	可按需要调整
Cu/Fe选择性	差	好	好	优
动力学	慢	中等	快	快
稳定性	优	优	好	极好
污物产生	中等	低	中等	低
适应性	差	边缘	好	优

20世纪60年代末，美国亚利桑那州兰乌矿和兰彻斯的巴格达矿开创了用溶剂萃取—电积生产金属铜的先河，至今全世界用此工艺生产的铜大约占全球铜产量的20%。2000年用此生产工艺生产的高质量电铜达220万t，目前全世界最大规模的溶剂萃取—电积生产铜的工厂为美国的PHELPS DODGE MORENCI ARIZ。年产铜能力284400 t/a，及智利的EL ABRA，其产铜能力为225000 t/a。萃取设备均为混合-澄清器，其处理能力从最初的100 m³/h到目前的2000 m³/h。

铜萃取的原则工艺流程如图2-64所示。

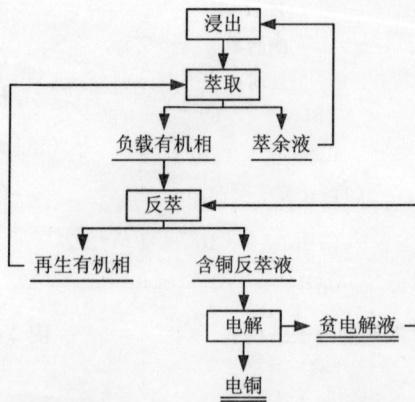

图2-64　铜萃取原则工艺流程

最简单的萃取工艺流程只需二级萃取一级反萃，复杂的增加一级洗涤。

肟类萃取剂的铜、铁选择性可以大于2000，故萃取时，铁留在萃余液中，返回浸出时水解进入渣。因此无废水产生是其优点。流程有三个闭路循环，因而三大工序之间互相有所制约。为防止细菌中毒，返回浸出的萃余液的游离酸含量及夹带的有机相的量必须严格控制，含铜反萃液中夹带的有机相量也必须严加控制，以免影响电铜质量；反过来电解工序必须慎重选择防止酸雾产生而添加的表面活性剂的种类与用量，以免返回作反萃剂时混入的有机物恶化萃取及反萃作业的分相。

铜萃取中稀释剂的选择更具特殊重要地位，一般含有 25% 以下的芳烃，例如国外常用的稀释剂为 Escaid100，其芳烃含量为 20%。芳烃的作用为：①加快相分离速度；②提高萃合物溶解度；③增加萃取剂稳定性。但芳烃含量过高也有一些副作用，其表现为：①使平衡负荷及饱和容量降低；②使动力学速度及反萃效率降低；③削弱 pH 影响；④降低对铁的选择性。稀释剂的用量远远大于萃取剂用量，国内因为无专用稀释剂，工厂一般使用磺化煤油，少数利用 260# 煤油。由于综合指标不符合萃铜要求，严重削弱了铜萃取的经济效益。根据此情况，冶金分离科学与工程重点实验室研究开发出了铜萃取稀释剂的国产化产品。选择炼油厂的含硫低的原油，经蒸馏后得到含一定芳烃的中间产品，经加氢精制使烯烃双键打开，再经化学处理，得到芳烃、硫及烯烃含量均合格的产品（表 2-29），它们与 M5640 及 LIX984 配制的有机相与这两种萃取剂与 Escaid100 等所配制的有机相的萃取性能对比列入表 2-30、表 2-31 中。

表 2-29 试制的铜萃取稀释剂性能

性 能	稀 释 剂		
	DSR3	DSR5	RPTBS
密度/(g·cm^{-3})	0.788	0.819	0.787
黏度/(Pa·s)	1.35	2.17	1.26
芳烃含量/%	7.28	12.43	7.28
硫含量/×10^6	0.42	0.65	0.42
烯烃含量/×10^6	1.7	3.8	1.7
闪点(闭口)/℃	47	73	47

表 2-30 M5640 与试制的稀释剂及 Escaid 100 体系性能比较

萃取性能	DSR5	DSR3	Escaid100
最大负荷容量/(g·L^{-1})	5.72	5.63	5.5~5.9
Cu/Fe 选择性	3265	3315	≥2000
萃取动力学(30 s)	97.4%	94.1%	≥95%
反萃动力学(15 s)	97%	97.4%	≥95%
萃取相分离/s	29	20	≤60
反萃相分离/s	21	16.2	≤60

表 2－31　LIX984 与试制的稀释剂及 Escaid100，260#煤油体系性能比较

萃取性能	DSR3	RPTBS	260#煤油	Escaid100
最大负荷容量/$(g \cdot L^{-1})$	5.18	4.98	5.11	5.1 ~ 5.4
Cu/Fe 选择性	3196	3623	2414	≥2000
萃取动力学(30 s)	96.4%	93.7%	66.4%	≥93%
反萃动力学(15 s)	98.6%	95.0%	96.8%	≥93%
萃取相分离/s	39	16.4	19.7	≤70
反萃相分离/s	20.8	22.0	21.6	≤80

铜溶剂萃取过去一般适用于低品位矿，处理溶液的铜浓度较低，但目前已经发展为用铜精矿高压浸出的浸出液进行溶剂萃取。萃取料液浓度达 25 ~ 30 g/L，甚至更高一点，料液 pH 允许降至 0.8 ~ 1.2。萃取温度允许提高至 45 ~ 50℃。使用的萃取剂为 M5640。

铜的溶剂萃取规模最大，发展最快，对萃取设备及传质研究、萃取动力学及表面化学的发展都有重大影响，成为了当今湿法冶金的标志性成就。

2.7.2.2　锌的溶剂萃取

1. Zincex 过程及其改进

早期的 Zincex 过程又称为 Espindesa 流程，由西班牙 Tecnicas Reunidas S. A.（简称 TR）研究所在实验室开发成功后，于 1976 年在毕尔巴鄂地区建立了一座从黄铁矿氧化焙烧渣浸出液中萃取锌的工厂，规模为 8000 t/a 电锌。在这座试验厂取得成功后，TR 研究所于 1980 年又在葡萄牙的里斯本用此法建立了第二座从各种原料中采用溶剂萃取法生产电锌的工厂，规模也不大，设计能力为 11500 t/a 锌锭。该厂处理由各种资源获得的高氯离子浸出液。Espindesa 流程如图 2 - 65 所示。

毕尔巴鄂厂处理的浸出液含锌量 25 ~ 30 g/L，其余杂质元素为铁、镉、砷、镍、钴及铅，首先用仲胺萃取锌氯配离子，萃余液含锌量为 0.1 g/L，并夹带有机相 10 μg/g。负载有机用稀酸洗涤除去夹带的料液及共萃的杂质。洗液返回萃取工序，尔后用水反萃洗净的负载有机相，含锌的反萃液还含有一些杂质如铜或镉或其他能形成氯配离子的阳离子。这种反萃液在后续的第二个萃取循环中用 D2EHPA 进一步分离镉、铜，并用氨水或石灰控制萃取平衡 pH。负载的 D2EHPA 有机相用稀酸洗去夹带的含氯离子的水相料液，洗净的有机相用贫电解液反萃，含锌 80 ~ 90 g/L 的富锌反萃液送电积锌工序作电解液。它含有 20 μg/g 的铁，30 μg/g 氯以及小于 1 μg/g 的铜、镉、钴、砷，电解液经澄清及活性炭处理后，夹带的有机相据报道仅为 1 ~ 5 μg/g。

因 D2EHPA 萃取锌时共萃的铁在有机相洗涤及反萃锌时均不能除去，故反后

有机相必须分流部分送往一个辅助萃取流程处理，首先用浓盐酸反萃铁，脱铁后的有机相合并入主流程，含铁的浓酸溶液用仲胺萃铁，以水反萃含铁的有机相，得到氯化铁溶液。

Zincex 过程适合于从含大量氯离子和杂质的溶液中萃锌，其产品电锌纯度达 4 N，锌回收率达 98%。

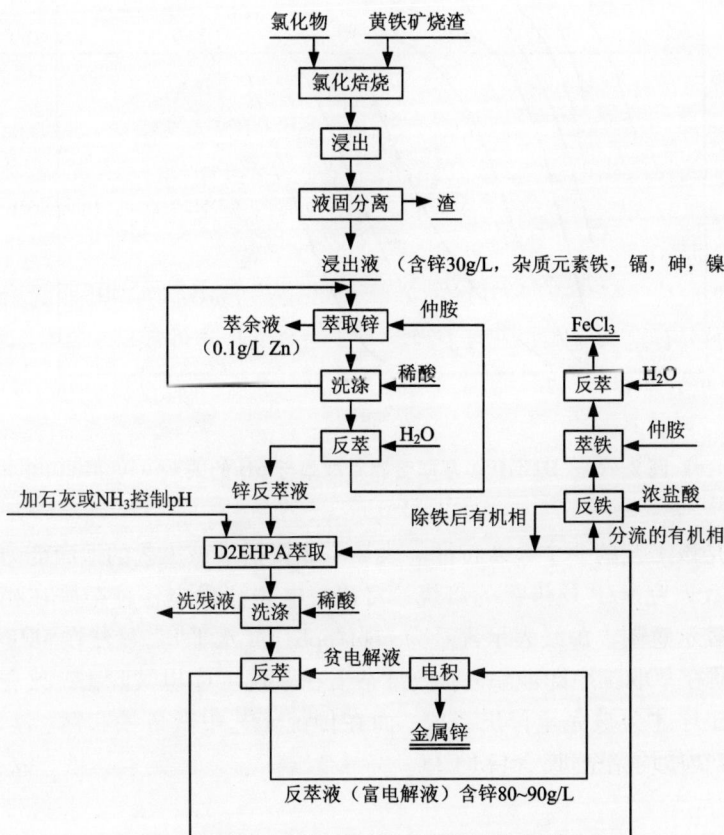

图 2-65 Espindesa 法回收锌的流程

改进的 Zincex 流程，英文简写为 MZP，是 Zincex 流程的进一步发展和简化模式，特别适合于处理固体氧化物物料或不纯的硫酸盐溶液。1997 年在西班牙的巴塞罗那有一个工厂采用这种工艺处理含汞及锰的废旧锌电池，从中回收锌，其处理量为 2800 t/a。

MZP 的特征是完全采用 D2EHPA 萃取剂，其理论依据如图 2-66 所示，关键在于 pH 控制。显然除三价铁外，只要 pH 控制得好，其他杂质原则上不会被萃取。萃取锌的反应式为：$2\overline{RH} + Zn^{2+} \Longrightarrow \overline{R_2Zn} + 2H^+$。实际工艺是在萃取之前安排了一个中和工序以除去铁、铝、钙、镉、砷、锑。一般用锌灰置换除镉，而铁用铁矾法除去，流程中采用纯石灰乳中和，产生的硫酸钙（对硫酸介质而言）用于生产石膏板。萃取工艺中的洗涤级可有效除去对电解有害的氟、氯及碱金属杂质。

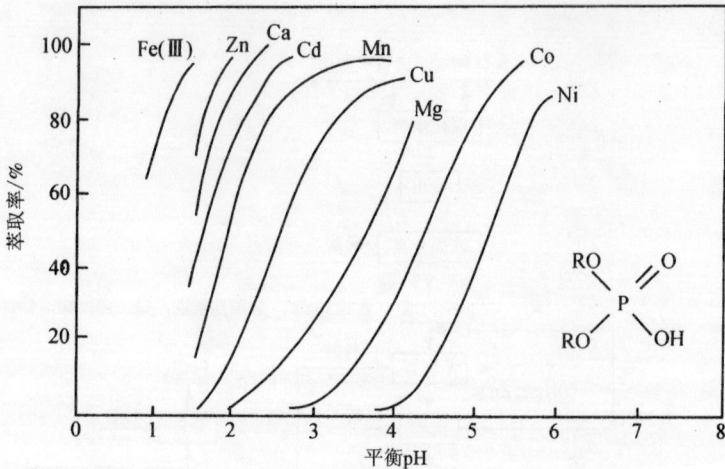

图 2 - 66　D2EHPA 萃取金属萃取率与 pH 的关系

适应性强是该工艺的一个显著特征。表 2 - 32 概括了该工艺的适应能力与灵活性。而图 2 - 67 为 MZP 及传统的焙烧—浸出—电积流程中各种杂质在相应工序中除去的比较示意图。虚线表示含量为 ppm/ppb/ppt 水平[1]。显然在 MZP 流程中，大部分杂质在萃取工序即被除去，微量杂质在萃洗工序也被除去，只有铁要在有机相再生工序才会被完全排出系统；而在传统工艺中微量铁和钙、镁、锰、钾、钠、氟、氯杂质均完全进入电积工序。

表 2 - 32　MZP 流程的适应性与灵活性

浸出原料 （浸出率80% ~90%） 浸出液组成	一次原料（酸浸、压力浸出、生物浸出、堆浸等）
	二次原料（电弧炉灰、威尔兹法氧化物、电镀灰、轮胎灰、废电池等）
	Zn 最低 5 g/L 或稍低一些，高达 160 g/L
	金属杂质：Cu、Cd、Co、Ni、As、Sb（g/L 水平）
	阴离子杂质：Cl、F 等（g/L 水平）
	碱金属和碱土金属离子：Ca、Mg、Na、K 等（g/L 水平）

---

① ppm 相当于 10^{-6}；ppb 相当于 10^{-9}；ppt 相当于 10^{-12}。

续上表

介　质	硫酸盐 氯化物 其他
产　品	金属锌：电积法生产特纯级(SHG)产品，纯度达99.995%以上 $ZnSO_4 \cdot xH_2O$：结晶法生产超纯级产品 ZnO：沉淀/煅烧法生产超纯级产品 其他的锌盐及溶液产品
操作的适应性	具有生产各种产品的能力 无非正常停工问题及具有抗干扰能力 适合与其他过程匹配

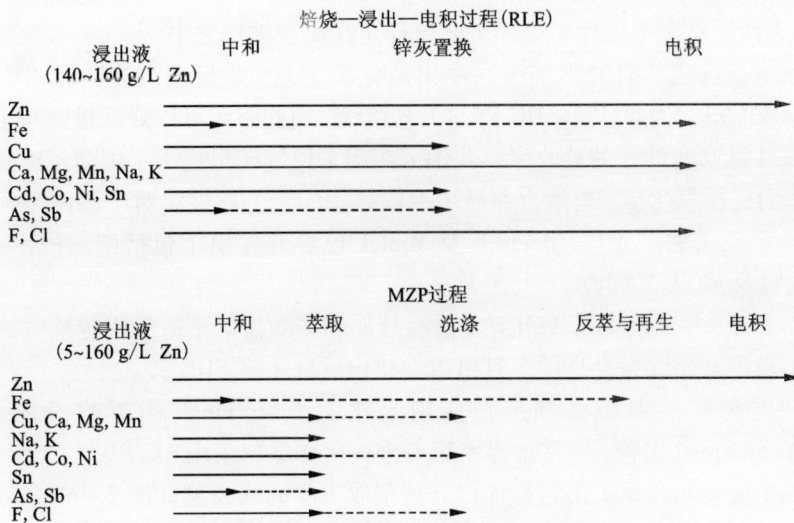

图 2-67　RLE 与 MZP 工艺的锌浓度与杂质行为比较

2. 锌萃取广泛工业化应用

因电解法生产 SHG 级别的锌，对杂质特别敏感，对电解液纯度要求特别高，而萃取法在这方面有特殊优势。

(1)一次资源的处理　①硫化矿是锌的主要工业原料，应用溶剂萃取工艺于锌生产流程中的开发工作已经进行了一段时间，有些开发项目正处于秘密进行状态。

　　处理硫化矿一般可在氯化物介质中进行，也可在硫酸盐介质中进行。

　　西班牙 TR 开发的 Zinclor 流程采用 $FeCl_3$ 浸出精矿，随后用二戊基磷酸萃取，再在他们发明的 Metclor 离子膜电槽内电解锌。另一个方法是用浓氯化铵浸出，随后用 D2EHPA 萃取，以异癸醇作相调节剂，萃取释放出的氢离子用氨中和。

　　Zeneca（即以后的 Avecia）公司开发了一种二苯并咪唑萃取剂，这是一种中性配体化合物，相对铁而言对锌有极高的选择性，其商业名称为 ZNX50，此化合物在氯化物体系中萃锌有极好效果，最初报道用于从氯化物蚀刻液中回收锌，当料液含 Zn 89 g/L，Fe 59 g/L，Cl 204 g/L 时，经三级萃取与三级反萃，锌回收率可达 97% 以上。而 1997 年报道已经用此法处理 New Brunswick 复杂硫化矿的 $FeCl_3$ 浸出液，对 ZNX50 萃取直接电积路线进行了详细工程设计。阳极产生的氯气循环利用，据报道此工艺路线成本低，处理粗矿比处理精矿大约增加 10% 以上的效益。

　　在硫酸介质中生产锌是处理硫化矿的比较满意的工艺路线，压力浸出—D2EHPA 萃取—电积路线已经半工业试验，据报道将用于工业化。除此之外，据 TR 透露大约还有三个硫化矿处理工艺流程正在秘密进行之中。

　　澳大利亚已成功研究出细菌法浸出硫化矿工艺，尔后用沉淀法除去大量铁后，用萃取－电积法是生产 SHG 锌的工艺路线，用此路线可以降低投资与生产成本，同时得到 96% 的锌的总收率。我国云南南平铅锌矿也提出了细菌浸出硫化物精矿、压力浸出氧化矿、料液合并后用萃取处理的工艺路线。对于墨西哥的多金属 Cu/Zn 矿及黄铜矿处理，Bactech 及 Mintek 已经开发出了包括细菌浸出—SX/EW 回收铜及 SX/EW 回收 Zn 的工艺。

　　②对非硫化矿的处理。氧化矿、硅酸盐矿和碳酸盐矿不适于用传统方法处理而采用萃取湿法路线是合理的。且可以在矿山就地生产 SHG 锌。

　　处理这类矿的典型实例是在南纳米比亚 Rosh Pinah 附近建设的 Anglo Americans Skorpion 工程，这是世界上第一个一次锌原料采用 SX/EW 的工业项目，共投资 4.5 亿美元建设矿山与精炼厂。其萃取工序的槽模型如图 2 - 68 所示，采用 TR 开发的 MZP 工艺。浸出液浓度低（约 30 g/L Zn），故过滤夹带损失小且避免了硅胶带来的麻烦，再采用萃取可使反萃液锌浓度升高至 90 g/L，适合电解要求。采用适当的萃取剂浓度可以保证抑制钙的共萃取。萃余液含 10 g/L 锌。洗涤段头两级用去离子水作洗涤剂，第三级用贫电解液作洗涤剂以便从负载有机相中交换排出杂质离子。反后有机相定期部分开路用 6 mol/L HCl 处理，以避免铁在有机相中积累。设计中仅用一个萃取回路，其生产能力即达 150000 t/a 的规模，生产成本预期为 0.25 美元/磅锌。此厂已于 2002 年正式投产，目前生产已完全正常。

　　据报道在哈萨克斯坦、伊朗、墨西哥、秘鲁均有非硫化矿的 SX/EW 工艺处理

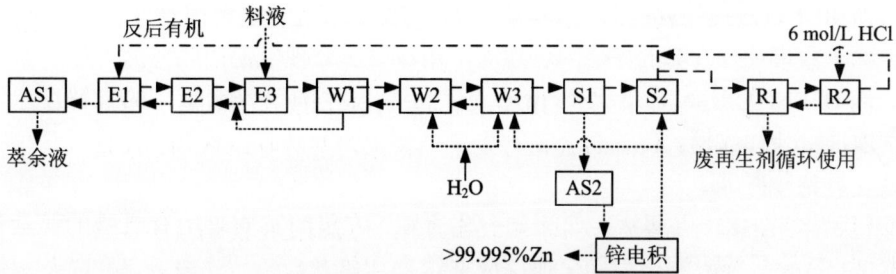

图 2 – 68　Skorpion 工程萃取槽模型图

--------水相；——·——有机相；AS：后置澄清器

工程项目正在进行之中。

(2)二次资源处理　二次资源在大多数情况下采用湿法冶金路线处理是合理的，采用溶剂萃取法制取 SHG 锌有优势，也可以在硫酸或盐酸介质中进行。

锌的二次物料除了表 2 – 32 所列之外，尚有鼓风炉、反射炉的烟灰，传统锌冶金过程的除铁渣，矿山尾砂，人造丝生产的废水等。

前述 1976 年与 1980 年分别在西班牙与葡萄牙建立的采用 Zincex 工艺的工厂就是以二次资源为生产原料。后来他们改用 MZP 流程。1997 年在西班牙的巴塞罗那附近的一家工厂也采用 MZP 工艺处理主要杂质为汞和锰的废锌电池，从中回收锌。另外几个采用 MZP 工艺处理二次锌原料的项目概况列入表 2 – 33。

其他如墨西哥在 1998 年也建立了用萃取法从鼓风炉和反射炉灰中回收锌的工厂，年生产 4 N 纯锌达 5000 t。意大利也有从 EAFD 炉灰中用萃取法生产锌的工厂。

表 2 – 33　典型的用 MZP 工艺处理二次原料的项目

原料	$Zn/(g \cdot L^{-1})$	主要杂质$/(g \cdot L^{-1})$
Cu SX 开路堆浸液	33	Cu、Ni、Co、Cl、Mg
废家用电池酸浸液	20	Cd、Cu、Ni、Cl
威尔兹法氧化物及电镀灰	32	Cd、Cu、Ni、Co、Cl、F
EAFD 酸浸液	25	Cd、Cu、Cl

1988 年西班牙的一个锌厂还从传统锌生产工艺的铁矾渣中用萃取法回收锌，

洗涤铁钒渣的二次滤液含 14 g/L Zn, 0.03 g/L Fe, 0.7 g/L Cu, 0.3 g/L Cd, pH =3，采用萃取法提纯并得到含 Zn 120 g/L 的反萃液进行电解回收。

除了西班牙外，瑞士与德国也建立了用萃取法处理电池回收锌的工厂。

而 M. Cox 与 D. S. Flett 及 Gctfrycl 研究了从波兰的铅锌冶炼厂的含锌废水中用萃取法除杂回收锌。

3. 锌铁分离进展

(1)萃铁净化锌电解液　如图 2-69 所示，方法的实质是用有机酸的锌盐作萃取剂，从硫酸锌溶液中借助交换反应萃铁。

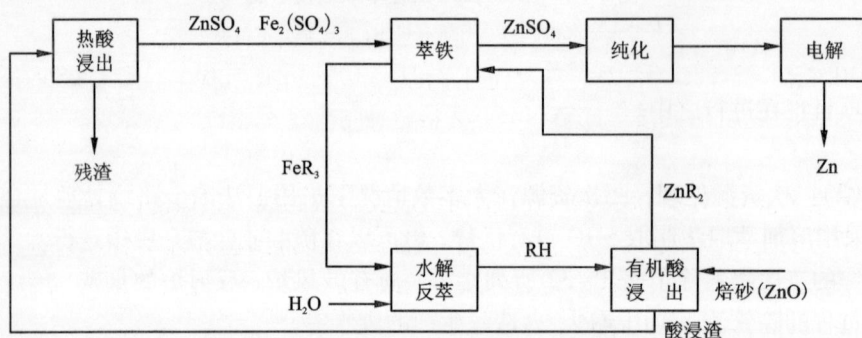

图 2-69　锌的有机酸浸和萃取

有机酸与锌焙砂作用，转变成有机酸的锌盐，因有机酸的酸性很弱，故发生下列反应：$ZnO + 2\overline{HR} = \overline{ZnR_2} + H_2O$，而铁与大部分锌留在浸出残渣中。残渣用热酸浸出，浸出液与 $\overline{ZnR_2}$ 接触，铁进入有机相，$ZnSO_4$ 溶液进一步纯化后，送电解。

(2)合成高选择性锌萃取剂　铜萃取剂的专一选择性是铜萃取工艺成功的关键，因此它启发人们，如果有一种从硫酸介质中只萃锌不萃铁的萃取剂，则锌的湿法冶金工艺也将发生一次变革。因此人们一直不懈努力进行此项研究。为什么此问题如此困难呢？因为根据 Irving-Williams 顺序，过渡金属配合物有下列稳定性顺序：

$$Mn^{2+} < Fe^{2+} < Co^{2+} < Ni^{2+} < Cu^{2+} > Zn^{2+}$$

而 Fe^{3+} 稳定性介于 Ni^{2+} 与 Cu^{2+} 之间。一般铜的选择性高于铁，但锌对铁的选择性却相反，故合成只萃锌不萃铁的含氧或氮萃取剂相当困难。

Avecia 公司的前身 Zeneca 公司另辟蹊径，合成了一种选择性萃锌的萃取剂，(代号 DS5869)，其基础结构式如图 2-70 所示，为一种二硫代磷酰胺结构。

利用 RSH 及 S^{2-} 均为"软碱"，它们易与硬度较小的"交界酸"Zn^{2+} 离子络合，

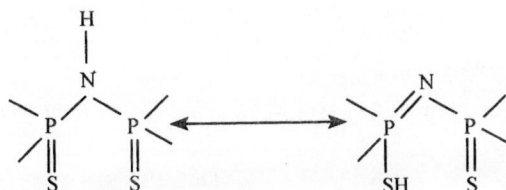

图 2-70 DS5669 的基础结构式

而不易与典型硬酸 Fe^{3+} 离子络合而发生下列萃取反应:

$$Zn^{2+} + 2\overline{RH} \Longleftrightarrow \overline{ZnR_2} + 2H^+$$

用含 Zn^{2+} 2.98 g/L、Fe^{3+} 4.3 g/L、pH 2.0 的料液与 0.2 mol/L DS5869 在 Escaid100 中有机溶液按相比 O/A = 1:2 接触,测得有机相中锌浓度为 4.74 g/L,铁为 0.001 g/L。

但是 Zeneca 对于 DS5869 的 R 基团组成及合成路线一直保密,为此,冶金分离科学与工程重点实验室独立进行了合成研究,在得到选择性萃锌萃取剂的同时,还合成了叮能获得一些新用途的相关萃取剂,表 2-34,表 2-35 分别列出了合成的第 19 号及 17 号化合物对各相关元素的萃取性能。测定条件为各金属离子的料液 pH 为 2,除 Fe^{3+} 浓度为 7 g/L 外,其余金属均为 5 g/L。有机相浓度为 0.2 mol/L,稀释剂为苯。在相比 O/A = 1:1 的情况下平衡萃取 20 min。结果表明该化合物不仅对三价铁萃取能力极弱,而且对锌中常见伴生元素的萃取能力也很小。同时,合成的另一种化合物对 Cd^{2+} 有较高的萃取能力,对锌却有较低萃取能力(表 2-35),这表明,用萃取法优化湿法炼锌工艺是有希望的。

表 2-34 19 号化合物的萃取性能

萃取性能	Zn^{2+}	Fe^{3+}	Cd^{2+}	Cu^{2+}	Hg^{2+}
$q/\%$	77.6	0.59	14.8	22.0	17.32
D	3.64	5.86×10^{-3}	0.18	0.29	0.21
萃取性能	Fe^{2+}	Ni^{2+}	Pb^{2+}	Sn^{2+}	Mn^{2+}
$q/\%$	50.9	49.6	33.8	19.5	56.8
D	1.03	1.00	0.51	0.24	1.31

表 2-35　17 号化合物的萃取性能

萃取性能	Zn^{2+}	Fe^{3+}	Cd^{2+}	Cu^{2+}	Hg^{2+}
$q/\%$	36.66	2.46	61.2	25.8	23.62
D	0.58	25.4×10^{-3}	1.6	0.35	0.31
萃取性能	Fe^{2+}	Ni^{2+}	Pb^{2+}	Sn^{2+}	Mn^{2+}
$q/\%$	26.3	24.1	13.2	13.2	9.4
D	0.34	0.32	0.15	0.15	0.1

4. 展望

无论是一次资源还是二次资源都可用萃取法生产纯锌。而铁是萃取工艺中难于分离的杂质,这或许是萃取法还难于大规模工业化的原因。

无论是氯化物路线还是硫酸盐路线都是成功的,氯化物的腐蚀性妨碍了这一技术路线的工业化。

目前锌冶炼工业正在酝酿着一场技术变革,而溶剂萃取正是关键技术所在,锌的溶剂萃取工业正在日趋完善。可以相信,在不久的将来,锌的溶剂萃取大规模工业化应用指日可待。

2.7.2.3　碱性介质萃取

尽管迄今为止大多数工业化的萃取体系均在酸性或近中性介质中进行,但从碱性介质中萃取一直是受人瞩目的一个领域,其原因除了它可用于碱金属的提取分离外,还在于在碱性介质中,许多杂质元素已经沉淀除去,因此简化了纯化的负担。本章简单举数例,从不同侧面介绍碱性介质萃取的应用。

1. 从钨矿碱浸液中直接萃钨

无论是白(黑)钨矿的苏打高压浸出还是黑钨矿的苛性钠浸出,均得到钨酸钠的碱溶液。俄罗斯科学院西伯利亚分院,在工业试验规模成功研究了直接从钨酸钠的苏打溶液中萃钨分离磷、砷、硅杂质的工艺。其特征为采用碳酸根型季铵盐作萃取剂,NH_4HCO_3 为反萃剂,含磷、砷、硅杂质的萃余液返回浸出钨矿,为避免杂质积累,定期抽出部分萃余液用离子膜电解处理,阴极区回收的纯碱返回浸出,阳极区残碱用石灰中和除杂,渣弃之,清液返回浸出。半工业试验表明,相对于镁盐净化—叔胺酸性萃取转型工艺,碱性萃取工艺具有明显的优越性,上述研究为碱性介质直接萃取钨的工业化应用打下了坚实基础,但同时也暴露出所选萃取体系存在不足,主要体现在:①萃取体系的分相性能较差,重力分相速度较慢;②反萃液中 WO_3 浓度偏低,只能达到100 g/L左右,后续蒸发结晶蒸发量大、能耗高。上述不足严重阻碍了从碱性介质中直接萃钨新工艺的工业化进程。

从20世纪90年代开始,冶金分离科学与工程重点实验室系统研究了从钨矿苛性钠浸出液和苏打浸出液中直接萃取钨制取钨酸铵溶液，有效地解决了阻碍季铵盐碱性介质直接萃取钨工业化应用的一系列问题，在工业试验规模上成功实现了在转型的同时分离磷、砷、硅等杂质制取纯钨酸铵溶液，该技术已经实现大规模工业化应用。季铵盐直接萃取钨矿苏打高压浸出液和苛性钠浸出液制取 APT 原则工艺分别示于图 2-71 和图 2-72。

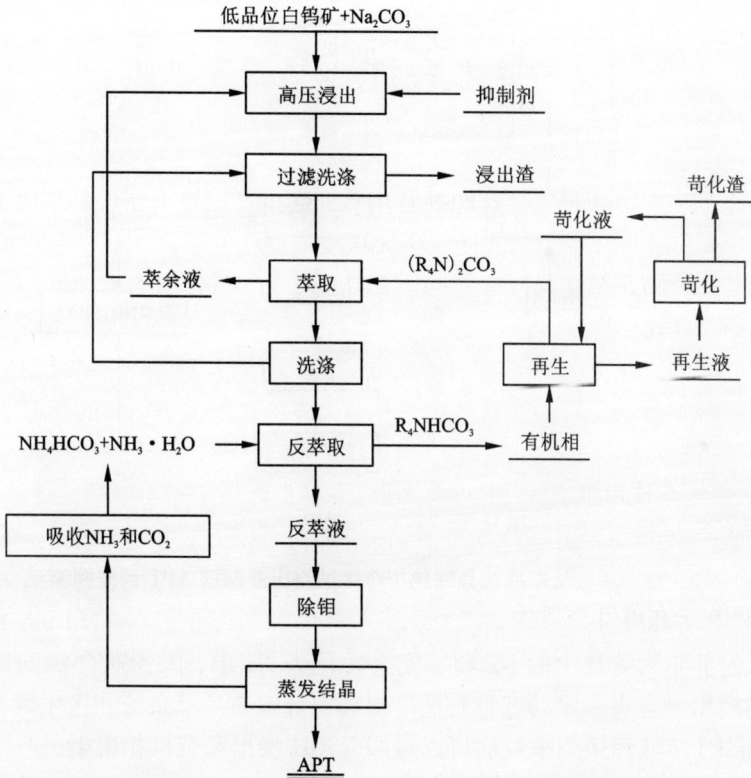

图 2-71　季铵盐直接萃取钨矿苏打高压浸出液制取 APT 的原则流程

　　从图 2-71 和图 2-72 可以看出，季铵盐碱性萃取法处理钨矿苛性钠浸出液与其处理钨矿苏打高压浸出液的工艺类似，即采用碳酸根型季铵盐为萃取剂进行萃取，料液中的 WO_4^{2-} 进入有机相，有机相中的 CO_3^{2-} 进入萃余液，负载有机相用 NH_4HCO_3 反萃获得钨酸铵溶液，反后有机相用 NaOH 再生处理后返回萃取。与处理钨矿苏打浸出液的最大的不同处在于，萃余液和再生余液在返回 NaOH 浸出之前需要经过石灰苛化。在此过程中，Na_2CO_3 转化为 NaOH，磷、砷、硅等亦转化为相应的钙盐沉淀。

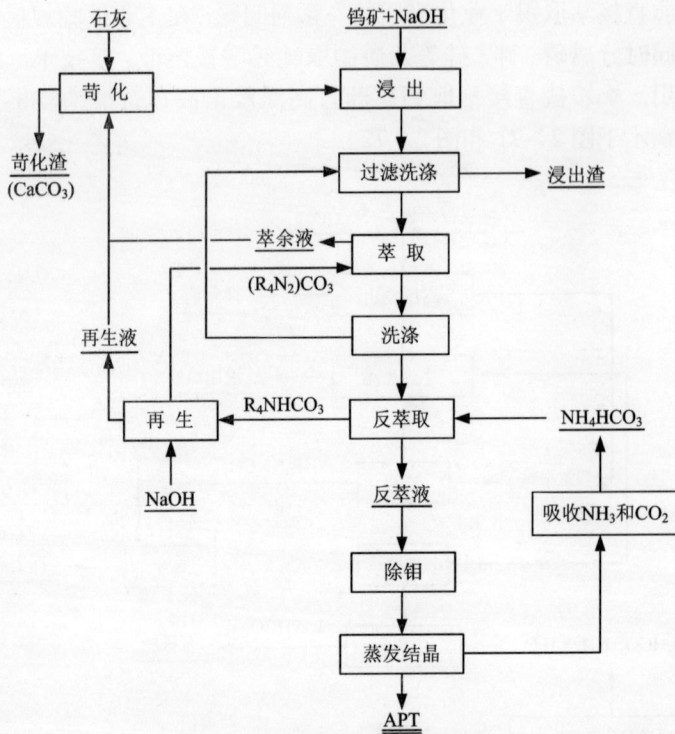

图 2-72 季铵盐萃取法处理钨矿苛性钠浸出液制取 APT 的原则流程

苛化时并不需将其中的 Na_2CO_3 完全转化为 NaOH，因为对含钙的黑钨矿来说苛性钠浸出时含有一定的苏打有助于提高钨分解率。萃余液和再生液经过苛化得到的 NaOH 溶液经适当浓缩后可以返回 NaOH 浸出和有机相再生。

2. 从铝土矿中回收镓

铝土矿中一般伴生有稀散金属镓，用拜尔法生产氧化铝时，镓富集于晶种分解母液中，一种提取镓的方法就是从这种母液中直接萃取镓。使用的萃取剂为 Kelex100，极性改善剂为高碳醇，稀释剂为煤油。Kelex100 是一种螯合萃取剂。

在碱性介质中，Kelex100 与镓生成疏水的螯合物进入有机相。例如，用 8% Kelex100、92% 的煤油和癸醇(9∶1)组成的有机相，从含 Ga 0.186 ~ 0.240 g/L，Al_2O_3 81.5 g/L 及 Na_2O 为 166 g/L 的母液中萃镓，用 0.5 ~ 0.8 mol/L 稀盐酸洗涤除去 99.7% 的铝和钠，然后用 1.6 ~ 1.8 mol/L 盐酸溶液反萃镓，得到富集镓的氯化物溶液，作进一步处理。

3. 氨-铵盐溶液中钴镍萃取分离

在低 pH 的铵盐溶液中，各金属离子的萃取顺序无变化，而在 pH 8 以上时，

铵盐溶液中的游离 NH_3 浓度急剧升高，金属离子与 NH_3 生成络合物。各金属离子与 NH_3 生成络合物稳定性不一样；溶液中未生成 NH_3 络合物的金属离子浓度也不同。从氨与铵盐溶液中萃取时，NH_3 与铵盐平衡，NH_3 与金属离子间平衡；钴（Ⅱ）离子与钴（Ⅲ）的平衡影响到萃取剂与金属离子、NH_3、NH_4^+ 离子之间的平衡。故金属离子可萃性顺序发生变化，萃取过程变得更为复杂。所用铵盐多为硫酸铵或碳酸铵。

氨也被萃入有机相，且随水相 pH 和总氨浓度升高而增加，但一般认为氨是以氨皂形式进入有机相，而金属离子并不以氨配位离子形式进入有机相。但也有人持不同观点。

在氨－铵盐体系中萃取分离钴镍的萃取剂可以是一般的酸性萃取剂如酸性磷或者有机羧酸，也可以是螯合萃取剂，如羟肟及 8－羟基喹啉。

钴的不同价态使金属萃取顺序变得较为复杂，依萃取体系不同，Co^{3+} 与 Co^{2+} 的萃取能力不同。例如用 D2EHPA 在氨溶液中分离钴、镍，必须将溶液中 Co^{2+} 氧化为 Co^{3+}，溶液的碱度相当于 pH 为 $11.0 \sim 11.5$，溶液中的硫酸根浓度不得大于 40 g/L。此时 Co^{3+} 的萃取能力大于 Ni^{2+}。

而用羟肟类的 SME529 萃取剂时，它不萃取三价钴，却对二价钴有很强的萃取能力。

螯合萃取剂 Kelex100 却很容易从氨性溶液中萃取三价钴，当然它也能萃取二价钴。

无论用哪种萃取体系，有两点是完全相同的，即在有机相中以三价存在的钴难以反萃，需还原成二价再反萃；其次当铜、镍、钴（Ⅱ）共存时，在用单一阳离子交换萃取剂的体系中，它们的萃取顺序是 Cu > Co > Ni，料液 pH 也按此顺序增加。

2.7.2.4　矿浆萃取

矿浆萃取系指金属矿物经酸分解后不进行固液分离而直接与有机相接触进行萃取的工艺。应用最为成功的当属铀的矿浆萃取与钽铌的矿浆萃取。

1976 年以前，株洲硬质合金厂曾在酰胺萃钽铌生产中采用了矿浆萃取工艺。1976 年，冶金分离科学与工程重点实验室与北京有色金属研究院及栗木锡矿合作研究开发了仲辛醇矿浆萃取钽铌工艺，并于当年投入生产。其原则流程示于图 2－73。由于取消了过滤及渣洗涤作业，钽、铌收率提高 0.5%，同时节省了渣洗涤所消耗的稀氢氟酸溶液，取得了明显的经济效益。实现矿浆萃取工艺的手段是使用了图 2－52 所示的在澄清室带斜板的全逆流矿浆萃取槽。它能保证运转稳定，而不在澄清室造成浸出渣的沉积。

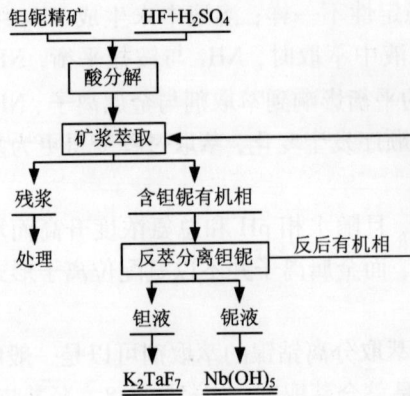

图 2-73 仲辛醇矿浆萃取钽铌原则工艺

2.8 小结

溶剂萃取是将被分离对象分配在有机相及水相中而实现分离的方法。冶金溶液的萃取均为带化学反应的溶剂萃取，实现分离的动力来自于化学反应，其本质是利用被分离对象与萃取剂发生化学反应能力的差异，为了扩大这种差别，合成具有特殊选择性的萃取剂是最基本的措施。向体系中添加盐析剂或络合剂也是行之有效的措施。为了实现化学反应，必须施加一定的能量使两相充分混合、尔后分相。因此影响分散与聚结及相间传质的因素对实现萃取过程是重要的。在混合时，形成 W/O 或 O/W 分散体系，因此从界面化学及胶体化学的角度去深入研究萃取过程才有可能真正揭示反应的本质，真正掌握调控分离效果的影响因素，乃至于指导萃取设备的设计。

参考文献

[1] 徐光宪等. 萃取化学原理[M]. 上海：上海科学技术出版社，1984.

[2] 徐光宪，袁承业等. 稀土的溶剂萃取[M]. 北京：科学出版社，1987.

[3] The. C. Lo, Malcolm H. I. Baird, Carl Hanson. Handbook of Solvent Extraction [M]. JOHN WILEY & SONS, 1983.

[4] 汪家鼎，陈家镛. 溶剂萃取手册[M]. 北京：化学工业出版社，2001.

[5] G. M. RITCEY, A. W. ASHBROOK. Solvent Extraction Principles and Applications to Process

Metallurgy[M]. Part I, ELSEVIER, 1984. Part II, 中泽本, 孙方玖等译. 北京: 原子能出版社, 1985.

[6] 李洲. 液液萃取过程和设备[M]. 北京: 原子能出版社, 1993.

[7] 相佼庸, 刘大星. 萃取[M]. 北京: 冶金工业出版社, 1988.

[8] E. V. Yurtor, N. M. Marashova. Colloid Structures Formed in Extraction System with Organophosphorus Extractants[A]. Proceedings ISEC'2002[C]: 197.

[9] Oxana A. sinegribora, o'lga V. Muraviova. Selectivity of Metal Extraction at the Micellar Mechanism[A]. Proceedings ISEC'2002[C]: 180.

[10] Oxana A. sinegribova, o'lga V. Muraviova. Mecellar Mechanism Peculiarities of Metal Extraction by Organophosphorus Extractants in the Presence of Surfactant[A]. Proceedings ISEC'2002 [C]: 186.

[11] K. Osseo Asare. Microemulsious and Third Phase Formation. Proceedings ISEC'2002[C]: 118

[12] Ronald. D. Neuman et al. Interfacial Phenomena in Hydrometallurgical Solvent Extraction System [A]. Proceedings ISEC'1993[C]: 1689.

[13] E. S. Stoyanov. Composition and Structure of Mixed Micelles Formed in Nickel(II) and Cobalt (II) Extracts by di-2 Ethylhexyl Phosphoric Acid and Their Influence on the Co/Ni Separation Factor[A]. Proceedings ISEC'1993[C]: 1720.

[14] E. V. Brejza et al. Effect of Microemulsious on the Kinetics of Zinc Extraction by DEHPA[A]. Proceedings ISEC'1993[C]: 1754.

[15] Wun Jinguan et al. The Struction of the Exaction Organic Phase and Interface Chemistry[A]. Proceedings ISEC'1993[C]: 1762.

[16] J. Szymanowskl. Interfacial Phenomena in Extraction Systems[A]. Proceedings ISEC'1990 [C]: 765.

[17] T. Sato et al. Diluent Effect on the Extraction of Divalent Manganese Cobalt, Copper, Zinc, Cadmium and Mercary from Hydrochloric acid Solution by Tricaprylncethyl ammonium Choride [A]. ISEC'1980[C]. Vol. 3: 183.

[18] N. T. Balley, P. Mahi. The Effect of Diluents on the Metal Extracted and Phase Separation in the Extraction of Aluminium with Monononyl Phosphoric Acid[J]. Hydrometallurgy. 1987, 18: 351.

[19] 丁安平. 钨萃取新工艺改进研究[D]. 中南大学, 1984.

[20] 龚柏凡, 黄尉庄, 张启修. 溶剂萃取硫代钼酸盐分离钨钼的研究(I)——萃取[J]. 中南矿冶学院学报[J]——钨专辑. 1994: 35.

[21] 张启修, 赵秦生. 钨钼冶金[M]. 北京: 冶金工业出版社 2005 年 9 月第 1 版, 2007 年 9 月第二次印刷.

[22] 张启修, 张贵清, 唐瑞仁. 萃取冶金原理与实践[M]. 长沙: 中南大学出版社, 2013.

[23] Darid Redett, Brian Townson. 从酸浸溶液中萃取铜实际状况[A]. ZENECA1997 深圳技术会议文集[C]. 1997, 12.

[24] Domenico C. Cupertino. 铜溶剂萃取工厂萃取剂、改质剂和絮凝物[A]. ZENECA1997 深圳

技术会议文集[C]. 1997, 12.

[25] Tom Burniston et al. 铜溶剂萃取工厂中絮凝物的控制[A]. ZENECA1997 深圳会议[C]. 1995.

[26] Tony Moore, Brian Townson, Charles Maes. 浓料液中铜的溶剂萃取[A]. 1999 昆明湿法冶金研讨会技术论文集[C]. 1999, 12: 20.

[27] Gary. A. Kordosky. Copper Recovery Using Leach/Solvent Extraction/Electrowinning Technology: Forty Years of Innovation, 2.2 million Tonnes of Copper Annually[A]. ISEC'2002[C]: 853.

[28] Raymond. F. Dalton. 铜溶剂萃取工厂中的萃取剂、改质剂和絮凝物[A]. Avecia'2001 北京: 铜湿法冶金技术研讨会文集[C]. 2001: 64.

[29] Peter Tetlow. 溶剂萃取的实际运作[A]. Avecia'2001 北京: 铜湿法冶金技术研讨会文集[C]. 2001: 20.

[30] 相佼庸. 两种商业铜萃取剂在中国的应用[A]. Avecia'2001 北京: 铜湿法冶金技术研讨会文集[C]. 2001: 43.

[31] 张启修, 韦香南, 廖平婴. 辛酮-2 和辛醇-2 萃取 Ta(V)、Nb(V) 的协同效应[J]. 中南矿冶学院学报, 1982(3): 103.

[32] 中科院上海有机所. N530 萃取铜的动力学协萃研究[J]. 有机化学, 1979(1).

[33] 罗爱平. 改性金属膜固定界面流动液膜萃取技术研究[D]. 中南工业大学, 1998, 5.

[34] 张启修. 国产铜萃取稀释剂的萃取性能与工业化问题[A]. 厦门: 铜镍湿法冶金技术交流及应用推广会文集[C]. 2001: 72.

[35] 唐瑞仁. 双-(硫代磷酰基)亚胺的合成、结构与萃取性能研究[D]. 中南大学, 2001.

[36] 张贵清, 张启修. 从钨矿苛性钠浸出液中直接萃取钨制取纯钨酸铵溶液的研究(I)——萃取过程的基本参数研究[J]. 中南矿冶学院学报, 1994, 钨专集: 97.

[37] 张贵清, 张启修. 从钨矿苛性钠浸出液中直接萃取钨制取纯钨酸盐溶液的研究(II)——杂质磷、砷、硅、钼在萃取过程中的行为[J]. 中南矿冶学院学报, 1994, 钨专集: 102.

[38] Peter. M. Cole, Kathryn C. Sole. Solvent Extraction in the Primary and Secondary Processing of Zinc[A]. ISEC'2002[C]. 863.

[39] D. Martin et al. Extending Zinc Production Possibilities through Solvent Extraction[A]. ISEC'2002[C]: 1045.

[40] M. Cox, D. S. Flett, L. Gotfryd. The Extraction of Copper, Zinc, Cadmium and Lead from Waste Streams in the Zinc-Lead Industry[A]. ISEC'2002[C]: 879.

[41] M. Cox, D. S. Flett. The Significance of Surface Activity in Solvent Extraction Reagents[A]. Proc. of ISEC'1977[C]. CIMM, CIM Special Pub. Vol. 21, 1979, Vol. I: 63-72.

[42] Tanaice Mcloy(Canada), Keith R. Barnard(Australia) et al. Separation of Cobalt from Nickel in an Impure Sulphate Solution[A]. Part I - Extraction. Proc. of ISEC'2011[C]. Santiago, Chile. Chapter 2.

[43] Tanaice Mcloy(Canada), Keith R. Barnard(Australia) et al. Separation of Cobalt from Nickel in an Impure Sulphate Solution. Part I - Stripping[A]. Proc. of ISEC'2011[C]. Santiago,

Chile. Charpter 2.

[44] 张贵清. 从碱性介质中萃取钨制取纯钨酸铵溶液的研究[D]. 长沙：中南大学，1994：26 - 48.

[45] 张启修，张贵清，龚柏凡，黄蔚庄，黄芍英，罗爱平. 从钨矿碱浸出液中萃钨制取纯钨酸盐. 中国，CN. 94110963.1 [P]. 1994 - 04 - 29.

[46] 张贵清，张启修. 一种钨湿法冶金清洁生产工艺[J]. 稀有金属，2003，27(2)：254 - 257.

[47] 张贵清，张启修，张斌，肖连生，张宏伟，关文娟. 从含钨物料苏打浸出液中离心萃取制取钨酸铵溶液的方法. 中国，CN200810143290.X[P]. 2008 - 09 - 25.

[48] 张贵清，关文娟，张启修，肖连生，李青刚，曹佐英. 从钨矿苏打浸出液中直接萃取钨的连续运转试验[J]. 中国钨业，2009，24(5)：49 - 52.

[49] 关文娟，张贵清. 用季铵盐从模拟钨矿苏打浸出液中直接萃取钨[J]. 中国有色金属学报，2011，21(7)：1756 - 1762.

[50] 关文娟. 从钨矿苏打高压浸出液中萃取钨制取纯钨酸铵溶液的研究[D]. 长沙：中南大学，2009.

[51] 张贵清，肖连生，张启修. 钨湿法冶金清洁生产工艺[A]. 全国稀有金属冶金工程学术交流会论文集[C]. 北京，2013.

第三章　离子交换与吸附法

3.1　概述

　　吸附现象很早就被人类所认识和利用,早期用的吸附剂即为活性炭,20 世纪 30 年代合成了具有优良选择性的离子交换树脂并获得了迅速发展。总体而言,离子交换树脂吸附与吸附剂吸附都是从溶液中将溶质组分转移至固相的方法,统称为吸附法,在吸附平衡特性、动力学及使用技术与设备方面均相同或相似,但它们的机理并不一样,离子交换树脂的吸附作用主要是通过离子间的静电引力发生的,是等物质的量的离子交换,而一般的吸附剂不存在这种等物质的量交换作用,吸附对象是分子,借助的是物理作用力或化学键作用。

　　离子交换吸附又是下一章中所介绍的离子交换色层分离法的基础,它们两者也有本质区别,故本章重点介绍离子交换吸附法,在此基础上介绍其他吸附剂吸附法。

3.2　离子交换平衡

　　为了解释离子交换平衡的规律,提出了若干理论,如晶格理论、双电层理论、多相化学反应理论及道南膜理论,本书主要采用后两种理论。

3.2.1　基本概念

　　离子交换树脂的容量有限,故离子交换法适于处理稀溶液,不适宜浓溶液处理,但它们没有萃取法中萃取剂的夹带、溶解及乳化问题。本章所说的稀溶液按溶液理论规定,其单位用摩尔浓度。

　　阳离子交换树脂(简称阳树脂)可交换离子是阳离子(又称反离子),或者说阳离子交换树脂阻止同离子(阴离子)进入树脂相而允许反离子(阳离子)进入树脂相。阴离子交换树脂(简称阴树脂)亦然,只不过阴离子交换树脂的同离子是阳离子,反离子是阴离子。

　　离子交换吸附法的基本操作分为吸附与解吸两个阶段,在实际操作中根据任务的需要,往往有不同的模式,例如:

（1）吸附—漂洗—解吸；

（2）吸附—漂洗—解吸—漂洗；

（3）吸附—漂洗—淋洗—解吸—漂洗。

有时也会增加一个树脂再生过程。

离子交换吸附过程的操作简单，但速度较慢，用水量较大。

离子交换的基本反应如下：

$$\overline{RB} + A^+ \Longleftrightarrow \overline{RA} + B^+$$

根据此交换反应，可以定义离子交换过程的有关基本参数。

3.2.1.1　平衡常数

根据质量作用定律，可得到离子交换过程的热力学平衡常数 K（简称平衡常数）。

$$K = \frac{a_{\overline{RA}} \cdot a_{B^+}}{a_{\overline{RB}} \cdot a_{A^+}} = \frac{[\overline{RA}][B^+]}{[\overline{RB}][A^+]} \times \frac{r_{\overline{RA}}}{r_{\overline{RB}}} \times \frac{r_B}{r_A} \tag{3-1}$$

而稀液中的活度系数 r 接近 1，故上式可写为：

$$K = \frac{[\overline{RA}][B^+]}{[\overline{RB}][A^+]} \times \frac{r_{\overline{RA}}}{r_{\overline{RB}}} \tag{3-2}$$

3.2.1.2　平衡系数

由于树脂相中离子活度很难测定，实际应用中以浓度代替活度，则平衡关系式可表示为：

$$\tilde{K} = \frac{[\overline{RA}][B^+]}{[\overline{RB}][A^+]} = K \times \frac{r_{\overline{RB}}}{r_{\overline{RA}}} \tag{3-3}$$

显然 $\tilde{K}$ 并非常数，故称之为平衡系数。

3.2.1.3　选择性系数

$\tilde{K}$ 的数值可反映出该树脂对不同离子的相对亲和力，即选择性的大小，故平衡系数也称为选择性系数，并标以符号 K_B^A。$K_B^A < 1$ 表明该树脂对 B 离子的选择性大于 A 离子。$K_B^A > 1$ 则表明该树脂对 A 离子的选择性大于 B 离子。将（3-3）式重新进行整理，表示为：

$$K_B^A = \tilde{K} = \frac{[\overline{RA}][B^+]}{[\overline{RB}][A^+]} = \frac{[\overline{RA}]/[\overline{RB}]}{[A^+]/[B^+]} = \frac{[\overline{RA}]/[A^+]}{[\overline{RB}]/[B^+]} \tag{3-4}$$

它表示选择性系数是树脂相中 A 与 B 的浓度比率与平衡水相中 A 与 B 的浓度比率之比；或者说选择性系数是 A 的分配比与 B 的分配比的比值。在稀溶液中选择性系数可近似看作常数。

如以 q 表示 A 在树脂相中的平衡浓度，C 表示 A 在溶液中的平衡浓度；同时以 Q 表示 A + B 在树脂相中平衡浓度，C_0 表示 A + B 在溶液相中的平衡浓度，其单位均为 mol/m³，则式（3-4）可改写为：

$$\tilde{K} = \frac{\overline{[RA]}[B^+]}{\overline{[RB]}[A^+]} = \frac{q(c_0 - c)}{(Q - q) \cdot c} = \frac{q/Q(1 - \dfrac{c}{c_0})}{(1 - \dfrac{q}{Q}) \cdot \dfrac{c}{c_0}}$$

令 $Y = q/Q$　$X = c/c_0$　则 $\tilde{K} = \dfrac{Y(1 - X)}{(1 - Y)X}$

$$\frac{Y}{1 - Y} = \tilde{K}\frac{X}{1 - X} \tag{3-5}$$

对于等价离子交换的情况，固定 X，则 Y 固定。

3.2.1.4　平衡参数

对于不等价离子交换的情况，交换反应可表示为：

$$aR_bB + bA^{a+} \Longrightarrow bR_aA + aB^{b+}$$

$$K_B^A = \tilde{K} = \frac{[R_aA]^b [B^{b+}]^a}{[R_bB]^a [A^{a+}]^b} = \frac{q^b(c_0 - c)^a}{(Q - q)^a \cdot c^b}$$

用 $Q^a \times c_0^a \times Q^b \times c_0^b$ 分别除以分子、分母，则

$$\tilde{K} = \frac{(q/Q)^b(1 - c/c_0)^a}{(1 - q/Q)^a \cdot (c/c_0)^b} \times \frac{Q^b \cdot c_0^a}{Q^a \cdot c_0^b} = \frac{Y_b(1 - X)^a}{(1 - Y)^a \cdot X^b} \times (\frac{c_0}{Q})^{a-b}$$

所以，

$$\frac{Y^b}{(1 - Y)^a} = \tilde{K}(\frac{Q}{c_0})^{a-b}\frac{X^b}{(1 - X)^a} \tag{3-6}$$

$\tilde{K}(\dfrac{Q}{c_0})^{a-b}$ 称为平衡参数或表观选择性系数。

与式(3-5)对比，显然在等价离子交换时，给定 X 值，即可求得 Y 值，即 Y 的值与 Q 及 c_0 无关；而不等价离子交换时，即给定 X 与 Q 后，Y 的值随 c_0 而变化。

式(3-6)说明高价离子(如 Ca^{2+})可将树脂上的低价离子(如 Na^+)置换下来，而用浓的含低价离子(Na^+)的溶液又可将饱和了的 Ca^{2+} 离子树脂重新转变成 Na^+ 型树脂。

3.2.1.5　分配比与分离系数

与溶剂萃取情况类似，可以用分配比表征交换离子在两相间的平衡分配。定义

$$\lambda = \frac{q}{c} \tag{3-7}$$

式中：c 为水相中交换离子的平衡浓度(mol/m^3)；q 为树脂相中交换离子的平衡浓度，其单位为 mol/m^3(湿树脂)或 mol/kg(干树脂)。

因此在用湿树脂体积表示时，λ 为无因次的量，用干树脂质量表示时，λ 的单位为 m^3/kg。

同样，定义 $\beta_{A/B}$ 为交换平衡中的 A、B 的分离系数，它等于 A、B 的分配比的

比值，所以

$$\beta_{A/B} = \frac{\lambda_A}{\lambda_B} = \frac{[\overline{RA}][B]}{[\overline{RB}][A]} = K_B^A \tag{3-8}$$

同样，$\beta_{A/B} > 1$ 表示 A 的选择性大于 B。而对于不等价交换情况，仍定义 $\beta_{A/B}$ $= \frac{\lambda_A}{\lambda_B}$，但此时它不等于选择性系数 K_B^A。这就是说，$\beta_{A/B}$ 与 K_B^A 在概念上是有区别的，前者与离子价态无关，后者与离子价态有关，只有在等价离子交换时，它们的数值才相等。

3.2.2　平衡等温线与平衡图

将式（3-5）展开成 $y = \frac{\tilde{K}X}{1 - X + \tilde{K}X}$ 形式，在 $\tilde{K}$ 为常数时，此式表示平衡曲线是双曲线形式，式中 x、y 以离子浓度的摩尔分数表示。如图 3-1，曲线 1、2、3 分别表示 $\tilde{K}$ 大于 1、等于 1 及小于 1 的情况。如 $\tilde{K} = 2$，$x = 0.5$ 时，$y = 0.67 > 0.5$，因此等温线呈上凸形式；如 $\tilde{K} - 1$，$X = 0.5$ 时，$y = 0.5$，因此等温线为一直线；如 $\tilde{K} = 0.5$，$X = 0.5$ 时，$y = 0.25 < 0.5$，因此等温线呈下凹形式。等温线上凸表示交换平衡为有利平衡；下凹表示交换平衡为不利平衡，直线表示交换平衡为线性平衡。

在交换平衡图上，等价离子交换选择性系数 K_B^A 可由图上面积 I、II 之比得到，如图 3-2 所示。

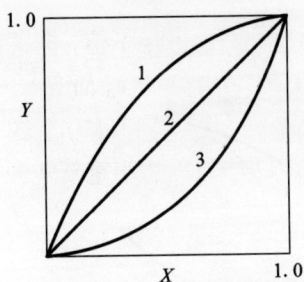

图 3-1　离子交换平衡图

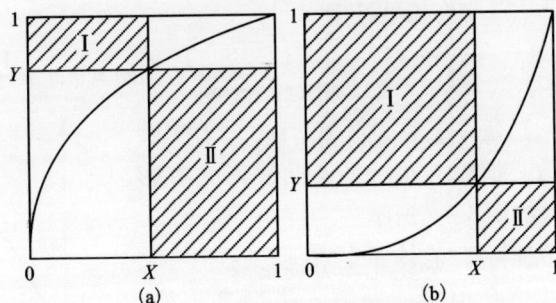

图 3-2　等价交换时的平衡图

(a) $\tilde{K} > 1$　(b) $\tilde{K} < 1$

在 $\tilde{K} > 1$ 时，面积 $S_{II} > S_I$；$\tilde{K} < 1$ 时，面积 $S_{II} < S_I$，$\tilde{K} = \frac{S_{II}}{S_I} = \frac{Y(1-X)}{(1-Y)X}$。

在工程上，常常不是以 Y、X 关系，而是直接以 $q = f(c, T)$ 的函数表示树脂相中某离子的平衡浓度与水相中该离子的平衡浓度的关系，在恒温条件下，函数式

以 $q = f(c)$ 表示。如图 3 - 3 表示在某一温度下以 $q - c$ 关系表示的离子交换平衡图。工程上所遇到的交换平衡有下列五种情况：

曲线 1　为线性平衡 $f''(c) = 0$；

曲线 2　为有利平衡 $f''(c) < 0$；

曲线 3　为不利平衡 $f''(c) > 0$；

曲线 4　为带拐点的平衡；

曲线 5　为不可逆平衡。

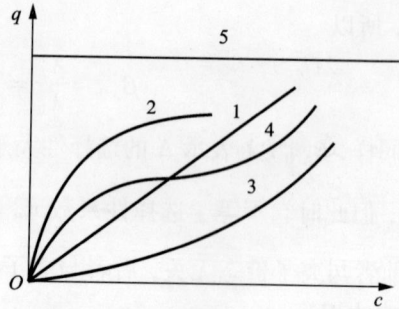

图 3 - 3　离子交换 $q - C$ 平衡图

以数学式表达的 $q = f(c)$ 函数有下列几种类型：

（1）亨利型（线性关系型）

$$q = \lambda c \tag{3-9}$$

它通常适用于各种低浓度范围，但不宜外推。

（2）朗格谬尔型（双曲线型）

$$q = \frac{mc}{L + nc} \quad (L, m, n \text{ 为实验常数}) \tag{3-10}$$

它表示树脂相浓度有一极限值，如图 3 - 4 中的曲线 2。当水相浓度较低时，上式可简化为

$$q = \lambda c \quad \text{形式} \quad \left(\lambda = \frac{m}{L}\right)$$

水相浓度较高时，q 达到定值。

（3）弗南德里希型

$$q = mc^{1/n}; \quad \lg q = \lg m + \frac{1}{n}\lg c \tag{3-11}$$

这是一个经验公式，m、n 为实验常数。指数 $1/n$ 对平衡曲线形式有影响，如图 3 - 4 所示。

实际工艺体系的离子交换平衡，究竟适合用哪一种数学模型来表征，一般难于理论预测，而是通过实验，测定平衡时两相离子浓度 $(q、c)_i$，$i = 1, \cdots, n$，用回归方法根据选定的模型进行曲线拟合，求取相应的参数，

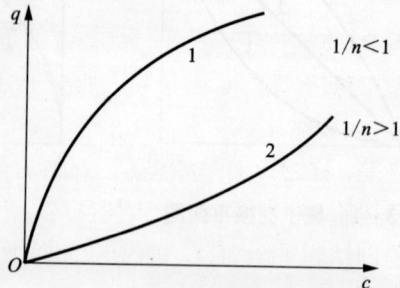

图 3 - 4　$1/n$ 对平衡曲线的影响

得到一定的数学表达式。这些表达式反映了工艺体系的实际交换平衡的关系。

3.2.3 道南平衡膜理论

3.2.3.1 道南平衡

该理论将树脂表面设想成为一种半透膜，达到平衡时，膜两侧电解质的化学位应相等，即 $\mu_{NaCl} = \mu_{\overline{NaCl}}$，而电解质的化学位可表示为其离子的化学位之和，

$$\mu_{Na}^\ominus + RT\ln a_{Na^+} + \mu_{Cl}^\ominus + RT\ln a_{Cl^-} = \mu_{Na}^\ominus + RT\ln a_{\overline{Na^+}} + \mu_{Cl}^\ominus + RT\ln a_{\overline{Cl^-}}$$

故 $a_{Na^+} \cdot a_{Cl^-} = a_{\overline{Na^+}} \cdot a_{\overline{Cl^-}}$

稀溶液中可用浓度代替活度

所以 $[Na^+][Cl^-] = [\overline{Na^+}][\overline{Cl^-}]$

在膜的溶液一侧：$[Na^+] = [Cl^-]$ 故 $[Na^+][Cl^-] = [Cl^-]^2$

在膜的树脂侧：$[\overline{Na^+}] = [\overline{R^-}] + [\overline{Cl^-}]$（对阳离子交换树脂而言）

故 $[Na^+][Cl^-] = ([\overline{R^-}] + [\overline{Cl^-}])[\overline{Cl^-}]$ 即 $[Cl^-]^2 = [\overline{Cl^-}]^2 + [\overline{R^-}][\overline{Cl^-}]$

显然 $[Cl^-]^2 > [\overline{Cl^-}]^2$ $[Cl^-] > [\overline{Cl^-}]$

这意味着溶液中可扩散电解质的离子 Cl^- 和 Na^+ 在膜两侧浓度都不相等，树脂中 $[\overline{R^-}]$ 浓度很高时，同离子 $[\overline{Cl^-}]$ 浓度很小，阳离子交换树脂中的固定离子 $[\overline{R^-}]$ 可高达 5 mol/L，故它的同离子 $[\overline{Cl^-}]$ 进入树脂中的量极微。从而从理论上解释了阳离子交换树脂阻止阴离子进入树脂，而阴离子交换树脂阻止阳离子进入树脂的原因。

3.2.3.2 道南位与道南排斥

如果 RA 型树脂与 AY 型电解质水溶液接触，因为树脂上的反离子与溶液中的可交换离子为同一种离子 A，所以从表面上看，没有离子交换反应发生。但由于树脂中的微孔的毛细管吸入作用，中性电解质 AY 仍可被吸入交换剂内，只不过这时 A 和 Y 都不占据交换剂中的交换位置，这种作用称为非交换吸入。

当 RA 型阳树脂与强电解质 AY 的稀溶液接触时，树脂相中阳离子 A^+ 的浓度远远大于稀溶液中 A^+ 的浓度，故少量 A^+ 从树脂相进入溶液相，而溶液中的极少量 Y^- 进入树脂相，致使树脂相带负电荷，溶液相带正电荷，从而在两相间形成一个电势差，称之为道南势 E_{Don}。显然道南势一建立，静电作用将阻止 A^+ 继续进一步离开树脂相，排斥 Y^- 进入树脂相，直到浓度差所产生的作用与道南势的作用相抵消即达到平衡为止。离子交换树脂对电解质的这种排斥作用，通常称为道南排斥。所以一般情况下，稀溶液中可忽略中性分子进入树脂相。

两相间电势差的存在，并不意味着整个体系偏离了电中性。事实上，对于所有实际应用而言，电中性条件仍然可以认为保持不变。这是因为极少量离子就可建立起很强的电势差，这种对电中性的极小偏差，除了能以电势差表现出来外，用化学方法是无法测出的。

道南排斥存在如下基本规律：

(1) 树脂内部与外部水溶液之间浓度差越大，E_{don} 越大，排斥作用越强，电解质的非交换吸入量就越小。

(2) 交换容量增大时，其内部反离子浓度亦将增大，如果此时外部溶液电解质浓度不变，则 E_{don} 大，电解质的非交换吸入量将会减少。

(3) 排斥作用与静电作用力有关，因此：

① 同离子价数越高，越受排斥，如 NaCl 与 Na_2SO_4 相比较，后者更难以中性电解质形式进入阳离子交换树脂。

② 反离子价数越高，排斥作用越弱，如 NaCl 与 $CaCl_2$ 比，后者更易以中性分子形式进入阳离子交换树脂内。

3.2.3.3 电解质的非交换吸入

显然，由上面的讨论可知，随外部溶液浓度增加，即树脂相与外部水溶液电解质浓度差减小时，道南排斥作用减弱，中性电解质进入树脂相的问题则不能忽略。

当交换树脂的交换容量为 1 mg 当量时，使用 1 g 树脂与 10 mL 电解质溶液接触时，从理论上计算出电解质溶液浓度与非交换吸入量的关系(以非交换吸入的中性盐占总交换容量的百分数表示)示于表 3-1。

表 3-1　电解质溶液浓度与非交换吸入量关系

电解质溶液浓度(元电荷物质浓度)/$(mol \cdot L^{-1})$	非交换吸入量(Y/Q)/%
0.01	0.01
0.1	约 1
0.32	约 8
1.0	约 50
3.2	约 250

由表 3-1 可知，当电解质达 1 mol/L 元电荷物质浓度时，非交换吸入的电解质的量已占优势，通常条件下，当电解质低于 0.1 mol/L 元电荷物质浓度时，可以忽略电解质的非交换吸入。

由于非交换吸入往往不可避免，所以道南理论不但解释了为什么离子交换法只适用于稀溶液，而且为我们在实际工作中正确理解实验结果、提高分离效果指明了方向。

3.3　离子交换动力学

3.3.1　交换反应机理

离子交换反应动力学是研究离子交换达到平衡的速度问题。

因为离子交换反应是一个固液多相反应，因此像矿石浸出过程一样，可以认为在树脂表面有一层包围树脂的液体薄膜，称之为 Nernst 液膜，膜的厚度一般为 $10^{-5} \sim 10^{-4}$ m。

一般认为离子交换反应有七个步骤：

(1)在树脂相外部主体溶液中可交换离子 A 的对流扩散运动；

(2)A 离子通过颗粒周围液膜向内的扩散；

(3)在颗粒内部 A 离子进行的扩散；

(4)交换反应 $\overline{RB} + A \Longrightarrow \overline{RA} + B$；

(5)B 离子在颗粒内部进行扩散；

(6)B 离子通过颗粒周围液膜向外的扩散；

(7)B 离子在主体溶液中的对流扩散。

第(1)与(7)步骤为对流扩散，其速率在 10^{-2} m/s 数量级，而(4)步为化学反应，其速率大于 10^{-2} m/s。因此都不可能成为速度的控制步骤，(2)与(6)步骤称为膜扩散，(3)与(5)步骤为粒扩散，其速率都在 10^{-5} m/s 数量级，因此往往成为速度的控制步骤。

一般情况下，当树脂颗粒较粗、交联度较高、液相离子浓度较高、搅拌作用较强烈时，颗粒内扩散(PDC)容易成为速度控制步骤，而当树脂颗粒较细、交联度小、液相离子浓度低、搅拌作用较差时，离子通过液膜的扩散(FDC)容易成为速度控制步骤。

3.3.2　控制步骤的判断

判断交换过程的速度控制步骤，找到强化过程的措施是离子交换动力学的重要研究内容。一般判断控制步骤有 3 类方法。

3.3.2.1　经验判断法

测定交换速率与树脂粒度的关系，如交换速率与树脂粒度无关，则为化学反应速度控制，如交换速率与树脂粒度成反比，则为 FDC 控制，如交换速率与树脂粒度的平方成反比，则为 PDC 控制。

3.3.2.2　准数判断法

(1)Helfferich 准数判断法

$$\text{Helfferich 准数} \quad He = \frac{\overline{Q}\,\overline{D}\delta}{c_0 DR}(5 + 2\beta) \tag{3-12}$$

式中：Q 为树脂交换容量（mol/m^3）；c_0 为液相离子原始浓度（mol/m^3）；$\overline{D}$，D 为固液两相离子扩散系数（m^2/s）；δ 为液膜厚度（m）；R 为树脂颗粒半径（m）；β 为分离系数。

He 准数是根据 FDC 与 PDC 两种模型的半交换周期（即交换率达到一半时所需时间）之比得到的。因此 $He \gg 1$ 表示 FDC 所需之半交换周期远远大于 PDC 所需之交换半周期，故交换速率由 FDC 控制；$He \ll 1$ 表示 PDC 所需之交换半周期远大于 FDC，故为 PDC 控制；$He = 1$ 表示两种控制步骤同时存在，且作用相等。

（2）Vermeulen 准数判断法

$$Ve = \frac{4.8}{D}\left(\frac{\overline{Q}\,\overline{D}}{\varepsilon c_0} + \frac{D\varepsilon_p}{2}\right)Pe \tag{3-13}$$

其中，$Pe = \dfrac{uR}{3(1-\varepsilon)D}$

式中：ε 为床层空隙率；ε_p 为颗粒内孔隙率；D 为两相中离子扩散系数；u 为液体流速；R 为树脂颗粒半径（m）。

当 $Ve < 0.3$，为 PDC 控制；$Ve > 3.0$，为 FDC 控制；$0.3 < Ve < 3.0$ 为 PDC、FDC 皆起作用的中间状态。

3.3.2.3 实验测定法

（1）直接测定的方法　扩散机理可通过实验测定，采用的方法为中断接触法，具体做法是将一定量的树脂放在一个装有筛网的搅拌器中。此搅拌器放在一定浓度、一定体积的溶液中并能迅速脱离溶液暂时中断交换过程。溶液由搅拌器底部进入，在离心力的强制作用下，快速通过筛网中的树脂层。连续测定溶液浓度随时间的变化，并于中途突然停止两相接触一段时间。

在颗粒扩散控制时，虽然离子交换过程暂时中断，但由于树脂颗粒内存在浓度梯度，扩散反应继续进行，直至树脂颗粒内浓度分布变均匀，因此当树脂重新与溶液接触时，颗粒表面与溶液间有较大浓度推动力，而使交换反应比中断接触前更快，即有更大的斜率，如图 3-5 中曲线 2 所示。

在液膜扩散控制时，树脂颗粒内部不存在浓度梯度，溶液与树脂暂时脱离接触，则交换反应停止，颗粒表面浓度未变

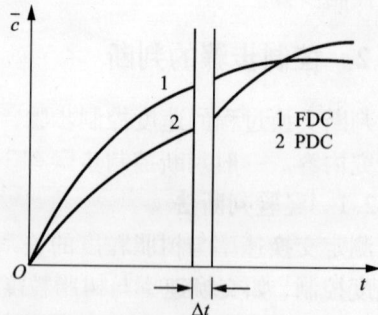

图 3-5　中断实验时交换率的变化

化，重新与溶液接触，交换反应速率无明显改变，反映在图 3 – 5 中曲线 1 所示，其斜率基本无变化。

（2）通过实验数据间接判断的方法　通过实验测定交换率 $F(t)$ 与时间的关系。测定的方法是将一定量的树脂与一定浓度和体积的溶液在三颈瓶中进行混合，测定不同时间水溶液中 A 或 B 的浓度变化以计算交换率，测定的方法可以是直接测定水溶液中电导的变化，或电极电位的变化，也可以在不同时间少量取样进行分析的方法进行测定。在整个时间内，温度和搅拌速度必须保持恒定，所用树脂必需经过严格筛选，并且是无破损的球型树脂，粒度应力求均匀，将计算的交换率按 $F(t) – t$ 作图。如呈线性关系，则为 FDC 控制；如按 $[1 – 3(1 – F)^{2/3} + 2(1 – F)] – t$ 作图，呈线性关系，则为 PDC 控制；如按 $[1 – \frac{1}{3}(1 – F)] – t$ 作图，呈线性关系则为化学反应控制。

3.3.3　交换速率的影响因素

影响交换速率的一般规律可归纳如下：

3.3.3.1　**溶液浓度的影响**

一般情况下，在稀溶液中，即浓度从 0.001 mol/L 元电荷物质至 0.01 mol/L 元电荷物质之间均为 FDC 控制，在此范围内浓度增加，交换速率线性增加。当浓度超过 0.01 mol/L 元电荷物质后继续增加，FDC 与 PDC 同时存在，此时交换速率不呈线性关系增加，当浓度继续增加，交换速率达极限值，反应为 PDC 所控制。

3.3.3.2　**树脂颗粒大小的影响**

一般而言，树脂颗粒小，交换速度大。对于 FDC 控制的情况，粒度小，比表面积大，有利加速。对于 PDC 情况，粒度小，内扩散路程短，故交换速度大。

3.3.3.3　**搅拌**

因为交换速度与液膜厚度成反比，搅拌使液膜厚度 δ 下降，故交换速度增加。

3.3.3.4　**水相离子扩散系数 D 的影响**

水相离子扩散系数 D 对于 FDC 控制的交换过程速度有影响，D 增加，交换速度增加。

3.3.3.5　**树脂相离子扩散系数 $\overline{D}$ 的影响**

由于树脂内扩散通道曲折，扩散路程加长。离子与固定基团之间有相互作用，妨碍扩散，且大离子的扩散还会受到树脂骨架障碍，故同一离子的 $\overline{D}$ 一般比 D 小，它们之间有 $\overline{D} = D(\frac{\varepsilon_P}{2 – \varepsilon_P})$ 的关系。

$\overline{D}$ 受下列因素影响，这些因素自然也会对交换速率产生影响。

(1)离子电荷及树脂交联度的影响 随离子电荷及树脂交联度增加，$\overline{D}$ 呈下降趋势，其关系如图 3-6 所示。

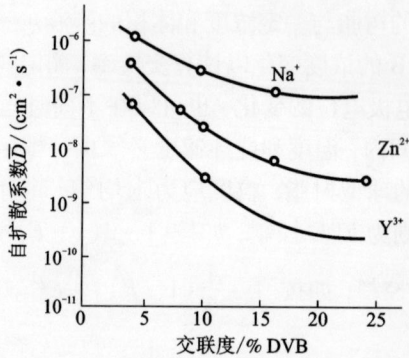

图3-6 离子电荷及树脂交联度对 $\overline{D}$ 的影响

(苯乙烯系磺酸树脂,25℃)

(2)水化离子大小的影响 研究了镧系元素的 $\overline{D}$ 值变化情况，镧系元素随原子序数增加，离子半径减小，但水化半径增加，由表 3-2 可见，它们在阳树脂 Dowx50 ×8 中的 $\overline{D}$ 亦呈递增趋势。

表3-2 微量离子在树脂内的 $\overline{D}$①

微量离子	La^{3+}	Tb^{3+}	Lu^{3+}
$\overline{D}/(10^{-8}\ cm^2 \cdot s^{-1})$	8.7	16.3	35.0
离子半径$/10^{-7}$mm	1.061	0.923	0.848

注：①Dowx50×8 的含水量为48%，支持电解质 HCl 1.94 mol/L。

(3)树脂含水量影响 如图 3-7 所示，一般随树脂含水量增加，$\overline{D}$ 呈增加趋势。

(4)温度及树脂上反离子组成的影响 图 3-8 为 Zn-Na 交换体系在 0.3℃ 与 25℃ 情况下阳树脂上锌、钠的当量分数对它们的 $\overline{D}$ 的影响，温度增加，$\overline{D}$ 增加，树脂上 Zn^{2+} 的当量分数增加，无论是 Na^+ 还是 Zn^{2+} 的 $\overline{D}$ 均呈下降趋势。

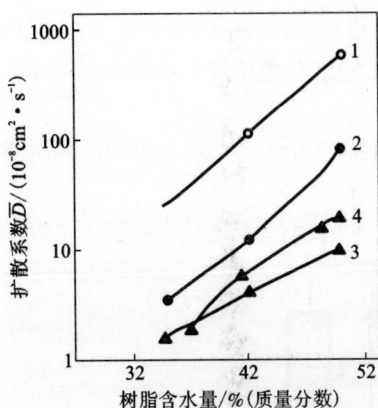

图3-7 树脂含水量对 $\overline{D}$ 的影响

树脂：Dowex50×8

1. 微量离子 Cs$^+$
2. 微量离子 Co^{2+} } 在 HCl、CaCl$_2$、LaCl$_3$
3. 微量离子 La^{3+} 溶液中与树脂交换；

4. 微量离子 Th^{3+} 在各种浓度的 HCl 溶液中
   与树脂交换

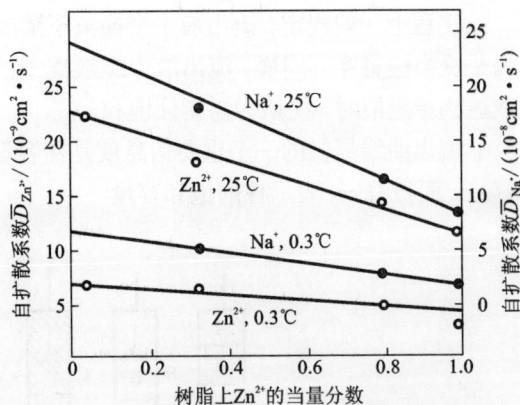

图3-8 温度及树脂上反离子组成对 $\overline{D}$ 的影响

磺酸型聚苯乙烯阳离子交换树脂，交联度 16% DVB

3.4 柱过程

3.4.1 流出曲线

3.4.1.1 流出曲线的形成

实际的离子交换作业是在交换柱中完成的，柱过程的行为可用流出曲线（或称贯穿曲线、穿透曲线）表征，如图3-9所示。

图上，横坐标为柱底流出液体积 V，纵坐标为流出液中离子浓度 $c(\text{mol/m}^3)$。操作流速恒定时，横坐标也可用时间 t，纵坐标也可用相对浓度 c/c_0 表示（c_0 为进料液中的离子浓度）。

交换柱内树脂由饱和段Ⅰ、交换段Ⅱ及未交换段Ⅲ构成。正常的交换过程就是首先在柱顶形成一个交换段，随着过程的进行，交换段不断向下移，饱和段的比例越来越大，未交换段的比例越来越小，直至交换段移至柱的底部，未交换段完全消失。图3-9中：a 点流出液中无交换离子。b 点流出液中仍无交换离子，但柱内Ⅰ段增加，Ⅲ段减少。c 点流出液中开始出现交换离子，Ⅰ段增加，Ⅲ段消失。c 称为贯穿点。d 点时Ⅰ进一步增加，Ⅱ减少，流出液中交换离子浓度增加。e 点时柱内树脂全部变为Ⅰ，流出液中离子浓度基本达到进料液水平 c_0，e 称为饱和点。

　　工程上一般规定，流出液中交换离子浓度达到进料液浓度的3%～5%时，便认为是交换柱贯穿。同样，流出液中交换离子浓度达到进料液浓度的95%～97%时，或达到指定值时，便认为树脂柱饱和。

　　流出曲线提供的一个重要信息就是柱容量，图3-9中面积$Ocgc_0$表示柱的贯穿容量，面积$Ocec_0$表示柱的饱和容量。

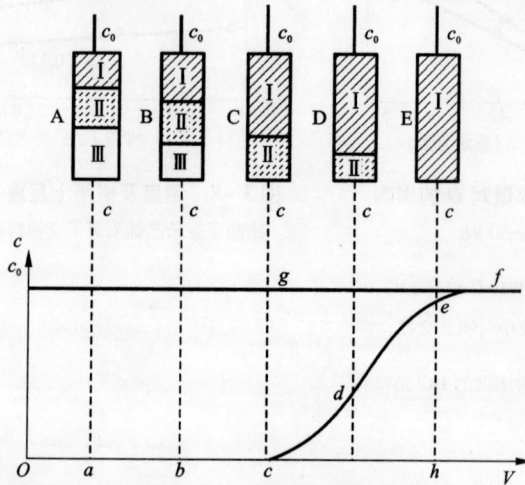

图3-9　流出曲线的形成

3.4.1.2　等稳线与流出曲线

　　在稳态离子交换过程中，即树脂床充填均匀、恒温、恒速的情况下交换区Ⅱ内的离子分布情况不变，因此交换区以不变的速度不变的宽度下移。交换区内纵向离子浓度分布线称为等稳线。

　　柱内等稳线移动现象如图3-10所示。取任一平面$p-p$进行观察，$p-p$开始贯穿表明交换区开始达到$p-p$平面，当$p-p$平面离子浓度达到进料浓度c_0时，表明树脂已饱和，即交换区已移过$p-p$平面，从贯穿点到饱和点，液相离子增加的量，相当于建立一个交换区所漏过的离子量。

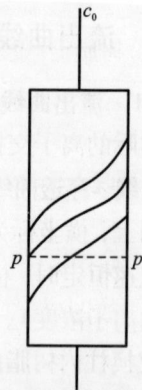

图3-10　交换柱内
等稳线移动图

　　交换柱贯穿，即柱底流出液中有交换离子漏过时，柱内的等稳线便"流出"柱外，反映在流出液的$c-V$图上，便是流出曲线，如图3-11所示。它表明流出曲线与等稳线互成映像。

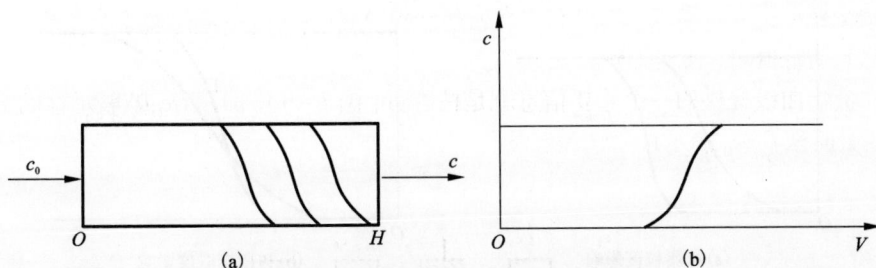

图 3 - 11　等稳线与流出曲线的对应关系

3.4.1.3　流出曲线的影响因素

流出曲线的波形(斜率变化)、宽度(贯穿点至饱和点)、贯穿点出现的位置,三者称为贯穿参量。贯穿参量所表征的柱操作流出曲线是反映离子交换过程动态行为的一种特征曲线,它反映了"交换体系""设备结构""操作条件""交换平衡""传质动力学"的综合影响。

影响流出曲线或贯穿参量的因素是:

(1)树脂对交换离子的亲和力　亲和力越大,则交换段Ⅱ高度越小,故流出曲线斜率变化越大,波形陡峭,贯穿点出现晚,贯穿容量越大,柱利用率也越高。

(2)树脂粒度　粒度越细,贯穿点出现越晚,曲线也越陡,反映在图 3 - 12(a)中,曲线 2 代表较粗树脂的流出曲线。

(3)树脂交联度　交联度越大,贯穿点出现越早,曲线斜率越小,反映在图 3 - 12(b)中,曲线 2 反映了交联度大的树脂的情况。

(4)树脂容量　容量大的树脂,易提供较有利的动力学条件,所以曲线陡、贯穿点出现晚,反映在图 3 - 12(c)中容量大的树脂的穿透曲线出现在图上较右部的位置。

(5)操作流速　流速快则离平衡状态远,所以贯穿点出现早,曲线拉平,斜率变化小,故图 3 - 12(d)中 2 线反映了流速大的树脂的情况。

(6)料液浓度　降低料液浓度有利于提高柱利用率,而在 FDC 控制情况下增加料液浓度有利于改善动力学状况。

(7)操作温度　提高温度,有利于提高交换速度。

(8)柱形、柱高　H/D 增大可改善柱内树脂充填状况,改善液流分布,有利于交换。而柱高(H)增加,利于增加两相接触时间,有利于交换。

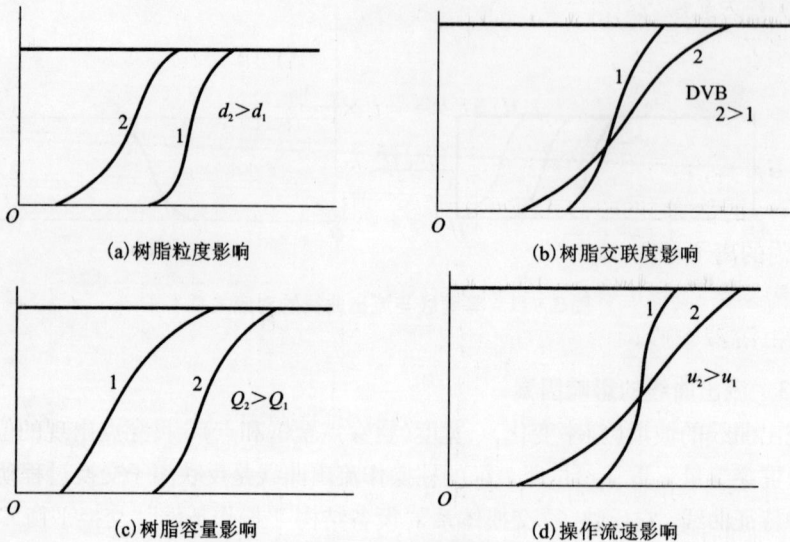

(a)树脂粒度影响　　　　　　　　　　(b)树脂交联度影响

(c)树脂容量影响　　　　　　　　　　(d)操作流速影响

图 3 - 12　流出曲线影响因素

3.4.2　交换区计算

3.4.2.1　交换区高度(H_z)

交换区高度小,意味流出曲线的斜率变化大,曲线较陡。因此计算交换区的高度有实际的意义。从传质理论角度很容易理解交换区高度等于传质单元高度(HTU)与传质单元数(NTU)的乘积,即 $H_z = HTU \times NTU$。

如果用实验法得到流出曲线,则可用流出曲线直接计算交换区高度,计算方法如下:

(1)t_z 为稳态操作时交换区移动一个自身高度的距离所需的时间,它正比于在这一时间内流过此交换区的溶液体积 V_z,因此按此定义有

$$t_z = \frac{V_z}{UA} = \frac{V_T - V_B}{UA} = \frac{V_T}{UA} - \frac{V_B}{UA} = t_T - t_B \qquad (3-14)$$

式中:U 为线速度;A 为柱面积;V_T 为流出液浓度达饱和点,即树脂柱完全饱和时所需的流出液总体积;V_B 为流出液浓度达贯穿点,即树脂柱穿透时的流出液体积;t_T 为从开始交换至交换区完全移出交换柱的时间;t_B 为交换柱的贯穿时间。

(2)v_z 为交换区形成后恒速向下移动的速度

$$v_z = \frac{H_T}{t_T - t_F} \qquad (3-15)$$

式中：H_T 为柱内树脂床的总高度；t_F 为开始交换作业在柱顶形成交换区的时间。

（3）H_z 为交换区高度

按定义

$$H_z = t_z \times v_z = t_z \times \frac{H_T}{t_T - t_F} \qquad (3-16)$$

因 H_T，t_T，t_z 可由实验测出，所以求 H_z 的关键是求出 t_F。

（4）t_F 的估算 图 3-13 表示一个交换区吸附的离子量。

由贯穿点 V_B 至饱和点 V_T 之间交换区内树脂由溶液中吸附的离子量 q_z（摩尔数）为

$$q_z = \int_{V_B}^{V_T} (c_0 - c) \mathrm{d}V$$

它等于图 3-13 中阴影面积 $V_B SB$，而交换区内树脂的理论吸附量 Q_z（摩尔数）为：$Q_z = c_0(V_T - V_B)$，等于图 3-13 中矩形面积 $V_B V_T SB$。

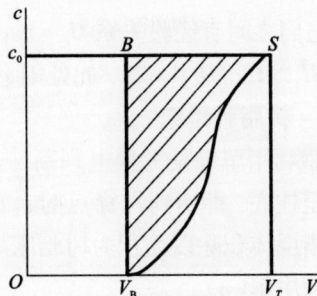

图 3-13　交换区吸附离子的量

因此交换区内已经交换的树脂分数 f 为：

$$f = \frac{q_z}{Q_z} = \frac{\text{面积 } V_B SB}{\text{面积 } V_B V_T SB}$$

当 $f=0$ 时交换区内树脂完全未吸附；$f=1$ 时交换区内树脂完全吸附。由此两极端情况，可近似估计交换区的形成时间

$$t_F = (1-f)t_z \qquad (3-17)$$

而 f 的大致数值可根据图 3-14 进行估计。

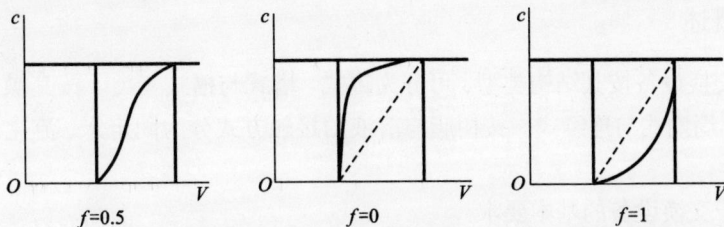

图 3-14　不同流出曲线的 f 值

因此交换区高度可结合式（3-16）及式（3-17）按下式计算：

$$H_z = H_T \times \frac{t_z}{t_T - t_F} = H_T \times \frac{t_z}{t_T - (1-f)t_z} = H_T \times \frac{t_z}{t_B + ft_z} \qquad (3-18)$$

或

$$H_z = H_T \times \frac{V_z}{V_T - (1-f)V_z} = H_T \times \frac{V_z}{V_B + fV_z} \qquad (3-19)$$

在体系固定、操作条件固定的情况下 H_z 为一定值。显然影响流出曲线形状的诸因素均影响交换区的高度，在其他因素均固定的条件下，改变线速度，H_z 会随之而变，它们之间有经验关系 $H_z = mu^n$，m、n 为实验系数。为了保证柱操作稳定，一般要求 $H_T \gg H_z$，$D/d > 25$，此处 D 代表柱径，d 代表树脂粒径。

3.4.2.2 树脂利用率

树脂利用率也是工程上判断一个交换体系操作情况好坏的一个指标。当交换区刚移至柱底，即达到贯穿点时，如图 3-13 所示，树脂层还有一部分未被利用。因柱树脂层体积除以面积为树脂床高，所以可以用床层高度(H)与交换区高度表示树脂的利用率(η)。

$$\eta = \frac{H - fH_z}{H} \times 100\% \qquad (3-20)$$

当等稳线为 $\int$ 形时，取 $f = 0.5$，故

$$\eta = \frac{H - 0.5H_z}{H} \times 100\% \qquad (3-21)$$

3.5 离子交换设备

3.5.1 概述

离子交换设备按其结构类型，可分为罐式、塔式与槽式三类。按其操作方式分为间歇式、周期式与连续式。按树脂与溶液的接触方式分为固定床、流化床与移动床三类。

对离子交换设备的基本要求：

(1)树脂与溶液应接触良好。

(2)在移动床情况下，树脂在柱内停留时间要长。溶液在柱内停留时间在保证吸附率前提下应尽量短。

(3)树脂相与溶液相容易分离。

(4)尽量减少或避免树脂的磨损与破碎。

3.5.2 典型的离子交换设备

3.5.2.1 固定床

其基本结构如图3-15所示。它是工程上使用最为普遍的一类设备,其优点是结构简单,操作方便,树脂磨损少,适应于澄清料液的交换,操作费用也低。缺点是管线复杂,阀门多,不适合悬浮物较多的料液,由于树脂利用率低,故投资费用高。

3.5.2.2 移动床

这类设备中最著名的是希金斯连续离子交换设备与阿沙希密实移动床。

1. 希金斯环

图3-16所示是现代形式的希金斯环设备示意图。在运行状态,阀门A、E、F、G、I、K全打开而阀门B、C、D、H关闭,吸附部分进行与固定床同样的吸附作业。右边上部饱和树脂用水反冲洗,在再生部分饱和树脂进行解吸再生过程,贫树脂在漂洗部分进行漂洗,等待送入吸附部分。作业进行5~20 min后,这些阀门的开、闭状态改变约30 s,此时在外脉冲作用下,树脂顺时针方向运动,经漂洗后的贫树脂从吸附部分的下部进入吸附区。因停止通液让树脂运动的时间很短,故操作接近于连续式,生产规模达600 m³/h左右。

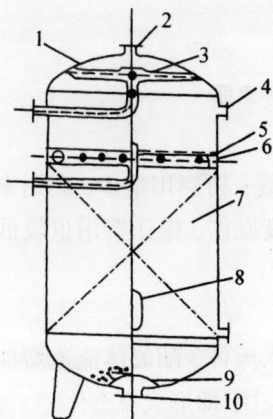

图3-15 固定床离子交换设备的基本结构
1—壳体;2—排气管;3—上布水装置;
4—树脂装卸口;5—压胀层;6—中排液管;
7—树脂层;8—视镜;9—下布水装置;10—出水管

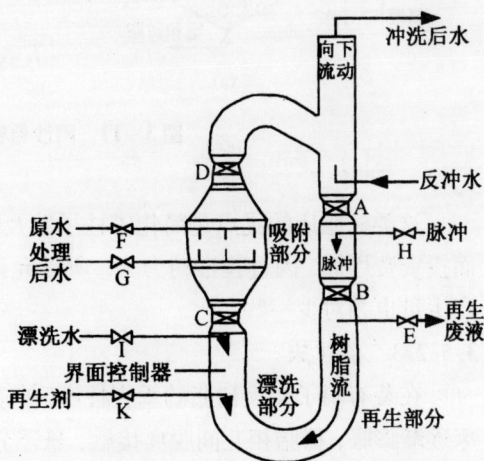

图3-16 现代形式希金斯环

2. 阿沙希密实移动床

如图 3-17 所示，该设备一般是三塔一组，即由吸附塔、洗脱塔与漂洗塔组成。在吸附塔中溶液由下部进入塔与树脂接触，下部树脂床饱和后，短时间开启阀门，饱和树脂由床底部移出。同时洗净的贫树脂从漂洗塔自上部转入吸附塔。在洗脱（再生）与漂洗塔中树脂同样以降流运动与升流溶液接触。此种设备规模达 2000 m^3/h。

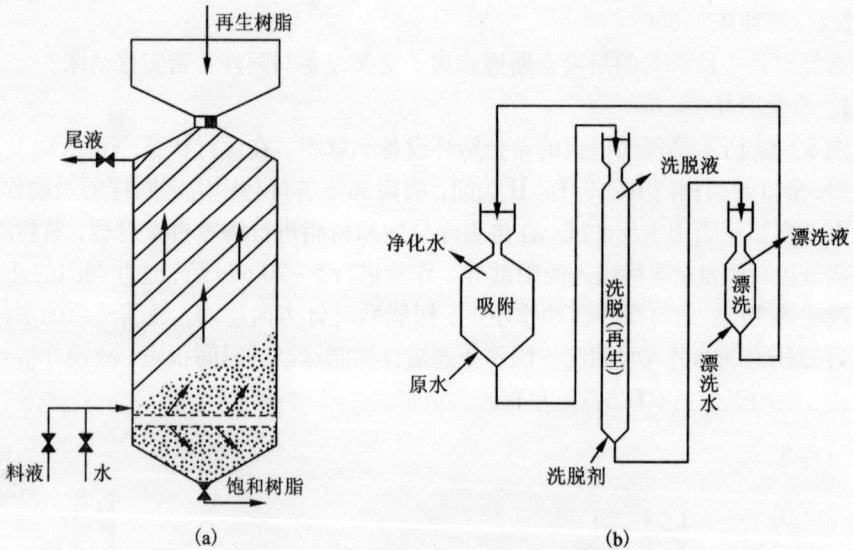

图 3-17　阿沙希密实移动床示意图

这类树脂床的优点是简化了柱子数及阀门与管线；树脂用量少，利用率高，因而投资费用低，因过程推动力大，所以允许用高速度操作，操作费用也较低，废液产生量也相对少一些。

3.5.2.3　流化床

在装有离子交换树脂的垂直柱中，自其底部通入流体，随流体流速增加，树脂床逐渐膨胀，树脂相互间脱离接触，悬浮分散于流体中，即形成流态化。

离子交换流化床的特点是床层有一清晰的上界面，树脂颗粒以一平均自由行程作上下运动。它分为两大类，即槽式流化床与塔式流化床，后者实际上是多层流化床离子交换设备。

流化床交换设备种类繁多，它们的结构与操作原理可参考有关专著。

由于流化床中树脂完全处于悬浮状态，可实现多级连续逆流，生产能力大，能处理有悬浮物的料液，树脂的用量少，故投资费用较低。

3.5.3　离子交换设备的计算

3.5.3.1　固定床设备的计算

1. 参数计算

体流速(W)：液相体积流量(m^3/h)。

线流速(u)：液相单位时间移动距离(m/h、cm/s)。

固液两相接触时间(τ)：又称空床接触时间 EBCT，空间时间或液相停留时间。

定义

$$\tau = \frac{V_R}{W} \quad (h) \tag{3-22}$$

式中：V_R 为床层中的树脂体积(m^3)；W 为液相体积流量，m^3/h。

空间速度(SV)：

定义

$$SV = \frac{W}{V_R} \tag{3-23}$$

它表示单位时间、单位床容积所处理的料液量，或者说单位时间处理的料液体积是床层容积的若干倍，故也称为设备负荷。

故

$$EBCT = \frac{1}{SV} \tag{3-24}$$

一般离子交换过程的 SV 值为 2~3，对水处理而言，SV 值为 5~40。

$$SV = \frac{W}{V_R} = \frac{A \cdot u}{A \cdot H} = \frac{u}{H}; \ u = (SV)H \tag{3-25}$$

对于一定的 SV 值，床高 H 增加为之前的 10 倍，则线流速增加为之前的 10 倍，如果线速度也固定不变，在料液浓度不变的前提下，增加床高，则运行时间延长，运行时间(t)与床层高度有下列关系：

$$t = aH + b \tag{3-26}$$

2. 固定床离子交换设备的放大

(1)按设备负荷相等原则放大　按此原则放大时应保持小设备与大设备的 SV 值相等，即两者有相同的接触时间，在维持大设备与小设备有相同几何形状、相同高径比(H/D)的条件下，进行放大计算。

因为

$$\frac{W_2}{V_{R_2}} = (SV)_2 = (SV)_1 = \frac{W_1}{V_{R_1}}$$

所以

$$\frac{W_2}{W_1} = \frac{V_{R_2}}{V_{R_1}}; \ V_{R_1} = \frac{\pi}{4}D_1^2 H_1; \ V_{R_2} = \frac{\pi}{4}D_2^2 H_2$$

$$\frac{W_2}{W_1} = \frac{V_{R_2}}{V_{R_1}} = \frac{\frac{\pi}{4}D_2^2 H_2}{\frac{\pi}{4}D_1^2 H_1} = \frac{D_2^2 H_2}{D_1^2 H_1}$$

而

$$\frac{H_2}{H_1} = \frac{D_2}{D_1}$$

所以

$$\frac{W_2}{W_1} = \frac{D_2^2 H_2}{D_1^2 H_1} = \frac{D_2^3}{D_1^3}$$

$$D_2 = D_1 \sqrt[3]{\frac{W_2}{W_1}} \qquad\qquad (3-27)$$

而

$$H_2 = \frac{D_2}{D_1} \cdot H_1 \qquad\qquad (3-28)$$

(2)按操作流速相等的原则放大　按此原则放大时,应使大设备与小设备有相同的床层高度 H,只是放大床层直径。因为 u 与 H 有相同的数值,表明大、小设备具有相同的接触时间。

$$\frac{W_1}{A_1} = u_1 = u_2 = \frac{W_2}{A_2}$$

故有

$$\frac{W_1}{A_1} = \frac{W_2}{A_2}$$

$$A_2 = \frac{W_2}{W_1} \cdot A_1 ; \ \frac{\pi}{4}D_2^2 = \frac{W_2}{W_1} \times \frac{\pi}{4}D_1^2 ; \ D_2^2 = \frac{W_2}{W_1} \times D_1^2$$

$$D_2 = D_1 \sqrt{\frac{W_2}{W_1}} \qquad\qquad (3-29)$$

以上两种放大方法都遵循一个共同原则,即大设备与小设备中两相应有相同的接触时间。按此基本原则,用上述两种方法计算的床层容积相同,但床高与柱径不同。按 SV 相等原则计算的 H 要高一些,直径小一些,线速度大一些,故床层阻力也大一些。

3. 固定床的床层阻力

固定床的床层阻力对正确设计床高度有重要实际意义。由于阻力的存在,操作时将产生压力降,可用类比于流体在管道中的流动阻力降公式进行计算。

床层压力降

$$\Delta P = \xi \frac{H}{de} \cdot \frac{u_0^2 P}{2}$$

式中: de 为床层孔道当量直径; u_0 为流体通过床层孔隙的平均线速度; ξ 为阻力系数。

将 de、u_0、ξ 的相应关系式代入上式,可得出床层压力降的计算公式

$$\Delta P = f \frac{H}{d_P} \cdot \frac{u^2 \rho}{2} \cdot \frac{(1-\varepsilon)^2}{\varepsilon^3} \varphi_R \qquad (3-30)$$

式中：φ_R 为树脂形状系数，对球形树脂取 $\varphi_R = 1$；f 为摩擦系数，它是修正雷诺数的函数。

对于滞流区　　　　　　　$R_{em} \leqslant 35 \quad f = \dfrac{220}{R_{em}}$

对于湍流区　　　　$70 < R_{em} \leqslant 7000 \quad f = 11.6(R_{em})^{-\frac{1}{4}}$

对于自动模型化区　　　　$R_{em} > 7000 \quad f = 1.26$

式中：H 为床层高度(m)；d_P 为树脂颗粒平均直径(m)；u 为溶液线速度(m/h)；ρ 为流体密度(kg/m³)；ε 为床层孔隙率。

按上式计算，固定床每米压力降为 $(2 \sim 5) \times 10^4$ Pa。

固定床实际操作中，床层阻力与操作流速、床层填充高度有关，对于标准粒度的树脂(有效粒度 $0.4 \sim 0.6$ mm)，实际测得在 $10 \sim 40$ m/h 流速范围内，每米床层阻力降为 $(1 \sim 4) \times 10^4$ Pa，与上述公式计算结果基本相符。

图 3-18 为标准粒度树脂床层其流体线速度与床层阻力的实际关系。在 $10 \sim 40$ m/h 操作流速范围内，每米床层阻力为 $(1 \sim 4) \times 10^4$ Pa。而床层压力与树脂平均粒度、均一系数的关系如图 3-19 所示。因而也可以从图 3-18、图 3-19 直接查取有关数据进行计算。

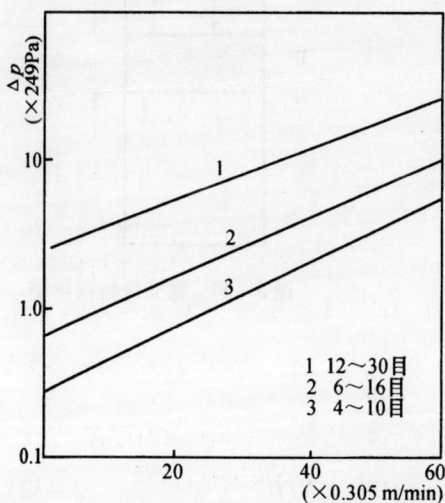

图 3-18　$u - \Delta P$ 关系图

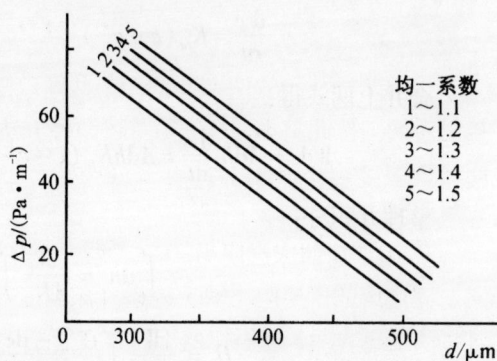

图 3-19　$d - \Delta P$ 关系图

3.5.3.2　连续逆流交换设备计算

1. 设备直径计算

这类连续离子交换设备的直径，也是根据生产任务确定的，即

$$W = Au = \frac{1}{4}\pi D^2 u; \quad D = \sqrt{\frac{4W}{\pi u}} \tag{3-31}$$

式中：W 为处理量（m^3/h）；u 为线速度。

2. 设备高度计算

由于交换系统的复杂性，目前尚无准确的计算方法；实践中主要通过经验确定。在一些简单情况下，可以沿用传质单元法（HTU）或理论级当量高度法（HETS）进行计算。

（1）传质单元法　床高为传质单元高度（HTU）与传质单元数（NTU）的乘积，即 $H = HTU \times NTU$。

根据物料平衡与传质速率方程可推导出床高的计算公式。

由于固液两相浓度 c 及 $\bar{c}$ 沿柱高不断变化，传质推动力变化，柱上各点交换速度不相等。现取一微分高度 dh，并分析其物料平衡，如图 3-20 所示

$$-Wdc = Adh\frac{d\bar{c}}{dt} = V_R d\bar{c}$$

其中，V_R 为树脂相流量（m^3/h）。

而已知传质速率方程

$$\frac{d\bar{c}}{dt} = K_{fa}(c - c^*)$$

合并上两式得：

$$-Wdc = Adh\frac{d\bar{c}}{dt} = AdhK_{fa}(c - c^*)$$

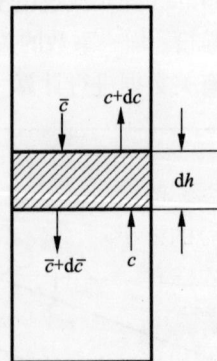

图 3-20　微元床物料平衡

整理并积分：

$$\int_0^h dh = \frac{W}{AK_{fa}}\int_{c_0}^{c_s}\frac{-dc}{(c - c^*)}$$

$$H = \frac{W}{AK_{fa}}\int_{c_0}^{c_s}\frac{-dc}{(c - c^*)} = HTU \times NTU \tag{3-32}$$

其中：W 为体流速（m^3/h）；A 为床截面积（m^2）；K_{fa} 为以液相推动力为基准的总传质系数（l/h），它在交换过程中是变数，故应取有效平均值计算。c^* 为液相平衡浓度。

$HTU = \dfrac{W}{AK_{fa}}$，由实验求得 K_{fa}，则可计算 HTU，而 $NTU = \displaystyle\int_{c_0}^{c_s}\frac{-dc}{(c - c^*)}$ 可由图解

积分法求解。具体方法如下：

①在 $\bar{c} - c$ 坐标图上标绘由实验测得的平衡线与物料衡算计算所得操作线（图 3 -21 中 1 线与 2 线）。

②在 c_0 与 c_s 之间任选若干 c 值，求出相应的 $c - c^*$ 值。

③作 $c - \dfrac{1}{c - c^*}$ 关系图（图 3 -22），阴影面积为 NTU 值

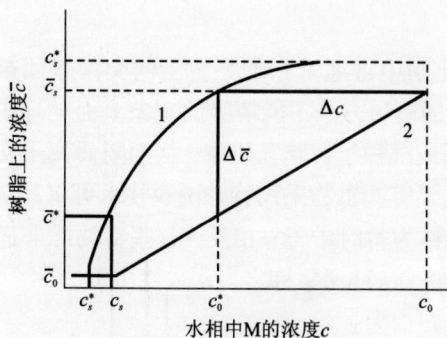

图 3 -21 平衡线与操作线

1—平衡线；2—操作线

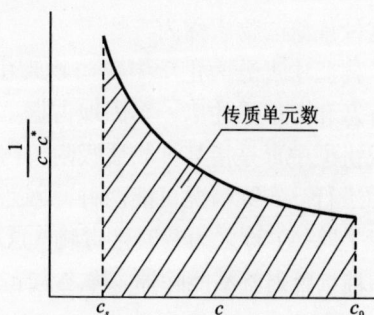

图 3 -22 传质单元数计算图

（2）理论级当量高度法 床高为理论级高度（HETS）与理论级数（NTS）的乘积。

NTS 的求解，同样可利用迈克 - 齐利图解法，如图 3 -23 所示，经过三级排出液浓度 c_3 已低于要求的废弃浓度 c_s。至于 HETS 的值一般由选用的离子交换设备类型进行小型的或中间规模的设备模拟试验加以测定，或者采用工厂的经验数据。放大时存在下列关系：

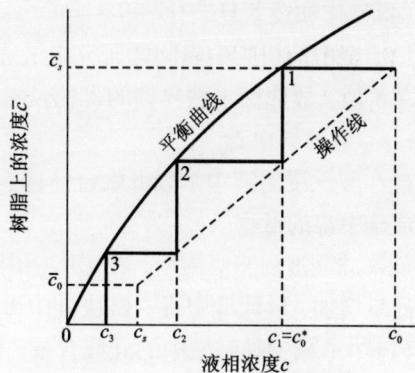

图 3 -23 迈克 - 齐利图解法

$$\frac{(HETS)_1}{(HETS)_2} = \left(\frac{u_2}{u_1}\right)^{0.4} \tag{3-33}$$

3.6 树脂中毒及树脂选择

3.6.1 树脂中毒及处理

某些离子或分子不可逆地被树脂吸附，采用通常的方法不能将其解吸下来而逐渐地在树脂上积累，使树脂容量显著下降的现象称为离子交换树脂中毒。通常把造成这种现象的物质称为毒物。

树脂中毒分为化学中毒与物理中毒。化学中毒通常指的是树脂的交换基团被具有亲和力很强的离子牢固地占据，用简单的解吸方法不能解吸的现象。而物理中毒或机械中毒是指某种物质吸附于树脂表面或沉积于树脂孔道中，从而阻碍离子交换的进行。实际情况可能两种原因兼而有之。有些毒物采用特殊洗脱技术可将其从树脂上除掉，称之为暂时性毒物，这种现象称为暂时中毒；相反，有些毒物除非破坏树脂，否则就不能除掉，称之为永久性毒物，这种现象称之为永久性中毒。

树脂中毒对生产所造成的影响，可大致归纳为：

(1)离子交换树脂性能恶化，操作容量下降；

(2)设备周转紧张或产量下降；

(3)产品质量下降；

(4)操作和设备复杂化。

铀冶金中的树脂中毒问题研究得最透彻，其研究结论对解决有色冶金问题也极有参考价值，故选择一些典型的毒物及它们引起的中毒问题进行介绍。

3.6.1.1 硅与钙中毒

硅在酸性浸出液中常以低聚合体硅、胶体硅、悬浮体等形式存在。低聚合体硅是造成硅中毒的毒物。

低聚硅酸被树脂吸附后，在树脂相内也不断聚合，故随时间的延长，树脂上吸附的硅量增加，形成硅中毒。解决硅中毒的措施有：

(1)尽量减少吸附液中的硅酸含量，包括从浸出液中添加铝盐除硅。

(2)不同树脂对硅的吸附能力不一样，因此应选择尽可能吸附硅少的树脂。

(3)采用连续逆流交换设备，以减少树脂与溶液相的接触时间。

(4)用洗脱剂洗硅。

NaOH 溶液是硅的解聚性解吸剂，用 3% ~5% 的 NaOH 溶液作硅的洗脱剂，其除硅效率在 90% 以上。如在 NaOH 溶液中添加适量 NaCl、Na_2CO_3 可收到较好除硅效果，且可降低 NaOH 浓度。

但实际情况可能更复杂，例如我们用强碱性阴离子交换树脂使钨酸钠转型为钨酸铵，经过较长时间运转后，树脂容量下降，产品质量下降，此时发现树脂有严重包裹结团现象。取出树脂上的包裹物进行分析,其成分不但含硅,而且含大量钙。这表明工艺过程带进的硅酸盐、钙离子、氢氧化钙及硅酸钙微粒,被吸附、沉积在树脂表面,日积月累将树脂包裹住,使其丧失了交换容量,因此简单地用上述方法处理不能恢复交换容量,此时必须将树脂取出,先用盐酸浸泡处理才能恢复容量。

3.6.1.2 铁矾中毒

矿石的硫酸浸出液中,存在一定数量的铁离子与钠、钾离子,在合适的条件下,它们有可能生成 $AFe_3(SO_4)_2(OH)_6$ 的铁矾,其中 A 表示 K、Na 等离子。在离子交换过程中,铁矾在树脂表面聚集、沉淀,最后形成相当牢固的包壳,将树脂包于其中。严重时,树脂床中有严重结块现象,由于铁矾的包裹,树脂丧失交换性能,称为铁矾中毒。

采用 1 mol/L NaCl + 0.5 mol/L 硫酸溶液可将树脂包裹物洗掉,其洗涤效率可达 90%,树脂性能基本可恢复到原来水平。

3.6.1.3 连多硫酸盐中毒

连多硫酸盐属于化学通式为 $S_xO_6^{2-}$ 的多硫代化合物,其中 $x = 2 \sim 6$。它能被阴离子交换树脂吸附并占据树脂的交换位置,因而降低树脂吸附有用元素的容量。随吸附循环增加,它逐渐在树脂上积累,如不除掉则会造成离子交换树脂中毒。

连多硫酸盐一般产生于含硫矿石的浸出过程中。碱性浸出时生成碱金属硫化物,它可被迅速氧化成连多硫酸盐甚至硫酸盐。酸性浸出时有可能生成硫代硫酸盐,它在强氧化剂存在下可能转化成连多硫酸盐。

连多硫酸盐引起的树脂污染或中毒比较容易清除,因为它在化学上比较活泼,可与许多物质发生反应,如苛性碱、硫化物、亚硫酸盐。它们都可作为连多硫酸盐的解吸剂。

用氢氧化物解吸时,发生下列反应:

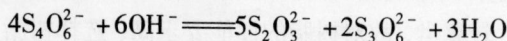

$$4S_4O_6^{2-} + 6OH^- \Longrightarrow 5S_2O_3^{2-} + 2S_3O_6^{2-} + 3H_2O$$

连三硫酸盐对树脂的亲合力较小,所以可从树脂上洗下,进一步再用 NaCl 溶液洗脱,可将树脂上残留的连三硫酸盐与硫代硫酸盐解吸下来。

另一种解毒方法是用浓 HNO_3 洗涤树脂,浓 HNO_3 可使连多硫酸盐分解。

$$S_4O_6^{2-} + 14NO_3^- + 8H^+ \Longrightarrow 4SO_4^{2-} + 14NO_2 + 4H_2O$$

但硝酸量不足时,则会析出硫

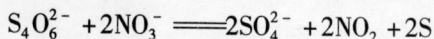

$$S_4O_6^{2-} + 2NO_3^- \Longrightarrow 2SO_4^{2-} + 2NO_2 + 2S$$

这将对树脂返回吸附系统产生不良影响。

冶金分离科学与工程重点实验室添加硫化物将钨酸盐溶液中的钼酸根转变为硫代钼酸根,尔后用离子交换树脂处理以分离钼,饱和了钼的强碱性阴离子交换树脂用次氯酸钠的碱性溶液进行解吸。此时硫代钼酸根氧化成钼酸根与硫酸根并被氯离子从树脂上置换下来。但如果条件控制不好，有可能在氧化过程中产生元素硫与多硫酸根。实践证明，尽管碱性次氯酸钠溶液是一种既能解吸又能消除中毒的试剂，但运转一段时间后，仍需用酸与 NaCl 溶液清洗一次树脂。改用流化床解吸负钼树脂则可预防慢性中毒的产生。

3.6.1.4　有机物中毒

离子交换树脂吸附有机物现象，在中性和碱性介质中很普遍，酸性介质中次之。至于能否发生树脂中毒，则视有机物存在条件和在树脂上积累的速率而定。

有机物引起树脂中毒的结果是使树脂工作容量下降。浸出液中有机物来源于矿石本身所含有机物质，如页岩、地沥青；或者各种生物、微生物残骸及其演变产物；或者来源于工艺用水、工艺漏油、木材碎屑等工艺过程带入的有机物。

离子交换树脂对有机物的吸附与有机物本身的性质、介质 pH、工艺条件有关。为减少有机物的吸附可采用如下措施。

(1)采用活性炭或多孔吸附树脂，预先吸附有机物的预处理措施。

(2)选择凝胶树脂进行交换作业。

对于已经发生有机物中毒的树脂，可采用下列措施再生：

(1)用 1 mol/L 苛性钠溶液洗脱。

(2)用 2 mol/L NaCl + 1.5 mol/L NaOH 溶液进行再生，或者对强碱 I 型树脂可采用 60℃，30% NaOH + 70% NaCl 再生，对强碱Ⅱ型，温度可适当低一些，如 40℃。

(3)用含 NaOH 的 0.3 ~ 0.5 mol/L NaClO 溶液，pH≈11 进行氧化解吸。

3.6.2　树脂选用

大部分树脂都是针对水处理的需要而生产的，而在冶金溶液中使用的离子交换树脂，由于使用条件较恶劣，故对树脂的性能要求高，选择树脂更应慎重、仔细。

3.6.2.1　树脂种类的选择

原则上应根据体系性质及处理对象而定。

对交换能力强的离子，由于洗涤再生较困难，应采用弱酸或弱碱树脂。

在中性或碱性体系中，高价金属阳离子对弱酸性阳离子交换树脂的交换能力大于强酸性阳树脂，洗脱性能也好，故应选择弱酸性阳树脂，而在酸性溶液中则只能选用强酸性树脂。

随 pH 升高，弱碱树脂的交换能力减弱，此时应选用强碱树脂。

强碱树脂能与所有的酸作用，而弱碱树脂则只能与 pK 值小于 5 的酸作用，对于 pK 值大于 5 的弱酸则不能作用。

对树脂离子型式的选择，主要应考虑交换反应生成物对溶液体系性质及反应平衡方向的影响。

3.6.2.2 对树脂选择性的选择

用于分离而言，一般阴离子交换树脂的选择性大于阳离子交换树脂，故以络阴离子存在的金属较易实现分离。

现在市场上有各种螯合树脂，它们对某种阳离子具有特殊选择性，但生产厂家只在单一离子水溶液中进行了测定，实际使用体系较复杂，故选用前除了向厂家咨询外，一般最好先经过试验，要注意观察共存离子的行为，也要注意洗涤、再生的条件。

树脂交联度对分离性能有影响，当被分离对象的分离系数较小时，应选用交联度较大的树脂。

3.6.2.3 对树脂耐温、抗氧化性及耐酸、碱性能的选择

一般阳离子交换树脂的耐温性能优于阴离子交换树脂，现有的阳离子交换树脂、弱碱性阴离子交换树脂的耐温性能比强碱性树脂高。

强碱性阴离子交换树脂耐温性能较差，而 OH^- 型树脂的耐温性又比盐型树脂差。

在体系中如存在氧化剂时，需考虑选用耐氧化性能强的树脂，一般阳离子交换树脂的抗氧化能力随交联度的增加而增加，而阴离子交换树脂的抗氧化性与交联度的关系不明显。它的胺基很容易与氧化剂作用，强碱树脂被氧化后发生降解作用，变成弱碱树脂。

耐酸碱性能也是处理冶金溶液体系时选择树脂必须考虑的问题，一般而言也是阳离子交换树脂的性能优于阴离子交换树脂，而弱碱性阴离子交换树脂的耐酸、碱性能最差。

磺化聚苯乙烯树脂在耐温、抗氧化性及对酸碱稳定性方面均是最好的，故在选用阳离子交换树脂时应尽量选用此类树脂。

总体而言，大孔树脂的耐温、抗氧化性及耐酸碱性能均优于凝胶树脂。

3.6.2.4 对树脂物理性能的选择

粒度小的树脂床层阻力大，因此对床层高的设计应选用粒度大的树脂，而对动力学性能较差的体系则应选用粒径小的树脂，此时势必降低床层高度。

树脂密度在实际应用中也很重要，对于溶液比重大的体系，此时如选用的树脂密度小则树脂可能上浮造成操作困难。

现在市场上已能供应形状规整的球形树脂，球形树脂在柱中的水力学特性好，床层阻力降较小，而且耐磨性能好。

树脂填充在柱中长期使用，因此其机械强度也是决定工艺可行性的关键，交联度对机械性能有明显影响，交联度小的树脂溶胀大容易破损。现在生产的大孔径树脂的机械强度都比较高。

3.6.2.5 对树脂交换容量的要求

为了减少树脂用量，降低投资成本，一般都希望选择高交换容量的树脂。但不能片面追求交换容量，需全面兼顾溶胀系数、机械强度、再生效率及交换速度等。

根据产品目录选择树脂时，要注意交换容量的表示方式，例如是体积交换容量还是质量交换容量；是以干树脂表示还是以湿树脂表示。样品的离子型式对交换容量也有显著影响，特别是对体积交换容量更为明显。因此在用产品目录中的数据计算时应十分仔细。

综合上述各点，处理冶金溶液时应尽量选用大孔球型树脂，除非动力学条件很差，树脂交联度适当选择高一点的较好，在其他性能可以满足的条件下选择容量高的树脂。

3.7 非水溶剂中的离子交换

前面介绍的离子交换过程均是用水溶液作解吸剂，如果用选择性较强的有机萃取剂作解吸剂，则形成非水溶剂中的离子交换体系，这一方法已在工业上得到应用。反过来，也可用树脂作负载有机相的反萃剂，其实质是溶剂萃取与离子交换的联合过程，本节对这方法作一简单介绍。

3.7.1 树脂在水中的溶胀

3.7.1.1 树脂的弹性体模型

树脂在水中会溶胀，在使用之前必须进行充分溶胀，在设计树脂床时必须充分考虑溶胀这一因素。那么树脂为什么会溶胀？溶胀是否会引起树脂破裂、粉碎呢？树脂的弹性体模型很好地回答了这一问题。

图 3-24 所示为离子交换树脂的弹性体模型示意图。

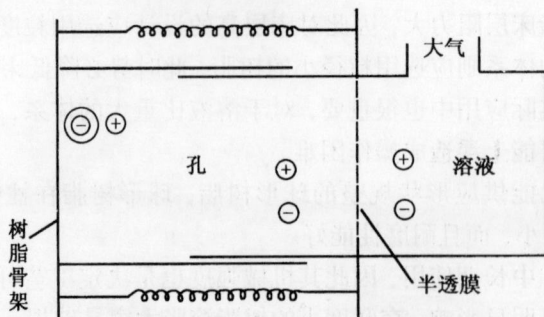

图 3-24 离子交换树脂的弹性体模型

此模型将树脂颗粒视为一可伸缩的弹性容器,树脂中的交联剂则相当于一个弹簧,树脂表面相当于一张半透膜。

当树脂浸入水中后,水通过树脂颗粒表面"半透膜"进入树脂相内部,树脂相内部充入水后,创造了反离子电离条件,如 $R - SO_3H \rightarrow R - SO_3^- + H^+$,电离出的反离子虽可自由运动,但为了维持电中性,它必须留在树脂相内部,因而在树脂颗粒内部形成了聚合电解质溶液。此聚合电解质溶液浓度比外部溶液浓度高许多,因而产生了一个渗透压差,在此压差驱动下,外部水分子不断进入树脂内部,使树脂不断膨胀。另一方面树脂骨架上的固定离子,由于相互间的静电排斥作用也造成了树脂膨胀。此时起"弹簧"作用的交联剂,阻止树脂无限制膨胀,当"弹簧"拉力与水分子渗透压力达到平衡时,溶胀作用即停止。

一般干树脂浸入水中溶胀的程度称为绝对溶胀度,溶胀后的树脂与干树脂的体积之间有如下关系:

$$\frac{V_湿}{V_干} = \frac{K}{X} + 1 \qquad (3-34)$$

式中:X 代表交联度;K 为常数。

除此之外,树脂转型时也会发生溶胀,此时用相对溶胀度表示这种溶胀。

3.7.1.2 溶胀的影响因素

影响溶胀度的因素有反离子性质、固定离子浓度及外部溶液浓度。

反离子水合程度越大,溶胀越大,反离子半径越小则水合半径越大,因而溶胀增加;反离子电荷数大,与固定基团结合紧,溶胀度就小;但是离子电荷数高则水合程度也高,因此这是一个矛盾的因素,如果水合程度占优势则溶胀大,如果与固定基团的结合力占优势则溶胀小。

树脂固定离子浓度增加,即总交换容量增加,引起内部相互排斥作用增加,故溶胀增加。

外部溶液浓度越小,则渗透压越大,驱使更多的水进入树脂颗粒内部,故溶胀越严重。

3.7.2 溶剂化作用与离子交换反应的关系

3.7.2.1 有机溶剂对溶胀的影响

一般的离子交换作业都在水溶液中进行,因此树脂均在充分溶胀下工作,如果树脂不经水溶胀直接与有机溶剂接触,由于有机溶剂的介电常数小,即极性弱,引起的溶胀小,故在有机溶剂中溶胀小于在水中的溶胀。

有机溶剂的极性也有影响,如将树脂浸入煤油中,则难溶胀,相反如将树脂浸入苯类极性溶剂中则一定发生溶胀。

树脂在水中溶胀后,水进入树脂颗粒内,给反离子在溶液中的自由运动创造了条件,因此才有可能进行离子交换反应,而树脂在有机溶剂中的溶胀小,为了实现非水溶剂中的离子交换,树脂亦先应在水中进行溶胀,使树脂颗粒内先充满水。

预先经水溶胀的树脂与有机溶剂接触时,如水能从树脂颗粒中逸出,则同样将丧失发生离子交换反应的条件,好在实际情况并非如此,树脂中的孔隙水实质是一种浓电解质溶液,其组成与 pH 对交换反应起极其重要作用,由于毛细孔内的表面张力作用,它能阻止有机溶剂进入树脂,使树脂仍然处于一种溶胀状态,另一方面,经水溶胀后的树脂,其固定基团已经水化,这种水合水始终存在,不会被有机溶剂取代,故经水预溶胀的树脂再与有机溶剂接触时,不会丧失树脂孔隙中的水,即不会丧失发生离子交换反应的条件。一般而言在非水溶剂中进行交换时树脂水含量必须大于 7%。因此尽可能用大孔树脂,预先经水充分溶胀后再与有机溶剂接触。

3.7.2.2 有机溶剂作解吸剂时的交换反应

如果树脂床中的树脂已经负载了金属离子,此时树脂处于溶胀状态,如果用含萃取剂的有机相作解吸剂,则当这种有机溶剂流经树脂床时,由于树脂颗粒中的孔隙水阻止有机溶剂进入树脂,有机溶剂只能在树脂床层空隙内存在,整个树脂床成为一个三相体系。形成了如图 3-25 所示的双界面模型。

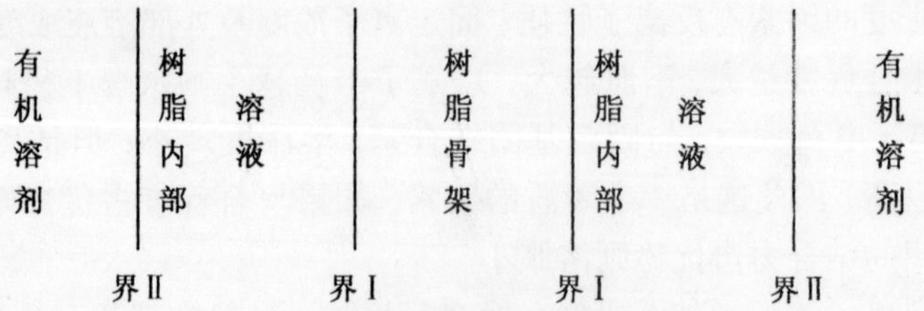

| 有机溶剂 | 树脂内部 | 溶液 | | 树脂骨架 | 树脂内部 | 溶液 | | 有机溶剂 |

界 Ⅱ   界 Ⅰ   界 Ⅰ   界 Ⅱ

图 3-25 树脂的双界面模型

此时在界面 Ⅰ 处发生离子交换反应,在界面 Ⅱ 处发生萃取反应。萃取剂在界面 Ⅱ 处与反离子配位,形成与固定基团同电荷的离子或者与反离子形成易溶于有机相的络合物而使反离子离开树脂进入有机相。

例如,当用强碱性阴离子交换树脂从碱性氰化物溶液中吸附金以后,树脂固定基团上结合的反离子是 $Au(CN)_2^-$ 络离子,此时树脂内溶液呈碱性,如果以 0.25 mol/L H_2SO_4 对含金树脂进行浸泡预处理,则树脂孔隙内的水溶液中就含有 HSO_4^- 离子,此时在界面 Ⅰ 处发生离子交换反应:

$$(R_4N)Au(CN)_2^- + HSO_4^- \Longrightarrow R_4NHSO_4 + Au(CN)_2^-$$
（固相）   （固相）

此时如以含叔胺硫酸盐的有机相作解吸剂,则在界面 Ⅱ 处发生萃取反应:

$$\overline{(R_3NH)HSO_4} + Au(CN)_2^- \Longrightarrow \overline{(R_3NH)Au(CN)_2} + HSO_4^-$$
（液相）　　　　　　　　（液相）

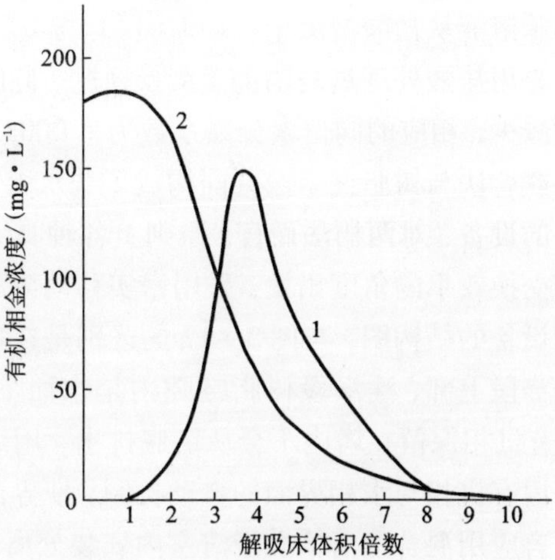

图 3 - 26 为用叔胺从 201 ×
7 树脂上解吸金氰络合物的曲
线。曲线 2 为以 0. 25 mol/L
H_2SO_4 对含金树脂进行浸泡预处
理后的解吸曲线，因为树脂空隙
中已经有 HSO_4^- 离子，故一开始
的解金率就很高，尔后逐渐降
低。曲线 1 为未用 H_2SO_4 预浸
泡的情况，由于树脂孔隙中的溶
液呈碱性，碱性溶液与酸性有机
相接触，使树脂孔隙中的 HSO_4^-
离子逐渐增多，故解金率逐渐提
高，曲线呈高斯分布。

图 3 - 26　叔胺从树脂上解吸金氰络合物

既然如此，直接用稀硫酸解吸岂不更简单？情况并非如此，因为 $Au(CN)_2^-$ 对
树脂亲和力大于 HSO_4^- 对树脂的亲和力，因此解吸不彻底，为此不得不增大解吸剂
溶液用量，利用平衡移动原理，使解吸反应不断向右进行，其结果获得的解吸液含
金浓度低，还需用萃取法进行浓缩。另一方面采用有机相作解吸剂还有利于分离杂
质。如在解吸之前先向树脂床内通入含 NaCN 的 NaOH 溶液以解吸铁与铜，再接着
用 H_2SO_4 解吸锌和镍，最后以叔胺硫酸盐解吸金，则可得到纯的富金浓溶液。

3.7.3　非水溶剂中离子交换工艺

非水溶剂中的离子交换实质上是一种离子交换与溶剂萃取的联合工艺。在铀
的湿法冶金工艺中，由于离子交换法的适应能力比溶剂萃取法强，特别是处理低
浓度溶液时，离子交换法比萃取法经济，但是萃取法在选择性及反应速度方面又
优于离子交换法，因而在 20 世纪 60 年代就发展了一种"淋萃法"流程，即用离子
交换法从低浓度溶液中吸附金属离子，解吸液再用萃取法浓缩及提纯，其工艺如
图 3 - 27(a)所示。

核工业北京化工冶金研究院对淋萃法流程进行改进，用溶剂萃取的有机相直
接作离子交换的解吸剂。将离子交换的解吸过程与萃取过程合并在一个工序，一
个设备中完成，并称为联合法[图 3 - 27(b)]，缩短了流程，减少了设备，节省了
试剂。他们采取的这种作业方式称为两相解吸模式。与此同时，匈牙利科学家创
造了三相解吸方式，即用有机相与水相组成的混合液从树脂上解吸金属离子，实
现这一模式的方法是将吸附了金属离子的树脂与有机相和水相一起在混合 - 澄清

槽的混合室内搅拌,在澄清室内通过安装的筛网实现树脂相与液相的分离。

反过来也可以用离子交换树脂与负载有机相接触,实现树脂反萃,例如用叔胺的苯溶液从盐酸溶液中萃取 U(Ⅳ) 与 U(Ⅵ)的混合物,然后使负载有机相通过事先用盐酸处理过的阴离子交换树脂,此时从柱中先流出 U(Ⅵ),其中的 U^{235} 相对减少,相应的同位素分离系数为 1.00033。

联合法与树脂反萃法共同构成了非水溶剂体系中的离子交换。实现这种离子交换的设备,对两相法而言,原则上各种类型的离子交换设备都可以使用,但从提高交换效率的角度出发,采用密实移动床离子交换设备比较合适。图 3-28 为这种设备的结构图,与图 3-17 的区别是在柱的底部增加了一水洗涤段,有机相在洗涤段上部,洗涤段树脂空隙内是水而不是有机相,这样当从底部排出树脂时,有机相保留在塔内不会从塔底排出,用继电器控制补加洗涤水的电磁阀,实现塔内有机相与水界面的自动控制,使界面维持在有机相进料管附近。对三相法而言应用混合澄清槽。澄清室内安装分离树脂的筛网,因此三相法的设备结构和操作比两相体系复杂,有时还会产生乳化问题,因此一般情况下,尽量避免使用三相法。

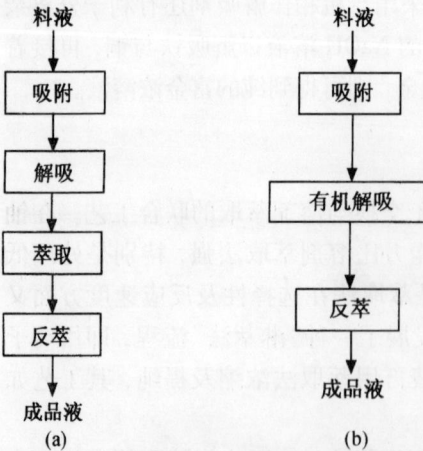

图 3-27　淋萃法及联合法工艺对比　　图 3-28　用于非水溶剂体系离子交换的密实移动床

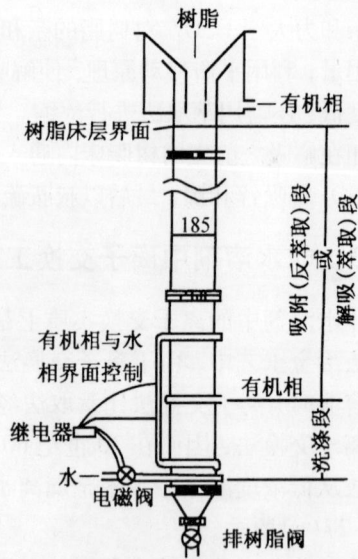

以 R_3N 作解吸剂,用同样含铀为 106.3 mg/g 干树脂分别进行固定床及连续逆流密实移动床设备的解吸试验,与出料树脂均达 1 mg/g干 的工艺参数进行对比,其结果列入表 3-3。

表 3 – 3　连续逆流密实移动床与固定床解吸的比较

比 较 项 目	固定床	连续逆流密实移动床
有机相总体积(V/V_R)	17.35	9.5
有机相铀浓度/($g \cdot L^{-1}$)	合格液 6.23	合格液 6.5
树脂总停留时间/h	43.4	18

结果表明，密实移动床在提高解吸液铀浓度及缩短解吸时间、减少有机相用量方面明显优于固定床。而固定床在操作简单及容易控制方面却有优势，实际工艺选用何种设备可根据具体情况决定。

3.7.4　非水溶剂中离子交换的影响因素

无论是用有机相从负载树脂上解吸金属离子的"联合法"，还是用离子交换树脂从负载有机相中反萃金属离子的"树脂反萃法"都是处于溶胀状态的树脂与含萃取剂的有机相接触，这两过程的主要影响因素也是相同的，故我们以叔胺从负铀树脂上解吸铀为例说明这些过程的主要影响因素。

3.7.4.1　树脂水含量的影响

用有机萃取剂解吸时，树脂内部溶液中 HSO_4^- 的存在及其浓度对解吸效率有明显影响，树脂上的硫酸铀酰阴离子实质上是被硫酸氢根阴离子(HSO_4^-)解吸，HSO_4^- 的存在及其浓度对离子交换反应具有重要作用。

而树脂颗粒内部的溶胀水是形成树脂内浓电解质溶液的前提条件，只要有足够的溶胀水，就能使树脂上的硫酸铀酰基团解离，使它与 HSO_4^- 等离子在树脂内自由运动。如图 3 – 29 所示，当树脂水含量降至 7% 以下时，有机萃取剂的解吸反应就无法进行，此时溶胀水已不足以在树脂相内形成一个单独的水相，故按双界面模型理论已无法进行萃取反应。

需要指出的是在采用三相法工艺方式时，外部液相（有机相 + 水相）中的水相需是酸溶液，如果用中性的水则解吸率会下降；同理采用密实移动床的两相法工艺时，从柱顶进入柱中树脂夹带的水必须控制在小于 5%，其原因显而易见，这些水会使树脂相内部溶液的酸度降低。

因此结论显而易见，溶胀水是必须的，而树脂的夹带水是需要控制的。

3.7.4.2　树脂预处理的影响

同样的道理，含铀树脂在解吸前是否用硫酸进行预处理，对解吸反应速率有明显影响。如图 3 – 30 所示，树脂预先用 1 mol/L H_2SO_4 进行酸化预处理的解吸速率明显加快，解吸时间明显缩短。此时树脂相内有足够的 HSO_4^- 存在，它是置换硫酸铀酰离子的必要条件。

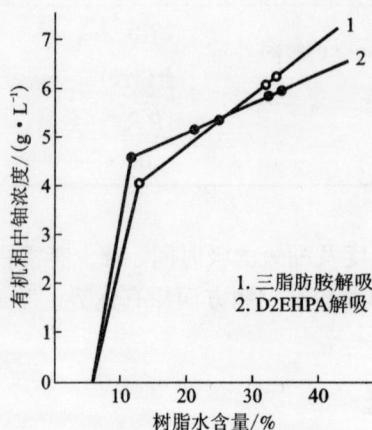

图 3-29　树脂相中水含量对解吸的影响

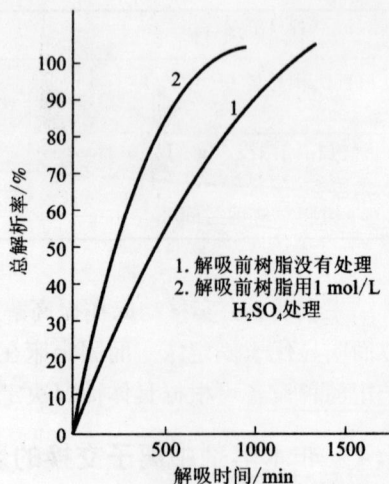

图 3-30　树脂预处理对解吸的影响

3.7.4.3　有机相预处理影响

叔胺用硫酸预酸化时,发生下列反应:

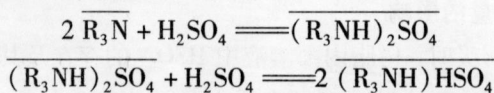

$$2\overline{R_3N} + H_2SO_4 \Longrightarrow \overline{(R_3NH)_2SO_4}$$

$$\overline{(R_3NH)_2SO_4} + H_2SO_4 \Longrightarrow 2\overline{(R_3NH)HSO_4}$$

显而易见,使用浓的硫酸溶液预酸化,叔胺主要以 $\overline{(R_3NH)HSO_4}$ 形式存在,因此有机相中有足够的解吸铀的 HSO_4^- 存在,保证了解吸反应的顺利进行。

表 3-4 中的试验数据有力地说明了这一问题。

表 3-4　酸化有机相的 H_2SO_4 浓度对 R_3N 解吸铀的影响

H_2SO_4 溶液浓度	解吸前有机相 $[SO_4^{2-}]/[R_3NH^+]$	解吸后有机相中铀浓度 $u/(g \cdot L^{-1})$
pH = 2	—	2.26
0.5 mol/L	0.690	5.80
1 mol/L	0.707	7.80
1.5 mol/L	0.747	7.96

3.7.4.4　萃取剂浓度的影响

如同直接萃取一样,提高有机相中萃取剂浓度有利于解吸反应的进行。

表 3 – 5 的试验数据表明，随萃取剂浓度增加，总解吸液体积减小，总解吸时间缩短，解吸液中铀浓度增加，但有机相的饱和度也下降。

表 3 – 5 R_3N 浓度对解吸的影响

解吸剂(煤油溶液)	总解吸体积 (V/V_R)	总解吸时间 /h	解吸液铀浓度 /(g·L^{-1})	有机相饱和度 /%
0.1 mol/L R_3N +3% 混合醇	17	68	3.71	62.4
0.2 mol/L R_3N +3% 混合醇	13	52	6.15	51.7
0.3 mol/L R_3N +3% 混合醇	10	40	7.45	41.7
0.5 mol/L R_3N +3% 混合醇	8	32	8.90	29.9

3.7.4.5 接触时间的影响

与 3.5.3 节关于接触时间的定义有所不同，因按树脂双界面模型，有机相充满树脂床层孔隙内，在树脂颗粒界面上发生萃取反应，所以此处接触时间指有机相在树脂床层空隙内的停留时间。故接触时间 τ 定义为：

$$\tau = \frac{V_i}{v} = \frac{V_R \cdot \varepsilon_i}{v} \tag{3-35}$$

式中：V_R 为树脂床层体积；V_i 为树脂床层空隙体积；v 为有机相流速(mL/min)；ε_i 为树脂床层空隙率。

表 3 – 6 为用 0.15 mol/L R_3N 与 3% 的混合醇的煤油溶液解吸时，接触时间对解吸影响的实测结果。

表 3 – 6 接触时间对解吸的影响

接触时间 /min	总解吸体积 (V/V_R)	总解吸时间/h	解吸后的树脂铀含量/(mg·g^{-1})	解吸液铀浓度/(g·L^{-1})
20	22	18.3	.0.165	3.33
40	17	28.3	0.215	4.35
60	15	37.5	0.189	4.98
96	14	56.0	0.37	5.24
144	12	72.0	<0.1	5.55

如果不是用固定床而是用密实移动床工艺，则此时的接触时间表现为树脂在解吸段的停留时间。

显然,当树脂床层体积及床层孔隙率一定时,增加有机相流速将使接触时间缩短,解吸效果变坏。

3.7.4.6 温度的影响

温度对解吸平衡有一定影响,升高温度会加速离子的扩散速度,从而缩短反应平衡时间,表 3-7 的数据表明升高温度使解吸液体积减少,解吸液的浓度增加。

表 3-7 R₃N 解吸时温度的影响

温度/℃	解吸终点 $u/(g \cdot L^{-1})$	总解吸体积 (V/V_R)	解吸液浓度 $u/(g \cdot L^{-1})$
10	0.100	16.4	2.85
20	0.080	15.75	3.19
30	0.090	12.0	2.91
40	0.14	11.0	3.48

3.8 吸附剂吸附

3.8.1 概述

在固体与液体或固体与气体的相界面上,物质在固体表面上的富集过程称之为吸附,如图 3-31 所示。这种实施吸附作用的固体称之为吸附剂,而被吸附的物质则称之为吸附质。处于被吸附状态的吸附质,则称为吸附化合物。吸附体指的是吸附剂和吸附化合物的一个整体系统。

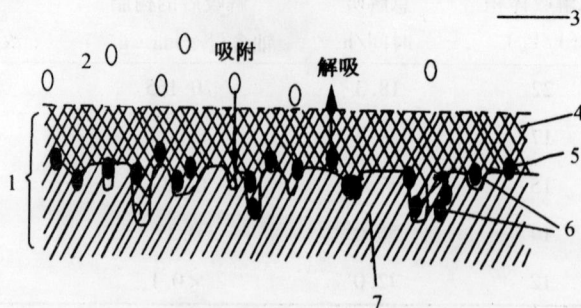

图 3-31 吸附过程示意图

1—吸附体;2—气相或液相;3—吸附质;4—表面薄层;5—吸附化合物;6—活性中心;7—吸附剂

按照这一定义，离子交换当然亦属吸附之列。但正如3.1所指出的离子交换是一种等当量的交换，在前面各节已作了详细介绍，本节对离子交换剂之外的吸附剂吸附作一补充介绍。

按吸附的机理划分，吸附可分为物理吸附与化学吸附两类。

物理吸附主要取决于范德华力，此过程中被吸附的化合物不发生化学变化。

化学吸附的特点是具有较大的活化能，在吸附过程中有化学键的作用，被吸附物分子的化学性质有可能变化。

吸附剂的分类见图3-32

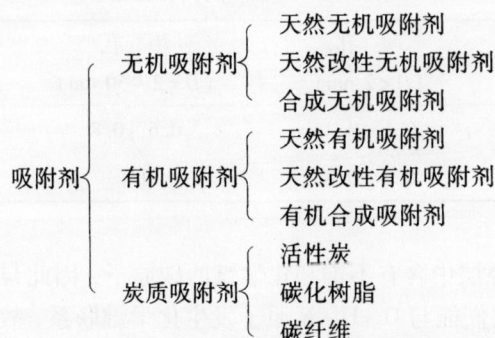

图 3-32 吸附剂的分类

吸附剂的吸附特性主要取决于吸附剂表面的化学性质、比表面积和孔径。常用主要的吸附剂的物理性质列于表3-8。

而许多无机吸附剂与无机离子交换剂之间的界线也很难区分，同样，能发生等当量交换反应的为无机离子交换剂，否则为无机离子吸附剂。

表 3-8 吸附剂的物理性质

物理性质	大孔吸附树脂	活性炭	合成沸石	硅 胶	活性氧化铝
真密度/$(g \cdot cm^{-3})$	1.0~1.4	1.9~2.2	2.0~2.4	2.1~2.3	3.0~3.3
表观密度/$(g \cdot cm^{-3})$	0.6~0.8	0.7~1.0	0.9~1.3	0.7~1.3	0.8~1.9
比表面积/$(m^2 \cdot g^{-1})$	50~800	500~1300	400~750	300~830	95~350
细孔体积/$(cm^3 \cdot g^{-1})$	0.6~1.2	0.5~1.4	0.4~0.6	0.3~1.2	0.3~0.8
平均细孔径/nm	4~45	2~5	0.3~1.5	1~14	4~12
比热/$[J/(g \cdot ℃)]$	1.05~1.26	0.84~1.05	0.8	0.92	0.88~1

最常用的吸附剂为活性炭及大孔吸附树脂。

(1)活性炭：活性炭属于微晶类碳系，具有石墨类化学结构。并有少量无定型炭。与典型石墨结构不同，其层状结构存在无序平移，层间距大于石墨(0.3354 nm)而处于 0.344 ~ 0.365 nm 之间。

活性炭的单个微粒间呈现宽为 10^{-10} ~ 10^{-8} m 的裂缝和孔隙。除了有不规则形状的孔外，还有 V 型和缝隙型的孔、缩颈瓶状孔。表 3 - 9 为两类活性炭以孔体积 mL/g 表示的孔径分布。

表 3 - 9 活性炭的孔径分布

分 类	微孔 ($D < 2$ nm)	中孔 ($D = 2 ~ 50$ nm)	大孔 ($D > 50$ nm)
大孔活性炭	0.1 ~ 0.2	0.6 ~ 0.8	0.4
细孔活性炭	0.6 ~ 0.8	0.1	0.3

活性炭的石墨叠层中含有不饱和化学键的碳原子，因此与晶格缺陷一起形成了所谓活性中心，它们能与 O、H、N 原子发生化学键联系，故活性炭中往往含有这些杂原子，表 3 - 10 为活性炭的典型元素分析。

表 3 - 10 活性炭的元素分析/%

	C	H	O	N
样品 A	93.4	0.7	5.3	0.6
样品 B	94.0	1.0	4.7	0.3

活性炭中的碳原子与氧原子以化学键结合，形成所谓的微晶碳的氧络合体，即所谓表面氧化物，它对碳原子表面的极性及其吸附能力有极大的影响。活性炭在液相中对各种极性物质的选择吸附能力与这些表面化合物有关。

活性炭的基本商品形式有粉状炭及颗粒炭两大类，还有一种用粉状炭制成的成型炭。

(2)大孔吸附树脂 大孔吸附树脂与大孔离子交换树脂在结构上的区别是，后者有可提供交换离子的基团如—SO_3H，—NH_2Cl，……而前者无。按照树脂的表面性质，吸附树脂一般分为非极性、中极性和极性三类。

非极性吸附树脂是由偶极距很小的单体聚合制得的不带任何功能基的吸附树脂，它的孔表面疏水性较强，可通过与小分子内的疏水部分相互作用吸附溶液中的有机物。因此最适于从极性溶剂(如水)中吸附非极性物质。

中极性吸附树脂系含酯基的吸附树脂,其表面疏水性部分和亲水性部分共存。因此,既可用于从极性溶剂中吸附非极性物质,又可用于从非极性溶剂中吸附极性物质。

极性吸附树脂是指含酰胺基、腈基、酚羟基等含氮、氧、硫极性功能基的吸附树脂。它们通过静电相互作用和氢键等进行吸附,适用于从非极性溶液中吸附极性物质。

大孔吸附树脂为高交联的三维空间结构,因此,有良好的化学稳定性,耐酸碱,耐氧化,耐溶剂,耐高温。

大孔吸附树脂由大量很小的微球凝聚而成,即由连续的凝胶相和连续大孔相构成。使用时,孔中充满溶剂,吸附树脂的内表面暴露在溶剂和溶质分子中进行吸附。一般而言,溶质的溶解度越小,越容易被吸附。

3.8.2　基本原理

3.8.2.1　位能理论

吸附位能理论是解释吸附现象的最基本理论。此理论认为在吸附剂的表面有原子"剩余"作用力,这些力构成一个力场,称之为位能场,它们在短距离内对固相的相邻相(液相或气相)的物质有吸引作用,这种作用在一定范围内与距离成反比。这一作用范围可以用所谓的吸附位能来表示,吸附位能是当微粒从周围的气相空间传递到吸附剂表面或者接近其表面时,吸附力所做的功。在吸附剂表面上这一位能值最大,并随与表面距离的增大而急剧减小。对吸附剂表面而言,距其表面等距的各点具有相同的位能,并分布在同一个等位平面上。每一等位平面用一固有位能 E_x 表示,距表面越远 E_x 值越小,在某一平面处 $E_x=0$,从这一平面至吸附剂表面所包括的范围内,吸附作用才能发生,这一范围称之为吸附空间的极限体积。图3-33形象地表述了这一理论。

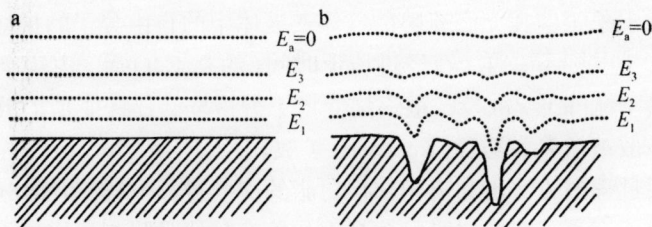

图 3 - 33　吸附剂的等位平面概念

a—均质表面;b—非均质表面

3.8.2.2 吸附等温线

吸附剂的吸附能力,对实际应用具有重要意义,一般以吸附容量表示相应系统的吸附能力,如3.2节所述,在恒温条件下,可用吸附等温线表示,表示吸附平衡关系,常见的吸附等温线有:

1. 弗南德里希等温线

式(3-11)表示的弗南德里希等温方程主要在描述稀水溶液中吸附过程时得到广泛应用,这一方程在低浓度范围可准确地描述实验结果,而在高浓度区则出现偏差。图3-34为三种活性炭吸附金的弗南德里希吸附等温线。

2. 朗格缪尔等温线

式(3-10)为朗格谬尔型吸附等式,同样可适用于吸附过程。在溶质浓度较低时,可简化为简单的线性关系式(3-9),在浓度较高时,吸附容量趋于一定值。

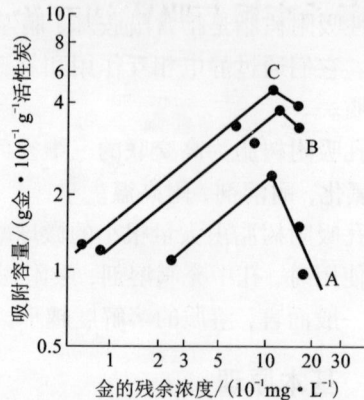

图3-34 活性炭吸附 $Au(CN)_2^-$ 络离子的等温线

3.8.2.3 吸附过程的传质

在吸附剂中的传质情况与在离子交换树脂中的传质情况很相似。吸附质首先在溶液主体中扩散至吸附剂的表面,即外扩散阶段。尔后再经过吸附剂颗粒周围的界面膜,即膜扩散,在溶液中吸附的初期膜扩散往往成为控制阶段,较高的物流速度可促进较薄界面膜的生成,因而可缩短膜扩散时间。

吸附质通过界面膜之后,传质过程就在与表面相通的孔中进行。这一过程称为内扩散。它的情况较为复杂,当传质过程在大孔与中孔内进行时,由于孔隙的截面大于吸附质分子直径好多倍,与孔隙壁碰撞对传质的影响占次要地位,在这些孔隙中扩散现象很像在充满孔隙的气体或液体中的自由分子的扩散现象。在很细小的微孔中扩散则不一样,在经过若干时间(约0.5 h)后,由于吸附质分子同孔壁碰撞使其动能降低,故使扩散逐渐变得十分微弱,其特征是扩散系数与孔半径有关。该扩散被命名为努森(Knudsen)扩散。

实施吸附过程的方法也和离子交换树脂的交换过程一样,大部分情况都是在柱中进行。而填充离子交换树脂的柱过程与填充其他吸附剂的柱过程原则上是相同的。同样在吸附柱中吸附剂可为三部分,上部的饱和区,中部的传质区(即前述交换区)和下部的未吸附区。随着吸附过程的进行,饱和区增加,未吸附区减小,而传质区长度在吸附过程中不变,在其中进行的传质过程是一稳态过程,因此同样有等稳线与流出曲线互成映像的关系。

传质区的长度计算是计算吸附设备的关键，3.4 节中介绍的计算方法均也适用于吸附过程。

3.9　离子交换与吸附法在冶金中的应用

3.9.1　概述

用离子交换树脂按等物质的量交换原则从稀溶液中吸附富集有价金属或有害成分的方法称之为离子交换吸附法，其任务是为了富集这些组分，由于选择性有限，所以往往有许多非目标离子也被共同吸附，尔后再用其他方法分离提纯。当两种离子吸附能力差别很大时，例如 WO_4^{2-} 与 F^-，也可用吸附法分离。而利用不同离子对树脂亲和力的差别，借助反复吸附解吸造成不等速迁移而实现分离的方法则属于色层技术的范畴。离子交换吸附与离子交换色层都以离子交换树脂为分离介质，但它们有本质差别。当然在实际应用时，有时用不着去追究体系应用的离子交换分离方法到底是属哪一个范畴。但对初学者及从事分离科学研究的研究生来说，弄清这两种方法的本质区别是完全必要的。

无机离子交换剂的应用不如离子交换树脂那样普遍，由于现代合成了各种特殊结构与性能的无机离子交换剂，它们往往具有专属的选择性，因而引起了人们的关注和兴趣。无机离子交换剂同样既可用作吸附剂也可用作色层分离的载体。

离子交换树脂用于色层分离的情况在下一章讨论。本章仅介绍离子交换树脂吸附法及无机离子交换剂与活性炭、大孔吸附树脂在吸附方面的某些应用。

3.9.2　离子交换吸附法的应用

3.9.2.1　从西尔斯盐湖水中提取钨

美国加利福尼亚州西尔斯盐湖水中含有约 70 mg/L WO_3，总量估计约为 7.7万 t WO_3，相当美国钨储量的 50% ~ 60%。向此盐湖水中通入二氧化碳以析出 $NaHCO_3$ 产品，再利用离子交换树脂从母液中回收钨。

采用专门研制的对钨有特殊选择性的由 8 - 羟基喹啉、乙二胺、间苯二酚和甲醛聚合的树脂(HERF 树脂)。交前液 pH = 8 ~ 8.5，线流速约 20 cm/min，处理溶液体积为床体积的 60 倍，吸附率达 95% ~ 100%。用 0.5% Na_2CO_3 作解吸剂，其用量为床层体积的 6 倍，线流速 2 ~ 4 cm/min，解吸率大于 95%。由于树脂的特殊选择性，共存阴离子、主要是硼的吸附率显著低于钨，故成功地从盐湖水中吸附富集了钨。

浓度为 28 g/L 左右的富钨解吸液用氯化铁沉淀并控制最终 pH 为 3.5 ~ 4.5，得到钨精矿，其成分举例如下：

44% WO_3, 17% Fe, 1.7% B_4O_7, 1.2% S, 0.52% As, 0.1% Mo, 0.1% Sb, 0.1% Bi, 0.1% Pb, 0.1% Sn 和 0.02% P。

3.9.2.2　树脂矿浆法提金

用氰化钠从含金矿石中浸出金是一种成熟的方法。为了从浸出液中提取金并尽可能提高金的收率，发明了树脂矿浆吸附工艺。所用树脂可以是强碱性阴离子交换树脂，也可以是弱碱性阴离子交换树脂，或者是混合碱性（即有季胺基也有叔胺基）的阴离子交换树脂。吸附交换反应为：

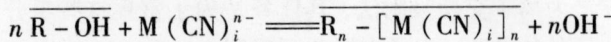

$$\overline{R-OH} + Au(CN)_2^- \Longrightarrow \overline{R-Au(CN)_2} + OH^-$$

$$\overline{R-OH} + Ag(CN)_2^- \Longrightarrow \overline{R-Ag(CN)_2} + OH^-$$

$$n\overline{R-OH} + M(CN)_i^{n-} \Longrightarrow \overline{R_n-[M(CN)_i]_n} + nOH^-$$

$$\overline{R-OH} + CN^- \Longrightarrow \overline{R-CN} + OH^-$$

其中 M 代表杂质金属离子如铜、锌等。因此树脂从矿浆中吸附金的同时，还吸附大量的杂质离子，由于金的含量很低，树脂上的其他离子甚至比金还多。表 3 - 11 为一个实际体系的分析数据。可见杂质离子的吸附率也相当高。

表 3 - 11　树脂矿浆法吸附效果

项目	Au	Ag	Cu	Zn	Fe	Co	Ni
树脂吸附前/$(mg \cdot L^{-1})$	1.16	1.6	9.32	6.59	4.11	1.39	2.46
树脂吸附后/$(mg \cdot L^{-1})$	0.06	0.15	0.8	0.3	1.1	0.1	0.08
吸附率/%	94.8	90.6	91.4	95.4	75.6	92.8	96.8

吸附设备通常为帕丘卡型空气搅拌提升吸附设备，图 3 - 35 为其示意图。吸附作业在流态化下进行。为提高金的吸附率，实际采用多槽串联方式，树脂与矿浆逆流通过串联的帕丘卡吸附槽，在吸附过程中，矿浆中未溶金又可再溶解 30.7% ~ 47%，从而使金的回收率提高 10% ~ 11%。故吸附槽又称之为吸附浸出槽。

图 3 - 36 为树脂矿浆法的典型流程图。吸附过程的主要工艺参数为：吸附时间、吸附周期、树脂加入量、树脂流量。

一般树脂用量按单个吸附槽矿浆量的 1.5% ~ 4% 加入，处理精矿浸出液树脂用

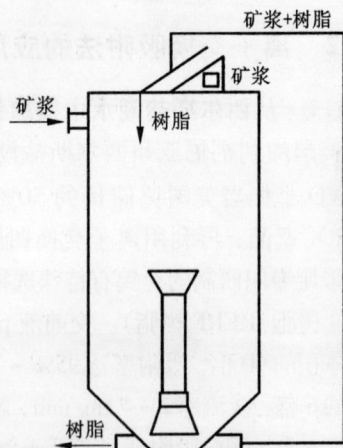

图 3 - 35　帕丘卡吸附浸出槽

矿浆
↓
除木屑
→ 木屑
↓
矿浆　　10%氰化钠溶液　　石灰乳
↓
氰化
↓
吸附浸出
↓
饱和金树脂　　　　　矿浆
↓　　　　　　　　　↓
筛分　　　　　　　筛分
↓　　　　　　　　　↓
矿浆　树脂　　　矿浆　树脂
↓　　　　　　　　↓
跳汰　　　　净化工段
↓　　　　　　↓
树脂　　矿砂
↓　　　　↓
再生工段　摇床精选
↓　　　　↓
树脂　　矿砂
↓　　　　↓
去跳汰　去再磨

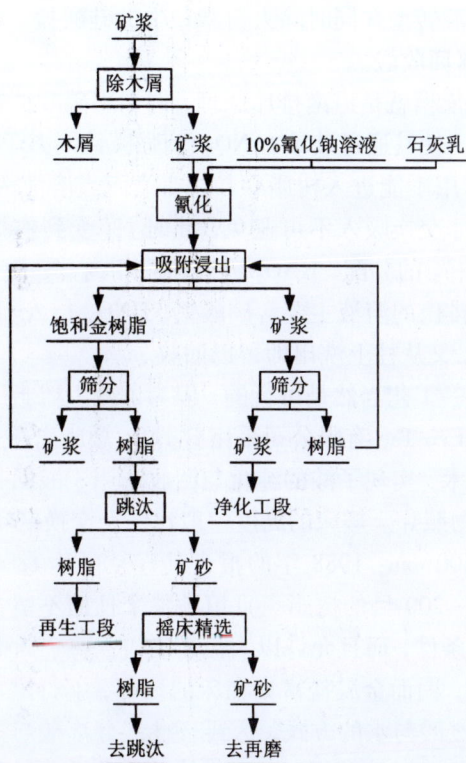

图 3 – 36　树脂矿浆典型流程

量多一些,含量低时,树脂用量相对少一些。树脂在串联的各吸附槽中的总停留时间为 160 ~ 180 h,在单槽中的吸附时间为 8 ~ 24 h。

实现树脂与矿浆逆流的方法是将经空气混合的矿浆与树脂提升到帕丘卡槽顶的倾斜度为 30°的斜面筛上,进行矿浆与树脂的分离,小于 0.2 mm 的矿浆通过筛网,经筛下的溜槽送往下一槽,树脂从筛上滚回帕丘卡槽;另一个树脂提升器把槽底的树脂与矿浆混合物提升到上一级槽顶的树脂分离筛上。树脂进入上一级槽中,矿浆返回本槽。从首槽出来的含金饱和树脂送往再生槽进行解吸。一般矿浆含固体量为 40% ~ 50%。

含金饱和树脂用硫脲解吸前需经过一系列净化步骤:首先用水洗去夹带的矿泥与木屑,再用 4% ~ 5% 的 NaCN 溶液洗去树脂上吸附的铜、铁氰络合离子,经水洗后再用 20% 约 30 g/L H_2SO_4 解吸树脂上的锌、钴的氰络离子及氰根。

解吸剂组成为 9% 的硫脲 $CS(NH_2)_2$ + 3% 的硫酸。解吸反应如下:

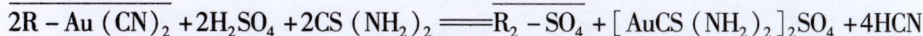

$$2R - Au(CN)_2 + 2H_2SO_4 + 2CS(NH_2)_2 \Longrightarrow R_2 - SO_4 + [AuCS(NH_2)_2]_2SO_4 + 4HCN$$

用水将解吸后树脂中的残留硫脲洗去,洗水送去制备硫脲溶液,洗净的树脂用 3% ~4% NaOH 溶液转型并同时除去树脂相中的硅酸盐。

3.9.2.3 阻滞法分离回收酸

酸阻滞法的理论依据就是道南排斥原理，例如用硝酸洗铝板产生的废酸中含有一定量的硝酸铝，当使其通过装填有 NO_3^- 型强碱性阴离子交换柱时，树脂的同离子铝受道南排斥作用不能进入树脂颗粒内部，而当溶液浓度较高时如表 3 – 1 所示，中性电解质的非交换吸入不可避免，此时 H^+ 受到的排斥力小于 Al^{3+}，故发生 HNO_3 与 $Al(NO_3)_3$ 的分配，HNO_3 进入树脂相内部，而 $Al(NO_3)_3$ 却主要在树脂相外部，从柱底排出的溶液主要含硝酸铝，HNO_3 与 $Al(NO_3)_3$ 得以分离。再用水洗树脂柱，HNO_3 又从柱上洗出即得以回收。

用固定床实现这一工艺当然是可行的，但为了减少树脂用量和提高较浓溶液的处理效率，加拿大 Eco Tec 有限公司采用 Recoflo 矮床离子交换过程借助往复流动式连续离子交换技术，实现了酸的纯化与回收。用于酸回收的矮床设备称之为 APU，图 3 –37 为实物照片。矮床的高度一般比一个交换区稍高一点，对 APU 而言树脂床高为 300 ~600 mm，1988 年的报道其直径可达 1800 mm，由于床高小，所以采用粒径为 100 ~200 目的树脂。且填满整个柱而不留自由空间。因此不但有良好的交换动力学条件，而且允许以大流速通过，一个周期作业时间仅 5 min。APU 采用上行法进料，因而金属盐富集在床的顶部，下行进水以解析酸，双塔一组，采用逆流交替进废酸与水的方式，达到"色层"分离酸与盐的目的。每一个周期只有床体积的几分之一的溶液通过，回收的酸几乎没有稀释。四年多的连续运行表明，回收 35% HNO_3(W/W) 或 10% 热 H_2SO_4(80℃)树脂性能没有变化。除去 60% 的金属盐时，酸的回收率达 90%，调整条件可使盐除去率达 90%，而酸回收率略有下降。

图 3 –37　Recoflo 装置

在美国南部应用的一套处理钢板硫酸洗液装置，直径 1200 mm，床层高 600 mm，每小时处理能力达 4000 L，每小时能从酸中除去 68 kg 铁。

自从 1978 年第一套工业装置投入运行以来，至今已有几百套装置在各地运行，表 3－12 为一些典型应用实例的汇总。

表 3－12　酸回收结果（g/L）

应　用	废酸组分	料	产品液	脱酸液
阳极氧化废酸	H_2SO_4	190	182	13
	Al	10	5.5	6
钢板酸洗	H_2SO_4	127	116	10
	Fe	36	10.5	21
钢板酸洗	HCl	140	142	10.3
	Fe	45.6	33.5	20.4
不锈钢酸洗	HNO_3	150	143	6
	HF	20	16	3.3
	Fe Cr Ni	40	12	23
Zn 电解贫液	H_2SO_4	241	202	11.3
	Zn	5.8	1.6	2.5
	Mn	9.9	3.0	4.5
	Mg	11.8	3.2	5.3
Cu 电解贫液	H_2SO_4	229	193	10.7
	Cu	22.8	2.5	9.6
	As	1.35	1.0	0.175
	Bi	0.05	0.02	0.02
	Sb	0.08	0.03	0.03

3.9.3　非水溶液中离子交换的应用

应用有机萃取剂作解吸剂的"联合法"在铀冶金和黄金冶金中均取得了良好的效果。树脂反萃法在处理含大量裂片元素的 TBP 煤油溶液同位素分离方面效果也很好。

离子交换树脂长期与有机溶剂接触是否会影响其寿命？而有机相的损失是否

会增加呢？在提取铀的半工业试验中已详细考察并回答了这一问题。表3－12为水溶胀的201×7阴离子交换树脂在不同的有机萃取剂煤油溶液和1 mol/L H$_2$SO$_4$及水浸泡208天后，树脂的机械强度测定结果。

表3－13　浸泡208天后201×7树脂的机械强度测定结果

浸泡液相	机械强度/%
R$_3$N＋混合醇	99.9
P204＋R$_3$N＋混合醇	99.9
1 mol/L H$_2$SO$_4$	99.9
水	99.9

由结果可知，在有机萃取剂的煤油溶液中长期浸泡以后，树脂的机械强度没有变化。

同时在半工业规模试验中比较了三脂肪胺解吸和硝酸解吸两种方案在同样长的操作时间内树脂机械强度的变化，结果如表3－14所示，采用硝酸解吸时机械强度的变化比有机试剂解吸还要大。

表3－14　201×7　树脂机械强度测定

	解　吸　剂	
	0.15 mol/L R$_3$N＋3%混合醇煤油溶液	40 g/L HNO$_3$＋40 g/L NH$_4$NO$_3$
第一次取样	78	87
三月后第二次取样	71	68

表3－13与表3－14的结果表明，用有机液解吸剂并不会使树脂寿命缩短。

半工业规模试验还仔细收集了有机相的损耗数据，表明树脂黏附的有机相损耗只占有机相总损耗的12.08%，并对有机液解吸、硝酸解吸、硫酸解吸（淋萃法）的化工材料消耗进行了详细比较，三个流程的总费用依次为3.51元，4.92元与5.41元。表明有机液解吸工艺是一种最经济的工艺。

有机液解吸用于稀土分离也是很有吸引力的方法，由于阳离子交换树脂对轻稀土的亲和力大，而P507或P204对重稀土的萃取能力较大，因此由酸性磷类萃取剂与阳离子交换树脂组成的体系，对稀土是一个推拉体系。应用此体系可将吸附于阳树脂的混合稀土分成四组。表 3 – 15 为此体系的扩试结果。柱尺寸为 $\phi185$ mm $\times 3000$ mm。树脂为 001 × 7 型强酸性阳离子交换树脂。

表 3 – 15　P507 解吸稀土四分组结果

组别	工艺条件	成分/%
镱镥富集物	1.5% P507 – 煤油解吸	$(Yb + Lu)_2O_3$ 34.54 Y_2O_3 43.89
钇富集物	20% P507 – 煤油解吸	Y_2O_3 77.78 轻中稀土 3.65
中稀土富集物	20% TRPO·HNO_3 – 煤油解吸	$(Sm、Eu、Gd)_2O_3$ 26.32 Nd_2O_3 30.89
轻稀土富集物	3.75 mol/L HNO_3	轻中稀土　90.17 钇及重稀土　9.83

3.9.4　无机离子交换剂及其应用

无机离子交换剂大致可分为下列六类：

(1)铝硅酸盐类：包括天然的蒙脱土、各种沸石及合成的各种分子筛。

(2)不溶性多价金属酸式盐，多价金属包括锆、钛、铈、锡等，酸根包括磷酸根、焦磷酸根、锑酸根、钼酸根和砷酸根。

(3)不溶性多价金属水合氧化物，它们涉及铍、镁、锌、铁、铝、锡、硅、钍、钛、锆、锰、锑、钒、钽、铌、钨、钼的水合氧化物。

(4)不溶性亚铁氰化物，主要有银、锌、镉、钨、铜、钴、铁、钛、钒、钼、钨、铀的亚铁氰化物。

(5)杂多酸盐及复合无机离子交换剂，其中以十二磷钼酸铵(AMP)为代表。

(6)其他类：如某些硫化物、硫酸盐。

目前无机离子交换剂的最主要应用领域为放射性同位素的分离。由于它具有很强的选择性，故可用于一价碱金属阳离子分离，从含大量 Na^+ 的溶液中分离 Cs^+，以及从含大量 MoO_4^{2-} 的溶液中分离 WO_4^{2-}。

利用无机离子交换剂如斜发沸石和丝光沸石对 Pb^{2+}、Cu^{2+}、Zn^{2+}、Cd^{2+} 的选择性吸附，处理含重金属工业废水和电镀废水有良好效果。

磷酸锆是值得注意的一种无机离子交换剂，控制适当条件，利用它可实现一价阳离子之间及一价与二价、多价阳离子之间的分离。无定形磷酸锆对 Ca^{2+}、

Mg^{2+}有很好的交换性能，可用于从大量硫酸钠及硅酸钠的水溶液中除去Ca^{2+}、Mg^{2+}。

水合五氧化锑（HAP）也是非常重要的一种无机离子交换剂，它可用于碱金属的分离、碱土金属的分离及过渡金属离子的分离。

用无机离子交换剂，如水合金属氧化物，或水合氢氧化铝－氯化锂复合物从卤水中吸附锂是值得重视的领域。

在无机离子交换剂领域内值得注意的是在引进美国专利技术的基础上开发出来的特种无机离子交换树脂。该树脂的基础材料为接枝有改性亲水聚合物的球形硅胶，在此基础上再挂上有机官能团。由于这种特殊的无机母体材料上接枝有机官能团的结构，使其具有一系列与常规苯乙烯－聚乙烯苯有机树脂不同的性质。

（1）特殊的高选择性：例如牌号为 WP－1，WP－2，CuWRAM 的树脂对铜、镍、钴、锌有特殊的选择性，可用于分离除去溶液中的铁、铝、钙、镁、钠、钾等离子；而牌号为 WP－3 的树脂专用于水处理，吸附水中的汞、镉、铅及提取贵金属铂、钯。

（2）良好的动力学性能：吸附速度很快，因此允许在保持高容量状态下，采用比普通树脂高的操作流速，允许使用浅床技术，因而树脂用量减少。

（3）由于具有稳定的多孔结构，这类树脂的操作压降比普通树脂小。

（4）水含量小于 10%，且在吸附与解吸过程中无溶胀及收缩现象，有利于提高柱的装填率。

（5）由于具有较好的刚性结构，树脂使用寿命长。例如对 WP－1 树脂进行 3000 次循环试验，其容量损失小于 10%。

（6）特别优良的耐高温及抗辐射性能。树脂的最高使用温度达 110℃，而且高温工作性能还优于常温工作性能，并具抗辐射降解能力。

冶金分离科学与工程重点实验室曾采用 CuWRAM 树脂对实际矿物浸出液中的金属吸附进行了研究。结果表明，CuWRAM 树脂对铜、镍、铬、锌、锰的吸附能力很接近，可用于从浸出液中富集这些金属与铁、钙、镁、铝、砷等杂质元素的分离。经过多年不断的改进，这种树脂的铜铁选择性已达 2000/1 ~4000/1 的水平。

图 3－38 与图 3－39 分别为 WP－1 及 WP－2 这两种树脂吸附铜、镍、钴、锌溶液的流出曲线。

以上这些数据表明，这些树脂在从贫电镀液中回收有价金属及废水处理领域具有应用前景。

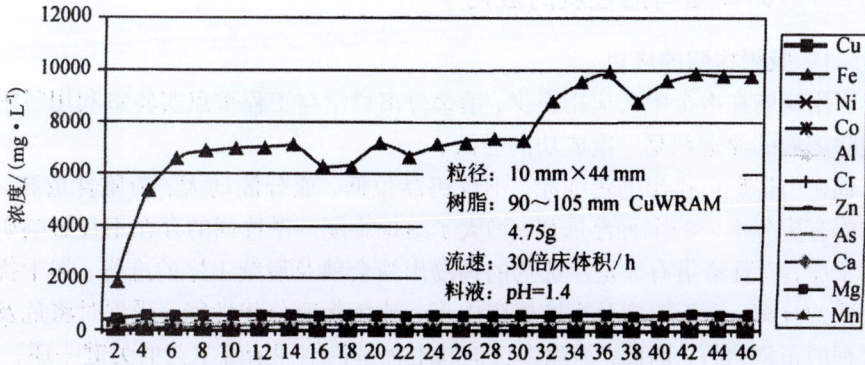

图3-38　WP-1的各金属流出曲线叠加图

料液：200 mg/L，pH 恒定

流速：30 倍床层体积/h

容量：（以10%穿漏作贯穿点）

Co 23 g/kg·WP-1, Cu 39 g/kg·WP-1,

Ni 25 g/kg·WP-1, Zn 47 g/kg·WP-1

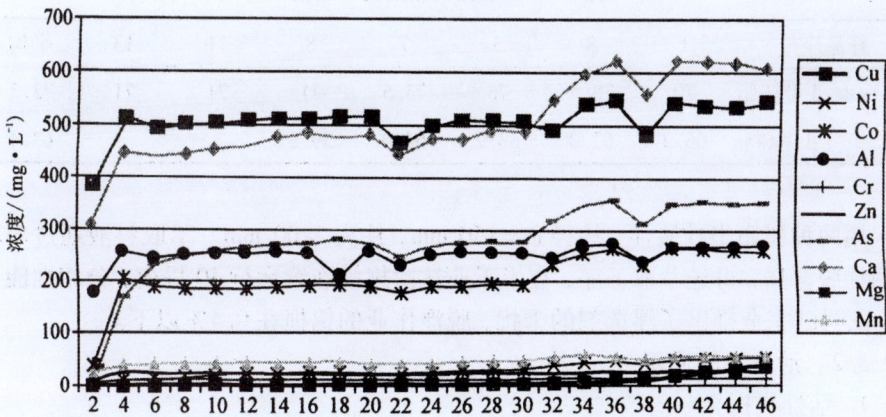

图3-39　WP-2的各金属流出曲线叠加图

料液：Zn：300 mg/L，其余 200 mg/L

Na：1000 mg/L，pH=3，硫酸盐

流速：30 倍床层体积/h

Co 33 g/kg·WP-2, Cu 17 g/kg·WP-2,

Ni 19 g/kg·WP-2, Zn 18 g/kg·WP-2

3.9.5 吸附树脂与活性炭的应用

3.9.5.1 吸附树脂的应用

吸附树脂在冶金中的应用很少,冶金分离科学与工程重点实验室利用吸附树脂脱除溶液的浮选剂是一次成功的尝试。

钨矿山选矿厂排出的钨细泥,不仅钨品位低、成分波动大、杂质含量高,而且粘附有成分不一的多种浮选剂,增大了冶炼难度。浮选剂的存在不仅影响矿物分解工序,而且富集有大量浮选剂的钨浸出液会殃及后续工序的进行,如干扰有害杂质的分离,使萃取剂及交换树脂中毒,破坏萃取分相性能,严重时将危及萃取过程的正常运行,因此,消除浮选剂的干扰是钨细泥冶炼工艺的关键一环。

由于焙烧除浮选药剂伴随有高的钨损和环境污染,收尘及废气净化辅助系统投资大,因此我们研究了用吸附树脂从钨酸钠溶液中脱除浮选剂的湿法工艺。

这种钨酸钠溶液如不脱除浮选剂直接用 N263 - TBP 体系萃取分离钨钼,则相分离状况恶化,澄清室内充满气泡。研究采用两种吸附树脂脱浮,用消光值变化计算脱浮效果,每种树脂柱上单独使用的脱浮效果见表 3 - 16。

表 3 - 16 吸附树脂的脱浮结果

样品序号		1	3	5	7	8	11	13	平均
脱浮率 /%	I 型树脂	79	78.5	75	73.5	71	71	71	73.2
	II 型树脂	66.3	62.0	63.2	64.0	59.8			63.4

用两种树脂串柱脱浮,柱径 $\phi = 150$ mm,柱高 2200 mm。萃取料液通过串联的两柱脱浮后,再送萃取工序,在半工业试验规模连续运行 40 昼夜,分相性能良好,证明已完全排出了浮选剂的干扰,脱浮作业的钨损在 0.4% 以下。

3.9.5.2 活性炭的应用

1. 活性炭提金

活性炭在氰化法提金工艺中获得了成功应用,传统的氰化法,沉金是在液固分离后的溶液中进行的,沉金并不影响金的浸出率,而采用活性炭工艺是炭加在矿浆之中,有炭浆法与炭浸法之别,前者是直接往浸出工序产出的矿浆中加入活性炭,炭浸法则是在浸出槽中直接加活性炭,活性炭提金过程,影响反应平衡移动,故影响金的浸出率。两者无本质区别,均取消了浸出矿浆的过滤作业。

活性炭吸附金的机理至今尚有争论,但认为以 $Ca[Au(CN)_2]_2$ 或 $AuCN$ 形式被吸附的观点目前占上风。

活性炭吸附前应经过预磨,以除掉棱边和尖角,否则在吸附槽中会产生大量载金碎炭而随矿浆流失。

氰化矿浆也应预先筛去砂砾、木屑、塑料等。

载金炭用解吸剂解吸,常用解吸剂有氰化物碱性溶液、硫脲酸性和碱性溶液、NaOH 溶液、酒精等。

解吸液用电解法沉积金。

吸附用的炭要求容量大,粒度适中,机械强度大。一般选用果壳活性炭,粒度 6 ~ 16 目,比表面积 600 ~ 1500 m^2/g。一般大孔炭吸附容量大,但选择性差,而小孔炭则相反。氰化浆液 pH 对吸附容量有明显影响,一般 pH 低,容量大。

吸附槽可用帕丘卡槽,目前很多工厂采用双螺旋搅拌槽,它比普通搅拌槽省电 30%,活性炭的磨损也少,由于混合效果好,金回收率高。吸附流程与树脂矿浆法相同,采用多槽串联、逆流吸附工艺。

美国南达科他州的霍姆斯特科矿业公司莱德矿的一座炭浆厂的四级逆流吸附效果见表 3 - 17。

表 3 - 17 吸附工艺参数

级	I	II	III	IV
炭浓度/$(g \cdot t^{-1})$	18	18	24	24
出口溶液 Au/$(g \cdot t^{-1})$	0.72	0.27	0.06	0.015
炭吸附量/$(g \cdot kg^{-1})$	11.25	4.5	2.45	0.6
吸附率/%	62.4	85.9	96.9	99.2

2. 活性炭吸附钼

活性炭可从酸性废水中吸附钼,在酸性溶液中,钼以多钼酸盐形式被吸附。表 3 - 18 为从酸性废水吸附钼的试验数据。

表 3 - 18 溶液中残存钼浓度(mg/L)与吸附时间关系

吸附时间/min	0	15	30	60	90	24 h
粗孔活性炭 A	434	254	222	172	168	40
粗孔活性炭 B	434	258	226	180	168	48
细孔活性炭 C	434	304	272	258	244	84

在钼浓度为 450 mg/L 条件下,工业活性炭的平均容量为 15%(质量比)。

冶金分离科学与工程重点实验室通过实验发现,在弱碱性溶液中,活性炭可以吸附以硫代钼酸根形式存在的钼，并由此发展为颗粒炭柱上连续工艺及粉末炭错流吸附工艺从钨酸钠溶液中除钼。表 3 – 19 为粉状炭五级错流吸附效果。

表 3 – 19　五级错流吸附效果[①]

级数	1	2	3	4	5
除 Mo 液 Mo 浓度/$(g \cdot L^{-1})$	0.012	0.078	0.092	0.105	0.138
Mo 吸附率/%	95.74	72.34	67.38	62.77	51.06
Mo 比吸附量/$(mg\ Mo/g\ C)$	5.40	4.08	3.80	3.54	2.88
Mo 总比吸附量/$(mg\ Mo/g\ C)$	5.40	9.48	13.28	16.82	19.70

注：①料液 Mo 0.282 g/L；活性炭 5 g C/100 mL 溶液；$\tau = 30$ min。

此外，活性炭对过氧化氢的氧化能力还存在催化增强效应。利用这一特性，冶金分离科学与工程重点实验室成功地从钨酸钠溶液中脱除其中的浮选药剂。试验结果列入表 3 – 20。

表 3 – 20　活性炭催化氧化脱浮效果[①]

序号	1	2	3
5% H_2O_2/mL	5	5	0
活性炭/g	0.4	0	0.4
COD 脱除率/%	64.89	33	19.73
脱色率/%	86	>80	58

注：①料液：WO_3 96.8 g/L；$t = 80$℃；$\tau = 1$ h；$pH_{始} = 9$。

3.10　小结

本章介绍的离子交换与吸附法是利用物质在固相(吸附剂)及流动相(溶液)之间的分配实现分离的方法。吸附剂可分为两大类，即离子交换剂及其他有机、无机吸附剂。前者是等当量交换而后者是非等当量交换。离子交换剂又分为离子交换树脂及无机离子交换剂两类。吸附剂对物质吸附能力的差别是实现吸附分离的基本条件，而这种差别有化学作用力及物理作用力两方面的影响，为达到分离的目的，调整控制待处理溶液的浓度、酸度、温度以及添加化学试剂使有关离子有适于被吸附的状态是基本的手段。合成具有特殊选择性的离子交换剂，从而扩大被分离物质对离子交换剂的亲合力的差别，则可提高分离效果。在这方面无机离子交换剂更有其优越性。吸附法可用搅拌方式进行，但多数情况以柱过程形式进行。不管以哪种形式都需要通过外界输入力学能(机械能)，以创造吸附进行的条件，从而促进吸附过程的进行。

参考文献

[1] 王方. 国际通用离子交换技术手册[M]. 北京：科学技术文献出版社，2000.

[2] 陶祖贻，赵爱民. 离子交换平衡及动力学[M]. 北京：原子能出版社，1989.

[3] 何炳林，黄文强. 离子交换与吸附树脂[M]. 上海：上海科学技术出版社，1995.

[4] 姜志新，谌竞清，宋正孝. 离子交换分离工程[M]. 天津：天津大学出版社，1992.

[5] 杨伯和，周梅. 有机萃取剂体系中的离子交换[M]. 北京：冶金工业出版社，1993.

[6] 翁皓民. 无机离子交换及其应用[M]. 北京：原子能出版社，1998.

[7] H·凯利，E·巴德著(德国). 活性炭及其工业应用[M]. 魏同成译. 北京：中国环境科学出版社.

[8] 张镛，许根福. 离子交换及铀的提取[M]. 北京：原子能出版社，1991.

[9] 钱庭宝. 离子交换剂应用技术[M]. 天津：天津科技出版社，1984.

[10] 龚柏凡，黄蔚壮，张启修. 利用吸附树脂从钨细泥碱浸液中脱除浮选剂[J]. 中南矿冶学院学报，钨专辑，1994：14.

[11] 黄芍英，张启修. 催化氧化法从含钨原料碱浸液中脱除浮选剂的研究[J]. 中南矿冶学院学报，钨专辑，1994：18.

[12] 黄芍英，张启修，徐景惠. 用离子交换法从溶液中分离氟的研究[J]. 中南矿冶学院学报，钨专辑，1994：23.

[13] 孙晋. 金银冶金[M]. 北京：冶金工业出版社，1986.

[14] 姜志新. 湿法冶金分离工程[M]. 北京：原子能出版社，1993.

[15] 肖连生. 离子交换法生产 APT 中阳离子杂质的控制[J]. 中南工业大学学报，1996(4)：420.

[16] Craig J. Brown, Cathering J. Fletcher. The Recoflo Short Bed Ion Exchange Process[A]. Michael Streat Ion Exchange for Industry[C]：392.

[17] Streat M. Ion Exchange and Sorption Processes in Hydrometallurgy[A]. G. A. Davies Separation Processes in Hydrometallurgy[C]. England, 1987：357.

[18] Gong Bofan, Zhang Qixiu, Huang Weizhuang. A Study on Separation of Mo from W by an Adsorption Process using Activated Carton[J]. Int. J of Refractory Metals and Hard Materials, 1996(14)：319.

第四章 色层分离法

4.1 概述

1903—1906 年俄国植物学家米哈依尔·茨维特(Mikhail Tswett)将植物叶子的石油醚提取液倒入装有白垩的玻璃管内,然后加入石油醚自上而下淋洗,随着过程的进行,植物中各组分在柱中逐渐形成一圈圈的连续色带。他用色谱给这一现象命名。所使用的玻璃管称为色谱柱,淋洗液称为流动相或淋洗剂,柱内填充物称为固定相。到 20 世纪 30 年代末 40 年代初,这一方法开始得到迅速发展。现在尽管此法被用来分离无色物质,并不一定存在色谱,但色谱法这个名称一直被沿用下来,并发展成多种色谱法技术。固定相装在色谱柱内的方法称为柱色谱,它主要作为制备方法使用,在冶金学科内采用的色层分离法主要分为离子交换色层法和萃取色层法两类。

按照现代的定义,凡利用组分的物理化学性质的微小差异,即它们在流动相与固定相之间分配系数的不同,在两相中作相对运动时,在两相之间进行连续多次分配,从而形成两组分的不等速迁移过程,最终完成彼此分离的方法统称为色层分离法。

按色谱动力学过程,色层法分为淋洗法、置换法及前沿法。

淋洗法:事先将物料引入色层柱上端,再用适当溶剂连续通过色层柱,利用组分在溶剂中的溶解和在固定相上的吸附能力不同使物料中组分一一分开的方法。

置换法(排代法):流动相是一种置换剂,它与固定相的吸附能力比待分离组分强,待分离样品引入柱中后,置换剂流经色层柱,各组分被依次顶替流出的方法。

前沿法:含被分离组分的溶液就是流动相,连续流经色谱柱时,在固定相上吸附能力弱的组分首先流出色层柱,尔后其余组分按吸附能力弱强顺序依次流出。当料液中某一感兴趣组分对树脂有特大亲和力时,是一种简单有效的"过滤"方法。

4.2　基本概念

4.2.1　分配平衡

与 2.1.4 节溶剂萃取中的分配定律一样，可以根据化学位相等的原则得到某一组分在固液两相间分配的平衡常数。

$$\lambda = \frac{C_s}{C_m} = \exp\left(-\frac{\Delta\mu}{RT}\right) \tag{4-1}$$

其中：C_s 为单位体积固定相中溶质的量；C_m 为单位体积流动相中溶质的量。

为了描述色谱过程，还定义了一个重要参数——分配容量。它表示待提取组分分别在固定相与流动相中量的比值，其数学表达式为：

$$k = \frac{n_s}{n_m} = \frac{C_s V_s}{C_m V_m} = \lambda \frac{V_s}{V_m} \tag{4-2}$$

其中：n_s，n_m 为组分在固定相和流动相中的量，在恒温度下，将 C_s 对 C_m 作图，所得关系曲线称为分配等温线。

4.2.2　色谱图

由于不等速迁移，各组分随流动相流出色谱柱，同时所形成的连续色谱峰，称为色谱图。

色谱峰的形状与分配等温线的类型相对应，如图 4-1 所示。线性分配时，其对应的流出色谱峰为对称的高斯分布形式；有利平衡分配的等温线呈凸形，对应的流出色谱峰为不对称的拖尾形式；不利平衡的等温线呈凹形，则对应的流出色谱峰为不对称的伸舌形式。

色谱图描述了组分在柱出口流动相中的浓度分布，它的基本特征（见图 4-2）为：

（1）每一组分有一对应的色谱峰。

（2）色谱峰宽度与组分洗出时间一般呈线性关系。

一个工业色谱柱过程的色谱图反映了柱效率。

由于色谱图是判断分离效果及定量计算的依据，为了研究方便起见规定了一系列的有关名词术语。图 4-3 为一标准色谱峰，其有关名词术语说明如下：

（1）峰高 h，色谱峰顶点到基线（横坐标）的垂直距离（图 4-3 中 AB 段）。

（2）峰区域宽度。

①标准偏差 σ：高斯分布的标准偏差，峰高 0.607 处峰宽度的一半（图 4-3 中 EF 线之一半）以 ΔX_i 表示

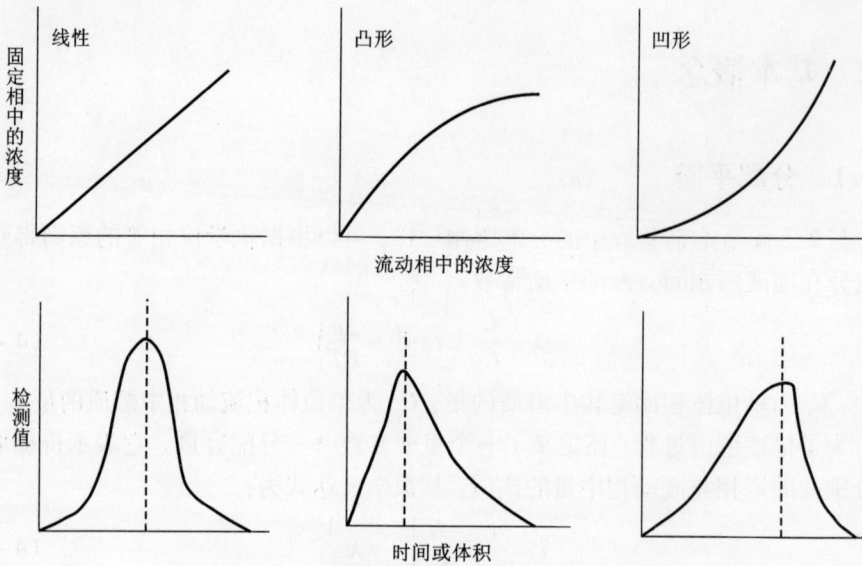

图 4-1　不同类型的等温线及其对应的流出色谱峰

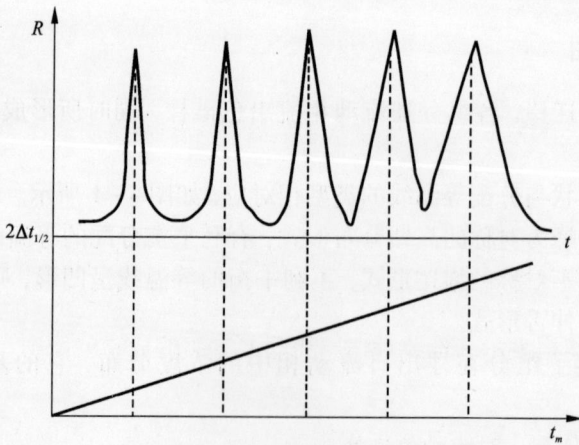

图 4-2　色谱峰基本特征

②半峰高宽度：（图 4-3 中 GH 段）以 $2\Delta x_{\frac{1}{2}}$，或 $2\Delta t_{\frac{1}{2}}$，或 $2\Delta v_{\frac{1}{2}}$ 表示。

③峰底宽：色谱峰两侧拐点作切线，与基线交点间的距离（图 4-3 中 IJ 段），以 W 表示，如横坐标为时间时，以 W_t 表示，同理也可以 W_x、W_v 表示以距离或体积表示的峰底宽。

它们相互间的关系为：

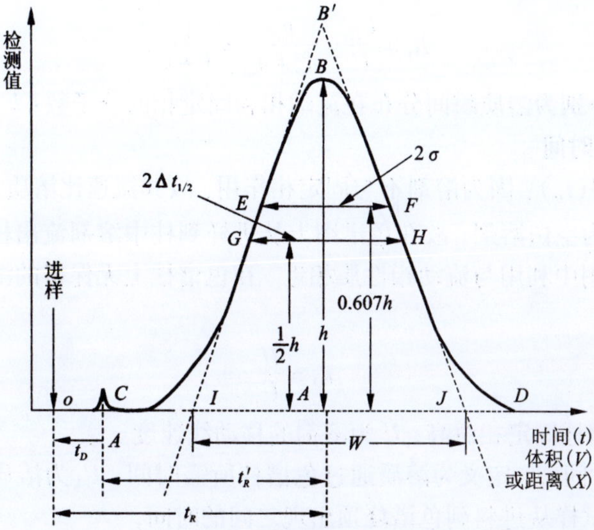

图 4 – 3　标准色谱峰

$$2\Delta X_i = 2\sigma$$

$$2\Delta X_{\frac{1}{2}} = 2.354\sigma$$

$$W = 4\sigma$$

④峰面积：色谱曲线包围的面积(图 4 – 3 中 $CBDC$ 所围的面积)。

4.2.3　保留值

保留值是色层法中的一个重要概念，它是组分在色层柱中保留行为的量度，反映了溶质与固定相作用力的大小，是色谱过程热力学特性的重要参数，通常用保留时间和保留体积表示。本节对这一概念及有关的比移值概念作专门介绍。

4.2.3.1　比移值

色层过程中溶剂一般不与固定相作用，以比溶质组分快的速度 U 通过色层柱。溶质与固定相相互作用，溶质谱带平均迁移速度 U_X 小于 U，定义 U_X 与 U 之比值为比移值 R_f

$$R_f = \frac{溶质谱带平均移动速度}{溶剂(流动相)的移动速度} = \frac{U_X}{U} \qquad (4 – 3)$$

它代表了溶质在流动相中的停留时间分数。而从统计学规律得知，在柱内流动的溶液，经过一定时间后，其溶质分子在流动相中停留时间分数等于溶质分子瞬间分布在流动相中的总分子分数。

所以：

$$R_f = \frac{U_X}{U} = \frac{n_m}{n_s + n_m} = \frac{1}{1 + k} \tag{4-4}$$

式中：n_m、n_s 分别为溶质瞬间分布在流动相和固定相的分子数；k 为分配容量。

4.2.3.2 保留时间

（1）死时间（t_D）：因为溶剂不与固定相作用，故其流速比溶质大，开始从柱底流出的流动相为空白溶剂，故在色谱图上从进样到柱中溶剂流出柱的时间为死时间 t_D。实际应用中利用与流动相性质相近、在色谱柱上无保留的溶质通过色谱柱的时间来测定。

$$t_D = \frac{H}{U} \tag{4-5}$$

式中：H 为色谱柱固定相总高；U 为溶剂的移动线速度。

（2）保留时间 t_R：定义为溶质通过色谱柱所需时间，U_X 为溶质谱带平均移动速度。它表示试样从进料到色谱峰顶出现之间的时间，

$$t_R = \frac{H}{U_X} \tag{4-6}$$

（3）调整保留时间 t_R'：溶质通过色谱柱的保留时间包括它在流动相和固定相所消耗的时间。各组分在流动相消耗的时间基本相同，因而定义溶质在固定相上的滞留时间为调整保留时间，以 t_R' 表示，显然

$$t_R' = t_R - t_D \tag{4-7}$$

它反映了溶质与固定相作用所消耗的时间，是各组分产生差速迁移的物理化学基础。

（4）分配容量 k 与保留时间的关系

因为 $$t_R = \frac{H}{U_X} \quad t_D = \frac{H}{U}$$

所以 $$t_R U_X = t_D U \quad t_R = \frac{t_D U}{U_X}$$

将式（4-4）代入上式有：

$$t_R = \frac{t_D}{\dfrac{U_X}{U}} = \frac{t_D}{\dfrac{1}{1+k}} = t_D(1 + k) \tag{4-8}$$

4.2.3.3 保留体积

溶质的保留特性可用保留时间内流经色层柱的流动相体积表示，称为保留体积。

显然有：保留体积＝保留时间×流动相体积流速，因此同样有下述一系列关系：

（1）死体积 V_D

$$V_D = t_D \cdot Q \tag{4-9}$$

式中：Q 为流动相体积流速。

(2)保留体积 V_R

$$V_R = t_R \cdot Q \tag{4-10}$$

(3)调整保留体积 V_R'

$$V_R' = (t_R - t_D) \cdot Q = V_R - V_D \tag{4-11}$$

(4)保留体积与分配容量关系

$$V_R = V_D(1+k) \tag{4-12}$$

4.2.4　相对保留值与选择性系数

两组分调整保留值之比为相对保留值，以 α 表示，即：

$$\alpha = \frac{t_{R_2}'}{t_{R_1}'} \tag{4-13}$$

因为

$$t_R' = t_R - t_D = t_D(1+k) - t_D = k t_D$$

所以

$$\alpha = \frac{t_{R_2}'}{t_{R_1}'} = \frac{V_{R_2}'}{V_{R_1}'} = \frac{k_2}{k_1}$$

而两组分保留值之比称为选择性系数，以 α' 表示：

$$\alpha' = \frac{t_{R_2}}{t_{R_1}} = \frac{1+k_2}{1+k_1}$$

因 $t_{R_2} > t_{R_1}$，则由上述一系列定义知：$t_{R_2}' > t_{R_1}'$，$k_2 > k_1$，且 α 与 α' 总是大于 1，α 与 α' 越大，柱子的选择性越高。

4.3　基本理论

4.3.1　平衡塔板理论(Martin 塔板理论)

4.3.1.1　基本假设

流动相在色层柱内不断向下移动时，组分在两相间产生分配，此时柱内的实际情况是：组分浓度在两相中的变化是连续的，而分配实际是不平衡的。

Martin 理论将色谱过程视为与一个精馏相似的过程。用一个塔板模型(图 4-4)描述色谱过程。这一理论假设的基本内容是：

(1)色层柱内径及柱内填料填充均匀。想象将色层柱切割成无数等高小池，每一小池称为一个理论塔板。当小池高 h 足够小时，小池中两相浓度是均匀的，此时如图 4-4(a)所示，小池内的平均浓度等于小池的中心浓度。两相浓度达到平衡。

（2）流动相以线速度 u 向下移动，假设一观察者以 $\frac{u}{2}$ 速度向下移动（图 4-4 (b)）。实际结果相当于固相向上移动，流动相向下移动（图 4-4(c)），因而色层分离变成类似于精馏塔中液相向下运动，气相向上运动的情况。

（3）溶质在各塔板上的分配系数是一个常数即 λ，与溶质在每个塔板上的量无关，即呈线性分配等温线。

这样 Martin 理论将组分在两相分配不平衡，浓度沿柱连续变化的实际情况用一个组分在两相分配平衡而浓度沿柱跳跃变化的塔板模型所代替。

4.3.1.2 排代法界面公式

本节我们用塔板模型推导描述排代法稳定区段曲线的公式。谱带达到稳定状态后的色谱过程就相当于全回流的精馏过程。

设仅有 A、B 两组分，以摩尔分数表示浓度。

故有 $\overline{X}_B = 1 - \overline{X}_A$，$X_B = 1 - X_A$ 关系。

对第一级，因全回流，所以有 $X_1 = \overline{X}_o$，即第一级液相中溶质全部进入新鲜树脂相。按图 4-5，在稳态下对 m 级做物料平衡，

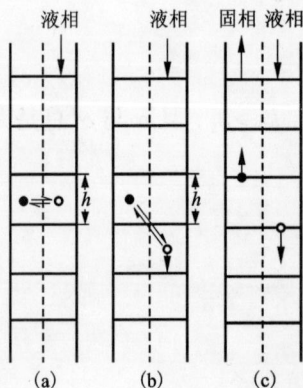

图 4-4 Martin 塔板模型

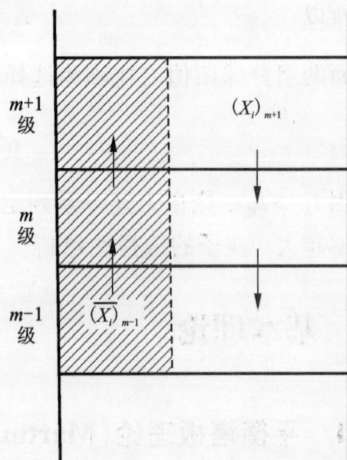

图 4-5 第 m 级塔板的工作状况

有 $(X_i)_{m+1} - (X_i)_m = (\overline{X}_i)_m - (\overline{X}_i)_{m-1}$

令：$m = 1$，有 $(X_i)_2 - (X_i)_1 = (\overline{X}_i)_1 - (\overline{X}_i)_o$。

将 $(\overline{X}_i)_o = (X_1)_1$ 关系代入，有 $(X_i)_2 - (X_i)_1 = = (\overline{X}_i)_1 - (X_i)_1$，所以有 $(X_i)_2 = (\overline{X}_i)_1$。

推广之有

$$(X_i)_{m+1} = (\overline{X}_i)_m \tag{4-14}$$

对组分 A 有：$(X_A)_{m+1} = (\overline{X_A})_m$

对组分 B 有：$(1 - X_A)_{m+1} = (1 - \overline{X_A})_m$

式(4-14)反映了相邻两板的固相与液相浓度之间的关系。下面我们进一步将上述关系变换成液相中两组分的关系。

因为分离系数 $\beta_{B/A} = \dfrac{D_B}{D_A} = \dfrac{(\overline{X_B})_m}{(X_B)_m} \Big/ \dfrac{(\overline{X_A})_m}{(X_A)_m}$

$$\beta_{B/A} \times \frac{(\overline{X_A})_m}{(X_A)_m} = \frac{(\overline{X_B})_m}{(X_B)_m}$$

$$\beta_{B/A} \times \frac{(\overline{X_A})_m}{(X_B)_m} = \frac{(X_A)_m}{(X_B)_m}$$

利用 $(X_i)_{m+1} = (\overline{X_i})_m$ 关系，有 $\beta_{B/A} \times \dfrac{(X_A)_{m+1}}{(X_B)_{m+1}} = \dfrac{(X_A)_m}{(X_B)_m}$

即：

$$\frac{(X_A)_m}{(1 - X_A)_m} = \frac{(X_A)_{m+1}}{(1 - X_A)_{m+1}} \times \beta_{B/A} \qquad (4-15)$$

式(4-15)左边表示离开第 m 级塔板水相中 A 对 B 的摩尔分数之比，而右边表示从 $m+1$ 级进入第 m 级塔板水相中 A 对 B 的摩尔分数之比。

第三步再根据式(4-15)推导塔板高度计算式。

如考虑有 N 层塔板，离开第零级的水相中 A 对 B 的摩尔分数比为 P_0；离开第 N 级水相中 A 对 B 的摩尔分数比为 P_n。

则有 $P_0 = (\beta_{B/A})^N P_n$

$$\lg P_0 = N \lg \beta_{B/A} + \lg P_n$$

每级塔板高为 H/N，H 为固定相总高，N 为级数，则：

$$\lg P_0 = \frac{H}{h} \lg \beta_{B/A} + \lg P_n$$

$$\frac{H}{h} \lg \beta_{B/A} = \lg P_0 - \lg P_n = \lg \frac{P_0}{P_n}$$

整理之，有：

$$\frac{h}{\lg \beta_{B/A}} = \frac{H}{\lg \dfrac{P_0}{P_n}} \qquad (4-16)$$

式(4-16)是用板高 h(HETP)描述浓度沿柱分布的式子，即界面公式。它表示界面曲线是双对数曲线。

4.3.1.3 淋洗色谱流出曲线

1. Martin 模型应用于淋洗色谱

后来其概念有所演变，即把色谱柱分割成 n 级塔板，使得离开任一层塔板的溶液和该级塔板中整个固相中的溶质达成分配平衡，也就是和该级塔板中心点固相中的溶质达成分配平衡，如图4-6左边(a)所示[右边(b)为 Martin 原模型]。显然，这种塔板模型的塔板高 H_c 为 h 的2倍，即 $H_c = 2h$，$N = n/2$。

2. 溶质在柱内的二项式分布

设塔板数 $N = 5$(编号从0至4)，分配常数 $\lambda = 1$，每一塔板内 $V_s = V_m$，故根据式(4-2)分配容量 $k = 1$。

假定将100份溶质加在零号板上，按设定条件分配，结果如表4-1所示，流动相内溶质为50。

当第一个板体积流动相(V_m)进入零号塔板时，将零号板上流动相及其中50份溶质推向第一板。此时零号板固定相中原保留的50份溶质重新分配，两相各有25份，第一板的50份，也各分25份在两相。

当第二板体积流动相进入零号板时，流动相按 $0 \rightarrow 1 \rightarrow 2$ 流动，各板重新建立分配平衡。结果汇总于表4-1，绘制成图，得图4-7所示曲线。

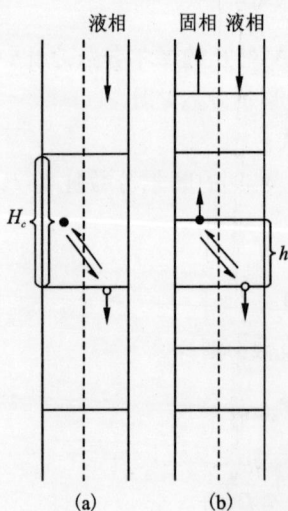

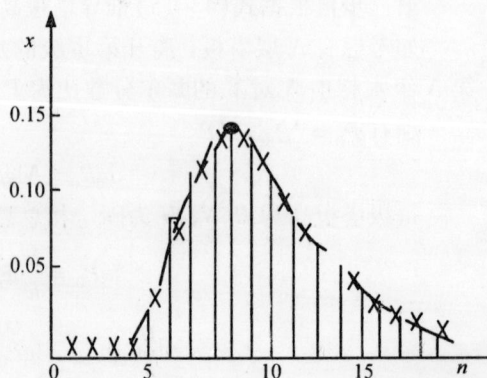

图4-6 Martin 模型用于淋洗色谱的演变　　图4-7 溶质从 $N = 5$ 的色谱柱洗出浓度曲线

设 p、q 分别代表溶质在固定相和流动相中的量，随 n 个板体积的展开即进入色谱柱，各板上溶质的分布量能用 $(p+q)^n$ 二项展开式来描述。如 $n = 4$，$p = q = 0.5$，$k = 1$ 时，有

$$(p+q)^4 = p^4 + 4p^3q + 6p^2q^2 + 4pq^3 + q^4$$
$$= 0.063 + 0.25 + 0.375 + 0.25 + 0.063$$

此计算结果与表4-1中 $n = 4$ 时溶质分布分数一致。

表 4 −1　溶质 $K=1$　$W=100$　在 $N=5$ 的柱内各板上分布表

流动相 板体积数(n) \ 板号	0 V_s　V_m	1 V_s　V_m	2 V_s　V_m	3 V_s　V_m	4 V_s　V_m	柱出口
0	50　50 ⋰⋰ 100					
1	25　25 ⋰⋰ 50	25　25 ⋰⋰ 50				
2	12.5　12.5 ⋰⋰ 25	25　25 ⋰⋰ 50	12.5　12.5 ⋰⋰ 25			
3	6.25　6.25 ⋰⋰ 12.5	18.75　18.75 ⋰⋰ 37.5	18.75　18.75 ⋰⋰ 37.5	6.25　6.25 ⋰⋰ 12.5		
4	3.15　3.15 ⋰⋰ 6.3	12.5　12.5 ⋰⋰ 25	18.75　18.75 ⋰⋰ 37.5	12.5　12.5 ⋰⋰ 25	3.15　3.15 ⋰⋰ 6.3	
5	1.6　1.6 ⋰⋰ 3.2	7.85　7.85 ⋰⋰ 15.7	15.65　15.65 ⋰⋰ 31.3	15.65　15.65 ⋰⋰ 31.3	7.85　7.85 ⋰⋰ 15.7	3.2
⋮	⋮	⋮	⋮	⋮	⋮	
9	0.1　0.1 ⋰⋰ 0.2	0.9　0.9 ⋰⋰ 1.8	3.25　3.25 ⋰⋰ 6.5	7.65　7.65 ⋰⋰ 15.3	12.1　12.1 ⋰⋰ 24.2	13.8
⋮		⋮	⋮	⋮	⋮	
15			0.1　0.1 ⋰⋰ 0.2	0.6　0.6 ⋰⋰ 1.2	1.8　1.8 ⋰⋰ 3.6	2.6
16			0.05　0.05 ⋰⋰ 0.1	0.35　0.35 ⋰⋰ 0.7	1.2　1.2 ⋰⋰ 2.4	1.8

二项展开式通式为：

$$(p+q)^n = c_n^0 p^n + c_n^1 p^{n-1} q + c_n^2 p^{n-2} q^2 + \cdots + c_n^r p^{n-r} q^r + \cdots + c_n^{n-1} p q^{n-1} + c_n^n q^n$$

式中：$C_n^r = \dfrac{n!}{r!\ (n-r)!}$ 为二项式系数。

溶质经 n 次转移和分配平衡后，它在任意 r 板上分布的分数为二项式的 r 项，以 ^nX_r 表示，即：

$$^nX_r = C_n^r P^{n-r} q^r = \frac{n!}{r!\ (n-r)!} P^{n-r} q^r$$

因而色谱柱过程溶质在柱内的分布称为二项式分布，^nX_r 称为二项式分布的概率密度函数。

3. 色谱流出曲线方程

当 n 与 r 很大时，二项式分布的概率密度函数近似用正态分布函数表示。

因而可推导出关系式：

$$C = \left(\frac{N}{2\pi}\right)^{\frac{1}{2}} \cdot \exp\left[-\frac{N}{2}\left(\frac{V_R - V_m}{V_R}\right)^2\right] M/V_R \qquad (4-17)$$

式中：C 为色层柱洗出溶质的浓度；N 为理论塔板数；V_R 为保留体积；V_m 为流动相体积；M 为待分离溶质量(进样量)。

式(4-17)表示色层柱洗出溶质的浓度随流动相体积变化的方程式，即洗出溶质的浓度变化曲线，或溶质的分布密度曲线。

当 $V_m = V_R$ 时，$\exp\left[-\dfrac{N}{2}\left(\dfrac{V_R - V_m}{V_R}\right)^2\right] = 1$，即洗出的溶质浓度最大。故(4-17)式变成：

$$C_{\max} = \left(\frac{N}{2\pi}\right)^{\frac{1}{2}} \frac{M}{V_R} \qquad (4-18)$$

式中：$C_{\max}$ 为洗出的最大溶质浓度。

由式(4-18)可得出如下结论：

(1)$C_{\max}$ 与 M 成正比，M 越大 $C_{\max}$ 越大。

(2)$C_{\max}$ 与 $\sqrt{N}$ 成正比，V_R 一定，N 越多 $C_{\max}$ 越大。

(3)$C_{\max}$ 与 V_R 成反比，M 与 N 一定，V_R 越小 $C_{\max}$ 越大。即 V_R 小的组分色谱峰高且窄，V_R 大的组分色谱峰低且宽。

4. 理论塔板数与理论塔板高度

因为淋洗色谱峰呈高斯曲线分布，故可利用高斯曲线推导有关理论塔板数与理论塔板高度。

高斯曲线峰的区域宽度可用标准 σ 偏差度量，$W = 4\sigma = \dfrac{4V_R}{\sqrt{N}}$，

所以

$$N = 16\left(\frac{V_R}{W}\right)^2 \qquad (4-19)$$

W 可以用时间、体积、距离表示。故式(4-19)可写成

$$N = 16\left(\frac{V_R}{W_V}\right)^2 = 16\left(\frac{t_R}{W_t}\right)^2 = 16\left(\frac{X}{W_x}\right)^2 \qquad (4-20)$$

式中：色层柱高为 H；故理论塔板高度 $h = H/N$。

4.3.1.4　平衡塔板理论的评价

平衡塔板理论对色谱学的发展有重要影响，至今对指导色层分离技术解决冶金工艺中的分离问题有很大的实用价值。它的成功之处可归纳如下：

(1)初步揭示了色层分离的真实过程，导出了色谱流出曲线方程，初步阐明了溶质分布随流经色谱柱流动相体积的变化规律。

(2)证明了淋洗色谱流出曲线经过足够的塔板后接近高斯分布，对淋洗色谱图的各组分的色谱峰"前矮而宽，后高而窄"的特点作出了合理解释。

(3)证明了排代色谱的排代曲线接近双对数曲线。

(4)导出了理论塔板数的计算公式，形象而定量描述了色谱柱的柱效，为其他理论的产生与发展奠定了基础。

但是任何理论均有其不足之处，平衡塔板理论也不例外。其主要不足之处在于实际过程很难达到真正的平衡，与它的基本假设有出入，因而对影响色谱峰展开的一些因素如涡流扩散、分子扩散均未考虑，因而理论与实际情况发生了偏离。

理论塔板高度是各项影响因素的贡献之和。具体的影响因素可归纳为：固定相粒子大小和流速，其次为温度、柱形与结构、装柱情况等。本章将结合具体应用予以讨论。

4.3.2　色层分离理论

4.3.2.1　分离度(分辨率)

色层分离中常称其色谱峰相邻的两组分为"物质对"，物质对的分离好坏用分离度表示。分离度有不同的表示方法，即峰高分离度(R_h)、峰半高分离度($R_{1/2}$)、峰底宽分离度(R_S)。定义：

$$R_S = \frac{t_{R_2} - t_{R_1}}{\frac{1}{2}(W_{t_1} + W_{t_2})} \qquad (4-21)$$

W 窄则 R_S 大，意味着相邻两峰代表的物质分离效果好；W 宽则 R_S 小，表示相邻两峰代表的物质分离效果差。

4.3.2.2　分离度方程

假设相邻两组分峰宽差别很小，保留值相近，即 $W_{t_2} = W_{t_1}$

则
$$R_S = \frac{t_{R_2} - t_{R_1}}{\frac{1}{2}(W_{t_2} + W_{t_1})} = \frac{t_{R_2} - t_{R_1}}{W_{t_1}}$$

而
$$t_{R_2} = t_D(1 + k_2), \quad t_{R_1} = t_D(1 + k_1)$$

则
$$t_{R_2} - t_{R_1} = t_D(k_2 - k_1)$$

又已知 $N = 16\left(\frac{t_R}{W_t}\right)^2$（相邻两组分的 N 相同），所以

$$W_{t_1} = 4t_{R_1}/\sqrt{N} = 4t_D(1 + k_1)/\sqrt{N}$$

$$R_S = \frac{t_D(k_2 - k_1)}{4t_D(1 + k_1)/\sqrt{N}} = \frac{1}{4}\sqrt{N}\frac{k_2 - k_1}{1 + k_1}$$

上式分子分母同除以 k_1，则

$$R_S = \frac{1}{4}\sqrt{N}\left(\frac{k_2}{k_1} - 1\right)/\frac{1 + k_1}{k_1} = \frac{1}{4}\left(\frac{k_2}{k_1} - 1\right)\sqrt{N}\frac{k_1}{1 + k_1}$$

因为相对保留值 $\alpha = \frac{k_2}{k_1}$，所以

$$R_S = \frac{1}{4}(\alpha - 1)\sqrt{N}\frac{k_1}{1 + k_1} = \frac{\sqrt{N}}{4}(\alpha - 1)\frac{k_1}{1 + k_1} \qquad (4-22)$$

若近似取 $W_{t_2} + W_{t_1} = 2W_{t_2}$

得
$$R_S = \frac{\sqrt{N}}{4}(\alpha - 1)\frac{k_1}{k_2 + 1}$$

或
$$R_S = \frac{\sqrt{N}}{4}\left(\frac{\alpha - 1}{\alpha}\right)\frac{k_2}{k_2 + 1} \qquad (4-23)$$

式(4-22)及式(4-23)称之为分离度方程，它由下列三部分组成：

(1) $\sqrt{N}$ 表示柱分离效率，与柱长及流速有关。

(2) $(\alpha - 1)$ 或 $\frac{\alpha - 1}{\alpha}$ 表示分离选择性，与体系本身有关。

(3) k 与溶剂的强度有关。

4.3.2.3 分离效果影响因素

由式(4-22)或式(4-23)，我们可以讨论影响分离的因素。

1. k 影响

根据式(4-4)，比移值 $R_f = \frac{1}{1 + k}$ 之关系，故 $1 - R_f = \frac{k}{1 + k}$，由式(4-3)知，它表示该组分分子瞬间在固定相中分布的总分子分数。假设不同的 k 值，计算

$\dfrac{k}{1+k}$ 的结果列入表 4 - 2。由表 4 - 2 可知，$\dfrac{k}{1+k}$ 的变化范围在 0 ~ 1。而式（4 - 22）及式（4 - 23）表明选择适当之 k 值，将影响 R_S，即分离效果。

表 4 - 2　k 与 R_S 的关系

k	$R_S \propto \dfrac{k}{1+k}$
0	0
1	0.5
2	0.67
5	0.83
10	0.91
∞	1

因为 $t_R = t_D(1+k)$，若 k 大，则 t_R 大，表示分离时间长。

而 $W_t = \dfrac{4t_R}{\sqrt{N}}$，所以 k 大时 W_t 也大，峰很平，意味产品浓度低。故由表 4 - 2 知，最佳 k 值应在 1 与 10 之间。根据式（4 - 2），$k = \dfrac{n_s}{n_m}$，采用强极性溶剂，n_s 小，则 k 小，如采用弱极性溶剂，则 n_s 大，k 大，因此调整溶剂强度可调整 n_s，从而调整 k 使 R_s 变化。

对于多组分的分离，如先流出组分在 $1 \leqslant k \leqslant 10$，后流出组分的 k 就无法落在这一范围。例如在稀土元素的色层分离时，适于轻稀土的淋洗剂浓度对中重稀土络合能力又太弱（k 太大），适于中重稀土的淋洗剂浓度对轻稀土的络合能力又太强（k 太小），因此提出了用梯度淋洗的办法解决此矛盾。所谓梯度淋洗就是在分离过程中改变淋洗剂浓度，使各组分 k 均有最佳值。

2. α 影响

α 代表了分离体系的选择性，若 $\alpha = 1$，两组分不能分离；α 略大于 1，可能实现分离；$\alpha = 2$ 分离就相当容易实现。当 $\alpha > 1$，式（4 - 23）中 $(\alpha - 1)/\alpha$，可从 0.001 一直增加到 1，变化范围达 10^3，相比之下若 k 从 1 增加到 50，$k/(1+k)$ 只从 0.5 变到接近于 1，变化范围只有 0.5，显然相对保留值 α 是提高分离度更重要的因素。表 4 - 3 列出了 R_S 与 α 及 N 的关系。

欲达到一定的分离度，α 的微小增加，将使 N 显著降低。对于复杂混合物分离条件的选择，主要是提高最难分离物质对的 α 值。

表 4 – 3 R_S 与 α、N 的关系

α \ N	R_S			
	0.8	1.0	1.2	1.5
1.01	104000	163000	255000	367000
1.03	12100	18900	29500	42500
1.07	2390	3740	5840	8420
1.10	1240	1940	3020	4360
1.15	602	941	1470	2120
1.20	369	576	899	1300
1.30	193	301	469	677

3. N 的影响

塔板数 N 大，在柱高一定的情况下，表明塔板高度 h 小，即柱效率高。因此提高柱效的关键是降低 h。当然也可通过增加固定相总高 H（即柱长 L）来增加 N。但对于工业色层分离过程而言，增加 H（即 L）受到很大的限制。

影响塔板高度（$HETP$）的诸因素中，最重要的是液相操作流速 u 与固定相粒度 d。

$HETP$ 与液相操作流速成正比，即

$$HETP = m_1 u^{a_1} \qquad (4-24)$$

式中：m_1，a_1 为分离体系决定的常数，图 4 – 8、图 4 – 9 分别为 $HETP$ 与 u 和 a_1 与 d 之关系。

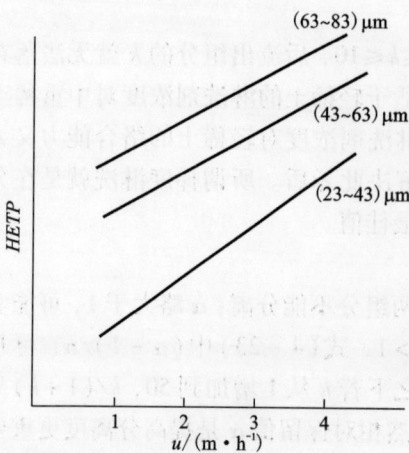

图 4 – 8 $HETP$ 与 u 的关系

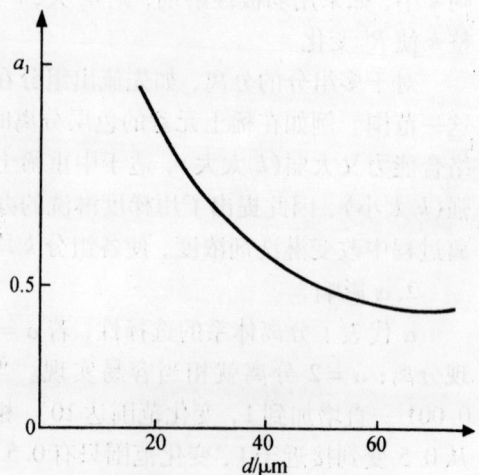

图 4 – 9 a_1 与 d 之关系

$HETP$ 与固定相粒度 d 有如下关系，即

$$HETP = m_2 d^{a_2} \tag{4-25}$$

式中：m_2、a_2 为与分离体系特性有关的常数，图 4-10、图 4-11 分别为 $HETP$ 与 d 和 a_2 与 u 的关系。

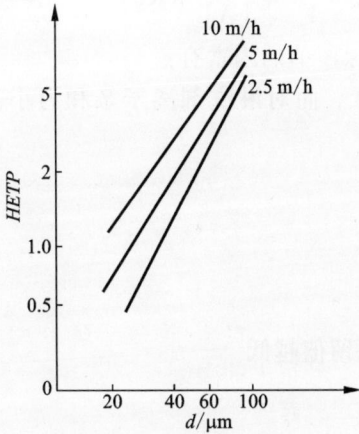

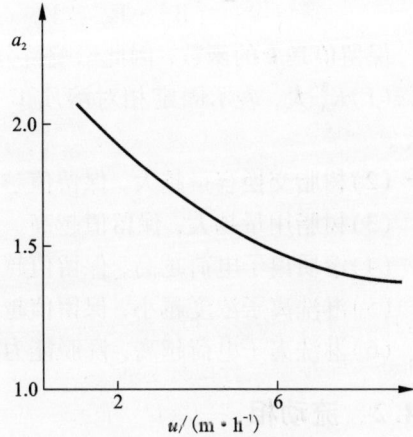

图 4-10　$HETP$ 与 d 的关系　　　　　图 4-11　a_2 与 u 的关系

综合考虑 u、d 对 $HETP$ 的影响，有下列关系式：

$$HETP = m d^{b_1} u^{b_2} \tag{4-26}$$

式中：m、b_1、b_2 为与分离体系特性有关的常数。综合文献数据，b_1、b_2 值在下列范围之内：

$$b_1 = 1.4 \sim 2.0$$
$$b_2 = 0.2 \sim 0.6$$

4.4　离子交换色层

4.4.1　分配容量

　　离子交换色层的固定相是离子交换树脂，主要用于分离离子型化合物。离子交换过程可以近似地看成是一个可逆化学反应，因此与其他色层分离法有显著区别，但它终归还是一个色层分离法，所以仍遵循色层分离的基本规律。

　　用淋洗剂 A 洗脱树脂上的溶质离子 B，此时有淋洗交换反应：

$$\overline{RB} + A \Longrightarrow \overline{RA} + B$$

反应的选择性系数为：$K_B^A = \dfrac{[\overline{RA}]/[A]}{[\overline{RB}]/[B]}$

以 $\overline{W}_S$ 表示色层柱内交换剂的质量，V_m 表示流动相(淋洗剂)的体积，则固定相与流动相中溶质的毫摩尔数分别以 $[\overline{RB}]\overline{W}_S$ 及 $[B]V_m$ 表示。因此，分配容量

$$k_B = \frac{[\overline{RB}] \cdot \overline{W}_S}{[B] \cdot V_m} = \frac{\overline{W}_S}{V_m} \times \frac{[\overline{RA}]}{[A]} / K_B^A = \frac{\overline{W}_S}{V_m} \times \frac{[\overline{RA}]}{[A]} \times K_A^B \qquad (4-27)$$

保留值是 k 的函数，因此影响待分离离子保留值的因素有：

(1) K_A^B 大，表示固定相对溶质 B 亲和力大，而对淋洗剂离子亲和力小，故 k 大。

(2) 树脂交换容量越大，保留值越高。

(3) 树脂用量越大，保留值越高。

(4) 溶质离子电荷越高，保留值越高。

(5) 淋洗离子浓度越小，保留值越高。

(6) 淋洗离子电荷越高，洗脱能力越强，保留值越低。

4.4.2 流动相

由于离子交换色层本质上是借助离子交换反应进行分离，因此其流动相分为两类：无机盐溶液或者络合淋洗剂。流动相的组成、离子强度和 pH 是影响溶质保留和分离选择性的重要因素。

对于冶金工艺中的离子交换色层，流动相的离子强度不宜采用添加其他无机盐的办法来控制，因为添加其他无机盐除了导致成本增加外，还可能给后续工序带来一些麻烦。因此控制离子强度的办法主要是靠控制流动相中淋洗离子的浓度。增加淋洗离子浓度无疑将降低 k_B 值，从而影响分离选择性。

不同淋洗离子对树脂的亲和力的大小不同，显然亲和力强的离子或者说选择性系数大的离子洗脱能力强，即 k 小，保留值小。

简单的阳离子与阴离子对于待分离离子的 k 值影响差别不大，故可采用络合剂作流动相的组分，利用络合物稳定常数的差别，加大待分离离子之间 k 值的差别。

pH 影响待分离组分的存在形式、系统的平衡和淋洗剂的离解度。因此和任何其他的湿法冶金过程一样，pH 是达到良好分离的关键条件。

4.4.3 前沿色层法制取纯 $(NH_4)_2WO_4$ 溶液

如前所述，前沿色层法的基本特点是样品本身是流动相，流动相中各组分对固定相亲和力最小部分最先从柱中流出，因此这种方法作为分析技术是无意义的。但是在冶金中却有应用价值。最典型的代表是由粗钨酸钠溶液制备纯钨酸铵溶液。

这一分离工艺的固定相采用氯型强碱性阴树脂，流动相就是含有杂质磷酸根、砷酸根与硅酸根的粗钨酸钠溶液。

浸出工序得到的钨酸钠溶液先用水稀释至含 WO_3 20 g/L 左右。此时溶液 pH 一般大于 13。由于有关阴离子的选择性顺序为 $WO_4^{2-} > AsO_4^{3-} > PO_4^{3-} > SiO_3^{2-} > Cl^-$，因此钨的保留值最大。随过程的进行，氯根及硅、磷、砷杂质离子相继从柱底流出，而钨被吸附在树脂上。当柱底流出液中一出现钨酸根离子时，立即停止吸附。由于钨酸根与氯根及硅、磷、砷杂质离子之间的保留值差别有限，故控制适当的流速及稀释后溶液中的 Cl^- 与 OH^- 浓度至关重要。OH^- 含量靠控制浸出液的过量碱及稀释比来控制，而 Cl^- 含量除靠控制稀释比外，应特别注意稀释用水的质量。Cl^- 及 OH^- 含量过高，将使 WO_4^{2-} 的交换容量下降，降低收率。

柱底的交换带中，保留有较多的杂质离子，此时从柱顶部通入洗水，将树脂空隙中的钨酸钠溶液顶出，流经柱底时，进一步发生 WO_4^{2-} 顶替杂质离子的过程，有一定的净化分离作用。

再用含 5 mol/L NH_4Cl 及 2 mol/L $NH_3 \cdot H_2O$ 的溶液作解吸剂，使其按一定流速通过洗净的树脂层。此时由于 Cl^- 含量高，按第三章所述的原理，它又将 WO_4^{2-} 从树脂上顶替下来，变成 $(NH_4)_2WO_4$ 溶液。解吸剂中 $NH_3 \cdot H_2O$ 的作用为控制解吸的 pH，避免仲钨酸铵结晶的析出，图 4-12 为典型的解析曲线。

在解吸过程中树脂已转变成氯型，因此只需要用纯水将树脂床洗净即可投入下一周期使用。

为了进一步提高钨酸铵溶液的纯度，根据色层分离原理，可以在解吸前增加一道淋洗除杂作业，即用低浓度 NH_4Cl 溶液作淋洗剂淋洗。此时硅、磷、砷离子被优先洗脱下来，但会造成一定的钨损失。

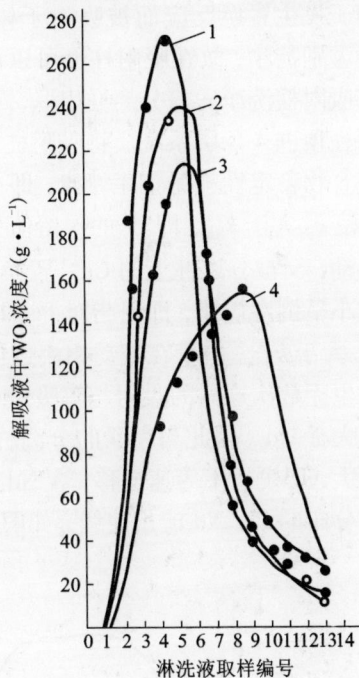

图 4-12　不同 NH_4Cl 浓度的解吸曲线

1—4.5 mol/L NH_4Cl + 2 mol/L $NH_3 \cdot H_2O$;
2—3.5 mol/L NH_4Cl + 2 mol/L $NH_3 \cdot H_2O$;
3—2.5 mol/L NH_4Cl + 2 mol/L $NH_3 \cdot H_2O$;
4—1.5 mol/L NH_4Cl + 2 mol/L $NH_3 \cdot H_2O$

4.4.4 排代色层法分离稀土元素

4.4.4.1 分离过程及原理

离子交换排代色层法是制取单一稀土,特别是从难分离元素的离子对中分离提取单一稀土元素的有效方法。例如从镨、钕的氯化物溶液中分离制取纯镨和钕的化合物。

方法采用的固定相为强酸性阳离子交换树脂,而流动相,冶金工艺学中又称展开剂或淋洗剂为柠檬酸或 EDTA、HEDTA、ATA 等氨羧络合剂的铵盐溶液。

色层系统由一根吸附柱及若干根分离柱串联而成,具体实施方法如下:

吸附柱树脂转成铵型,当镨、钕的氯化物溶液流经该柱时,Pr^{3+} 及 Nd^{3+} 离子与铵离子发生置换反应而被吸附于树脂上。尽管 Pr^{3+} 的选择性系数大于 Nd^{3+},但这种差别甚小,故在吸附柱上可以认为基本没什么分离效果。

将吸附柱洗净后与分离柱串联。分离柱的树脂预先转成 $Cu - H^+$ 型。流动相从吸附柱顶进入色层系统。将吸附柱上 Pr、Nd 以络盐 $(NH_4)[REY]$ 形式洗下来,因为络合物稳定性遵循正序规律,即 Pr 的络合物稳定性小于 Nd 的络合物的稳定性,故使 k_{Pr} 大于 k_{Nd},即 Pr 的保留值大于 Nd 的保留值。含 Pr、Nd 的络盐向柱的下部移动,又被分离柱上的 Cu^{2+} 置换出来,重新吸附于树脂上,由于它们的吸附能力大小呈倒序规律,即树脂对 Pr 的吸附能力大于对 Nd 的吸附能力,这同样意味着 k_{Pr} 大于 k_{Nd}。由于在流动相流过色层系统的过程中,在分离柱上 Pr - Nd 元素对要发生无数次这样的吸附与解吸过程,这两个过程都是使 k_{Pr} 大于 k_{Nd},即 Pr 的保留值大于 Nd。因此当串联的分离柱总长度足够时,Pr、Nd 的移动速度差别将越来越大,即发生不等速迁移,含 Nd 的流动相将先从柱底流出,得到呈双对数曲线形式分布的 Pr、Nd 流出曲线,如图 4 - 13 所示。

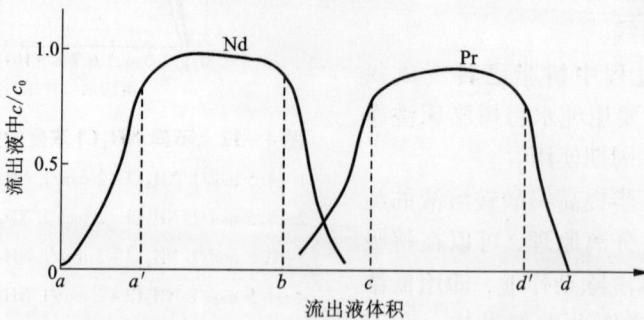

图 4 - 13 Pr - Nd 淋洗曲线示意图

曲线非交叉部分的溶液可沉淀出纯的 Pr 与 Nd 的化合物。

在这一过程中 Cu^{2+} 的作用是将 $[REY]^-$ 络阴离子中的 Pr、Nd 阳离子置换出来，重新吸附于树脂层上，故相当于增加色层柱的理论塔板数 N，降低理论塔板高度 h。故 Cu^{2+} 离子被称为延缓离子，但分离柱树脂实际为 Cu–H 型，此 H^+ 离子相当于缓冲剂，以控制 pH 及 Cu 的适当浓度，不至于生成 $Cu[CuY]$ 沉淀。表 4–4 列出了稀土元素及 Cu 与 EDTA 的络合物稳定常数。

表 4–4　RE 及 Cu 与 EDTA 的络合物稳定常数

元素	La	Ce	Pr	Nd	Sm	Eu	Gd	Tb
lg$K$	15.5	15.98	16.40	16.61	17.14	17.35	17.37	17.93
元素	Dy	Ho	Er	Tm	Yb	Lu	Y	Cu
lg$K$	18.30	18.74	18.85	19.32	19.51	19.83	18.09	18.86

显然 $[CuY]^{2-}$ 络离子的 lg$K$ 值小于重稀土的 lg$K$ 值。仅从这一点出发，似乎它对重稀土离子无阻滞能力，但是随着 H^+ 离子被置换下来，溶液 pH 下降，而重稀土的 EDTA 络合物的 lg$K$ 值随 pH 的下降而减小，故 Cu^{2+} 也可作为它们的阻滞离子，即重稀土元素也可用 Cu–H 树脂进行分离。

此分离过程用络合剂的铵盐溶液作淋洗剂，稀土从树脂上被洗下后，树脂变成 NH_4^+ 型，故 NH_4^+ 离子相当于排代离子，但 NH_4^+ 的排代能力有限，如用 NH_4Cl 作淋洗剂就达不到分离目的，因此此处 NH_4^+ 的排代能力是借助于络合作用而增强。

4.4.4.2　过程的影响因素

排代色层分离稀土元素的影响因素如下：

1. 流速对 $HETP$ 的影响

图 4–14 为流速对塔板高度的影响，表明流速增加，板高增加，柱长不变时，塔板数 N 减少，分离效果变差，或者说要保持分离效果不变，必须增加柱长。

2. 温度对 $HETP$ 的影响

在树脂内传质过程为主控阶段的情况，D 与 $\bar{D}$ 均随温度升高而增加，故 $HETP$ 随温度增加而降低（图 4–15、图 4–16）。

如果离子纵向扩散比树脂内的传质过程更为重要，温度增加，$HETP$ 反而增加，如一价离子的情况（图 4–17，图 4–18）。

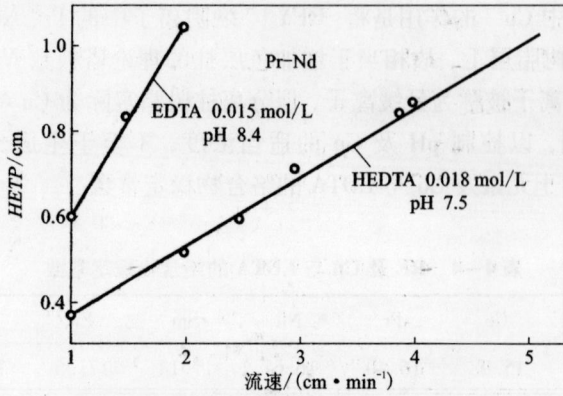

图 4 – 14 流速对板高度的影响

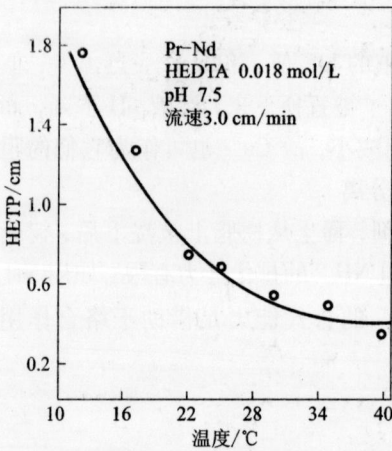

图 4 – 15 温度对板高度的影响 (一)

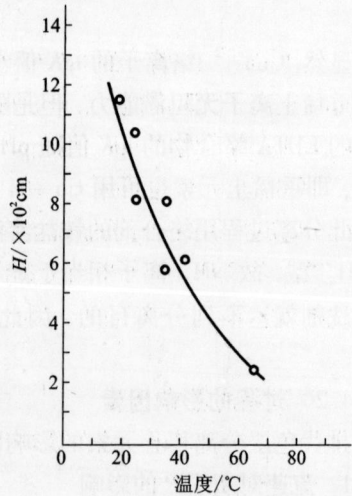

图 4 – 16 温度对理论塔板的影响 (二)

树指: Amberlite IRA – 400 (10 ~ 35 μm)

淋洗剂: 0.008 ~ 0.009 mol/L EDTA (pH 4.6 ~ 4.7);

离子: 螯合稀土离子 LnY⁻;

流速 $(\bar{v})$: 1.08 ~ 1.25 cm/min

3. 树脂交联度对 HETP 影响

由表 4 – 5 可见, 随交联度增加, $\bar{D}$ 减小, 对树脂相内传质影响大, 故 HETP 增加。

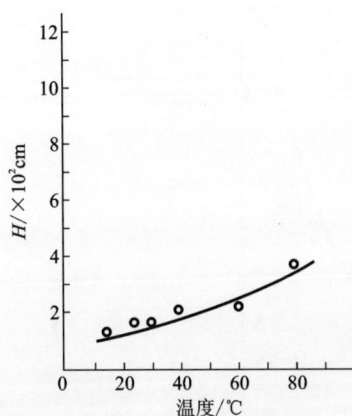

图 4-17 温度对理论塔板的影响(三)
树脂: Amberlite IR-120(17~51)μm;
淋洗剂: 0.5199 mol/L HCl;
离子: M⁺;
流速 0.47~0.51 cm/min

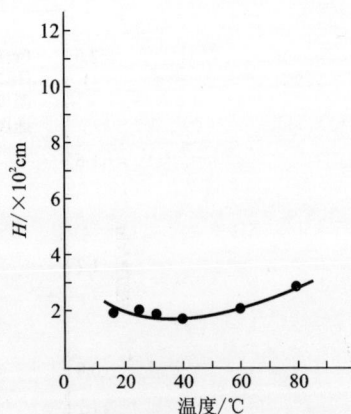

图 4-18 温度对理论塔板的影响(四)
树脂: MK-3(11~35)μm;
流洗剂: 0.712 mol/L HCl;
离子: M⁺;
流速 0.84~0.91 cm/min

表 4-5 树脂交联度对于塔板高的影响[①]

DVB/%	交换容量/(mg·mL⁻¹)	h/cm
2	1.10	0.9
4	1.36	0.9
8	1.60	1.0
10	1.82	2.4

①树脂: Dowex 50(100~200 目); 排代剂: 0.025 mol/L DTPA(pH=7.0); 分离对象: Ce^{3+} - Nd^{3+} 离子; 柱温70℃; 流速: (3.8±0.1)cm/min。

而碱金属情况可能相反,因 DVB 增加不影响 $\overline{D}$,故 HETP 随 DVB 增加反而减小。

4. 淋洗剂浓度对 HETP 的影响

如图 4-19 所示,随淋洗剂浓度增加,即流动相离子强度增加,板高增加,分离效率下降,若维持分离效率不变,必须增加柱长。

4.4.5 密实移动床-流化床连续离子交换系统的应用

4.4.5.1 从钨酸盐溶液中除 Mo

由于钨酸根 WO_4^{2-} 与钼酸根 MoO_4^{2-} 的性质极为相似,故无论从钨酸钠溶液还是从钨酸铵溶液中除钼都十分困难。但 MoO_4^{2-} 容易与 S^{2-} 离子生成硫代钼酸根

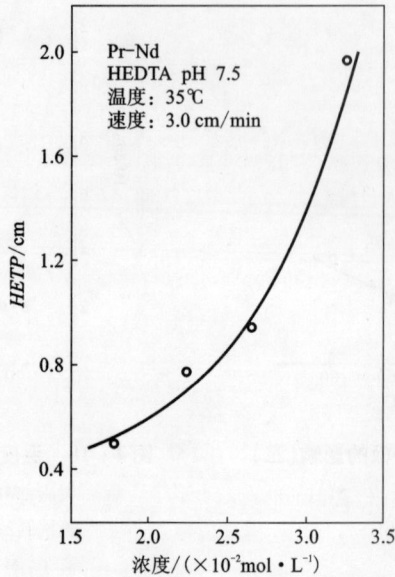

图 4 – 19 淋洗剂浓度对板高度的影响

MoS_4^{2-}，而 MoS_4^{2-} 与阴离子交换树脂的交换能力强于 WO_4^{2-}，其交换区高度比 WO_4^{2-} 的交换区高度小许多，故反映在图 4 – 20 上，钨酸根很快就漏穿，而 MoS_4^{2-} 的漏穿体积是 WO_4^{2-} 的漏穿体积的数十倍，溶液中的 S^{2-} 离子也较易穿透，故用离子交换法可以分开它们。当硫代化料液通过交换柱时，MoS_4^{2-} 与 WO_4^{2-} 在柱内发生多次置换－吸附反应，最终使 WO_4^{2-} 先从柱出口流出，而 MoS_4^{2-} 吸附于柱上。再用 NaClO 碱性溶液解吸使 MoS_4^{2-} 重新转换成 MoO_4^{2-} 从树脂上解吸下来。

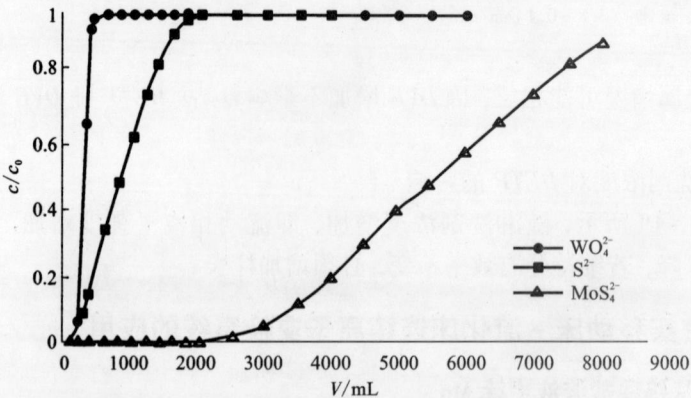

图 4 – 20 MoS_4^{2-}，S^{2-}，WO_4^{2-} 的流出曲线

　　根据此原理,冶金分离科学与工程重点实验室发明了一步离子交换法分离钨、磷、砷、硅的工艺。采用如图 4 - 21 所示的串柱固定床。

　　前面四根小柱为钼柱,三根串联运行,一根备用。后面一根大柱为钨柱,硫化处理后的料液依次经过各钼柱,从第三根钼柱出来的溶液含钼量已合格,再流进钨柱,此时钨被交换吸附在柱上,而磷、砷、硅如 4.4.3 节所述从柱底流出。因此可以解吸钨柱得到磷、砷、硅、钼均合格的 $(NH_4)_2WO_4$ 溶液。硫化料液制备过程中有 60% 的砷被硫化,也共吸附于钼柱上。同理凡能生成硫代酸盐的锡、锑离子也会部分除去。当第三根钼柱出现钼穿漏时,第一根钼柱已饱和,此时将其从串联流程中分离出来进行钼解吸及树脂再生作业。备用柱串联进流程成为第三根钼柱,依此类推。实验结果表明,当进料液 Mo/WO_3 质量比为 1.5% 时,从钨柱流出之溶液中 Mo/WO_3 质量比为 $(3.8 \sim 4.9) \times 10^{-5}$。

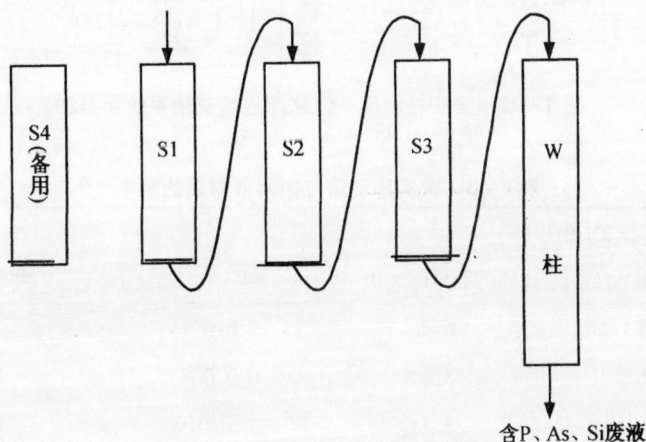

图 4 - 21　一步离子交换法示意图

　　实际经验表明,串联的钼柱数越多,分离效果越好,即要有好的差速迁移效果,必须有足够多的塔板数。

　　由于固定床串柱数受到限制,所以 MoS_4^{2-} 与 WO_4^{2-} 的置换 - 吸附次数有限,故柱内残留 WO_4^{2-} 较多,钨损达 1.2%,另一方面用解吸剂解吸 MoS_4^{2-} 时,发热量大,树脂温升很高,所以限制了生产规模的扩大。为此,冶金分离科学与工程重点实验室又进一步研究了密实移动床 - 流化床连续离子交换系统取代一步法中的固定床实现这一分离工艺。系统如图 4 - 22 所示。料液从密实床底部进入,顶部流出。因此底部树脂先为钼饱和,故如表 4 - 6 所列从柱的不同部位取样的分析结果表明,离柱底部越近的地点,溶液中的钼浓度越高。而柱顶部永远是新鲜树脂,故流出液中钼浓度极低,保证了深度分离钼的要求。

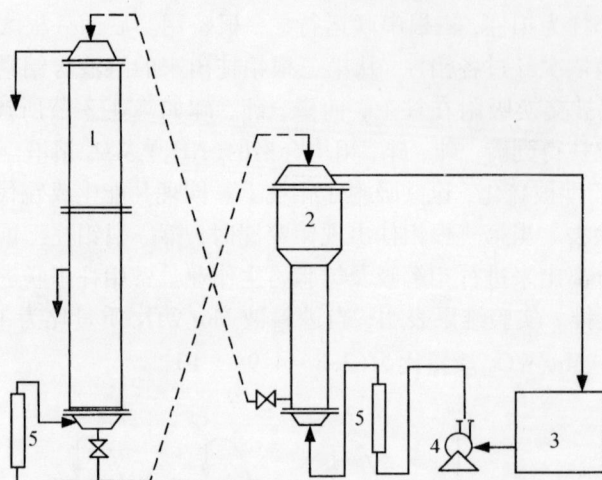

图 4 – 22   密实移动床 – 流化床连续交换系统示意图

表 4 – 6   密实移动床柱内溶液中钼的分布[①]

3[#]（出口样）		1[#]	2[#]
$Mo/(g \cdot L^{-1})$	$(Mo/WO_3)/ \times 10^{-5}$	$Mo/(g \cdot L^{-1})$	$Mo/(g \cdot L^{-1})$
0.0032	6.2	0.0096	0.0032
0.0016	3.1	0.0084	0.0066
0.0016	3.1	0.019	0.0066

注：①料液：Na_2WO_4 $Mo/WO_3(1.18 \sim 1.36) \times 10^{-2}$；$\tau = 97$ min；1[#]：距柱底 1 m 处取样；2[#]：距底部 2 m 处取样；3[#]：出口样。

从柱底定期排出的含钼饱和树脂进入流化床中解吸，由于流态化解吸，散热很快，流化床中柱温不可能升至太高，故允许生产规模扩大。且由于钼饱和树脂与解吸剂、洗水接触充分，故洗水与解吸剂的用量也显著降低。

连续离子交换工艺也可独立用于从钨酸铵溶液中除钼，表 4 – 7 及表 4 – 8 所列分别为从钨酸铵溶液中分离钼的生产运行数据及 APT 产品 Mo 的光谱分析结果，此法的钨损可降至 0.5% 以下。

表 4 – 7　钨酸铵溶液除 Mo 效果

硫代化料液			除钼液		除 Mo 率 /%
Mo /(g·L^{-1})	WO$_3$ /(g·L^{-1})	(Mo/WO$_3$) ×10^{-3}	Mo /(g·L^{-1})	(Mo/WO$_3$) /×10^{-5}	
0.671	163.9	4.09	0.0064	3.90	99.05
0.836	169.3	4.94	0.005	2.95	99.40
0.990	167.3	5.92	0.0072	4.30	99.27
1.030	169.5	6.08	0.0072	4.25	99.30

表 4 – 8　APT 产品中 Mo 含量光谱分析

批号	282	285	288	296	301
Mo 含量/μg	16	< 20	< 20	15	13

为解决目前密实移动床 – 流化床连续离子交换法从钨酸盐溶液除钼过程中负钼树脂解吸困难、树脂使用寿命短等缺陷，冶金分离科学与工程重点实验室通过多年的研究，开发了一种全新的多胺基弱碱性阴离子树脂（HBDM 树脂），新树脂对钼的吸附容量大，尤其是负钼树脂解吸容易，采用稀 NaOH 溶液即可将钼解吸完全，解吸过程无需再加入氧化剂，大大延长了树脂的使用寿命。国内多家企业采用该新树脂代替传统的强碱性阴离子树脂，结合密实移动床 – 流化床技术从含钼高达 20 g/L 的钨酸盐溶液中吸附除钼，流出液为 Mo/WO$_3$ 质量比稳定小于 1 × 10^{-4} 的钨酸盐溶液，负钼树脂采用 0.5 mol/L 的 NaOH 溶液即可将钼完全解吸，解吸后树脂经盐酸再生后循环使用，各厂稳定运行分别已有 3 ~ 5 年，证明了该多胺基弱碱性阴离子树脂从钨酸盐溶液中吸附除去硫代钼酸根是可行的，使密实移动床 – 流化床连续离子交换系统的运用实现了大规模产业化。

4.4.5.2　利用钨、钼同多酸盐性质的差别从钼酸盐溶液中分离钨

含杂质 WO$_4^{2-}$ 的钼酸盐溶液，随其被逐步酸化，钨、钼均可缩合形成聚阴离子，但它们起始缩合 pH 并不一样，系钨高钼低。通过对含 Mo 2 mol/L、W 0.005 mol/L 的钼酸盐溶液进行热力学计算，发现在 pH 7.5 ~ 8.0 范围内，钨大部分可聚合生成 W$_7$O$_{24}^{6-}$ 阴离子，而钼基本上仍以 MoO$_4^{2-}$ 单钼酸根阴离子存在，弱碱性阴离子交换树脂静态吸附实验结果证明了在该 pH 范围内可获得最佳的钼钨分离效果。冶金分离科学与工程重点实验室借助离子交换树脂从钼酸铵溶液中除钨制取

高纯仲钼酸铵已成功应用于工业实践，其工艺流程如图4-23所示。采用湖南宏邦新材料公司生产的含有混合胺基的弱碱性阴离子交换树脂（牌号：HBDW）在河北、山东及贵州多家钼酸铵生产企业从钼酸铵溶液中除钨，针对含钼120~170 g/L，钨与钼质量百分比0.08%~0.15%的钼酸铵溶液，经密实移动床-流化床离子交换吸附制得的高纯仲钼酸铵产品中，钨与钼的质量百分比降至0.001%~0.003%，除钨效果优异，交换工艺钼直收率大于96%，企业的经济效益显著提升。值得注意的是，解吸液中虽然钨浓缩了近30倍，但其是一种混合钨钼酸铵溶液，需进行单独的钼、钨回收处理。

图4-23 离子交换树脂从钼酸铵溶液中除钨制取高纯仲钼酸铵工艺流程

4.4.5.3 硫酸镍溶液中除铅、锌

硫酸镍溶液中的铅、锌在电解时会进入阴极镍产品中，故必须控制硫酸镍中铅、锌含量在允许限度内。溶液中存在一定数量的氯根，铅、锌均以氯络离子 $PbCl_4^{2-}$、$ZnCl_4^{2-}$ 形式存在，选用阴树脂进行交换，过程的实质是 SO_4^{2-} 与 $PbCl_4^{2-}$、$ZnCl_4^{2-}$ 的分离，同样需经反复置换-吸附分离过程才能使树脂被铅、锌所饱和。如采用D363树脂用固定床吸附，铅一漏穿就需停止吸附，此时树脂的漏穿容量为0.055 mg/mL铅。而采用密实移动床吸附，从柱底放出的树脂为饱和树脂，相当于固定床漏穿液中铅浓度等于料液浓度的情况，即此时利用了树脂的饱和工作容量，其值达0.12 mg/mL铅。冶金分离科学与工程重点实验室采取类似于图4-22的设备进行扩试后应用于工厂，柱径达1.6 m，柱高12 m。表4-9为在密实移动床内的铅浓度分布。同样离柱底越近，溶液中铅浓度越高，柱顶出口处溶液含铅量小于0.0003 g/L。

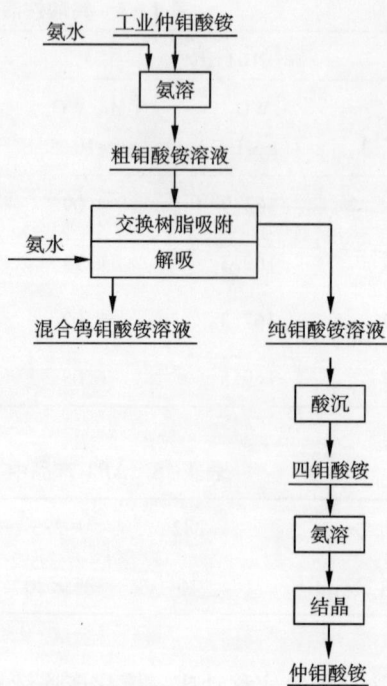

表 4 – 9　密实移动床中铅的分布①

1#	2#	3#
0.0029	0.0016	0.00014
0.0028	0.0019	0.00026
0.0026	0.0014	0.00018
0.0030	0.0018	0.00018

①1#—距柱底 1 m 处；2#—距柱底 2 m 处；3#—床顶出口。

　　除锌用 D201 树脂，锌的交换容量大，出口溶液含锌量达 10^{-5} g/L 水平。故实际净化流程安排在除铜后，硫酸镍溶液先经 D201 树脂除锌，再经 D363 树脂除铅。合格溶液送电解。密实移动床放出的树脂在流化床中解吸，夹带的料液先从流化床底滤出，返回密实移动床吸附。

　　4.4.5.1 – 4.4.5.3 所述三例均是在交换柱内利用两组分差速迁移而实现分离的离子交换色层，从钨酸盐中除钼是借助添加硫离子扩大钨、钼阴离子的性质差异，从钼酸盐中除钨是借助钨、钼缩合形成各自聚阴离子的 pH 值差异，而除铅锌是借助于氯离子使铅、锌为络合阴离子与镍阳离子分离。就学科分类方法而言，它们亦属于前沿色层范畴。

4.5　萃取色层

4.5.1　萃取色层与溶剂萃取的关系

　　萃取色层是将萃取剂预先固定在固体载体上、将这种含萃取剂的固体小球作为色层分离的固定相，待分离组分吸附于固定相上后，用无机盐溶液作淋洗剂进行分离的方法。它将离子交换的多级性与溶剂萃取的选择性相结合，因而具有更好的分离效果。它是一种淋洗色层法，其淋洗曲线呈高斯分布。

　　因此萃取色层与溶剂萃取关系密切，表现在：

　　（1）两者都使用萃取剂，或同一萃取剂可用于溶剂萃取，也可用于萃取色层。

　　（2）按马丁理论，萃取色层类似于逆流萃取过程。

　　（3）它们可以互为研究手段

　　（4）就分离精度而言，萃取色层有更高的精度，故对影响因素更为敏感，放大的难度大。

　　图 4 – 24 至图 4 – 28 分别为溶剂萃取与萃取色层相似性的一些实际体系。

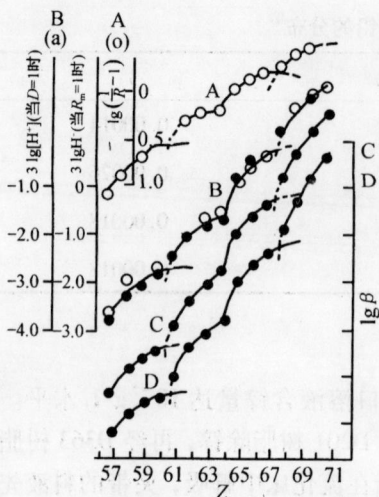

图 4-24 萃取色层和液-液萃取中相邻镧系元素的分离系数与原子序数 Z 的关系

A—纸色层（HTTA-TOPO-HCl 体系）

B—柱色层（○）和液-液萃取（●）

（用 HDEHP-HClO$_4$ 体系）

C—液-液萃取（HDEHP-正庚烷-HCl 体系）

D—柱色层（HEHΦP-HCl 体系）

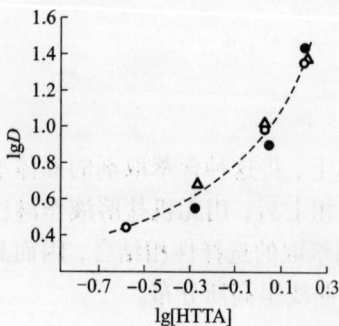

图 4-25 TBP-HCl 体系中，[Fe(CN)$_6^{4-}$] 的分配比与 TBP 浓度的关系

○—柱色层

△—TBP-KeI-F 作有机相的间歇萃取

×—液-液萃取

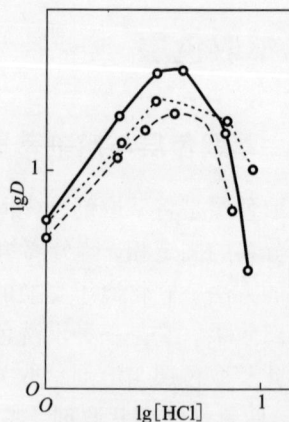

图 4-26 在 HTTA-MIBK-醋酸盐缓冲（pH=5.5）体系中 Ca 的分配比与有机相中 HTTA 浓度的关系

○——液-液萃取

△——间歇萃取（MHTPA-MIBK-聚三氟乙烯作固定相）

●——柱萃取色层

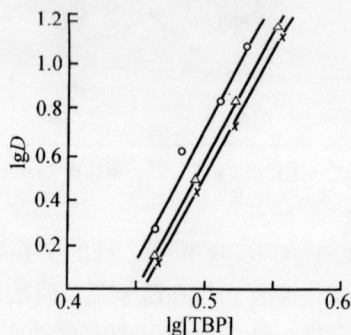

图 4-27 TBP-HCl 体系中，用各种不同方法测得的 Pt 的分配比与 HCl 浓度的关系

——柱色层法

……用 TBP-Daiflon 作有机相的间歇萃取法

……液-液萃取法

4.5.2 萃取色层技术

4.5.2.1 固定相与流动相

萃取色层的固定相实质上为萃取剂,所以这种色层技术又称为液液分配色层。萃取色层的流动相实际上为溶剂萃取的反萃剂。

作为固定相的载体应具备下列条件:

(1)能保留较多的萃取剂;

(2)具有良好的化学惰性;

(3)具有良好的物理稳定性;

(4)耐热与耐辐照性能;

(5)价格低廉,使用方便安全。

目前用作萃取剂的载体有两类,一类为无机载体,如硅藻土、硅胶。事先将它们用二甲基二氯硅烷进行疏水性处埋,尔后将萃取剂吸附于其上。另一类为有机合成树脂,是以聚苯乙烯 – 二乙烯苯聚合物小球为载体,借悬浮聚合原理将萃取剂固定在有机高分子网络中,结构与大孔树脂相近。

图 4 – 28 TBP – HCl 体系中 Pt 的
分配比与 TBP 浓度的关系
——柱色层法
┈┈┈液 – 液萃取法

4.5.2.2 色层柱

色层柱的吸附容量取决于固定相中萃取剂的浓度和萃取剂的萃取容量。

色层柱的柱尺寸,即 H/D 一般等于 17 ~ 20。所用固定相粒度为 0.13 ~ 0.074 mm。

固定相的装柱对色层柱的分离效率有重大影响。装柱方法有两种,一种为湿法装柱,类似于离子交换色层的树脂装填法,但萃淋树脂密度比离子交换树脂小,所以下沉速度慢,容易在萃淋树脂床层中产生气泡,故通常采用加压动态沉降法使树脂形成均匀密实床层;另一类方法为干法装柱法,将萃淋树脂均匀装入空柱,并振实,尔后抽真空,酸洗至平衡。

4.5.3 萃取色层法分离稀土元素

目前萃取色层法分离制取高纯稀土元素已经成为与离子交换色层法激烈竞争的一种方法,并迅速为工业界所接受。

例如提取纯的 Gd、Tb、Dy 的化合物均用此法。采用的固定相为 P507 萃淋树脂,$d_{真}$大于 1 g/cm³,$d_{视}$等于 0.4 ~ 0.6 g/cm³,粒径:70 ~ 300 目,萃取剂浓度

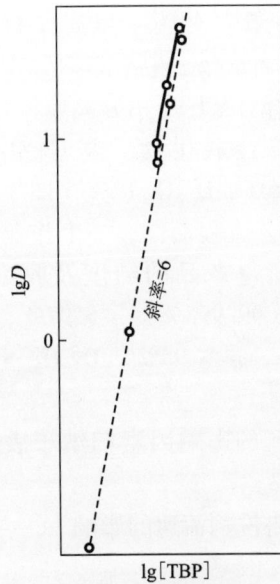

61%（一般为 40% ~ 35%），饱和容量为 1.7 mg 当量/g，树脂呈球形，比表面积为 193 m^2/g。某厂所用分离原料为 Gd、Tb、Dy 的混合氧化物，含 Gd_2O_3 9.11%，Tb_4O_7 75%，Dy_2O_3 12%。图 4 - 29 为所用的工艺流程简图，一个作业周期大约 15 h，所得产品的纯度及收率分别为：Tb_4O_7 > 99.998%，η > 97%，Gd_2O_3 > 99.97%，η > 95%，Dy_2O_3 > 99.5%，η > 92%。

过程的影响因素归纳于表 4 - 10 至表 4 - 13。

1. 淋洗剂流速的影响

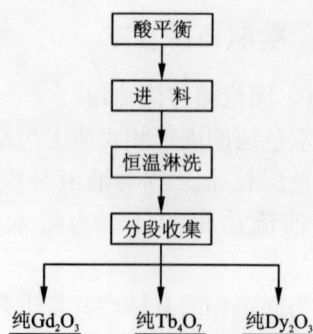

图 4 - 29　萃取色层分离
Gd、Tb、Dy 工艺流程简图
HCl：0.5 mol/L，0.7 mol/L，0.9 mol/L；
梯度淋洗 u = 0.65 cm/min；50℃

表 4 - 10　淋洗剂流速对理论塔板的影响

流速/(mL · cm^{-2} · min^{-1})	N		H/mm	
	Tb	Dy	Tb	Dy
0.65	66	70	9.2	8.7
1.00	43	53	14.2	11.5
1.20	33	43	18.5	14.2

2. 淋洗剂酸度影响

酸度增加，使 n_s 下降，即 k 变小，也就是保留值下降，分离度 R_s 随之变小。但酸度太小，尽管分离度 R_s 增加，但稀土浓度降低，周期拉长，故对 Gd，Tb 分离而言，一般以 0.6 mol/L 盐酸酸度为宜。

表 4 - 11　酸度对分离效果的影响

酸度/(mol · L^{-1})	D		$\beta_{Tb/Gd}$	R_s
	Gd	Tb		
0.5	5.50	23.78	4.32	2.33
0.6	2.56	12.03	4.70	1.53
0.8	0.93	4.52	4.86	1.10

3. 淋洗过程温度的影响

表 4 - 12   温度对理论塔板的影响

温度/℃	N		H		R_s
	Tb	Dy	Tb	Dy	
35	41	43	14.88	14.19	<1.0
50	66	70	9.24	8.71	1.09
60	77	86	7.92	7.09	1.22

显然,适当提高作业温度,对改善分离效果有利。但温度过高产生气泡或断层,反而不利。

4. P507 浓度的影响

提高固定相中 P507 浓度,即提高了固定相的保留能力,即 n_s 增加 k 增加,R_s 会增加,而 $\beta_{Dy/Tb}$ 值基本不变,通常 P507 浓度为 50% 左右(见表 4 - 13)。

表 4 - 13   P507 含量对分离效果的影响

P507		D		$\beta_{Dy/Tb}$	R_s
树脂质量/g	P507 含量/%	Tb	Dy		
20	60	6.25	16.13	2.58	1.30
20	48	4.76	12.17	2.56	1.36
20	34	4.53	11.61	2.56	<1.0

5. 淋洗剂组成的影响

如在流动相中添加一定量的 NH_4Cl(1 mol/L),则淋洗时间仅为纯粹用盐酸的淋洗时间的 1/2,洗脱液体积下降 3/4。其本质原因,同样是调整分配容量 k 与相对保留值 α,控制分离度 R_s。

6. 柱形 H/D 的影响

由于萃取色层法固定相装柱要求高,操作严格,目前放大有一定困难,故 D 不能太大。

4.5.4   与离子交换色层法分离稀土的比较

总体而言,在制取高纯产品方面,萃取色层法有较大的优势,具体表现在以下诸方面。

（1）纯度与收率。在稀土元素相互之间分离和稀土元素与非稀土元素之间的分离方面，萃取色层法均有较好的效果，15 种稀土元素含量达 99.95 ~ 99.99%，甚至更高，直收率达 99%，总收率达 90%，而交换色层的总收率仅为 60%。

（2）生产周期短，仅一天左右就可出产品，而交换色层一般要十天以上才能出产品。

（3）采用的淋洗剂为盐酸，比交换色层采用的 EDTA 要便宜得多。

萃取色层的分离效果为什么比交换色层好呢？其原因之一在于，使用萃取剂时稀土元素间的分离系数大于使用 EDTA 时稀土元素间的分离系数。表 4 – 14 为 P507 萃取色层用盐酸淋洗与离子交换色层用 EDTA 淋洗时，相邻稀土元素间的分离系数。

表 4 – 14　两个体系的分离系数

	Ce/La	Pr/Ce	Nd/Pr	Sm/Gd	Eu/Sm	Gd/Eu	Tb/Gd
P507	4.35	1.69	1.38	5.91	1.87	1.42	3.91
EDTA	3.7	2.5	1.8	3.2	1.5	1.05	4.2
	Dy/Tb	Ho/Dy	Er/Ho	Tm/Er	Yb/Tm	Lu/Yb	
P507	2.24	1.98	2.28	2.94	2.98	1.68	
EDTA	2.3	1.84	1.8	2.05	1.8	1.90	

可见除 Pr/Nd 等特殊元素外，一般是用萃淋树脂时的分离系数要大一些。

原因之二在于萃合物电荷数不等或体积不等，因此扩大了选择性差别。除此之外萃取色层保留了交换色层的多级性，故比单纯的萃取法要优越。

但萃取色层法的设备、操作均比交换色层要求严一些，目前柱放大比交换色层难一些，故规模相应小一些。某些元素对的分离，还要靠交换色层法，故在一段时间内仍然是两法并存，互为补充。

4.6　小结

色层法也是利用物质在固相及流动相之间的分配来实现分离的方法。与吸附法的区别在于，色层分离过程中，被分离物质在固 – 液两相间要经过无数次的吸附 – 解吸过程，从而形成一个差速迁移过程而实现分离。因此当两组分的吸附能力差别较小时也可实现分离。色层法种类较多，对冶金工业而言，具有实用价值的为离子交换色层与萃取色层，它们均是柱过程。实现分离的推动力是化学反应，外加的能量只是促进反应的进行。这两种色层法的共同理论基础是塔板理论。根据这一理论推导出的分离度方程[式(4-22),式(4-23)],表示分离过程受控于塔板数、固定相的选择性及流动相的强度,从这三方面出发,可采取一系列措施扩大被分离组分的迁移速率差,从而实现高精度分离。离子交换色层由于固定相的选择性较差,通常可对分离料液进行适当预处理,使待分离组分的性质差异扩大而帮助分离。

参考文献

[1] 达式禄. 色谱学导论[M]. 第二版. 武汉:武汉大学出版社,1999.

[2] 卢佩章,戴朝政,张祥民. 色谱理论基础[M]. 第二版. 北京:科学出版社,2001.

[3] 邱陵. 高压离子交换色谱分离[M]. 北京:原子能出版社,1982.

[4] 孙素元,李葆安,等. 萃取色层法及其应用[M]. 北京:原子能出版社,1982.

[5] 姜志新,湛竟清,宋正孝. 离子交换分离工程[M]. 天津:天津大学出版社,1992.

[6] Zhao Rui Hu, Liu Yun. Application of Ion Exchange in Tungsten Hydrometallurgy. Michael Street. Ion Exchange for Industry[M]. 1988:385.

[7] 应尾娟,汪良宣. 离子交换和萃林树脂色层分离稀土元素//徐光宪. 稀土[M]. 第二版. 北京:冶金工业出版社,1995.

[8] 吴炳乾. 稀土冶金学[M]. 长沙:中南工业大学出版社,1997.

[9] Huang Weizhuang, Zhang Qixiu, Gong Bofan, Huang Shaoying, Luo Aiping. Production of Pur Ammonium Tungstate by One-step Removed of P、As、Si、Mo through Ion-exchange. Int. J. of Refractory Metals and Hard Materials[J]. 1995(13):217.

[10] Xiao Liansheng, Zhang Guiqing, Zhang Qixiu, Gong Bofan. Study on Removal of Lead from Nickel Sulphate Solution by Ion-Exchange Method[J]. J. Cent. South. Univ. Tech,2000(4):191.

[11] Zhang Guiqing, Zhang Qixiu, Xiao Liansheng, Gong Bofan. Study on Removing Zinc from Electolyte by Ion-Exchange[J]. J. Cent. South. Univ. Tech,2000(4):194.

[12] Xiao Liansheng, Zhang Qixiu, Gong Bofan, Huang Shaoying. Industrial Application of the Technique of Removing Mo by a Combination of Moving Pached Bed Fluidized Bed and Ion-Exchange[J]. Rare Metals,2003(2):81.

[13] Xiao Liansheng, Zhang Qixiu, Gong Bofan, Huang Shaoying. Separation of Molybdenum from Tungstate Solution by a Combination of Moving Packed Bed and Fluid Bed Ion Exchange[J]. Int. J of Refractory Metals and Hard Materials,2001(19):145.

[14] 肖超,肖连生,曹佐英. 从钼酸盐溶液中分离微量钨的机理研究[J]. 中国钨业,2011,35(2):29-31.

[15] 刘能生. 离子交换法从钼酸铵溶液中分离微量钨[D]. 长沙:中南大学,2009.

[16] 王方. 现代离子交换与吸附技术[M]. 北京:清华大学出版社,2015.

第五章　压力驱动膜过程

膜分离技术是在20世纪末兴起的一种新型分离技术，在脱盐、海水淡化方面获得成功应用后，迅速在医药、食品、化工、环保等工业领域获得了广泛的应用，成为了一种重要的化工操作单元过程。膜分离技术种类繁多，分类方法各异，膜技术理论本身也处于一个发展过程中，有关膜技术的专著也不少。本书从目前膜分离技术在冶金中的应用实际及研究情况出发，花了两章半的篇幅对膜技术分类予以介绍，为方便读者理解，在介绍目前蓬勃发展的压力驱动膜过程之前，首先将有关膜的基本知识作一概要介绍。

5.1　膜分离基本概念

5.1.1　膜及膜过程

不同的膜过程有不同的分离原理、不同的推动力，分离的对象可以是微粒、分子或离子，尽管存在如此大的差异，但所有膜过程都有一个共同点，即都要使用膜。

膜是每一膜过程的核心，它可以被看成是两相之间一个具有选择透过性的屏障，或者把它看作是两相之间的界面，按照这一定义，它是具有选择性功能的一层薄膜，而实际应用的膜往往有一定的厚度，实质上其大部分为多孔支撑体，但起关键分离作用的是很薄的一层表皮。其结构可以是均质的，也可以是非均质的。因此对任何一种多孔分离介质，如果其表面具有一层起分离作用的表皮，则可认为是膜，如果没有这一层起分离作用的表皮就不能称其为膜，充其量只是一种精密过滤介质。

按来源，膜可以分为合成膜与生物膜两大类。可以说合成膜是受生物膜启发而研制的人工膜。

按形态，膜可以分成液态膜及固态膜两大类。

按工作对象，膜可以分为液体分离膜与气体分离膜两类。按冶金分离科学与工程的学科内容，本书主要介绍液体分离膜过程。冶金中液体分离膜过程包括压力驱动膜过程、离子交换膜过程、液膜分离过程、热驱动膜过程，等等。

5.1.2　膜分离过程的优缺点

膜技术的优缺点可概括如下：

1. 优点

(1)可实现连续分离；

(2)一般而言，能耗较低，其原因在于大部分情况下无相变，且通常在室温下进行；

(3)不同膜过程易于相互结合使用，形成所谓集成膜分离过程，膜过程也容易与其他分离过程结合形成所谓的杂化集成膜分离过程；

(4)可在温和条件下实现分离；

(5)过程易于放大，其规模和处理能力可以在很大范围内变化；

(6)膜的性能可以调节，膜设备可靠度很高，操作十分简便，设备体积也很小。

2. 缺点

(1)在运行过程中可能发生浓差极化和膜污染，使分离性能恶化；

(2)膜的寿命有限；

(3)选择性较低，故在高纯度分离方面的应用受到限制。

5.1.3　膜分离技术在湿法冶金中的作用

大多数膜分离过程都是物理分离过程，而冶金溶液的分离过程基本上是无机离子间的分离，分离程度要求高，与 2.3.4 节所述的化学分离过程相比，膜分离在这一方面通常起一种初步分离的作用。在湿法冶金工业中，膜技术除了在超纯水制备、高压锅炉水处理及高温冷凝水处理回收方面能发挥作用外，还具有如下特殊作用：

(1)与其他单元过程配合，减少工艺排放口，控制水及酸、碱平衡，组合节能降耗的闭合新工艺。

(2)浓缩稀溶液或工艺废水，提高有价成分收率。

(3)回收溶液中过剩的酸或碱，或将调整 pH 产生的无用的盐劈裂为相应的酸和碱后返回流程使用。

(4)实现组分之间的初步分离，为进行高精度分离创造条件。

(5)去除溶液中的极细小微粒、胶体，提高工艺溶液质量，为萃取、离子交换等工序的正常运行创造条件。

(6)作隔膜分开反应物与生成物。

(7)处理冶金工业的特殊废水，如含乳化液废水、焦化废水、含氰废水、矿坑废水、选矿厂尾砂坝废水，以保护环境提高水回用率。

在资源日趋贫化，能源供应日趋紧张，水资源匮乏，环保要求更加严格的情况下，膜分离对发展高效、节能、无污染冶金新工艺是一种重要手段。

5.2 压力驱动膜过程

5.2.1 概述

通常所说的压力驱动膜过程包括反渗透(RO)、纳滤(NF)、超滤(UF)、微滤(MF)四个过程，顾名思义，它们均是以一定外压作推动力的膜滤过程。反渗透可以截留离子而让溶剂水通过，纳滤可以截留分子量为 200 以上的分子并利用膜荷电而对不同价态离子的盐有不同的截留性能实现分离，超滤可以截留大的有机分子及胶体，微滤可以截留微小颗粒。由于截留物大小不一，膜的结构及所需施加的外压有很大的差别。图 5 - 1 为它们与普通过滤之间在截留物大小与所施加压力之间的差别，图 5 - 2 为它们的分离过程特性。压力驱动膜的分离性能与膜材料、膜结构、对象溶质的形态与空间构型均有关系，故图 5 - 2 只勾画出了一个原则的范围。

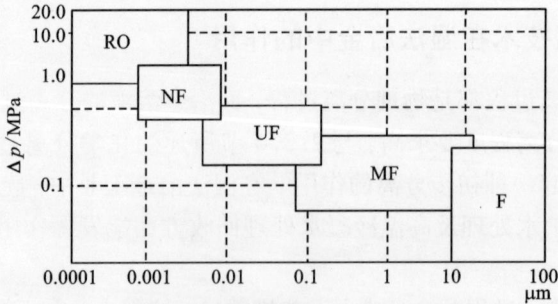

图 5 -1 压力驱动膜工艺与普通过滤之间差别图

5.2.2 压力驱动膜

压力驱动膜过程所用的膜均为固态膜，根据制造材料、形态与结构及制造方法它们可按图 5 - 3 所示分类。

5.2.2.1 按材质分类

1. 有机膜

由有机高分子聚合物制造，用于制造压力驱动膜的主要高分子聚合物见表 5 - 1。聚合物结构特性影响膜宏观性质：如热稳定性、化学稳定性、机械稳定性。

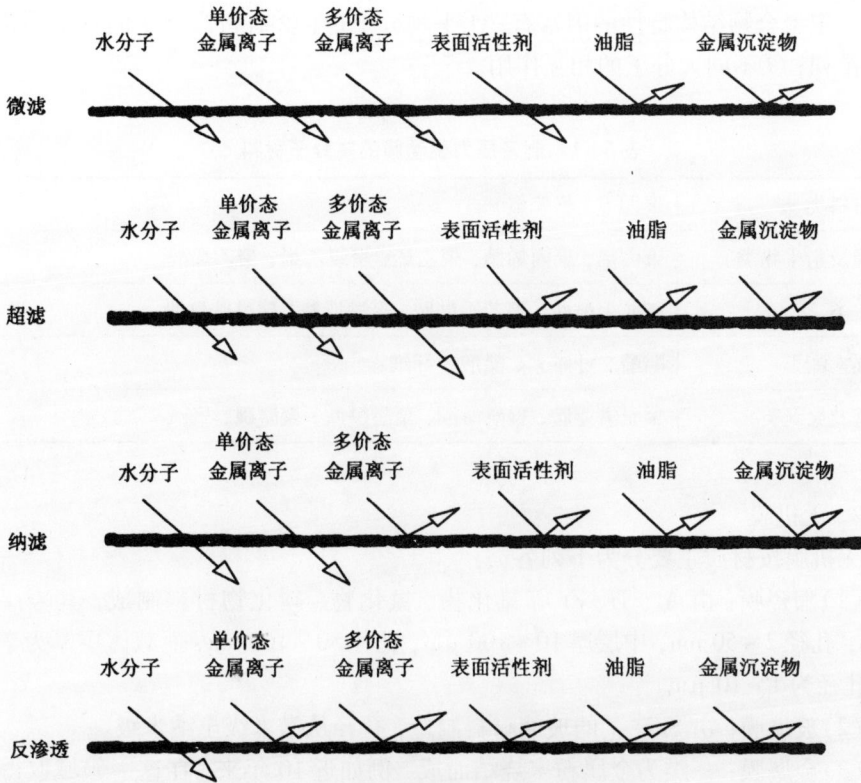

图 5 - 2　压力驱动膜的分离过程特性

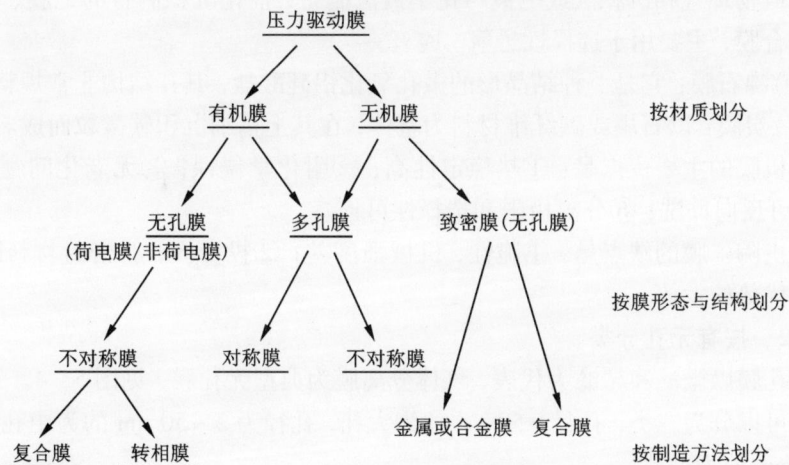

图 5 - 3　压力驱动膜分类

聚合物结构特性也影响膜微观性质，如对特定组分的渗透性。

决定聚合物结构特性的因素有：①平均分子量；②有机高分子的化学结构和空间排列；③不同大分子的相互作用。

表5-1 制备压力驱动膜的高分子材料

氟材料类	聚四氟，聚偏氟
烯烃及衍生物类	聚丙烯，聚丙烯腈，聚乙烯，聚氯乙烯，聚乙烯醇
酰胺类	脂肪聚酰胺，聚芳香酰胺，聚酰亚胺，聚酰胺酰肼
纤维素酯类	醋酸二纤维素，醋酸三纤维素
聚醚及聚砜类	聚醚酰亚胺，聚醚醚酮，聚醚酰胺，聚醚砜，聚砜

2. 无机膜

无机膜按材质主要分为下列各类：

(1)陶瓷膜：由 Al、Ti、Zr 等氧化物、氮化物、碳化物材料制成，其表层厚 1 μm，孔径 2~50 nm，中层厚 10~100 μm，孔径 50~100 nm，而载体层厚为毫米级，孔径为 1~10 μm。

(2)玻璃膜：由 SiO_2 基的玻璃材料制造，孔径从微米级至纳米级。

(3)金属膜：一类为金属粉末烧结而成，例如近 10 年来，在这一领域取得突破性进展的金属间化合物非对称膜，过滤精度≤0.1 μm；另一类为金属薄膜，用化学法或物理气相沉积法或电镀与化学镀法制备，催化沉积制备的钯膜、银膜及钯银复合膜，主要用于选择性透氢、透氧。

(4)沸石膜：它是一种结晶形的微孔氧化铝硅酸盐，其孔结构非常规整。

(5)炭膜：以石墨或碳纤维材料为基体，在其上精细沉积碳微粒而成。

无机膜的主要优点是：①热稳定性高；②耐化学侵蚀；③无老化问题，寿命长；④可反向冲洗；⑤分离极限和选择性可控。

无机陶瓷膜的缺点是：①脆性，机械强度差；②投资大；③密封材料限制了热稳定优势的发挥。

5.2.2.2 按有无孔分类

多孔膜以微滤和超滤为代表，气体分离膜为典型无孔膜，见图5-4。

孔可以分为三类，孔径>50 nm 的为大孔，孔径为 2~50 nm 的为中孔，孔径小于 2 nm 的为微孔。

5.2.2.3 按膜结构分类

如图5-5所示，按结构分类，多孔膜有对称膜及非对称膜，而无孔膜均为非

多孔膜　　　　　　　　无孔膜

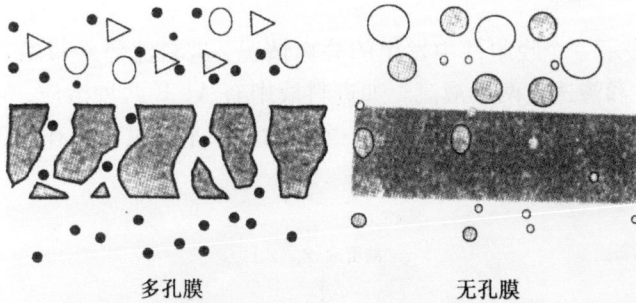

图 5 – 4　多孔膜与无孔膜

对称的。非对称无孔膜又分为整体不对称与组合不对称膜，即复合膜与转相膜，所谓转相膜系指控制一定方式使聚合物由液态变为固态经相转化法制备的膜，相转化法可以制备对称膜也可以制备非对称膜。而复合膜是非对称膜，它是由一个薄的精密皮层支撑在多孔表层上，皮层和表层是由不同的聚合物材料制成的。

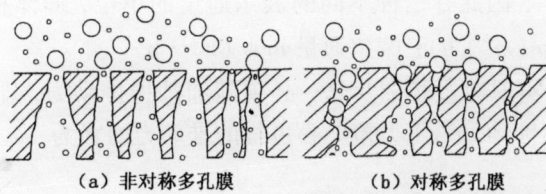

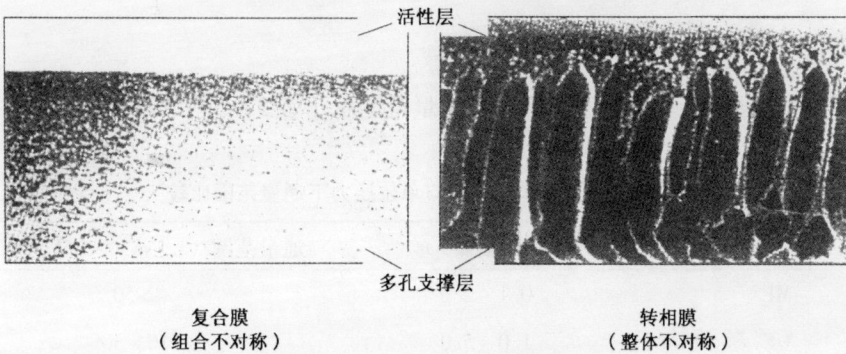

（a）非对称多孔膜　　　　　（b）对称多孔膜

活性层

多孔支撑层

复合膜　　　　　　　　　　　　转相膜
（组合不对称）　　　　　　　　（整体不对称）

图 5 – 5　对称膜与非对称膜

5.2.3 过程工艺参数

图 5 −6 表示一个膜组件中发生的分离情况，进料流体经过组件后分成了浓缩液（截留液）和渗透液两股液流。如进料液中有 A、B 两种溶质，它们均可分布在渗透液和浓缩液两个液相中，这是一个热力学不平衡过程。在膜工艺中用下列参数表示过程的效率。

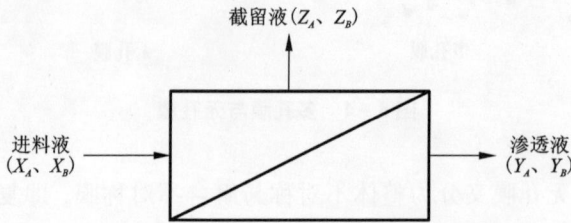

截留液(Z_A、Z_B)

进料液
(X_A、X_B)

渗透液
(Y_A、Y_B)

图 5 −6　溶液通过压力驱动膜的情况

（1）通量　又称渗透速率，它是评价膜效率的重要指标，以单位时间通过单位膜面积的量表示，因此有三种不同的表示通量的单位，即体积通量：$L/(m^2 \cdot h)$；质量通量，$kg/(m^2 \cdot h)$；摩尔通量 $mol/(m^2 \cdot h)$。

（2）推动力　实现通过膜的传递，必须施加某种推动力，即施加能量，对压力驱动膜而言，其推动力为压力差。膜过程的推动力通式为

$$J = -A \frac{\mathrm{d}F}{\mathrm{d}X}$$

式中：J 为通量；$\frac{\mathrm{d}F}{\mathrm{d}X}$ 为推动力；A 为系数。

不同的压力驱动膜过程的压力与通量范围示于表 5 −2。

表 5 −2　膜操作的压力与单位压力下通量范围比较

膜过程	压力范围/bar	通量范围/$(L \cdot m^{-2} \cdot h^{-1} \cdot bar^{-1})$
MF	0.1 ~ 2.0	> 50
UF	1.0 ~ 5.0	10 ~ 50
NF	5.0 ~ 20	1.4 ~ 12
RO	10 ~ 100	0.05 ~ 1.4

注：1 bar = 10^5 Pa。

（3）分离效率　压力驱动膜的分离效率用截留率或选择性 $\beta_{A/B}$ 表示。

截留率：

$$R = \frac{C_F - C_P}{C_F} = 1 - \frac{C_P}{C_F}$$

式中：C_F 为原料液中溶质浓度；C_P 为渗透物中溶质浓度。

选择性

$$\beta_{A/B} = \frac{C_P^A / C_P^B}{C_F^A / C_F^B}$$

式中：C_P^A、C_P^B 为组分 A 和 B 在渗透物中的浓度；C_F^A、C_F^B 为组分 A 和 B 在原料液中的浓度。

（4）收率（Y）　压力驱动膜过程出现初期主要应用于水处理，因此一般只说水即溶剂的收率，因此渗透物的体积与原料液的体积之比即为水的收率。通量大的体系肯定收率高，因此，对水处理通常用通量与截留率这两个指标，通量高且截留率（R）高表示水的质量高，得到的产水量也大，因此是一满意的分离过程。而用于冶金过程时，溶质也是重要研究对象，对于有价溶质应计算其直收率，对有害溶质就计算其除去率。此时渗透液和浓缩液都可能是产品，因此应灵活应用，分别计量料液、浓缩液、渗透液体积，分析溶质在各液流中的浓度。

5.3　压力驱动膜组件（元件）

5.3.1　概述

市场上供应的各种压力驱动膜均加工组装成一定形式和尺寸的组件。根据实际工程处理量的需要，采用积木式的办法，可将若干膜组件组装成膜设备。膜组件按其结构形式可分为两大类：①管状类型；②板状类型。每一类各有三种形式的组件（表 5－3）。

表 5－3　膜组件分类

管状类型	板状类型
管式膜组件	平板式膜组件
毛细管膜组件	卷绕式膜组件
空心纤维膜组件	垫套式膜组件

一个良好的膜组件应具备下列条件：

（1）良好的流体力学条件，即布水均匀无静水区。

（2）良好的机械稳定性、化学稳定性和热稳定性。这些性能既取决于膜的性能，也取决于密封材料性能。因此不同种类的膜组件有不同的适用范围。

（3）装填密度大，即单位体积的组件应有尽可能大的膜面积。

（4）制造成本低，更换膜的成本尽可能低。

（5）易于清洗。

（6）压力损失小。

因为待处理的物料流通过一个膜组件后分成截留液与渗透液两股液流，故一般膜组件有三个进出口，即一般做成三端头形式，按液流的运动方向，有并流、逆流及交叉流三种形式的组件(图 5 - 7)。

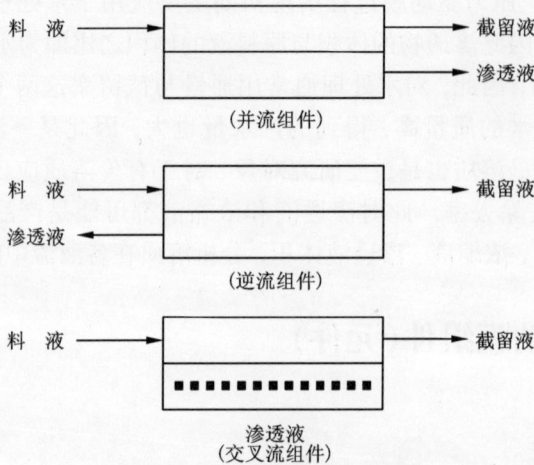

图 5 - 7　不同液流运动方向的组件

5.3.2　管状类型膜组件

管状类型膜组件的直径大致范围列入表 5 - 4。

表 5 - 4　管状类型膜的直径

组件	直径/mm
管式膜	>10
毛细管	0.5 ~ 10.0
中空纤维	<0.5

如果将不同管径的这三类膜分别紧密堆集起来作比较，则不难看出中空纤维膜具有最大的装填密度。或者说管径越小的装填密度越大(表 5 - 5)。

表 5 − 5   不同管径膜单位体积的膜面积

直径/mm	装填密度/($m^2 \cdot m^{-3}$)
10(管式膜)	360
1(毛细管)	3600
0.1(中空纤维)	36000

5.3.2.1   管式膜组件

图 5 − 8 为管式膜组件的示意图,在多孔支撑管的内侧,渗透液通过膜穿过多孔支撑管进入渗透物收集管内从相应出口流出,而浓缩物从管的另一端流出。在膜与支撑管之间的排流纤维网改善液流状况,帮助渗透物穿过多孔管,同时对膜起支撑作用。单根直径较大的管式膜即可装配成一个膜组件,而直径较小的管则如图 5 − 9 所示,可以多根装在一个总管内构成一个组件。

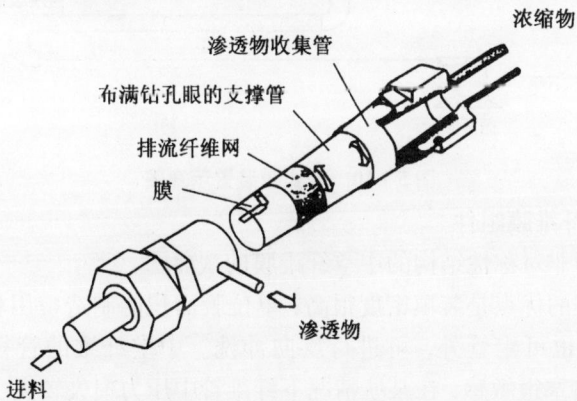

图 5 − 8   管式膜组件结构示意图

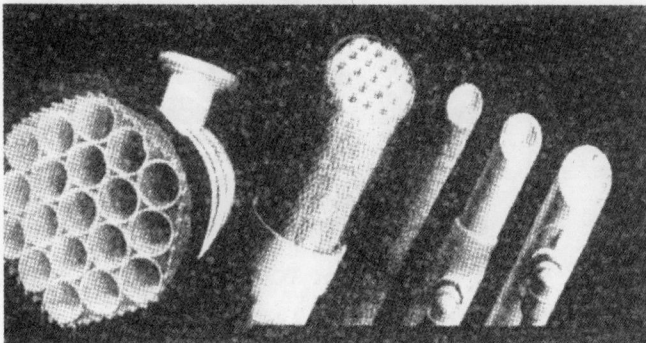

图 5 − 9   管式膜组件

　　根据实际处理量的需要，一台膜设备可以由多支管或膜组件串联组装而成。

　　管式膜中料液呈湍流状态，管径又大，故对料液中悬浮物有一定承受能力，甚至可浓缩到截留液中固体悬浮物大于50%，其流道是敞开式，故不会发生流道堵塞现象，组件中的压力损失较小，可采用机械法清洗，其缺点是装填密度小（<100 m^2/m^3），投资和运行费用都较高。

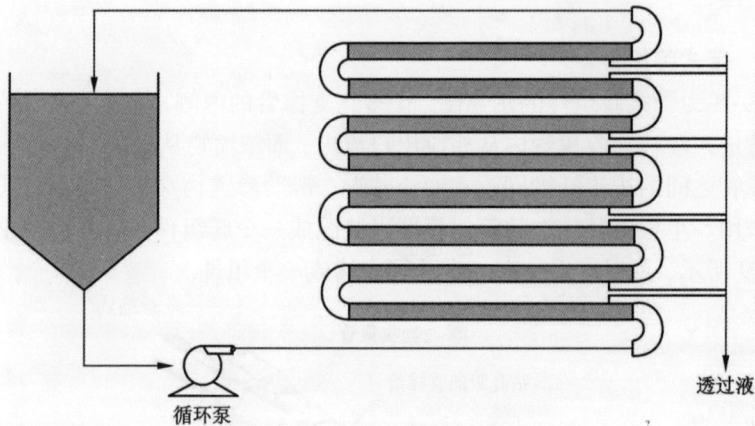

图5-10　管式膜装置示意图

5.3.2.2　中空纤维膜组件

　　图5-11为非对称性结构的中空纤维膜的截面图。

　　中空纤维膜的优点是装填密度很高，单位膜面积的制造费用相对较低，其进料既可走管内，也可走管外，可进行反向冲洗。中空纤维的管径一般在0.5~2 mm，因此对堵塞很敏感，在某些情况下纤维管中压力损失较大。

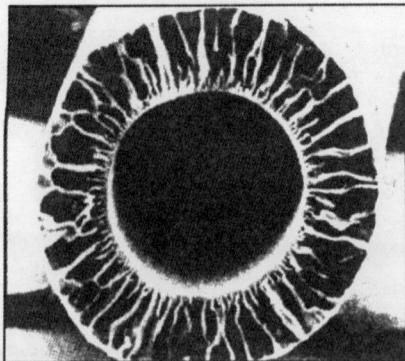

图5-11　中空纤维膜

一个中空纤维膜组件由一根膜管外壳、内装有许多根中空纤维平行密集排列、两端头用密封材料(一般为环氧树脂)密封黏结而成(图5-12)。组件的进料方式有外压式及内压式两种形式。图5-13为内压式组件,原料液从中空丝内进,产品水从组件中心管汇集流出。外压式则反过来,原料液从中心管一头进,从另一头出浓缩液,而渗透液从中空丝内流出。

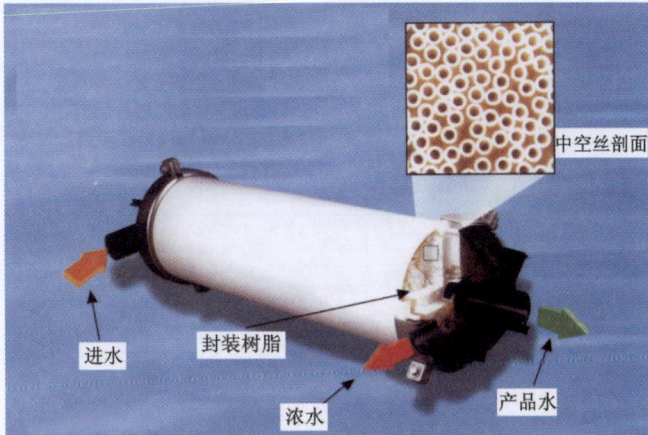

图5-12 中空纤维膜组件

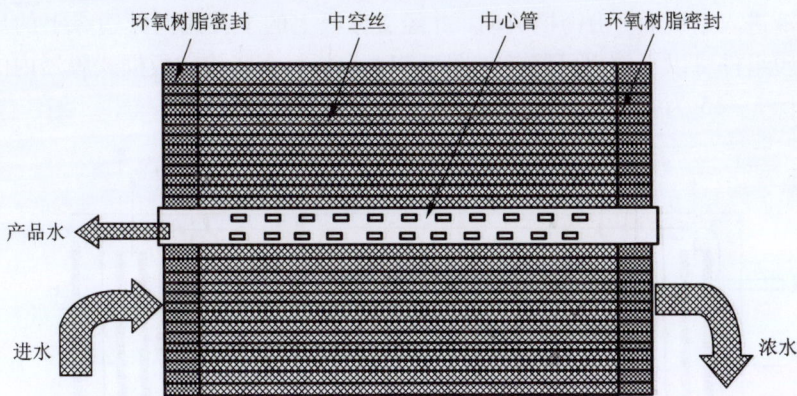

图5-13 内压式中空纤维膜组件

5.3.2.3 毛细管膜组件

其管径介于管式膜及中空纤维膜之间,结构上类似于中空纤维膜,属自承式膜,进料也是走管内,装填密度比管式膜组件高,制造费用低,但管内流体为层流,故传质性能差,且其抗压强度较小。三种管状类膜特征对比列入表5-6。

表5-6 装配管状膜特征对照

项目	中空纤维	毛细管	管式膜
单管管径/mm	<0.5	0.5~10.0	>10
料液在组件内流动方式	外压式(料液在膜外) 内压式(料液在纤维内)	管内通过	管内通过
造价	最便宜	便宜	贵
允许操作压力	10.0 MPa(管外) 1.5 MPa(管内)	1.0 MPa(管外)	8.0 MPa(管外)
应用领域	RO、UF、MF	UF、MF	RO、NF、UF、MF

5.3.3 板状类膜组件

5.3.3.1 平板式膜组件

平板式膜组件也称平板框式膜组件,外形类似于常用的板框式压滤机。它是以隔板、膜、支撑板、膜、隔板的顺序多层交替重叠压紧,组装在一起制成的。隔板表面有许多沟槽作为料液及浓缩液的通道。支撑板上有许多孔用作渗透液的通道。料液进入系统后,沿沟槽流动,并经支撑板上的小孔流向其边缘上的导流管排出。膜组件可以平放也可竖放。图5-14为物料在竖放的板框式膜器内的流向示意。图5-15为多层板框式微滤膜器。

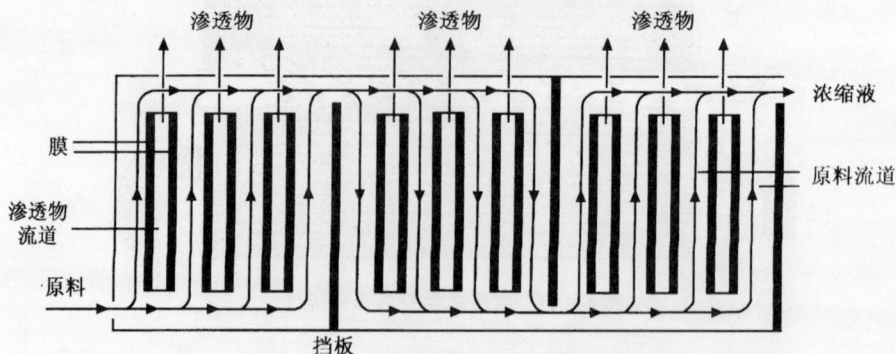

图5-14 平板膜器内物料流向示意图

一般而言,板框式膜组件的优点是制造、组装比较简单,操作比较方便,膜的维护、清洗、更换都比较容易。缺点是需要密封的部位多，且装填密度相对较小，制造成本较高；流体在膜器内转向多造成较大的压力损失；对大面积的膜而言，对膜的机械强度要求较高。

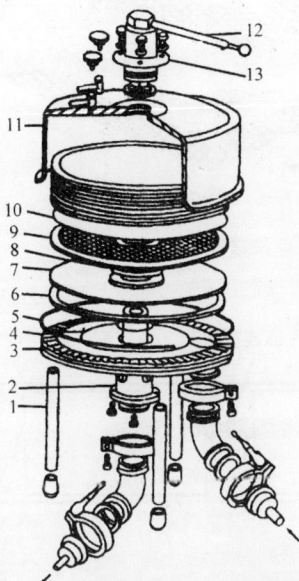

图 5 - 15 多层板框式微孔膜滤器

1—支座；2—中心轴；3—底座；4—中心轴 O 形密封圈；
5—底座 O 形密封圈；6—大垫圈；7—支撑板；8—小垫圈；
9—支撑网；10—过滤膜；11—外壳；12—手柄；13 制动圈

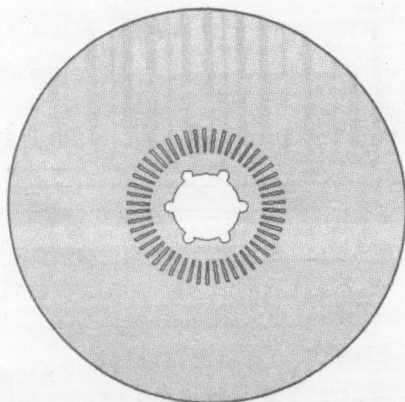

图 5 - 16 膜垫套

5.3.3.2 碟管（垫套）式膜组件

碟管（垫套）式膜组件是板框式膜组件的一种改进形式，两张膜的外圆周长预先黏结在一起，形成一个膜袋，袋口在内圆周处（图 5 - 16），袋中有一层纤维网作为膜的支撑体，每两个膜袋之间是一张隔板。进入膜袋的渗透液通过装有圆形密封垫圈的开口从中心流入总汇集管中，在中心开口处还装有夹紧螺栓将膜垫套和间隔板压紧在一起，使渗透物流与浓缩液彼此密封隔离。

碟管（垫套）式膜组件的密封处少，可在高压条件下操作，跨膜压差可高达 20 MPa，压力损失小，也不易污染，但它同样有装填密度相对较小（ <400 m²/m³ ）的缺点，而且使用的膜必须是可焊接或可黏合的。

5.3.3.3 卷式膜组件

螺旋卷式膜是目前广泛使用的膜，多用于 RO 及 NF，这种膜实质上是卷压起来的平板膜。图 5 - 17 为它的基本结构。

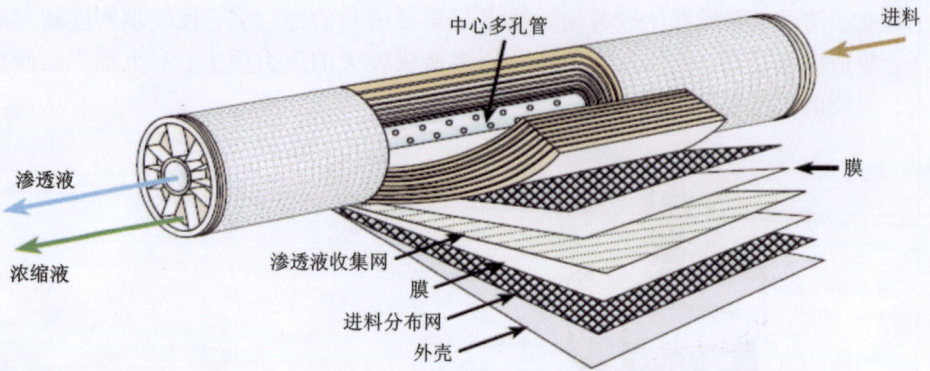

图 5-17　卷式膜元件示意图

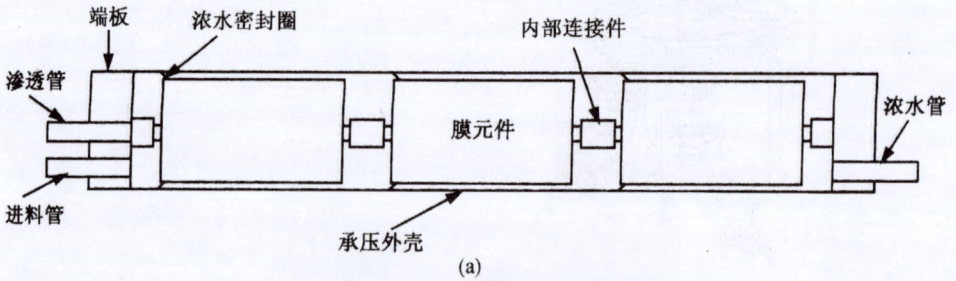

(a)

(b)

图 5-18　串联卷式膜组件(a)和卷式膜元件端视图(b)

其特点是将两张膜密封成长信封状膜袋，内衬以分隔板，两个膜袋之间衬以进料分布网，然后紧密地卷绕在一根多孔的中心管上而形成膜卷，再装入圆柱形压力容器内。料液从组件一端进入组件，沿轴向流动，在驱动力作用下，易透过物沿径向渗透通过膜至中心管导出，浓缩液从组件另一端流出。实际使用中可将几个膜卷的中心管密封串联起来，再装入压力容器内，形成串联的卷式膜组件。每一个膜卷称为一个膜元件。一般可串联 6 个元件，图 5 - 18(a) 为 3 个膜卷串联成的一个膜组件。

卷式膜结构简单，造价低廉，装填密度相对较高(<1000 m^2/m^3)；但渗透液的流动路径较长；难以清洗，同样要求膜必须是可焊接或可黏接的。

工业上较常应用的是三种管状类膜及卷式膜，它们的特性对比列于表 5 - 7。

表 5 - 7　常用各类膜特性比较

项目	管式	卷式	毛细管	中空纤维
投资	高	→		低
污染趋势	低	→		非常高
清洗	易	→		难(可反冲)
膜更换	可/不可	不可	可	不可
流道	敞开, 宽	狭窄, 细	较宽	较细
装填密度	低			非常高

5.3.4　膜组件排布与连接

5.3.4.1　基本过滤方式

压力驱动膜过程原则上可以简单地视为一个膜滤过程，膜的过滤方式有两种，一为传统的料液垂直膜的流动方式，另一种为料液平行于膜面流动方式，如图 5 - 19 所示。

按传统方式过滤容易造成膜孔的堵塞，过滤速率随时间延长迅速衰减，故现在不仅是 RO 及 NF 过程，而且 UF、MF 过程均采用错流过滤方式。

5.3.4.2　基本运行方式

一台膜装置往往由许多膜组件组装而成，物流在膜装置内按一定的方式通过各膜组件达到浓缩、分离的目的。基本运行方式有一次通过式、部分循环式和循

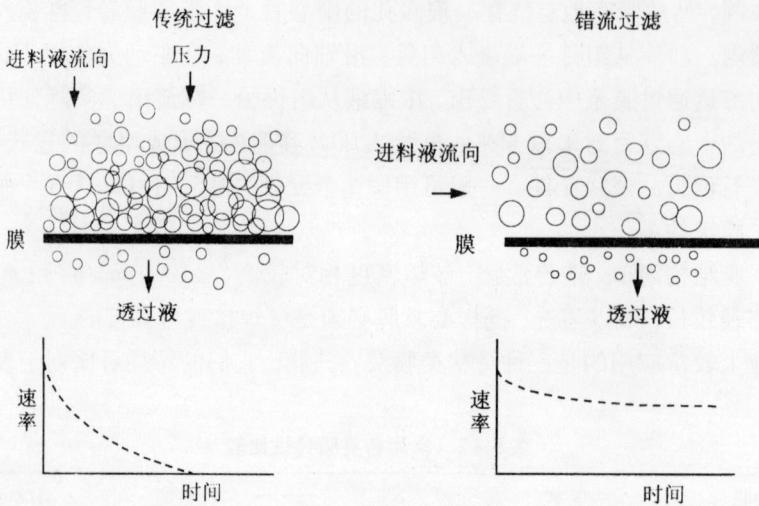

图 5-19　过滤方式比较

环式三种。

(1)一次通过式

料液通过一个膜组件后,分成渗透液和浓缩液两股液流,根据浓缩和分离任务的需要,浓缩液或渗透液均可依次通过第二、第三个膜组件进一步处理。

这种方式适用于处理量大,回收率高的情况,例如纯水制备、废水处理等。

(2)部分循环式

如图 5-20(a)、(b)分别表示渗透液和浓缩液的部分循环方式。

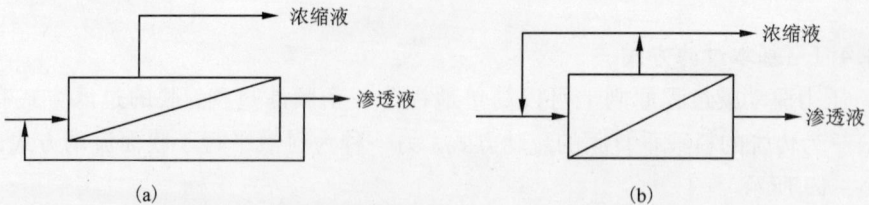

图 5-20　部分循环式

图 5-20(a)为部分渗透液循环,此种模式便于控制渗透液的质量与产量,适用于料液成分经常波动,或在 RO 处理时料液中有可能出现微溶盐沉淀的情况。

图 5 - 20(b)为部分浓缩液循环,此种模式适用于需要富集回收料液中微量组分或废液处理的情况。

(3)循环式

用 5 - 21(a)、(b)分别表示补加稀释剂及不补加稀释剂的循环方式。

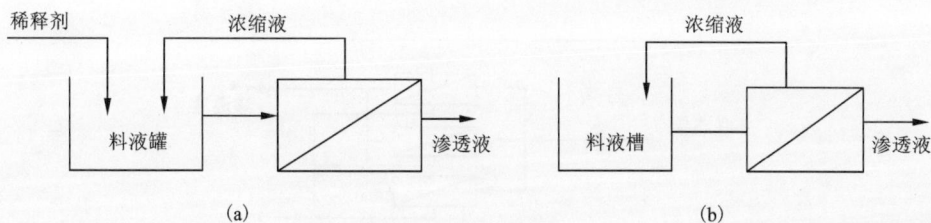

图 5 - 21 循环式

图 5 - 21(a)为浓缩液全部返回料液槽,同时不断向料液槽中添加稀释剂,方法利用处理稀溶液时膜有较佳的分离效率这一特性不断向料液槽补充稀释剂,通常补加水,稀释剂补加量根据料液中待分离组分的含量及渗透特性决定,此法又称为透析法。产品有较高收率与纯度。图 5 - 21(b)则为不添加稀释剂的模式,适用于直接处理稀溶液,要求浓缩或分离溶质的情况。

5.3.4.3 膜组件的基本连接方式

只要有两套膜组件,就必须考虑它们的连接方式,膜组件的连接方式有串联与并联两种基本方式,如图 5 - 22 所示。

并联或串联组件的数目取决于进料量,原则上说对每种类型的膜组件都存在一个通量的上限和下限。对一定的进料量,如果设计的组件数过少,则势必在超过通量上限情况下运行,最终导致膜损坏,如果设计的组件数过多,则通量减少,当超过允许的通量下限时,则会造成结垢堵塞,引起分离效果恶化。

对于串联方式,料液经过一次施压分离即称为一级一段,如果此时将浓缩溶液再经过一次串联的膜分离则称为二段,依此类推有三段、四段等。反过来如经过一次施压后,渗透液再经过一次施压分离,则称为第二级,依此类推有三级、四级等,显然增加段数的目的是为了提高渗透液收率,而增加级数是为了提高分离效果,处于一定级段数位置的膜组件可以是一个也可以是多个。处于同一级、段数位置的多个膜元件称之为一个组块,图 5 - 22 所示的情况,显然并联流程表示一个一级一段流程,它由三个膜组件组成一个组块,而串联流程表示的是一个一级三段流程,每一段可以是一个膜组件,也可以是一个组块。

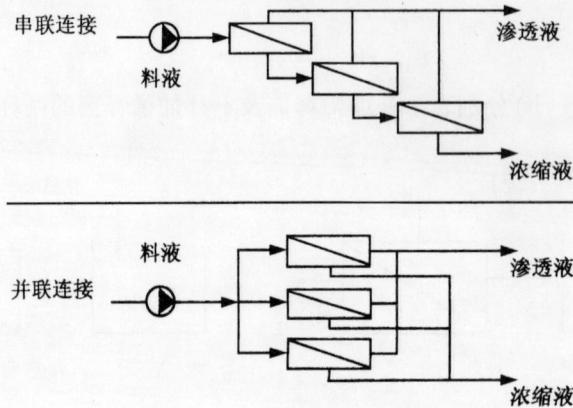

图 5 - 22　膜组件基本连接方式

5.3.4.4　单级内的组件排布

对于一个单级多段的流程,由于后段组块的进料通量总是依次递减,所以在大多数情况下,各段组块中并联连接的组件数目依次减少形成如图 5 - 23(a)所示的锥形连接,以使总的通量保持稳定。

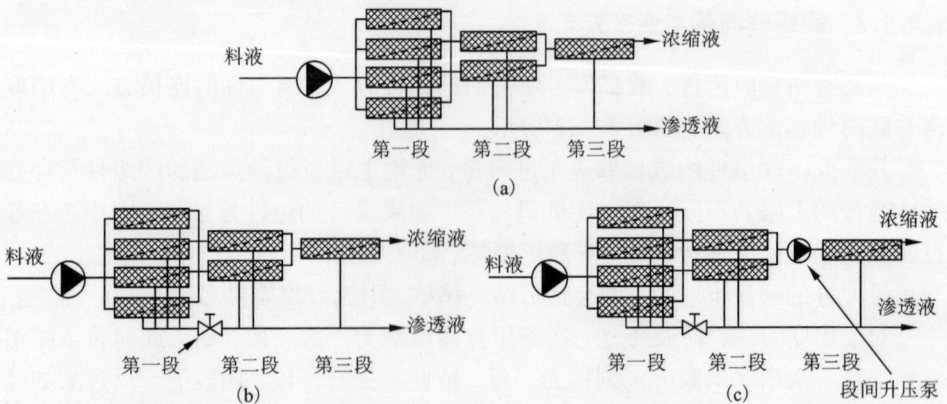

图 5 - 23　一级多段锥形排布

图 5 - 23 是一个 4 - 2 - 1 排列的一级三段 RO 流程。每一个膜组件内有 6 个 1 m 长的卷式膜元件。第 1 段纯水收率≤50% ,1、2 段水总收率可达到 75% ~ 80% ,1,2,3 段水总收率则可达到 85% ~90% 。为控制第一段产水量不致超过通量上限,第一段产水可设置背压如图 5 - 23(b)所示,第三段进水盐含量很高时

可设置段间升压泵如图 5 −23(c)所示。

5.3.4.5　多级膜组件排布

图 5 −24 为二级锥形排布的装置，各级均只一个段，通过二级渗透处理，提高出口渗透液质量，第二级浓水返回到一级与料液合并以提高总收率。

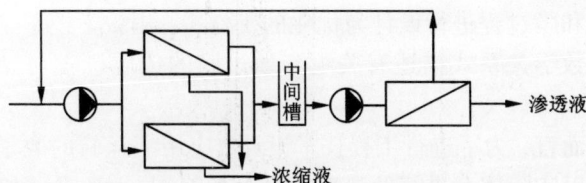

图 5 −24　二级锥形排布

为了达到高的产品纯度与收率，一般所需级、段数较多，膜组件的排列也很复杂，图 5 −25 所示为一个类似于蒸馏过程的多级级联流程。

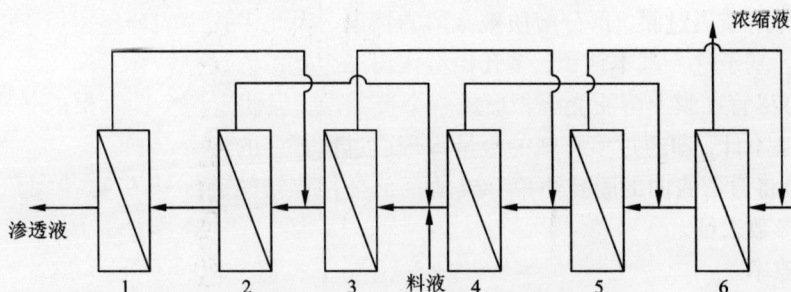

图 5 −25　带再循环的多级级联装置示意图

该装置一共有六个组块，每一组块由若干膜组件并联而成，4、5、6 个组块为浓缩段，1、2、3 个组块为抽提段，料液从第三个组块进入系统，渗透液依次经 3、2、1 个组块提纯，纯的渗透液从流程左端流出，而每一个组块的浓缩液则返回循环至上一个组块，直至经第 6 个组块浓缩后从流程右端流出。第 4、5、6 个组块的作用是专门浓缩从抽提段开始由各组块返回的循环浓缩液。因此浓缩液中截留组分也得到富集提纯。

一般渗透液进入下一级需用泵加压，而浓缩液返回上一级由于压力损失小不需再加压。是否需循环一般视截留或渗透组分的量及价值确定。总体来说，有循环的系统投资与操作费用较高，而无循环的系统收率会低一些。

这种连接形式只适用于富集分离一些昂贵、稀缺的组分，早期 U_{235} 与 U_{238} 的分离即用此法。

5.4 压力驱动膜过程的传质

5.4.1 膜内传质

在对膜组件和膜过程进行设计与优化的工作中,用数学模型来进行模拟是必不可少的。这些数学关系式描述有关组分通过膜的传质过程与操作条件的依赖关系。

对工程科学而言,为了进行工程技术设计,应用半经验的数学模型是方便适合的。这些模型以实际体系进行的渗透实验为基础,同时吸收了有关的理想化模型概念,可以对实验测得的膜分离特性作定量的详细描述。

从将膜分为多孔与无孔两类出发,我们可以用多孔模型和溶解 – 扩散模型来描述发生在这两类膜中的传质过程。

5.4.1.1 多孔模型

多孔膜存在"孔径"的分布,因此即使被截留颗粒的直径等于平均孔径,也总存在部分溶质透过膜、部分溶质被截留的情况,因此多孔膜的分离类似于一个筛分过程。基于这一基本认识,多孔模型作出三个基本假设:

(1)尽管在膜上溶质会沉积形成一个覆盖层,但假定这个覆盖层的传质阻力可以忽略不计,即通过多孔膜的流量等于通过覆盖层的流量。

(2)将弯弯曲曲的膜孔简单看成是一个平行连接的毛细管体系,膜的结构由下列膜参数表征。

孔隙率

$$\varepsilon = V_H / V_T \tag{5-1}$$

式中:V_H 代表孔体积;V_T 代表膜总体积。

单位体积的比表面积

$$S_{(V)} = \frac{A_H}{V_S} \quad (m^2/m^3) \tag{5-2}$$

式中:A_H 为总的孔面积;V_S 为支撑体的体积。

(3)毛细管中的流量可以用 Hagen-Poiseuille 定律来描述,即

$$V_{cap} = \frac{d_h^2}{32\eta} \cdot \frac{\Delta p}{L} \quad (m/s) \tag{5-3}$$

$$L = Z\delta_m \quad (m)$$

式中:Z 为弯曲因子,一般取 $Z = 12 \sim 25$;δ_m 为膜厚;L 为毛细管长度;η 为黏度(kg/ms);d_h 为毛细管的水力学直径,

$$d_h = \frac{4\varepsilon}{(1-\varepsilon)S_{(V)}} \quad (m) \tag{5-4}$$

另一方面毛细管中流量又可表示为

$$V_{cap} = \frac{V_p}{\varepsilon} = \frac{J_p}{\rho_p \varepsilon} \qquad (5-5)$$

式中：V_p 为渗透液的溢流速度(m/s)；J_p 为质量渗透通量($kg/m^2 \cdot s$)；ρ_p 为渗透液密度(kg/m^3)。

合并式(5-3)至式(5-5)，可以得到渗透通量与推动力之间的线性关系式

$$V_\rho = \frac{J_p}{\rho_p} = A\Delta p \qquad (5-6)$$

式中

$$A = \frac{\varepsilon^2}{\eta (1-\varepsilon)^2 S_{(V)}^2 2Z\delta_m} \qquad (\text{Carman-Kozeny 方程}) \qquad (5-7)$$

5.4.1.2　溶解-扩散模型

无孔膜是不对称膜，溶解-扩散模型只讨论经致密表皮层中的传质，而对多孔支撑体的影响忽略不计。溶解-扩散模型的基本假设为：

(1)聚合物的致密表皮层是理想的膜。

(2)这种理想的膜好像是一种真实的液体，渗透物溶解于其中成为理想溶液，在膜的上游或下游的界面处(即与料液的界面或与渗透液的界面)各组分存在化学平衡。在化学位的推动下，渗透物沿着其梯度方向扩散传递，从膜下游解吸。物质的渗透能力不仅取决于扩散系数，还取决于在膜中的溶解度。

(3)忽略各渗透组分之间的相互影响

对于反渗透而言，无论是溶剂(水)还是盐通过膜，都被看成是溶质溶解于高分子膜，尔后在其中的扩散过程，因此原则上可用 Fick 第一扩散定律进行描述。

先考察水的渗透过程

$$J_w = -D_w dC_w/dX \qquad (5-8)$$

式中：C_w, D_w 分别为水在膜中的浓度和扩散系数；J_w 为水的渗透通量；X 为流向坐标。

若水在膜中的溶解服从 Henry 定律，则

$$d\mu_w = -RTd\ln C_w = -RTdC_w/C_w \qquad (5-9)$$

代入(5-8)式有

$$J_w = \frac{D_w C_w}{RT} \cdot \frac{d\mu_w}{dX} \approx \frac{D_w C_w}{RT} \cdot \frac{\Delta\mu_w}{\Delta X} \qquad (5-10)$$

对于理想稀溶液中的溶质，在等温条件下有

$$\Delta\mu_w = RT\ln a_w + V_w\Delta p = RT\ln C_w + V_w\Delta p \qquad (5-11)$$

而根据溶质的渗透压公式，有 $V_w\Delta\pi = -RT\ln C_w$ 与(5-11)式合并后代入(5-10)式，则有

$$J_w = \frac{(D_w C_w V_w)}{RT\Delta X}(\Delta p - \Delta \pi) = A(\Delta p - \Delta \pi) \qquad (5-12)$$

A 为溶剂(水)的渗透系数,通过实验测定

$$A = \frac{D_w C_w V_w}{RT\Delta X} = \frac{D_w C_w V_w}{RT\delta_m} \qquad (5-13)$$

式中:μ_w 为膜中水的化学位;a_w 为膜中水的活度;Δp 为膜上下游压力差;$\Delta \pi$ 为膜两侧溶液渗透压差;V_w 为水的摩尔体积;δ_m 为膜厚。

对于盐的渗透过程,它几乎完全取决于浓度梯度,可写为:

$$J_s = -D_s \frac{\mathrm{d}C_i^{\ m}}{\mathrm{d}x} \approx D_s \frac{\Delta C_i^{\ m}}{\Delta X} \qquad (5-14)$$

式中:C_i^m 为盐在膜中的浓度,由于它不易测定,故引入分配系数(或称溶解度常数)K_s。

$$K_s = \frac{C_i^m}{C_i^s} \qquad (5-15)$$

而 $\Delta C_i^s = C_F - C_P$,故

$$J_s = D_s K_s \frac{C_F - C_P}{\Delta X} = B(C_F - C_P) \qquad (5-16)$$

式中:B 为溶质的渗透率系数,由实验测定。

$$B = \frac{D_s K_s}{\Delta X} = \frac{D_s K_s}{\delta_m} \qquad (5-17)$$

式中:C_F 为料液中溶质的浓度;C_P 渗透液中溶质浓度;D_s 为盐在膜中扩散系数。

5.4.2 膜组件中的传质阻力

除膜本身的传质阻力外,膜组件中还存在额外的局部传质阻力。因此随运行时间延长,通量下降。造成这一现象的重要原因就是浓差极化和膜污染。

5.4.2.1 浓差极化

在分离过程中,由于膜有选择性,使溶剂(一般为水)通过膜,而溶质被截留,如图 5 - 26 所示,在膜面处的溶质浓度 C_m 升高,大于溶质在主体相中的浓度 C_b,此时发生溶质从膜表面向本体的反扩散,溶质在两个相反方向的扩散达到平衡时,在膜面附近存在一个稳定的浓度梯度区,称之为浓差极化边界层,这一现象称为浓差极化。膜面溶质浓度

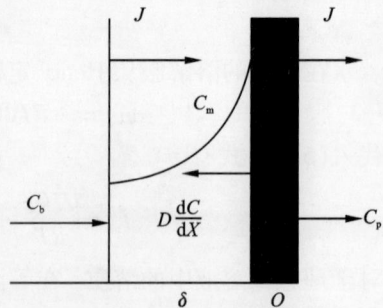

图 5 - 26　浓差极化

C_m 与溶液主体溶质浓度 C_b 之比 C_m/C_b 称为浓差极化度。

达到稳态时其质量平衡为

$$J = -D\frac{\mathrm{d}C}{\mathrm{d}X}$$

据边界条件 $X=0$，$C=C_m$，$X=\delta$，$C=C_b$，积分有

$$\ln\frac{C_m-C_p}{C_b-C_p}=\frac{J\delta}{D}$$

$$\frac{C_m-C_p}{C_b-C_p}=\exp(\frac{J\delta}{D}) \tag{5-18}$$

式(5-18)称为浓差极化方程，其中，$\dfrac{D}{\delta}=K$ 称为传质系数，J 为膜的渗透通量；当 C_p 很小时，简化(5-18)式，有

$$\frac{C_m}{C_b}=\exp(\frac{J}{K}) \tag{5-19}$$

每种膜过程浓差极化的程度及其对各自膜过程的影响并不相同。对 UF 及 MF 过程，极化影响比 RO 及 NF 严重得多，这是因为 UF 截留大分子与胶体，大分子与胶体在边界层中浓度的升高值大，而反扩散速度却小，一般大分子的扩散系数 D 比盐的扩散系数小两个数量级，与此对应其传质系数大致是 RO 的 5%。而 UF 的渗透通量却比 RO 大，根据(5-19)式，浓差极化度就大。

浓差极化的危害主要表现为下列几方面：

(1)浓差极化使膜表面溶质浓度升高，引起渗透压增加，根据(5-12)式可知反渗透的水通量下降，而根据(5-16)式，此时盐的渗透推动力由 C_F-C_P，变为 C_m-C_P，而 C_m 大于 C_F，故盐的渗透率增加，分离效果恶化。

(2)膜表面溶质浓度的升高，难溶盐及胶体等会在表面沉积形成凝胶层，使透过膜的阻力增加，进一步使反渗透的通量降低，脱盐率降低，传质可以转变为由凝胶层控制，凝胶层的孔隙率、孔结构、形状、厚度对传质有显著影响。对于 UF 及 MF 过程，根据(5-6)式及(5-7)式，凝胶层使 Δp 下降，A 下降(因为凝胶层形成相当于膜厚 δ_m 及弯曲因子 Z 增加)，故渗透通量下降。

(3)膜表面的沉积物有可能与膜发生作用，使膜性能恶化，如果是有机大分子在膜面积累，沉积还可能使膜发生溶胀或溶解，使膜性能恶化。

(4)严重的浓差极化还会导致沉淀、结晶堵塞膜组件内的流道，恶化运行状况。

因此在膜过程的运行中要特别注意减少浓差极化，根据浓差极化形成的原理可知，减少浓差极化的方法就是减少浓差极化的边界层厚度、提高溶质传质系数。其具体方法可以是：

(1)合理设计，精心制作膜组件，使流体分布均匀，以湍流方式运行，尽量采

用错流方式进料。

(2)适当提高操作流速改善流动状态,适当提高进料液温度,降低黏度,增加传质系数。

5.4.2.2 膜污染

膜污染是指被处理的液体中的微粒、胶体粒子、有机物和微生物等大分子溶质与膜产生物理化学作用或机械作用而在膜表面或膜孔内吸附、沉淀,从而导致膜的通量与分离效果持续下降的现象。显然浓差极化与膜污染有一定的内在联系,但两者并不是一回事,前者是后者的导火线。

膜污染的形式有两种,一种为表面覆盖污染,覆盖层大致成双层结构,上层为松散层,下层为密实层,也有人将覆盖层分为三层即最上层的分界层,中间的凝胶层,最靠近膜面的污染层(图5-27)。一般凝胶层与污染层影响较大,它们能覆盖大量膜

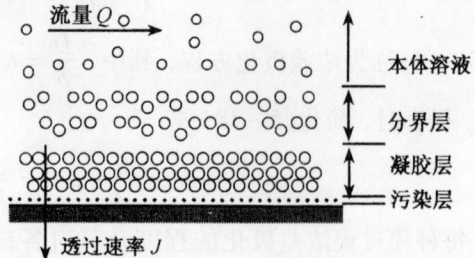

图5-27 膜上的覆盖层

孔,增加透水阻力。第二种污染称之为膜孔内阻塞污染,细微粒子进入孔内使膜变小乃至完全堵塞,这种现象一般是不可逆过程。

污染物的类型有:

1. 无机物结垢

Ca:Ca离子与碳酸根、硫酸根形成不溶或微溶盐类沉淀。

Mg:与硅酸根形成硅酸镁,在高pH下形成氢氧化镁等微溶盐类沉淀。

Sr,Ba:它们与硫酸根生成难溶盐沉淀。

Al:细粒氢氧化铝可造成膜面污染。

Fe、Mn:Fe、Mn二价离子溶于水,被氧化成高价后产生沉淀。

Si:pH < 8时,溶解硅以H_4SiO_4形式存在,超过其溶解度后,以SiO_2形式沉积出来,pH 7~7.8,SiO_2溶解度最小。

2. 有机物污染

有机物的来源一部分是工艺需要加入的高分子絮凝剂、表面活性剂、电镀添加剂等,冶金溶液中还可能存在一些选矿药剂。还有一部分是从自然界带入溶液中的,如腐殖酸等,在处理堆浸液及工业废水时通常会发现这类有机物的存在。

可溶性高分子在膜表面或膜孔内被吸附从而造成膜污染,称其为吸附污染。

高分子在膜孔内被吸附也会造成膜孔堵塞污染。

如果大分子在膜表面吸附则会形成大分子动态膜,从而增加膜的整体阻力。

3. 胶体污染

胶体通常呈悬浮状微细粒子，均布于水体中，长期连续运行中，被膜截留下来的微粒容易形成凝胶层，更有甚者，一些与膜孔径大小相当及小于膜孔径的粒子会渗入膜孔内部堵塞流水通道而产生不可逆的变化。

4. 微生物污染

细菌是主要的污染微生物，活的细菌连同其排泄物质，形成微生物黏液而紧紧黏附于膜表面，这些黏液与其他沉淀物相结合则会形成复杂的覆盖层。

5.4.3　污染控制与膜清洗

显然从膜组件一投入运行，膜就开始受到污染，为了保证膜系统的正常运行，就必须对料液进行预处理及定期对膜进行清洗。一个标准的膜系统在设计时就必须考虑预处理及清洗系统的配置，图5-28为膜法水质深度处理工艺流程配置的示意图，对处理冶金溶液同样有参考价值。

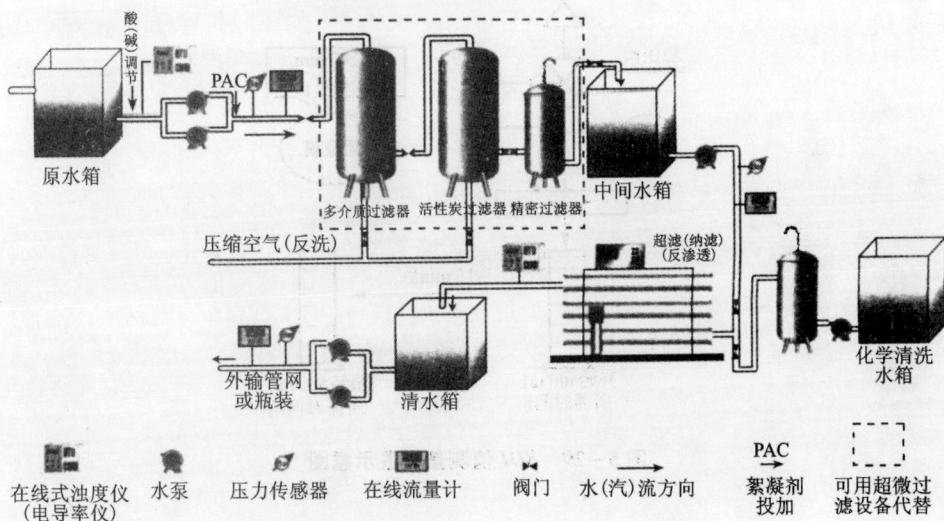

图5-28　膜法水质深度处理工艺流程配置示意图

5.4.3.1　溶液预处理

1. 预处理的目的

无论是处理工业废水还是处理冶金溶液，料液在进入膜系统之前必须进行预处理，预处理的目的是为了：

（1）防止膜表面污染，即防止悬浮物、微生物、胶体物质的污染。

（2）防止膜表面结垢，即防止微溶及难溶盐在浓缩时沉淀析出。

（3）确保膜免受机械和化学损伤，保证膜有良好性能及足够长的寿命。

只有这样才能维持正常的通量、良好的分离效果和稳定的收率，以及最低的运行成本，并延长膜的服务寿命。

2. 衡量预处理效果的指标

在膜法水处理工艺中，一般规定了一系列衡量预处理效果的考核指标，它们包括：

（1）衡量胶体及悬浮物微粒的指标。浊度及污染指数 FI，也称淤泥密度指数 SDI。浊度用浊度仪测量，用光散射浊度仪测试，单位为 NTU，用福马肼浊度法，单位为 FTU，一般 1 mg/L 为一度。而 SDI 值与普通的浊度仪相比是从不同角度反映水质情况，但它比浊度仪准确。因为它能测定浊度仪不能测定的不感光的胶体。图 5-29 为 SDI 值测量装置示意。

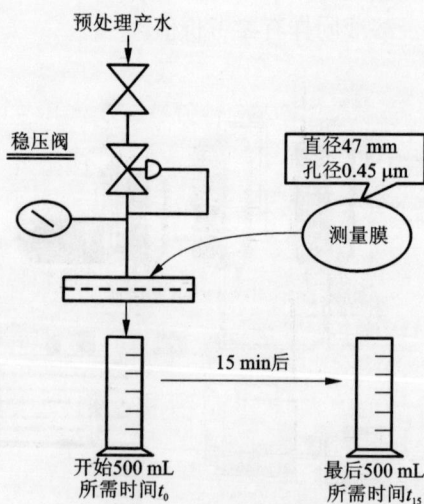

图 5-29 SDI 值测量装置示意图

其测量步骤如下：

①将测试膜片小心放在测试膜盒内，用少许水润湿膜片，拧紧 O 形密封圈，将膜盒垂直放置。

②调节进水量压力至 0.21 MPa 并立即计量开始过滤 500 mL 水样的时间 t_0（通过连续调节，使进水压力始终保持不变）

③在进水压力为 0.21 MPa 下连续过滤 15 min。

④15 min 后继续记录过滤同样 500 mL 所需时间 t_{15}。

SDI 值计算方法如下：

$$SDI_{15} = (1 - \frac{t_0}{t_{15}}) \times \frac{100}{15} \qquad (5-20)$$

由(5-20)式知,SDI_{15}极限值为6.7,对中空纤维 RO,要求 $SDI_{15}<3$,对卷式 RO,要求 $SDI_{15}<4$。

(2)衡量有机物含量的指标:COD、BOD 及 TOC。COD 为化学耗氧量,BOD 为生化耗氧量,TOC 为总有机碳量。COD 与 BOD 均是借助氧化有机物为 CO_2 及 H_2O 来判断其含量。COD 一般较常用,但其值也受溶液中可被氧化的低价离子的含量影响。而 TOC 在要求十分严格时才利用。

(3)残存氧化剂含量指标,因为用聚芳酰胺制造的膜不耐氧化,故用这类膜处理的溶液要严格限制残存的氧化剂量,而水处理中常用氯气或次氯酸作氧化剂,故用游离氯这一指标衡量溶液中残存的水溶性分子氯、次氯酸或次氯酸根或它们的混合物的量,对于聚酰胺类膜要求其控制量在 0.1 mg/L 以下。氯离子无氧化作用,故不受限制。如果不用氯试剂作氧化剂而用别的氧化剂,同样应参考这一要求。

(4)能产生沉淀的无机离子的含量:如 Ca、Sr、Ba、Fe、Mn、Al、SO_4^{2-}、CO_3^{2-}、HCO_3^-、F^- 等。对这些元素应进行分析,计算并考虑它们在浓缩过程中生成沉淀析出的可能性。

(5)pH:不同的高分子材料耐受酸、碱的能力不一,故各种膜能适应的溶液 pH 范围不同。

一般 UF、MF 膜耐酸碱的能力较强,特别是用氟材料制成的膜,具有优异的抗腐蚀性能。RO 膜则较差。目前市售的聚芳酰胺 RO 膜承受的 pH 上限为11,下限为2。选用时必须严格遵守各生产厂注明的 pH 范围。

无机膜原则上耐酸碱能力较强,但必须根据其材质考虑其对具体对象溶液的适应性。

(6)温度:无机膜耐温性高一些,有机膜一般使用温度不超过45℃,但专门的耐高温 RO、NF 及 UF 膜可承受 80~90℃ 高温。

不同用途的膜对水质的要求并不一样,以 RO 膜最为严格,上述各指标主要针对 RO 膜而言,其他膜可视具体情况参考。

3. 预处理方法

常用的预处理方法可分为下列几类。

(1)澄清、过滤　主要目的是除去各种悬浮物和胶体等微小颗粒。为了提高澄清、过滤效果等常常辅以混凝处理,有时还适当添加絮凝剂以提高混凝效果,这些也是湿法冶金中常用的技术,应根据处理要求正确选择混凝剂、助凝(辅凝)剂及澄清、过滤设备,但是膜技术对溶液浊度要求很严,冶金工业常用过滤手段的精度不能满足要求。

在膜工艺中常用的过滤手段按过滤介质分为两类:一类为以粒状滤料为介质,另一类为以各种滤芯为介质。

①粒状滤料：包括石英砂、无烟煤、活性炭，它们能将大部分悬浮物去掉，如进料溶液浊度大于 100 mg/L 时，出料浊度可小于 5 mg/L，进料浊度小于 10 mg/L 时，出料浊度可小于 1 mg/L，而进料浊度小于 1 mg/L，出料浊度可小于 0.5 mg/L。如配合以混凝技术，则出水浊度还会更低。活性炭除了起过滤作用外，还可以吸附除去有机物和残余氯。

②滤芯滤料：常用的滤芯滤料有聚丙烯线绕蜂房式管状滤芯、聚丙烯无纺布熔喷滤芯、PE 塑料烧结滤芯，它们的过滤精度可以从 0.1 μm 到 30 μm。因此可起到精密过滤作用，目前较常见的做法是用 5 μm 过滤器置于膜组件前起一个保险作用，故又称保安过滤器。滤芯堵塞、通量严重下降后一般抛弃处理。

我国自行研制的高密度聚乙烯烧结滤管其过滤精度从 1 μm 至数 10 μm。用它们生产的各种型号规格的过滤机可承受高温腐蚀，特别是具有反冲洗功能，因此溶液中悬浮物含量高时，不但能得到质量很好的滤液，而且得到的滤饼含水量低，成型性好，是一种较好的预处理精滤设备，可以用于氢氧化物及硫化物胶体过滤。某些重金属化合物微粒的 d_s 值及用 PE 管处理电镀混合废水的效果分别列入表 5-8，表 5-9。

表 5-8　某些重金属化合物微粒 d_s 值

化合物	$d_s/\mu m$	化合物	$d_s/\mu m$	化合物	$d_s/\mu m$
$Cr(OH)_3$	0.5~5	$Zn(OH)_2$	1~5	$Cu(OH)_2$	0.3~1.5
$Cd(OH)_3$	0.3~1	$Ni(OH)_2$	1~5	$Fe(OH)_3$	0.5~2
$Pb(OH)_2$	2~10	Pb_3O_4	1~5	V_2O_5	5~9
PbS	2~8	CdS	3~6		

表 5-9　电镀混合废水过滤前后水质对比（mg/L）

元素	Ni^{2+}	总 Cr	Cr^{6+}	Cu^{2+}	Zn^{2+}	pH
原液	38	68	66	66	240	5.1
经 20~25 μm 微孔 PE 管过滤	0.2	0.15	检不出	0.1	0.2	9
经 15~20 μm 微孔 PE 管过滤	0.14	0.05	检不出	0.09	0.12	9

由于 RO 膜对水质要求很严，故比较好的方法是用 MF 或 UF 作 RO 的前级处理手段。

（2）氧化、还原处理　氧化的目的是破坏有机物，杀死微生物。有时是将二价铁、锰离子氧化成高价而水解沉淀再过滤除去，而还原的目的是除去剩余的氧化剂。氧化还原方法是湿法冶金中常用的方法，氧化还原剂种类繁多。一般水处理常用含氯试剂或臭氧作氧化剂，除去游离氯常用 Na_2SO_3 还原处理。去除细菌等微生物还可用紫外线照射处理。处理冶金溶液时，需视溶液体系性质灵活选择氧化还原剂及氧化还原方法。

（3）防止沉淀处理 必须根据浓缩时产生沉淀的无机离子的种类及量来确定处理方法。例如加酸使碳酸根与重碳酸根分解，加酸使 pH 降低防止金属离子水解沉淀，也可以预先用其他方法将引起沉淀的离子除去，在水处理中常用离子交换法处理，但处理冶金溶液就必须根据溶液成分选择分离方法。此外还可添加一些化学试剂防止结垢，如水处理中常用六偏磷酸钠（SHMP）、有机磷酸盐、聚丙烯酸酯，它们的作用是延缓盐晶体的成长，大多数阻垢剂还有分散剂的作用。处理冶金溶液时也可考虑添加适当络合剂防止沉淀生成。

5.4.3.2 膜的清洗

膜的清洗是恢复膜的通量及分离性能的重要手段，一般当膜的通量显著下降、分离效果不能满足要求、系统操作压力显著增加或者正常运行 3~4 个月后就应对膜进行清洗。清洗方法一般分为物理清洗与化学清洗两类。

1. 物理清洗法

①海绵球擦洗法：此法适用于管式膜组件清洗，根据膜管直径大小，选择合适大小的海绵球，用专用设备将其通过膜管，利用海绵球与膜的摩擦作用去除污垢。

②水冲洗法：最简单的方法是将渗透液出口关闭，用高速料液直接冲洗，或者用透过水冲洗，必要时用纯水冲洗，也可在膜的耐受范围内用热水冲洗。

③气－水联合清洗：将干净的压缩空气与水一道送入膜组件内进行冲洗，水－气混合流体可在膜表面产生剧烈的搅动作用而去除比较顽固的污垢。

④反冲洗法：这种方法非常有效，但并非所有的膜都能进行反冲洗，必须根据生产商提供的数据进行合适的反冲洗。

2. 化学清洗法

①用酸溶液及螯合剂清洗，常用的无机酸为盐酸，也可用络合酸如柠檬酸、草酸或者 EDTA，溶液的 pH 必须符合膜的耐蚀要求。酸洗对去除无机盐结垢有效。

②用碱溶液清洗，同样应控制碱清洗液的 pH，常用碱为 NaOH，碱清洗对除去有机物及油脂污染有效，对除去硅垢有一定效果。

③用氧化性试剂洗涤：常用 H_2O_2 或者 NaClO，在浓度合适又不长期浸泡的情况下不致损伤膜。

由于污染原因各异，污染物类型也很多，实际操作中必须认真分析，有针对性地确定清洗方法与清洗程序。

5.5　超滤与微滤

5.5.1　膜表征

UF 膜与 MF 膜均属多孔膜，按筛分机理实现分离。UF 可截留分子量为 500 ~ 500000 的大分子，而 MF 可分离 0.1 μm 以上的微粒。

按多孔膜定义，MF 膜是由孔径 0.1 ~ 10 μm 的大孔构成的多孔皮层，而 UF 膜是具有孔径 2 ~ 100 nm 的中孔皮层的多孔介质。它们的特征不是由膜材料而是由膜孔径决定哪些粒子或分子被截留，材料对分离性能无太大影响。

表征多孔膜的方法可以有两类：

(1) 用结构相关参数表征，结构相关参数指孔径、孔径分布、皮层厚度和表面孔隙率。

(2) 用渗透相关参数表征，即用溶质被截留分数表示。

一般很难将结构相关参数与渗透相关参数关联。

5.5.1.1　MF 膜表征

(1) 扫描电镜法 (SEM)　能清楚观测多孔膜的全部结构，对表层、断面和底面均可获得清晰简洁的图像，得到孔径、孔径分布及表面孔隙率及孔的几何结构资料。

(2) 泡点法　泡点用来表征最大孔的尺寸。其原理是将过滤器的上部与液体接触，从而使膜孔内充满液体，过滤器底部与空气相连，当空气压力逐渐增大到一定值时气泡会通过膜，测定产生第一个气泡所需的压力，再由 Laplace 方程计算最大孔径：

$$r = \frac{2\sigma}{\Delta P}\cos\theta \tag{5-21}$$

式中：r 为毛细管孔半径 (m)；σ 为液 - 气界面张力 (N/m)。气泡通过孔时 $\theta = 0$，$\cos\theta = 1$，所以可计算出孔径。如果逐渐分段升压还可测定孔径分布，但使用不同液体时，由于 σ 值不同，得到的孔径值不一样，所以在膜技术中使用异丙醇作标准。

(3) 汞注入法　它是泡点法的变种，将泡点法中的液体换成汞，在变化压力下使汞注入膜孔，首先注满大孔，再逐渐注满小孔。汞体积可准确测定，故进入膜孔的汞体积可精确算出，根据压力与孔体积 (汞体积) 曲线可得到孔径分布。测量范围为 5 nm ~ 10 μm，方法缺点是压力很高时，小孔结构可能会遭到破坏。

在实际应用中要注意不同厂商对孔径有不同的表示法，有的用绝对孔径 (或最小孔径），有的用标称孔径，它表示等于该尺寸的微粒以一定百分数（95% 或 98%）被截留，还有的以平均孔径表示。好的 MF 膜应该有尖锐的孔径分布曲线。

5.5.1.2　UF 膜表征

UF 膜是不对称膜，主要关心的是其皮层厚度、孔径分布和表面孔隙率。

（1）溶质截留测量　由于 UF 孔径很小，测定有一定难度，所以常用相关渗透参数来表征。如分子量为 1000 的物质通过膜时，有 90% 被截留，则认为此膜的分子截留量为 1000。这是一种常用的有实用意义的表征方法，但不能定量预测膜性能。

（2）液体转换法　用一种液体置换已经存在于膜孔内的另一种液体，这两种液体互不相溶，在一定压力下可以实现这种置换，开始是大孔中液体被置换，随压力增加，较小孔内的液体被置换，因此通量逐渐增大，由此可测得通量与孔半径之间的关系，进而确定孔径分布。

5.5.2　UF 膜与 MF 膜的比较

UF 过程与 MF 过程有很多相似之处，但无论是膜，还是操作及应用领域均有不同之处，这两种膜的特征总结于表 5 – 10。

表 5 – 10　UF 与 MF 的特征

	MF	UF
分离机理	筛分	筛分
施加压力	0.1 ~ 0.3 MPa	0.3 ~ 1.0 MPa
膜结构	大部分为对称膜	非对称膜
孔径	0.1 ~ 10 μm	2 ~ 100 nm
孔隙率	约 70%（转相膜）	约 60%（转相膜）
材质	聚合物，陶瓷	聚合物，陶瓷
膜厚（δ）	10 ~ 150 μm	约 150 μm

5.6　反渗透与纳滤

5.6.1　原理

RO 与 NF 都用于从溶液中分离低分子量溶质，这两个过程可视为是同一种过程，故 NF 也称为松散反渗透。RO 与 NF 依据的原理是相同的。如图 5 – 30（a）所示，如果用一张半透膜将浓度不同的两种溶液隔开，这时溶剂将通过半透膜自发地自稀溶液迁入浓溶液，这一过程将进行到浓溶液液面上升高度形成的液柱压力等于渗透压时停止[5-30(b)]，如果要让浓溶液中的溶剂又回到稀溶液中则必须施加一个外压，并使其大于渗透压差。这一过程就是反渗透。RO 及 NF 过程即依据此原理。

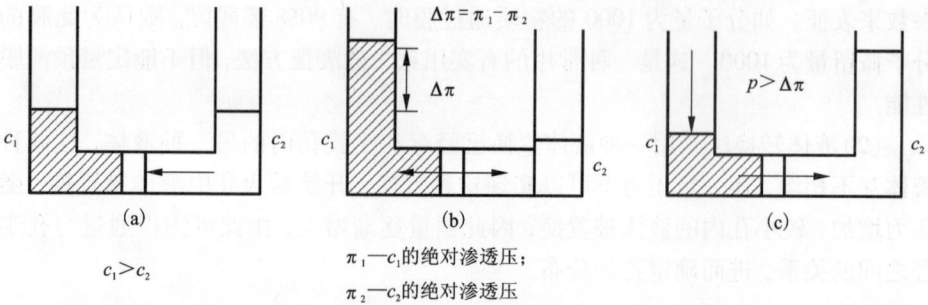

$c_1 > c_2$

π_1——c_1的绝对渗透压；
π_2——c_2的绝对渗透压

图 5-30　反渗透原理

影响渗透通量的因素有：

（1）浓缩程度或水回收率

水回收率　　　　　　　　$Y = \theta_P / \theta_F \times 100\%$

式中：θ_P 为产品液流速；θ_F 为料液流速。

浓缩程度高，水的收率高，但过度浓缩，浓差极化严重，盐的渗透率增加。

（2）温度　水温每升高 1℃，产水量增大 3%。

（3）压力　增大压力水通量增加，但过高压力会使膜压密，反而使通量下降。

（4）流速　流速大，水的流体力学状态好，可减小浓差极化，但流速过大则压力损失大，能耗高，同时使下游膜组件的压力降低，反而降低通量。

（5）料液浓度　浓度过高则渗透压过大，浓差极化严重，分离效果也不好，故 RO 与 NF 不适宜于处理浓溶液。

5.6.2　膜

RO 膜与 NF 膜也可视为介于多孔膜与致密无孔膜之间的过渡型膜，与 UF 及 MF 截然不同，材料的性质决定了这类膜的分离性质。

RO 膜与 NF 膜均具有不对称结构，或者是一体化不对称膜或者是复合膜。一体化不对称膜就是其皮层与支撑层由同种材料构成，可用界面缩聚法和相转化法制备，而大部分情况下，RO 膜与 NF 膜均采用复合膜结构。

RO 膜全部由高分子聚合物制造。NF 膜也主要由高分子聚合物制造，现在已开始出现无机中空纤维 NF 膜。

提高或改进 RO 膜与 NF 膜的抗污染性能对处理冶金溶液有重要意义。有效的方法之一是调整、控制膜的荷电状态与亲水性能。以海德伦公司的低污染反渗透膜为例，其膜表面层是一薄层聚烯醇材料而内层材料是交联的芳香聚酰胺，它具有高脱盐率和高水通量。在 pH 为 6 时膜表面电位为 0 mV，且聚烯醇高度亲水，因而对有机物的吸附性小，故具有低污染性能，从而可延长膜清洗周期、降低清洗费用，大大增加膜元件和系统的运行寿命。而该公司的一种带正电荷的膜却相反，它也有良好的亲水性，但由于带正电荷，因而适合处理溶液中含正电荷组分为主要去除对象的情况。

RO 膜与 NF 膜的表征主要用物理法，特别是各种现代表面分析方法。

5.6.3　NF 膜分离机理

NF 膜带有负的荷电基团，通过静电相互作用，阻碍多价阴离子渗透。它能截留分子量在 200 以上的低分子量有机分子，或者大小约为 1 nm 的溶解组分。由于有这些特性，它具有一些独特的分离功能，可以实现。

（1）低分子量有机物与高分子量有机物的分离；

（2）无机盐与有机物分离；

（3）一价离子与高价离子分离。

NF 膜对离子的截留可以用多孔模型进行解释，一般遵循如下规律：

（1）多价阴离子受膜的负电荷排斥作用强，故其截留率大于一价阴离子，其基本规律为：

$$NO_3^- < Cl^- < OH^- < SO_4^{2-} < CO_3^{2-}$$

因此用 NF 膜可实现低价离子与高价离子分离，其分离原理可用道南排斥解释。设想用一张 NF 膜将稀 NaCl 溶液分隔为两个液相，此时相 I 与相 II 中的 NaCl 处于平衡状态。如果往相 I 中添加 Na_2SO_4，因 NF 膜对 SO_4^{2-} 的截留率高，故迁移进入相 II 的 Na 离子远远多于 SO_4^{2-} 离子，但为了维持电中性，相 I 中的 Cl^- 不得不被"排斥"进入相 II，其结果随着相 I 中 Na_2SO_4 添加量的增加，相 II 中氯离子浓度增加，甚至可达到使相 II 中的氯离子浓度大于相 I 中氯离子浓度。

（2）在溶液离子浓度高的情况下，离子选择性降低，或者说高价阴离子的截留率降低。其原因在于膜孔两侧有负电荷，由于异性相吸，在通道两侧布满阳离子，当溶液浓度高时，高的正电荷密度将膜上的负电荷屏蔽，故对阴离子的排斥作用减弱，阴离子的截留率降低。

另一方面从道南平衡角度分析，料液浓度越高，微孔中浓度也越高，因此最终在渗透物中的浓度也越高。即膜的截留率随着浓度的增加而下降。

（3）NF 对阳离子的截留率按下列顺序递增

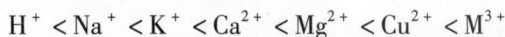

$$H^+ < Na^+ < K^+ < Ca^{2+} < Mg^{2+} < Cu^{2+} < M^{3+}$$

其原因在于富集于膜中进行电荷平衡的高价阳离子量比一价阳离子量要少。

（4）按照多孔膜模型，盐通过膜的传递受压力引起的对流传递及扩散传递影响，在低压下扩散传递占的份额较大，而随压力增加扩散传递的影响逐渐减弱，水的通量随压力增加显著，因此渗透液浓度下降，即盐的截留率增加。

NF 膜对中性有机分子的分离完全遵循溶解 – 扩散模型的规律。

（1）截留率随摩尔质量的增加而增加；

（2）截留率随跨膜压差的增加而增加；

（3）在压力一定时，截留率随浓度的增加而下降。

实践表明，NF 的分离效果可能与多种因素有关，例如离子的电荷半径比，被分离对象的空间构型等，因此进行 NF 过程工业化设计前应认真进行试验，以便取得可靠的设计依据。

5.6.4　RO 膜与 NF 膜性能比较

NF 膜也属于 RO 类型膜，但又有其独有的特征，它们的异同之处对比列于表 5 – 11。

表 5 –11　RO 膜与 NF 膜对比

膜类型	NF 膜	RO 膜
膜结构	不对称膜	不对称膜
材质	聚合物、陶瓷	聚合物
分离机理	多孔模型（离子）道南效应 溶解—扩散模型（中性分子）	溶解扩散模型
膜厚	皮层 1 μm，支撑层 150 μm	皮层 1 μm，支撑层 150 μm
孔径	<2 nm	<0.5 nm
施加压力	1 ~2 MPa	1.5 ~10 MPa

5.7　特殊性能的压力驱动膜的开发

5.7.1　管式合成有机纳滤膜

纳滤膜因生产材质与加工工艺不同在耐酸、碱性能方面差别很大，如MPT –34管式纳滤膜甚至能耐受强酸、强碱腐蚀（表 5 –12）。

表 5 – 12　MPT – 34 的酸碱稳定特性

试剂	浓度	浸泡后膜用 4% 的葡萄糖溶液的测定值			
		200 h		800 h	
		通量 /(L·m⁻²·D⁻¹)	截留率 /%	通量 /(L·m⁻²·D⁻¹)	截留率 /%
H₂SO₄	50%	约 3000	97	约 300	96
	30%	2000	95	1700	96
	20%	2000	98	1700	98
HCl	20%	1200	96	2500	97
HF	5%	2500	96	1800	96
	2%	2000	98	1700	98
HNO₃	32%	2000	98	1700	98
	30%	1000	97	1500	97
	20%	2500	96	1800	96
H₃PO₄	50%	2000	95	1700	97
	30%	2000	98	700	98
NaOH	5%	2000	94	2500	94

注：室温，3 MPa。

5.7.2　特殊加工处理的合成有机膜

HWA(前身为美国哈里逊威斯腾 Harrison Western)是一家生产特种工业膜并具有多项特种工业膜分离专有技术以及超过 20 年的膜分离工程经验的膜公司。由于普通膜的生产主要面对市场需求大的城市水处理和海水淡化，对于应用于酸性、碱性、氧化性和高温环境的特种工业膜，一般膜生产公司并不生产。HWA 公司生产了一系列具有自主知识产权的 SIMS 合成有机膜，均为经过表面处理或(和)合金化处理的聚酰胺复合膜/聚砜膜。该公司技术开发的主要特点如下：

(1)针对矿山冶炼行业的特点开发特种工业膜元件。膜表面进行了特殊处理，耐污染能力强；膜的支撑层经过专门设计，使膜表面光滑，不容易污染；膜元件的流道针对不同场合进行专门设计，可以有效改善水流速度，防止污染；膜元件的中心管和黏接材料针对应用场合使用专门材料，能够保证膜元件的性能和使用寿命；针对特殊应用的需要，对膜孔和表面电荷强度进行特殊处理，使膜的选择性提高。该公司能够提供以下完整系列的特种工业膜元件：

①根据溶液中需要分离物质分子量不同，可以生产致密型反渗透膜元件(切

割分子量 55)、宽松型反渗透膜元件(切割分子量 120)、标准纳滤膜元件(切割分子量 200)、宽松型纳滤膜元件(切割分子量 300);

②根据分离物质价态不同，可以生产不同膜元件，并通过不同膜元件的组合使用，从而分离出特种离子。离子和水分子分离(反渗透)、二价离子和一价离子分离(纳滤)、三价离子和二价离子分离(特种超滤);

③针对酸、碱、氧化性、高温和石油类环境生产针对性强的膜元件。耐酸膜可以耐受 30% 硫酸、10% 硝酸、25% 盐酸;耐碱膜可以耐受 25% NaOH;耐高温膜可以耐受 100℃ 的高温;耐油膜可以耐受 2% 的石油。

(2)具有特种膜在矿业冶炼行业应用的配套技术;具有防止铁对膜污染的技术和清洗技术;具有防止硫酸钙结垢的组合技术(包括清洗技术)，使得特种膜系统可在饱和硫酸钙溶液中工作。

5.8 压力驱动膜过程在冶金工业中的应用

5.8.1 利用超滤膜进行油水分离

5.8.1.1 含油废水处理

以重油为燃料的冶金企业从重油储槽放出的废水以及油库、车间冲洗废水中均含有重油;轧钢厂、有色金属压延厂冷却轧辊含乳化油的水，含有乳化油珠，含油废水的处理成为许多冶金企业的沉重负担。

重油黏度高，因此我国试验了用无机陶瓷膜处理重油废水，将重油分离浓缩，水渗透过膜得以回收。试验取得了完全成功，并已投入工业应用。

乳化油混合废水含油 1% ~ 10%，由于乳化油特别稳定，故很难用一般方法处理，采用超滤法进行脱水，可得油浓度为 25% ~ 65% 的浓缩液，其体积只占原体积的 5% ~ 10%，进一步离心分离后，油燃烧处理。渗透水油含量小于 10 μg/g。废水表面的浮油对通量有影响，故在膜工艺中前置一浮油去除装置。膜定期用 50℃ 热水循环清洗，热水中含 9.5% 的肥皂液，pH 调节到 11.5。30 ~ 60 min 可使膜恢复到初始通量。对于铁离子污染，可用酸溶液清洗去除。

用进口管式 UF 膜处理轧钢厂乳化油废水在我国大型钢铁企业已获得成功应用。

南京工业大学膜科学技术研究所系统开展了陶瓷膜处理钢铁工业冷轧乳化液废水的研究工作，采用他们开发的 ZrO_2 无机陶瓷膜可达到比进口有机膜更好的效果而总成本却大大降低，并在武钢、攀钢等钢铁公司获得了工业应用。据该所估算，综合设备、能耗、人工及维修清洗费用，国产陶瓷膜的费用为 5.26 元/m³ 废水，而进口有机膜的费用为 31.57 元/m³ 废水。透过液油含量小于 10 μg/g，油的截留率大于99.8%。

5.8.1.2　从萃余液中脱除有机溶剂

一般用酸性磷型萃取剂分离钴镍，萃钴余液(即硫酸镍溶液)中不可避免地含有微量油，它使电解镍的质量受到影响。冶金分离科学与工程重点实验室与膜工程公司合作采用无机陶瓷膜处理硫酸镍溶液，透过液的 COD 值已降至几毫克/升，送去电解，而富集了有机相的浓缩液分离掉有机相后返回流程。现场扩大试验证明了此工艺的可靠性。

5.8.2　增强超滤用于金属离子回收分离

5.8.2.1　胶束强化超滤(MEUF)处理重金属废水

在废水中加入浓度高于临界胶束浓度的表面活性剂，其疏水端向内，亲水端向外。带负电的亲水端按异电相吸原理吸附金属阳离子，如果选择截留分子量小于胶束分子量的超滤膜进行截留分离，则在表面活性剂被截留的同时，金属离子也得以富集。

例如试验用十二烷基硫酸钠(SDS)处理含 Cd^{2+}、Zn^{2+}、Cu^{2+} 和 Ca^{2+} 的模拟废水，四种离子截留率均大于96%。用天然脱氧酸及卵磷脂对 Ca^{2+}、Pb^{2+}、Cu^{2+}、Ni^{2+} 和 Zn^{2+} 的截留效果比 SDS 还好，截留率达99.9%以上。

华东理工大学许振良等人研究了十二烷基苯磺酸钠(SDBS)及十二烷基硫酸钠(SDS)处理含 Pb^{2+} 和 Cd^{2+} 的模拟废水。结果表明，对处理 100 mg/L Pb^{2+} 或 Cd^{2+} 的料液，SDBS 对铅与镉的截留率分别为99.2%及99.4%，均大于 SDS 对铅与镉的截留率(分别为98.4%及99.1%)。表面活性剂浓度对截留率有明显影响。如图 5-31 所示，随 n_{SDBS}/n_{Pb} 摩尔浓度比增加，

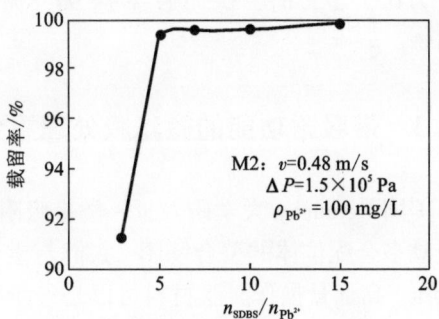

图 5-31　SDBS 与 Pb 离子摩尔比对截留率影响

铅的截留率增加，而操作压力及料液流速对截留率影响不大，只影响通量及膜污染阻力。在操作压力为 0.15 MPa、料液流速为 0.48 m/s 时，SDBS 的浓度应取 7.2 mmol/L，渗透通量可达 $1.83 \times 10^{-10} m^3/(m^2 \cdot s \cdot Pa)$ 以上。

5.8.2.2　配位增强超滤(PEUF)

MEUF 法要求表面活性剂浓度必须高于临界胶束浓度才能形成胶束，因而又发展了用高分子聚电解质的强化超滤法(PEUF)。

例如用羧甲基纤维素(CMC)和聚苯乙烯磺酸钠(PSS)加入含铜废水中，聚电解质解离，带负电大阴离子与 Cu^{2+} 结合，以超滤膜截留处理，渗透液中铜浓度由原液的 100 μg/g 水平降至 1 μg/g 水平。

而许振良等人的研究表明用羧甲基纤维素钠(SCMC)和聚丙烯酸钠(SPA)处理对铅、镉的截留率同样可达到 99.5% 以上，渗透通量可达 $1.89 \times 10^{-10} m^3/(m^2 \cdot s \cdot Pa)$ 左右，即配位增强超滤比胶束强化超滤有更好的效果。

俄罗斯研究了用超滤法回收溶液中微量铼的工艺。其工艺流程见图 5 - 32。往溶液中添加聚电解质，与铼生成配合物，选择截留分子量小于聚电解质分子量的超滤膜处理，此时渗透液可抛弃处理。往浓缩液中加入 Na_2SO_3 可使配合物解聚，此时再用超滤膜处理，渗透液为富铼溶液，送往提铼，而浓缩液返回下一周期循环使用。

料液为含铼 $0.05 \sim 0.1$ g/L 的实际工业废液，配合剂为有季胺碱基团的聚电解质，当 PE 的浓度为 0.1%，原液铼浓度为 0.1 g/L 时，铼回收率达 95.8%，当铼的原液浓度为 0.05 g/L 时为 85.5%。

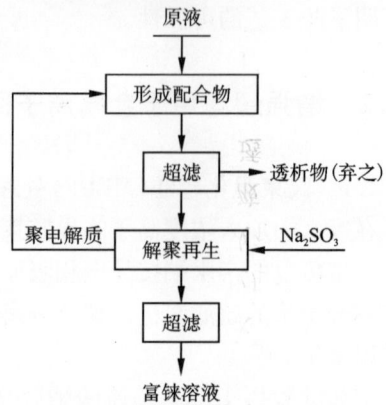

图 5 - 32　超滤法回收铼流程

5.8.3　带吸附功能的微滤膜处理重金属废水

美国 Kentucky 大学研究了一类带吸附功能基的微滤膜，其原理是在膜孔内接枝上具多合配位体的螯合基团，它们与重金属离子反应快，因为是微滤膜，故允许低压、高通量操作。膜材料可以是纤维素、醋酸纤维素，而多合配位体为聚天冬氨酸(PDAA)、聚谷氨酸(PLGA)、聚精氨酸(PARG)。这类微滤膜具有非常强的吸附性能。

(1)吸附铅等重金属离子，使有毒物质体积减少到约 1/400，如图 5 - 33 所示。

(2)将这种膜制成膜组件后，膜面积增加为之前的 89 倍，其吸附性能仍很好，图 5 - 34 为用膜组件吸附含镉废水结果，证明这种膜是成功的。

(3)也可吸附阴离子，如 $Cr_2O_7^{2-}$、AsO_4^{3-}。用 PARG 接枝到膜孔上，每摩尔 PARG 单元吸附 0.925 mol $Cr_2O_7^{2-}$。

与离子交换法比较，有下列优越性：

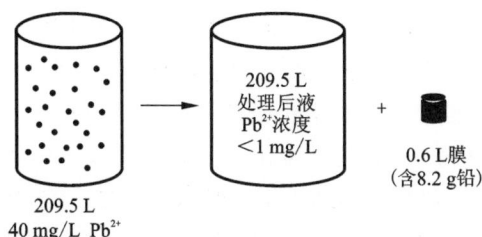

图 5-33　聚氨酸功能基膜处理含铅废水

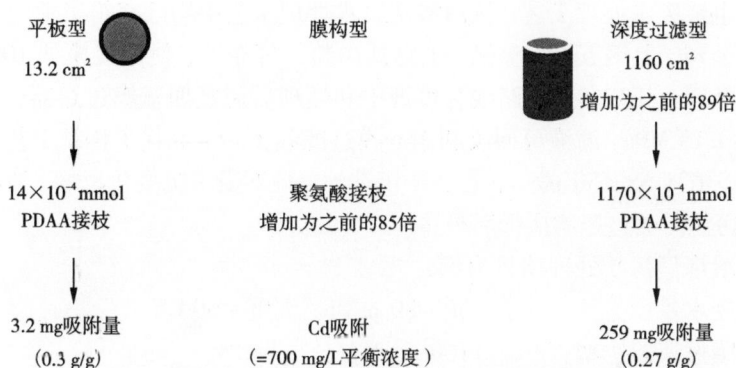

图 5-34　平板膜与放大膜组件的吸附性能对比

①MF 交换容量 30 meq/g, 树脂仅 1~3 meq/g;

②MF 选择性高于树脂, 如 Pb/Ca 选择性 20∶1;

③MF 吸附速度大于树脂交换速度;

④MF 再生比树脂容易, 可选择性再生。

5.8.4　膨体聚四氟乙烯微滤膜处理各种冶金工业废水

膨体聚四氟乙烯(EPTFE)微滤膜是以膨体聚四氟乙烯为主要材质的一种微滤膜。聚四氟乙烯的膨体技术由美国人 W. L. Gore 于 1969 年发明。由此技术生产的一种以 EPTFE 为滤膜的复合而成的滤料被广泛应用于各种料液的固液分离。在处理冶金行业的酸性废水中, 四氟材料耐强酸、强碱及耐氧化、高强度的特性得到了充分发挥, 因此这种膜在我国冶金企业中也得到了迅速的推广。

四氟膜孔径为 0.2 μm 左右, 实现真正表面微过滤。这种独特的过滤方法使液体中的悬浮物被全部截留在四氟膜表面, 由于膜具有极佳的不黏性和非常小的摩擦系数, 因而反冲后膜管不会产生堵塞现象。这样在不增加运行负荷的情况下既保证了液体的最大通量，同时也有效地富集了液体中的固体颗粒。其制膜技术经过多年的发展已从原来的四氟/PP 复合膜发展为全氟单向拉伸膜，尔后上海御隆膜分离设备有限公司进一步改进发展为全氟双向拉伸膜(SF 膜)。

SF 膜采用双向拉伸技术，膜开孔率较单向拉伸膜更大，强度更高，经测试，单丝断裂强度超过 50 磅*。制造时膜孔径可根据要求在 0.02 ~ 0.5 μm 调节，开孔率达 80%，出水指标及水量达到了用户要求。元件一次浇铸成型，不需要后续密封紧固，避免了长久使用后可能产生的泄漏问题。特殊的组件结构保证了膜可在各种恶劣环境中稳定使用，安装方便。目前在我国重金属冶炼厂处理含硫废气的洗水及制硫酸工段的稀硫酸的治理工艺、轧钢酸洗废水处理工艺、镀锌钢板车间废水及电镀废水处理工艺、钛白酸洗废水处理工艺中均已获得工业应用。铜陵有色金属公司、上钢五厂、宝钢、上海钛白粉厂等企业，使用规模从 1000 t/d 到 4800 t/d 不等。其基本工艺路线为废液中和处理后流经四氟膜过滤器，操作压力为 0.05 ~ 0.15 MPa，滤液可回收利用。膜过滤器实际上取代了传统工艺中的沉淀池，但其滤清液 SS < 50 μg/g，远优于沉淀池，且不受工况变化影响，清液质量稳定达标，污泥需通过压滤成形后外排。

以某冶炼厂污酸处理项目为例：

污酸废水量：　　　　　　　50 ~ 80 m³/h；温度 ≤ 60℃；

四氟膜过滤器选型：　　　　100 m² 3 台；

总投资：　　　　　　　　　约 250 万元；

回用情况：　　　　　　　　滤清液达标排放或用于化灰、冲洗地面、冷却等
　　　　　　　　　　　　　污泥因含镉需专门处理。

处理前后水质成分对比如表 5 – 13 所示。

表 5 – 13　某冶炼厂废水项目膨体聚四氟乙烯微滤膜处理前后水质成分对比

项目	污酸成分/$(mg \cdot L^{-1})$	清液质量/$(mg \cdot L^{-1})$
Cu	100 ~ 150	0.010 ~ 0.018
Pb	微量	0.029 ~ 0.116
Zn	450 ~ 500	0.025 ~ 0.085
Cd	15 ~ 25	0 ~ 0.001
As	300 ~ 450	0.015 ~ 0.287
F	200 ~ 300	4.189 ~ 8.74
SS	130 ~ 200	30 ~ 47
pH	H_2SO_4 含量 495 g/L	7.63 ~ 8.24

---

* 1 磅 = 0.454 千克。

其工艺流程如图 5 - 35 所示。

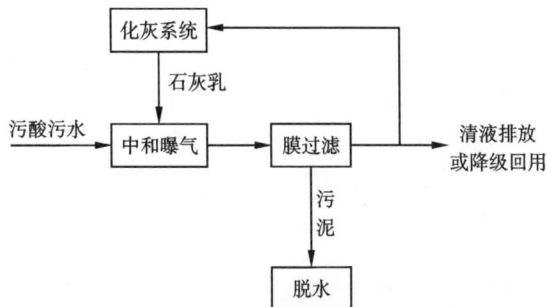

图 5 - 35 膨体聚四氟乙烯微滤膜处理某冶炼厂污酸污水工艺流程

5.8.5 纳滤或(和)反渗透浓缩金属离子的冶金新工艺

5.8.5.1 反渗透、纳滤联合离子交换法从铜棒加工厂废液中回收铜

铜棒加工酸洗废水含少量铜,某厂利用 RO、NF 及离子交换组成的杂化膜分离工艺从酸洗废水中回收酸及铜,既增加了效益又解决了环保问题。工艺流程及参数如图 5 - 36 所示。这套装置每年为企业节约费用 56 万美元,一年之内回收全部投资。

5.8.5.2 反渗透联合离子交换法回收废水中的微量镍

某厂含镍废水除含盐外还含有油脂、表面活性剂及微量镍离子,其水质分析见表 5 - 14。

表 5 - 14 含镍废水水质分析(除 * 号外均为 mg/L)

pH	K	Na	Ca	Mg	Fe	Ni	Pb	Zn	COD
9.5	10	55	32	0.2	0.07	4		0.15	35
pH	Cl^-	SO_4^{2-}	CO_3^{2-}	HCO_3^-	SiO_2	OH^-	浊度*	TDS	SDI_{15}^*
9.5	36	35	15	90	8	3.5	3.5NTU	350	2.85

冶金分离科学与工程重点实验室根据工厂委托,设计了一条用反渗透及离子交换法结合处理回收工业用水的生产线,由杭州惠邦净水设备有限公司承建此工程。采用的流程如图 5 - 37 所示。

其特征为在调整 pH 时添加固体吸附剂吸附有机物、表面活性剂等。尔后用 PE 微孔烧结管过滤机过滤,除浊、除油与有机物一次完成,过滤机出水只含有无机盐,再用海德伦公司的低污染反渗透膜处理,反渗透省掉了 5 μm 微滤保护滤筒。反渗透淡水回收率≥75%,脱盐率>90%,水质优于当地自来水,返回作工业用水。浓水再经离子交换进一步富集,解吸所得氯化镍溶液返回主流程。

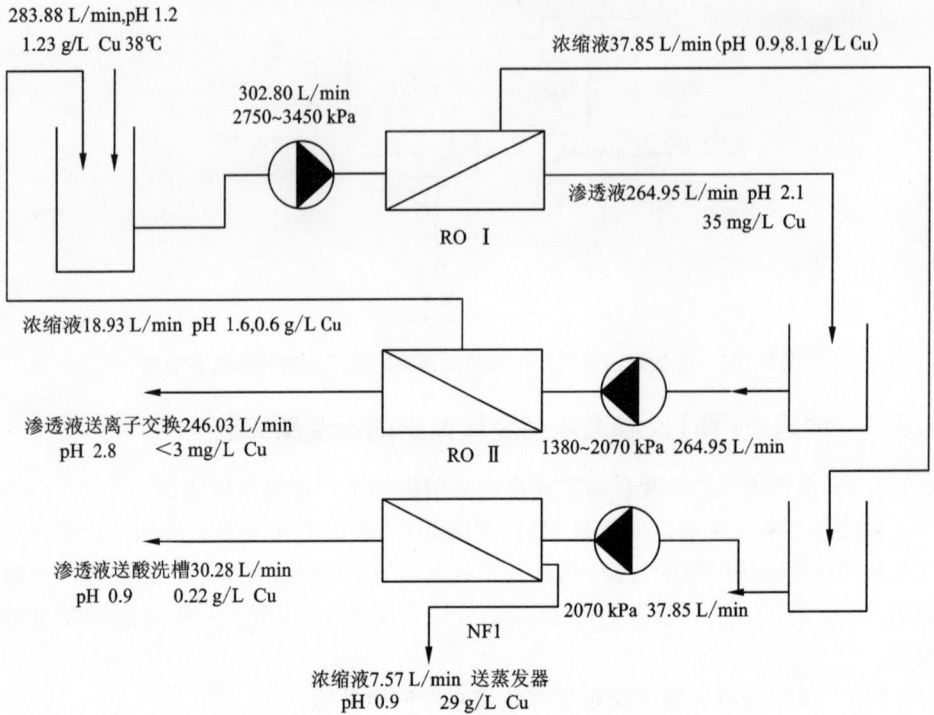

图 5 – 36   酸洗废水回收酸及铜工艺

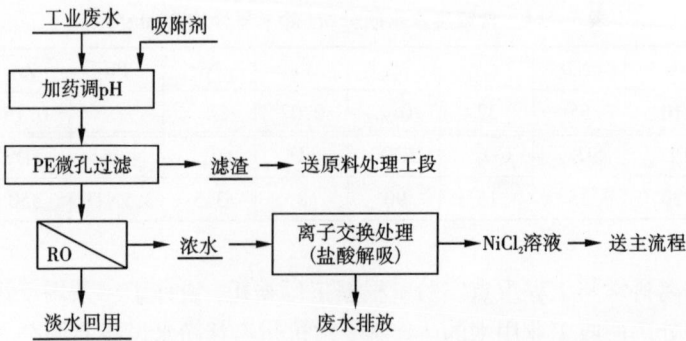

图 5 – 37   含镍废水处理原则工艺

5.8.5.3   纳滤与反渗透联合过程回收镀镍漂洗液中的镍

镀镍漂洗水一般含镍较低，国家海洋局杭州水处理中心与长沙力元公司合作，将该厂废水用膜技术直接浓缩为之前的 1/100。其工艺特征为采用三级膜浓缩，一级用 NF 在 0.4 MPa 下将含 Ni 150 mg/L 的废水浓缩为之前的 1/10，第二级用苦咸水淡化 RO 膜浓缩为之前的 1/5，操作压力约 2 MPa，由于渗透压很高，第三级选用耐更高渗透压的海水淡化 RO 膜，操作压力达 5~5.5 MPa，再浓缩为之前的 1/2，最终浓缩液 Ni^{2+} 浓度达 20 g/L 以上，达到电镀工艺要求。各级镍截留率分别为 97%、99%、99% 以上。含 Ni^{2+} 0.04 g/L 的透过液再用离子交换回收，离子交换洗水含 Ni^{2+} 小于 0.5 mg/L，用作漂洗水。整个过程镍的总利用率几乎达 100%。

5.8.5.4　纳滤膜从钨离子交换二次结晶母液中浓缩回收钨

离子交换法生产 APT 的缺点之一是结晶母液含大量氯离子，因此必须单设辅流程处理，且回收的钨产品也只是低级产品。根据二次结晶母液中钨主要以同多酸及杂多酸根大离子存在的特点，利用纳滤膜可以分离大分子与水分子的性质，冶金分离科学与工程重点实验室开发了纳滤膜处理二次结晶母液的新工艺。采用切割分子量为 300~350 的纳滤膜，在压力为 1~1.5 MPa 的情况下，直接使母液通过膜，此时氯化铵及大部分 P、As、Si 杂质随渗透液排出，而钨被截留浓缩，浓缩比达 4 倍，浓缩液含 WO_3 60 g/L，含 Cl^- 3~5 g/L。直接返回主流程与浸出液合并，借助浸出液的过剩 NaOH 使同(杂)多钨酸根解聚为单钨酸根，返回浓缩液的体积约为浸出液体积的 1/10，故混合液含 Cl^- <0.7 g/L，符合离子交换工艺的要求，膜工艺的生产周期约为现工艺的 20%，WO_3 的收率 >98%，新旧工艺对照如图 5-38 所示。

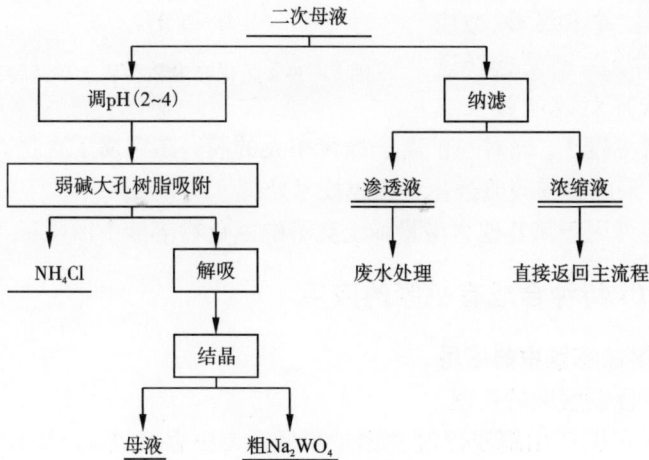

图 5-38　二次母液处理工艺对比

5.8.5.5　纳滤膜从风化壳淋积型稀土矿渗浸液中富集提取稀土

众所周知，用 $(NH_4)_2SO_4$ 浸出风化壳淋积型稀土矿得到的浸出液稀土浓度仅为 1~2 g/L(以氧化物计),不能直接用于萃取分组,曾经研究过溶剂萃取、液膜萃取等方法,终因不能实现工业化而作罢,现行的办法是用 NH_4HCO_3 沉淀,经过滤、干燥、灼烧成氧化物后再销售给冶炼厂,冶炼厂再用盐酸溶解后进行萃取分组、分离。

应用纳滤(松散反渗透)膜可以解决这种稀溶液的浓缩问题。冶金分离科学与工程重点实验室与凯能高科技工程公司合作,在中试设备上进行了这种溶液的浓缩试验,只要控制浓缩液中的稀土氧化物浓度不超过 25 g/L,不会产生硫酸盐或硫酸复盐沉淀,渗透液含部分 $(NH_4)_2SO_4$。膜浓缩简化工艺示于图 5-39。

此专利技术可缩短工序,提高收率,矿山还可以就地直接进行深加工,具有明显推广应用前景。因各公司生产的纳滤膜,其选择性并不相同,故应用这一工艺时,关键是选择适当的膜,应选择对硫酸铵及二价阳离子截留率较小,而对三价离子截留率大的膜;在钙离子含量高时,可从实际情况出发,采用集成膜或杂化集成膜技术处理。

图 5-39 风化壳淋积型稀土矿两种工艺对比

此工艺还可用于从其他含微量稀土离子的氯化物溶液中回收稀土。

5.8.6 SIMS 特种合成有机膜的应用

5.8.6.1 在湿法炼铜中的应用

1. 低含量含铜溶液的处理

北美的许多铜矿山铜浸出液含铜量很低,无法直接进入 SX/EW 作业回收,故采用纳滤技术进行浓缩,以 Mexicana de Cananea 矿山为例,1996 年安装了日处理量达 21800 m^3 的纳滤装置,膜元件数达 1000 支以上,运行 1.5 年后处理了近 750 万 m^3 的含铜 0.6~0.8 g/L 的溶液,回收了价值 1000 万美元以上的铜。此装置的操作成本为 0.11 美元/m^3,不到两年收回投资。

利用 NF 膜的浓缩能力可以控制萃取-电积工艺的水量平衡。例如在北美铜

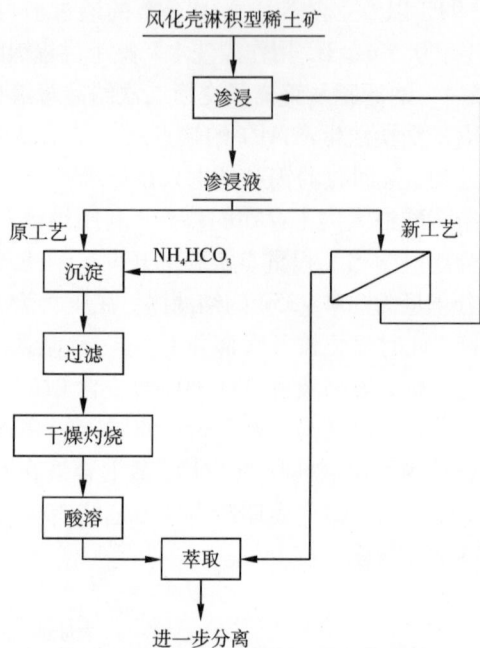

矿山，由于雨水及雪的稀释作用及蒸发量小，萃余液返回浸出造成水量过剩，因此不得不排出部分萃余液用石灰从 pH = 2 中和至 pH = 7，这样造成了金属损失。平均每分钟除去 1.1 m³ 的水，高峰时达 4.404 m³。铜浓度为 0.155 g/L，原工艺与新工艺对比示于图 5 – 40，虽然两条工艺路线均需石灰中和，但采用纳滤膜的工艺，渗透液含铜仅为原工艺排出液的 1/15.5，因此石灰用量大为减少，由于石灰用量降低及铜回收率提高的双重效益，投资回收期仅为 1.7 年，成本分析见表 5 – 15。此系统已应用于美国 Major 铜矿山，处理量 2200 L/min，相当于 2725 m³/d 低铜含量浸出液。

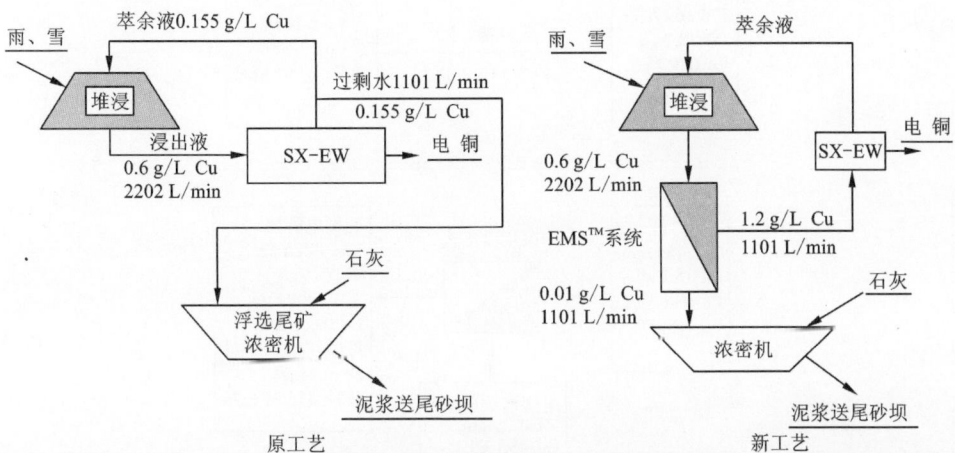

图 5 – 40　北美铜矿山两种工艺路线比较

表 5 – 15　原工艺及采用纳滤膜技术的操作成本比较

日操作成本(处理量 1101 L/min)	石灰沉淀法	纳滤膜法
石灰(130 美元/t)/美元	2536	78
其他消耗(动力，絮凝剂滤袋等)/美元	(13 g 石灰/L)	(0.4 g 石灰/L)
	320	190
劳动力/美元	浓密机操作工兼	324
膜更换费/美元		202
铜损失/美元	372(0.155 g/L 铜)	24(0.01 g/L Cu)
净节约操作成本/美元	—	2410
投　资/美元	—	1500000
投资回收期/a	—	1.7

2. 从贫电解液中脱除部分杂质

如前所述，在贫电解液循环过程中，反萃液（即电解液）中的杂质会积累，影响阴极铜质量，解决办法是定期排放部分贫电解液，但这势必造成铜与添加的钴的损失。如果用纳滤膜进行处理，这种膜对阳离子截留率顺序为 $M^{3+} > M^{2+} > M^+$ （H^+），因此在外加压力作用下，大部分二价离子与硫酸透过膜，而三价铁离子及部分二价离子被截留，则渗透液中的铁含量控制在允许范围内，可以返回到 SX - EW 回路中，从而提高钴与铜的回收率，见图 5 - 41。表 5 - 16 为现场试验数据。

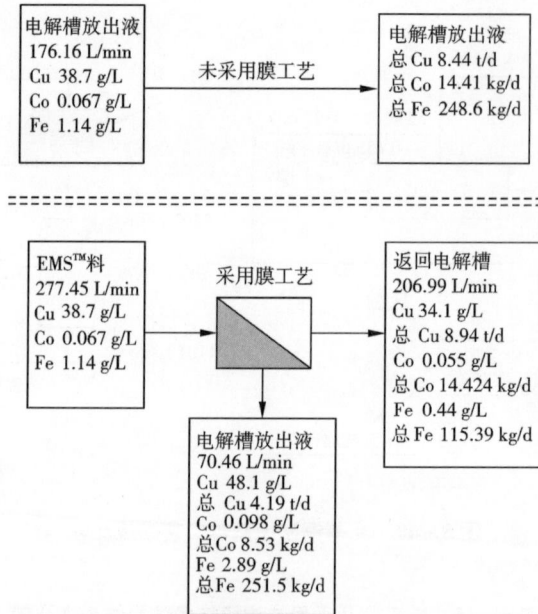

图 5 - 41　从排出的高铁贫电解液中脱杂回收铜和钴

表 5 - 16　贫电解液脱杂的现场试验数据

元素	Cu	Fe	Mn	Co	H_2SO_4
贫电解液/($g \cdot L^{-1}$)	38.7	1.14	0.018	0.067	199.9
截留液/($g \cdot L^{-1}$)	48.1	2.98	0.028	0.098	196.0
渗透液/($g \cdot L^{-1}$)	34.1	0.44	0.014	0.055	200.5
截留率/%	12	61	22	18	0
与铁比较的截留率差/%	49	0	39	43	61

由于截留率的差别，在浓缩液中铁得以富集，渗透液中铁含量可控制在要求以内。如图 5 - 41 所示，如果不采用纳滤膜工艺，排出的贫电解液按 176.76 L/min

计，则除去的总铁量为 248.3 kg/d，同时排出的铜与钴也全部损失。采用纳滤膜工艺排出贫电解液以 277.45 L/min 计，截留液中铁含量同样为 248.3 kg/d，而排出的截留液仅 70.46 L/min，因铜、钴的截留率比铁低，所以铜、钴的总损失减少，其回收率分别提高 51% 和 42%，表 5-17 列出了这一新技术的投资效益分析。

表 5-17 投资效益分析

项目	数量	成本	金额/美元
回收 CoSO$_4$	6.08（kg/d）	51.21（美元/kg）	315
回收铜	4.29（t/d）	110.23（美元/t）	475
回收浓酸	26.14（t/d）	44.09（美元/t）	0
回收的水	130.82（t/d）	528.34（美元/t）	70
回收的热	15.83（GJ/d）	1.90（美元/GJ）	30
操作成本	—	0.40（美元/t）	122
日节约开支	—	—	768
年节约开支	—	—	280320
投资成本	—	1.45（美元/升·天）	446000
投资回收期/月	—	—	19

注：在美国的好几处矿山进行的大规模试验均证明了此工艺的适应性。

3. 紫金矿业酸性含铜废水处理

紫金矿业紫金山铜金矿矿洞中常年会产生大量的含铜酸性废水，传统的处理方法是加入石灰中和，然后排放到尾矿坝中。这样不仅需要大量石灰，还无法回收其中宝贵的铜资源。2009 年，HWA 公司为紫金矿业安装了一套膜处理系统，采用耐酸宽松反渗透膜，将酸性废水中的铜和铁浓缩十倍以上，膜浓缩液去萃取电积工段回收阴极铜，膜产水调整 pH 后去浮选工段。这样不仅节约了大量的石灰，还回收了铜和工业用水，实现了铜矿山废水零排放。其原则工艺流程如图 5-42 所示。

该膜工厂每天处理 4000 m^3 含铜酸性废水，每天回收大约 1 t 阴极铜，投资回收期在两年左右。

5.8.6.2 在氰化法提金工艺中的应用

Newmont 公司在秘鲁有大型金矿，该金矿 20 世纪 90 年代开始建设，但是由于外排水中污染物不能达标，生产不正常。该金矿采用堆浸方式提金，提金后的氰化贫液采用化学中和法，然后排放。由于化学中和法难以达标，因此容易出现环保问题。

Harrions Western 公司从 2003 年开始采用特种合成有机膜技术帮助 Newmont 公司处理氰化贫液，到 2006 年前后三期工程项目，总共处理废水规模为 2200 m^3/h。

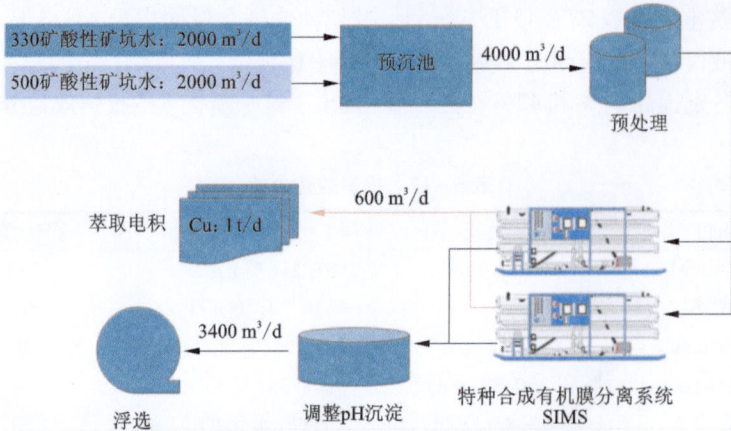

图 5 – 42　SIMS 膜处理紫金矿业酸性含铜废水原则流程

图 5 – 43 为 SIMS 特种膜处理氰化法提金废水原则流程图。氰化贫液 pH 10 ~ 11，其中含有氰化物，包括铜氰络合物和金氰络合物，以及砷、锌等其他金属。通过特种工业膜技术，可以截留回收其中的金属和氰化物，膜产水能达到环保标准。不仅如此，由于膜技术能够浓缩回收 99% 的铜和 96% 的金，回收的资源价值很高，使得投资回报期

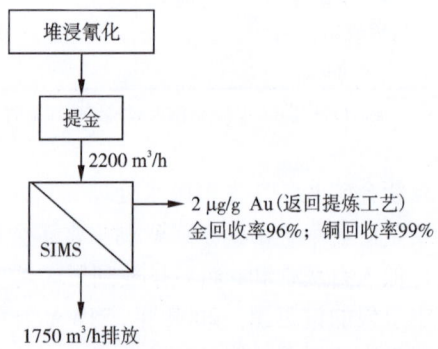

图 5 – 43　SIMS 特种膜处理氰化法提金废水

不到一年。该项目不仅能解决氰化贫液排放的环保问题，还回收了大量资源，实现了环境保护和资源回收双重效益。

5.8.6.3　含铵盐废水的净化及回收铵盐

含硫酸铵废水在冶金工业尤其稀土冶炼行业中是常见的工业废水。常见的处理方法有蒸氨法、三效蒸发法、MVR 蒸发法等，其中蒸氨法是在硫酸铵废水中加入石灰，产生硫酸钙沉淀，然后通过蒸氨塔蒸出氨水回用。由于硫酸钙难以处理，因此蒸氨法逐渐被淘汰。三效蒸发法和 MVR 蒸发法运行成本较高，如采用膜技术进行浓缩，浓缩后的溶液再蒸发，这样可以大大降低投资和运行成本。

澳大利亚某镍冶炼厂地下水受到污染，其中含有 2% 左右的硫酸铵，需要抽取地下水处理。采用特种合成有机膜技术可以将硫酸铵液浓缩到 15% 左右，然后再去蒸发结晶出硫酸铵晶体。由于地下水中的硫酸铵含量较低，只有 2%，如果

直接蒸发浓缩，不仅设备投资大，而且运行成本很高。通过两段膜浓缩，将硫酸铵溶液从 2% 浓缩到 15%，体积流量从 160 m³/h 浓缩到 21 m³/h，这样可以大幅度降低蒸发结晶的投资和运行成本，其具体工艺流程如图 5－44 所示。

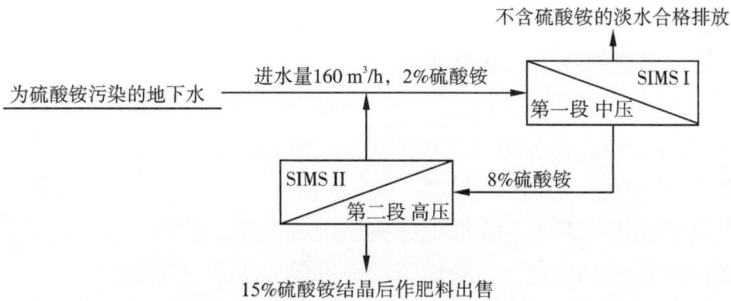

图 5－44　SIMS 特种合成有机膜处理铵盐废水工艺流程

5.8.6.4　硫酸法钛白酸母液净化回收

用硫酸法生产钛白粉在我国钛白粉生产中比重较大。由于硫酸法生产钛白粉的酸母液无法回收硫酸，因此需要用石灰或电石渣中和，这样会产生大量的硫酸钙，沉淀物中含有大量的铁和其他金属，因此沉淀石膏通常发红，称为红石膏。典型酸母液的成分如表 5－18 所示。

表 5－18　典型酸法钛白废酸成分

项目	单位	指标
温度	℃	65
硫酸浓度	%	15 ± 5
Fe^{2+}	g/L	30 ± 20
Ca^{2+}	mg/L	270 ± 150
Mg^{2+}	mg/L	3500 ± 1500
TiO_2	mg/L	2000
Mn^{2+}	mg/L	2300
SS	mg/L	1650
COD_{cr}	mg/L	2900

北京水木方科技有限公司采用 SIMS 耐酸纳滤膜净化回收其中的硫酸。通过两级纳滤膜处理，最终产品硫酸中的铁离子在 100 mg/L 左右，可以直接返回制酸吸收工段。由于酸母液中铁离子含量很高，纳滤膜的压力较高，达 84 kg/cm²，因此纳滤膜要专门做耐高压处理。经过两级纳滤膜过滤，最终回收的硫酸浓度不仅

没有下降，反而会升高 1% 左右，这是由于高压下硫酸更多被挤压到了膜的产水侧，使得产水侧硫酸浓度提高所致。

采用耐酸纳滤膜回收硫酸，可以大大降低酸母液的处理成本，节省大量的石灰，大幅度减少红石膏的产量，不仅给企业带来良好的经济效益，还能改善环境，降低环保投入。

5.8.6.5 防止硫酸钙在膜表面结垢的方法

膜技术在矿业冶炼行业的应用会遇到硫酸钙结垢的问题。由于硫酸钙普遍存在于工业废水中，因此需要解决硫酸钙在膜表面结垢的问题。

解决硫酸钙结垢问题通常采用以下方法：

(1) 改进膜的进水流道，降低硫酸钙沉淀的几率；

(2) 提高膜表面错流速度，降低硫酸钙在膜表面沉淀的机会；

(3) 用阻垢剂络合钙离子，降低硫酸钙沉淀几率。

例如，位于西班牙 Seville 的 CLC 铜矿是欧洲大型碱性铜矿，铜矿井水中含有很高浓度的砷、氟和硼。欧盟限制该废水的地表排放，要求对矿井水进行净化处理后，干净的水回注地下或者地表排放，污染物如砷、氟和硼要进行单独处理。2011 年，通过 SIMS 系统将其高倍浓缩，浓缩倍数为 30 倍。膜产水回注地下，膜浓缩水蒸发，实现了矿山废水零排放。

由于地下水中钙镁离子浓度高，经过 ROI 浓缩 10 倍后，硫酸钙已经过饱和，需要经过添加晶种的沉淀工序将过量的硫酸钙沉淀出来。经过沉淀后的溶液，其硫酸钙仍然处于饱和状态，需要经过加入阻垢剂再浓缩 3 倍。经过 RO II 浓缩后再蒸发，这样可以大大降低蒸发量，降低蒸发成本。该系统已经运行 4 年，运行稳定可靠。其防止硫酸钙结垢的关键就是使用 SIMS 膜，使用特殊流道，避免出现硫酸钙附着的死角；另外，在工艺设计上，增大膜表面流速，减少硫酸钙沉淀在膜表面的几率；最后通过阻垢剂和钙离子络合，减少和硫酸根结合的概率，具体的流程图如图 5-45 所示。通过这些方法的组合使用，该项目成功防止了硫酸钙对膜的污染。

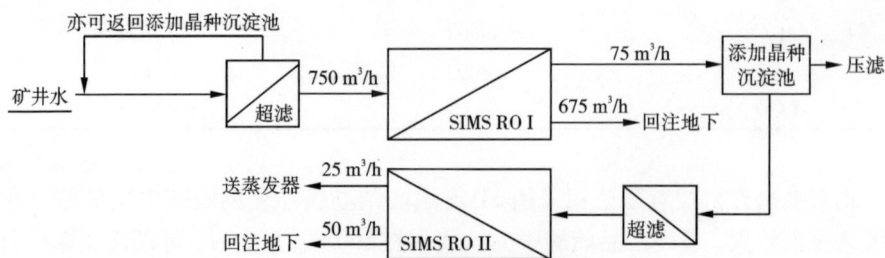

图 5-45 SIMS 特种膜处理高钙镁废水

5.9 小结

压力驱动膜过程是借助中间相——膜，使被分离物质分配在膜相两侧而实现物质分离的方法。过程的推动力是膜两侧的压力差。膜的结构与性质决定了分离能力的大小及分离效果的好坏，也决定了所需外力即能量的大小。压力驱动膜分离原则上是利用对象粒子的大小和荷电状态进行分离的方法，因此不可能像萃取及色层技术那样实现高精度分离，由于渗透压的关系，它适用于稀溶液体系。实际经验表明，被分离对象的空间结构、对应离子种类、分离对象的相对浓度对分离效果有影响。为了提高分离精度或提高收率，除采用集成膜过程或杂化集成膜过程外，还可采取其他措施，如使多孔金属微滤膜荷电，在分离选择性方面增加了静电排斥力的因素；而增强超滤是利用往溶液中添加大分子与离子结合，在分离选择性方面增加了化学反应的因素；而本章介绍的带吸附功能的微滤膜则是在膜上接枝有吸附作用的功能基，也是通过增加化学作用力来扩大被分离物质的性质差异。因此有理由相信，随着对膜过程研究的深入，进一步采取各种措施以扩大膜分离的选择性差异，必将扩大压力驱动膜的应用领域，增强它的分离效果。

参考文献

[1] 时钧, 袁权, 高从堦. 膜技术手册[M]. 北京：化学工业出版社, 2001.

[2] (德) R Rautenbach. 膜工艺——组件和装置设计基础[M]. 王乐夫译. 北京：化学工业出版社, 1998.

[3] (荷) Marcel Mulder. 膜技术基本原理[M]. 李琳译, 单德芳校. 北京：清华大学出版社, 1999.

[4] 冯逸仙, 杨世纯. 反渗透水处理工程[M]. 北京：中国电力出版社, 2000.

[5] (美) Zahid Amjad. 反渗透——膜技术、水化学和工业应用[M]. 殷琦, 华耀祖译. 北京：化学工业出版社, 1999.

[6] 许振良. 膜法水处理技术[M]. 北京：化学工业出版社, 2001.

[7] 刘茉娥, 等. 膜分离技术[M]. 北京：化学工业出版社, 2000.

[8] 徐南平, 刑卫红, 赵宜红. 无机膜分离技术与应用[M]. 北京：化学工业出版社, 2003.

[9] 楼永通, 陈益棠, 王寿根, 等. 膜分离技术在电镀镍漂洗水回收中的应用[J]. 膜科学与技术, 2002(2)：43.

[10] 张启修. 湿法炼铜领域中的膜技术. 有色金属[J], 2002(4)：81.

[11] Bernard R. Green D H, Mueller J J. Engineered Membrane Separation(EMS^{TM})System for Acid Hydrometallurgical Solution Concentration, Separation and Treatment[A]. Proceedings of Copper 99 – cobalt 99 International Conference Volume-Hydrometallurgy of Copper[C]. 1999：567.

[12] Bhattacharyya D. et al. Functionalized Membranes Remove and Recover Dissolved Heavy Metals "Membrane Technology" – An Int. Newsletter[D]. 1999(110).

[13] Troshkina I D, et al. Processing Rhenium-containing Effluents by Membrane Techniques[A]. Qiu Dingfan et al. GME'99 全球矿冶环保会议论文集[C]. 北京：万国学术出版社，1995，5：548.

[14] 许振良，徐惠敏，翟晓东. 胶束强化超滤处理含镉和铅离子废水的研究[J]. 膜科学与技术，2002(3).

[15] 彭跃莲，纪树兰，姚仕仲，等. 废水处理新技术——胶团强化超滤[J]. 膜科学与技术，2001(39).

[16] 肖连生. ××××电池材料有限公司电镀废水处理回用项目设计说明书[R]. 中南大学，2003.

[17] 张启修，黄芍英，梁世芬. 膜法处理风化壳淋积型稀土矿(NH₄)₂SO₄ 渗浸液试验小结[R]. 中南大学，2002.

第六章 离子交换膜分离技术

6.1 离子交换膜

6.1.1 结构与分类

离子交换膜也是两相之间有选择性的栅栏。根据它的特性，一般明确定义"离子交换膜是一种具有选择透过性的膜状高分子电解质。"它与离子交换树脂有相同的化学结构，包括活性基团与基膜两大部分。

基膜为有立体网状结构的高分子混合物，它由链状高分子和交联剂组成，它本身不含活性离子交换基团，但具有可导入活性离子交换基团的官能基。基膜中的网孔相互沟通形成细微孔径，即迂回曲折通道，通道长度远大于膜厚度。

活性基团在曲折通道的两侧与基膜相连，它本身分为两部分，与基膜直接相连且带电荷的固定离子及可以电离的与固定离子电荷相反的可交换离子。

离子交换膜按活性基团分类，可分为阴离子交换膜与阳离子交换膜两类，它们在水中溶胀后，活性基团解离出反离子。

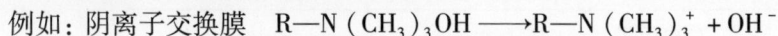

例如：阴离子交换膜 $R—N(CH_3)_3OH \longrightarrow R—N(CH_3)_3^+ + OH^-$

阳离子交换膜 $R—SO_3H \longrightarrow R—SO_3^- + H^+$

显然阴离子交换膜的同离子是阳离子，反离子是阴离子，阳离子交换膜的同离子是阴离子，反离子是阳离子。

如果按膜体结构分类，则离子交换膜一般分为均相膜及异相膜两大类。

异相膜：粉状树脂与黏合剂以一定比例混合成的片状膜。黏合剂为热塑性高分子聚合物，通常为线状聚烯烃及其衍生物，也可以是可溶于溶剂的聚合物，如聚乙烯醇、聚氯乙烯、过氯乙烯等。此种膜较厚(0.4~0.8 mm)，黏结剂有把活性基团包住的倾向，电阻较大，选择透过性较低。

均相膜：采用树脂合成与成膜工艺相结合的方法，直接使交换树脂薄膜化，即在高分子基膜上直接接上活性基团，或者用含活性基团的高分子树脂溶液直接制成膜。其基本特点是在膜相内部无相界面，活性基团在膜中分布均匀，$\delta = 0.15 \sim 0.3$ mm，电化学性能好。

6.1.2　冶金工业中应用的离子交换膜

6.1.2.1　扩散渗析膜

　　这种膜用于酸与相应盐溶液及碱与相应盐溶液的扩散渗析分离。其膜孔径比电渗析膜孔径大一些，要求水的渗透量尽量小。现在市场上大批量供应的扩散渗析膜为山东天维膜技术有限公司生产的如 TWDDA Ⅲ型阴离子交换膜，其基本性能列入表6－1。

　　扩散渗析阴离子交换膜允许阴离子渗析透过膜，除 H^+ 离子外，其他阳离子均不能通过，因而可用于酸和盐的分离。而扩散渗析阳离子交换膜却相反，它允许阳离子渗析通过膜，除 OH^- 离子外，其他阴离子均不能通过这种膜，因而可用于苛性碱与相应盐的分离。

表6－1　TWDDA Ⅲ型扩散渗析阴离子交换膜的有关性能

离子交换容量 IEC(ion exchange capacity)	mmol/g	1.50~1.70
厚度(湿) thickness(wet)	μm	160~180
水含量 uptake in H_2O at 25℃	%	70~90
氢离子渗析系数 proton dialysis coefficient	10^{-7} m/s	≥8
分离因子 separation factor		≥25

　　注：①离子交换容量测试条件：温度25℃，相对于干膜质量。②湿态厚度测试条件：温度25℃，纯水中平衡48 h。③氢离子渗析系数和分离因子测试条件：温度25℃，酸分离膜渗析液含3 mol/L HCl 及0.3 mol/L $FeCl_2$，接收液均为纯水。

6.1.2.2　一价离子选择性透过膜

　　这种离子交换膜允许一价离子而不允许二价及高价离子通过膜。其基本原理，以阳离子交换膜为例，是在阳离子交换膜表面涂覆上一层阴离子交换膜薄层，阴离子交换膜覆层的固定荷电基团带正电，它对二价阳离子的排斥力大于对一价阳离子的排斥力，在电场作用下，一价离子可穿过这一阻挡层进入阳离子交换膜，而二价离子则不能穿过这一阻挡层。

6.1.2.3　双极膜

　　双极膜是一种复合膜，一侧是阳离子交换膜，另一侧是阴离子交换膜。在直流电场下膜内的水分子发生离解生成 H^+ 和 OH^- 离子，分别通过阳离子交换膜侧和阴离子交换膜侧向外迁移。日本的 $NEOSEPTA^R BP-1$ 双极膜性能列入表6-2。

表6-2　$NEOSEPTA^R BP-1$ 双极膜性能

项目	指标	备注
水离解电压	1.2~2.2 V	
水离解效率	>98%	在 1 mol/L NaOH 和 1 mol/L HCl, 0.1 A/cm², 30℃测量
爆破强度	0.4~0.7 MPa	
膜厚	0.2~0.35 mm	

中国科技大学与山东天维公司合作，使上述三种特殊性能离子交换膜不但实现了工业化生产，而且性能不断得到改进提高，缩小了与国外先进水平的差距。表6-3列出了山东天维公司最新且具有代表性的几种特殊性能离子交换膜产品。

表6-3　山东天维几种特殊性能离子交换膜产品及基本性能

酸分离扩散渗析膜（阴离子交换膜）				
产品编号	湿态厚度 /mm	含水率 /%	H^+ 渗析系数 /(10^{-7} m·s^{-1})	H^+/Fe^{2+} 分离因子
TWDDA1（标准）	0.25~0.30	40~80	≥5	≥15
TWDDA2（高通量）	0.13~0.18	40~80	≥5	≥30
碱分离扩散渗析膜（阳离子交换膜）				
产品编号	湿态厚度 /mm	含水率 /%	OH^- 渗析系数 /(10^{-7} m·s^{-1})	OH^-/AlO_2^- 分离因子
TWDDC1（标准）	0.15~0.20	40~80	≥1	≥10
TWDDC2（高通量）	0.15~0.20	40~80	≥2	≥15
电渗析离子交换膜（阴离子交换膜）				
产品编号	湿态厚度 /mm	含水率 /%	面积电阻 (Ω·cm², 0.5 mol/L NaCl, 25℃)	迁移数 (0.5 mol/L /0.1 mol/L NaCl, 25℃)
TWEDA1（标准）	0.13~0.16	30~40	≤4	≥0.98
TWEDA2（耐污染）	0.12~0.15	30~40	≤4	≥0.98

续上表

电渗析离子交换膜(阳离子交换膜)				
产品编号	湿态厚度 /mm	含水率 /%	面积电阻 ($\Omega \cdot cm^2$, 0.5 mol/L NaCl, 25℃)	迁移数 (0.5 mol/L /0.1 mol/L NaCl, 25℃)
TWEDC1(标准)	0.10 ~ 0.13	20 ~ 30	≤4	≥0.97
TWEDC2(耐污染)	0.10 ~ 0.13	20 ~ 30	≤4	≥0.97
双极膜				
产品编号	湿态厚度 /mm	含水率 /%	水解离电压 (V, 100 mA/cm², 25℃)	水解离效率 (25℃, 0.5 mol/L Na₂SO₄)
TWBP1	0.18 ~ 0.23	20 ~ 30	≤1.8	≥0.97

6.1.2.4 全氟离子交换膜

1. 全氟羧酸 - 磺酸阳离子交换膜

此类膜开始为宇航用燃料电池而设计,后成功用于氯碱电解取代石棉隔膜。它具有良好的抗氧化性和耐化学腐蚀性。这类膜均为均相膜或均相复合膜,它的基体材料是全氟离子交换树脂,以四氟乙烯或六氟环氧丙烷为代表的含氟原材料制造。其主链上必须连接相当数量的侧链,侧链的末端都带有具有离子交换功能基的基团如磺酸基团—SO_3H 或羧酸基团—$COOH$。全氟离子膜的主要系列与构型见表6-4。

表 6-4 全氟离子交换膜

全氟离子膜	膜构型	电效/%	碱浓度/%	典型膜
全氟磺酸增强离子膜	全氟磺酸膜/增强网布	58 ~ 64	15	Nafion400
全氟磺酸/磺酸 增强复合膜	全氟磺酸膜(低 IEC)/全氟磺酸膜(高 IEC)/增强网布	80 ~ 85	20	Nafion300
全氟羧酸/羧酸 增强复合膜	全氟羧酸膜(高 IEC)/全氟羧酸膜(低 IEC)/增强网布	95	35 左右	Flemion230
全氟磺酸/羧酸 增强复合膜	全氟羧酸膜/全氟磺酸膜/增强网布/全氟磺酸膜	95	33 左右	Nafion900

2. 全氟阴离子交换膜

随着全氟羧酸-磺酸阳离子交换膜的成功应用,日本于 1982 年又开发出全

氟阴离子膜,其结构如下:

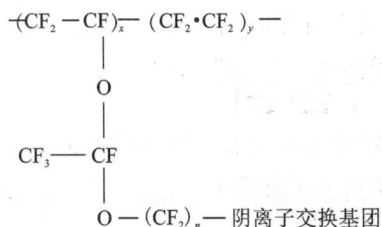

$$-(CF_2-CF)_x-(CF_2\cdot CF_2)_y-$$
$$|$$
$$O$$
$$|$$
$$CF_3-CF$$
$$|$$
$$O-(CF_2)_n-阴离子交换基团$$

与碳氢系列阴离子交换膜相比,全氟阴离子交换膜具有优异的耐热性、耐酸碱性、耐氧化性等特性。

全氟阴离子交换膜(AEM)有下列几种结构类型:①单层膜;②复合膜——高交换容量与低交换容量的复合膜;③两性膜——阴离子交换基层与阳离子交换基层的复合膜。

全氟阴离子交换膜除有平板状的商品形式外,还有圆筒状、管状的膜。

全氟阴离子交换膜的面世扩大了离子膜在冶金领域中的应用,例如可回收酸,可与阳离子交换膜配合劈裂盐为酸和碱。

在上海交通大学的技术支持下,山东东岳集团已实现了全氟离子膜的工业规模生产。

6.1.3　离子交换膜性能

了解离子交换膜性能对正确选择、应用离子交换膜有重要作用。本书重点介绍全氟离子膜的性能。

6.1.3.1　物理性能

1.机械强度

膜应有一定的机械强度,同时又保证膜有一定的柔软性和弹性,以方便组装和拆洗并延长膜的使用寿命。

膜的机械强度包括三个方面的内容:

(1)爆破强度:能承受垂直方向的最大压力,单位为 MPa;

(2)抗拉强度:能承受水平方向上的最大拉力,单位为 MPa;

(3)耐褶度:次数。

一般说来,交联度大的膜,机械强度较高,但膜的脆性也随交联度的提高而增大。为了提高膜的强度,多在膜内嵌入增强网布。

2.表观尺寸

(1)厚度　干态膜或湿态膜的厚度,一般以微米(μm)或毫米(mm)为单位计,其值对机械强度及膜的电阻均有较大影响。较厚的膜其机械强度均较高,但膜电阻也较高。

（2）溶胀度　溶胀度指离子交换膜在规定溶液中浸泡（24 h 以上）后，它的面积和体积变化的百分率。如用面积变化百分率表示，则

$$溶胀度(\%) = \frac{湿态膜面积 - 干态膜面积}{干态膜面积} \times 100\%，也可用线膨胀率表示。$$

（3）含水率　指干态膜在水中溶胀后增加的重量，以百分数表示。

$$含水率(\%) = \frac{湿态膜重 - 干态膜重}{干态膜重} \times 100\%，一般为 25\% \sim 50\%。$$

影响膜中含水率的因素：

（1）膜的含水率随离子交换容量（IEC）的上升而增加。

（2）随组成膜的聚合物分子量增加，膜的含水率将降低。但聚合物分子量增加有一定限度，对全氟膜而言分子量达到 20 万以上时，全氟聚合物链形成一种疏水性结构阻止水分子进入聚合物中。

（3）膜的含水率受到外界碱浓度的影响，如图 6 - 1 所示。当全氟离子膜浸泡于碱液中时，其含水率随碱浓度增加而明显下降。

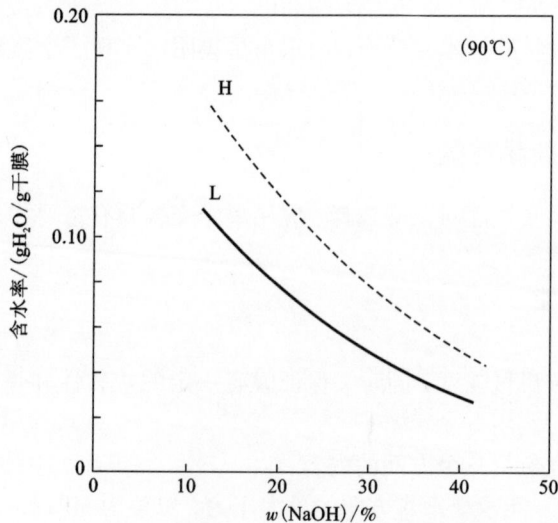

图 6 - 1　膜的含水率与外液碱浓度关系

（L 膜的 $IEC = 1.23$；H 膜的 $IEC = 1.43$）

（4）离子交换基团对含水率的影响　磺酸膜的含水率要远高于羧酸膜，因此磺酸膜的导电度高于羧酸膜，但是 OH^- 离子在磺酸膜中的反渗速度要高于羧酸膜。

（5）树脂的化学结构对膜含水率的影响　高聚物的化学结构对膜的含水率影响很大。全氟膜的含水率远远小于碳氢膜的含水率。

膜含水率降低引起膜电阻、电流效率的变化，对复合膜而言，还会影响复合膜各层之间的结合力，从而影响膜寿命。

6.1.3.2　化学性能

1. 交换容量

离子膜的离子交换容量(IEC)是指每克氢型(阳离子交换膜)或氯型(阴离子交换膜)干膜或湿膜与外界溶液中相应离子进行等量交换的毫摩尔数值[mmol/g(干膜或湿膜)]。

交换容量大的膜导电性能好，但由于膜的亲水性较好，含水率相应也较大，使电解质溶液进入膜内，膜的选择性有所降低。反之，离子交换容量较低的膜，虽然电阻较高，但其选择性也较好。与含水率一样，IEC 也是影响膜的各种性能的重要参数。

IEC 与含水量 W(g/g 干膜)及固定离子浓度 A_W(mmol/gH$_2$O)之间有下列关系。

$$A_W = IEC/W \qquad (6-1)$$

以含水量 W(gH$_2$O/g)作纵坐标，IEC 作横坐标作图，则斜率即为 A_W。IEC 与 W 值影响膜的性能，在它们的坐标图上标出性能优化方向指针，根据代表膜的 A_W 斜率可对它们的性能作出大致估计及比较。

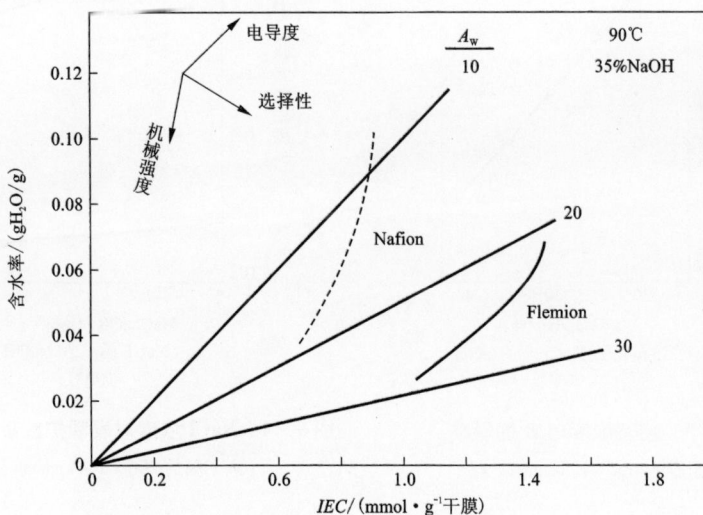

图 6-2　全氟离子膜的 IEC，W，A_W 间关系

由图 6-2 可见，随 IEC 增加，膜的导电度提高，而选择性和机械强度有所下降。对一种膜而言，随 IEC 提高，其水含量增加。这将导致膜电压降减小，阳极液中 NaCl 向阴极液泄漏系数增高，产品质量下降。

图 6-2 中强度优化方向指针指向左下方,即降低 *IEC* 及 *W* 值,膜强度增加;选择性优化方向指针指向右下方,即增加 *IEC*,降低 *W* 有利于提高选择性,但 *IEC* 增加,水含量随之增加,故为保证选择性,*IEC* 应选一适当值。

由图 6-2 还可看出全氟磺酸膜(Nafion)的含水率大于全氟羧酸膜(Flemion),因而必然的结果是全氟磺酸膜的电导也较高。

2.膜的扩散性能

对阳离子交换膜而言,希望阳离子在膜中的扩散系数大,对阴离子交换膜而言,希望阴离子在膜中的扩散系数大。问题在于中性电解质在膜中的扩散,一般而言,应尽量减少进入膜的中性电解质的量,要求中性电解质的扩散系数尽量小,以减小它们的泄漏率。例如对全氟离子膜而言,当它们用于食盐电解制取烧碱时,阳极液 NaCl 浓度或阴极液 NaOH 浓度对碱及盐的表观扩散系数(D)的影响示于图 6-3 及图 6-4。

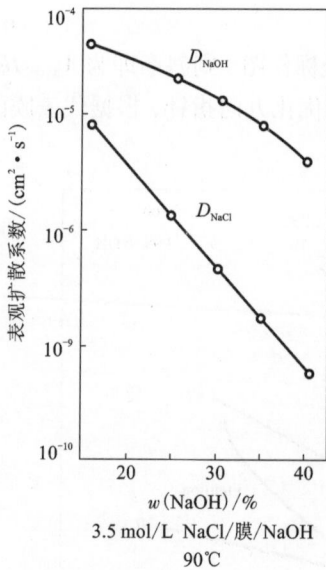

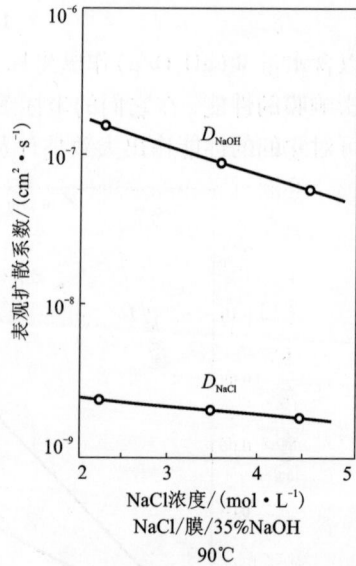

图 6-3 烧碱浓度对 D 的影响	图 6-4 NaCl 浓度对表观扩散系数的影响
(离子膜的 IEC = 1.44 mmol/g)	(离子膜的 IEC = 1.44 mmol/g)

温度及 *IEC* 对表观扩散系数 D 也有影响。NaCl 电解时一般 T 增加,D 减小;*IEC* 增加,D 增加。因 OH$^-$ 的淌度大于 Cl$^-$,故 NaOH 的表观扩散系数一般大于 NaCl。

3.耐酸、碱及氧化性能

对冶金工艺而言,一般均需要膜有一定的化学稳定性。膜的耐酸、碱、氧化性能不仅取决于膜材料,而且取决于增强网布材料的耐蚀性。

6.1.3.3　电化学性能

1. 膜电导

膜的电导性可以用电阻率 $\Omega \cdot cm$、电导率 $\Omega^{-1} \cdot cm^{-1}$ 表示,但在离子膜的导电性能表征中常用面电阻 $\Omega \cdot cm^2$ 表示,它又称为实效电阻。电阻的高低对能耗影响很大。用于隔膜电解的膜既希望它有高的物理、化学性能,也希望它有低的电阻。

影响膜的导电性能的主要因素有:

交换容量 *IEC*:如图 6-2 所示,*IEC* 越高,水含量越高,导电性能越好。

交换基团性质:磺酸基比羧酸基易解离,故磺酸膜的导电性高于羧酸膜。

交联度:交联度越高,结构越致密,孔越小,含水量相应越小,故导电性能越差。

引入羧酸层的影响:通过复合或化学改性在磺酸膜的一侧引入羧酸基团,其优点是可提高制碱时的电流效率,而且电流效率随羧酸层的厚度增加而提高。但当羧酸层厚度达 10 μm 以上时,电流效率不再上升。其缺点是羧酸层的引入使膜电阻上升。

膜中增强材料对膜电阻的影响:增强材料的引入,将遮蔽一部分膜的导电面积,从而引起膜电阻的上升。

膜外溶液对膜导电性能的影响:原则上膜外溶液浓度、离子种类、温度对膜电导性能有影响。对阳离子全氟膜而言,随阴极液碱浓度增加,膜含水量降低,故电阻增加。而阳极液中的离子种类对膜电阻也有影响。以一价阳离子氯化物溶液为例,按 Li、Na、K、Rb、Cs 的顺序,它们在水溶液中的离子电导增加,它们浸泡的膜的电导率也增加。而高价离子的影响则较为复杂。相反,溶液中阴离子种类对阳离子交换膜的导电性影响不大。

溶液温度上升,膜的电导率也将上升。

2. 膜电位

在离子交换膜的两侧,当放入不同浓度的同种电解质溶液时,如图 6-5 所示,由于离子的选择性迁移而形成一浓差膜电位(又称化学电位,简称膜电位)。

膜电位不是平衡电位,而是由于通过膜的离子的流动而产生的电位。

对阳离子交换膜而言,浓溶液一侧带负电,稀溶液一侧带正电,对阴离子交换膜而言,浓溶液一侧带正电,稀溶液一侧带负电。由此产生的膜电位可用式(6-2)计算。

$$E_m = (\bar{t}_+ - \bar{t}_-) \frac{RT}{ZF} \ln \frac{a_1}{a_2} \qquad (a_1 > a_2) \qquad (6-2)$$

式中:$\bar{t}_+$, $\bar{t}_-$ 分别为阳离子和阴离子在膜中的迁移数;a_1, a_2 为两种电解质溶液的活度。

阳膜   阴膜

| 0.1 mol | | | 0.2 mol | 0.1 mol | | | 0.2 mol |

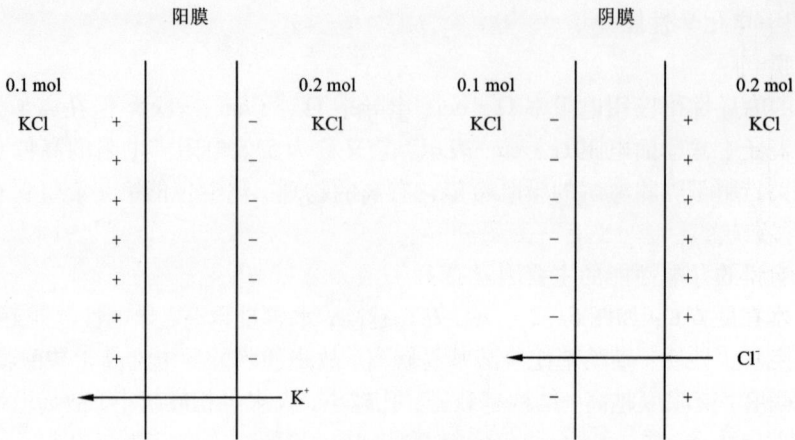

图 6-5 离子交换膜浓差膜电位

3. 膜内迁移数

某种离子在膜内独立迁移电量与全部离子在膜内迁移总量的比值，以 $\bar{t}_i$ 表示。

$$\bar{t}_i = \frac{Z_i \bar{L}_i \bar{C}_i}{\sum Z_i \bar{L}_i \bar{C}_i}$$

式中：$\bar{L}_i$ 表示 i 离子在膜中的淌度。

用测膜电位的方法可求出迁移数 $\bar{t}_i$。假设电解质是 1-1 型。因 $\bar{t}_+ + \bar{t}_- = 1$，故式(6-2)改写为：

$$E_m = (2\bar{t}_+ - 1)\frac{RT}{ZF}\ln\frac{a_1}{a_2} \tag{6-3}$$

对理想阳离子交换膜，$\bar{t}_+ = 1$，$\bar{t}_- = 0$，此时的膜电位为理论最大电位，即为能斯特可逆电位：

$$E_0 = \frac{RT}{ZF}\ln\frac{a_1}{a_2} \tag{6-4}$$

$$E_m/E_0 = 2\bar{t}_+ - 1$$

$$\bar{t}_+ = \frac{E_m + E_0}{2E_0} \tag{6-5}$$

4. 选择透过性

选择透过性是离子交换膜的重要功能指标，其物理意义为"一定条件下反离子在膜内迁移数实际增值与理想增值之比。"实际增值指反离子在膜内迁移数 $\bar{t}_m$ 与它在溶液中迁移数 t_s 之差，因离子在膜内迁移数永远大于在溶液中迁移数，故此增值永远为正值。以 P 表示膜的选择透过性，则有：

$$P(\%) = \frac{\Delta t_r}{\Delta t_0} \times 100\% = \frac{\bar{t}_m - t_s}{1 - t_s} \times 100\% \qquad (6-6)$$

式中：$\bar{t}_m$ 为反离子在膜内迁移数；t_s 为反离子在溶液中迁移数。

反离子在理想膜内的迁移数为 1。

显然选择透过性的大小和迁移数一样，全依赖于膜电位的测定值。膜电位越高，迁移数越大，选择透过性越好，因此决定和影响膜电位值的膜内因素及外界因素也全部适用于迁移数和选择渗透性的情况。

5. 水在膜内的电渗透

在电场作用下，水分子伴随离子通过离子膜而发生迁移，称之为水的电渗透。它与在渗透压驱使下水分子由稀室向浓室的迁移含意完全不同。

水的电渗透速度的大小不仅影响产品的质量（产品浓度、杂质含量等），而且影响电流效率及能耗。水的电渗透量可用式（6-7）表达。

$$W_e = \bar{t}_w \cdot i \cdot \tau / 96500 \qquad (6-7)$$

式中：W_e 为通过膜的水的电渗透量，mol；$\bar{t}_w$ 为通过膜的水的电渗透系数，mol/F；i 为电流密度，A/cm^2；τ 为通电时间，s。

影响水的电渗透系数 $\bar{t}_w$ 的因素主要为膜的含水率，凡影响膜含水率的因素均影响 $\bar{t}_w$ 值。

（1）膜的固定离子浓度的影响　图 6-6 是在 0.5 mol/L 氯化钠溶液中测得的碳氢系阴离子交换膜的电渗透系数，随着固定离子浓度增加，按照式（6-1），膜的水含量将下降，此时电渗透系数有下降趋势，因而可以推测，膜的含水率增加会使电渗透系数提高。

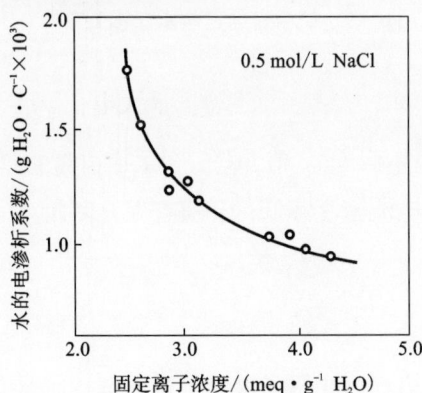

图 6-6　膜固定离子浓度与
水的电渗透系数关系

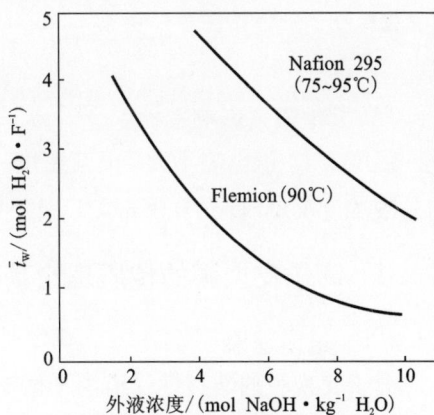

图 6-7　阴极液 NaOH 浓度与
水的渗透系数关系

（2）膜外液浓度的影响

由图 6 - 7 可知，在同一外液浓度下，含水率高的磺酸型 Nafion295 膜的电渗透系数高于含水率低的羧酸型的 Flemion 膜。另一方面又说明了电渗透系数随阴极液碱浓度增加而降低，其原因是同样的，因碱浓度增加，膜含水量也下降。阳极液 NaCl 浓度的上升同样也会导致 $\bar{t}_w$ 值下降。图 6 - 8 为 NaCl 浓度与 $\bar{t}_w$ 的关系，而图 6 - 9 反映了由于水的电渗透使阴极产品中 NaCl 增加，水中溶解的氯离子随水的电渗透而向阴极室迁移，氯离子迁移量正比于 $\bar{t}_w$ 值。反过来进入膜中的水又会使膜溶胀，引起更多的 NaCl 透过膜而进入烧碱中，故图 6 - 9 呈现出直线上升关系。

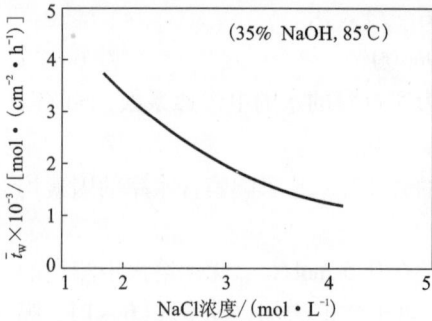

图 6 - 8　NaCl 浓度与 $\bar{t}_w$ 关系

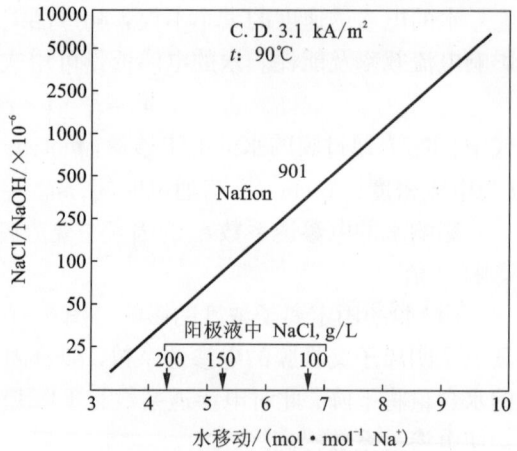

图 6 - 9　碱中含盐量与水迁移关系

（3）其他因素影响

温度对 $\bar{t}_w$ 值影响不大，电流密度一般也不影响 $\bar{t}_w$ 值，但对含水率很高的膜，当外液浓度很低时（约 0.1 mol/L 以下），随电流密度降低，$\bar{t}_w$ 值有上升倾向。

6.1.4　离子交换膜的传质理论基础

6.1.4.1　道南理论

离子交换膜的选择性受道南平衡支配，第三章介绍了道南平衡的理论推导及道南排斥原理。应用道南理论同样可对离子膜的选择性进行解释。其要点如下：

（1）与离子交换树脂类似，膜浸入溶液，发生交换作用，构成一平衡体系，由于道南排斥效应，阳离子膜允许反离子（钠离子）进入并通过膜，不允许同离子（氯离子）进入或通过膜。

（2）只有膜相中固定离子浓度高于周围溶液中浓度，道南排斥效应才有作用。

（3）外部溶液浓度很高时，同离子与反离子同时进入膜，即发生中性电解质的非交换吸入，此时选择性降低。

（4）道南排斥是由于道南位引起的，第三章对道南位的产生已作了解释。本章进一步介绍它的定量表述及与膜电位的关系。以阳离子交换膜为例，它置入溶液中时，在膜与溶液接界处产生一双电层，膜上固定的负电荷基团使膜带负电，靠近膜面处的一层溶液内主要是带正电荷的阳离子，因而产生道南电位，阴离子受排斥而远离膜面，离膜面越远电位越小。在平衡状态下可以计算离子组分在两相中的电化学位。

在离子溶液内组分 i 的电化学位：

$$\mu_i = \mu_i^{\ominus} + RT\ln a_i + Z_i F\varphi \tag{6-8}$$

在膜中组分 i 的电化学位：

$$\overline{\mu}_i = \overline{\mu}_i^{\ominus} + RT\ln\overline{a}_i + Z_i F\overline{\varphi} \tag{6-9}$$

平衡时 $\mu_i = \overline{\mu}_i$，假设两相的参考状态相等，即 $\overline{\mu}_i^{\ominus} = \mu_i^{\ominus}$，而道南电位 $E_{\text{don}} = \overline{\varphi} - \varphi$，则有：

$$E_{\text{don}} = \overline{\varphi} - \varphi = \frac{RT}{Z_i F}\ln\frac{\overline{a}_i}{a_i} \tag{6-10}$$

对于稀溶液

$$E_{\text{don}} = \overline{\varphi} - \varphi = \frac{RT}{Z_i F}\ln\frac{\overline{c}_i}{c_i} \tag{6-11}$$

实际上（6-11）式右侧还应加上一项 $\prod V_i$，即膜溶胀产生的溶胀压。V_i 为 i 组分的偏摩尔体积。

显然它与前面描述的非平衡的膜电位不同，后者是膜置于同种但不同浓度的两溶液之间产生的电位，它包括了离子交换膜内的扩散电势、两相界面上的道南电势及液膜边界层内的扩散电势。

6.1.4.2 基本传质方程

一般而言，通过离子交换膜的传质过程由对流传质、扩散传质和电迁移传质共同组成。

对流传质，包括因浓度差、温度差，以及重力场作用引起的自然对流和机械搅拌引起的强制对流传质。

扩散传质，当溶液中某一组分存在浓度梯度时，必然存在着化学位梯度，在其作用下离子发生扩散迁移。

电迁移传质，当存在电位梯度时，离子在电场力的作用下发生迁移，由于正负离子带相反符号的电荷，其运动方向相反。

因为离子交换膜经常与外加电位差结合起来使用，此时可忽略对流传质的作

用, 而只需综合考虑浓度差与电位差的作用, 此时得到的传质方程称为 Nernst-Planck 公式:

$$\bar{J}_i = -\bar{D}_i \frac{\mathrm{d}\bar{c}_i}{\mathrm{d}x} + \frac{Z_i F \bar{c}_i \bar{D}_i \mathrm{d}\varphi}{RT \ \mathrm{d}x} \tag{6-12}$$

而在无外电位差存在下发生的通过离子膜的传质(对其他带电膜同样如此), 则应综合三方面的作用进行考虑, 即

$$J_i = J_{i扩散} + J_{i电导} + J_{i对流} \tag{6-13}$$

此式称为扩展的 Nernst-Planck 方程, 在完全理想情况下, 只考虑在垂直于膜面方向的一维传质, 其表示式可写为:

$$\bar{J}_i = -\bar{D}_i \frac{\mathrm{d}\bar{c}_i}{\mathrm{d}x} + \frac{Z_i F \bar{c}_i \bar{D}_i \mathrm{d}\varphi}{RT \ \mathrm{d}x} + c_i \bar{V}_i \tag{6-14}$$

(6-12)式及(6-14)式中, $\bar{J}_i$ 为离子 i 通过离子膜的传质速率($\mathrm{mol/cm^2 \cdot s}$); $\bar{D}_i$ 为离子 i 在膜内的扩散系数($\mathrm{cm^2/s}$); $\bar{c}_i$ 为离子 i 在膜中的浓度($\mathrm{mol/cm^3}$); $\bar{V}_i$ 为膜微孔中液体运动速度($\mathrm{cm/s}$); φ 为电位(V); Z_i 为 i 离子电荷数; F 为法拉第常数; x 为垂直于膜面方向上的距离。

6.1.5 膜中毒与膜污染

离子交换膜与离子交换树脂一样可与各种阴、阳离子进行交换, 因此同样也存在污染与中毒问题。

膜污染指无机盐沉淀如碳酸钙、硫酸钙、氢氧化铁等以垢的形式析出而附着于膜的表面上; 或某些有机酸解离成较大的阴离子附着于膜的表面; 或某些胶体粒子、合成洗涤剂附着于膜的表面上。由于膜表面形成了污物薄层, 因而导致膜电阻增加, 对膜的选择性也有一些影响但不甚显著。可通过测定膜电位随时间的变化曲线判断膜的污染情况。

膜中毒是由多价金属离子引起的, 因为多价金属离子与阳离子交换膜的固定离子基团结合牢固而不易交换下来, 故使离子膜的交换容量逐渐下降, 电阻上升, 离子选择性也相应下降。这种膜功能劣化不仅局限在膜的表面而且影响到膜的内部, 其危害程度比膜污染还要严重, 故称之为膜中毒。膜中毒的处理可参照树脂中毒处理办法进行。

6.1.6 离子膜的应用方式

本章重点介绍电渗析、扩散渗析、膜电解、双极膜电解四种应用方式。除扩散渗析是借助浓差推动力外, 其余三种过程的推动力均为电场。与压力驱动膜应用的一个原则区别是它处理的溶液应有适当高的浓度, 而前者却适合处理低浓度溶液, 因而离子膜分离技术在冶金工业中有更广阔的应用市场。

6.2　电渗析

6.2.1　电渗析过程

在一对电极之间，由许多阳离子交换膜及阴离子交换膜交替排列，膜之间以网状隔板作间隔材料即构成基本的电渗析单元。电渗析是离子交换膜的基本应用方式，电渗析的基本工作原理如图 6－10 所示。

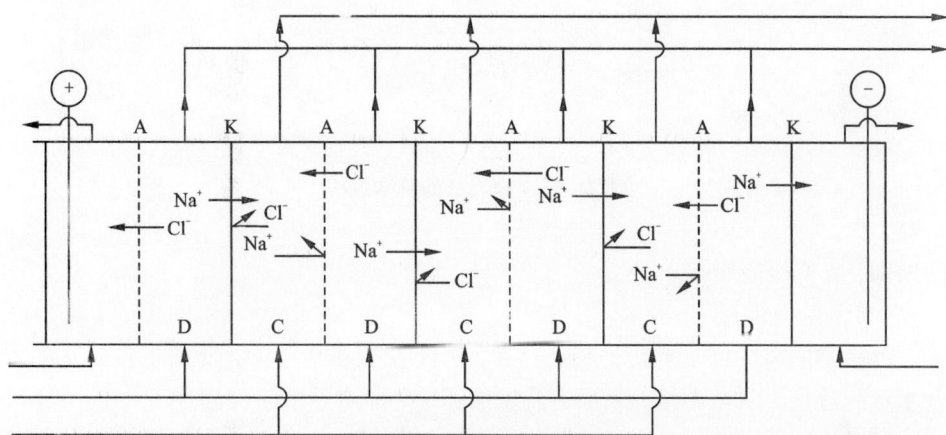

图 6－10　电渗析工作原理

反离子在直流电场作用下分别通过阳离子交换膜和阴离子交换膜向电极作定向迁移，因此在电渗析单元内形成间隔排列的浓室和淡室。故电渗析最基本的应用领域就是盐的浓缩或从溶液中去除盐分。除了正常的反离子迁移外，如图 6－11 所示，还存在一些我们不希望的伴随过程。其中包括：

（1）同离子迁移

由于膜的选择性不是 100%，因此有少量阳离子可通过阴离子交换膜，少量阴离子也可通过阳离子交换膜，因而会影响除盐效果，降低电流效率。

（2）浓差扩散

电渗析进行到一定程度，相邻两膜室盐的浓度差增大，因而会产生盐由浓室向淡室的浓差扩散，从而影响除盐效果，降低电流效率。

（3）水的渗透

由于浓缩室和除盐室之间存在浓度差，因此除会产生上述盐由浓缩室向脱盐室的扩散渗透之外，还会产生水由脱盐室向浓缩室的渗透，从而使脱盐室的盐浓

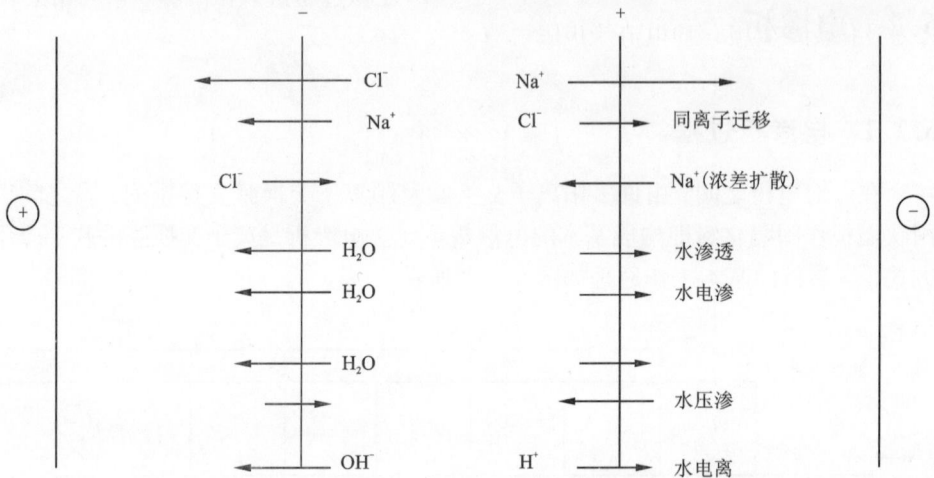

图 6 – 11　电渗析的基本过程

度增加，降低电流效率。

（4）水的电渗透

溶液中的离子以水合离子状态存在，因此在电场作用下，反离子连同它的水合水从脱盐室进入浓缩室，因而造成水的流失，即产生水的电渗透。

（5）压差渗透

由于膜两侧有压力差，则水将由压力大的一侧向压力小的一侧渗透，溶液中的离子也同这部分水一起渗透，从而影响电渗析效果，如果电渗析的目的是为了浓缩产品，则一般应控制浓缩室的压力大于脱盐室，反之则可以控制脱盐室的压力大于浓缩室。

（6）水电离

在电渗析过程中如果出现"离子枯竭"现象时，水会电离产生 H^+ 与 OH^-，由 H^+ 与 OH^- 维持电流，这一现象非常有害，下面将深入讨论。

6.2.2　浓差极化及其影响

6.2.2.1　浓差极化

离子枯竭　以电渗析过程在阴离子交换膜表面的情况进行分析。如图 6 – 12 所示，如迁移离子为 Cl^-，它在膜内迁移速度大于它在滞留层（扩散边界层）中的迁移速度。电流密度增大至某一点，滞留层中离子浓度为零，而主体溶液中的离子来不及补充到界面，这一现象即称之为离子枯竭。离子枯竭会导致膜面附近的水分子在高电势梯度作用下被解离成 H^+ 和 OH^-，并参与传导电流。对阴离子交换膜而言，此时不是 Cl^- 迁移过膜，而是 OH^- 迁移过膜进入浓缩室，这一结果称之为极化。产生极化的电流为极限电流。

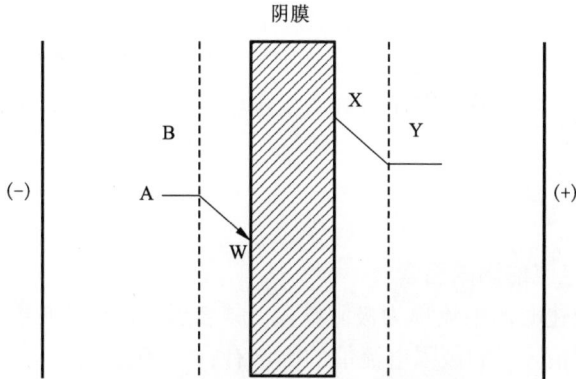

阴膜

图 6-12　离子通过阴离子交换膜迁移

极化是在电渗析过程中应极力避免产生的现象，其危害表现为：

在阴离子交换膜靠浓水侧 OH^-、HCO_3^- 与 Ca^{2+}、Mg^{2+} 反应生成沉淀：

$$Mg^{2+} + 2OH^- = Mg(OH)_2 \downarrow$$
$$Ca^{2+} + 2OH^- = Ca(OH_2) \downarrow$$
$$HCO_3^- + OH^- = CO_3^{2-} + H_2O$$
$$Ca^{2+} + CO_3^{2-} = CaCO_3 \downarrow$$
$$Mg^{2+} + CO_3^{2-} = MgCO_3 \downarrow$$

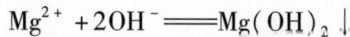

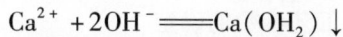

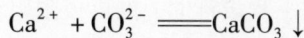

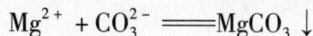

结垢使电阻增加，膜的使用寿命下降。

同时在阴离子交换膜淡水室一侧留下 H^+，溶液呈酸性也影响膜寿命。

总的结果是离子迁移减少，脱盐率下降，故水质下降，电流效率下降。

对阳离子交换膜而言，当然也会发生极化，但迁移 H^+ 不至于产生沉淀，危害不像阴离子交换膜极化大，同时阴阳膜极化也不会同时发生。

6.2.2.2　极化的防止及结垢消除方法

（1）显然防止极化现象发生的根本方法是控制操作电流密度要小于极限电流密度。在设计电渗析系统时，了解电渗析器的极限电流密度是非常重要的。

（2）减少极化产生的另一有效办法是提高溶液湍流程度，强化传质过程其实质是减小扩散边界层厚度，提高离子自主体溶液迁移至边界层的速度。

（3）在实际运行过程中，极化并产生结垢总会发生，为了保护膜及维持系统的正常运行，最好的办法是定期用稀盐酸或稀醋酸进行洗涤。

（4）为了防止和消除结垢，提出了倒极电渗析方式，即在运行过程中每隔 2 ~

8 h 倒换一次电极，同时改变浓、淡水系统流向，使浓、淡水室同时互换。这种方式能消除膜面沉淀物积累。在此基础上，美国 Ionics 公司将自动倒换电极时间缩短为 15~30 min，与自动改变浓、淡水水流流向相结合，称之为频繁倒极电渗析，简称为 EDR。它能破坏极化层，可防止因浓差极化引起的膜堆内部沉淀结垢，并减轻胶体物质在膜面沉积，它比常规倒极电渗析操作电流高，原水回收率高，稳定运行周期长。

6.2.3　极限电流

6.2.3.1　极限电流的影响因素

产生浓差极化时的电流称为极限电流，顾名思义，它意味着实际操作电流不应超过这一极限值，影响极限电流值的因素有：

(1)溶液浓度：一般溶液浓度高，极限电流大。

(2)扩散边界层厚度：扩散边界层厚度小，意味着离子向膜面迁移较快，因而极限电流大。

(3)溶液温度：温度高，溶液中离子迁移快，则极限电流大。

(4)溶液体系：溶液体系不同时，即溶液中离子组成不同时，由于各种离子的淌度不同，故极限电流值也不同。

6.2.3.2　极限电流状态下工艺参数的确定

电渗析工艺参数的确定皆以极限电流为基础。不同的电渗析器处理不同的水质有不同的极限电流。因此在工程设计时，推算极限电流至为重要。用膜有效面积除极限电流则为极限电流密度，1960 年威尔逊(Wilson)提出了极限电流密度的经验计算式

$$i_{\lim} = kvc_{m}$$

式中：$i_{\lim}$ 为极限电流密度(mA/cm^2)；v 为淡液流速(cm/s)；c_{m} 为淡液进出口平均对数浓度(mol/L)，$c_{m} = \dfrac{c_{di} - c_{do}}{\ln c_{di}/c_{do}}$；$c_{di}$ 及 c_{do} 为淡液进口及出口浓度；k 为水力学常数。公式推导中作了很多假设，实践中发现有较大偏差，故对公式进行了修正，提出了式(6-15)表示的指数修正经验式。

$$i_{\lim} = kc_{m}^{m}v^{n} \tag{6-15}$$

我国的电渗析工作者，习惯于将极限电流直接与淡水进水浓度、淡水流速挂钩，故有

$$I_{\lim} = kc_{di}^{m}v^{n} \tag{6-16}$$

实际运用(6-15)式或(6-16)式时，k、m、n 并不一样，应注意计算时统一。只要知道某一水型的 k、c_{m}、v 值，即可求出该电渗析器处理该型水质的极限电流。

在极限电流密度下的有关计算式:

(1)膜对电压计算式

$$U_P = k' c_m^\alpha v^\beta \qquad (6-17)$$

式中:α、β、k'为常数。

(2)脱盐率计算式

$$f = Ae^{-rv} \qquad (6-18)$$

式中:A 及 r 为常数;v 为淡液流速。

而操作电流密度下的脱盐率则为:

$$f_{op} = f_{\lim} \frac{I_{op}}{I_{\lim}} \qquad (6-19)$$

(3)膜对电阻计算式

$$R_p = \frac{k_1}{c_a} + k_2 - k_3 c_a \qquad (\Omega/\text{对膜}) \qquad (6-20)$$

式中:k_1、k_2、k_3 均为常数;c_a 为浓、淡水隔室的摩尔平均浓度, mol/L;

$$\frac{1}{c_a} = \frac{1}{2}\left(\frac{1}{c_d} + \frac{1}{c_c}\right) \qquad (6-21)$$

在稀溶液中 k_3 项可以忽略,则(6-20)式变为

$$R_p = \frac{k_1}{c_a} + k_2 \qquad (6-22)$$

由式(6-22)可知在强电解质溶液中膜对电阻由溶液电阻$\frac{k_1}{c_a}$和膜电阻项 k_2 组成。

6.2.3.3　极限电流的测定及应用

1.极限电流的测定方法

极限电流的测定方法有多种,最常用的为伏-安曲线法。其具体做法是,将两片铂片插在膜堆内约 20 对膜的左右边,铂片上的铂丝导线伸出膜堆外,并连接在电压-电流表组成的测量回路中。测定时保持溶液温度、浓度及浓淡水流速恒定。改变输入电流,测出膜堆电压,用膜对数除之则得出膜对电压。

以膜对电压为纵坐标,电流

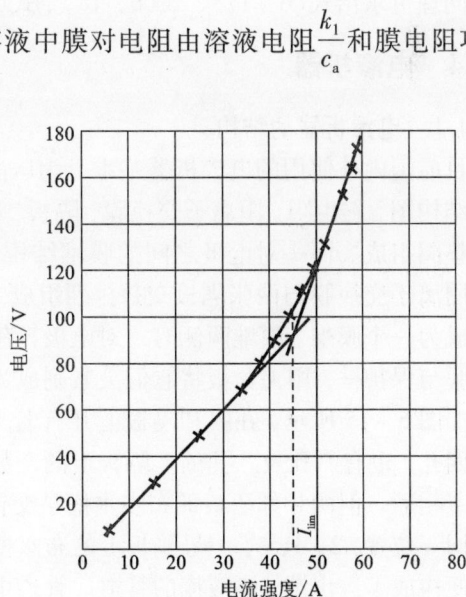

图 6-13　伏-安曲线

密度为横坐标作图,得出如图 6 – 13 所示的 I – V 曲线。开始时电压与相应的电流值呈线性关系,当超过某一电压值后则出现拐点,即直线的斜率发生了变化。这个拐点所对应的电流密度即为极限电流密度。

2. 工艺参数计算式中常数的求解

为了求解各计算式中的常数,应安排一系列极限电流密度测定实验,即在恒定溶液浓度和恒温条件下,进行各种流速的试验,一般同一浓度下安排 5～10 个流速试验,在每一个流速下测出一条 I – V 曲线,因而总共测出 25～100 条 I – V 曲线,在此基础上用数学归纳法求解这些常数。具体可用解方程法、最小二乘法、回归法及图解法等。

图解法求解威尔逊公式中的常数:

因 $i_{lim} = kc_m^m v^n$,浓度固定,则

$$i_{lim} = k'v^n, \quad \lg i_{lim} = \lg k' + n\lg v \tag{6 – 23}$$

而 $k' = kc^m$

$$\lg k' = \lg k + m\lg c \tag{6 – 24}$$

将方程(6 – 23)所表示的 v 与 i_{lim} 关系绘在对数坐标纸上。如有 m 个浓度测试值,则有 m 条直线,从而可求出 m 个 k' 值,k_1',k_2',k_3',…,k_m'。m 条直线的平均斜率即为 n。再将方程(6 – 24)表示的 c 与 k' 关系绘在对数坐标纸上,也可得到一条直线,直线的斜率为 m,截距为 $\lg k$。

同理可求出式(6 – 17)、式(6 – 18)、式(6 – 20)、式(6 – 22)的各常数。

6.2.4 电渗析器

6.2.4.1 电渗析器的结构

目前国内外使用的电渗析器基本上为压滤机型。图 6 – 14 所示为一台电渗析器的结构图,它由阴、阳离子交换膜、隔板、电极,夹紧板及相应的绝缘橡皮板及橡皮垫圈组成。而一对电极之间的膜堆结构示于图 6 – 15。一张阳离子交换膜、一张阴离子交换膜与两张隔板交替排列组成一个膜对,而许多膜对按顺序排列起来则成为一个膜堆,膜堆两侧有一对电极,有时电极与膜堆之间还有起保护作用的极膜与保护框,用夹紧板将它们夹紧则成为一台电渗析器。

如图 6 – 15 所示,在膜和隔板上开有若干个布水孔,一般孔数为偶数,常见的为四孔,也有六孔及八孔的。隔板上的奇数或偶数孔通过布水水槽与隔板中间的网室相通。但两相邻隔板的布水水槽是交错的,即 1,3,5,…号隔板上的布水槽在同一位置,2,4,6,…号隔板上的布水槽在另一位置。因此夹紧后,这些布水孔便构成了进出浓、淡液流的管道。管道中的溶液则通过布水槽进入膜与隔板网构成的隔室内,称为内流道,借助相邻隔板的布水槽交错排列,浓液流的内流道只与浓缩室相通,淡液流的内流道只与淡化室相通,即浓、淡液流各自成系统,

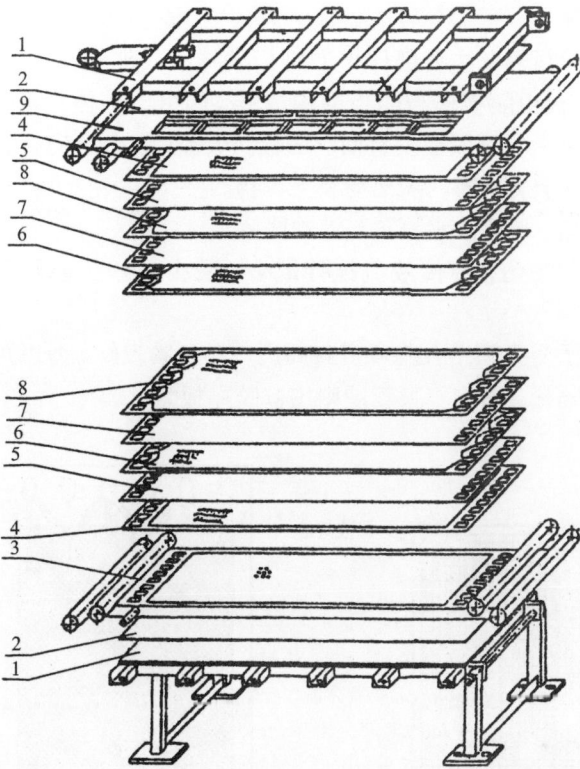

图 6 – 14 电渗析器结构

1—夹紧板；2—绝缘橡皮板；3—配水框；4—加网橡皮圈；5—阳离子交换膜；
6—浓（淡）水隔板；7—阴离子交换膜；8—淡（浓）水隔板；9—电极

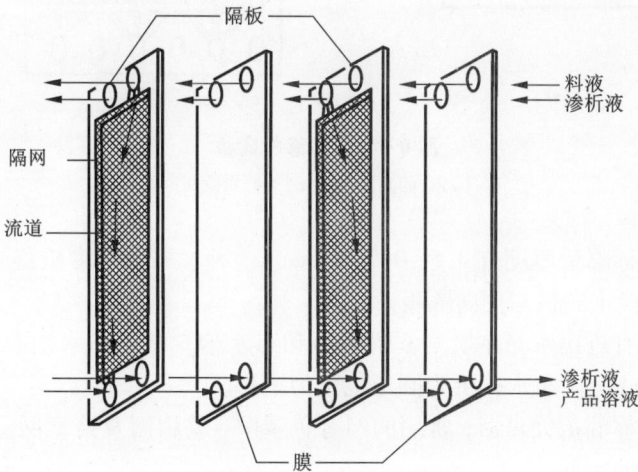

图 6 – 15 压滤型电渗析膜堆结构

彼此不会相互混流。

压滤机型电渗析器的主要部件介绍如下：

（1）隔板：隔板由隔板框与隔板网构成，框网可以一体化，也可采取分开加工后组合。它分为无回路隔板及有回路隔板两大类（图6-16）。其功能为：

作为阴、阳离子交换膜的隔离物和支撑物。

构成液流通道，形成浓水隔室与淡水隔室。

促使液流分配均匀，促使液流搅拌混合，减少浓差扩散层厚度，强化传质过程。

隔板框与离子交换膜结合构成密封周边。异相膜较软，所以可用较硬材料如聚氯乙烯制成的隔板，而均相膜较硬则用橡胶隔板为宜。

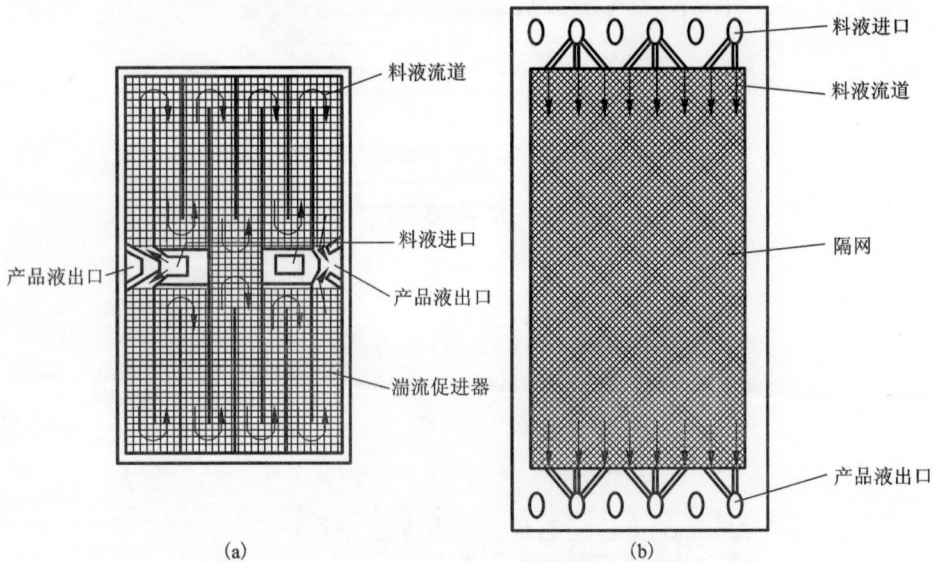

(a)　　　　　　　　　　　　(b)

图6-16　电渗析隔板

(a)有回路隔板；(b)无回路隔板

按现行国标隔板厚度有0.5、0.9、1(mm)三种。按在电渗析器中的作用，分为浓水隔板、淡水隔板与倒向隔板。

隔板框上有进出水布水孔、密封周边和布水槽。常用布水槽有槽式、网式、通道式（图6-17）。布水孔可为圆形也可为矩形。

隔板网又称湍流促进器，常用的网有鱼鳞网、编织网及挤塑网。图6-18为一部分隔板网的图形。

（2）配水框：图6-14中的3及9部件的电极镶嵌在一块配水框内，图6-19

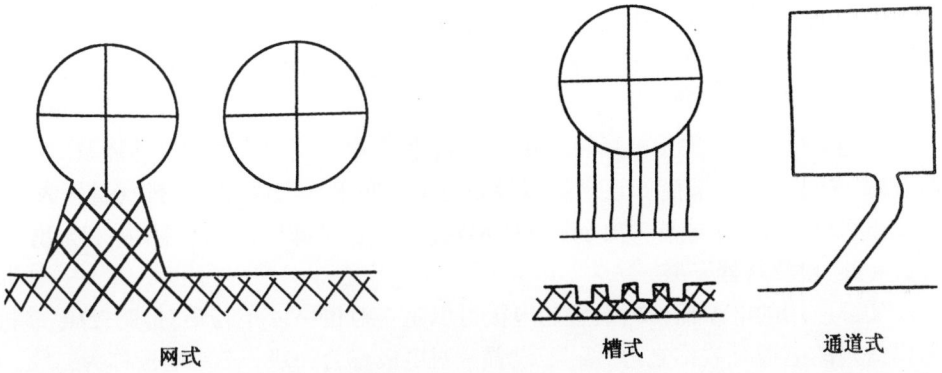

网式 　　　　　　　　　　　　　　　　　槽式 　　　　　通道式

图 6 – 17　布水槽结构类型

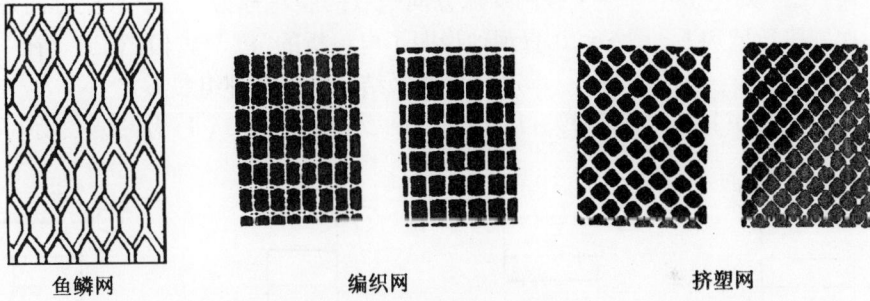

鱼鳞网 　　　　　　　　编织网 　　　　　　　　挤塑网

图 6 – 18　隔板网类型

为它的示意图，其作用是引导浓、淡液流流进、流出膜堆。膜堆的进、出水内流道通过配水框与外管道连接在一起。

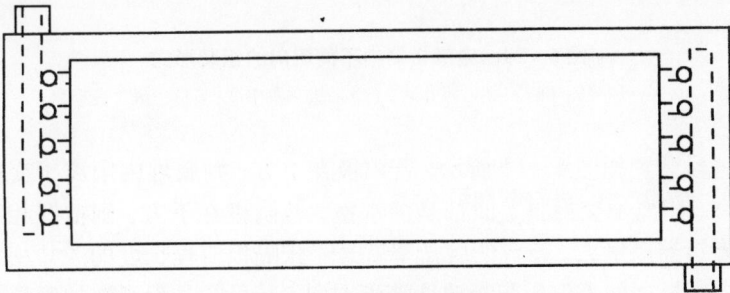

图 6 – 19　配水框示意图

(3)电极：阳极——用石蜡浸渍的石墨、钛基体上镀β-PbO_2的电极、不锈钢(非氯化物体系)、钛基体上有二氧化钌涂层的电极(详见6.4.5)。

阴极：除了二氧化铅电极外，上述阳极材料也可用作阴极。

电极的形状有板状、丝状与网状三种。

在通电情况下一般阳极释氧，阴极释氢，保证电极反应产生的气体能及时排出装置外，对于电渗析装置的正常运行极为重要。在电流密度较大、排气量较大时，极室出水口处可加工成外大内小的喇叭形状，通过扩径卸压，保证气体顺利排出。

6.2.4.2 电渗析器安装

实际应用的电渗析器内设置的电极可以是一对也可以是若干对，一台电渗析器内设置的电极对数称之为"级"，设置一对电极称为一级，二对电极称为二级。

在膜堆之内通过的液流可以朝同一方向运动也可以通过导向隔板的作用而改变流向，在一对电极中即一个级内水流方向一致的膜对称为一段，水流方向每改变一次则段数增加1。图6-20直观地说明了电渗析的"级"与"段"构造。在一台电渗析器中，级、段可以并联、串联或串并联结合形成多种组装形式。

如图6-20(b)为二级一段并联，(c)为一级二段串联，(d)为二级二段串联。

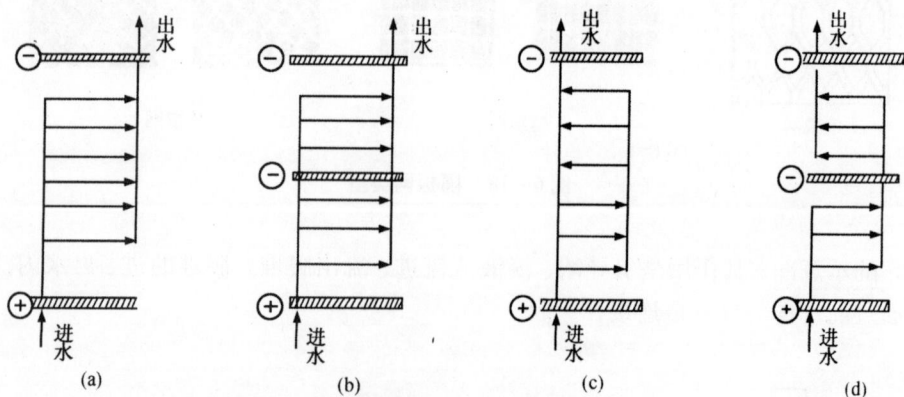

图6-20 电渗析器中不同流向的组装形式
(a)一级一段；(b)二级一段并联；(c)一级二段串联；(d)二级二段串联

一级一段装置如图6-14所示，若阳极在下方，则膜堆内阳离子交换膜上面都是浓水室，阴离子交换膜上面都是淡水室，若阴极在下方，则情况相反。一级一段的电渗析器产量大，整台的脱盐率就是一张隔板流程长度的脱盐率。一级多段电渗析器与段之间靠倒向隔板改变液流方向，其目的是为了增加脱盐流程长度从而增加脱盐率。

多级多段电渗析器采用共电极使膜堆分级，其目的也是为了增加脱盐率，但其产量比一级多段高。

电渗析器可以竖放也可以平放。对于无回路电渗析器，竖放的水流流动和压差分布比平放时均匀，特别是电流密度较大时，电极产生的气体量大，此时竖放有利于气体排出，更显示其优越性。在有回路的情况下，同样竖放较有利，但其优点没那么突出。

6.2.5　电渗析运行

6.2.5.1　对料液的要求

如同压力驱动膜一样，为维护电渗析装置的正常运行，对电渗析的进水水质指标规定如下：

水温：由膜的耐温性决定，国产异相膜组装的电渗析器，控制在 $5 \sim 40℃$。

COD：<3 mg/L（$KMnO_4$ 法）。

游离氯：<0.2 mg/L，游离氯对膜有较强的氧化性，引起膜的老化，故需控制。

铁：<0.3 mg/L。

锰：<0.1 mg/L。

铁锰会引起阳离子交换膜中毒，与阴离子作用在阴离子交换膜表面沉积，引起阴离子交换膜污染。

浊度：<3 mg/L（1.5 mm 以上隔板）。

　<0.3 mg/L（0.5~0.9 mm 隔板）。

SDI：$<3 \sim 5$（ED），<7（EDR）。

为了保证达到上述指标，对不合要求的溶液必须进行预处理，冶金溶液一般比较复杂，对预处理更应慎重考虑。

6.2.5.2　电渗析流程

单台电渗析器的运行方式有一次通过式、循环式及部分循环式三种模式，图 6-21 对此作了清晰的说明。

一次通过式为进水通过膜堆后出水就能达到质量与产量要求的运行模式，其优点是可以连续供水，辅助设备少，动力消耗小。膜堆多采用一级多段或多级多段组装。

循环式为淡液与浓液在各自的溶液储槽与 ED 构成的回路中循环、直至产水质量达到要求的运行模式。它适用于脱盐深度高或浓缩倍数大、要求产品液质量稳定的场合。由于适应性强可用于小批量工业产品料液的浓缩、提纯、分离和精制，但它需要较多的辅助设备，动力耗电大，间歇作业。

部分循环式介于前两种方式之间，淡液或浓液部分作产品，部分返回溶液储槽。图 6-21(c) 为淡液部分循环的情况。也可以浓液与淡液同时循环，其最大优点是当进料液浓度或产品液质量要求有较大波动时，该流程可通过调节进料量及回流量以适应其变化。

当处理量较大时，常采用多台电渗析器串联组成的流程。图 6-22 为常用的顺流串联流程。

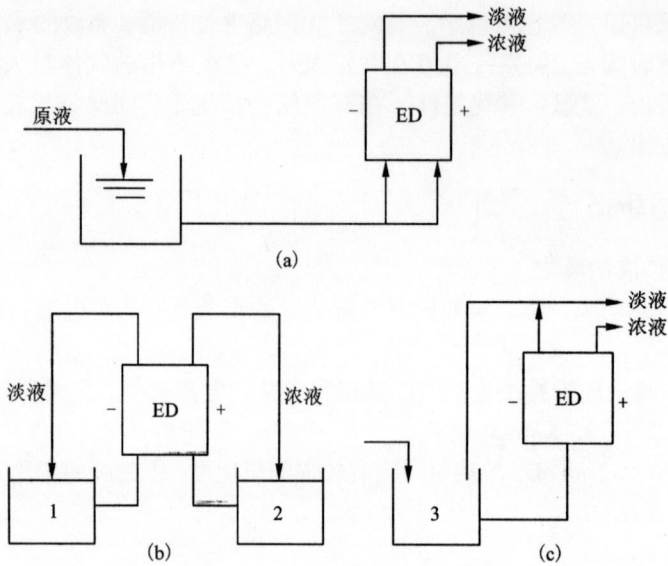

图 6 – 21　电渗析器运行方式

（a）一次通过式；（b）循环式；（c）部分循环式

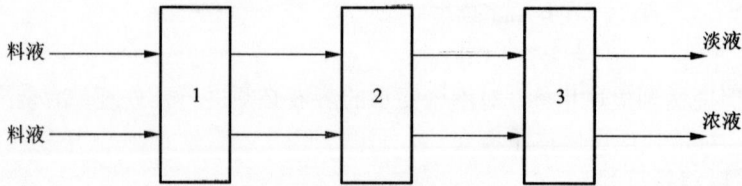

图 6 – 22　顺流串联流程

顺流串联流程在流程终端处的电渗析器出口浓液和淡液的浓度相差较大。根据研究，随浓、淡水浓度比增大，电流效率下降。图6 – 23表明，电渗析出口浓、淡比大于20后，电流效率会明显下降。

因此对于产水浓度相差较大的情况，宜采用逆流串联流程。

无论是顺流串联还是逆流串联，流程中的各台电渗析器可采用一次通过式，也可采取部分循环式。

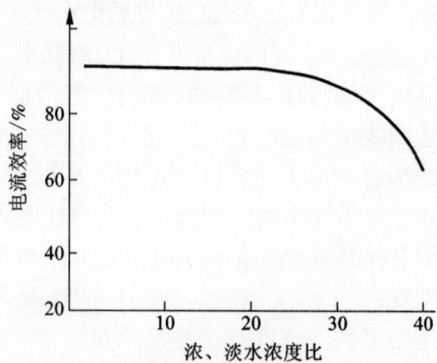

图 6 – 23　电流效率与浓淡水浓度比关系

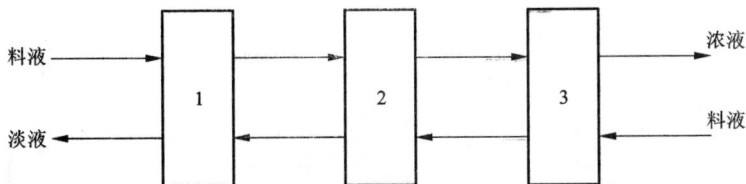

图 6-24 逆流串联流程

6.2.5.3 电渗析装置的漏电与节能途径

1.漏电电路

当整流器给电渗析器供电时,直流电一部分通过离子交换膜的有效脱盐面积构成主电路,即有效的脱盐直流电路,另一部分则因形成旁路而泄漏,即无效电路。主电路与旁路无效电路是并联电路。如整流器输出总电流强度为 I_0,主电路电流强度为 I_1,旁路电流强度为 I_2,则 $I_0 = I_1 + I_2$,定义漏电率 j 为:

$$j = \frac{I_2}{I_0} \times 100\% = \frac{I_0 - I_1}{I_0} \times 100\% \tag{6-25}$$

电渗析器的漏电电路有两种:

(1)内漏电电路:电渗析器内的内流道就是漏电电路,有多少内流道便构成多少漏电电路。

(2)外漏电电路:电渗析器的极水有三种连接方式,如图 6-25 所示,阴阳极水并联[图 6-25(a)]有两条漏电电路,阴阳极水串联[图 6-25(b)]有一条漏电电路,而在阴阳极水独立进出的情况,图(c),且极水槽与地绝缘的情况下没有漏电电路。在浓液或淡液或极水系统通过储槽接地或膜堆漏水接地或极水或废液直接排入地沟的情况均会形成漏电电路。

漏电电路的存在是造成漏电、增加能耗的主要原因。

2.影响漏电率的主要因素

(1)膜堆结构:内流道孔面积增大则电阻下降,故 j 随内流道孔面积增大而增大,而膜有效面积增大则主电路电阻下降,因此随膜有效面积与内流道面积之比增加,j 下降。膜电阻是主电路的电阻,故 j 随膜电阻增加而增大。

(2)溶液浓度:随原水浓度增加,尽管主电路与漏电电路的电阻均下降,但由于膜电阻下降幅度小,故 j 增加。浓液与淡液浓度比增加,主电路电阻增加。故漏电流增加,j 增加。

(3)操作条件:当操作不当发生极化或沉淀时,膜电阻会变得很大,因而通过漏电电路的电流相应增大,j 急增。

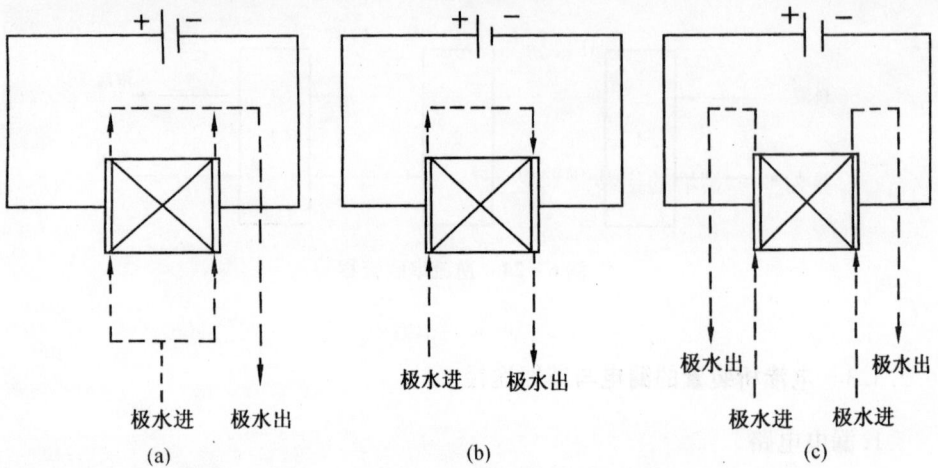

图6－25　极水连接方式与漏电电路

(a)阴、阳极水并联；(b)阴、阳极水串联；(c)阴、阳极水独立进出

（4）流速：一般而言，流速增加或隔板网对水流的搅拌混合作用越强，扩散层厚度越小，主电路电阻下降，故j越小。

3. 降低能耗的途径

可以采取如下措施降低能耗：

（1）选用电阻小的离子交换膜；

（2）减小隔板厚度可大幅度降低能耗；

（3）选择良好的隔板网，提高搅拌效果能降低能耗；

（4）缩小浓、淡室液流的浓差，可提高电流效率、降低能耗；

（5）减小极室厚度，在可能情况下使用浓度高一点、导电性好一点的极液，也可降低能耗；

（6）在可能情况下保持较高水温，从而降低扩散层厚度，降低能耗；

（7）其他，如合理设计电渗析器结构，减小漏电率，提高水质预处理效果，合理运行操作均可适当降低能耗。

6.2.5.4　电渗析过程指标参数计算

1. 流速与流量

一般以淡液室为计算依据，淡液室的流量为：

$$q_d = 10^{-3} \delta \cdot w_s \cdot v \qquad (\text{L/s}) \qquad (6-26)$$

若一个膜堆组装N对膜，则膜堆总流量为：

$$Q = 3.6 N q_d \qquad (\text{m}^3/\text{h}) \qquad (6-27)$$

淡液室的液流速度为：

$$v = \frac{10^6 Q}{3600 N \delta w_s} = \frac{278 Q}{N \delta w_s} \quad (\text{cm/s}) \quad (6-28)$$

上列各式中：δ 为淡室隔板厚度（cm）；w_s 为淡室隔板宽度（cm）；v 为淡液流速（cm/s）；q_d 为一个淡液隔室的流量（L/s）；Q 为一个膜堆的淡液总流量（m^3/h）；N 为一个膜堆的组装膜对数。

2. 脱盐率

定义脱盐率

$$f = \frac{c_{di} - c_{do}}{c_{di}} \times 100\% \quad (6-29)$$

式中：f 为脱盐率，c_{di}、c_{do} 分别为淡液进出口浓度。系统的脱盐率以单台或单级的脱盐率为基础进行计算。

3. 能耗

电渗析的直流能耗为：

$$W_{直} = \frac{UI}{Q\eta^{\#}} \times 10^{-3} \quad (\text{kW} \cdot \text{h/m}^3) \quad (6-30)$$

式中：U 为一级总电压降（V）；I 为操作电流（A）；Q 为淡液流量（m^3/h）；$\eta^{\#}$ 为整流器效率，一般情况下可取 95%。

电渗析过程的交流能耗指输液泵的耗能，其计算式为：

$$W_{动} = \frac{W_{泵}}{Q} \quad (\text{kW} \cdot \text{h/m}^3) \quad (6-31)$$

式中：$W_{泵}$ 为泵的铭牌功率。

$$W_{总} = W_{直} + W_{动} \quad (6-32)$$

4. 电流效率

电流效率为实际脱盐量与理论脱盐量的比值，通过一定的电量 $I \cdot \tau$，在 N 个膜对内迁移的物质量为 n mol 元电荷物质，则根据法拉第定律必然有 $N \cdot I \cdot \tau = n \cdot F$ 的关系，F 为法拉第常数（96500 C/mol），所以

$$n = \frac{N \cdot I \cdot \tau}{F}$$

而实际迁移的物质的量为 $(c_{di} - c_{do}) \cdot v \cdot \tau$，故电流效率为

$$\eta = \frac{(c_{di} - c_{do}) \cdot v \cdot \tau}{\dfrac{N \cdot I \cdot \tau}{F}} = \frac{F \cdot (c_{di} - c_{do}) \cdot v}{N \cdot I} \quad (6-33)$$

式中：F 为法拉第常数 96500（C/mol）；c_{di}、c_{do} 为淡液室进出口浓度（mol/L）；v 为淡液流量（L/s）；N 为膜对数；I 为电流（A）。

如果时间的单位换算为小时，则

$$\eta = \frac{26.8(c_{di} - c_{do}) \times v}{N \cdot I} \qquad (6-34)$$

影响电流效率的主要因素有：

(1)电渗析器设计不合理，造成漏液，浓淡水互漏和漏电。

(2)系统设计不佳，操作工艺参数不合理，有两个影响因素甚大，一为预处理措施，如果预处理不好，易造成膜中毒和膜污染，另一个为操作电流过高，超过极限电流，形成极化，这两个因素均使膜性能恶化，故电流效率下降。

(3)水的电渗迁移，由于溶液中离子以水合离子形式存在，电渗析时水随离子迁移进入浓缩室，使浓液浓度降低，这种水电渗现象称为"逃水"，其结果自然使电流效率降低。

(4)浓淡室溶液浓度比，也影响大，已在6.2.5.2 讨论过这一问题。

(5)其他因素的影响

图 6-11 中介绍的电渗析过程，其副反应如同离子迁移、浓差扩散、水压渗、水电离等均对电渗析过程不利，凡使这些副反应加剧的因素均使电流效率下降。

6.3 扩散渗析

6.3.1 概述

扩散渗析是一种实现酸与盐分离或者是碱与盐分离的方法，因此在冶金工业中有应用价值。它以离子交换膜作隔膜，利用膜两侧溶液的浓度差及膜的选择透过性而实现分离。

图 6-26 是酸盐分离的扩散渗析模型。

图中 v_f, v_d, v_w, v_a 分别为料液、脱酸液、水及回收的酸的流速，而 c_f, c_a, c_d 则为料液、回收的酸、脱酸液的酸浓度。

实际应用的扩散渗析器构造类

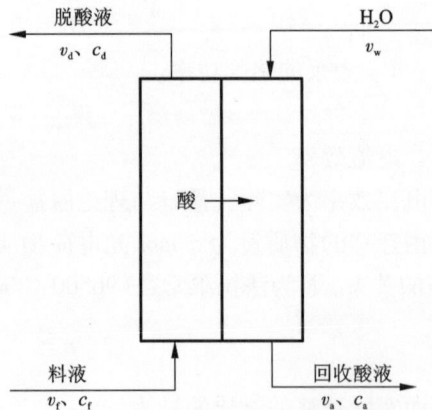

图 6-26 酸盐分离扩散渗析模型

似于电渗析器，其膜堆全部由阴离子交换膜(回收酸)或阳离子交换膜(回收碱)组成，但没有电极。

扩散渗析的主要优点是：

(1)除了输送溶液泵的能耗外，没有其他能耗，因此是一节能的过程。

（2）过程简单，操作容易。

（3）投资成本与操作成本均很低，与传统中和法比较，除了回收酸或碱之外，还节省了中和剂费用及渣的运输与处理成本。

（4）产品质量与过程控制很稳定。

该方法的唯一缺点是产品的浓度较低，因此对于低浓度料液，因回收液浓度较低而难以利用，如果配合其他膜法对产品液进行浓缩则可以得到总体上划算的经济效果。

这一技术在日本受到了高度重视，而且不断地开发出具有新性能的膜及新的应用工艺，其中以 Asahi 玻璃公司及 Tokuyanma Soda 公司的膜最为突出。

6.3.2　原理

6.3.2.1　扩散定律与过程参数

扩散渗析酸的量可用菲克定律表示，即

$$\Delta m = sh \cdot A \cdot \Delta c \cdot \tau \tag{6-35}$$

式中：sh 为渗析系数 $[\,\mathrm{mol/h} \cdot \mathrm{m}^2(\mathrm{mol} \cdot \mathrm{L}^{-1})\,]$；$A$ 为膜有效面积 (m^2)；Δc 为在膜两侧酸或碱的浓度差 $(\mathrm{mol/L})$；τ 为扩散周期时间 (h)。

一般以扩散透过速率 P_a 表示 $sh \cdot A \cdot \Delta c$，

即

$$P_a = sh \cdot A \cdot \Delta c \qquad (\mathrm{mol/h}) \tag{6-36}$$

而 Δc 以对数平均浓度表示，即

$$\Delta c = \frac{|c_f - c_a| - c_d}{\ln(|c_f - c_a|/c_d)} \tag{6-37}$$

扩散渗析速度一般较慢（$1 \sim 5 \ \mathrm{cm/min}$），因此膜表面的扩散边界层性能影响酸的通量，故总渗析系数 sh_o 表示为：

$$\frac{1}{sh_o} = \left(\frac{1}{sh_m}\right) + \left(\frac{1}{sh_L}\right) \tag{6-38}$$

式中：sh_m 为膜的渗析系数；sh_L 为扩散边界层的传质系数。

表 6-5 所列为 Asahi 公司的 Selemin DMV 及 Tokuyama 公司的 Neosepta AFN 扩散渗析膜的渗析系数值。表中以 sh_s 及 sh_A 分别表示盐及酸的渗析系数，定义 sh_s/sh_A 为分离因素。取决于体系本身的性质，盐的渗透量与酸的渗透量之比在 1/20 至 1/500 之间的广泛的范围内变化。

除了酸的种类对渗析系数有影响外，酸的浓度对渗析系数也有影响。图 6-27 为盐酸及硫酸体系中扩散系数随酸浓度变化的关系曲线。

温度对扩散渗析系数也有显著影响。一般而言，随温度升高，渗析系数增大。

除了用渗析系数、扩散透过率及分离因数来描述扩散渗析过程外，实际中常用扩散回收率、盐泄漏率及水渗透率评价过程的效率，参考图 6-26 定义。

表 6－5　Selemin DMV 及 Neosepta AFN 膜在25℃的渗析系数值

系数	组成 /(mol·L^{-1})		渗析系数					
			Selemin DMV			Neosepta AFN		
	酸	盐	sh_A	sh_s ×10^{-2}	sh_s/sh_A ×10^{-2}	sh_A	sh_s ×10^{-2}	sh_s/sh_A ×10^{-2}
$H_2SO_4 - Na_2SO_4$	1.0	0.5	2.30	12.0	5.2	3.5	14.0	4.0
$H_2SO_4 - (NH_4)_2SO_4$	1.0	0.5	2.49	18.0	7.2	—	—	—
$H_2SO_4 - MgSO_4$	1.0	0.5	2.41	2.9	1.2	—	—	—
$H_2SO_4 - ZnSO_4$	1.0	0.5	2.40	3.6	1.5	3.6	5.3	1.5
$H_2SO_4 - CuSO_4$	1.0	0.5	2.79	4.4	1.6	—	—	—
$H_2SO_4 - NiSO_4$	1.0	0.5	2.42	3.2	1.3	—	—	—
$H_2SO_4 - FeSO_4$	1.0	0.5	2.56	5.8	2.3	3.6	3.7	1.0
$H_2SO_4 - Fe_2(SO_4)_3$	1.4	0.3	2.08	8.2	3.9	—	—	—
$H_2SO_4 - Ce_2(SO_4)_3$	0.9	0.2	2.47	4.2	1.7	—	—	—
$H_2SO_4 - Al_2(SO_4)_3$	1.5	0.25	3.07	3.2	1.0	—	—	—
	1.0	0.17	—	—	—	3.6	0.41	0.11
$HCl - NaCl$	2.0	1.0	—	—	—	8.6	47.0	5.5
$HCl - FeCl_2$	2.0	0.5	—	—	—	8.6	17.0	2.0
$HCl - AlCl_3$	2.0	0.33	—	—	—	8.5	5.5	0.65
$HNO_3 - Al(NO_3)_3$	1.5	0.5	—	—	—	9.3	4.8	0.52
$HNO_3 - Cu(NO_3)_2$	1.5	0.8	—	—	—	9.6	17.8	1.8
$H_3PO_4 - MgHPO_4$	1.0	0.1	—	—	—	0.85	0.18	0.21

扩散回收率以 η_D 表示

$$\eta_D = \frac{v_a \cdot c_a}{v_f \cdot c_f} \times 100\% = \frac{v_a c_a}{v_a c_a + v_d c_d} \times 100\% \qquad (6-39)$$

盐的泄漏率以 η_s 表示

$$\eta_s = \frac{v_a \cdot c_a^s}{v_f \cdot c_f^s} \times 100\% = \frac{v_a c_a^s}{v_a c_f^s + v_d c_d^s} \times 100\% \qquad (6-40)$$

式中：c_a^s 及 c_f^s，c_d^s 分别为回收酸液及料液、脱酸液中的盐含量。

　　水渗透率：指进入原液中的水占进入扩散渗析器的料液体积的百分数，因此

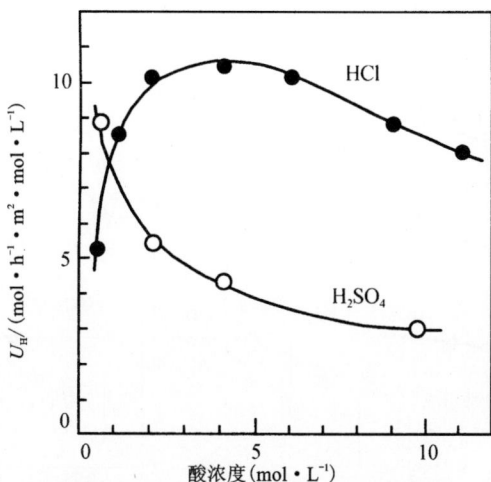

图 6 - 27　扩散系数随酸浓度的变化

膜：Neosepta AFN 温度：25℃

$$P_{H_2O} = \frac{v_d - v_f}{v_f} \times 100\% = \frac{v_w - v_a}{v_f} \times 100\% \qquad (6-41)$$

6.3.2.2　影响扩散效率的因素

从不锈钢 HF 和 HNO_3 酸洗废液中回收酸是扩散渗析工业成功应用例子，以此为例，对扩散渗析过程效率的影响因素讨论如下：

（1）流速的影响　图 6 - 28 表明，随流速降低，酸的总回收率增加，其原因很简单，因为流速降低，增加了溶液与膜的接触时间。当然这势必增加设备数量从而导致投资成本的增加。

对盐酸、硝酸及硝酸与氢氟酸的混合酸而言，流速一般在 $0.8 \sim 1.5$ $L/h \cdot m^2$ 范围内是较经济的。

图 6 - 29 表示水与料液的流速比对酸回收率的影响。随水流速增加，酸的回收率增加，回收的酸的浓度降低，一般采用水与料液的流速比为 $0.9 \sim 1.0$。

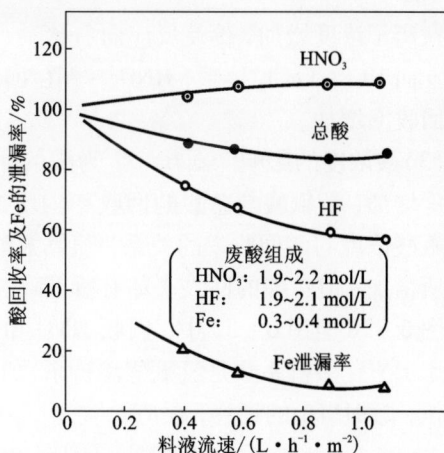

图 6 - 28　流速、酸的回收率及铁离子泄漏率之间的关系

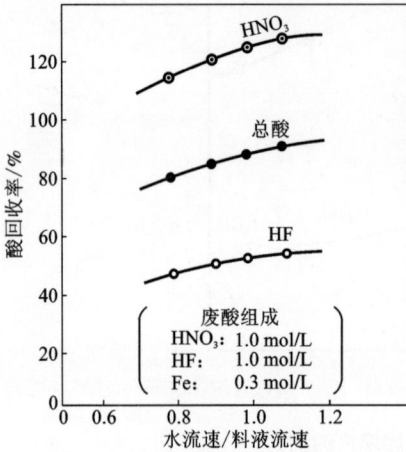

图6-29　水与料液流速比对酸回收率影响

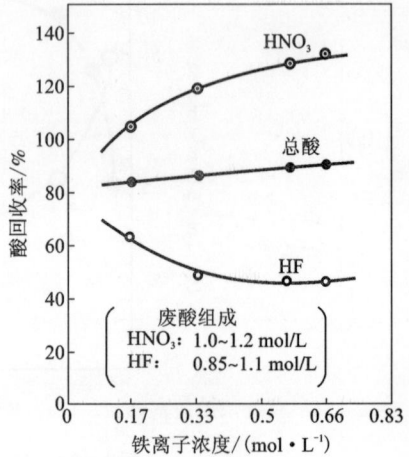

图6-30　回收率与铁离子浓度关系

（2）铁离子浓度的影响　从图6-30可见，随铁离子浓度的增加，氢氟酸的回收率降低，而总酸与硝酸的回收率却增加，这是因为三价铁离子按以下反应与氟离子生成非常稳定的氟络离子，

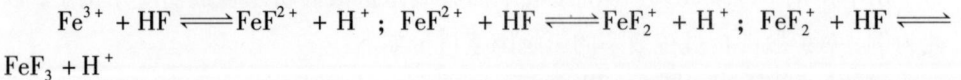

$$Fe^{3+} + HF \Longleftrightarrow FeF^{2+} + H^+; \quad FeF^{2+} + HF \Longleftrightarrow FeF_2^+ + H^+; \quad FeF_2^+ + HF \Longleftrightarrow FeF_3 + H^+$$

铁离子浓度增加，促使反应向右移动，游离氟离子减少，故氢氟酸的回收率降低。而$HCl-FeCl_3$体系，$HNO_3-Al(NO_3)_3$体系，却是随铁、铝离子浓度增加，酸的回收率增加。

（3）酸浓度的影响　图6-31为酸的回收率与硝酸浓度的关系，随料液中硝酸浓度增加，氢氟酸与总酸的回收率均增加，但硝酸的回收率却下降。图6-32为氢氟酸浓度与酸回收率的关系，随氢氟酸浓度增加，其回收率增加，硝酸回收率有所增加，但总酸的回收率却有所下降。

图6-28至图6-32中，回收HNO_3的量往往超过料液中HNO_3的量，其原因在于HNO_3渗析系数是氢氟酸渗析系数的5倍，因此系统中HNO_3的迁移占主导地位，随HNO_3的迁移，反应：

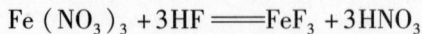

$$Fe(NO_3)_3 + 3HF \Longrightarrow FeF_3 + 3HNO_3$$

向右移动，即与Fe化合的硝酸根也迁移过膜，同时带动与氟离子结合的氢的迁移。

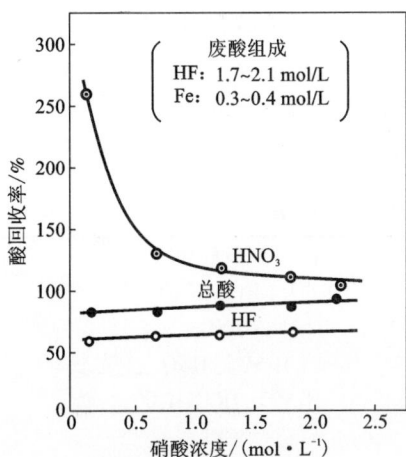

图 6-31 硝酸浓度对酸回收率的影响

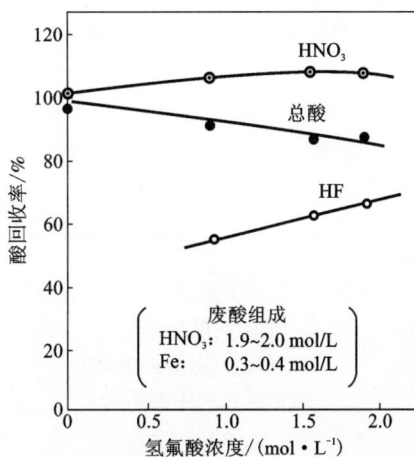

图 6-32 氢氟酸浓度对酸回收率的影响

6.3.3 扩散渗析过程

图 6-33 所示为扩散渗析流程,其基本特征为料液与水逆向通过膜堆,这样保证在整个膜堆中料液相与回收相有最大的浓度差。回收酸用阴离子交换膜,回收碱用阳离子交换膜,流程中料液的过滤是重要的,尽管流程图中只有一个示意,在实际作业中必须根据处理对象的不同有不同的预处理方式,以保证残留悬浮物和胶体达 2~3 μg/g 水平,同时要注意由于酸(碱)的去除,从料液中沉淀析出的可能性。为了除去油、脂肪类可能污染阴离子交换膜的有机物,有时还需要用活性炭进行过滤处理。因此流程中过滤等预处理措施占有相当的比重。

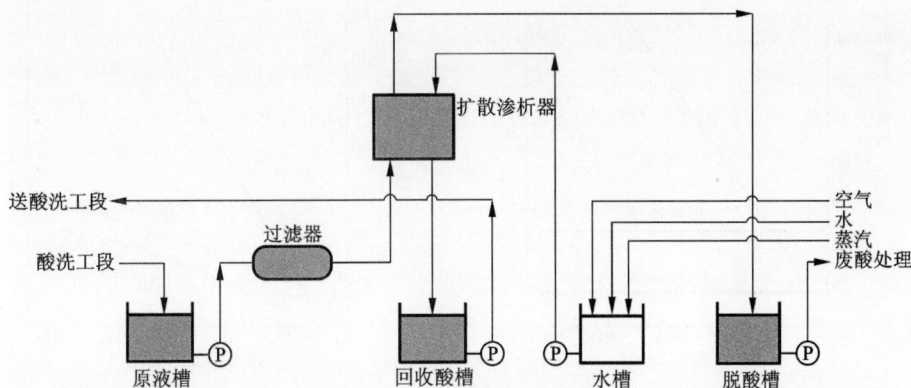

图 6-33 扩散渗析流程图

在可能的情况下,料液加热后再进入扩散渗析器有利于提高酸的回收率。

加热还可减少扩散渗析器内空气的析出,因为扩散渗析器内水的流速很慢,一般仅 2 ~ 4 cm/min,故空气泡有可能滞留在膜堆中水相边,从而恶化作业效果。故有的扩散渗析装置在水槽上安有反向泵,使水流间断反向排气。

扩散渗析的主要工业应用归纳于表 6 - 6 中。

表 6 - 6　扩散渗析的主要工业应用

过程	回收的酸
从钢、不锈钢的酸洗废液中回收酸	H_2SO_4、HCl、HNO_3、HF
电池废酸的提纯	H_2SO_4
阳极氧化过程中酸的回收	H_2SO_4、HNO_3
金属精炼过程中酸的回收	H_2SO_4、HCl、H_3PO_4
铝、钛蚀刻废液处理	HCl
电镀线表面处理废酸回收	H_2SO_4、HCl、HNO_3、HF
有机合成过程中酸的除去与纯化	H_2SO_4、HCl
从铝的废碱蚀刻液中回收碱	NaOH

电渗析法也可以回收酸,图 6 - 34、图 6 - 35 为用扩散渗析及电渗析法回收硝酸时酸浓度的影响,随 HNO_3 浓度增加,电渗析的投资成本与运行成本增加,而扩散渗析则不受其影响。

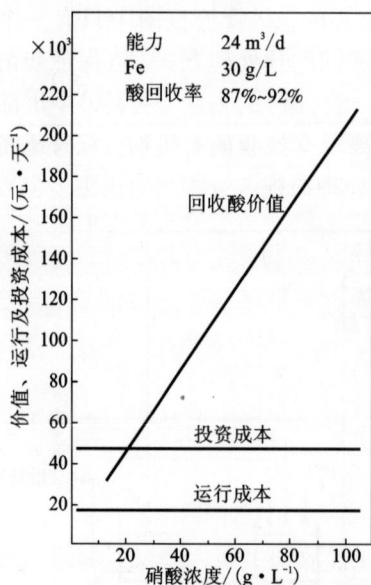

图 6 - 34　扩散渗析酸浓度
对回收指标及成本的影响

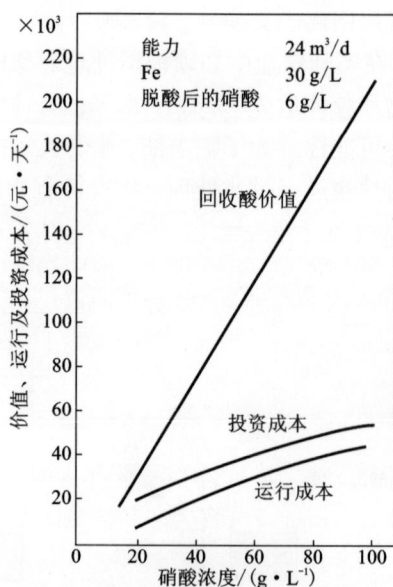

图 6 - 35　电渗析过程酸浓度
对回收指标及成本影响

6.4 离子膜电解过程

6.4.1 概述

将离子交换膜作为隔膜置于电解槽中将其分成阴极室与阳极室的电解过程称为离子膜电解。

当利用阳极反应将低价态离子氧化为高价态，或者利用阴极反应将高价态离子还原为低价态乃至于金属时，在普通电解槽中由于对应电极的相反反应(还原或氧化)使过程无法进行到底。如采用离子膜电解，问题则迎刃而解。同样，当试图利用电极过程将盐劈裂为酸和碱时，如电解食盐生产烧碱与氯气，也必须采用隔膜电解。

当然也可以用两至三张膜将电解槽分隔成若干室，以达到不同的分离目的。因此在一些中外文献中将膜电解过程与电渗析过程混为一谈。实际上两者有原则区别。作为膜电解过程，电极反应本身是分离体系的重要组成部分，而电渗析的电极反应与分离体系关系不大，其任务是形成一个电场，使电渗析膜堆中的离子定向迁移而已。除此之外，一般电渗析过程在一对电极之间是一个膜堆，而普通的膜电解过程在一对电极之间不可能是一个膜堆。电渗析的英文名是Electrodialysis，而膜电解的英文名为Electromembrane Process，也可直接用电氧化、电还原等专有名词表示。

用于离子膜电解的膜一般为均相膜，对于食盐电解或者电效指标要求达90%以上的工艺，用全氟磺酸系列膜为宜。而对于允许电效指标在80%以上的电解体系可以用各种均相离子交换膜，比较常用的为苯乙烯−二乙烯苯类均相膜。

就物理化学原理而言，电解是一个借助施加电能而发生氧化还原的体系，在提取冶金中应用极广，离子膜电解又赋予这种传统工艺许多新的功能，因此应用前景非常广阔。

6.4.2 离子膜电解的基本原理

以下通过三个实例分析离子膜电解的基本原理。

6.4.2.1 NaCl 电解生产苛性碱与氯气

采用全氟阳离子交换膜作隔膜，NaCl 溶液置放阳极室，进入电解槽的盐水 pH 为 8~10，经过了螯合树脂深度净化至 Ca、Ma 含量 < 20 $\mu g/L$。出口阳极液 NaCl 浓度一般控制为 200~220 g/L。出槽阴极液 NaOH 浓度因膜种类不同而异，一般为 30%~33%，日本新型高浓度烧碱专用膜可直接电解生产 50% 浓度的烧碱。电解过程的基本反应为：

（1）阳极反应：

$$2Cl^- - 2e \longrightarrow Cl_2 \uparrow$$

阳极液为弱碱性情况下，阳极副反应为：

$$4OH^- - 4e \longrightarrow O_2 \uparrow + 2H_2O$$

阳极析出的氯气与溶液中的水反应：

$$Cl_2 + H_2O \longrightarrow HCl + HClO$$

次氯酸根也可能在阳极上发生析氧反应：

$$6ClO^- + 3H_2O - 6e \longrightarrow 2ClO_3^- + 4Cl^- + 6H^+ + 3/2O_2 \uparrow$$

因此阳极产生的氯气中多少总含有一点氧气，选择低氯析出电位、高氧析出电位的电极对于减少氯气中的氧含量至关重要。

（2）阴极反应：

$$2H_2O + 2e \rlap{=}{=} 2OH^- + H_2 \uparrow$$

（3）膜的作用与溶液中的副反应：阳极室的 Na^+ 离子在电场作用下定向运动并通过阳离子交换膜进入阴极室，因而在阴极室内生成 NaOH。

而阴极室内的阴离子也朝阳极运动，但受到阳离子交换膜的阻挡。然而不可避免地会有从阴极室通过阳离子交换膜反渗进入阳极室的少量 NaOH 引起的副反应引起电流效率的下降。

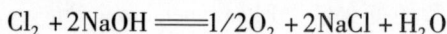

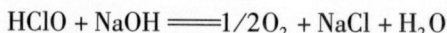

$$Cl_2 + 2NaOH \rlap{=}{=} 1/3NaClO_3 + 5/3NaCl + H_2O$$

$$Cl_2 + 2NaOH \rlap{=}{=} 1/2O_2 + 2NaCl + H_2O$$

$$HClO + NaOH \rlap{=}{=} 1/2O_2 + NaCl + H_2O$$

故采用离子膜朝阴极面复合有羧酸层的复合膜有利于减少碱的反迁移，提高电流效率。

6.4.2.2　Na_2WO_4 溶液中过剩碱的回收

采用阳离子交换膜作隔膜，含游离碱的钨酸钠溶液置于阳极室，阴极室为含少量氢氧化钠的纯水。

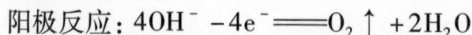

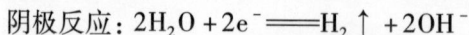

阳极反应：$4OH^- - 4e^- \rlap{=}{=} O_2 \uparrow + 2H_2O$

阴极反应：$2H_2O + 2e^- \rlap{=}{=} H_2 \uparrow + 2OH^-$

阳极室中的 Na^+ 离子通过阳离子交换膜进入阴极室，因而在阴极室中 NaOH 浓度增加，阳极室中 NaOH 浓度降低。

如果阳极室中是钨矿的苏打浸出液，阳极反应情况有所不同。

上海交通大学黄永昌教授通过对阳极极化曲线的测定分析，认为是 CE 过程，即

$$CO_3^{2-} + H_2O \rlap{=}{=} HCO_3^- + OH^-$$

$$HCO_3^- + H_2O \rlap{=}{=} H_2CO_3 + OH^-$$

$$H_2CO_3 =\!=\!= H_2O + CO_2 \uparrow$$

$$4OH^- - 4e^- =\!=\!= O_2 \uparrow + 2H_2O$$

无论阳极反应机理如何，阳极释放的气体是氧气及二氧化碳。

同样阴极发生释氢反应：

$$2H_2O + 2e^- =\!=\!= H_2 \uparrow + 2OH^-$$

所以借助阳离子交换膜，阴极室的 NaOH 浓度增加，阳极室的 Na_2CO_3 浓度逐渐减少。此时如将阳极室气体引入到阴极液中，则阴极液发生 $2NaOH + CO_2$ $=\!=\!= Na_2CO_3 + H_2O$ 反应，表面看来好像是阳极室的 Na_2CO_3 迁移进入阴极室，实现了 Na_2WO_4 与 Na_2CO_3 的分离。

6.4.2.3 $(NH_4)_2SO_4$ 电解劈裂为 $NH_3 \cdot H_2O$ 及 H_2SO_4

南非发明的低品位铜锍湿法冶金流程中，用氨水分阶段调整硫酸浸出液的 pH 依次萃取铜、钴、镍，最后的萃镍残液含有大约 45 g/L $(NH_4)_2SO_4$，采用膜电解法劈裂它为 H_2SO_4 与 $NH_3 \cdot H_2O$，返回流程使用从而形成闭路工艺。

方法特征为采用阴离子交换膜为隔膜，萃镍残液置放阴极室，SO_4^{2-} 离子在电场力驱动下通过阴离子交换膜进入阳极室。因为阳极液为酸性，故在阳极发生下列反应：

$$2H_2O - 4e^- =\!=\!= O_2 \uparrow + 4H^+$$

在阳极室生成 H_2SO_4。而在阴极发生下列反应：

$$2H_2O + 2e^- =\!=\!= H_2 \uparrow + 2OH^-$$

OH^- 与 NH_4^+ 结合成电离常数很小的 $NH_3 \cdot H_2O$。硫酸直接返回浸出，氨水适当浓缩后返回用作中和剂。

仿照这一工艺将 Na_2SO_4 置于阴极室则不可能生成 H_2SO_4 与 NaOH，这是因为 NaOH 是强电解质，完全电离，不但在阴极室不能得到 NaOH，而且 OH^- 也可通过阴离子交换膜进入阳极室中和 H_2SO_4，使电流效率非常低，所产生的硫酸也非常稀。同样用双室单阳离子膜电解也不可能劈裂 Na_2SO_4 为氢氧化钠与硫酸。

因此用双室单膜电解法只能劈裂弱酸强碱的盐或者强酸弱碱的盐为相应的酸和碱，对于强酸强碱的盐只有在 NaCl 这样的特殊情况，强酸根离子本身在阳极氧化为气体析出才有可能。

当然采用由一张阳离子交换膜与一张阴离子交换膜组成的三室膜电解法可以实现强酸强碱的盐的劈裂，但往往能耗偏高，而无实用价值。

6.4.3 电解过程的影响因素

6.4.3.1 电流效率

在任何电解反应中均可利用电流效率来表示电解电量的有效利用程度。无论哪一种类型的电解方式，电流效率均指在通以一定电量情况下的实际析出产物量与按法拉第定律计算得出的产物量的百分比。

例如对于回收 NaOH，在阴极析氢，在阳极析氧的电解过程：

阳极电流效率：
$$\eta_{O_2} = J_{O_2}/(I/2F) \qquad (6-42)$$

阴极电流效率：以析出 H_2 为标准：
$$\eta_{H_2} = J_{H_2}/(I/2F) \qquad (6-43)$$

以产生 OH^- 计算：
$$\eta_{OH^-} = J_{OH^-}/(I/F) \qquad (6-44)$$

当以 O_2 或 H_2 计算时，因参加反应的元电荷为 2，故分母为 $I/2F$，以 OH^- 计算时因反应元电荷为 1，故分母为 I/F。考虑膜电解中的离子及电荷平衡，在阴极产生 1 mol OH^- 必有 1 mol Na^+ 通过阳离子膜进入阴极室，故

$$\eta_{OH^-} = \eta_{NaOH} = J_{NaOH}/(I/F) \qquad (6-45)$$

所以参照电渗析的表示方法也可称 η_{NaOH} 为膜效率。

上列各式中：J 为各产品生产速率（mol/h）；I 为电流；F 为法拉第常数（26.8 A·h/mol）。

显然在阴极析出金属时，可以阴极析出的金属量为依据计算阴极电流效率。当发生阳极溶解时，可以阳极溶解的金属量为依据计算阳极电流效率。如果是在电极上发生价态变化的反应时，同样以产生变化的离子量为依据进行计算。

实际过程中不可避免地有副反应发生，故阳极电流效率、阴极电流效率、膜效率并不相等。

6.4.3.2 电解能耗

在回收 NaOH 的情况下，生产 1 t NaOH 所需的直流能耗由下式计算：

$$W_{直} = (uF/\eta) \cdot (10^3/40) \qquad (6-46)$$

式中：$W_{直}$ 为直流电耗（kW·h/t）；u 为槽电压；F 为法拉第常数（26.8 A·h/mol）；η 为电流效率（%）；40 是 NaOH 的摩尔质量。

对于膜电解过程，电解槽电压由下式表示：

$$u = u^0 + u_m + u_{阳} + u_{阴} + IR_{液} + IR_{金} \qquad (6-47)$$

式中：u^0 为理论分解电压；u_m 为离子膜电压降；$u_{阳}$ 为阳极过电位；$u_{阴}$ 为阴极过电位；$IR_{液}$ 为电解液电压降；$IR_{金}$ 为金属导体电压降。

6.4.3.3 膜电解过程的影响因素

由（6-46）式可知，电流效率越高，槽电压越低，则电解过程能耗越低。因此，影响电流效率及槽电压的因素均对电解过程的能耗、即对电解过程造成影响，由于各因素在不同的电解体系中的影响程度并不完全相同，故本书主要结合氯化钠及回收 NaOH 的体系对有关因素作一归纳。

1. 膜自身结构的影响

膜是膜电解的心脏，膜自身结构对电解过程的影响往往是首要的影响因素，

主要表现在下列各方面：

(1)交换容量(IEC)的影响：IEC大表示膜含水量高，因而导电性好，故槽电压低，但反过来OH^-离子向阳极室的反渗也越厉害，从而使电流效率下降。因此这一因素对电解过程能耗的影响存在正反两方面的作用。

(2)膜厚度影响：膜厚度减小，电阻下降，槽电压下降，总体而言对电解过程有利。

(3)膜种类影响：磺酸膜的电阻小，但在同样条件下的电流效率又小于羧酸膜。

如果想既要有低电阻，又要有高电流效率，目前最好的解决办法是采用羧酸–磺酸复合膜。羧酸膜IEC小故使其朝向阴极且尽量使其厚度小一些，同时尽量降低复合膜总厚度。

2.电流密度的影响

在任何一个电解过程中，电流密度都是重要的影响因素。对离子交换膜而言有一个需特别考虑的问题是离子膜的极限电流密度，电流密度增加，Na^+离子通过阳离子交换膜的迁移加快，膜朝阳极一面的液层中发生离子枯竭现象的电流密度为极限电流密度，此时发生水电离，电流效率下降，槽电压升高。因此一般应控制在极限电流密度以下操作。但是存在缺乏离子的这一薄液层却可减少阳极液中其他离子如NaCl电解中的氯离子向阴极液的泄漏，所以操作电流应尽可能接近极限电流，同时慎重选择槽结构及其他因素使这一液层的厚度尽量减小。

电流密度对电效的影响情况各异，随电流密度增加，膜效率可能增加、下降或者出现峰值。其基本原因是，电流密度增加，目标离子迁移过膜的迁移量增加，则η增加；如副反应增加，则电效下降。

但是电流密度增加，槽电压成比例增加，电流密度还影响气泡效应，影响电极的过电位，因此总的情况是电解过程能耗增加。

3.温度影响

每一种离子膜都有一个最佳操作范围，在这一范围内，温度上升会使膜孔隙增大，导电性提高，迁移离子的迁移数增加，从而使膜电阻下降，电效提高，使电解过程能耗降低。

在每一个电流密度下都有一个取得最佳电流效率的温度点。

4.阳极料液质量及浓度影响

一般而言，阳极液浓度提高，即溶液电阻下降，槽电压下降，故能耗降低。

在用复合膜时，NaCl电解的长期运行经验表明，长时间低盐水量运行还会引起膜膨胀，严重时膜起泡，即复合膜分层。

NaCl电解对NaCl溶液的杂质要求特别严格，溶解澄清后的NaCl溶液加碱提高pH使其中的Ca、Mg离子以氢氧化物沉淀形式除去，含Ca、Mg达毫克级的滤液用盐酸回调 pH 至 8~10,再经螯合树脂深度脱 Ca、Mg 至其在盐水中含量达 20~30 μg/L 才能进电解槽。其原因在于 NaCl 电解要求电效必须在 90%~95% 以上。而 Ca^{2+}、Mg^{2+} 可能与反渗的氢氧根离子生成沉淀附着在膜上甚至堵塞膜孔,故使 Na^+ 离子迁移量减小,电流效率下降,能耗增加。对任何膜电解体系,保持阳极液的质量,避免在电解过程中发生固相沉积都是值得注意的问题。

5. 阴极 NaOH 溶液浓度影响

烧碱浓度与电效之间一般存在极大值、极小值关系,且交换容量越高的膜,电流效率的极大值也越偏向于高浓度一侧。因为当膜的结构固定后,电流效率受膜的阴极一侧含水率 ΔW 的支配。碱浓度提高,ΔW 下降,固定离子浓度随之上升,电流效率也随之上升,但当碱浓度超过一定值后,膜中含水量极度不足,反而影响 Na^+ 由阳极室向阴极室移动,导致电流效率下降。为了获得较高的电流效率,对 NaCl 电解制碱而言,不同制碱浓度要使用不同交换容量的膜。

另一方面随碱浓度的提高,膜的含水率下降,膜电阻升高,尽管碱浓度高,溶液电阻小,但此时膜电位上升占支配地位,因而基本规律是碱浓度提高,槽电压增加。

综合考虑,对一定的膜,有一合适的阴极碱浓度。总而言之,对任何一种膜电解体系,选择合适的阴极液浓度是重要的。

6. 气泡效应的影响

对两极有气体析出的过程而言,气泡有可能附着在膜及电极上,从而使槽电压升高,能耗增加。此一现象称之为气泡效应。膜的亲水性越强,则气泡越难于附着,故气泡效应减小,故一个有效的措施是对有机膜进行表面亲水处理。

由于氢气泡比氧气泡小得多,故电解槽内氢气泡难于长大排出,更易附着于膜面及电极上,所以在 NaCl 电解、Na_2WO_4 电解中,阴极液的循环量有明显影响,循环量减少,槽内电解液中气泡率将增加,在电极与膜上的附着量也增加,从而导致槽电压上升,能耗增加。

7. 极距的影响

极距减小,溶液电压降减小,故槽电压降低,能耗下降。但极距 <2 mm 时,由于气泡效应的影响,槽电压反而上升,如采用亲水性强的膜则可排除气泡效应,甚至用零极距电解槽。

对任何一个电解体系,应视是否有气体析出、气体种类、膜、电极、槽结构各因素,控制最合适的极距。

6.4.4 电解装置

膜电解装置包括离子膜电解槽、电极及电解系统,离子膜已在 6.1 节介绍,电极在下节作专门介绍,故此处重点介绍电解槽与电解系统。

6.4.4.1 电解槽

1. 离子膜电解槽的类型

离子膜电解槽中研究最多的是氯碱电解槽，其基本构型如图 6 - 36 所示。

电解槽框一般用橡胶或金属制造。阴极与阳极为网状金属电极。阳极采用在钛网基体上涂上 Ru - Ti 化合物而加工成的涂层不溶阳极。阴极一般用活性镍网状阴极。两电极极距很近。阴极析出的氢气和阳极析出的氯气随碱液或阳极液从槽内排出。

氯碱电解槽按不同的方式进行分类：

（1）按电解槽供电方式分类　有单极式及复极式（图 6 - 37）。

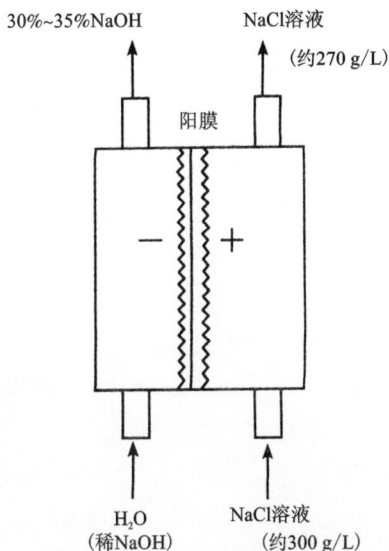

图 6 - 36　NaCl 电解槽基本构型

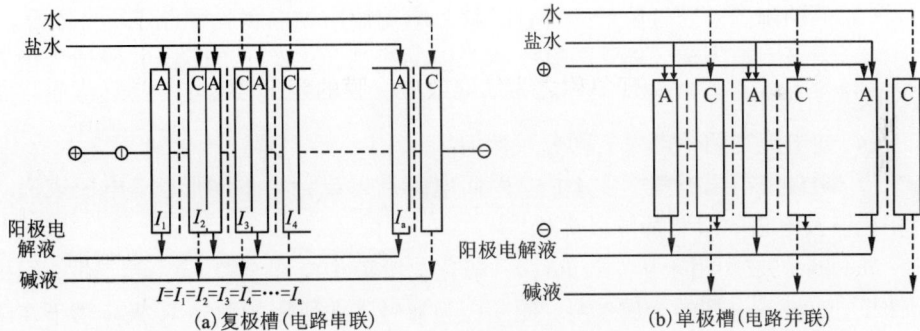

图 6 - 37　按供电方式分类的电解槽

（2）按极间距大小分类　分为①常极距膜电解槽；②小极距膜电解槽；③零极距膜电解槽；④膜 - 电极一体化（M&E 或 SPE）。

在碱液中氢气泡很细小，造成气泡效应，另一方面 NaCl 阳极液电阻比阴极液大，所以对非零极距电解槽均用阳极作为膜的支撑体。

冶金工业中所采用的膜电解槽，其基本构型与氯碱电解槽类似，但随工艺不同而有所变化。图 6 - 38 为西班牙的 Tecnicans Reunidas S. A. 研究所发明的一种用于从氯化物介质中电沉积金属的电解槽，称之为 Metclor Cell。

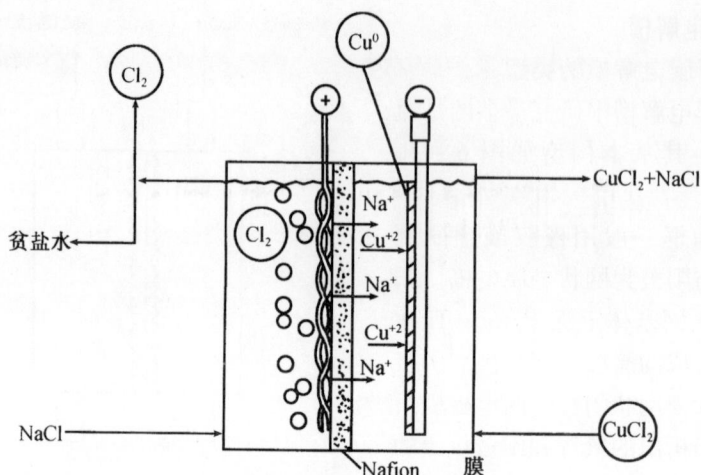

图 6 - 38　Metclor Cell

　　这种电解槽的设计充分利用了杜邦公司的 Nafion 阳离子选择性离子交换膜的优点及氯碱电解的成熟经验。其特征是：

　　(1)允许在两个极室有适合不同电化学反应的电解质。

　　(2)借助阳离子通过膜的选择性迁移靠电场使两种电解质联合成一个体系。

　　(3)阳极室被隔离，避免了氯气向阴极的渗透，从而允许阴极室设计为敞开式，以方便操作。

　　(4)使电流在两个电极之间分布均匀。

　　(5)阴极室与阳极室宽度不同，因而电解槽可设计为不同形状，电极表面与容积比以及电极的组装都可以优化。

　　Metclor 已成功用于从 Cu、Pb、Zn 氯化物溶液中电积金属 Cu、Pb、Zn。阴极为钛板、铝板或电积的金属本身，而阳极为氯碱工业所用的 DSA 阳极。由于在阴极上析出金属，所以膜靠阳极，阴极与膜保持较大距离。

　　图 6 - 39，图 6 - 40 为英国 EA Technology 所发明的两种离子膜电解槽。

　　通用碟形电极膜电解槽(DEM)已在化工生产与环境控制方面获得了应用。它可用于从溶液中回收金属及化工产品，用于阳极氧化破坏对环境有害的物质。

　　槽结构最大特征是以碟形电极嵌入电解槽框中，从而得到 4 mm 的极距。电极尺寸有 0.05 m² 、0.175 m² 及 1 m² 三种，电流密度可达 10000 A/m²，电解液流速达 1.2 m/s。

　　电极可用贵金属氧化物涂层电极、Ni、不锈钢、石墨、钛、铅等。槽框材料可用高密度聚乙烯、聚丙烯、PTFE、PVC、PVDF 等。

　　图 6 - 40 所示的电解槽专门用于从印刷电路板蚀刻工艺中排出的废氯化铁或

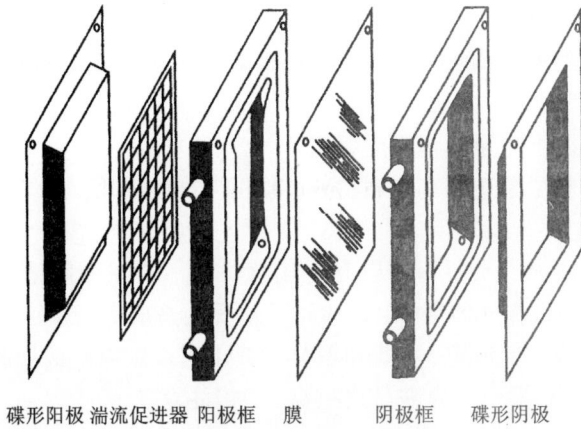

碟形阳极　湍流促进器　阳极框　　膜　　阴极框　　碟形阴极

图 6 - 39　DEM 槽

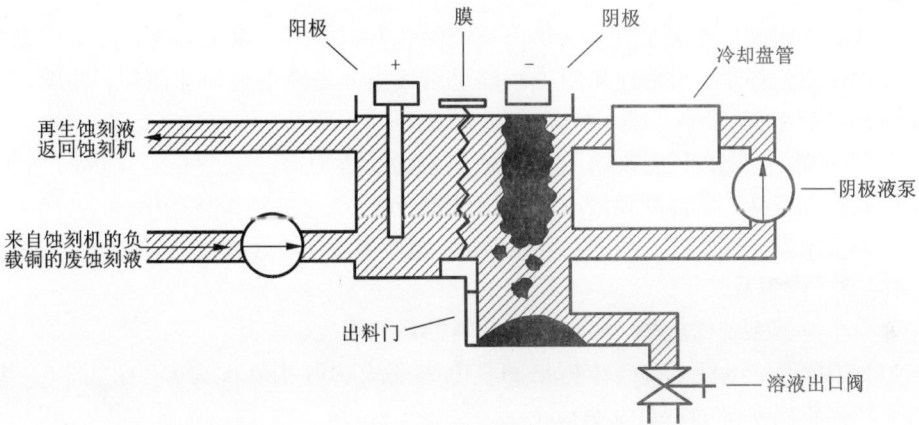

图 6 - 40　蚀刻剂再生电解槽

氯化铜蚀刻液中回收铜及再生蚀刻液。废蚀刻液中铁与铜处于低价态，并积累有过量铜，将其置于离子膜电解槽的两个室中，阳极室使低价离子再氧化成高价，蚀刻液得以再生。而阴极室析出金属铜粉，阴极室下部有一放料阀放出废电解液及铜粉。在 1000 A/m^2 电流时，每小时回收 1 kg 铜粉时再生等当量的蚀刻液。电解槽允许电流密度 4000 ~ 5000 A/m^2，操作温度 50℃，采用石墨电极，槽电压 6 ~ 10 V，槽结构材料为 PVC。

2. 电解槽设计要求

由于冶金工艺体系的多样性，使用的膜电解槽多为非标准型，需自行设计加工，电解槽设计时的基本要求及注意事项为：

(1) 要有低的能耗　这意味着在较高电流密度下运行时应有高的电效及低的

槽电压。而要做到这一点必须注意下列各点：

①选择合适的槽结构、电极尺寸及电极表面加工质量以保证电流分布合理、均匀。

②在可能情况下尽量降低极间距离。

③槽结构材料尽量选用非金属材料，紧固螺杆也需用绝缘塑料管套住，避免极间短路。

④保证电解液能充分循环，顺利排出气体，不要在电解槽上部出现排气死区，使膜及电极暴露在气体层中，产生这种情况会造成电极腐蚀并缩短膜寿命。

⑤维持电解液温度恒定，根据电解体系要求可设定电解液加温或冷却措施。

（2）方便维修和操作　为满足这一要求，需注意：

①电解槽大小尺寸要适中，既尽量减少电解槽台数又方便拆卸。

②选择合适的密封结构及密封圈材质，以减少因电解质泄漏引起的维修次数。

③若干电解槽组装成一组，供电系统保证各组电解槽供电均匀，停车或改变电流操作方便简单，维修时单组电解槽退出或进入电路系统快速简便，并设计停电电极保护系统。

（3）其他　低的制造成本与长的使用寿命；特别需注意的是防止膜的划伤、振动破裂，并要尽量提高膜的有效使用面积。

为方便安全操作，有槽温、电压或 pH 监测装置，最好有自动安全停车装置。

6.4.4.2　电解系统

一个电解系统由电槽、供电系统及辅助系统构成。

一般而言，电极上有气体析出的膜电解系统较为复杂。图 6-41、图 6-42 为有气体析出系统的示意说明。

图 6-41 所示是一套生产、回收 NaOH 的自循环系统的示意图，阴、阳极室电解液分别自各自的高位槽进入循环槽下的液流总管。阳极液或阴极液均在各自的回路中借助析出气体上升的提升力进行循环。图 6-41 显示的是系统的一个侧面，另一个侧面的结构完全相同，两个循环系统各自独立，一个用于阴极液循环，一个用于阳极液循环。图 6-42 为此套装置的正面示意图。每一个循环槽各自与一个气液分离槽相连。电极气体自循环槽进入气液分离槽，气体从排气口排出，而溶液返回系统。

此系统图上画出了三个电解槽，此三个电槽在电路上串联，在液路上是并联，实际系统可设计安装多组电解槽，每组电解槽由若干个单槽紧靠在一起构成。每个电解槽液气出口管与系统上部的气提总管相连。这些管道可以从气提总管下部、侧面或上部与气提总管相连，一般从上部相连，可以避免液路漏电。但具体从何部位相连，取决于溶液密度与产生的气体量的多少。

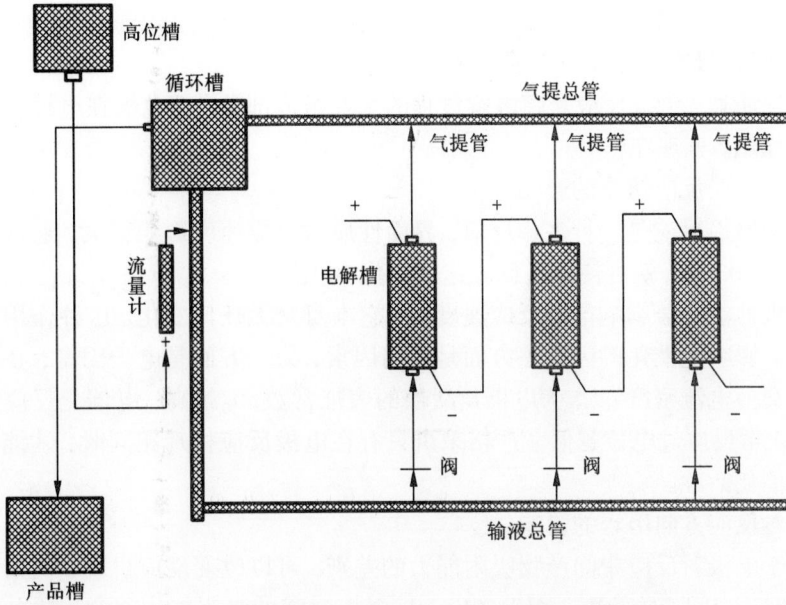

图 6 - 41 电解时产生气体的自循环系统侧面示意

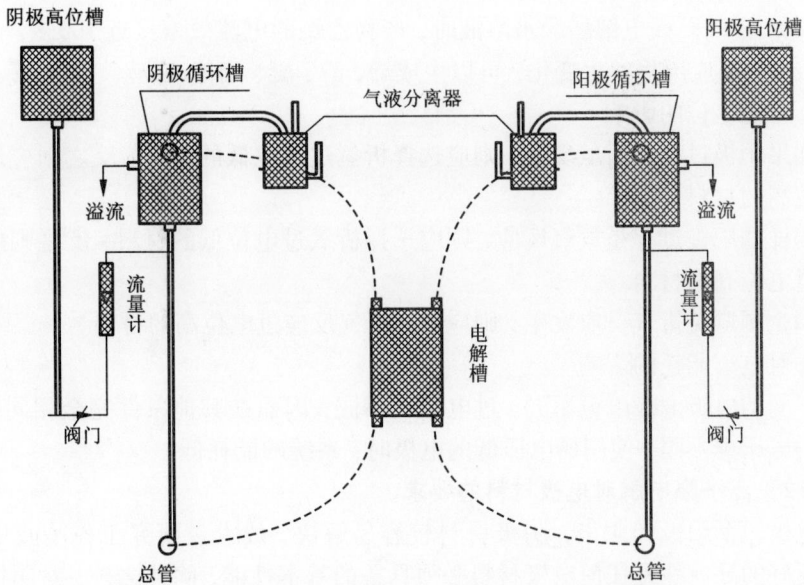

图 6 - 42 电解时产生气体的自循环系统正面示意

6.4.5 电极

6.4.5.1 电极在电极反应中的作用

如前所述，电极反应是膜电解过程的重要组成部分，而电极在电极反应中具有重要作用，表现在：

1. 对电极反应速度的影响

由于电极反应是一种多相反应，界面性质对反应速度影响很大，通常电位改变 $100 \sim 200\ mV$，就可使电极反应速度变化 10 倍。

电极性能显著影响电极反应速度，而它本身又无任何变化，这种作用称之为电催化。影响电催化的因素一方面是几何因素，另一方面是电子因素，在电化学上常以交换电流密度 i_0 作为电催化活性的表征常数，i_0 越高，电催化反应活性越高，电化学反应过电位越低。严格来讲只有在电极反应机理相同时，才能采用 i_0 表征电催化活性。

2. 对反应方向历程的影响

由于电极对反应中间产物吸附能力的差别，可以改变反应机理，例如电解氧化乙烯时，中间产物为醛，而 Pt、Rh、Ir 电极对醛的吸附能力很强，故电解氧化的最终产物为 CO_2。而 Au 或 Pd 电极对醛的吸附能力不强，反应产物醛极易脱离电极，故电解氧化最终产物为醛。

又如用 Pt 阳极电解醋酸水溶液时，产物乙烷的电流效率接近 100%，但使用炭阳极时，反应历程发生变化，可以生成烯、醇、醚、酯等产物。

3. 对过电位的影响

如果阴极过程是析氢反应，则应选择析氢过电位低的材料，反之则应用析氢过电位高的材料。

同样如阳极过程是放氧反应，则应选择析氧过电位低的材料，反之则应选用析氧过电位高的材料。

如企图避免析气反应发生，则应选择析气反应过电位高的材料。

4. 对电解能耗的影响

不同的电极电极电位不同，过电位也不同，因而在其他条件完全相同时，系统的槽电压也不同，使用槽电压低的电极时，系统的能耗低。

6.4.5.2 离子膜电解对电极材料的要求

电极包括阳极和阴极，阴极材料较容易解决，故大量研究工作均集中于阳极。良好的导电性是任何电极材料必须具备的基本性能，除此之外，对阴极材料与阳极材料均有一些特定需求。

1. 阴极材料

阴极材料的选择需注意下列问题：

（1）电解质对电极的腐蚀。一般在通电情况下，阴极受到保护不会被腐蚀，而在断电情况下会受到电解质的化学腐蚀或原电池作用而产生电化学腐蚀。

（2）如阴极析出氢气，则有些吸氢材料如钛则不宜用作阴极，此时有可能由于氢脆现象而使阴极被腐蚀。

（3）适当的过电位。对于析氢反应希望氢过电位低，而对于 Zn 电解，则希望氢过电位高。

常用于作阴极的材料可以是普通碳钢、不锈钢、镍、铜等。对于析氢阴极反应常用一种具有低氢过电位的雷尼镍电极，其特征是在铁基底上以电镀或喷涂法在其表面形成一层 Ni – Al 或 Ni – Zn 合金（含 Ni30%），尔后以浓 NaOH 溶液进行腐蚀，将 Al 或 Zn 溶解形成比表面积大、表面催化活性很强的多孔材料。

2. 阳极材料

阳极分为可溶阳极与不可溶阳极两类，前者一般用于特定情况，如电解造液，而一般电解过程均希望应用不可溶阳极。选择不溶阳极的一般原则是：

（1）化学及电化学稳定性好 阳极材料必须耐电解液及阳极气体的化学腐蚀，在通电情况下能发生电极反应而本身不产生易察觉的消耗，从而不引起电极形状、尺寸的变化，不污染电解液。

（2）良好的电催化活性及抗中毒性能 阳极的电催化活性高，则电极反应速度快，并有合适的析出过电位，例如对于析氯反应则希望氯的过电位低而氧的过电位高。在使用金属阳极时表面常形成一层氧化物膜，通常期望这层薄膜致密稳定、耐腐蚀、耐磨损、导电性好。

（3）良好的机械加工性能 机械加工的难易程度，以及具有表面涂层的阳极其表面涂层的牢固性、脆性均直接影响阳极的使用价值。

6.4.5.3 常用阳极材料

Pt 及 Pt 系电极是许多情况下可使用的耐蚀性能极好的阳极，但是其价格太贵，故限制了其应用。

对于碱性电解质，碳钢、镍及镍合金甚至不锈钢均可考虑作阳极材料，其中经钝化处理的镍网阳极在碱性溶液离子膜电解工艺中有较好的使用效果。

较适合离子膜电解选用的阳极为钛基涂层（或镀层）电极，由于它们的耐蚀性强，使用中尺寸稳定，故称为尺寸稳定性阳极（DSA 阳极）。

1. Ti 基 MnO_2 涂层电极

在钛基体上用热分解法或电沉积法可沉积上一层 $r – MnO_2$，形成 Ti 基 MnO_2 电极。它在许多介质中具有良好的耐腐蚀性，氧在其上析出过电位很低，对析氧反应有很高的催化活性是其特点。在电解过程中不易溶解，被认为是一种很有前途的阳极材料，在湿法冶金中用于锌电解获得成功，但电解过程中有可能产生少量阳极泥，因此限制了其在膜电解工艺中的应用，目前尚在研究进一步的改进方法。

2. Ti 基 β – PbO$_2$ 电极

二氧化铅已在许多电解工业中用作不溶性阳极,而且在某些体系中可以作为代 Pt 电极使用。在钛网基体上通过电镀的方法形成 β – PbO$_2$ 镀层,该电极在膜电解工业中已获得成功应用。

目前在膜电解工业中应用的 β – PbO$_2$ 电极是经过改进的新型 β – PbO$_2$ 电极,一般由 Ti 网基体、底层、中间层及表面层构成。

涂覆的底层有 Pt 和氧化 Pd、锡、锑化合物、钛与钽复合氧化物,或者镀银、镀铅银合金,其目的是保护钛基体,增强与 β – PbO$_2$ 的结合力或者改善导电性能。

表层为电镀上去的 β – PbO$_2$,早期 β – PbO$_2$ 镀层很厚,反而容易剥落,新型的 β – PbO$_2$ 镀层一般很薄,大约为 0.3 mm。

新型 β – PbO$_2$ 阳极的优越性具体表现在下列诸方面:

(1)能在高电流密度下操作,可在 30 ~ 50 A/dm^2 甚至更高电流密度下操作,且电极表面电流分布均匀,通电效率高。

(2)氧化催化性能和极化特性好,作阳极氧化用电极显示出良好性能,由于氧的过电位高,在氯化物电解时,所生产的氯气中氧含量低于 1% 左右。

(3)良好的耐蚀性和长的寿命,与钛镀铂电极相比,电流密度为 100 A/dm^2 时,其寿命比钛镀铂电极长 20 ~ 30 倍。特别是在含有有机物的电解液中,更显示出具有超长寿命。

(4)原则上可在含有氟离子的溶液中操作,例如在氟硅化物溶液中电解,电流密度为 50 A/dm^2 时,寿命在 5000 h 以上,而钛镀铂电极在极短时间内已不能使用。

(5)它既可在碱性介质中使用,也可在硝酸、硫酸、铬酸等体系中使用,也能用于氯盐、铬酸盐、氯酸盐、过氯酸盐体系的电解,在有机合成电解中的使用性能也相当好。

这种电极的缺点是:

(1)不通电时在酸性溶液中可能被还原,在溶液中放置时必须通上阳极保护电流。

(2)不能碰撞,不能加热。

(3)不能作阴极使用。

3. Ru 系涂层钛阳极

将以 Ru、Ti 的化合物为主配制的溶液均匀涂覆于 Ti 网基体上,经过一定的处理工艺即制得 Ru – Ti 涂层金属阳极。涂层化学组成稳定,晶体结构稳定,电极尺寸稳定,导电性好,耐腐蚀,寿命长。因此在离子膜电解氯化钠生产烧碱工艺中得到了广泛的应用。在 pH 为 2 ~ 7 时也能广泛应用于各种有机、无机电解体系中。其特点是:

(1)氯的放电过电位低,氧的放电过电位也低,但比放氯的过电位高出 100

多毫伏。

（2）耐腐蚀性强，工作寿命长达 10 年以上。

（3）可在高电流密度下操作，工作电流密度可达 17 A/dm^2。

（4）阳极尺寸稳定，易实现高精度要求加工，可修复。

其主要缺点是析氧电位仅仅比析氯电位高 0.1 V，因此在阳极产出的氯气中含氧量可达 2% ~4%，甚至更高，不但降低了氯气纯度，而且缩短了阳极的工作寿命。为此，国内科技工作者做了大量改进研究工作，如采用三元或四元组分代替二元组分，如 Ru – Ti – Co，Ru – Ti – Sn，Ru – Ti – Ir，Ru – Ti – Sn – Sb，Ru – Ti – Sn – Nb，Ru – Ti – Sn – Co。据报道 Ru – Ti – Sn – Co 涂层阳极在运行 1 万小时后电位为 1.118 V，并无失重现象发生。在这些改进工作中华东师范大学陈康宁教授发明的含 Ir 中间层 Ru – Ti 涂层阳极及锦西化工研究院的 Sn – Sb 中间层 Ru – Ti 涂层阳极由于工艺较简单而获得最广泛的应用。它们的共同特点都是有高的析氧过电位，从而使氯气纯度提高，电极寿命延长。

4. 其他涂层阳极

由于 Ru 的资源有限，故对非 Ru 系涂层 Ti 阳极进行了广泛的研究，目前大多数还处于研究试验阶段，部分有小规模应用，下面两种非 Ru 系电极值得注意。

（1）PdO 涂层阳极：具有高的析氧电位及低的析氯电位。

（2）Ir 系涂层阳极：其中以 Ir – Ta 涂层电极性能最优越，其最大特征是析氧电位低，因而对阳极析氧的一些电解体系特别适用，但是其价格较贵。

非贵金属涂层电极由于价格便宜，研究很活跃，其中对含 Sn – Sb 或含 Co 的非贵金属系列涂层阳极的研究尤为引起人们的兴趣。

6.4.5.4　电极形状

为了降低能耗，在可能的情况下均希望采用小的极距，因此为保证电解液循环和补充，除了图 6 – 39 所示的碟形电解槽外一般均采用开孔电极。常用的开孔电极大致分为三类，即拉网电极、冲孔电极、百叶窗式电极，图 6 – 43 及图 6 – 44 所示为这三类电极的表面形状。

无论是哪一类电极，面向膜的一面必须光滑、细密、平整，不至于对膜造成机械划伤。例如英国 ICI 公司的冲压极片十分光滑，与膜接触面为外圆弧形，能很好地避免机械损伤。

研究表明，电极表面的形状和电极的有效面积对离子膜的电流分布和槽电压有很大影响。

例如，当多孔板阳极上的孔径逐渐减小、电极有效表面积逐渐增加时，离子膜的电流分布逐渐达到均匀，而且离子膜上的欧姆压降降低。与拉网电极或冲孔电极比较，百叶窗式电极的面积利用率高，几乎 100%。因此电极上的电流分布均匀，除此之外百叶窗式电极有利于电解液的补充和循环，在电极和膜的界面上

图 6 - 43　膜电解孔状电极形状

(a)冲孔板电极；(b)百叶窗式电极

产生湍流，使电极上的气体迅速逸出，因此有较小的气泡效应，有利于槽电压的降低。

网状电极按其网眼大小有大拉网、细拉网及丝网之分。细拉网的表面致密、均匀、表面积大，因此采用细拉网的阴极和阳极时，离子膜的电流分布均匀，槽电压明显降低。

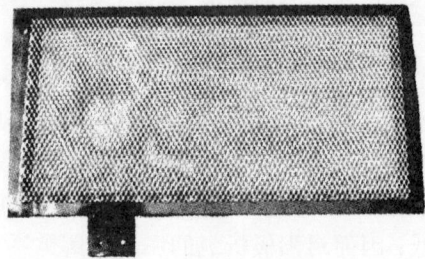

图 6 - 44　膜电解拉网电极形状

除此之外，英国 ICI 公司研究发现将电极厚度从 1 mm 增加到 2 mm，可使电流分布更加合理。

6.5　双极膜电解（电渗析）

双极膜是由阴离子交换膜层与阳离子交换膜层构成的复合膜，简称为 BP 膜，在电场作用下（如图 6 - 45 所示）复合膜层间的水解离出的 H^+ 离子和 OH^- 离子分别通过阳离子交换膜和阴离子交换膜层，双极膜好像一对能提供 H^+ 离子与 OH^- 离子的电极。

利用双极膜的这一特性将若干双

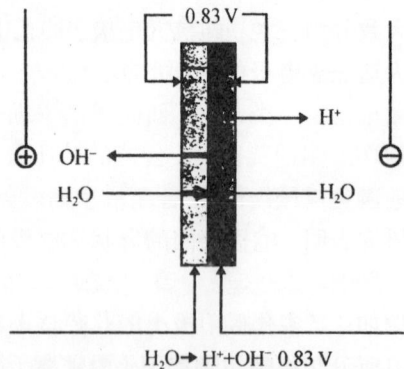

图 6 - 45　双极膜工作原理

极膜与若干阳离子膜及阴离子膜按一定规则排列组合形成一个膜堆,将其置于一对外电极之间,则形成由类似于许多三室电解槽串联在一起的电解槽组,其结构很像一台电渗析器,故又称之为双极膜电渗析。图 6-46 为利用双极膜电解劈裂 Na_2SO_4 为 NaOH 和 H_2SO_4 的原理图。目前报道 BP 膜电解最高可得到 6 mol/L 的酸。

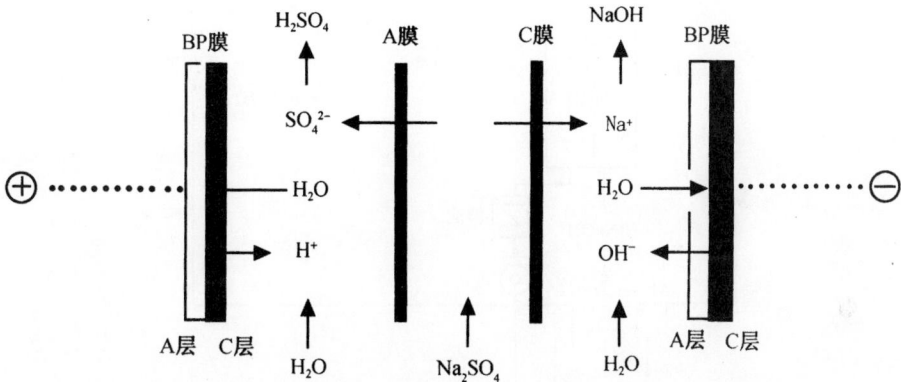

图 6-46　双极膜劈裂 Na_2SO_4 为 NaOH 与 H_2SO_4

双极膜能劈裂强酸强碱盐为对应的酸与碱的能力对冶金工作者产生了巨大的吸引力,当冶金工业排出的大量含盐水中的盐能劈裂为对应的碱和酸时,有可能实现零排放。

利用双极膜与阳离子交换膜或阴离子交换膜的不同组合方式可以开发出许多新的应用领域,中国科技大学徐铜文教授总结双极膜在冶金中可以有多种应用模式。除了劈裂盐为酸和碱外,还可实现酸盐分离、碱盐分离、相似元素分离。

6.6　离子交换膜分离技术在湿法冶金中的应用

6.6.1　扩散渗析的应用

6.6.1.1　扩散渗析从铝蚀刻液中回收碱

尽管人们一直企盼着用扩散渗析法回收碱,但直到日本德山曹达公司生产出合适膜后,才成为现实。DD 法回收碱的原理与回收酸的原理类似,不过此时所用膜为阳离子交换膜,钠离子在浓差推动力作用下通过阳离子交换膜,而唯一能通过阳离子交换膜的阴离子为 OH^- 离子,而盐则为膜所阻挡。

一个从铝蚀刻液中用 DD 法回收游离 NaOH 的工艺已经在美国加利福尼亚州的圣地亚哥市投入工业应用,开始采用的是德山曹达所产 TSD10-300 具有 30 m^2

总面积的膜堆，两年后又增加了一台总膜面积为 62.5 m² 的 TSD25 - 250 膜堆。其工艺流程如图 6 - 47 所示。

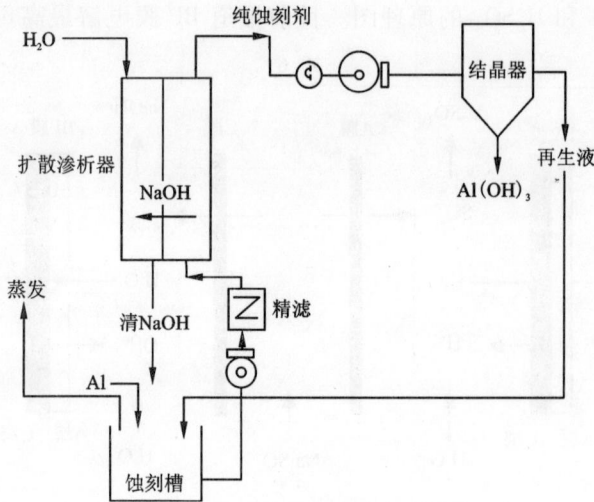

图 6 - 47　铝蚀刻液扩散渗析碱回收系统

回收的 Al(OH)₃ 副产品质量、过程的物料平衡及系统的成本效益分析分别见表 6 - 7 至表 6 - 9。

蚀刻液进入 DD 前先预过滤除去污泥，此污泥主要为 CuS 固体，它是为了控制蚀刻速度而加入到化学蚀刻槽中的添加剂，因此可以返回到蚀刻槽内利用。从 DD 流出之脱碱后的蚀刻液，成为铝的过饱和溶液，送入一个搅拌结晶器内使铝以 Al(OH)₃ 结晶沉淀析出。这种纯白色沉淀用水洗到 pH≤10，则可出售。

通过 DD 回收的碱液及结晶器中偏铝酸钠水解产生的上清碱液均可以返回到蚀刻槽中利用，因此 99% 以上的碱均可以得到回收。

显然这是一个封闭的无三废工艺。

表 6 - 7　回收的 Al(OH)₃ 副产品分析

组分	含量/%	组分	含量/%
Al	25	Cu	0.01
水分	13	其他	0.4
Na	0.002	pH	8.5
Fe	0.0002		

表 6-8　碱扩散渗析物料平衡

进(出)物料	质量分数	产品(体积或质量)
·渗析料液		1.11 m³/d
NaOH	16.5	
Al	10.6	
·水		0.69 m³/d
NaOH	1.0	
·DD 回收碱		0.37 m³/d
NaOH	17.0	
Al	3.0	
·渗析残碱		1.43 m³/d
NaOH	9.0	
Al	8.0	
·结晶母液		1.32 m³/d
NaOH	14.0	
Al	3.8	
·Al(OH)₃ 滤饼		188 kg
(以 100% 含量计)		
·混合的碱产品		1.69 m³/d
NaOH	15.0	
Al	3.6	

表 6-9　扩散渗析碱蚀刻液回收系统成本效益分析

投资成本/ $		760000	节省废物(440 kg/a)处置费/ $	440000
年操作成本/ $	劳动力	50000	苛性钠回收($ 400/t)/ $	160000
	维修费	40000	Al(OH)₃ 滤饼销售($ 40/t)/ $	12000
	膜及技术服务费	100000	年总创利润/($ · a⁻¹)	612000
	动力(37 kW)	15000	年净利润	407000
年总操作成本/($ · a⁻¹)		205000	投资回收期	约 2 年

6.6.1.2　扩散渗析回收钨酸钠溶液中的过剩氢氧化钠

我国使用黑钨矿为原料的钨冶炼厂均采用苛性钠分解钨精矿(或中矿或低品位矿)，视原矿中钨酸锰及铁含量，以及 WO_3 品位的高低和采用常压或带压浸出压力的大小、配碱的过量系数不同，浸出液中过剩氢氧化钠量也不一样，过剩量特别大的企业采用蒸发浓缩结晶法回收过量的碱。一般情况下，采用离子交换工艺的工厂用稀释的办法使溶液的 WO_3 浓度及碱浓度降至一合理水平。而采用酸性体系萃钨的工厂则用硫酸中和，使有用的碱均变成无用的硫酸钠。

山东天维公司用他们生产的扩散渗析阳离子交换膜开发了钨酸钠及氢氧化钠分离的扩散渗析新工艺，含过剩碱的钨浸出液通入膜的一侧（料液室），而水通入膜的另一侧（回收室），两种溶液相向而行，随着钠离子由高浓度室（料液室）渗透过膜进入钠离子浓度低的回收室，唯一一种阴离子 OH^- 随 Na^+ 离子进入回收室，因此宏观的结果是钨酸钠溶液中的氢氧化钠浓度降低而回收室得到一定浓度的氢氧化钠溶液。采用扩散渗析的新工艺流程见图 6-48。

2015 年 5 月，天维公司与某钨冶炼厂进行合作，在该厂安装了五台扩散渗析器。扩散渗析阳离子交换膜回收钨酸钠溶液中游离碱的试验结果见表 6-10。

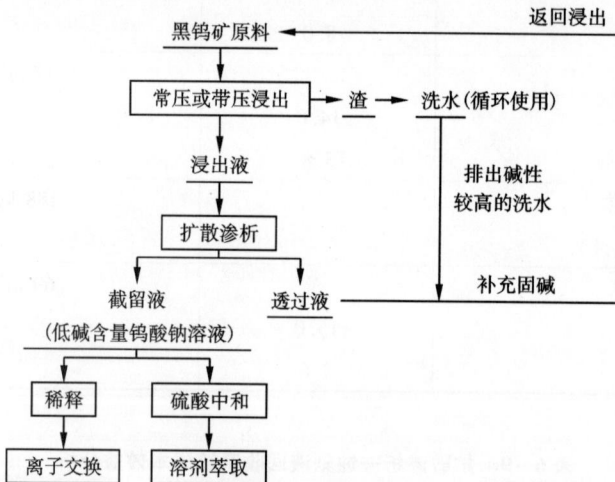

图 6-48 扩散渗析阳离子交换膜从钨酸钠溶液分离游离碱的新工艺流程

表 6-10 扩散渗析阳离子交换膜分离钨酸钠溶液中游离碱效果

滤液浓度/($g \cdot L^{-1}$)		回收碱浓度/($g \cdot L^{-1}$)		钨酸钠溶液浓度/($g \cdot L^{-1}$)	
Na_2WO_4	NaOH	Na_2WO_4	NaOH	Na_2WO_4	NaOH
350	55	26	46	275	6

6.6.1.3 扩散渗析法回收酸

表 6-11 为国产扩散渗析膜用于回收酸的一些实例。

表 6 – 11　国产扩散渗析膜回收酸应用实例

膜	料液	膜厚 /mm	含水率 /($g_{H_2O} \cdot g_{干基}^{-1}$)	酸回收率 /%	盐泄漏率 /%
DF120H	$Ti-(HF+HNO_3)$	0.18	0.573	>0.80	<0.20
DF120B	$Fe^{2+}-H_2SO_4$	0.12	0.378	>0.85	<0.05
DF120H	$Fe^{2+}-HCl$	0.18	0.572	>0.90	<0.05
DF120B	$Cu^{2+}-H_2SO_4$	0.14	0.387	>0.85	<0.06
S203	$Fe^{2+}-H_2SO_4$	0.20	0.302	0.7~0.75	>0.06

注：DF120H 及 DF120B 已停产，现相应产品为 TWDDA Ⅱ 型和 TWDDA Ⅲ 型。

回收酸的流程与回收碱的流程基本相同，酸的回收率与盐的泄漏率与处理料液的组成有关，与流速控制也有一定关系。表 6 – 11 表明，天维膜技术有限公司的渗析膜在性能上已有很大提高，完全能满足工业生产回收酸的需求，现已在我国钢铁、湿法炼铜、钛材加工、铝箔加工等行业获得广泛应用。由于篇幅限制，此处仅以扩散渗析法回收铜电解液中硫酸一例进行简单介绍。

某湿法炼铜厂以低品位次生硫化铜矿为原料，采用"堆浸—萃取—电积"的湿法冶炼工艺回收铜。但由于浸出液含铁高，为消除铁离子积累造成的影响，使电解液中铁离子浓度不大于 2 g/L，需要定期对电解液进行开路处理。开路的电解液硫酸浓度为 15%，铁浓度为 4 g/L，采用扩散渗析技术处理后，其回收酸的浓度为 12%~13%，铁离子含量为 0.4 g/L。回收的酸经适当补酸后可返回作反萃剂使用，截留液可返回堆浸工序进行浸出。该扩散渗析系统半年运行的经济效益如表 6 – 12 所示。

表 6 – 12　扩散渗析回收铜电解液中硫酸的经济效益

时间	回收酸量 /t	节省硫酸 费用/元	节省石灰 用量/t	节省石灰 药剂费用/元	运行费用 /元	效益 /元
2013 年 8 月份	134.22	58923	148	64962	57500	66385
2013 年 9 月份	226.57	99464	249	109660	63500	145624
2013 年 10 月份	198.80	87273	219	96219	63500	119992
2013 年 11 月份	204.59	89815	225	99022	63500	125337
2013 年 12 月份	85.86	37693	94	41556	57500	21749
2014 年 1 月份	170.76	74964	188	82648	63500	94112
2014 年 2 月份	110.19	48373	121	53332	57500	44205
合计	1131.00	496505	1244	547404	426500	617404

6.6.2 电渗析与双极膜电渗析的应用

6.6.2.1 电渗析与双极膜电渗析联合离子交换法处理不锈钢板酸洗液

不锈钢板用 HNO_3、HF 混合酸进行酸洗,废酸中含 Fe、Cr、Ni 等离子,日本德山曹达株式会社开发了如图 6-49 所示的处理这种废酸的闭路工艺。

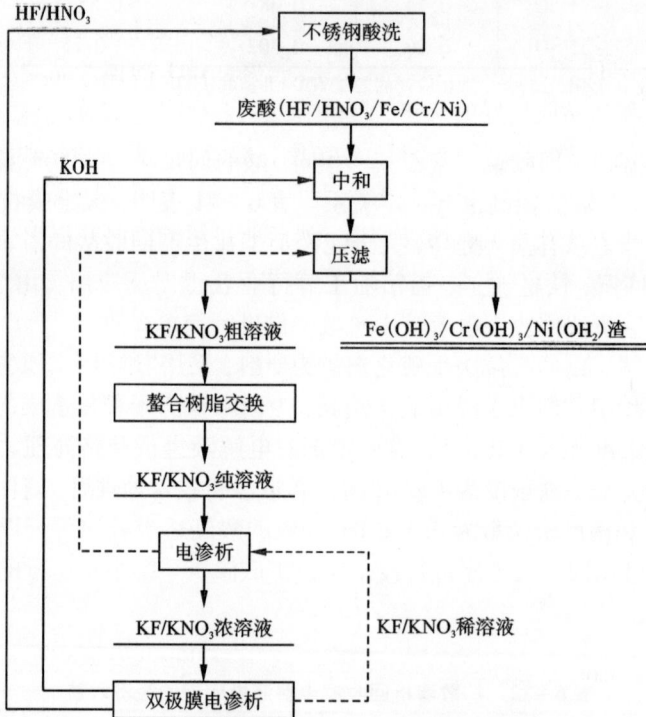

图 6-49 不锈钢板酸洗废酸双极膜电渗析处理工艺

流程巧妙地用 KOH 中和使 Fe、Cr、Ni 成氢氧化物沉淀,含微量二价离子的 KF 与 KNO_3 再通过螯合树脂深度除杂。纯 KF、KNO_3 溶液用电渗析处理得到符合双极膜电解要求的浓电解质溶液,浓溶液进入双极膜电解槽的料液室被劈裂为 KOH 及 HF 与 HNO_3 的混合酸,分别返回流程,使工艺得以闭合。之所以用 KOH 而不用 NaOH 大概是因为 K 盐溶液电导大于 Na 盐溶液,这样可降低 ED 特别是双极膜电解的能耗。但是流程产出两股 K 盐稀溶液,即双极膜电槽料液室出来的脱盐液与 ED 产生的含 K 盐淡水,流程采用逐级返回处理的办法,但这样会由于水量不平衡而造成溶液体积膨胀及淡化,因而必然需定期开路排放,故流程中用虚线表示。实际上这种稀溶液如果用反渗透膜浓缩到中和后滤液的浓度水平,通过回用部分水,则流程可实现100%的封闭,不但生产成本大幅度下降,而且可以做到对环境无任何污染。

6.6.2.2　电渗析与双极膜电解组成的集成膜技术处理钨酸铵溶液生产偏钨酸铵

偏钨酸铵(AMT),是一种具有大分子量和高水溶性的钨化合物,主要用于制备钨系石油加氢催化剂。AMT的制备方法大致可分为固相转化法和液相转化法两大类。固相转化法的典型工艺是以APT为原料的热分解法,该方法是通过控制分解温度和氨、水的分压,使大部分APT热解生成水溶性大的AMT非晶态物质,再经水溶解为AMT溶液,此溶液经浓缩结晶获得AMT固体产品。APT热分解法具有技术成熟和产品质量好的优势,是目前工业上生产AMT的主流方法,但工业上APT的热解转化率一般小于90%,存在原料成本高、直收率低和废气需处理等缺点。液相转化法一般是以钨酸铵溶液为原料,采用酸中和、萃取、离子交换或者离子膜电解等方法获得偏钨酸铵溶液,然后通过浓缩结晶获得固体AMT。液相转化法因产品质量不合格、废液处理量大或技术不成熟等原因在工业上很少应用。

针对目前偏钨酸铵制取方法存在的问题,冶金分离科学与工程重点实验室提出了采用双极膜电渗析法从工业钨酸铵溶液中直接制取AMT,其原理如图6-50所示。在电场的作用下,盐室溶液中的NH_4^+透过阳离子交换膜向阴极方向迁移进入碱室,并与双极膜水解离产生的OH^-在碱室结合生成$NH_3 \cdot H_2O$;同时,盐室溶液中的钨酸根阴离子不断与双极膜解离水产生的H^+发生聚合反应,当盐室溶液pH下降至2~4,便会生成偏钨酸根($H_2W_{12}O_{40}^{6-}$)。

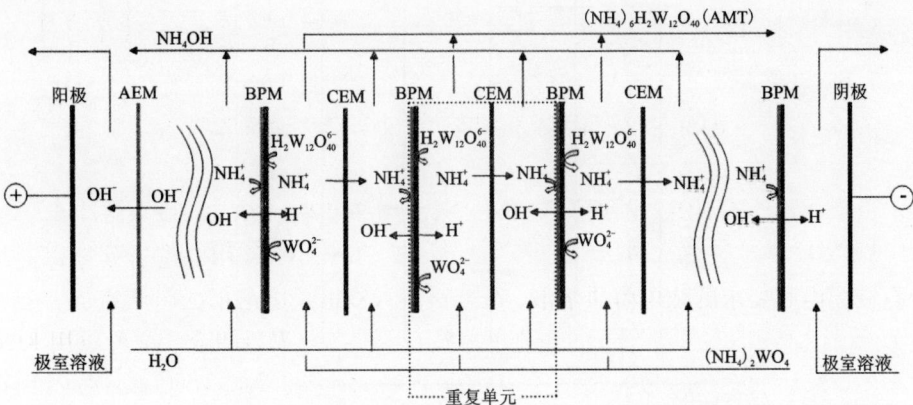

图6-50　双极膜电渗析制取AMT溶液原理图

AEM—阴离子交换膜;BPM—双极膜;CEM—阳离子交换膜

实验室试验结果表明，双极膜电渗析过程 WO_3 的直收率达到 99.98%，电流效率约为 75%，直流电耗分别为 0.0795 kW·h/mol NH_3 和 864.3 kW·h/t WO_3。由此可见，双极膜电渗析法制备偏钨酸铵溶液过程的钨直收率高、能耗低。对双极膜电渗析法制备的 AMT 溶液采用醇析结晶法制备 AMT 晶体，其水溶性良好，经检测其在水中的溶解度大于 650 g/L（25℃），完全符合 AMT 国家标准（GB/T 26033—2010）。AMT 产品 WO_3 含量大于 86%，除 Mo 含量稍高于国家标准外，其他杂质均低于 AMT 国家标准。实际上，少量的钼并不影响钨系石油加氢催化剂的使用性能。由此可见，以工业钨酸铵溶液为原料采用双极膜电渗析法制备出的 AMT 质量好，完全能满足钨系石油加氢催化剂对 AMT 的质量要求。

与现行 APT 热分解工艺相比，双极膜电渗析法制备 AMT 新工艺具有如下优势：①采用 $(NH_4)_2WO_4$ 溶液作为原料液，原料成本低；②新工艺 WO_3 直收率显著提高，达 99.5% 以上；③新工艺几乎没有废气和废液产生，环境友好。因此新工艺是一种高效、清洁、低成本的 AMT 生产工艺，具有良好的工业应用前景。

6.6.2.3 电渗析复分解反应由 Na_2SO_4 与 $NH_3·H_2O$ 生产 NaOH 与 $(NH_4)_2SO_4$

除了用双极膜三室膜电解法可劈裂 Na_2SO_4 外，用电渗析复分解反应也可劈裂 Na_2SO_4。图 6-51 为电渗析复分解反应原理图。

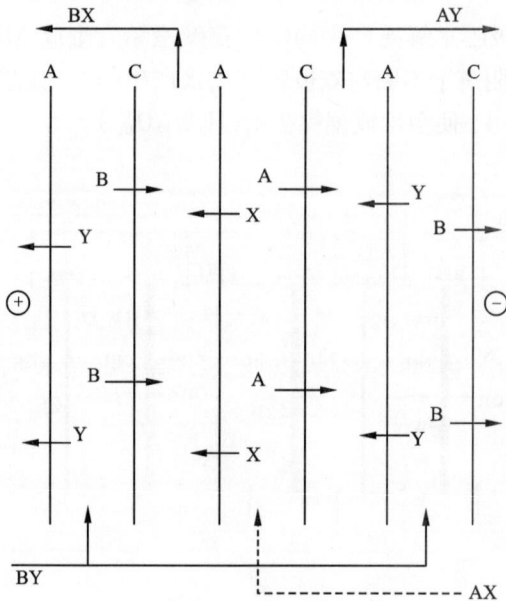

图 6-51 电渗析复分解反应原理

如以 BY 代表 $NH_3·H_2O$，AX 代表 Na_2SO_4，则它们通过电渗析后变成了 BX

与 AY 两种产品。BX 即为 $(NH_4)_2SO_4$，AY 即为 NaOH。

因此总的反应为：

$$2NH_3 \cdot H_2O + Na_2SO_4 =\!=\!= (NH_4)_2SO_4 + 2NaOH$$

此复分解反应在同一容器内无法实现，但利用电渗析离子膜的分离作用，反应物与产物分别在不同的隔室内，故能得以实现。

普通的电渗析隔板上无论有几个孔，它们只有两种流道，而用于复分解反应的电渗析隔板则设计成有四个流道，至少有 8 个进水孔，但每一张隔板上只有 2 个孔允许溶液进入隔室。

6.6.2.4　电渗析处理氧化铝生产的赤泥洗水回收碱与水

某氧化铝厂，赤泥洗水量大，不能全部返回使用，堆积于大坝内的洗水已形成一个碱水大湖泊。这是一种含氧化铝的低浓度碱水，其成分如表 6-13 所示。

表 6-13　含铝碱水成分（g/L）

N_T	N_K	Al_2O_3	Ca^{2+}	Mg^{2+}	SO_4^{2-}	Cl^-	SiO_2	Fe	pH
11.03	6.75	8.18	2.72×10^{-3}	1.2×10^{-4}	0.753	0.037	0.01	8.6×10^{-4}	12

注：①N_T：包括碳酸碱与苛性碱在内的总碱浓度；②N_K：苛性碱浓度。

为了从这种水中回收碱及工业用水，冶金分离科学与工程重点实验室研究了电渗析处理这种溶液的方法，考虑到碱浓度下降到一定程度后，铝会以氢氧化铝形态析出堵塞膜孔，故常温下采用 CO_2 气体脱铝的预处理方法，此时部分苛性碱相应转化为碳酸碱。控制滤液中 Al_2O_3 含量小于 0.4 g/L 作为 ED 的进料液。由于既要浓缩回收碱，又要回收淡水，为使单台 ED 出口溶液的浓淡比在一合适范围，决定采用多台 ED 逆流串联的工艺。半工业试验证明，ED 浓缩至 70 g/L 再蒸发浓缩比 ED 浓缩至 50 g/L 的总能耗费用高（表 6-14）。

表 6-14　ED 不同浓缩终点的总能耗

	从 50 g/L N_T 开始蒸发	从 70 g/L N_T 开始蒸发
总电耗/kW·h	13.27	17.67
电费/元	3.98	5.3
总气耗/t	0.088	0.071
蒸汽成本/元	3.52	2.84
总成本/元	7.5	8.14

注：①蒸发终点均为碱水全分离。

因此决定采用五台 ED 串联，得到的淡水水质如表 6-15 所示。

表 6 –15 淡水水质分析

N_T	Al_2O_3	SiO_2	Fe_2O_3	CO_3^{2-}	HCO_3^-	CaO	MgO	Cl^-	SO_4^{2-}	pH
0.23	0.0032	0.00035	检 不 出	0.053	0.28	0.00015	0.00022	0.0065	0.023	9.49
0.27	0.011	0.00034		0.058	0.27	0.00015	0.00018	0.0061	0.023	9.50
0.27	0.0073	0.00035		0.058	0.30	0.00005	0.00014	0.0061	0.023	9.52

对此工艺的经济分析见表 6 –16 及表 6 –17。

表 6 –16 处理 1 m^3 碱水的成本费用[①]

	单耗	单价/元	费用/元
碳分动力	2.5 kW·h	0.3	0.75
CO_2 消耗	4.85 m^3(标)	122/km^3(标)	0.59
滤布等			0.25
膜损耗		150/对	2.4
ED 交直流电耗	13.22 kW·h	0.3/kW·h	3.89
人工费		550/人·月	1.1
设备折旧费(12 年折旧)			1.1
车间经费			1.2
合计			11.3

注：①20 世纪 90 年代初期价格。

表 6 –17 处理 1 m^3 碱水回收产品价值[①]

	量	单价/元	价值/元
$Al(OH)_3$	11.2 kg	585/t	6.5
浓水(50/L N_T)	0.176 m^3	90/m^3	15.8
淡水	0.824 m^3	0.3	0.24
合计			22.54

注：①20 世纪 90 年代初期价格。

6.6.3 离子膜隔膜电解技术的应用

在湿法冶金领域用帆布作隔膜的电解方法早有工业应用，但帆布无离子选择透过性。如果将帆布换为离子膜，则可同时利用电极反应及膜的选择透过性，演变成一系列新的工艺。例如：

(1) 利用水电解释放氢离子或氢氧根离子及离子膜的选择透过性劈裂盐为酸或碱；

(2) 利用阴极的还原作用及离子膜的选择性使高价离子还原为低价离子甚至金属；

(3) 利用阳极的氧化作用及离子膜的选择性使低价离子氧化为高价；

(4) 将矿粉或粗金属作为阳极，结合离子膜作隔膜使有价金属进入溶液。

以下选择若干案例予以说明。

6.6.3.1 膜电解劈裂钨酸钠制备偏钨酸钠并回收碱

钨冶金中生产 APT 的一种工艺路线称为酸性体系萃钨，其主要过程是用酸调整碱性钨酸钠溶液 pH 至 8~9，利用镁(铝)盐沉淀除去磷、砷、硅杂质后，添加硫离子使杂质钼酸盐转化成硫代钼酸盐，再用硫酸继续调整溶液 pH 至 2，此时硫代钼酸盐分解析出硫化钼沉淀并释放出有毒气体硫化氢，而钨酸根则缩合成偏钨酸根，用胺类萃取剂萃取偏钨酸根后通过氨水反萃得到纯的钨酸铵溶液，蒸发结晶析出产品 APT 晶体。净化除钼也可调至在钨酸铵溶液中进行。

在用硫酸继续调整 pH 阶段，因单钨酸根的缩合反应需消耗大量酸，因此产生大量的硫酸钠，而用膜电解代替这一化学过程则可节省大量硫酸，并大幅度减少硫酸钠的排放。

电解槽基本雷同于氯化钠电解槽，装置系统如图 6-41 和图 6-42 所示。将纯化的 Na_2WO_4 溶液置入电解槽的阳极室。以阳离子交换膜作隔膜，Na_2WO_4 电离产生的 Na^+ 离子通过阳离子交换膜进入阴极室生成 NaOH，图 6-52

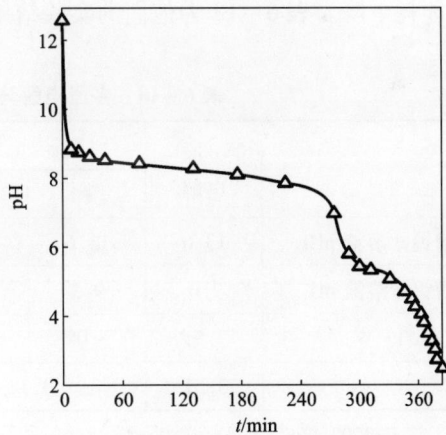

图 6-52　阳极液 pH 随电解时间的变化

为阳极溶液 pH 随电解时间延长的变化曲线。

随着电解过程的进行，pH 大体上可分为三个区域，开始为 Na^+ 离子迁移但

WO_4^{2-} 未发生缩合反应, pH 迅速下降。随后是 Na^+ 迁移量增加, 阳极产生的 H^+ 与 WO_4^{2-} 发生缩合反应, 生成仲钨酸根, 1 mol WO_3 需消耗 7/6 mol 的 H^+, 因此在相当长一段时间内, 溶液 pH 的变化十分缓慢, 此阶段溶液中的反应为:

$$7H^+ + 6WO_4^{2-} \Longrightarrow HW_6O_{21}^{5-} + 3H_2O$$

当大部分 WO_4^{2-} 转化成 $HW_6O_{21}^{5-}$ 后, pH 的下降趋势变快, 此时发生缩合成偏钨酸根的反应:

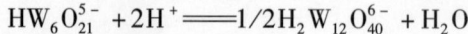

$$HW_6O_{21}^{5-} + 2H^+ \Longrightarrow 1/2H_2W_{12}O_{40}^{6-} + H_2O$$

曲线的变化又趋平缓, 因为此时 1 mol WO_3 只需 1/3 mol H^+, 故在较短时间即可完成反应。此后 pH 下降速度又变快。图 6 - 53 为阳极液 pH 与电流效率的关系曲线。

显然, 随电解过程进行, 阳极液 pH 下降, 可迁移 Na^+ 量减小, 故电流效率下降。因而这一过程的总电流效率下降, 能耗增加。

图 6 - 53 阳极液 pH 与电流效率的关系曲线

匈牙利科学家将此电解过程分成 2 ~ 3 段进行, 各段电流密度依次下降, 从而使总能耗下降。表 6 - 18 为他们的实验结果。

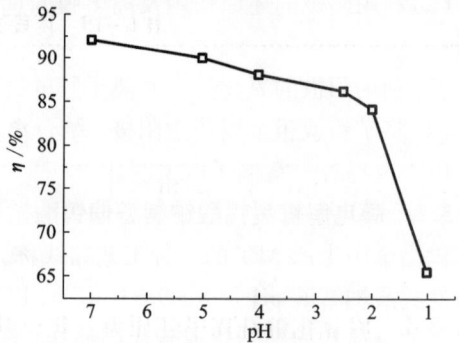

表 6 - 18 多段电解与一段电解的比较

	一段电解	二段电解		三段电解		
		段 1	段 2	段 1	段 2	段 3
进槽钨盐溶液 pH	13.6	13.6	9.3	13.6	11.4	6.3
出槽钨盐溶液 pH	2.0	9.3	2.0	11.4	6.3	2.0
kW·h/kg W	3.51	1.08	2.09	0.48	1.68	0.58
$\sum E$	3.51	3.17		2.74		

注: ① $i = 1200$ A/m², $C_{NaOH}^{出} = 280$ g/L。

不同于匈牙利的多段顺流电解工艺, 冶金分离科学与工程重点实验室进一步试验了两段逆流电解(图 6 - 54), 以减少阴阳极室的 Na^+ 离子浓度差, 从而降低阴极室 NaOH 向阳极室的反迁移, 同时保留了两段采用不同电流密度的做法使能耗降低(表 6 - 19)。采用分段电解方式的另一优点是根据阳极液的酸碱性可配用不同的阳极。随阳极液由碱性变为酸性，阳极反应由 $4OH^- - 4e \Longrightarrow O_2 \uparrow + 2H_2O$ 变为 $2H_2O - 4e \Longrightarrow O_2 \uparrow + 4H^+$。

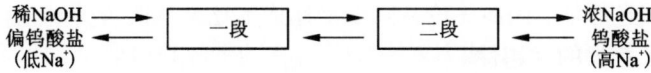

图 6-54　两段逆流电解工艺

表 6-19　两段逆流电解结果

段	i /(A·m^{-2})	$C_{NaOH}^{入}$ /(mol·L^{-1})	$C_{NaOH}^{出}$ /(mol·L^{-1})	J_{Na}^+ /mol	η /%	E /(kW·h·t$_{NaOH}^{-1}$)
一	1500	4.63	5.04	0.872	80.7	1926.5
二	1200	4.20	4.58	0.703	74.2	2798.2
平均					77.8	2315.3

6.6.3.2　将氯化铀铣离子还原为四氯化铀生产四氟化铀

日本旭化成公司与动力反应堆及核燃料公司联合开发了氯化铀铣的膜电解过程。其原理示意图见图 6-55。

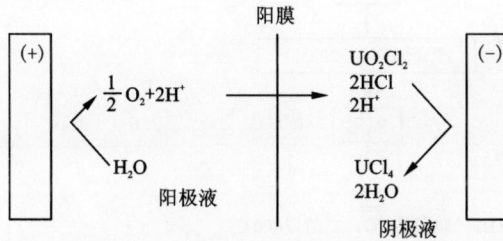

图 6-55　铀铣离子电解还原示意图

铀铣离子中铀为六价，在阴极发生还原反应，在阳极水电解析出氧气的同时产生氢离子。

阴极：$UO_2Cl_2 + 2HCl + 2H^+ + 2e \longrightarrow UCl_4 + 2H_2O$

阳极：$H_2O - 2e \longrightarrow 2H^+ + 1/2 O_2 \uparrow$

阴极液为 UO_2Cl_2 的盐溶液，阳极液为 0.25 mol/L 的稀硫酸。由于阳离子交换膜的选择性，氢离子由阳极室迁入阴极室，而有效地阻止了氯离子进入阳极室，从而保证了阴极还原反应的需要。

1980 年，此工艺在日本 Ningyo Pass 工厂投入运行，当时的规模为 2 t/d。氢离子的迁移效率高达 99%，铀铣离子的还原率达 99.5%。膜电解的应用使 UF$_4$ 生产工艺流程得以简化，如图 6 - 56 所示。

更重要的是，离子膜作隔膜的还原过程成功地采用室温湿式还原法取代了传统的高温干式还原法，因此无论从降低操作成本还是从改善劳动条件与环境保护方面均显示了巨大的优越性。

该工艺所用的膜为 Asahi 公司的耐酸、抗氧化膜。阳极为 DSA 不溶阳极，而阴极是为保证铀有高还原率而专门研究的一种材料制成的。

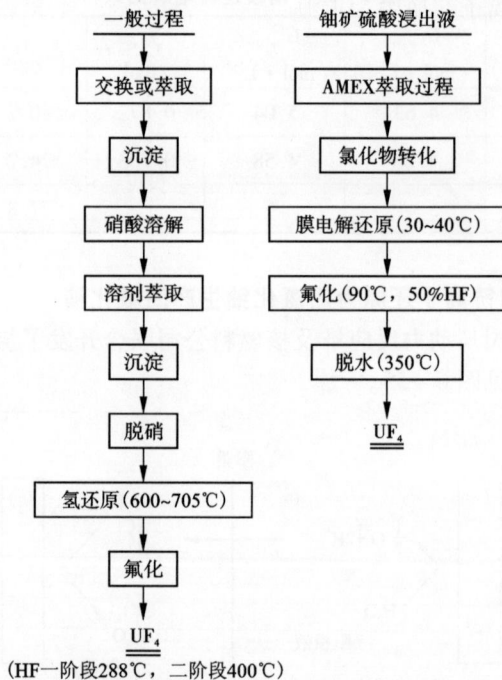

```
     一般过程                    铀矿硫酸浸出液

   ┌──────────┐              ┌──────────────┐
   │ 交换或萃取 │              │ AMEX萃取过程   │
   └──────────┘              └──────────────┘
        │                           │
   ┌──────────┐              ┌──────────────┐
   │   沉淀    │              │  氯化物转化    │
   └──────────┘              └──────────────┘
        │                           │
   ┌──────────┐              ┌──────────────────┐
   │  硝酸溶解  │              │ 膜电解还原(30~40℃) │
   └──────────┘              └──────────────────┘
        │                           │
   ┌──────────┐              ┌────────────────────┐
   │  溶剂萃取  │              │ 氟化(90℃，50%HF)    │
   └──────────┘              └────────────────────┘
        │                           │
   ┌──────────┐              ┌──────────────┐
   │   沉淀    │              │  脱水(350℃)   │
   └──────────┘              └──────────────┘
        │                           │
   ┌──────────┐                    UF₄
   │   脱硝    │
   └──────────┘
        │
┌────────────────┐
│ 氢还原(600~705℃) │
└────────────────┘
        │
   ┌──────────┐
   │   氟化    │
   └──────────┘
        │
       UF₄
(HF一阶段288℃，二阶段400℃)
```

图 6 - 56 用膜电解生产 UF$_4$ 新流程与原流程对比

6.6.3.3 原电池法还原硫酸法钛白酸液中的三价铁

用阴离子交换膜作隔膜，不施加外电场，将离子膜隔开的两极连接起来则成为一个原电池，此时不需外加直流电源也可在阴极发生还原反应。在原电池的术语中阴极被说成是正极，而阳极被说成是负极。

冶金分离科学与工程重点实验室研究了在酸法钛白的硫酸浸出液中用离子膜原电池还原三价铁离子。现行还原工艺采用铁屑还原法，由于铁屑质量参差不齐，因而将一些杂质元素带进钛液，从而影响最终产品白度。如果利用原电池还原法，正极室充入钛的硫酸浸出液，负极室充以硫酸亚铁酸性溶液。以不纯的铁作负极，而正极可以是钛、铜、铅，此时负极发生铁溶解反应，正极发生三价铁及四价钛离子的还原反应。其工作原理如图 6 – 57 所示。

与现行铁屑直接还原法相同，当正极液出现三价钛离子的特征紫色时，即可停止反应。此方法已完成扩试。

扩试采用的阴离子交换膜为上海产的 PE203 阴离子交换膜。工业钛液成分为 TiO_2 106 g/L，Fe^{2+} 41.7 g/L，Fe^{3+} 11.7 g/L，有效酸 240 g/L，扩试结果列于表 6 – 20。

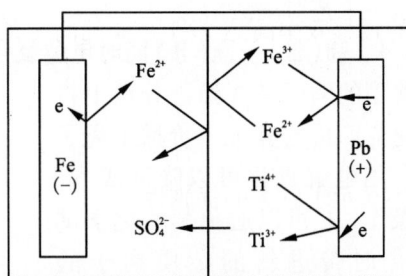

图 6 – 57　原电池还原法

表 6 – 20　钛液中 Fe^{3+} 电解还原扩大试验综合指标[1]

项目	铅电极	钛电极	铜电极
·电动势/V			
开始值	0.668	0.916	0.561
结束值	0.385	0.415	0.350
·正极电流密度/($A \cdot m^{-2}$)			
最大值	148.4	117.6	144.1
最小值	98.0	98.1	124.5
平均值	134.3	107.8	136.7
·膜电流密度/($A \cdot m^{-2}$)			
最大值	63.6	50.4	61.7
最小值	42.0	42.3	53.4
平均值	57.7	49.5	57.5
电解还原用时/min	216	238	210
·还原后 Ti^{3+} 含量/($mol \cdot L^{-1}$)	0.025	0.004	0.034
·正极效率/%	94.3	92.1	94.5
·负极效率/%	76.0	68.8	79.7
·总效率/%	71.7	63.4	75.3

注：[1]实验基本条件：钛液试验量 14 L，流速 0.42 cm/s；负极液试验量 4.5 L，Fe^{2+} 33.5 g/L，H_2SO_4 30 g/L；电解液温度 53℃（平均值）。

这一工艺对湿法冶金中广为采用的锌或铁屑置换法均有借鉴价值。

6.6.3.4 铈(Ⅲ)–铜(Ⅱ)同时电解氧化–还原新工艺

典型的例子是在稀土分离中将铈氧化为四价与其他三价稀土离子分离。用电解氧化可以降低成本，简化操作，并可以避免某些化学试剂氧化时带进新的杂质离子的缺点。

在硝酸盐体系中实现铈的电解氧化比较容易，而硫酸稀土溶液中由于硫酸稀土溶解度低故难度较大，图6-58为Ce^{3+}-Ce^{4+}体系的电位pH图。

从φ-pH图可以看出，阳极液为酸性条件下Ce^{3+}才能氧化为Ce^{4+}，实验结果也表明，阳极液最佳酸度为1 mol/L H_2SO_4。随电解过程进行，铈浓度下降，电流密度也相应降低。

图 6-58 Ce^{3+}-Ce^{4+}体系电位 pH 图

1—氢气析出线；2—氧气析出线；

Ⅰ—Ce^{3+}；Ⅱ—Ce^{4+}；Ⅲ—$Ce(OH)_4$；Ⅳ—$Ce(OH)_3$

阳极析氧在这种情况下是一个副反应，它不但消耗电能，而且由于气体搅动使电氧化过程不稳定，所以电解需避免阳极释氧，故应选择高氧过电位阳极，但并不一定使用铂电极。

采用阴离子交换膜为隔膜，为了充分利用电能，阴极液为$CuSO_4$，故在阳极铈氧化的同时，在阴极析出铜粉，由于在两极均无气体析出，槽电压与能耗均相应下降。冶金分离科学与工程重点实验室的扩试结果见表6-21至表6-23。

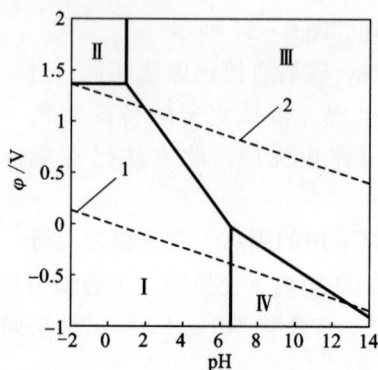

表 6-21 耦合电解铈氧化的扩试结果

平均电流 /A	平均槽电压/V		平均阳极 电流效率/%	总氧化率 /%
	起始值	终止值		
16.2	2.20	2.28	81.19	99.43
15.9	2.25	2.34	81.74	98.85
15.7	2.23	2.36	83.55	98.85
16.0	2.22	2.36	81.84	98.85

表 6－22　耦合电解氧化铈、同时析出铜粉经济技术指标

阳极平均电效/%	氧化铈能耗/(kW·h·kg⁻¹)	单位阳极面积日产量/(kg·m⁻²·d⁻¹)	阴极平均电效/%	阴极 Cu 成粉率/%
81.19	0.519	33.17	95.43	91.35
81.74	0.531	32.97	94.55	90.87
83.55	0.513	32.97	95.88	91.23
81.84	0.532	32.97	93.36	92.15

表 6－23　冶金分离科学与工程重点实验室扩试结果与文献报道对比

项目	文献报道	本研究结果
料液组成	REO 30～40 g/L CeO₂/REO 约50% [H₂SO₄]0.35～0.5 mol/L	$[Ce^{3+}]=0.0947$ mol/L $[H^+]=1.00$ mol/L
槽电压/V	4～5	2.225～2.335
阳极电流密度/(A·m⁻²)	800～1000	600 A/m²
阳极材质	Ti 镀 Pt 板	多孔 Pb 电极
阴极材质	Ti 板	多孔 Cu 板
离子膜	全氟磺酸增强阳离子交换膜	阴离子交换膜
阳极电效/%	34	82.08
铈氧化率/%	80～90	98～99.5
阳极产率/(kg·m⁻²·d⁻¹)	50	33.02
电耗/(kW·h·kg⁻¹ CeO₂)	2.4	0.524
阴极电效/%		94.81
阴极 Cu 成粉率/%		91.4

　　扩试结果与文献报道的研究结果对比列于表 6－23。显然变电流耦合电解工艺具有明显的经济技术可行性，奠定了在硫酸稀土溶液中用离子膜电解氧化铈的工业化基础。

6.6.3.5　阳极电溶法生产氯化镍

　　一些标准氧化还原电位与氢很接近的金属，难于用酸直接溶解，为了制备它们相应的盐溶液，可以用电氧化法造液，但在普通电解槽中，阳极溶解进入溶液中的金属离子又可在阴极析出，致使电流效率下降。如果利用阴离子交换膜作隔

膜，利用它的离子选择透过性则可获得满意的结果。

以金属镍为例，$Ni^{2+} + 2e \Longrightarrow Ni$ 反应的标准电极电位为 -0.250 V，难溶于酸，而某厂生产特殊镍粉需要氯化镍，而原料为废镍电池经高温熔合反应铸成的阳极板，冶金分离科学与工程重点实验室根据生产 $1^{\#}$ 电镍的质量要求，研发设计了一条湿法生产路线。投产的实际工艺流程如图 6-59 所示。其原料成分列入表 6-24。

表 6-24 废镍电池合金材料成分

成分	Ni	Co	Cu	Pb	Cr	Zn	Fe	余为酸不溶物
含量/%	70.15	2.72	5.51	0.012	0.575	0.007	10.82	

采用膜电解阳极电溶法造液，隔膜为山东天维公司生产的 DF-120Ⅲ型均相离子交换膜，现升级后牌号为 TWEDAⅡ-2 型。阳极为铸造板，阴极为镍网。图 6-59 为废镍电池合金生产 $NiCl_2$ 溶液流程图。膜电解槽结构类似于图 6-38 的 Metclor Cell，但阴离子交换膜以阴极为支撑体。由于电溶造液时有阳极泥产生，电极下方区设计为可排除阳极泥的结构，大约每个季度会停电一次除去阳极泥，清洗电槽。阳极室中通入纯水，阴极室中通入盐酸。膜电解过程的主要电极反应为：

阳极：$M - 2e \Longrightarrow M^{2+}$，其中 M 为 Ni 及杂质元素 Co，Fe，Cu，Mn。

阴极：$2H^+ + 2e \Longrightarrow H_2 \uparrow$

阴极析出的氢收集送往其他车间应用，而氯离子通过阴离子交换膜进入阳极室，因此在阳极室得到含杂质的氯化镍溶液。

在电解温度为 55℃、400 A/m^2 的电流密度下，控制阴极液酸浓度 2 mol/L，阳极液起始酸度在 1 mol/L 左右，起始 Ni^{2+} 浓度在 65 g/L 左右，其最终镍浓度在 90g/L 左右，最终酸度为 0.2 mol/L。阳极电流效率达 97%，此时能耗为2460 kW·h/t 合金。

该公司原先用无隔膜电解法，能耗为 4800 kW·h/t 合金，为了获得游离酸小于 0.2 mol/L 的镍溶液，电流密度不能超过 150 A/m^2，电流效率仅 60%。采用阴离子交换膜隔膜电解，节能 48% 以上，设备生产能力提高为之前的 3 倍以上，投入的酸 90% 以上得到有效利用，生产环境大为改善。

得到的含杂质氯化镍溶液，用针铁矿法沉淀除铁，滤液添加 NH_4Cl 后适当增浓，使镍离子浓度略大于 100 g/L，采用 N235 体系萃取除铜钴，并用螯合树脂吸附回收萃取工艺中洗镍段洗水中的镍，以螯合树脂吸附回收反萃液中的铜、钴，分别得到氯化钴溶液及硫酸铜溶液。萃取段的萃余液即为纯氯化镍溶液，送往镍粉车间。

```
                          镍合金
                           │
            纯水 ──────→ 熔铸阳极 ←────── 盐酸
       ┌──────────────────┐ │
       │              膜电解造液 ←──────────────────────────┐
       │         ┌────────┤ │ │                              │
       │    残极，阳极泥   碱  电解液  双氧水                   │
       │         │        │  │  │                            │
   阳极泥作副产品外售      沉淀除铁                              │
                           │                                  │
                        过滤洗涤                               │
                     ┌─────┼─────────────┐                    │
                   铁渣  粗氯化镍溶液   洗涤液                   │
                           │                                  │
            氯化铵 ──────→ 增浓                                │
                           │                                  │
                        PE精过滤                               │
                           │                                  │
   N235+仲辛醇+煤油 ──→ 萃取铜钴                                │
              ┌────────────┼──────────────────┐               │
          负载有机相    氯化钠溶液        纯氯化镍溶液           │
       ┌──────┤            │                                  │
       │   洗涤镍 ←─────────┘        盐酸                       │
       │  ┌───┴───┐              ┌───┤                        │
       │反萃铜钴  洗镍液      离子交换回收镍 ──→ 氯化镍溶液 ─────┘
       │  │                        │
   空白有机相  含铜氯化钴液  硫酸
       └──────┤            │
            离子交换除铜
          ┌────┴────┐
      氯化钴溶液  硫酸铜溶液
          │          │
        沉淀钴     结晶烘干
          │          │
        草酸钴      硫酸铜
```

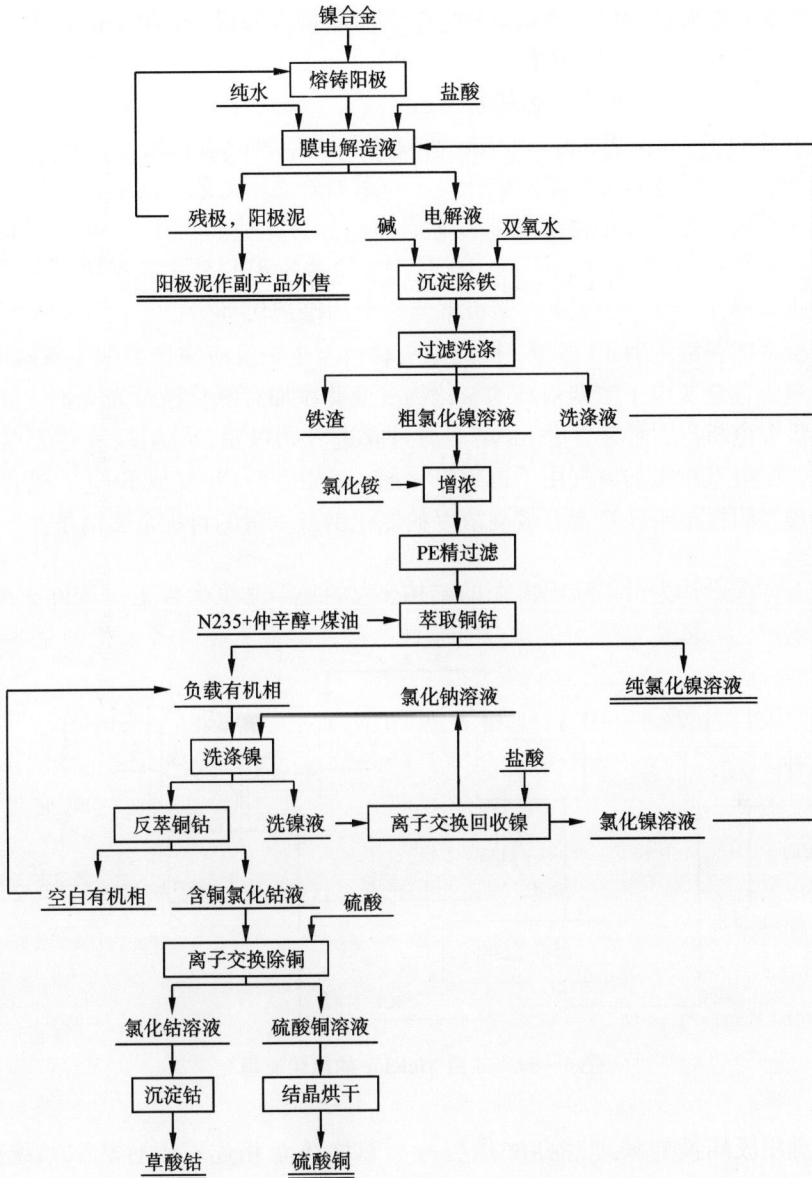

图 6-59 废镍电池合金生产 NiCl₂ 溶液工艺流程图

本工艺以离子膜隔膜电解为核心，结合中和沉淀及萃取与离子交换法，不但制备了符合镍粉生产的纯氯化镍溶液，而且回收了铜、钴，除了铁渣外，基本实现零排放。

类似以上工艺,有研究者将离子膜做成口袋状,将矿粉压制成平板状作为阳极挂在膜袋内,通过电化学氧化将矿中有价金属溶入阳极液,由于矿粉成分更复杂,此新工艺尚未见工业应用报道。

6.6.3.6　Metclor 电槽电积金属的新工艺

西班牙的 Tecnicas Reunidas S. A. 研究所对贱金属的氯化冶金进行了卓有成效的工作,针对贱金属复杂硫化矿开发了一系列处理新工艺。其中大部分工艺采用氯化物萃取—电积技术得到最终纯金属产品。为此他们在开发 Metclor 电槽基础上,开发了 Cuprex,Ledclor,Zinclor 过程。这些过程的简化流程如图 6 − 60 所示。在正常操作条件下,阴极与阳极电流效率均接近95%。

阳极室的料液为 NaCl 溶液,因此电极材料与电极反应完全类似于氯碱电解。而阴极液为含金属离子浓度很高的氯化物溶液并添加有氯化钠及光亮剂,目标离子在阴极放电析出,而等当量 Na 离子通过膜进入阴极室,故阴极液总氯离子浓度不变。阳极室析出的氯气用于再生氯化剂,例如使 $FeCl_2$ 变成 $FeCl_3$,或者用于废水处理。阴极电解残液含有较高浓度的氯化钠及少量的目标金属离子。

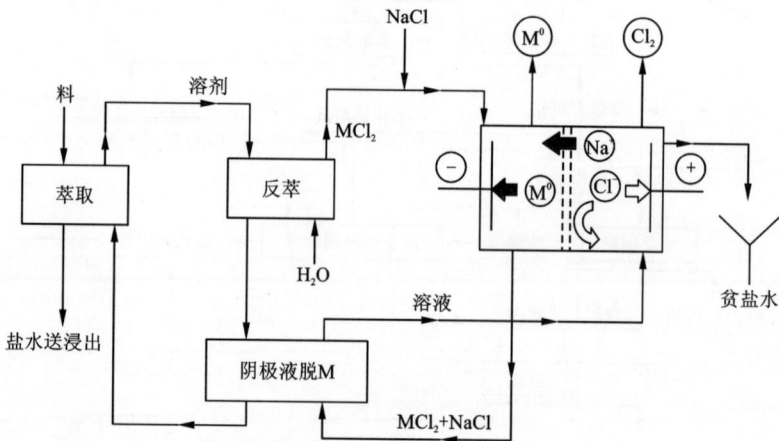

图 6 − 60　应用 Metclor 的简化流程

处理阴极残液的最理想办法是与一个萃取体系相连接。对萃取系统的要求是:

(1)萃取剂有极高的选择性,能产生极高纯度的 MCl_2,分离有害杂质离子。

(2)有高负荷容量,反萃液的金属离子浓度能满足电解进料要求。

(3)在低金属离子浓度下有高的分配比,因此很易将废阴极液中的金属离子彻底萃取出来。

脱掉金属离子的阴极残液实质上为高浓 NaCl 溶液并含有一些杂质离子,只要它们对电解过程无影响,则直接进入阳极室,并随阳极残液一同开路。

Cuprex,Ledclor,Zinclor 过程具有下列共同特点:

(1)可处理复杂精矿。

(2)用 $FeCl_3$ 作浸出这种复杂矿的浸出液,送萃取－电积。

(3)收率高,Cu≥98%,Pb＞98%,Zn＞95%。

(4)有利于副产物 S、Au、Ag 回收。

(5)产品纯度高,均可达 99.99%。

(6)主要化工原料再生利用,氯气用于再生氯化剂,清洁排放。

这些过程均建立了示范厂,在此基础上该所又发展了 Cuzclor 过程,处理含 Cu、Pb、Zn 的混合精矿。其原则流程如图 6－61 所示。

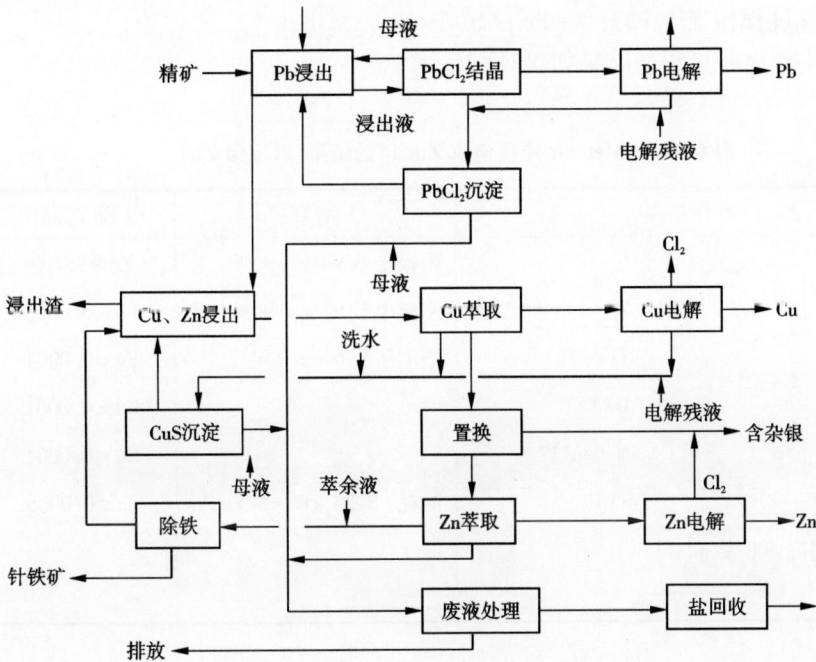

图 6－61 Cuzclor 过程

此工艺的优点:

(1)含 Cu、Pb、Zn 的矿物不用通过浮选分离成三种金属的独立精矿,因而有利于提高金属收率,降低原料成本。

(2)能量消耗小。

(3)化工原料及水的消耗降低。

(4)工厂总投资降低。

（5）Cu、Pb、Zn 主产品纯度均达 99.99% 以上，并同时得到副产品 Cd、Au、Ag 的富集物。

在此工艺中，Pb 是以氯盐直接电解产出，而在另一种称之为 Leadex 过程中，浸出剂是 Cl_2 而不是 $FeCl_3$，Pb 是用 Zn 从氯盐中置换出来，而所用纯 Zn 是采用 Zincex 萃取 – 电积过程产出。生产 Pb 的反应如下：

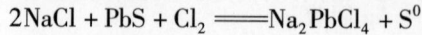

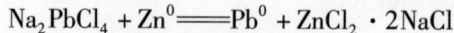

$$2NaCl + PbS + Cl_2 = Na_2PbCl_4 + S^0$$

$$Na_2PbCl_4 + Zn^0 = Pb^0 + ZnCl_2 \cdot 2NaCl$$

$$ZnCl_2 \cdot 2NaCl + 2DPPP = ZnCl_2 \cdot 2DPPP + 2NaCl$$

$$ZnCl_2 \cdot 2DPPP + 2H_2O = 2DPPP + ZnCl_2 + 2H_2O$$

$$ZnCl_2 \xrightarrow{\text{电解}} Zn^0 + Cl_2$$

因此总过程相当于 $PbS = Pb^0 + S^0$

扩试中锌电积过程的结果如表 6 – 25。

表 6 – 25　Metclor 电槽电解 $ZnCl_2$ 的结果（81 g/d Zn）

操作条件		结果	电 Zn 产品%
阴极数	6	阴极电效 94% ~ 96%	Zn ≥ 99.99
阳极数	7	阳极电效 92% ~ 94%	Pb = 0.0026
阴极	Ti	槽电压 2.6 ~ 2.7 V	Fe = 0.0004
阳极	DSA		Cd = 0.0001
膜	Nafion117		Cu ≤ 0.0001
阴极液温度	35℃	能耗：2.33 kW·h/kg Zn	Sn ≤ 0.0005
阴极电流密度 400 A/m²			
添加剂			

6.7　小结

离子交换膜分离也是一种利用中间相——膜实现分离的技术。但它的分离选择性比压力驱动膜高，其原因与它的结构特性有关。离子交换膜像离子交换树脂一样，有可电离的功能团，因此对阴阳离子有选择透过性，如果在阴离子交换膜上涂覆上一层薄的阳离子交换膜或在阳离子交换膜上涂覆上一薄层阴离子交换膜，则构成对一、二价离子有选择透过性的阴离子交换膜和阳离子交换膜。

　　本章介绍了四种利用离子交换膜进行分离的技术，除扩散渗析是利用浓差作推动力之外，其他三种方法均施加外电场使离子受到一种定向迁移的力，故选择性分离效果更好。在膜电解的情况下，由于电极反应直接参与分离过程，因而其应用领域更为广阔，在 6.6 节分三部分介绍了三大类 13 项有代表性的应用案例。

　　总之万变不离其宗，强化分离的手段就是扩大被分离物质的性质差异，在离子交换膜分离技术中也是通过改变中间相的结构和性质，以及施加外场的影响来达到这一目的。

参考文献

[1] 任建新. 膜分离技术及其应用[M]. 北京：化学工业出版社，2003.

[2] 时钧，袁权，高从堦. 膜技术手册[M]. 北京：化学工业出版社，2001.

[3] 方度，相维铎. 全氟离子交换膜——制法，性能和应用[M]. 北京：化学工业出版社，1993.

[4] 程殿彬. 离子膜法制碱生产技术[M]. 北京：化学工业出版社，1998.

[5] 张维润等. 电渗析工程学[M]. 北京：科学出版社，1995.

[6] 陈康宁. 金属阳极[M]. 华东师范大学出版社，1989.

[7] 张招贤. 钛电极工学[M]. 北京：冶金工业出版社，2000.

[8] D. C. Winter, D. S. Flett, M. R. Adam. Ion Exchange Membranes in Hydrometallurgy[D]. Warren Spring Lab U. K. , 1987.

[9] Y. Noma. Recovery of Metal Ions and Acid by Ion-Exchange Membranes[A]. Extraction Metallurgy, 1989[C]: 1081.

[10] Ioshikatsu Sata. Application of Ion Exchange Membrane to Hydrometallurgy[A]. Extraction Metallurgy, 1989[C]: 977.

[11] G. Herzetl. Recovery of Acids and Bases Used in Metal Treatment Processed by Diffusion Dialysis[A]. Hydrometallurgy 1994[C]. London, Chapman & Hail, 1994: 613.

[12] 张启修，张传福. 离子交换膜分离技术在冶金中的应用[J]. 膜科学与技术，2001 (2): 37.

[13] Technicas Reunidas S. A. Hydrometallurgy. Technological Package[D].

[14] EA Technology, England Product Data [D].

[15] E. D. Nogueira. Recent Advances in the Development of Hydrometallurgical Processes[A]. R. L. Haughton MINTEK 50 [C]. Int conf. Min. Sci Tech. The Council for Mineral Technology, 1984(2): 677.

[16] B Verbaan, G A Brown. 含碳酸钠和(或)钨酸钠溶液的离子交换膜电解[A]. 北京矿冶研究总院编译，英联邦第 13 届矿冶学会理事会学术会议译文集[C]. 1986.

[17] 龚柏凡，罗爱平，张启修. 阳离子交换膜作隔膜的钨酸钠电解研究[J]. 中南矿冶学院学报，钨专辑，1994: 136.

[18] K Vadasdi. Effluent-Free Manufacture of Ammonium Paratungslate(APT) by Recycling the Byproducts. L. Bartha. et al. The Chemistry of Non-sag Tungsten [M]. 1995: 45.

[19] P Steel, B Verbaan. The Electrodialytic Generation Sulphuric Acid and Ammonia from Dissolved Aqueous Ammonium Sulphate [A]. L. F. Haughon Proceedings of the International Conference on Mineral Science and Technology[C]. Raudbwg, South Africa, The Council for Mineral Technology, 1984(2): 463.

[20] F Raymond, Dalton Raymond Price. The CUPREX Process-a New Chloride-based Hydrometallurgical Process for the Recovery of Copper from Sulphidic Ores [A]. Hydrometallurgy, 1987[C]. U. K.: 466.

[21] 肖连生. 深圳××公司离子膜电溶造液生产 NiCl$_2$ 小结报告[R]. 中南大学, 2003.

[22] 张启修, 魏琦峰. 阴离子膜耦合电化学反应氧化铈(Ⅲ)同时析出铜粉的新工艺[J]. 膜科学与技术, 2003(4): 80.

[23] Lu Daluh, Miao Yenwu, Tung Chiapao. Application of Electrolytic Reduction in the Separation of Europium[A]. Hydrometallurgy 1987[C]. U. K: 428.

[24] Tokuyama Soda Co Ltd. Neosepta Ion-exchange Membranes (日本国内版产品目录). 1998.

[25] Tokuyama Soda Co Ltd. Neosepta ion-exchange membranes (海外版产品目录). 1992.

[26] Zhang Qixiu et al. Treatment of Low-concentration Lye of Red Mud Mound [J]. J. CSUT, 1999 (2): 1.

[27] M Seko H Miyauchi, J Omura. Ion Exchange Membrane Application for Electrodialysis. Electroreduction and Electrohydrodimerisation. D. S. Flett Ion Exchange Membranes[M]. Ellis Horwood Ltd, 1983: 179.

[28] 肖连生, 张启修, 张贵清, 等. 膜电解法回收钨酸钠溶液中游离碱工业试验研究[J]. 膜科学与技术, 2001(2): 14.

[29] Li Qinggang, Zhou Kanggen, Zhang Qixiu. Reduction of Ferric Iron in the Titanium Sulfate Solution by the Ion-exchange Membrane Primary Cell Method[J]. J. CSUT, 1999(2).

[30] 徐铜文, 相伟华, 张玉平, 等. 双极膜在冶金工业中的应用[J]. 膜科学与技术, 2002 (5): 46.

[31] 山东天维膜技术有限公司. DF120 均相膜及 HKY 等系列扩散渗析器(2003 产品目录): 2.

[32] A. Yorukoglu, I. Giogin. Recovery of Europium by Electrochemical Reduction from Sulfate Solutions[J]. Hydrometallurgy, 2002(63): 85−91.

第七章　其他分离技术

7.1　混键晶体多孔膜的开发及应用

7.1.1　混键晶体多孔膜

中南大学粉末冶金国家重点实验室贺跃辉教授领导的研究团队针对冶金及化工行业的需求研发了一系列混键晶体多孔膜材料，自 2007 年这类材料问世以来，无论是膜材料的品种与质量，还是膜元件的规格及相应分离设备种类，以及应用技术均获得了长足的进步。在处理高温火法过程的烟气和溶液或液体的过滤方面均获得了工业规模应用。从本质上讲，此种膜属于压力驱动膜，考虑到它的制造材料及制备方法与有机微滤膜完全不同，应用领域也超出了液体范围，故单独列入本章介绍。

此类材料的品种及耐蚀特性归纳如下：

1. 铝系金属间化合物多孔膜材料

（1）钛－铝系：耐各种浓的强无机酸的腐蚀，因而适用于各种湿化学反应体系。

（2）铁－铝系：在 800℃ 高温下使用时，能耐各种腐蚀性气体如含硫含氟气体及氯气等的腐蚀；具有优异的抗高温氧化、碳化、硫化的性能；无催化裂解反应产生。因而可在冶金及各种化工领域的高温腐蚀环境下使用。

（3）镍－铝系：能耐浓的强碱溶液如 6 mol/L KOH 或 6 mol/L NaOH 的腐蚀，因而可用于铝制品加工等使用强碱的领域。

2. 金属陶瓷膜材料

钛－硅金属陶瓷膜在浓王水中具有优异的抗腐蚀性能，因而可用于贵金属冶金等特殊领域。

3. 合金膜材料

镍－铜合金膜在 8 mol/L 硫酸 + 5 mol/L 氢氟酸混酸溶液、10 mol/L 氢氟酸溶液、10% NaOH + 75% 氯化钠溶液中均不被腐蚀，因而在氟化工、钽铌湿法冶金、卤碱工业等领域中均能应用。

研究者应用固相偏扩散机理，使多孔材料的孔隙结构及孔隙率可实现精确可控，并在粗孔基体材料的表面形成厚度可控的微孔层膜，根据过滤的气体或液体的性质，一般膜层厚度为 50 μm 至 200 μm，微孔膜层与大孔基体结合强度≥8 MPa，这种梯度孔径的材料保证了在过滤精度≤0.1 μm 的前提下，仍有很高的气液通量，空气通量≥100 $m^3/(m^2 \cdot h \cdot kPa)$；液体滤芯的通量≥0.5 $m^3/(m^2 \cdot h \cdot 0.1 MPa)$。

在成都易态公司正式投产后，现在市场上供应的膜元件计有 24 个品种 118 个规格型号，其中处理高温烟气的管式膜元件单支整体长度达 2.5 m，组合式长度达 3 m 以上，而用于液体过滤的单支长度达 1 m，组合式长度达 2 m。膜管径和管壁厚度分别在 38 mm 至 90 mm 及 1.5 至 6.0 mm 之间。除单层膜管外还开发了双层及四层膜的管式元件用于液体过滤。

成都易态公司在原混键晶体多孔膜材料的基础上，研发并规模化生产出相应的柔性膜与纸型膜，它不仅拥有原混键晶体多孔膜材料的耐蚀、耐温等优良的理化特性，还具有轻薄、柔软、可折叠的特点，使膜元件的成本大幅下降，已广泛应用于工业低压高温气体过滤、工业与民品水体净化、室内空气净化、汽车尾气净化、防控 PM2.5 等生态健康产业。所开发的催化膜兼有催化和净化双重功能一体化的特种膜，应用于火电厂、钢厂、玻璃生产、水泥生产、工业燃煤锅炉等烟气的脱硫、脱硝、除尘净化一体化工艺。

在材料科学领域将这三大类膜材统称为混键晶体多孔膜材料，显然易态膜的投产填补了 2007 年以前世界范围内尚无用于气固、液固分离的多孔金属膜的技术空白。与有机微滤膜相比，它们具有如下优点：

(1)优异的耐高温，抗热振性能；

(2)耐强腐蚀性介质；

(3)孔隙率高，单位平方膜面积通量大；

(4)膜孔径一致性好，不易变形，可实现高精度过滤，液固分离后的滤液中固体杂质含量小于 5 ppm；气固分离后滤气中固体杂质含量小于 5 mg/Nm^3；

(5)由于曲折因子小，所以过滤阻力小，跨膜压差小，易反吹，易在线再生；

(6)强度高，易于机械加工；抗疲劳又耐磨，因而使用寿命长，与有机膜相比可适应大的固液比及硬度高粘度高的体系的固体的分离，且不需设立前置保安过滤器；

(7)有导电性，在膜表面施加微电荷，可有效阻止带电颗粒在滤芯表面吸附，也可用于高胶体含量的液固分离体系。

7.1.2 易态公司混键晶体多孔膜的应用

易态公司的这种金属多孔膜不仅填补了世界范围内没有金属多孔过滤膜的技术空白，而且是唯一一种既可用于高温气体精制过滤，也可用于强腐蚀性液体精制过滤的膜。

在气体过滤方面已在传统煤化工，新能源(油页岩、煤制油、煤制气、褐煤提质、生物质制气)、黄磷炉气、矿热炉 CO 气体利用、有色金属焙烧气体净化利用、高温尾气处理等方面获得了广泛应用；在液体过滤方面已用于粗 TiCl₄ 液体精制、重金属硫酸盐溶液固液分离、氯化稀土的盐酸溶液、碳酸锂、碳酸镍的生产、磷化工(泥磷提质、磷酸生产)、氯碱化工等领域的液固分离净化。

本书仅选择几项典型的与湿法冶金有关的案例予以介绍。

7.1.2.1 粗 $TiCl_4$ 的过滤净化

粗四氯化钛是一种红棕色浑浊液，固相杂质含量高(平均含固量 8%)，成分复杂，不能直接用于制取海绵钛和颜料钛白等产品。故过滤分离出杂质尤为重要。传统的方法是先经过布袋过滤后再送往精制车间进一步用化学法与精馏法净化除杂。但布袋过滤精度低，而 $TiCl_4$ 又极易水解放出白色氯化氢烟雾，对环境污染严重。曾试用过其它膜过滤手段，但均以失败告终。采用 TiAl 膜过滤粗四氯化钛工艺可除去这些固体杂质，过滤后产品含固量仅为 0.1%，提高了后续产品质量；由于粗 $TiCl_4$ 的沸点降低，减少了粗 $TiCl_4$ 在精制过程中的能耗，并延长了设备的使用寿命。TiAl 微滤膜过滤 $TiCl''_4$ 新工艺与传统布袋过滤工艺的比较如图 7 - 1 所示。

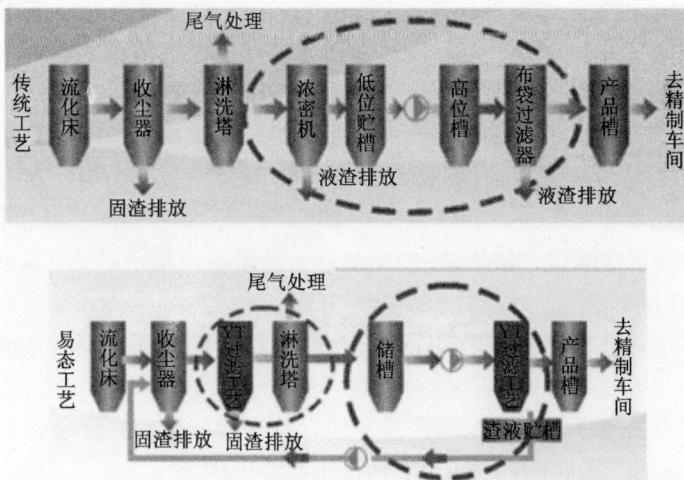

图 7 - 1 $TiCl_4$ 传统布袋过滤工艺与易态 TiAl 膜过滤新工艺比较

以国内某钛厂 5 万吨/年 $TiCl_4$ 生产线采用 TiAl 膜过滤新工艺为例，其运行成本与传统布袋过滤相比产生的经济优势如表 7 - 1 所示。

表 7 – 1　TiAl 膜过滤 TiCl₄ 新工艺与传统布袋过滤工艺运行成本比较

项目	经济效益
封闭式运行明显减少因更换布袋造成的四氯化钛损失量(1%)	400 万元
过滤精度提高，提升产能，系统稳定且可长周期运行，减少采购成本	100 万元
降低精四氯化钛电耗	15 kW·h/t
降低铜丝消耗	0.5 kg/t(65 元/kg)
降低精制工序设备故障率，减少设备维修费用	10 万元/t
减少废气产生和排放(50 万立方米/年)	减少处理成本 40 万元
减少废水产生和排放(10 万立方米/年)	减少处理成本 32 万元
提升装备水平和自动化程度，降低人工成本	52 万元
合计	874 万元

7.1.2.2　重金属硫酸盐溶液的净化

重金属如铜、镍、钴、锌及锰的湿法冶金工艺路线均采用硫酸体系，精制的硫酸盐溶液通过水溶液电解生产相应的金属。易态膜在精过滤酸性硫酸盐溶液方面有十分优异的效果，以湿法炼锌为例：经典工艺在浸出和净化过程中的固液分离分别采用自然沉降和板框(或箱式压滤机)压滤的方式进行。这种传统的固液分离方法存在诸多问题：中浸后液沉降效果不佳；中上清液容易跑浑、锌液连续净化工艺较长、吨锌锌粉耗量较高、板框压滤精度差且容易穿滤、镉容易穿滤和返溶、电积电耗高、环境污染严重。采用易态 TiAl 膜微滤系统硫酸锌溶液连续净化新工艺可使传统的三段或四段净化调整成二段净化，一个年产 6 万吨电锌的企业，应用易态膜年降低成本新增效益达 2000 万元。其具体的技术指标如下：

(1)实现了硫酸锌中浸后液/中上清液大通量稳定精密过滤，得到固体杂质小于 5 ppm 的上清液；

(2)实现一段净化深度除铜镉并有效防止镉的返溶和穿滤，一段净化后液铬含量小于 0.8 mg/L；

(3)实现二段净化深度除镍钴并达到行业锌液标准，二段净化后液中铜含量小于 0.1 mg/L，镉小于 0.8 mg/L，钴小于 0.6 mg/L；

(4)实现锌液两步净化，缩短传统工艺流程，可节约锌粉耗量 20%，通过净化渣的回用，还可以再节约锌粉耗量 20%，即实现锌粉总耗量节约 40% 以上。

(5)提高电积效率 7%，降低电积电耗，提升电锌品质。

而易态膜用于年产 2 万吨镍的工厂精制硫酸镍溶液后使电解镍槽电压下降 10%，一级品率提高 15%，年效益达 2000 万。而一个年产 5 万吨锰的工厂，应用易态膜后，年效益可达 5000 万元。

7.1.2.3　重金属冶炼过程中分离回收砷

提取重金属的矿物原料多为硫化矿，其中往往含有杂质元素砷，这类矿物原料走湿法冶炼技术路线处理时，基本工艺是前置一个氧化焙烧工序，使目标金属变为氧化物，硫呈二氧化硫烟气排出。此时，砷随硫一起进入烟气，而许多含有价金属的细小粉尘亦随同烟气飞走，这些有用资源在收尘工序被拦截回收，但却混有部分冷凝为固相的氧化砷，增加了这部分回收料的处理难度。进入二氧化硫烟气中的砷又可能在制酸工序进入硫酸，随废气排空的砷则会对周围环境造成严重污染。进入固相物料中的砷在浸出工序进入浸出液，而硫酸浸出液中用萃取法除砷的研究尚未见成功报道。现多采用沉淀法处理，会产生大量含砷废水，得到的砷碱渣、砷污泥常常是一种二次污染源。我国有色冶炼工业每年累计排出砷约为 10 万吨，含砷废气、废水的治理成为冶炼企业的沉重负担。

易态公司巧妙地利用铁 – 铝金属间化合物膜的耐高温、抗腐蚀及固 – 气分离精度高的特色，开发了一条从含砷烟气中分离回收砷的新工艺。其基本原理是利用气体中砷及金属氧化物凝固点不同的特点，使高温烟气经过铁 – 铝膜过滤器，此时有害气体通过膜，而呈固相之有用资源粉尘被拦截下来，其中砷含量降至 0. 5 mg/m^3 以下，可方便地直接回收处理。透过膜的烟气经过冷凝装置，其中之气态氧化砷转变为固态氧化砷，再通过二次膜滤拦截得到纯的氧化砷产品，经净化后的二氧化硫烟气再去制酸。对一个年产 10 万吨锑规模的企业用易态膜过滤烟尘的初步效益估算表明，由于回收的砷直接作为产品销售，又提高了锑的收率，设备产能提升，产品质量提高，其总经济效益约合 2 亿元。

因此，如果进一步采取强化焙烧措施，使进入湿法车间的氧化物中砷含量降至最低，则可能使重金属冶炼厂在治理含砷废水、废渣方面的负担大为减轻。

7.2　膜蒸馏

7.2.1　概述

膜蒸馏是以膜两侧蒸气压力差为驱动力的膜分离过程，它使用只允许蒸汽通过膜孔，而不允许溶液通过膜孔的疏水微孔膜，将待处理的热溶液置于膜的一侧，称为热侧。热侧溶液中的水在膜表面汽化，水蒸气通过膜孔传递到膜的另一侧，冷却成水，这一侧称为冷侧。就其本质而言，它是膜技术与传统的蒸发—冷凝过程相结合的产物。

膜蒸馏过程必须具备以下基本特征：

（1）所用的膜为不被所处理液体润湿的疏水微孔膜。

（2）只有蒸汽能通过膜孔传质，在膜孔内没有毛细管冷凝现象发生。

(3)所用膜不能改变所处理液体中所有组分的气液平衡。

(4)膜至少有一面与所处理的液体接触。

(5)对于任何组分该膜过程的推动力是该组分在气相中的分压差。

常见的膜蒸馏过程,按照冷侧水蒸气冷凝方法或排除方法不同分为四类,即直接接触式、气隙式、减压式及气体吹扫式等四种操作方式(参见图7-2)。

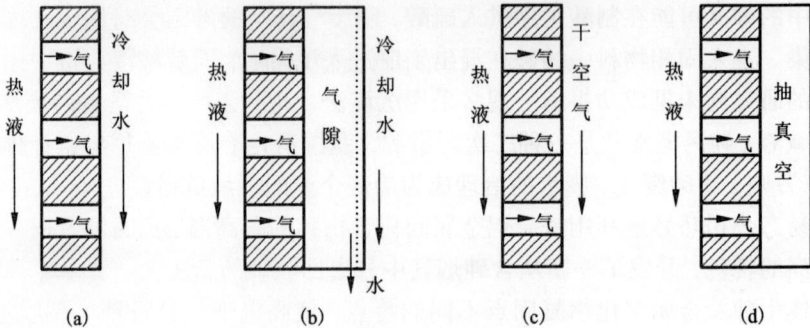

图7-2 膜蒸馏的实现形式

(a)直接接触式;(b)气隙式;(c)气体吹扫式;(d)减压式

各种膜蒸馏过程的共同特点是:

(1)操作条件温和,在常压和较低温度下只要两侧有一定温差便有足够的推动力实现水的传递,因此可以利用废热、地热或太阳能作热源。

(2)由于仅有水蒸气扩散通过膜孔达到冷侧,无机盐等不能通过膜孔,因此在冷侧得到纯水的同时,在热侧实现溶液浓缩。

(3)可以处理高浓度的水溶液。

7.2.2 膜蒸馏原理

7.2.2.1 膜的疏水性

膜蒸馏过程得以实现的关键就是膜不能被溶液润湿,润湿性取决于溶液对膜材质的亲和性,亲和性低时膜不会被润湿,亲和性高时膜会被润湿,用接触角的概念可以很容易理解润湿机理。图7-3为液滴在固体表面展开的情况,θ称为接触角,$\theta > 90°$则润湿性差,$\theta < 90°$润湿性好。

膜为多孔物质,这些孔好像许多毛细管。如溶液润湿膜,这些毛细管中的溶液会形成一凹形液面,并产生一指向空间的附加压力,其值可用Young-Laplace方程表示:

$$\Delta P' = \frac{2\sigma}{\gamma} \tag{7-1}$$

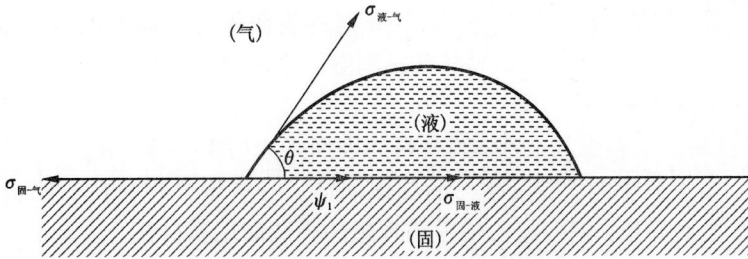

图 7-3　液滴在固体表面上的展开

式中：$\Delta P'$ 为附加压力；σ 为溶液表面张力；γ 为弯月面半径。

因为弯月面半径 γ 与毛细管半径 R 之间有下列关系

$$\gamma = R/\cos\theta \tag{7-2}$$

将 (7-2) 式代入 (7-1) 式有

$$\Delta P' = \frac{2\sigma}{R}\cos\theta \tag{7-3}$$

因为实际用膜蒸馏膜是疏水的，此时 $\theta > 90°$，只有施加一定的外压溶液才能进入孔内，所需最小外压力为

$$\Delta P = -\frac{2\sigma}{R}\cos\theta \tag{7-4}$$

因 $\cos\theta < 0$，故 $\Delta P > 0$。由式 (7-4) 可知润湿性能或所需外压取决于三个因素：

(1) 孔大小：R 大，所需外压小，因此一般膜蒸馏用膜的孔径不能太大，实用上一般选择平均孔径为 $0.2 \sim 0.4 \ \mu m$ 的膜。而戴猷元教授等通过模拟计算认为，$1 \ \mu m$ 左右的膜孔径对膜蒸馏是合适的。即认为最大膜孔径不应超过 $1 \ \mu m$。

(2) 表面张力：表面张力 σ 大，由 (7-4) 式知 ΔP 大 ($\cos\theta < 0$)，即所需外压大，表 7-2 为一些液体的表面张力。

表 7-2　一些纯液体在 20℃ 的表面张力

液体	表面张力 $\sigma/(10^3 N \cdot m^{-1})$	液体	表面张力 $\sigma/(10^3 N \cdot m^{-1})$
水	72.8	甲醇	22.6
CS_2	31.38	乙醇	22.8
甲醛	28.4	正辛烷	21.27
正辛醇	27.53	正己烷	18.43
CCl_4	26.66	乙醚	17.10

当液体中含有某些溶质时，其表面张力会降低，如水中含有乙醇，随乙醇浓度增加表面张力降低，使 ΔP 下降，$\Delta P = 0$ 时的表面张力为临界表面张力，表面张力降至临界表面张力以下，则膜孔就被润湿。当水中含乙醇达 30% ~40% 时就会出现膜自发润湿现象。

（3）膜材料的比表面能：固体膜材料的表面张力（图 7 – 3）（$\sigma_{固-气}$）又称为比表面能，$\sigma_{固-气}$ 大，意味着溶液越易润湿该固体。一些聚合物材料的比表面能列入表 7 – 3。显而易见，聚四氟乙烯是最理想的膜蒸馏用膜材料。

表 7 – 3　一些聚合物的比表面能

聚合物	比表面能/($10^3 N \cdot m^{-1}$)	聚合物	比表面能/($10^3 N \cdot m^{-1}$)
聚四氟乙烯（PTFE）	19.1	聚乙烯（PE）	33.2
聚三氟乙烯	23.9	聚丙烯（PP）	30.0
聚偏二氟乙烯（PVDF）	30.3	聚苯乙烯	42.0
聚氯乙烯（PVC）	36.7		

现在我国已能生产中空纤维 PTFE 膜。

7.2.2.2　膜蒸馏的传热与传质

膜蒸馏过程是一个质量传递和热量传递同时进行的过程。下面以直接膜蒸馏为例说明传热和传质的特点。

1. 传热

传热过程分为三步：①热量从热液主体传到热侧膜面；②热量从热侧膜面传到冷侧膜面；③热量从冷侧膜面传到冷流主体。

其中第②步热量从热侧膜面传递到冷侧膜面是通过两条途径实现的。一部分热量是以热传导的方式传递，是一种无效热传递或者说是一种热损失；另一部分热量是伴随水分的蒸发和冷凝而从热侧传向冷侧，它是一种有效热传递，即实现膜蒸馏伴随传质过程必然发生的传热。

2. 水的传递

对于非挥发性溶质的溶液膜蒸馏过程而言，传质是指水分子从膜的热侧通过膜传到冷侧的过程，它分为四个步骤完成。

（1）水分子从热溶液主体传递到热侧膜面。

（2）水在热侧膜面处汽化。

（3）水蒸气通过膜孔的扩散过程。

（4）水蒸气在冷侧面处冷凝成水。

其中第（3）步是最为重要的一步，此时在膜的两个侧面的水的饱和蒸气压之

差 ΔP 便是水分子扩散的推动力即传质推动力。膜孔中充满空气，因此水分子通过膜孔的过程是通过静止空气层的扩散，水蒸气分子与空气分子的碰撞及与孔壁的碰撞即为扩散的阻力。

7.2.2.3　膜蒸馏的工艺指标及影响因素

1. 截留率

定义：截留率 $= 1 - \dfrac{\text{透过物中某溶质浓度}}{\text{待处理液中该溶质的浓度}}$

从理论上讲，对不挥发性溶质而言其截留率应为 100%，但实际上往往达不到 100%。其原因有两方面：一方面是膜的缺陷，如孔隙大小分布很宽，有部分孔隙太大或膜有针孔、裂纹等。其二是运行过程中膜发生"湿化"现象，即疏水性局部丧失使溶液通过了膜孔。

2. 水通量

影响水通量的因素有：

(1) 溶液浓度：一般溶液浓度高，水蒸气通量小，因此随着热侧溶液的不断浓缩，水通量渐渐下降。

(2) 膜两侧的温差：膜两侧温差大，则传质推动力 ΔP 也大，故水的通量增加。

(3) 溶液的流动状态：随两侧流动状态的改善，膜两侧的温差会增加，蒸气压差也会相应增加，水通量亦相应提高。

(4) 膜结构参数的影响：膜结构参数包括孔径、孔隙率、膜厚和膜孔的弯曲因子等。

A：膜孔径：增大膜孔径，可以减小水蒸气分子与孔壁的碰撞，即减小传质阻力，所以水通量增加。

B：孔隙率：在膜平均孔径相同时孔隙率大的膜意味着有效传质面积大，故水通量大。

C：膜厚：膜越厚，水蒸气扩散路径越长，传质阻力越大，膜蒸馏的水通量就越小。

D：膜孔弯曲因子：弯曲因子大，水蒸气实际扩散路径就长，水通量便减小。

3. 热效率

热效率的定量试验数据很缺乏。一般而言在直接接触膜蒸馏中，随热侧温度的提高，热效率会增加，冷侧温度的降低使无效热传递比例增加，故会使热效率稍有下降；热侧溶液流动状态改善会提高热效率，而冷侧流动状态改善虽可提高水通量，但无效热传递的份额也有所增加，故热效率有所降低。显然膜孔径增加、孔隙率增加、膜孔弯曲因子减小及膜材料导热系数降低均会使热效率提高。热效率降低，即热损失增加的现象称之为温差极化。

7.2.3　膜蒸馏在冶金工业中的应用前景

膜蒸馏的组件同样有中空纤维式、卷式、板框式数种。膜蒸馏对冶金工作者的吸引力不在于它能制备纯水的性能，而在于它的高度浓缩性能。冶金工业是一个耗能大户，普遍存在大量废热的回收利用问题，湿法冶金工艺中又经常有溶液浓缩的需要，因此膜蒸馏的工业化对冶金工业的技术进步无疑将是一个巨大的推动力。

为此，冶金分离科学与工程重点实验室作了一些有益的探索，举例如下：

1. 钛白废酸的浓缩

首先用稀的纯硫酸进行试验，结果表明采用 VMD 工艺可将 2.1 mol/L（18.3%）的硫酸浓缩到 10.32 mol/L（65.5%），如图 7-4 所示，开始控制热侧温度为 70℃，冷侧为 2.67 kPa 的低真空，当浓缩到硫酸为 6.23 mol/L（55.1%）时，水的通量已很小，为此将热侧温度提高至 80℃，以增大 ΔP，此时可使硫酸进一步浓缩至 65.5%。但是用废酸直接浓缩时发现随硫酸浓度增加，由于盐析效应，$FeSO_4$ 结晶析出，这一结晶使膜发生"湿化"现象，丧失疏水性。深入研究发现，废酸中的钛对膜蒸馏并无影响，因此研究了用 DD 法先分离硫酸，但由于盐的泄漏，尽管渗析产酸可以用 VMD 浓缩至 65%，但仍有亚铁结晶析出的问题，为此又研究了三异辛胺萃取硫酸的方法，反萃得到酸浓度为 1.12 mol/L，酸回收率达 91.4%。将反萃回收的酸在热侧 80℃、冷侧 5.64 kPa 条件下浓缩可得到 10.30 mol/L（65.1%）的浓硫酸。

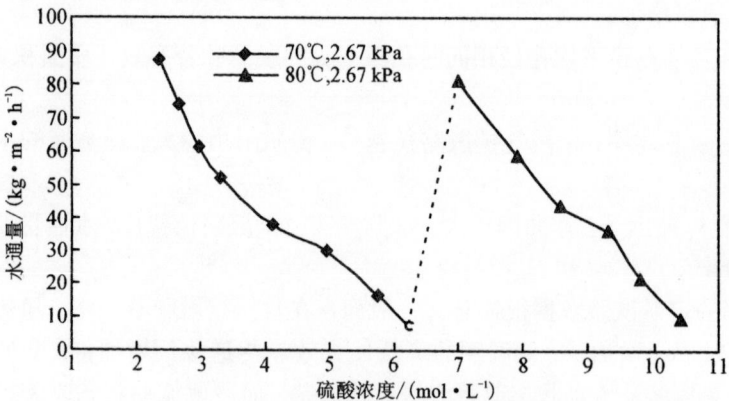

图 7-4　纯稀硫酸的膜蒸馏浓缩

2. 从 RECl₃ 溶液中用膜蒸馏分离回收盐酸

用 P204 萃取分组混合稀土得到的中稀土反萃液及重稀土反萃液中均含有较高浓度的盐酸,目前不得不耗费大量的 MgO 进行中和。为此我们探索了用膜蒸馏法回收其中的盐酸并浓缩稀土的可能性。

因为盐酸有共沸点,按常规理解似乎不可能回收浓的盐酸,但考虑到 RECl₃ 的盐析效应,我们首先从理论上计算了含 SmCl₃ 的盐酸体系中水及 HCl 的分压,发现相对于纯盐酸溶液而言,同条件下,由于 SmCl₃ 存在,导致溶液体系 H_2O 分压减小,而 HCl 分压增大,而且随 SmCl₃ 浓度增大,H_2O 分压的减小及 HCl 分压增大趋势更为明显,图 7 – 5 为根据计算结果作出的汽液平衡关系图。这表明由于 SmCl₃ 的存在,气相中的 n_{HCl}/n_{H_2O} 会增大,溶液的共沸点组成向 HCl 减小的方向移动。在实际膜蒸馏过程中,RECl₃ 浓度会不断增加,温度也远大于25℃,这些均有利于气相组成中 HCl 浓度的增大,即蒸馏产品液中 HCl 浓度会增大,而热侧料液中盐酸浓度则会不断减小。实验结果证实了理论判断的正确性,表 7 – 4 及表 7 – 5 分别为实验结果。

试验中稀土反萃液 $c_{RE} = 0.6 \sim 0.9$ mol/L,$c_{HCl} = 2 \sim 2.5$ mol/L,重稀土反萃液:$c_{RE} = 0.2 \sim 0.4$ mol/L,$c_{HCl} = 4.5 \sim 5.5$ mol/L,每次用料液5 L,料液温度62 ~ 63℃,冷侧压力8 ~ 10 kPa,料液循环速度5.4 cm/s。

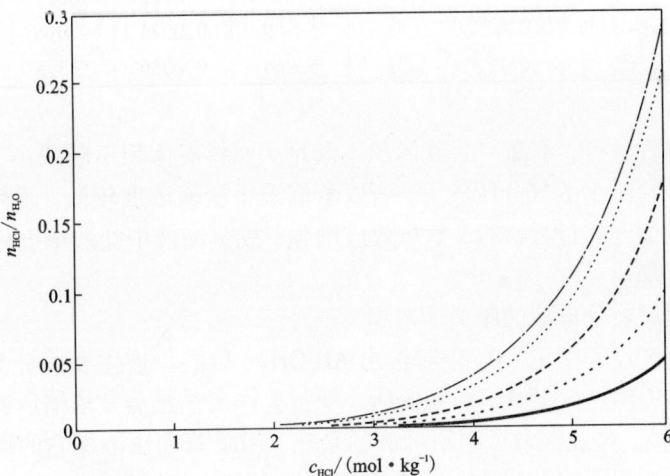

图 7 – 5　25℃不同 SmCl₃ 浓度溶液体系气液平衡关系

SmCl₃ 浓度/(mol·kg⁻¹):———0.0;------0.4;— — —0.8;……………1.2;— · —1.4

表 7 - 4　中稀土反萃液膜蒸馏试验结果

时间	浓缩液/(mol·L^{-1})		蒸馏液/(mol·L^{-1})			盐酸回收率/%	稀土元素截留率/%
	c_{HCl}	c_{RE}	体积/mL	c_{HCl}	c_{RE}		
02：00	2.497	0.873	735	0.693	0.0145	4.5	99.7
03：37	2.728	1.000	1295	0.841	0.0153	9.7	99.5
05：27	2.770	1.190	1800	1.249	0.0160	20.0	99.2
06：77	2.728	1.348	2235	1.619	0.0162	32.2	99.0
08：27	2.431	1.579	2640	2.047	0.0169	48.1	98.8
09：77	1.957	1.896	3290	2.410	0.0172	64.8	98.6
11：77	1.493	2.412	3445	2.568	0.0180	78.8	98.3

表 7 - 5　重稀土反萃液膜蒸馏试验结果

时间	浓缩液/(mol·L^{-1})		蒸馏液/(mol·L^{-1})			盐酸回收率/%	稀土元素截留率/%
	c_{HCl}	c_{RE}	体积/mL	c_{HCl}	c_{RE}		
02：00	5.259	0.353	675	5.018	0.0011	13.1	99.9
03：50	5.069	0.390	1140	5.341	0.0015	23.6	99.8
05：15	4.919	0.451	1680	5.535	0.0019	36.0	99.7
06：65	4.723	0.529	2145	5.718	0.0020	47.4	99.7
08：15	4.383	0.629	2605	5.824	0.0022	58.7	99.6
09：65	3.840	0.776	3055	5.949	0.0024	70.3	99.5
11：65	3.163	1.131	3635	5.964	0.0029	83.8	99.3

随蒸馏过程进行,蒸馏产品液体积不断增大,料液体积不断减小,稀土得到不断浓缩。开始时水蒸气分压较大,所以蒸馏液中盐酸浓度较低,而料液中盐酸浓度还不断增加。随过程进行,盐析效应增强,故蒸馏液中盐酸浓度增加而料液中盐酸浓度下降。

3. 氧化铝厂炭分母液的膜蒸馏浓缩

氧化铝生产过程中用 CO_2 分解析出 $Al(OH)_3$ 后的母液主要成分为 Na_2CO_3,还含有部分 NaOH 及少量 Al_2O_3 和 SiO_2,现行生产工艺是蒸发浓缩后返回配制生料浆,耗能很高,为此探索了利用母液的余热,用膜蒸馏法浓缩它的可行性。在进行了如前所述相同的批量循环试验基础上进行了连续浓缩试验。试验装置如图 7 - 6 所示。

以预浓缩至 $N_T = 244$ g/L 的 2 L 溶液循环液置于槽 2 中。$N_T = 122$ g/L 的料液连续从 11 号高位进入 2 号槽,从 2 号槽上部溢流口相应连续流出浓缩液至 13 号计量槽。8 号槽收集冷侧蒸馏液。图 7 - 7 为循环槽溢流流出液及蒸馏液流量随时间的变化关系。

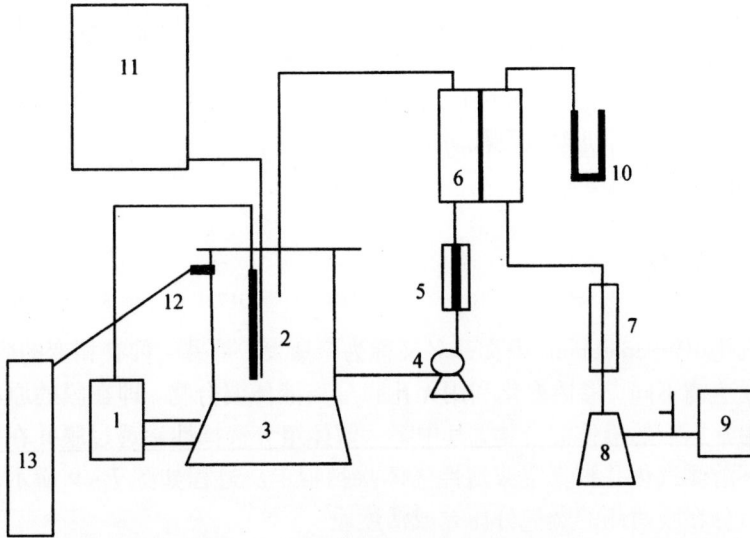

图 7-6 连续式减压膜蒸馏装置示意图

1—温度控制器；2—循环槽；3—加热器；4—循环泵；5—流量计；6—减压蒸馏膜
7—冷凝器；8—接收瓶；9—真空泵；10—压力计；11—高位槽；12—溢流口；13—计量收集槽

流出液(浓缩液)pH 基本稳定在 13，表明碱的截留率很高。图 7-8 为循环槽溢流口流出液的总碱浓度，显然在稳态操作下，能保持浓缩液 N_T 为料液 N_T 的两倍的水平。

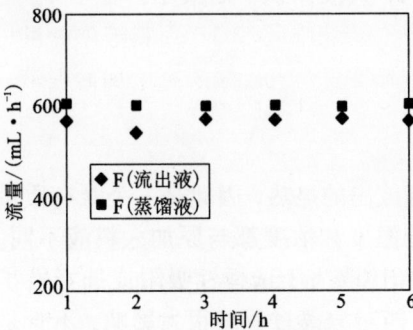

图 7-7 循环槽溢流流出液
及蒸馏液流量与时间的关系
($t = 72℃$, 冷侧 $p = 19.7$ kPa)

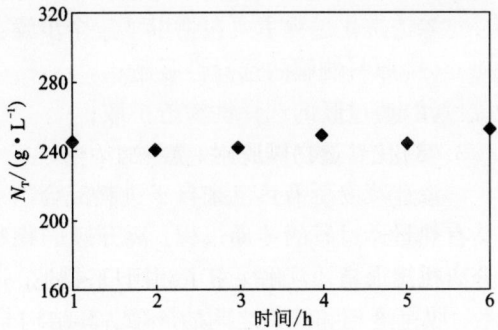

图 7-8 浓缩液碱浓度与时间的关系

以上几例从不同角度表明了膜蒸馏对创造节能冶金新工艺的意义。

膜蒸馏作为一个新的膜过程在国际上尚未实现大规模工业化。就笔者的体会，我国实现膜蒸馏工业化必须解决下列三个问题：

（1）在能大批量供应中空纤维疏水膜的基础上，开发相应的膜蒸馏设备。

（2）研究膜"湿化"机理以及预防措施。

（3）尽量提高热利用率。

7.3 渗透汽化

渗透汽化（Pervaporation）中文译名又称为全蒸发，是另一种有相变的膜过程，但与前述膜蒸馏不同，渗透汽化利用无孔膜分离液体混合物，即在膜的原料侧或称上游侧为常压下的液体混合物，其中某一液体组分选择性渗透过膜并在膜的渗透物侧或下游侧汽化并被真空或惰性气体吹扫带走。过程如图 7 - 9 所示。其推动力为该组分在膜两侧的蒸气分压差或活度差。

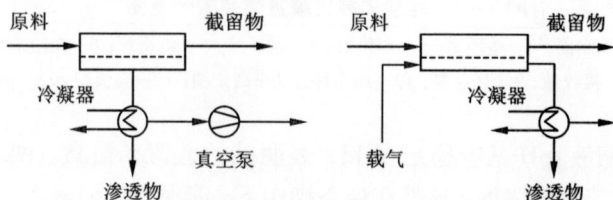

图 7 - 9   下游抽真空或惰性气体吹扫的渗透汽化过程

渗透汽化过程主要包括以下三个步骤：

（1）原料侧膜的选择性吸附；

（2）通过膜的选择性渗透扩散；

（3）在渗透物侧脱附、蒸发。

渗透蒸发所需热量来自于进料混合物冷却放出的显热，因此是一个既有质量又有热量通过膜的传递过程，离开膜的物料的温度和浓度都与原加入料液不同。分离机理通常用溶解 - 扩散模型来描述。选择性取决于选择性吸附或选择性扩散，膜是液相和气相之间的屏障，其结构与性能对分离过程有很大影响，不管是用均相膜还是复合膜，起分离作用的表皮层必须很薄，一般为 0.1 μm 至几微米。

由于这是一个涉及气 - 液两相的分配过程，人们常将其与精馏过程相比较，精馏过程是一种无膜分隔两相的气液分配过程。它们之间有原则的区别，精馏是完全基于热力学上的气液平衡，而渗透汽化是基于溶解度和扩散系数之差，渗透组分的渗透性是扩散系数和溶解度的函数，而它们明显受原料组成的影响。图

7-10为苯-环己烷在不同条件下的平衡曲线,其中虚线为无膜情况下的气-液平衡线,它与对角线相交,表明苯-环己烷为共沸体系,用精馏难以分离。当用PE膜渗透汽化进行分离时,平衡线不与对角线相交,表明不是共沸体系,且膜性能对分离有明显影响,越远离对角线的体系,分离因子越大。

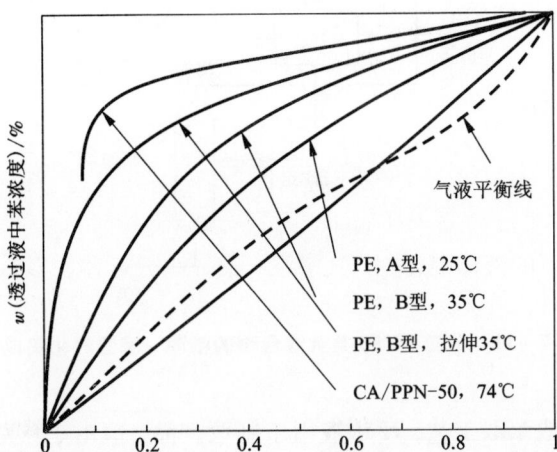

图7-10 苯-环己烷的渗透汽化与精馏(气-液平衡)分离比较

因此,渗透汽化对于共沸或近沸混合液体体系分离特别有优势,被认为是最有希望取代精馏过程的膜分离技术。这种分离方法具有一次性分离度高、设备简单、无污染、特别是能耗低的优点。因此在化工领域其应用获得了很大发展。它既可应用于水溶性混合物的分离,例如从有机溶剂中除去少量水或从水中除去少量有机物,也可以用于非水溶剂混合物的分离,例如极性化合物与非极性化合物如烷烃类的分离。应用的方式可以是单一的渗透汽化过程,也可以是集成过程,例如与精馏过程或其他反应过程集成。图7-11为分离两组分各为50%的共沸混合物的精馏/渗透汽化集成工艺流程图。

目前这种方法还未在冶金工业中应用,但在冶金工业面临巨大的环保与节能降耗压力大背景下,只要我们密切关注这一技术的发展,结合冶金工业实际,充分发挥这一技术的特点就有可能开发出适当的应用领域,例如:

(1)借鉴渗透汽化从废水中除去挥发性有机污染物的经验,通过移植、仿效、改进,有可能用这一技术以较低的成本、较好的效果建立除去冶金工业废水中COD含量超标的方法。

(2)有些水溶性极大的产品结晶过程如偏钨酸铵的生产,其蒸发浓缩比极大,能耗相当高,故有企业用添加乙醇的醇析技术结晶偏钨酸盐,但回收乙醇用普通精馏方法也需耗能。但如果用渗透汽化法则既可回收乙醇也可较大幅度降低能耗。

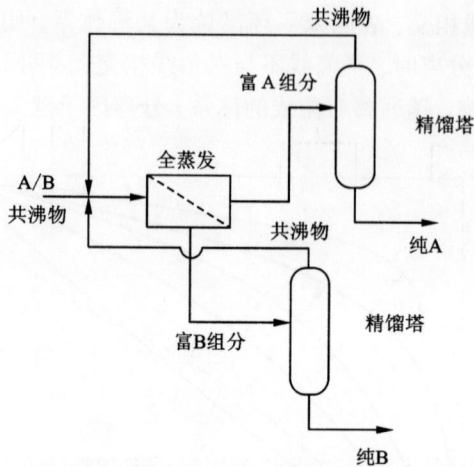

图 7–11 分离 50/50 共沸混合物的精馏－渗透汽化集成工艺

(3)某厂采取萃取工艺,反萃液用于制取产品,但由于萃取剂在水相中的溶解度较大,致使产品含碳量超标,为此,冶金分离科学与工程重点实验室曾帮助该厂用吹脱法除去反萃液中的有机相,解决了此问题。但吹脱法易造成车间空气环境污染,如果可能,改用渗透汽化法则既可提高产品质量,又不形成二次污染。

7.4 膜生物反应器

7.4.1 膜生物反应器简介

膜技术与反应结合则发展成为膜反应技术,它可以改变化学平衡。实现这一技术的集成系统称为膜反应器,其中膜生物反应器(MBR)是一个发展非常迅速的领域,它在生物、环保领域均得到了不同程度的应用。下面介绍一种将膜与传统活性污泥法相结合的处理废水的膜生物反应器。按膜组件与生物反应器的组合位置,MBR 可分为一体式(浸没式)和分置式两类,如图 7–12 所示。

根据膜组件在生物反应器中的作用不同,MBR 又可分为分离膜生物反应器、曝气膜生物反应器及萃取膜生物反应器。其膜组件的作用相当于常规生物处理中的二沉池,用以将活性污泥与已净化的水分开,膜截留物活性污泥又返回生物反应器内以提高活性污泥浓度,提高难降解物的去除率。因此确切地说,膜组件的作用更像一个固液分离器。所以,MF、UF、NF 膜组件均可用于 MBR 装置中,用 NF 膜时还可分离小分子与大分子有机物,截留部分为高价盐类。

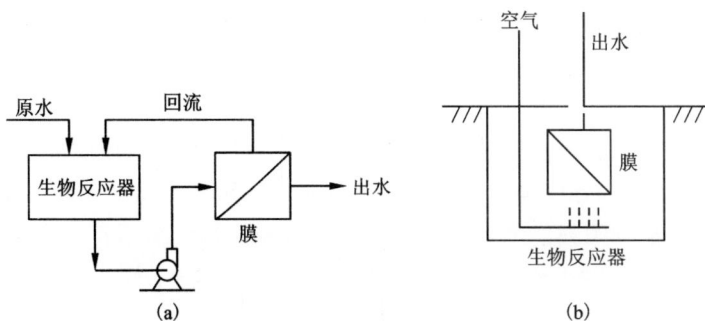

图 7 – 12　膜生物反应器

(a)分置式 MBR；(b)浸没式 MBR(SMBR)

对于分置式，因泵入的水含有较多固相，膜组件以采用管式膜为宜，且应在高流速下运行，以防膜堵塞。对于(SMBR)，用 MF、UF 中空纤维帘式膜组件为妥，此时配置一台小流量吸液泵，水从中空纤维外壁被抽入中空管内再汇集于总管抽走。帘式膜组件下方设有曝气装置，由它输入空气所形成的向上流动的混合液在膜表面产生剪切应力，以除去表面沉积物及防止膜孔堵塞。

在膜生物反应器中，由于细菌被膜拦截，随截留液在系统中循环，故微生物浓度可高达 20 g/L 以上，COD 的除去率 >98%，悬浮固体脱除率达 100%。

7.4.2　MBR 在冶金中应用的可能性

MBR 已成功应用于生活污水、工业污水和城市污水处理，而且放大性能很好，目前应用规模也很大。例如，在北美用 MBR 处理金属加工车间所排出的含油脂废水，规模已达 750 m³/d。我们目前关注的是能否将这种氧化有机物的方法用来氧化无机物，即它是否能在细菌冶金中发挥一定的作用。

细菌冶金是以细菌为主体的微生物技术应用于矿产资源的提取冶金，已在世界上几十个国家和矿山得到工业应用，处理对象包括含砷金矿、低品位铜矿和铀矿、含钴黄铁矿、低品位硫化锌矿和铜镍复杂硫化矿等。用于硫化矿浸出的微生物一般为化能自养菌，它通过氧化无机物获得能量、消耗氧气，并吸收无机营养，同时固定空气中的 CO_2 而生长。新的研究表明，廉价的有机微生物(异养菌)的代谢产物 – 酸或络合配合体能从非硫化矿如硅酸盐、碳酸盐及氧化矿中溶解提取金属。对细菌冶金的机理尽管有不同的认识，但都承认细菌沾附在矿物表面，在适宜的环境条件下(pH 和温度)才能发生相关反应，使金属以离子形态进入溶液。

细菌浸出的方式有堆浸及槽浸两种，后者如常规浸出一样，以机械搅拌方式使矿粉在反应槽中翻动。

　　细菌浸出最大的缺点是反应速率慢，浸出时间较长。当前重点研究的解决办法是培养耐高温的菌种。与此同时，研究反应动力学、改善槽浸设备的设计也是一个不能忽视的领域。为此我们设想能否将 MBR 技术的特点引入槽浸法细菌浸矿，配合耐高温菌种的作用缩短细菌浸出的时间，提高浸出效率。

　　(1)利用膜的分离作用，提高槽浸的微生物浓度以加速反应进程；

　　(2)将 MBR 的曝气装置与细菌浸出的供气与搅拌需要结合在一起设计；

　　(3)提高矿物原料的细磨程度，以气流搅动代替机械搅拌，为细菌浸出提供温和搅拌条件，以减少机械搅拌的剪切力对细菌的伤害，同时增加细菌与矿粉接触的表面积。

　　显然，不能简单地照搬 MBR 的设备，只能利用它的原理、特点，参考它的结构，创造适合细菌冶金的反应器，但创造需要时间，需要有耐心与承受风险的精神。

7.5　液膜萃取

7.5.1　概论

　　受到生物膜(或称原生质膜或细胞膜)的特殊功能的启发，1968 年美籍华人黎念之(N. N. Li)发明了乳化液膜技术，开创了液膜技术发展的历史。液膜可用于萃取并有不同的类型。

　　按液膜的结构，目前液膜萃取法大体分为两类。

　　1. 乳状液膜(ELM)

　　提取冶金中的乳状液膜法是由两种不互溶液体——油和水混合制备成 W/O 型乳状液珠，再将这种乳状液分散在另一水相(第三相)中，此时形成 W/O/W 体系液球[图 7-13(a)]，第三相又称连续相或外相，乳状液珠内被包裹的相称为内相，内外相之间的油相是液膜。被萃取物从外相通过膜相进入内相，故此种方法又称为双重乳状液法(DEM)。一般液膜厚度为 $1 \sim 10 \ \mu m$，而乳化液珠直径为 $1 \sim 100 \ \mu m$。内相为反萃剂，生成的反萃物不易反向通过膜，故可起到富集作用。当 W/O 型乳状液分散到连续相中时，会形成许多乳状液球，乳状液球是稳定的，其直径一般为 $0.1 \sim 2 \ mm$。乳状液之所以稳定是因为膜相的组成并不同于传统溶剂萃取的有机相，除了含萃取剂及溶剂外还添加了一或几种表面活性剂。

　　2. 支撑液膜(SLM)

　　支撑液膜是以聚砜、聚乙烯、聚丙烯、纤维素等高分子聚合物制成的中空纤维膜作支撑体。利用聚合物的亲有机相性质及毛细管作用机理使有机相充满中空纤维膜壁上的微孔形成不连续油相，如果反萃剂从中空纤维中间通过，料液从中空纤维的间隙通过，则被萃物可通过油相进入反萃液而得到富集。图 7 – 13 为 DEM(ELM) 及 SLM 的示意图。

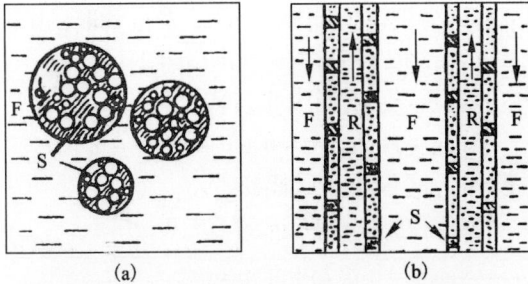

图 7 – 13　DEM(ELM) 及 SLM 的示意图

(a) DEM；(b) SLM

7.5.2　含有载体的液膜传质机理

7.5.2.1　传质过程及推动力

此类液膜的传质推动力为化学位差，即通过化学反应给流动载体不断提供能量，使其可能从低浓度区向高浓度区输送溶质。根据被迁移溶质的迁移方向及供能溶质的移动方向，分为同向迁移及逆向迁移两种情况。

1. 同向迁移

以叔胺萃取硫酸铀酰为例，其萃取总反应为：

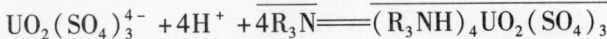

$$UO_2(SO_4)_3^{4-} + 4H^+ + \overline{4R_3N} \Longrightarrow \overline{(R_3NH)_4UO_2(SO_4)_3}$$

用水或稀硫酸反萃时，萃合物解离：

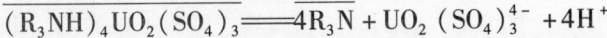

$$\overline{(R_3NH)_4UO_2(SO_4)_3} \Longrightarrow \overline{4R_3N} + UO_2(SO_4)_3^{4-} + 4H^+$$

将此萃取过程设计为同级萃取反萃取的液膜过程，则有如图 7 – 14 所示的情况。

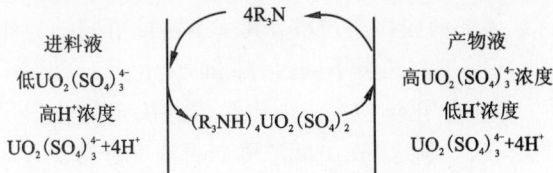

图 7 – 14　同向迁移示意图

其实质为图 7 – 14 所示的膜相化学反应，膜相内的载体即为 R_3N，借助于化学反应它将高酸溶液中的 $UO_2(SO_4)_3^{4-}$ 离子从膜左侧迁移至膜右侧，此时氢离子也由膜左侧迁移至右侧，萃取反应发生的前提条件就是必须有高的酸度，因此氢离子即为供能溶质，它的迁移方向与铀酰离子迁移方向一致，故称为同向迁移。

2. 逆向迁移

以有机酸 RH 萃取铜为例，在低酸介质中，发生萃取，其萃取总反应为：

$$2\,\overline{RH} + Cu^{2+} = \overline{R_2Cu} + 2H^+$$

用较浓的酸可以进行反萃，此时发生反应：

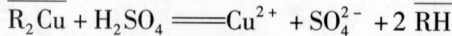

$$\overline{R_2Cu} + H_2SO_4 = Cu^{2+} + SO_4^{2-} + 2\,\overline{RH}$$

将此萃取过程设计为同级萃取、同级反萃的膜过程，则有如图 7 - 15 所示的情况。

在膜左侧界面处发生铜离子置换载体的氢离子生成铜萃合物的反应，铜萃合物迁移至膜右侧，在界面处发生反萃剂中氢离子置换铜离子使载体再生的反应。载体又迁移至膜左侧重复以上过程，直至把铜

图 7 - 15　逆向迁移示意图

离子全部迁移至反萃液中为止。此时氢离子也是一种供能溶质，它的迁移方向与铜离子迁移方向相反故称为逆向迁移。

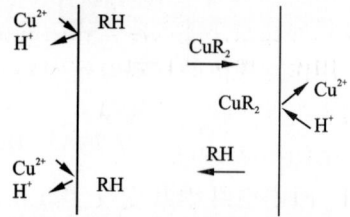

无论是同向迁移还是逆向迁移，其供能溶质——氢离子都是由高浓度迁移至低浓度，氢离子的迁移促进了金属离子由低浓度向高浓度方向的迁移，所以此种膜称之为离子泵。

但不能认为只有氢离子才是供能溶质，视反应类型不同，供能溶质有可能不同。例如氯型季胺盐萃取硝酸根的情况：

$$\overline{R_4NCl} + NO_3^- = \overline{R_4NNO_3} + Cl^-$$

如将其设计为一个同级萃取反萃的膜过程，显然可以看出，此时 NO_3^- 可由低浓度的料液相迁移至高浓度的反萃相中，而 Cl^- 则由高浓度的反萃相迁移至低浓度的料液相中，在此情况下，氯离子即成为供能溶质。

总结这类含有载体的液膜传质过程，其基本特征可归纳为如下三方面：

(1)界面化学反应与扩散两类不同过程同时发生。

(2)传质推动力来自于化学位差，由化学位差决定的化学反应，使供能溶质由高浓度向低浓度迁移，"泵送"M 由低浓度向高浓度迁移。

(3)原料中被迁移物质浓度即使很低，只要有供能溶质存在，仍有很大推动力。

7.5.2.2　传质速率

根据含有载体的液膜传质特征，其传质速率显然与在两个界面处萃合物的生成或解离速率及萃合物通过膜的扩散速率有关。

如果萃合物生成或离解速率很快，显然过程速度由扩散控制。在这种情况下应考虑边界层阻力的影响。如果边界层阻力很大，则溶质渗透系数等于边界层中的传质系数。如果边界层阻力小，则渗透系数或过程速率由膜扩散过程决定。

7.5.3　支撑液膜萃取

7.5.3.1　制备与分类

支撑液膜的制备方法很简单，将微孔支撑体浸渍在含载体的有机相中，利用毛细管力使载体溶液停留在膜的微孔内。

用作支撑体的材料有聚四氟乙烯、聚丙烯、聚乙烯等疏水材料，多为用于超滤或渗析的多孔微孔薄膜或中空纤维。一般要求支撑体具有耐酸、碱性、耐油性及合适的厚度、孔径、孔隙率和良好的机械强度。薄膜材料厚度在数十微米范围之内，而中空纤维厚度仅零点几微米，孔径一般从 $0.1~\mu m$ 至 $2~\mu m$，孔隙率从 40% 至 80% 不等。

这种膜具有如下特点：

(1)不需要澄清器，也无破乳的问题；

(2)有机相用量非常小；

(3)设计简单，按比例放大容易；

(4)料液与反萃液体积比高，故富集比大。

这种液膜的致命弱点是其稳定性差，其寿命仅几小时至几个月，需要膜再生且造成有机相的损失。

支撑液膜分为三类：

(1)平板型支撑液膜：它与电渗析器结构类似，填充比较小，一般约为 $100~m^2/m^3$。

(2)卷式支撑液膜：它与卷式压力驱动膜类似，两层支撑液膜之间有网状塑料隔离垫片，其厚度大约为 1 mm。它既起防止流体短路作用，又起支撑水相腔室的作用，这种类型的支撑液膜构件的充填比较大，大约为 $1000~m^2/m^3$。

(3)中空纤维支撑液膜：它与中空纤维压力驱动膜类似，只是纤维壁上微孔内充填有机相，中空纤维内通反萃剂，纤维之间通过料液，其充填比很高，达 $10000~m^2/m^3$。

7.5.3.2　支撑液膜萃取影响因素

(1)聚合物支撑体影响　聚合物的疏水性强，则界面张力高；膜上的孔径小，则毛细作用强，这些均使有机相能牢固吸附在膜孔中，使膜的寿命延长。另外膜的高开孔率及均匀分布可保证膜面积大而均匀，这些均有利于萃取。

(2)载体影响　因为支撑液膜具有单级特性，故要求载体的选择性高于一般萃取体系；它在膜内应有高的扩散及化学反应速度，故它的活性基团应不被大有机基团所包围；另外它应极难溶于水，且尽量不与水作用，这样可阻止水进入膜相。

（3）稀释剂影响　稀释剂即溶剂是膜相的主成分，为了维持膜的稳定性，要求稀释剂的水溶性小，挥发性低，水在稀释剂中的溶解度也必须小，另一方面为保证膜内的适当扩散速度，与 E.L.M 体系相比，它的黏度应适当低一些，膜相与支撑体长时间接触，因此稀释剂应不腐蚀支撑体。

（4）跨膜压差影响　在支撑液膜两侧流动的水相的流速差异引起膜两侧产生压差，此压差超过临界值后就有可能把膜液从支撑体的毛细孔中挤出而形成膜的破损。

（5）孔隙堵塞的影响　支撑体的毛细孔可能因堵塞而影响传质。造成堵塞的可能原因是水滴加入孔中，不溶于有机溶剂的配合物从膜液中析出，等等。

7.5.4　静电准液膜

7.5.4.1　概述

中国原子能科学院在 20 世纪 80 年代开发了一种新型液膜分离技术，它是将静电分散原理与液膜原理相结合的一种分离方法，能实现同级萃取与反萃取的连续过程，称之为静电准液膜过程。图 7 – 16 为此法的装置原理示意图。

液膜反应槽的上部充满了含有萃取剂的油溶液，用一特制的人字形挡板将其分为萃取池与反萃池，一对电极分别置于反应槽的两侧，反应槽底部设置有被隔板分开的萃取及反萃澄清段。启动运行时，首先施加高压静电场，然后料液与反萃剂分别从萃取池与反萃池的上部加入，在静电场的作用下，这两种水相在连续油相中分别被分散成无数细小的微滴。液滴不能通过挡板

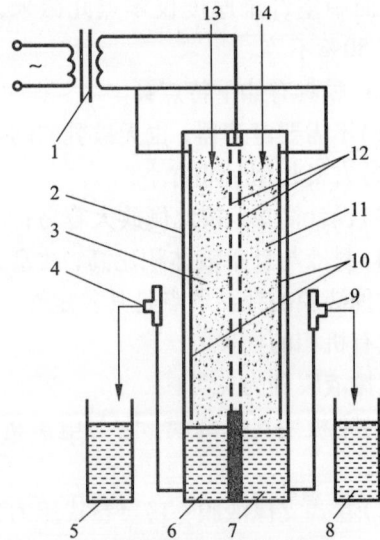

图 7 – 16　静电准液膜示意图

1—高压电源；2—分离槽；3—萃取池；4—三通；
5—萃取液槽；6—萃取侧澄清段；7—反萃取侧澄清槽；
8—浓缩液槽；9—三通；10—高压电极；
11—反萃取池；12—多孔挡板（接地电极）；
13—料液；14—反萃取液

上的小孔，故料液与反萃剂不互串。而有机相可通过挡板上小孔自由运动。故在萃取池及反萃池中发生下列过程：料液中被萃物从料液小液滴进入有机相，负荷有机相通过挡板上小孔进入反萃池；在反萃池中被萃物从负荷有机相进入反萃剂小液滴。在分离槽底部小液滴聚结，萃余液及反萃液分别进入各自的澄清段。负载有机相从萃取池扩散通过挡板进入反萃池及反后有机相从反萃池扩散通过挡板

返回萃取池均在其自身浓度梯度下进行。

7.5.4.2 静电准液膜法原理

静电分散与静电破乳是一对性质相反的过程。根据静电破乳机理，提高电场强度会增大电场中水滴的相互作用力，加快破乳速度，而电场强度随电压升高而增大，所以提高电压从理论上讲有利于破乳，但有一限制，电压超过这一限制，即临界电压后，反而对水滴有分散作用，即形成静电分散。影响静电准液膜传质的因素有：

（1）电场的影响　电极必须有耐压、憎水及耐油的良好绝缘层，而形成临界电场强度所需电压与萃取体系性质以及电极间距离和绝缘层厚度有关，图7-17所示为该法萃取 Co^{2+} 时分散水滴直径与所加电压的关系曲线。

在低电压范围内，液滴直径随电压而增加，即有利于液滴聚结，1.3 kV 为临界电压值，超过此值后发生电分散效应。

（2）萃取剂浓度的影响　由于静电准液膜的非平衡特性，在同级萃取、反萃取过程中萃取剂只相当于一种流动载体，故其浓度对萃取率影响不大，如图7-18所示，当 P204 浓度从 0.3 mol/L 降至 0.03 mol/L，钴萃取率只下降了 10%。与乳化液膜、支撑液膜体系情况很相似，与传统液-液萃取却有很大差别。

（3）料液与反萃剂流比的影响　一般而言，此流比增加，有利于提高反萃液浓度，但有一限度，否则萃余液浓度增加。

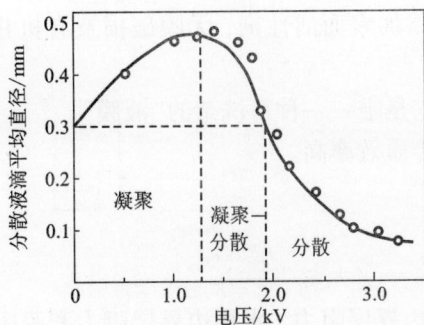

图7-17　分散液滴平均直径
与所加电压关系

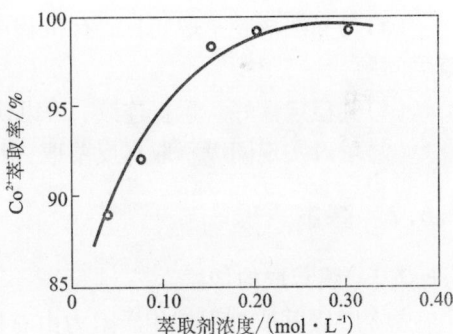

图7-18　萃取剂浓度对静电
准液膜萃取钴的影响

我国首创的静电准液膜分离技术也受到了液膜分离工作者的重视，许多试验工作都试图将这种技术用于工业。澳大利亚 Macquarie（麦考瑞）大学化学学院及 Curtin（科廷）科技大学针对西澳大利亚三个新的红土矿提镍和钴工程的需要，研究了应用这种技术分离镍和钴，萃取剂为 Cyanex 272。试验表明，影响镍钴分离效果的主要影响因素为电压、料液及反萃剂流速及 pH。在电压为 5.5 kV，料液流速 60 mL/h，反萃剂流速 14 mL/h，pH 5 的条件下，当实际浸出料液镍钴比为 11，经两级萃取后，萃余液的镍钴比可达 1000。

7.6 微孔固体隔膜萃取

7.6.1 概述

微孔固体隔膜萃取简称为膜萃取，它是膜过程和液液萃取过程相结合的新的分离技术。其基本特征是用微孔膜将萃取过程的料液相与有机相分隔在其两侧，萃取反应在微孔膜的表面进行。从液膜萃取角度分析，可以认为它是支撑液膜的改进与发展。因此在文献中有许多其他的名称，如：膜基溶剂萃取、液液膜接触器、固定界面蠕动液膜萃取、双流动相膜萃取。

微孔固体隔膜萃取之所以受到科技工作者的重视，在于它有许多独特的优点：

(1)有机相与料液在膜的两侧运行，不存在一相分散在另一相中的问题，故有机相夹带损失小，也不存在分相问题，因此可以采用价格较贵的萃取剂，同时允许用高萃取剂浓度运行。

(2)与常规萃取相比，不存在返混的影响及"液泛"条件的限制。

(3)与一般液膜萃取相比，有机相中未添加表面活性剂，无膜破损及有机相流失问题。

(4)其稳定性好。运行连续，可以认为它是唯一一种可洗杂的"液膜"。

(5)可以实现同级萃取与反萃取，因而传质效率高。

7.6.2 基本原理

7.6.2.1 膜萃取的传质

显然，膜萃取过程的传质阻力由有机相边界层阻力、水相边界层阻力和膜阻构成。依照一般的传质过程阻力叠加法可以获得基于水相的总传质系数 K_w 与水相分传质系数 k_w，膜内分传质系数 $k_{mo}(k_{mw})$ 和有机相分传质系数 k_o 的关系。因为膜萃取用膜有疏水膜及亲水膜两种类型，故总传质系数也有两种表示式。在使用疏水多孔膜时，为防止有机相泄漏，要求 $P_{Aq} > P_{org}$。在使用亲水多孔膜的情况，为防止水相泄漏，要求 $P_{org} > P_{Aq}$。

使用疏水膜时，基于水相的总传质系数表示式为：

$$\frac{1}{K_w} = \frac{1}{k_w} + \frac{1}{\lambda k_{mo}} + \frac{1}{\lambda k_o} \tag{7-5}$$

式中：k_{mo}为疏水膜孔中充有机相的膜传质系数。

$$k_{mo} = \frac{D_o \varepsilon_m}{\tau_m L} \tag{7-6}$$

使用亲水膜时，基于水相的总传质系数表示为：

$$\frac{1}{K_w} = \frac{1}{k_w} + \frac{1}{\lambda k_o} + \frac{1}{k_{mw}} \tag{7-7}$$

式中：k_{mw}为亲水膜孔中充水相的膜传质系数。

$$k_{mw} = \frac{D_w \varepsilon_m}{\tau_m L} \tag{7-8}$$

上列各式中：ε_m 为多孔膜的孔隙率；L 为膜厚；τ_m 为弯曲因子；λ 为溶质分配系数；D_o、D_w 为溶质在有机相和水相中的扩散系数。

7.6.2.2　临界突破压差

膜萃取中膜两侧的液体应有一定的压差。不进入膜孔的液体压力稍大于进入膜孔的液体的压力。但这一差值应有一定限制，差值太大超过某一允许的最大压差，膜孔中的液体将被另一液相所置换。这一允许的最大压差称为临界突破压差 ΔP_c。

临界突破压差同样可用 Yang-Laplace 方程表示，

$$\Delta P_c = 2r_{wo}\cos\theta_c / R \tag{7-9}$$

显然膜孔半径 R 减小，ΔP_c 增加，即缩小膜孔允许有大的临界突破压差。

7.6.2.3　传质的影响因素

（1）两相压差 ΔP 的影响　如上所述，膜萃取中膜两侧的溶液应保持一定的压差，其作用在于防止两相间的渗透，避免两相之间夹带。但必须强调指出的是，膜萃取过程的传质推动力是化学位而不是两相压差。在实际应用范围内，两相压差并不能改变化学位差。故两相压差对传质系数 k_o 并没有什么影响。如以 ΔP 为横坐标，传质系数 k_o 为纵坐标作图，将得到一条平行于横轴的直线。

（2）溶质分配系数的影响　使用疏水膜时，按(7-5)式，如 $\lambda \gg 1$，则有

$$\frac{1}{K_w} \approx \frac{1}{k_w} \tag{7-10}$$

如 $\lambda \ll 1$，则有

$$\frac{1}{K_w} \approx \frac{1}{\lambda k_{mo}} + \frac{1}{\lambda k_o} \tag{7-11}$$

式(7-10)及式(7-11)表明，使用疏水膜时，对于 $\lambda \gg 1$ 的体系，膜阻力可以忽略，而对于 $\lambda \ll 1$ 的体系，膜阻力有很大影响。

使用亲水膜时，按(7-7)式，如 $\lambda \gg 1$，则有

$$\frac{1}{K_w} \approx \frac{1}{k_w} + \frac{1}{k_{mw}} \tag{7-12}$$

如 $\lambda \ll 1$，则有

$$\frac{1}{K_w} \approx \frac{1}{\lambda k_o} \tag{7-13}$$

式(7-12)及式(7-13)表明,使用亲水膜时,情况与疏水膜相反,$\lambda \gg 1$ 时,膜阻力有很大影响,而 $\lambda \ll 1$ 时,膜阻力可以忽略。

(3)界面张力影响 与传统溶剂萃取不同,界面张力不影响传质,按式(7-9),界面张力影响临界突破压差 ΔP_c,即界面张力越大,临界突破压差越大。

(4)两相流量的影响 两相流量对总传质系数的影响主要取决于边界层阻力在总传质阻力中所占的比例,如边界层阻力可忽略,则流量无明显影响。

如有机相边界层阻力大,则增大有机相流量可改善传质效果,而水相流量对传质影响不明显。如水相边界层阻力大,则增大水相流量,可改善传质效果,而有机相流量对传质影响不明显。

7.6.3　膜萃取技术及其萃取金属离子的应用前景

7.6.3.1　应用技术简介

膜组件一般采用中空纤维膜器,以串联或并联方式运行。试验研究也可利用板式膜器进行。

一般认为中空纤维膜器采用传统的管壳式换热器形式较好,它不宜太长,也不宜直接放大,可通过逐级并联增大流动通量,通过逐级串联提高分离效率。研究结果已证明串联膜器件的总传质单元数为各子膜器的传质单元数的加和。串联组件中,结构、尺寸相同的子膜器的总传质系数 K_w 基本相同,且与串联膜组件的表观总传质系数相同。

为减小壁效应,一般料液应从纤维的中空管中通过。其运行方式也有连续式及分批循环式两种。

膜材质的选择是非常重要的,对于 $\lambda > 1$ 的体系,如前所述,应选用疏水膜,此时膜阻可忽略,传质效果好,除此之外,疏水膜适用于要求 pH 范围广、化学稳定性好的萃取体系。而对于 $\lambda < 1$ 的体系,应选用亲水膜。但亲水膜孔径小,故对于萃合物空间结构复杂的大分子体系不宜采用。

7.6.3.2　金属离子萃取应用前景

从膜萃取的基本特征出发,不同的研究者对这一技术有不同的命名和分类,其实施方法也有一些改进,从膜过程与传统液液萃取过程相结合来考查这一技术将其称为膜萃取;从传质是在两个液相接触的表面进行,可以将它视为液膜萃取技术的改进。

膜萃取的优势之一是可以与 7.5 介绍的液膜萃取一样方便地实现同级萃取与反萃取,即萃取过程与反萃取过程同时进行。所以保加利亚科学家将其称为第三代液膜萃取技术并命名为"液体薄膜渗透萃取"(LEP)。实现同级萃取的原理如

图 7 - 19 所示。

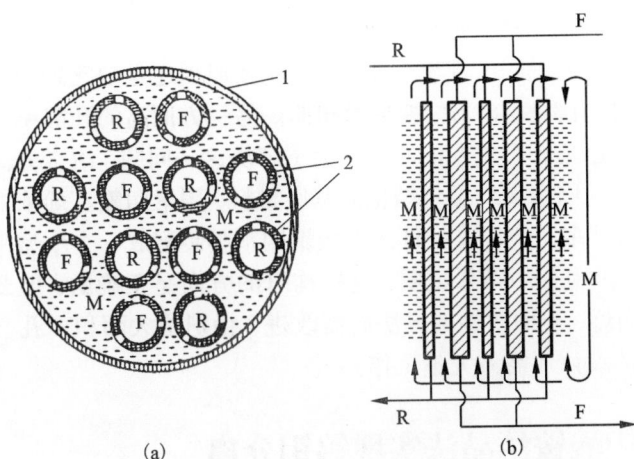

图 7 - 19 同级萃取 - 反萃取膜萃取组件示意图

(a)俯视图；(b)正视图

F—料液相；M—膜相；R—接受相；1—外壳；2—支撑膜

料液及反萃剂沿着垂直的多孔隙固体支撑物的中空管向下流动，它们以小间隔或交替次序排列。支撑物可以是中空纤维膜或毛细管膜。交替支撑物间的狭窄间隙及整个容器的外壳内部空间均充满有机相。用一个外加的泵强制连续循环这种有机相。因此三个液体同时流动，水相与有机相处于逆流运动状态。在这种条件下，涡流扩散担负传质的主要作用，间隙中的有机相视为一层有机液膜，虽然其厚度在若干毫米范围之内，但其膜阻力只相当于几微米的不动层液膜。

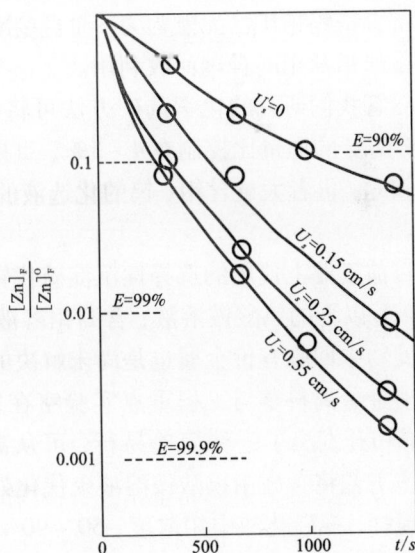

图 7 - 20 LEP 法萃取锌

图 7 - 20 所示为两个过程的参数，即料液在反应器中平均滞留时间（横坐标表示）和有机相液膜的直线上升速度对从含锌废水中分离锌的影响。料液中锌的初始浓度为 0.22 g/L。有机相为 2% P204 的正烷烃($C_{11}H_{13}$)溶液，反萃剂为 10% H_2SO_4 溶液。流量比(θ_F/θ_R)为 120:1，在最终的 R 产品中，锌浓度达 25 g/L，

渗透速率可达 99.8%。

此技术的一个特殊优点是允许对有机相进行洗杂，即将图 7-18 中的 R 换成洗涤剂即可。这对金属萃取是重要的。

目前膜萃取尚未得到大规模工业应用，主要原因还是缺乏理想的膜。中空纤维在有机相中浸泡会发生溶胀、变形及扭曲。另一方面高的孔隙率与窄的孔径分布要求难于满足也是一个主要的原因。为了解决这一问题，冶金分离科学与工程重点实验室研究了以金属纤维烧结毡为基底材料，用聚四氟乙烯浓缩分散液进行表面改性，以这种多孔金属支持体的平板聚四氟膜装配成一个小型平板膜器进行了螯合萃取剂提铜研究，结果证明，这一构思的方向是正确的，但要投入实际应用，距离还相当远，表面改性的方法尚需改进，特别是大面积多孔金属支持体的表面改性及膜的设计还需做大量工作。

7.7　硫代钼酸铵结晶法实现钨钼分离

目前高品质的钨精矿储量已远不能满足冶炼的需要，为扩展冶炼原料，一些原来难冶含高钼的低品位钨矿物原料备受广泛关注，如栾川高磷高钼白钨中低矿 WO_3 品位一般在 25% 以下，Mo 与 WO_3 质量比高达 10% 以上，采用传统的选矿方法制备合格钨精矿已无能为力，而直接冶炼又有相当难度，关键是如何有效分离高含量的钼及钼的合理回收利用。

尽管我们研究的化学选矿方法可将该白钨矿中 WO_3 品位提高到 55% 以上，Mo 与 WO_3 的质量比控制在 4~5%，直接冶炼已无障碍，但仍需解决高含量钼的分离问题，再者大量含钼、钨的化选液的处理及有价金属的回收也是较为棘手的问题。

目前工业上使用的选择性沉淀硫代钼酸铜的技术，实践证明只适于处理钼浓度 2 g/L 以下的钨酸铵溶液，含高钼溶液受制于过滤极其困难而无法实施，另外从沉淀物中回收有价金属也是尚未解决的新课题。

冶金分离科学与工程重点实验室在发现了硫代钼酸铵低温易结晶的特性以后，成功开发出了一种简单易行、可从高钼钨酸铵溶液中有效分离钨钼的新工艺。该工艺将含高钼钨酸铵溶液硫代化处理后，在 -10~10℃ 温度范围内静置或机械搅拌，视硫化液中钼浓度，50~90% 的钼以纯净的 $(NH_4)_2MoS_4$ 针状晶体形式从溶液中析出，而钨基本不析出，一步实现钨钼的初步分离及钼的富集回收。

新工艺与其他钨钼分离技术相比，其突出的优点表现在以下几个方面：

（1）工艺适应的溶液中钨、钼浓度范围广阔，钨的浓度不受限制，特别适合处理高钼浓度的钨酸铵溶液，填补了钨钼分离技术的一个空白，解决了长期困扰钨冶炼工艺的一大难题。

（2）钨钼分离与钼的回收在一道简单工序中完成，得到的四硫代钼酸铵晶体纯度高，含钼量在 35% 以上，晶体结构粗大规整，过滤性能优异。四硫代钼酸铵晶体是制作钼催化剂的前驱物也是制作优异固体润滑剂二硫化钼的原材料，可作为钼的中间产品利用，用其制作高纯多钼酸铵产品亦十分方便，残留有少量的钼的结晶母液可与 4.4.5.1 小节介绍的基于硫代钼酸盐特种树脂连续离子交换现行工业技术有机衔接，制取高纯 APT 产品，无需中间环节。

（3）省去了现行钨钼分离工序后的钼回收作业，化学试剂节省，可获得甚好的经济效益。

（4）工艺简便，工艺参数宽松易控，实践容易，试剂单一，采用简单的常规设备，投资节省，上马方便快捷。

洛钼集团低品位高钼白钨矿经苏打高压浸出－浸出液碱性直接萃取得到的反萃液为含 WO_3 116.46 g/L, Mo 15.04 g/L 的钨酸铵溶液，冶金分离科学与工程重点实验室利用该新工艺对其进行处理，每批投料 1 m^3，常温下通入 H_2S 气体作硫化剂，H_2S 气通入量按理论反应量进行计算并过量，使溶液中游离 S^{2-} 离子维持 2 g/L，室温下静置硫化 24 小时后，将溶液冷却至 −5℃，搅动下保温 2 小时，结晶沉钼后母液中钼浓度降至 2.26 g/L，液固分离后未经洗涤直接烘干之结晶体含 Mo 36.2%，WO_3 含量仅为 0.70%。钼结晶率达到 85%，实现了大部分钼与钨的分离及钼的富集回收。该新工艺在洛钼集团已连续稳定运行近一年。

结晶法是利用混合物中各成分在同一种溶剂里溶解度的不同或在不同温度下溶解度的显著差异，控制温度而实现分离的一种方法。从以上实例可以看出，只要对元素或其化合物性质之间的差异（如溶解度）进行深入细致研究，并扩大这种性质差异，利用传统简单的分离方法如结晶法，也可以开发出新的分离工艺应用于相似元素之间的分离，达到意想不到的效果。

7.8 小结

本章 7.1 节介绍的混键晶体膜是一种已经获得工业应用的新膜，其本质属于压力驱动膜，但由于它的制备方法与应用领域均较特殊，为推动其发展，我们将它单独列为一种分离方法。

本章 7.2 ~7.6 节共介绍了五种膜分离方法，讨论了它们在冶金中应用的可能性。这五种分离方法的共同点都是利用膜分离技术与其他技术相结合而产生的合二为一的新技术。

膜蒸馏与渗透汽化是膜技术与蒸发技术合二为一的结合，推动力是膜两侧的蒸气分压差，都是同时伴有相变的膜过程。其不同点是膜蒸馏应用疏水多孔膜，渗透汽化是利用无孔膜。

MBR 是膜分离过程与生物化学反应合二为一的结合,是同时利用化学位差与压力差为推动力的分离过程。

支撑液膜萃取及微孔固体隔膜萃取都是膜技术与萃取技术合二为一的结合,推动力都是萃取化学反应的化学位差。区别在于前者有机相借助毛细管作用在膜孔中形成一个薄的液层,故称为液膜,而后者是膜两边分别是有机相与水相液流。若膜疏水,则萃取反应发生在膜与水相界面处,若膜亲水,则萃取反应发生在膜与有机相界面处。

显然,与所有的分离技术一样,利用被分离对象的某种性质上的差异,调整环境条件以扩大这种差异是实现分离的基本手段。只不过这种合二为一的技术的影响因素更为复杂而已,特别是 MBR 技术,因为细菌浸矿的机理本身就是一个还在研究的问题,因此更增加了我们利用膜技术与细菌反应结合的难度。

但是这五种技术都还没有在冶金工业中成熟应用的案例,它们本身也处于开发阶段,因此还必须经历一个较长时间的探索过程,但它却启发我们去思考、创造新的分离技术。

本章 7.7 节介绍了冶金分离科学与工程重点实验室近几年开发的一种新的结晶分离方法,由于发现了 $(NH_4)_2MoS_4$ 随温度降低可以结晶析出的性质,所以立即开发了这种新的分离方法,并成功进行了工业试验。

中南大学冶金专业新开设了膜分离技术相关课程,所以原第七章中某些膜技术在此次改版中删除。新增的 7.1 及 7.7 节是最近几年中南大学新的科技成果,内容已超出传统膜技术范畴,故第七章章名改为"其它分离技术"。这说明,随着分离材料的进步,随着物质新性质的发现,就可能产生新的分离技术,我们期盼今后还会不断出现新的分离技术。

参考文献

[1] 任建新. 膜分离技术及其应用[M]. 北京:化学工业出版社, 2003.

[2] 时钧, 袁权, 高从堦. 膜技术手册[M]. 北京:化学工业出版社, 2001.

[3] 刘茉娥, 等. 膜分离技术应用手册[M]. 北京:化学工业出版社, 2001.

[4] 蒋维钧. 新型传质分离技术[M]. 北京:化学工业出版社, 1992.

[5] D W V Krevelen. Properties of Polymers[M]. Elsevier, Amsterdam, 1972.

[6] 吴庸烈. 膜蒸馏[A]. 全国首届膜分离技术在冶金中应用研讨会文集[C]. 1999, 9: 28 – 38.

[7] 阎建民, 马润宇. 膜蒸馏技术及其应用[A]. 全国首届膜分离技术在冶金中应用研讨会文集[C]. 1999, 9: 39 – 43.

[8] 李潜, 张启修, 张贵清, 等. 减压膜蒸馏法直接浓缩钛白水解废酸的探索研究[J]. 稀有金属与硬质合金, 2001, 21(n1): 1.

[9] 唐建军, 周康根, 张启修. 减压膜蒸馏从稀土氯化物溶液中回收盐酸[J]. 膜科学与技术,

2002，22(n4)：38

[10] 张启修，魏琦峰.离子膜耦合电化学反应氧化铈同时析出铜粉的新工艺[J].膜科学与技术，2003(4)：80.

[11] Zhang Qixiu, Luo Aiping. Membrane Extraction with Modified Metallic Membrane for Recovery of Copper[A]. ICHM'98 [C]. Kunming China 1998 Nov.

[12] 张保成，等.支撑液膜分离技术的研究进展[J].膜科学与技术，2000，(20)n6：46.

[13] Marcel Mulder(荷兰).膜技术基本原理[M].第二版.李琳译.北京：清华大学出版社，1999.

[14] Mendiguchia. Carolina Separation of Heavy Metals in Seawater by Liquid Membranes：Preconcentration of Copper[J]. Separation Science and Technology, 2002, 37(n10)：2337.

[15] V E Serga. Extraction of Nickel by Liquid Membranes in an Electric Field [J]. Separation Science and Technology, 2000, 35(n2)：299.

[16] 徐铜文.膜化学与技术教程[M].合肥：中国科学技术大学出版社，2003.

[17] P S Heckley, D C lbana, C McRac. Extraction and Separation of Nickel and Cobalt by Electrostatic Pseudo Liquid Membrane(Esplim) ISEC'2002[C]：730.

[18] 严忠，等.液膜的电破乳[J].膜科学与技术，1992，12(4)：5.

[19] 戴猷元.同级萃取反萃膜过程的研究[J].膜科学与技术，1993，13(1)：13.

[20] 吴金锋，顾忠茂，金兰瑞.静电式准液膜法从稀土矿浸出液中提取与浓缩稀土的探讨[J].稀土，1991(4)：5.

[21] 于定一，等.膜分离工程及典型设计实例[M].北京：化学工业出版社，2005.

[22] 杨显万，等.微生物湿法冶金[M].北京：冶金工业出版社，2003.

[23] 陈家镛.湿法冶金手册[M].北京：冶金工业出版社，2005.

[24] L Bovadzhiev 液体渗透或液膜过程技术陈述[J].稀有金属与硬质合金，1989，增刊：81.

[25] 贺跃辉，江垚，高麟.混键晶体多孔材料及多孔膜[A].第四届膜技术在冶金中应用研讨会论文集[C].四川成都：2014，7：9-13.

[26] 高麟.新型多孔膜及膜分离技术工业前沿应用报告[A].第四届膜技术在冶金中应用研讨会论文集[C].四川成都：2014，7：14-24.

[27] 肖连生，等.钨湿法冶金中钼钨混合铵盐溶液的钼钨分离工艺.中国专利 ZL201110053438.2

第八章 现代分离技术对
冶金工业的贡献

第二章至第七章介绍了冶金工艺中目前正在应用或处于研究阶段而具有发展潜力的一些现代分离技术,从它们的基本科学理论入手一直延伸到主要的工程技术,并综合介绍了这些现代分离技术所形成的某些新的冶金单元过程。

本章则从纵的角度,即从典型的提取冶金工艺分析湿法冶金工艺的变革,从这些变革认识现代分离技术对冶金工业发展的贡献,重温冶金分离大师D. S. Flett的名言"分离科学技术是湿法冶金成功的关键,以往已起到良好的作用,有种种理由相信,今后同样将起到良好的作用。"从而进一步认识第一章中阐述的冶金分离科学与工程学科的内涵。

8.1 现代冶金分离技术的发展轨迹

图8-1为本书涉及的主要现代分离技术的发展轨迹略图。通过此图可以看出现代分离技术的发展有如下特点:

(1)它们基本上由四个分支组成。即在溶剂萃取、离子交换与吸附、色层技术和膜分离四大系列分离方法基础上,结合化工、材料、环境多行业的成就互相渗透,取长补短,相互结合而演变形成的一系列新方法。

(2)这些分离方法均建立在人类长期对自然现象的观察、总结及模仿的基础上。它们是人类对科学发展持开放态度、永不固步自封而获得的成果。

(3)20世纪中叶以后,现代分离技术得到了迅速的发展,这与现代科学技术的发展、各种新材料出现的节律完全一致,也与这一时期人类面临的资源、环境、能源问题日益尖锐突出的现象相吻合。

现代分离技术是新冶金单元过程的"助产士",正是这些新的冶金单元过程促使冶金工业发生了而且还将继续发生深刻的变化。

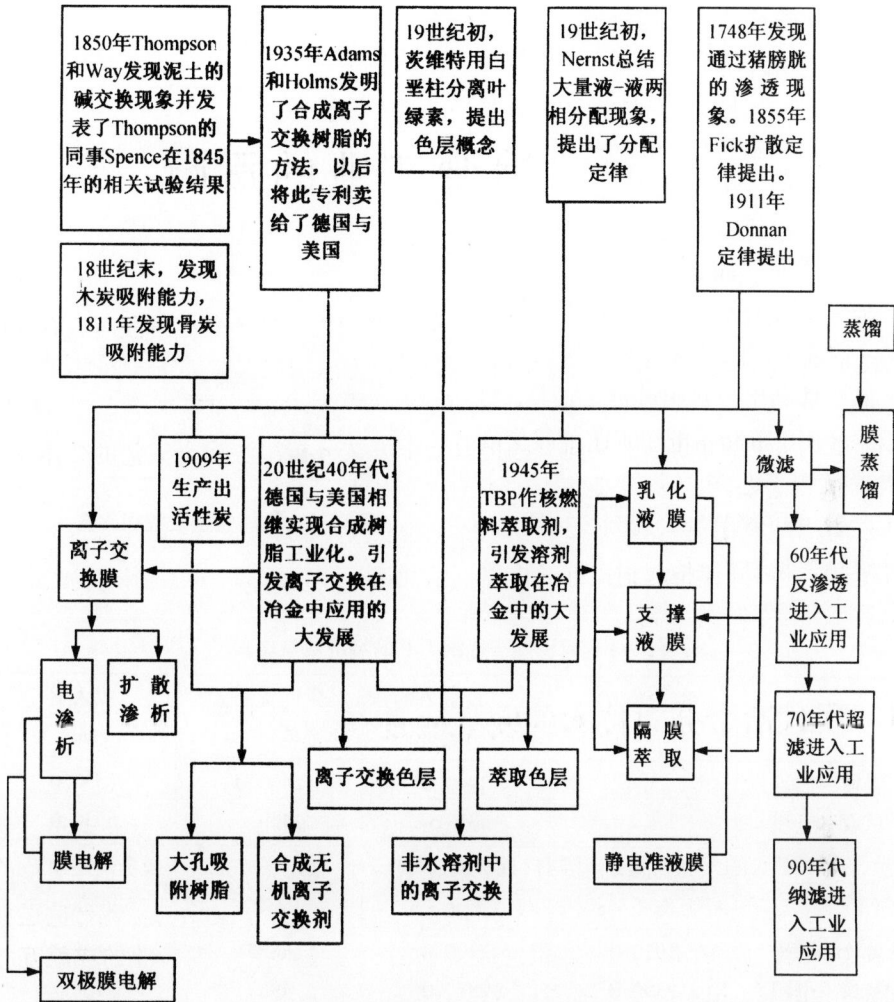

图 8-1 现代分离技术发展轨迹

8.2 重金属绿色冶金的开发与发展

8.2.1 铜湿法冶金技术的飞跃

由于从低品位氧化铜矿中提取铜的需要，诞生了湿法炼铜工艺。早期湿法炼铜采用铁屑置换技术，其工艺流程如图 8-2 所示。

铁屑置换法得的铜粉质量较差，故需通过火法熔炼铸造成阳极板，再电解精炼。20世纪60年代后期溶剂萃铜技术的成功，促成了现代湿法炼铜工艺的诞生，其工艺流程如图2-64所示。以萃取为中心的湿法炼铜工艺刚出现时，曾一度怀疑它的经济性是否可行，因为铜的价格较低，而螯合萃取剂价格较高。故当赞比亚钦戈拉铜矿筹建日产4500 t铜的工厂时，对这两种湿法炼铜工艺的投资和生产费用进行了估算，计算结果表明，萃取—电积工艺的投资比铁屑置换法工艺多161美元/a·t铜，但生产费用却省185美元/a·t铜。详细计算结果见表8-1。

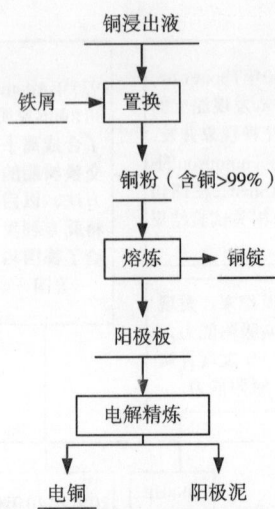

图8-2　铁屑置换法提铜工艺

表8-1　两种湿法炼铜工艺的经济效益比较

工　艺	能力(Cu) /(万t·a⁻¹)	投资 I /万美元	生产费用 E /(万美元·a⁻¹)	收入 R /(万美元·a⁻¹)
置换—熔炼	5.4	3940.0	2460.0	6530.0
萃取—电积	5.4	4810.0	1460.0	6530.0

工　艺	利润 P /(万美元·a⁻¹)	现金流通 CF /(万美元·a⁻¹)	偿还率 ROR /%	投资偿还期 P.P /a
置换—熔炼	1910.0	2300.0	48.5	1.71
萃取—电积	2390.0	2870.0	49.7	1.67

由于萃取流程的投资偿还期短，所以最后选择了萃取工艺。

现在萃取工艺已取代了铁屑置换工艺，它不仅用于低品位氧化矿的处理，而且还可用于低品位硫化矿的细菌浸出液处理。湿法炼铜工艺的另一个重大突破出现在20世纪末，硫化铜精矿高压浸出获得成功，萃取剂性能的改进，促成了铜精矿溶剂萃取流程实现了工业应用，有机相含萃取剂达30%（体积比），浸出液含铜25 g/L，pH=1.2。世界溶剂萃取流程的铜产量变化情况参见图8-3。据2007年前的数据，湿法炼铜产量已占世界铜产量的30%以上。从2004年到2014年，采用溶剂萃取湿法流程生产的铜产量增长了30%。

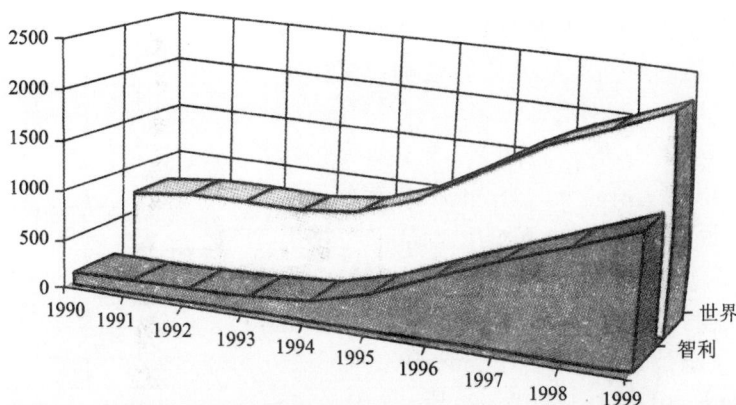

图 8 - 3 溶剂萃取的铜产量(千吨/年)

现代湿法炼铜工艺如第二章介绍,包括三个主要工序,浸出—萃取—电积,它们之间形成三个闭路循环,即萃余液返回浸出;萃取剂在萃取工序内循环;电解贫液返回萃取作反萃剂。现在铜矿浸出工艺已经取得重大进展,铜精矿的高压浸出已进入工业化阶段,视高压浸出条件的不同,硫在浸出时氧化成元素硫或硫酸根,铁可以基本完全进入浸出渣;而低品位矿的细菌浸出也获得了极大成功。低品位资源的利用大大延长了铜资源的服务寿命;铜萃取剂性能得到很大的改进,用于含铜浓溶液及能在不同的 pH 环境下服务的萃取剂已经进入市场。因此从各矿山的实际情况出发,必要时利用第五章介绍的膜技术浓缩低浓度料液,分离回收过剩的酸,开路部分电解贫液用膜处理分离铁与硫酸以提高铜与钴的收率,则能很好调整、平衡现代湿法炼铜工艺的三个循环。湿法炼铜在铜工业中的比重将获得更大的发展。

8.2.2 红土镍矿提镍湿法工艺的变革和钴镍萃取技术的进步

8.2.2.1 红土镍矿提镍湿法工艺的变革

红土镍矿是一种重要的镍资源,其浸出液酸度一般较高,除了含有镍、钴、铜等有价金属外,还含有大量的铁、铝、锰以及钙镁等杂质。目前,处理这类含镍溶液常用的方法有"沉淀—重溶—萃取"和"直接溶剂萃取"。"沉淀—重溶—萃取"法从红土镍矿酸浸液中提取镍的原则流程如图 8 - 4 所示。该法的主要缺点是金属共沉淀严重导致主金属回收率低及产品不纯,溶剂萃取法广泛用于镍钴、镍铜的分离。由于缺乏选择性优良的特效萃取剂,镍钴与铁、铝、锰、镁、钙的萃取分离非常困难。因此,需要研究开发在相对低的 pH 条件下能够有效地将镍钴与杂质金属分离以及镍钴相互分离的萃取体系。可能的途径是,应用两种或两种以上商业化萃取剂的混合萃取体系的协同效应,在较低的 pH 下将镍和钴提取并分离。从 20 世纪 60 年代至今，已有大量文章报道了有关镍钴的协同萃取分离的基础与应用研究，Flett 和 Ritcey 曾对此做过详细的归纳评述。

进入 21 世纪以后，镍钴协同萃取研究得到了进一步的发展，所研究的协萃体系以羧酸萃取剂/螯合羟肟萃取剂为主，有的已经成功应用于半工业化试验甚至即将应用于工业生产。其中最有代表性的当属澳大利亚联邦科学与工业组织（CSIRO）成楚永提出的 Versatic 10/LIX63 二元、Versatic 10/LIX63/TBP 三元及 Versatic 10/4PC协萃体系。除此之外，羧酸类萃取剂/烷基吡啶或吡啶羧酸酯协萃体系也广泛应用于镍钙分离研究。

加拿大巴甲矿业公司于 2007 年应用 LIX63 和 Versatic 10 协萃体系进行钴锌和锰、镁、钙分离的 Boleo 工程半工业试验，并成功运行 2 年，现正建厂准备 2016 年投产。Boleo 萃取原料液含锰 45 g/L，镁 25 g/L，锌 1 g/L，钴 0.2 g/L，由于料液中锰浓度太高，采用传统的萃取工艺很难使钴锌和锰、镁、钙分离。而 0.31 mol/L LIX63/0.5 mol/L Versatic 10 混合体系则使钴和锌的 $\Delta pH_{1/2}$ 分别达到 4.24 和 1.62。在原料液 pH 4.5，相比 1:2 条件下，经过一级萃取，几乎 100% 的钴和 80% 的锌被萃取，锰的萃取率仅为 1.55%（即负载有机相含 1.37 g/L 锰），镁和钙不被萃取。为了进一步降低锰的萃取率，研究人员对有机相组成进行了优化，用 0.24 mol/L LIX63 和 0.33 mol/L Versatic 10 在 pH 5.5 的条件下，经过一次接触，钴和锌的萃取率分别达到 93% 和 70%，负载有机相中锰浓度仅为 0.28 g/L。钴和锌的萃取与反萃动力学均很快。该协萃体系半工业化试验的成功运行，为 Boleo 工程的钴、锌投产打下了关键基础。

成楚永等通过进一步研究发现，Versatic 10/LIX63 体系中添加 TBP 能显著改善镍的萃取与反萃动力学，当 TBP 在 0.5 mol/L Versatic 10/0.28 mol/L LIX63 体系中的浓度为 0.5 mol/L 时，负载有机相用硫酸反萃，2 min 内，镍的反萃率由未加 TBP 时的 17.7% 增加到 91%。该三元协萃体系的 $\Delta pH_{1/2(Mn-Ni)}$ 和 $\Delta pH_{1/2(Mn-Co)}$ 分别达到 2.62 和 2.11 个 pH 单位，在改善镍的萃取与反萃动力学基础上，同样保持了优良的镍锰和钴锰分离性能（图 8-5）。TBP 的加入不仅可以改善镍的反萃动力学，也可以大大改善其萃取动力学。研究结果表明，TBP 的加入可以导致表面张力增大，其浓度在 0～0.5 mol/L 时，TBP 主要参与形成金属—Versatic 10 萃合物，浓度在 0.5～1.0 mol/L 时，TBP 更多的是参与形成 Ni-LIX63 萃合物，

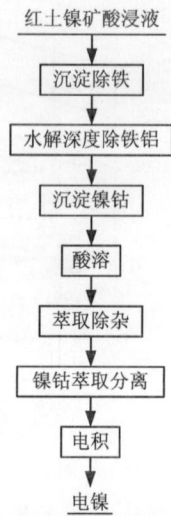

图 8-4 从红土镍矿酸浸液中提取镍的传统工艺原则流程

红土镍矿酸浸液
↓
沉淀除铁
↓
水解深度除铁铝
↓
沉淀镍钴
↓
酸溶
↓
萃取除杂
↓
镍钴萃取分离
↓
电积
↓
电镍

使其疏水性变弱，表面活性增强，从而改善其反萃动力学。

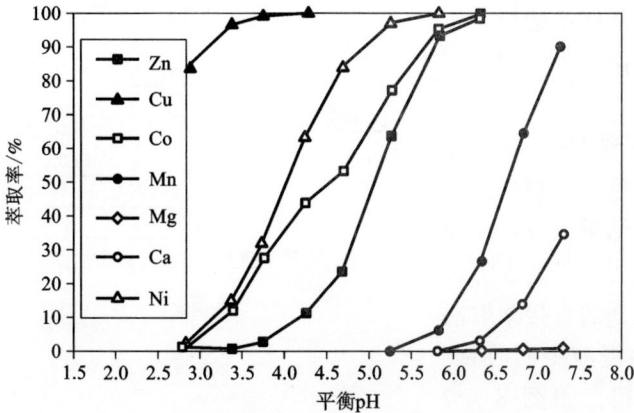

图 8 – 5   0.5 mol/L Versatic 10/0.28 mol/L LIX63/0.5 mol/L TBP
三元体系从合成的红土镍矿酸浸液中萃取金属的 pH 等温线（相比 1:1, 40℃）

除此之外，成楚永等人对 Versatic 10 和 4PC 组成的协萃体系萃取金属进行了较为系统的试验研究，其结果如图 8 – 6 所示。

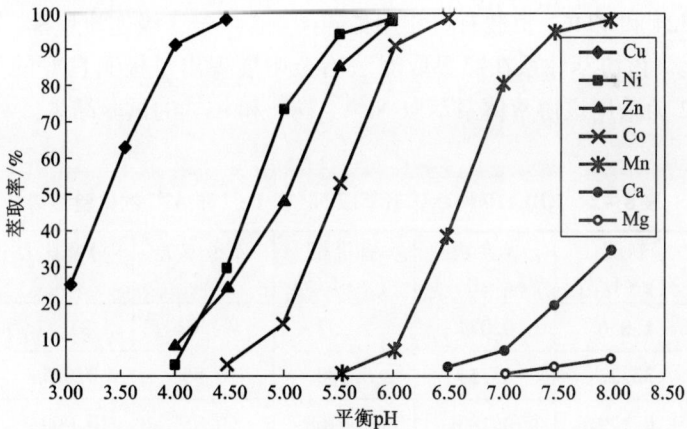

图 8 – 6   Versatic 10/4PC 协萃体系萃取模拟红土镍矿酸浸液中金属的 pH 等温线

应用该协萃体系从含 4 g/L Ni^{2+}，0.1 g/L Co^{2+}，1 g/L Mn^{2+}，10 g/L Mg^{2+}，0.7 g/L Ca^{2+} 和 30 g/L Cl^- 的工厂浸出液中萃取镍钴的半连续工业试验结果表明，经过三级萃取，镍、钴萃取率分别达到 99.9% 和 99.1% 以上，用含 2 g/L 镍的溶液在相比 5:1 和 pH = 5.6 时进行两级洗涤，负载有机相中锰、镁浓度均降到

1 mg/L，钙浓度降到 3 mg/L，从而实现了镍钴与锰镁钙的优良分离。该协萃体系运行 1 年后，在定期酸化回收溶解至萃余液中的少部分 Versatic 10，有机相损失不到 1%，表明该协萃体系十分稳定。根据该协萃体系的试验结果以及红土镍矿酸浸液的特点，成楚永等人提出了一个全新的直接萃取法从红土镍矿酸浸液中回收钴、镍的原则流程，如图 8 - 7 所示。

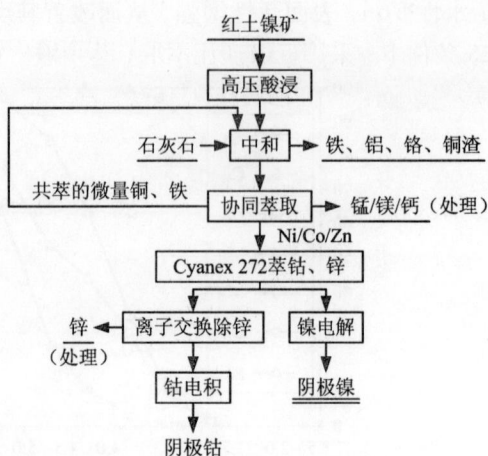

图 8 - 7　溶剂萃取法从红土镍矿酸浸液中回收镍钴的原则流程

冶金分离科学与工程重点实验室最近开发的 HBL110 协萃体系在解决镍钴与锰镁钙分离的基础上更进一步，解决了镍与铁铝的分离问题。该协萃体系具有优良的萃镍性能及镍铁、镍铝分离性能，能够从含 2 g/L 镍、30 g/L 铝和 0.2 g/L 三价铁的废催化剂硫酸浸出液中（pH < 2）选择性地萃取镍，镍的单级萃取率达到 96% 以上，镍铁、镍铝分离系数分别达 2524 和 4346，负载有机相用稀硫酸反萃，经 3 级逆流反萃，镍的反萃率在 99% 以上。该协萃体系在镍提取湿法冶金中展现出了极其良好的工业应用前景。表 8 - 2 为采用该协萃体系萃取 Ni^{2+}、Fe^{3+} 和 Al^{3+} 的试验结果。

表 8 - 2　HBL110 协萃体系萃取 Ni^{2+}、Fe^{3+} 和 Al^{3+} 的试验结果

金属离子	料液 /$(g \cdot L^{-1})$	萃余液 /$(g \cdot L^{-1})$	有机相 /$(g \cdot L^{-1})$	萃取率 E /%	分配比 D /%	分离系数 $\beta_{Ni/M}$
Ni^{2+}	1.836	0.074	1.737	96.03	23.47	1
Fe^{3+}	33.22	33.54	0.180	0.55	0.0054	4346
Al^{3+}	0.179	0.180	0.00168	0.95	0.0093	2524
pH	3.02	2.36	—	—	—	—

注：萃取过程中两相体积发生变化，萃余液体积减少约 1.5%。

冶金分离科学与工程重点实验室应用此协萃体系对从红土镍矿酸浸液中直接提取镍也进行了较为深入系统的研究，并进行了为期 30 天的连续运转工业扩大试验。直接萃镍新工艺原则流程如图 8 - 8 所示。某厂萃取原料液含镍 4 g/L，铁

17 g/L，铝1.6 g/L，镁44 g/L，其他金属杂质均为微量。在原料液pH 2.0，相比1∶1.25条件下，采用五级逆流萃取，萃余液中镍浓度低于0.05 g/L，铁萃取率仅为0.8%（即负载有机相含铁0.167 g/L），铝镁几乎不被萃取。负载有机相按相比6∶1经四级逆流反萃，反萃液中镍浓度达40 g/L左右，铁浓度仅为1 g/L，除铁率达99.41%，其他金属杂质含量如铝、镁、锰、钙、铬等均远低于传统提镍工艺中萃取除杂后得到的电解液的标准。镍的萃取与反萃动力学均很快。该协萃体系30天连续运转扩大试验的成功运行，为该厂的传统工艺改造应用直接萃镍新工艺打下了关键基础，并将对镍湿法冶金领域产生深远影响。

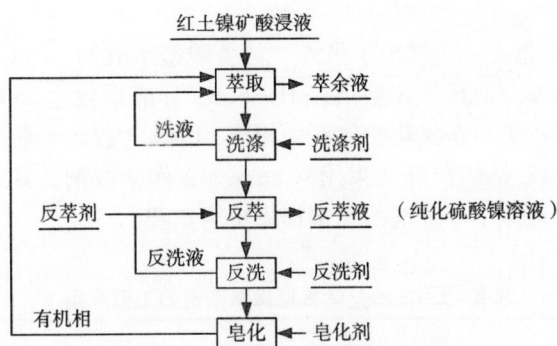

图8-8　直接萃镍新工艺原则流程

8.2.2.2　钴镍萃取分离技术的进步

近十年来，溶剂萃取技术在镍钴湿法提取工艺中取得了迅速的发展，已证明溶剂萃取是简化工艺、降低成本及环境友好的镍钴提取技术。而这种进步与萃取剂、材料与设备的成就息息相关，同时也得益于铜、铀溶剂萃取实践经验的积累。

早期镍钴工艺均采用各种沉淀的方法分离钴、镍。20世纪60年代开始采用溶剂萃取法分离钴镍，今天萃取法在镍钴湿法冶金中已占据了统治地位，而且由于新萃取剂的研究进展，萃取法的分离效率更加显著，镍钴湿法冶炼工艺也因此得到了极大的改进。

萃取法分离钴镍的工艺分为三大类：

（1）氯化物体系：溶液为用氯或者盐酸浸出镍铜锍、中间产品或二次资源的浸出液。

（2）氨-铵盐系统：溶液来自于红土镍矿还原焙烧浸出及氧化矿和镍钴氢氧化物沉淀的浸出。

（3）硫酸盐系统：溶液为硫化物精矿及沉淀、铜锍和红土矿的氧压浸出液。

其中以硫酸盐系统的应用最受关注，限于篇幅，本书仅对硫酸盐系统镍钴萃取工艺的发展作一概略介绍。

表 8 – 3 为迄今为止在硫酸盐系统中使用的五种萃取剂的情况。

第一个溶剂萃取分离钴镍的工程是在 20 世纪 60 年代中叶出现的。开始实际上是用于氨体系,70 年代初期才用于硫酸盐体系,有机相预先皂化处理,以硫酸反萃产生适合于电解的硫酸钴溶液。此体系的缺点是 D2EHPA 萃铁能力很强,需采用还原反萃或盐酸反萃法,钴镍选择性很差,锰、镁、钙的萃取顺序在钴、镍之前,因此偶尔还需从萃取系统除去石膏。

70 年代后半期,日本推出了新的有机磷萃取剂 PC – 88A(即我国的 P507),它对镍的萃取能力较弱,对钴有较好选择性,钴镍分离系数至少比 D2EHPA 高一个数量级。

1982 年美国氰化物公司推出了另外一种膦酸型萃取剂,即 Cyanex 272,基本不萃镍,因此其钴镍分离系数相当高,pH = 5.6,分离系数达 2500 以上。因此所需级数很少,分离效果与在氯化物体系中相当,1985 年投入工业应用,至 1995 年底,大约世界上 50% 钴的精炼均采用 Cyanex 272 作萃取剂。其最大缺点是价格贵,因此作业中尽量减小萃取剂的夹带损失更为重要。

表 8 – 3 硫酸盐体系钴镍萃取剂的工业应用

萃取剂	结构式	应用特征	开始应用年代 20 世纪 60、70、80、90、现在
D2EHPA (P204)	RO、O／P＼RO、OH	钴的选择性优于镍,需多级	⟶
Versatic10	CH₃—C(C₂H₅)(C₅H₁₁)—COOH	镍比钴易萃取,但分离因素不大	⟶
PC – 88A (Ionquest 801) (P507)	RO、O／P＼R、OH	钴的选择性大于镍,分离系数高于 P204 体系	⟶
Cyanex 272	R、O／P＼R、OH	钴的选择性大于镍,分离系数特高	⟶
Cyanex 301	R、S／P＼R、SH	镍、钴先萃与锰、镁、钙等杂质彻底分离,盐酸反萃后,叔胺分离钴、镍	⟶

70 年代中期推出的另一类萃取剂是 Versatic10，它是一种有机酸，其便宜的价格具有很大的吸引力，其对镍的选择性优于钴、钙、镁。但对钴的选择性不是很大，所以未能用于实际工业分离。另外，它的酸性很弱，需在 pH =7 左右萃取镍，故使其水溶性的缺点更为突出。其相分离性能较差也是一个缺点。它在工业上的一种应用方式是将钴、镍的硫酸溶液转变成盐酸溶液，以便用叔胺进行分离。另外的应用方式是经过 Cyanex 272 的萃余液再用 Versatic10 萃镍，使镍与钙、镁分离。

最新发展的萃取剂是 Cyanex 301，它以 S 原子取代了 Cyanex 272 中的氧原子。因此其萃取强度及对贱金属的选择性均不同于 Cyanex 272。其主要特征是动力学性能好，萃取钴和镍而不萃取锰、镁、钙杂质。且不需要消耗碱以控制平衡 pH。反萃需强酸，用盐酸反萃的反萃液再用叔胺进行分离。Cyanex 301 的水溶性比以上四种萃取剂均低。而且萃取与反萃的相分离情况均比其他四类萃取剂好，故萃取剂的溶解与夹带损失均小。但在有空气存在的条件下它可能被金属催化氧化而降解成 $R_2P(S)$—$S(S)PR_2$，现已开发了一些将其转化回 $R_2P(S)SH$ 的方法。但在工业试验厂的长期运行证明，在排除氧气气氛的情况下，其降解基本可忽略不计，每天 12 吨干矿的工业试运行表明，Cyanex 301 是一种理想的萃取剂。

钴镍萃取技术的进步充分说明了分离材料(此处为萃取剂)的发展对推动分离技术的进步有重大影响，而且还将影响整个湿法冶金工艺的变化。

8.2.3　全湿法提锌工艺的诞生及影响

8.2.3.1　硅酸盐矿的湿法炼锌路线

从锌的一次资源硫酸浸出液中萃取锌，稀硫酸反萃液直接送电积车间生产高纯锌一直是一条理想的全湿法工艺路线。其典型的代表是 Anglo American 所属的 Skorpion 锌全湿法精炼工艺，它是第一家应用萃取法由一次原料生产高纯锌的工厂。该厂坐落在非洲南纳米比亚的 Rosh Pinah 西北 25 公里处。2003 年 5 月投产，2005 年达到设计产能，中间经过不断调整，至 2007 年下半年生产完全转入稳定正常状况。

Skorpion 工程的锌萃取原则流程示于图 2 - 68。该厂用高压浸出法处理锌的硅酸盐矿石，锌平均品位为 10.6%，一般不能用传统焙烧—浸出工艺处理的氧化矿、碳酸盐类矿均可用此法浸出。浸出液用中和法除去大量铁、铝、硅后，由浓密机溢流出来的上清液送往萃取—电积回路生产高纯锌。底浆用硫酸再酸化，第一次滤液经锌粉置换后返回细磨工序，一些贱金属杂质如铜、镍、钴、镉被置换除去，第二次滤液用石灰中和产生的碱式硫酸锌返回中和工序作中和剂。

萃取工艺以西班牙 TR 研究所提供的改进的 Zincex 工艺(MZP)为基础，选择

D2EHPA 作萃取剂(见图 2 - 68)。之所以选用萃取法,原因在于该厂处理的原料含有可溶的氯化物及氟化物矿物,用阳离子交换萃取剂时不但可以除去卤素离子,而且可以分离除去贱金属离子。此外由于原料含硅高达 26%,故只能以较大液固比浸出,从而只能得到含锌的稀浸出液(含锌仅 30 g/L),而用溶剂萃取法在阻拦杂质离子的同时可通过反萃直接得到含锌达 90 g/L 的高质量的适于电积的锌溶液。除三价铁外,锌比所有其他共存杂质元素的被萃取能力要强,它的 $pH_{1/2}$ 在酸性较强的范围内,如果萃余液循环利用,不需将料液中的锌全部萃完,则萃取剂不必皂化处理,萃取产生的酸导致酸度向低 pH 方向迁移,不但有利于抑制共存杂质元素的萃取,而且有利于萃余液的循环利用。Skorpion 锌工程的原则流程示于图 8 - 9。

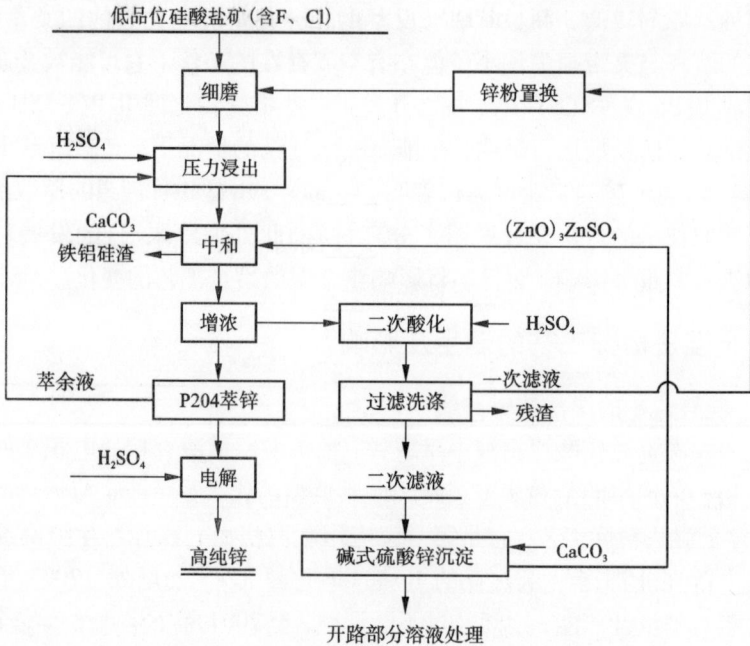

图 8 - 9   Skorpion Zn 工程简化流程示意图

萃取设备为普通的混合澄清槽,最大的澄清槽面积为 $25 \times 25 (m^2)$,即 625 m^2。料液流量 960 m^3/h,每天的锌转移量达 445 t。年产量达到设计指标(150000 t/a 锌),此时产能利用率为 97%。

目前生产的阴极锌质量全部达到 99.995% 的标准。典型的萃取过程的溶液与阴极锌产品质量列入表 8 - 4。

表 8 - 4 萃取工段溶液与阴极锌质量

元素	料液/(mg·L⁻¹)		电解液/(mg·L⁻¹)		锌阴极/10⁻⁶	
	设计*	实际	设计*	实际	设计*	实际
Al	300	82		190		10[11]
Pb					30	25
Sn					2	2
Ca	650	664		54		
Cd	100	330	<0.05	0.01		15[11]
Cl	5000	1031	<100	50		
Co	100	18	<0.05	0.02		
Cu	700	504	<0.05	0.09	10	7
F	200	43	<20	7		
Fe	5	1.5	<5	<5	20	3
Mg	200	1040				
Mn	500	2120	3000	2200		
Ni	800	328	<0.05	0.08		
Si	40	67				
Zn	30000	38000	>90000	117000		

注：*高纯锌规范。

8.2.3.2 硫化矿的全湿法炼锌工艺

除了 Skorpion 全湿法炼锌工艺外，加拿大 Teck Cominco 有限公司开发的 Hydrozinc 过程也是一个用 D2EHPA 萃锌的全湿法工艺，2008 年以前已经结束半工业试验。所用料液为硫化矿的生物堆浸—酸浸技术得到的浸出液。浸出试验总计消耗了 1 万吨硫化矿。

Hydrozinc 全流程图见图 8 - 10，其工艺过程包括堆浸—酸浸、中和、萃取及电积四大工序。所处理的矿物有闪锌矿、铁闪锌矿、纤维锌矿等锌的硫化矿。如处理与铜共生锌矿，则在中和前设置一个萃铜工序，图中用虚线标出。含锌品位从 3% ~20%，破碎至粒径 25 mm 左右，堆高 6 m，从下部鼓入空气，上部喷淋由萃取工序返回的含 30 g/L 硫酸的萃余液。萃余液中的三价铁按式(8 - 1)氧化硫化锌。

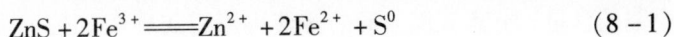

$$ZnS + 2Fe^{3+} === Zn^{2+} + 2Fe^{2+} + S^0 \qquad (8-1)$$

产生的亚铁离子又借细菌氧化的作用被氧化为三价铁离子，如式(8-2)所示：

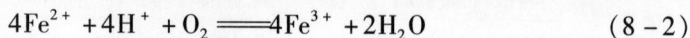

$$4Fe^{2+} + 4H^+ + O_2 = 4Fe^{3+} + 2H_2O \quad (8-2)$$

而元素硫也可被细菌进一步氧化为硫酸：

$$S^0 + 1.5O_2 + H_2O = H_2SO_4 \quad (8-3)$$

如式(8-4)所示，伴生的黄铁矿也被细菌氧化：

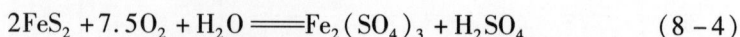

$$2FeS_2 + 7.5O_2 + H_2O = Fe_2(SO_4)_3 + H_2SO_4 \quad (8-4)$$

靠氧化放热以维持从堆底收集的浸出液的温度不低于35℃。

返回的萃余液含锌10~20 g/L，从堆底流出的浸出液锌浓度为20~40 g/L，其pH小于2，因此避免了铁在矿堆内的沉淀。

中和工序由串联的系列搅拌槽构成，浸出液首先用碱式硫酸锌调整pH，接着添加石灰乳使溶液中和至pH为4~4.5，此时发生反应：

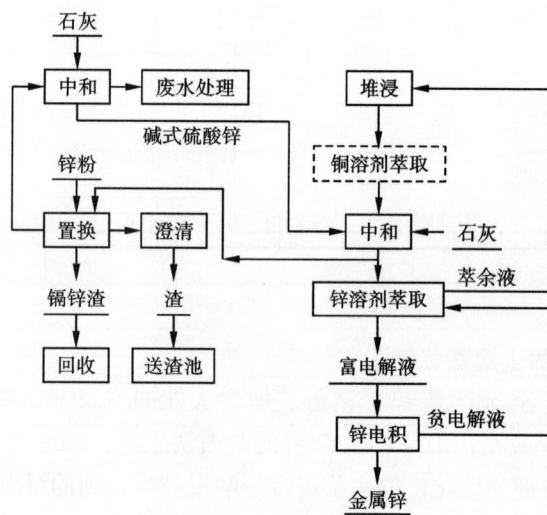

$$CaCO_3 + H_2SO_4 = CaSO_4 + CO_2 + H_2O \quad (8-5)$$

$$3CaCO_3 + Fe_2(SO_4)_3 + H_2O = 3CaSO_4 + 2FeOOH + 3CO_2 \quad (8-6)$$

图8-10　Hydrozinc全流程图

与一般工业上常用的中和法不同，此流程中和工序不需鼓入空气氧化亚铁离子，后者在萃取阶段留在萃余液中，有利于萃余液返回浸出工序再氧化为浸出锌的三价铁离子。经过90~180 min的中和作业后，矿浆在浓密机中澄清，过滤后的清液送萃取工序。同时从浓密机中分流部分溶液，用锌灰置换除镉以控制系统中镉的含量。分离锌镉渣后的溶液再用石灰乳调pH，产生的碱式硫酸锌用于中和工序预调 pH。

送往溶剂萃取的料液及萃取工序产出的富电解液成分见表 8 - 5。

表 8 - 5　萃取料液及反萃液的成分（mg/L）

	Zn①	As	Ca	Cd	Co	F	Fe	Hg②
料液	20		600	800	80		600	
反萃液	110	<0.01	52	0.3	0.35	12	21	7
	Mg	Ni	总 Pb	SiO₂	Sb	H₂SO₄①	pH	
料液	800	40		200			3.5	
反萃液	10	0.2	0.6	35	0.02	71		

注：①：g/L；②：μg/L。

全工序设置两级逆流萃取、三级逆流洗涤及两级逆流反萃。负载有机相经过中转储槽后再进洗涤段。反萃得到的富电解液送电积工序。由于铁在有机相中逐渐积累，故分流部分循环有机相除去铁后再回到循环回路。

生产的阴极锌的质量见表 8 - 6。

表 8 - 6　电锌质量（10⁻⁶）

元素	SHG 级标准	1#样	2#样
Al	≤20	7	9
As		1	1
Cd	≤30	3	2
Cu	≤20	2	2
Fe	≤30	4	2
Pb	≤30	15	12
Sn	≤10	<1	<1
Tl		<1	<1
杂质总量	≤100		

锌硫化矿的浸出液一般成分复杂，如果用沉淀、置换等办法除杂必须经过一个多段净化过程（一般至少需三段净化）。例如，晶形铁盐法沉铁；锌粉置换法除铜、镉；锌粉置换法除钴、镍；除去氟、氯及其他杂质等。由于各厂原料含杂质种

类及量不同,因此净化工艺也不完全相同。本书第二章图 2 - 67 直观地对比了焙烧—浸出—电积过程(RLE)与萃取—电积过程(MZP)的净化除杂情况,显然从浸出液中用萃取法除杂并制备电解液的 MZP 过程具有明显的优越性。

硫化矿目前仍是主要的锌资源,随 Hydrozinc 工艺的不断完善,必然推动更多锌冶炼企业进行技术改造。

在 21 世纪的第一个十年,萃取法湿法炼锌的工艺取得了重大进展。建立在西班牙 MZP 技术基础上的 Skorpion 工程,从投产后经历了五年左右时间的不断完善与改进,成功达到了年产 15 万 t 高纯锌的目标。第一个利用一次原料、硫酸体系中的全湿法工艺的成功为湿法炼锌工业建立了样板,给科技与工程人员建立了进一步发展的信心。关键的技术瓶颈已突破,道路已经指明:是优先选择性萃铁,还是优先选择性萃锌,或者是反萃分离锌/铁? 能被市场接受的成本,能为环境容纳的工艺是判定的唯一标准。在今后的 10 ~ 20 年间利用硫化矿的萃取工艺必将取得突破。

8.3 稀土分离工艺的巨大变化

稀土元素包括周期表第三副族的钪、钇、镧及镧系元素。而在天然矿物中,钇总是与镧系元素共存。稀土元素电子层结构特点决定了它们的性质特别类似,因此获得纯的稀土元素是困难的。

稀土元素分离的原则是先将它们分成 2 ~ 3 个元素组,再从各元素组中分离单一稀土元素。硫酸复盐沉淀法是早期稀土元素分组的一种重要方法,稀土硫酸复盐的分子式为 $(RE)_2(SO_4)_3 \cdot Na_2SO_4 \cdot nH_2O$(其中 $n = 1$ 或 2),铈组稀土元素 La、Ce、Pr、Nd、Sm 的硫酸复盐溶解度小,而且温度升高,硫酸复盐溶解度降低。因此一般分组方法是在冷态加入 Na_2SO_4 固体或饱和溶液,沉淀出铈组稀土硫酸复盐,而后再将溶液加热,析出铽组元素 Eu、Gd、Tb、Dy,母液中留下钇组元素 Ho、Er、Tu、Yb、Lu、Y。也可利用硫酸复盐沉淀法将稀土元素分成两组。

硫酸复盐沉淀法的操作麻烦,分离效果较差,因此现在已完全改为溶剂萃取法,所用萃取剂为 P204,将轻稀土留在萃余液中,中、重稀土进入有机相,用 2 mol/L 盐酸反萃中稀土,再用 5 mol/L 盐酸反萃重稀土,从而将稀土元素快速地分离成三组。

从混合稀土中分离析出单一稀土,早期均采用 1873 年门捷列夫提出的分步结晶法。方法的实质是利用镧系元素和铵的硝酸复盐 $[RE(NO_3)_3 \cdot 2NH_4NO_3 \cdot 4H_2O]$ 及镁的硝酸复盐 $[2RE(NO_3)_3 \cdot 3Mg(NO_3)_2 \cdot 24H_2O]$ 的溶解度差异通过反复的蒸发结晶—溶解的过程实现分离。也可利用溴酸盐、二甲基磷酸盐的溶解度差异进行分步结晶分离。

分步结晶的流程如图 8 – 11 及图 8 – 12 所示。为了得到单一稀土元素，往往需要进行几百次甚至上千次作业。例如析出 20% 的钪精矿需 6 年，再提纯至 99% 还需 4 年。又如为了制取纯镥，在 6 ~ 8 个月内进行了 4000 ~ 5000 次再结晶。

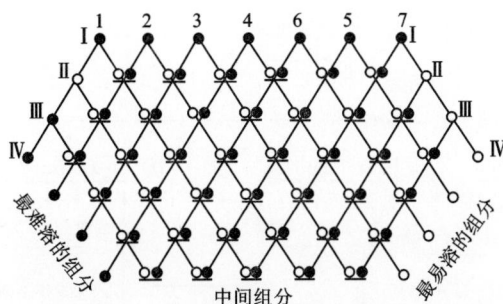

图 8 – 11　有预分馏分的分步结晶流程

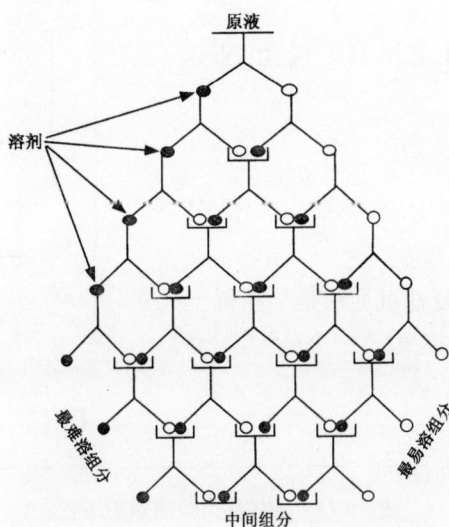

图 8 – 12　无预分馏分的分级结晶流程
○—母流；●—结晶体；└──┘

分离技术的落后，使稀土产品价格昂贵，纯度也无法满足高科技的要求，反过来严重阻碍了稀土工业的发展。

现代的稀土分离工艺是以萃取法为主，并配合以离子交换色层与萃取色层相结合的分离工艺。图 8 – 13 为从 $RECl_3$ 溶液中分离单一稀土的原则工艺图。这是一个以萃取法为基础的全分离原则路线。尽管随稀土混合物的配分不同，流程的具体组合方式、分离顺序、所用萃取剂会有所不同；在富集物的萃取提纯中，在主元素得到富集的同时又会得到一些新富集物，因此实际操作工艺更为复杂，但图 8-13 反映了稀土萃取分离已达到的技术水平，反映分离科学的成就及它对稀土湿法冶金工艺的贡献。

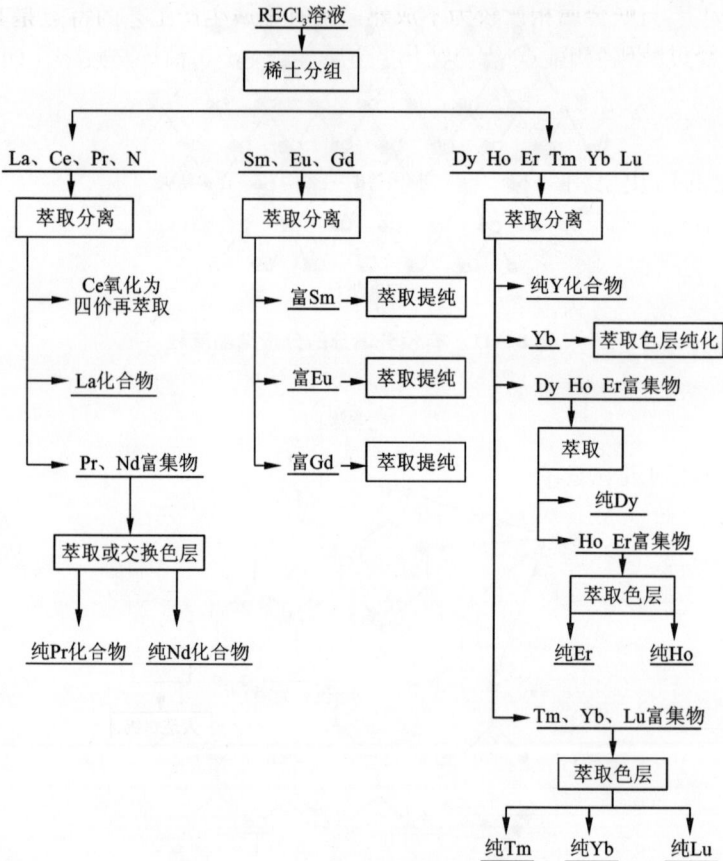

```
                          RECl 溶液
                             │
                        ┌─────────┐
                        │ 稀土分组 │
                        └─────────┘
                             │
         ┌───────────────────┼───────────────────────┐
         │                   │                        │
  La、Ce、Pr、N         Sm、Eu、Gd            Dy Ho Er Tm Yb Lu
         │                   │                        │
    ┌────────┐          ┌────────┐               ┌────────┐
    │ 萃取分离 │          │ 萃取分离 │               │ 萃取分离 │
    └────────┘          └────────┘               └────────┘
         │                   │                        │
   Ce氧化为              富Sm → 萃取提纯           纯Y化合物
   四价再萃取                                     
                         富Eu → 萃取提纯           Yb → 萃取色层纯化
   La化合物                                       
                         富Gd → 萃取提纯           Dy Ho Er富集物
   Pr、Nd富集物                                        │
         │                                         ┌────┐
   ┌──────────────┐                                │ 萃取 │
   │ 萃取或交换色层 │                                └────┘
   └──────────────┘                                    │
         │                                         纯Dy
   纯Pr化合物  纯Nd化合物                            Ho Er富集物
                                                       │
                                                  ┌────────┐
                                                  │ 萃取色层 │
                                                  └────────┘
                                                   │        │
                                                 纯Er      纯Ho

                                          Tm、Yb、Lu富集物
                                                  │
                                             ┌────────┐
                                             │ 萃取色层 │
                                             └────────┘
                                          纯Tm   纯Yb   纯Lu
```

图 8-13   现代稀土分离原则工艺

图 8-13 中镨、钕富集物既可用萃取色层也可用离子交换色层进行分离，而铕富集物用还原法使铕变成二价后可用 $BaSO_4$ 共沉淀载带，也可用萃取或萃取色层进行分离。

第四章已介绍即使最慢的离子交换色层也只需十几天完成分离过程，萃取色层只需一天多时间，而萃取法则更快。如果稀土溶液太稀，还可用膜法进行浓缩，而铈的氧化与铕的还原则可用离子膜电解取代化学试剂氧化或还原。与硫酸复盐沉淀分组、分步结晶法的经典工艺相比，稀土工业的今昔已是天壤之别了。

8.4 难熔金属工业的今昔

难熔金属由于其性质较活泼，发现较晚，故以工业产品形式进入市场也较晚，其生产工艺与贱金属相比较为不成熟。稀有金属生产工艺的特点是其多阶段性，一般需经过精矿分解、分离与纯化、金属生产、金属精炼与致密化四个阶段。

8.4.1 钨冶炼工艺的技术进步

钨冶金的历史已有一个半世纪，是稀有金属家族中提炼技术最为成熟的一个金属。有工业意义的钨矿物为黑钨矿，即钨酸铁（锰）矿与白钨矿即钨酸钙矿。分解钨矿物的最古老的方法为苏打烧结（熔合）法。直到现在还有一些国家仍然用此法分解钨矿物。烧结块用水浸出得到粗钨酸钠溶液。用湿化学法进行分离纯化得到纯的 APT 中间产品，再以这种中间产品为原料生产金属钨粉。传统的 APT 生产工艺如图 8-14 所示。

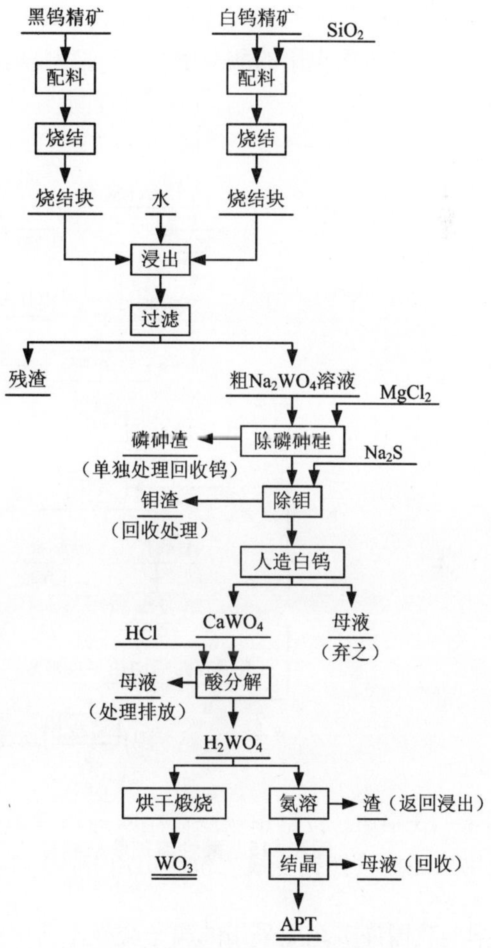

这是一个多出口的工艺。除杂质磷、砷、硅工艺，可以两阶段进行，也可以一个阶段进行。杂质磷、砷、硅分别以磷酸氢（铵）镁、砷酸氢（铵）镁和硅酸镁形式沉淀，实际上，渣中有大量氢氧化镁，滤渣为胶态，难以过滤，含水率高，钨损大。因此为减少钨

图 8-14 传统的 APT 生产工艺

损，这部分渣又需设立辅助流程处理。人造白钨用盐酸分解，可以利用钼酸在盐酸中溶解度较大的性质，分离部分钼，但废盐酸中还夹带有较多的胶体钨酸亦需

回收, 经过澄清分离后的盐酸亦需石灰中和才能外排, 石灰渣体积庞大也是一个难于处理的问题。如果精矿含钼量不高, 则无需安排除钼工序, 如需除钼一般采用硫化钠除钼法, 先将钼酸根转变成硫代钼酸根, 之后酸化至 pH = 2, 钼以 MoS_3 形式沉淀再过滤除去。沉淀人造白钨又需将溶液 pH 回调至 8 ~ 9, 因为调至 pH = 2, 钨生成同多酸根离子, 耗酸量大, 故为了下调 pH 及回调破坏同多酸根所需酸、碱量较大, 显然是一种不合理的安排。

20 世纪 70 年代, 西方国家的许多企业改用如图 8 - 15 所示的酸性萃钨工艺, 取代了经典工艺。它只能起到将纯的钨酸钠溶液转变为纯钨酸铵溶液的作用, 实质上是将传统工艺中的沉人造白钨与酸分解两道工序用萃取工艺所取代。由于取消了具有一定净化作用的酸分解工序, 故对镁盐净化及硫化钼沉淀的净化作用要求更严。

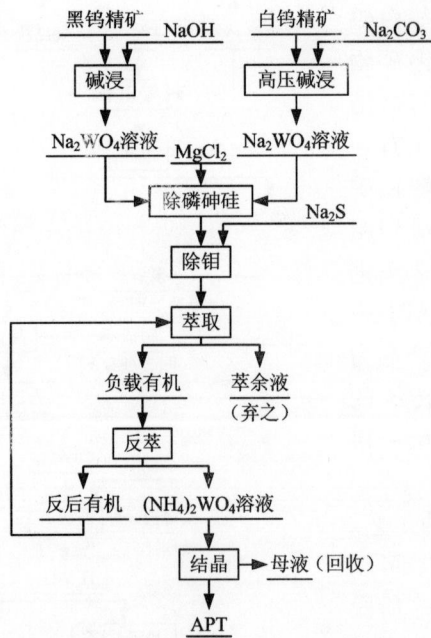

图 8 - 15 酸性溶剂萃取制取 APT 原则流程示意图

同期我国许多企业采用的离子交换工艺则彻底脱离了传统工艺的框框, 借助强碱阴离子交换树脂的选择性, 利用前沿色层的分离原理使绝大部分磷、砷、硅杂质进入交后液, 吸附钨的树脂用水洗净后以铵盐解吸转化成纯钨酸铵溶液(见图 8 - 16)。此法的缺点是浓的精矿浸出液需用大量不含氯根或含氯根很少的水稀释至含 WO_3 15 ~ 20 g/L, 不仅增加了耗水量, 而且增大了废水处理量及难度,从技术上说这是一种不合理的做法。此外树脂除磷砷硅的能力也有限，且无法除钼也是其一缺点。

这两种现代分离净化工艺本身的缺点促使科技工作者进一步研究改进的办法。另一方面随着现代科技进步，对 APT 的质量提出了越来越高的要求，表 8 – 7 所列为我国出口钨中间制品的质量标准的变化，一方面说明了 APT 质量标准的提高是技术发展的动力，另一方面也反映了钨纯化分离技术的进步。再者，随着钨资源的逐渐减少，一些杂质含量较高的含钨原料如钨细泥、难选低品位钨矿与钨中矿以及钨二次资源也成为了 APT 生产的重要原

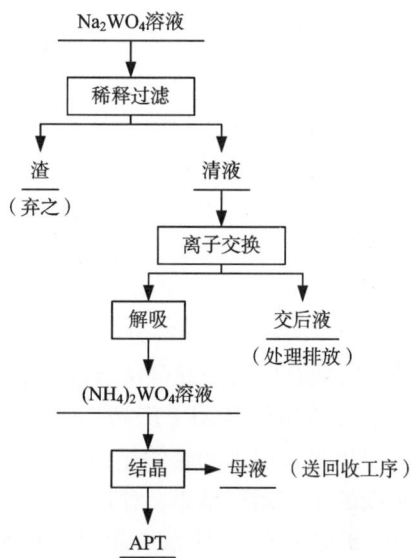

图 8 – 16 离子交换生产 APT 原则流程图

料。在这种背景下，钨湿法冶炼技术又经历了一次更深层次的变革，主要表现在下列三方面。

表 8 – 7 APT(WO₃)中典型杂质元素控制标准变化

元素	601厂	国 标		601厂		764厂	行检	福建计量局	国标
	WO_3 1979	WO_3-1 1983	WO_3-3 1983	WO_3-3 1984	APT–1 1984	APT–1 1984	APT 1985	APT–A 1986	APT–0 1988
Mo	≤0.1	≤0.005	≤0.1	≤0.04	≤0.006	≤0.005	≤0.0025	≤0.002	≤0.002
Si		≤0.002	≤0.008	≤0.005	≤0.001	≤0.001	≤0.001	≤0.001	≤0.001
P	≤0.025	≤0.0007	≤0.015	≤0.004	≤0.0007	≤0.001	≤0.001	≤0.0007	≤0.0007
Sb		≤0.001		≤0.001	≤0.001	≤0.001	≤0.0001	≤0.0003	≤0.0003
As	≤0.015	≤0.002	≤0.01	≤0.01	≤0.001	≤0.001	≤0.001	≤0.0009	≤0.001
Ca		≤0.002	Ca + Mg ≤0.015	≤0.01	≤0.001	≤0.001	≤0.002	≤0.001	≤0.001
Na		Na + K	Na + K	Na + K	Na + K	Na + K	Na + K	Na + K	
K		≤0.004	≤0.015	≤0.008	≤0.003	≤0.003	≤0.002	≤0.002	
S	≤0.015	≤0.001	≤0.007	≤0.001	≤0.0007	≤0.0007	≤0.0007	≤0.0007	≤0.0007

1. 钨碱性萃取工艺的工业应用

第二章对钨的季铵盐碱性萃取工艺作了原则介绍。该新工艺经过冶金分离科学与工程重点实验室近 20 年的持续研究开发，已经形成了基于碱性萃取的钨冶金清洁生产成套技术。目前该技术已经在处理白钨精矿、高钼高磷低品位白钨矿和废旧硬质合金生产仲钨酸铵中成功获得大规模应用。图 8 - 17 为新工艺年产500 吨 APT 工程示范线的原则工艺流程图。该工程示范线位于湖南省郴州钻石钨制品有限公司，以白钨精矿为原料。

如图 8 - 17 所示，白钨矿采用苏打高压浸出，浸出时加入适量添加剂抑制磷、砷、硅等杂质的浸出，固液分离后浸出液直接进行萃取钨(钼)并分离磷、砷、硅等杂质，负载有机相经混合铵溶液反萃取获得纯净的钨(钼)酸铵溶液，反萃液经除钼后蒸发结晶获得 APT 产品，而萃余液经石灰转化后补充少量苏打返回浸出，实现了浸出过程中水和碱的循环利用，消除了酸的消耗。根据年产 500 吨 APT 工程示范线的生产运行结果，对新工艺与传统酸性萃取工艺和离子交换工艺进行了比较，结果如表 8 - 8 所示。相对于传统的苛性钠浸出 - 酸性萃取(离子交换工艺)，新工艺的化学试剂消耗和废水排放大幅度降低，加工成本显著降低。

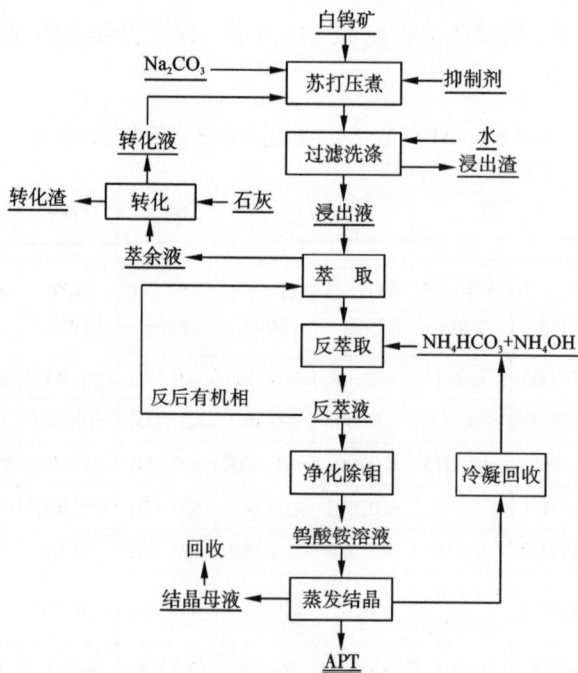

图 8 - 17 基于碱性萃取的钨湿法冶金清洁生产新工艺流程

表8-8　新工艺与"苛性钠压煮-酸性萃取/离子交换"工艺成本比较

项目		单价（元/kg）	单耗(kg/T APT)			新工艺节省成本（元/T APT）	
			苏打压煮-碱性萃取工艺（新工艺）	苛性钠压煮-酸性萃取工艺	苛性钠压煮-离子交换工艺	酸性萃取工艺	离子交换工艺
1. 原料	白钨精矿	75	1802.4	1824.7	1824.7	1672.5	1672.5
2. 辅助材料	氢氧化钠	2.5		450	450	1125.0	1125.0
	碳酸钠	1.5	80.0	/	/	-120.0	-120.0
	硫酸(98%)	0.4	/	1000	/	400.0	0
	硫酸镁	0.7	/	200	/	140.0	0
	N263	80.0	1.0	/	/	-80.0	-80.0
	N235	40.0	/	1.0	/	40.0	0
	离子交换树脂	35.0	/	/	1.0	0	35.0
	石灰(85% CaO)	0.5	200.0	/	/	-100.0	-100.0
	轻烧氧化镁	0.8	55.0	/	/	-44.0	-44.0
	液氨	3.2	/	200	65.0	640.0	208.0
	氯化铵	1.3	/	/	500.0	0	650.0
	碳酸氢铵	0.7	800	/	/	-560.0	-560.0
3. 能源消耗	标准煤	0.8	1500.0	1000.0	1000	-400.0	-400.0
4. 废水排放（m^3/T APT）			2.0~4.0	20.0~30.0	80~120.0		
合计						2713.5	2386.5

注：1. 以品位为50%的白钨矿计算；

2. 考虑了传统工艺中的蒸发结晶回收碱；

3. 新工艺全流程 WO_3 收率按97.2%计算，传统工艺全流程 WO_3 收率按96.0%计算；

4. 成本节省中没有考虑废水处理及水、电消耗费用；

5. 没有考虑除钼成本。

　　从我国河南栾川特大型钼钨矿中选矿回收的白钨矿具有 WO_3 品位低（WO_3 20~30%），钼（Mo 2~3%）和磷（P~10%）含量特别高的特点。该方法采用常规的选冶方法成本高、收率低、三废排放量大，综合利用效果差。冶金分离科学与工程重点实验室根据该矿的特点，系统考虑资源综合利用、生产成本、环境保护和产品附加值等关键因素,开发了一系列单元新技术并进行了有效集成,形成了高钼高磷低品位白钨矿资源综合利用的成套产业化新技术,其原则工艺流程如图8-18所示。采用新工艺的年产5000吨APT大规模生产线已于2016年在河南洛阳栾川钼业集团公司建成投产,运转效果良好。

如图8-18所示,新技术采用"苏打高压浸出-碱性萃取-蒸发结晶粗分离钨钼-离子交换深度除钼-蒸发结晶"新工艺生产APT和"富钼结晶母液萃取除钨-酸沉结晶"新工艺生产四钼酸铵,实现了钨、钼资源的高品质、高收率利用以及磷资源的回收。苏打高压浸出法处理低品位白钨矿,钨、钼浸出率高,WO_3和Mo的浸出率达99.0%以上,磷富集在浸出渣中,磷含量可达磷中矿水平,可作磷矿出售给磷加工企业。季铵盐碱性萃取直接以苏打浸出液为原料液制取钨(钼)酸铵混合溶液,在实现转型的同时能分离磷、砷、硅等杂质。碱性萃取的萃余液为含有少量杂质的碳酸钠-碳酸氢钠混合溶液,经石灰转化后返回浸出,并在高压浸出过程中添加活性氧化铝/氧化镁对磷、砷、硅进行抑制浸出,使这些杂质不会在浸出-萃取循环过程中积累。由此可见,新工艺能在苏打高压浸出-碱性萃取工序之间形成一个水的闭路系统,能实现水和碱的循环利用。碱性萃取的反萃液为钨(钼)酸铵混合溶液,本项目采用蒸发结晶法实现钨钼的初步分离,钨富集于结晶中,钼富集于结晶母液中;贫钼富钨的粗制APT晶体采用氨水溶解后采用多胺基阴离子交换树脂在密实移动床-流化床连续离子交换系统中用硫代钼酸盐形式深度除钼,获得纯钨酸铵溶液;贫钨富钼的结晶母液采用钨的特效萃取剂HBW201选择性萃取钨获得纯钼酸铵溶液。纯钨酸铵溶液蒸发结晶获得APT产品;纯钼酸铵溶液经蒸发浓缩后采用硝酸酸沉结晶获得多钼酸铵产品,该方法不仅能制取高纯度的APT产品,而且大部分(80%以上)的钼以高品质的多钼酸铵产品回收,剩余的钼则以MoS_3形式回收。

新工艺与传统的"碱压煮-离子交换"工艺和"碱压煮-酸性萃取"工艺相比较,具有如下优势:

(1)废水排放和试剂消耗大幅度下降。

新工艺中的碱性萃取过程在转型的同时实现钨钼与杂质磷、砷、硅的分离,而且萃余液能返回浸出使用,能实现水和碱在浸出-萃取过程中的循环利用,浸出-萃取过程理论上没有碱的消耗,实际碱耗较现行的"碱压煮-离子交换"和"碱压煮-酸性萃取"工艺大幅度下降,碱耗仅为现行工艺的20%左右。另外,碱性萃取无需消耗酸中和浸出液中的过剩碱,故可大幅度节省酸耗。因此,新工艺试剂消耗成本和废水排放大幅度下降。

(2)苏打高压分解率高、流程基本闭路,钨、钼收率显著提高。

新工艺采用苏打高压浸出低品位白钨矿。与传统"碱压煮-离子交换"和"碱压煮-酸性萃取"工艺均采用氢氧化钠浓碱高压浸出相比,苏打高压浸出白钨矿

适用性好, 钨钼浸出率高, 渣含 WO_3 一般在 0.3% 以下, 而苛性钠高压浸出白钨
矿的渣含 WO_3 一般在 1% 左右。

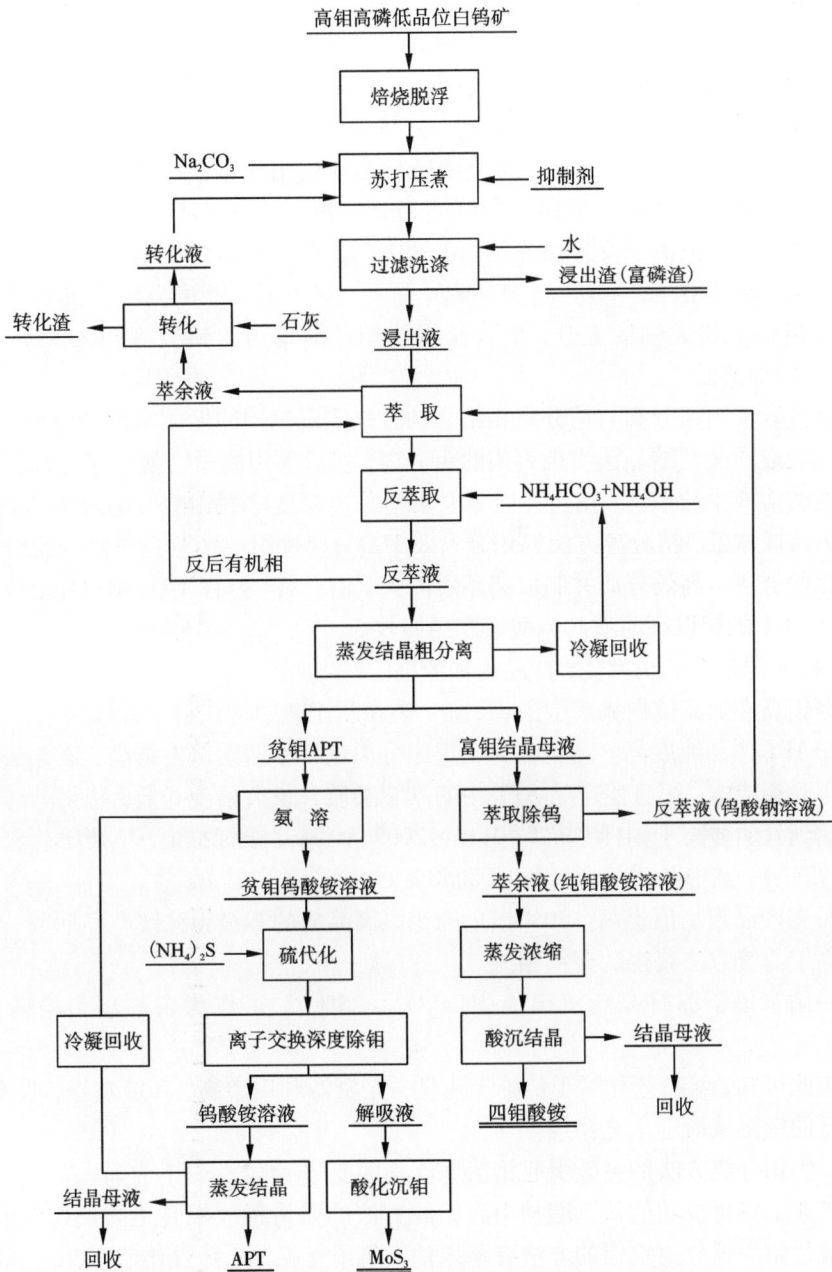

图 8-18 高钼高磷低品位白钨矿资源综合利用原则流程

另外，新工艺在"浸出－萃取"工序中实现了水的闭路，整个流程开路为浸出渣和转化渣损失。而酸性萃取工艺和离子交换工艺除了浸出渣损失外，酸性萃取还有磷砷硅渣和萃余液开路损失，离子交换还有离子交换尾液的开路损失。因此，在"浸出－转型"过程中，新工艺相对于传统工艺，WO_3 收率可提高 2~3%。

（3）钨钼分离成本低、WO_3 损失小。

传统的酸性萃取工艺和离子交换工艺从钨酸盐中深度除钼均采用硫代酸盐法除钼，其相同点是均需添加硫化剂将钼转化为硫代钼酸盐，其区别在于酸性萃取工艺除钼是在钠盐体系中采用调酸沉淀 MoS_3，离子交换工艺除钼是在铵盐体系中采用铜盐沉淀或离子交换法除钼。上述方法除钼主要适用于钼含量不高的钨酸盐中除钼（$Mo/WO_3 < 2\%$）。当 Mo/WO_3 达 8~15% 后，上述方法在成本及 WO_3 损失等指标上均大幅度上升，而且获得的钼产品均为含钨钼渣（WO_3/Mo 10~30%），附加值低。

新技术采用粗分离与精分离相结合的方式实现钨钼的低成本深度分离，第一步采用低成本蒸发结晶法实现钨钼的粗分离，然后采用离子交换法精分离深度除去钨酸铵溶液中的钼，采用选择性萃取法精分离深度除去钼酸铵溶液中的钨，粗分离方法成本低，精分离方法钨钼分离效率高，通过粗－精分离方法的组合实现了钨钼的低成本高效分离并制取高品质的钨、钼产品，过程 WO_3 损失小、成本低且 80% 以上的钼以高品质的钼酸铵产品回收。

（4）资源综合利用率高，产品附加值高。

高钼高磷低品位白钨矿中的钨、钼、磷在新工艺中均获得了有效利用。

1）APT 产品纯度高。新工艺为了钨钼分离进行了两次蒸发结晶，该方法不仅降低了除钼成本，而且使产品 APT 中的其它杂质含量大幅度降低，其化学纯度不仅能达到且明显高于国标 GB/T 10116－2007 APT－0 级标准要求（杂质总含量 < 0.00177%），其中杂质总含量 < 0.00050%。

2）钼产品附加值提高。80% 以上的钼以高品质的零级钼酸铵产品回收，附加值远高于传统方法获得的含钨钼渣。

3）磷富集于苏打高压浸出渣中（$P_2O_5 > 25\%$），可作为磷矿出售给磷加工企业。

由此可知，新工艺相对于传统工艺是一个资源利用率高、环境友好、收率高、成本低的钨湿法冶金工艺路线。

2. 钨钼分离方法的突破引起钨冶炼流程的变革

工业上获得成功的从钨酸盐中除钼的方法均是将钼酸根转化为硫代钼酸根。基于硫代钼酸根分离钨钼的方法有萃取法、离子交换法、活性炭吸附法、沉淀法及硫代钼酸铵结晶法。以上述方法为依托形成了三大类新流程。

（1）用萃取 MoS_4^{2-} 的方法取代现行萃取流程中的 MoS_3 沉淀法，萃钼料液 pH

控制在 8.5 左右,萃钼余液 pH 继续往下调至 pH 2 ~ 3 后再萃钨。

(2)现行离子交换流程的改进。将密实移动床 – 流化床技术与图 8 – 16 的离子交换流程相结合,可以直接从 Na₂WO₄ 溶液中除钼,也可以从除去磷、砷、硅后的(NH₄)₂WO₄ 溶液中经二次交换除钼。

(3)当钼含量很高时,可以结晶法预先除去大部分钼后再进一步除钼,钼含量很低时,则用活性炭直接吸附除钼。

3. 膜技术使钨冶炼流程更加完善

第六章介绍了离子膜电解技术在钨冶炼工艺中的成功应用,第五章介绍了纳滤膜从离子交换法生产 APT 的二次结晶母液中分离 NH₄Cl 的新工艺,这些新技术的试验成功使钨的溶剂萃取及离子交换工艺有更加广泛深入改进的可能。

当我们再回头审视图 8 – 14 的钨冶炼经典工艺时,不得不承认这些年来钨冶炼工艺已发生了革命性的变化,而这一变化的依托正是分离提取技术的进步。

8.4.2　钽铌湿法冶炼工艺的变革

纯钽铌化合物的制取一直是采用湿法冶炼工艺。早期采用钠碱或钾碱熔合法处理矿石,得到的钽铌混合氧化物再溶于氢氟酸后,用 8.3 节介绍的早期稀土分离的分步结晶法进行分离。钽铌分离的经典工艺流程如图 8 – 19 所示。

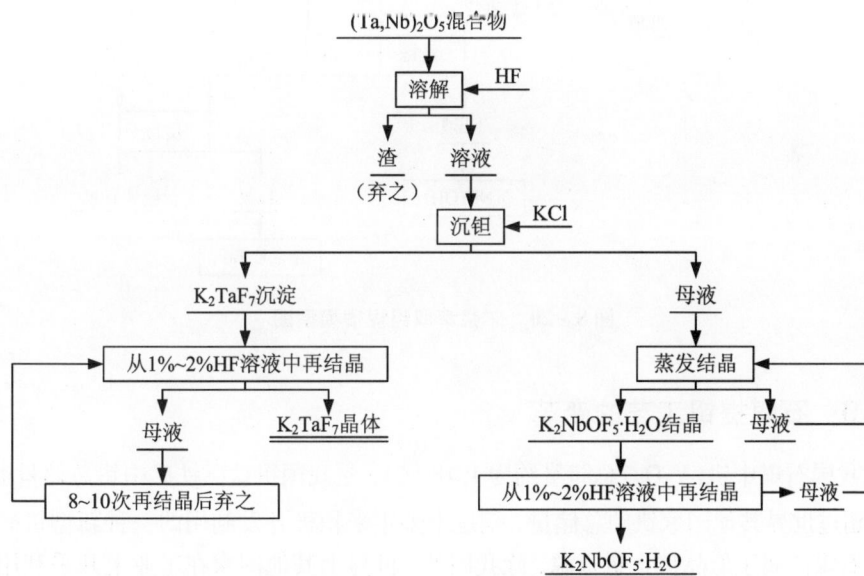

图 8 – 19　Ta – Nb 分离的经典工艺

尽管经过了这么复杂的分离工艺，也不可能得到很纯的化合物，中间制品氟钽酸钾中含铌 0.1% ~0.3%，硅含量 0.3% 左右，铁含量为 0.2% 左右，而氟铌酸钾中则含有 0.5% ~2% 的钽，且钛很难除去。早期钽、铌主要用于电真空器中的吸气剂及大功率振荡管的热附件、化学工业中耐蚀设备材料、特种钢添加剂，故这种质量的产品尚能满足要求，但是随着高可靠通信设备中采用钽电容器成为钽粉的主要用途，对钽粉的质量要求提高，钽中铌允许含量限制在 $0.0X$ ~$0.00X\%$，分步结晶法已无法满足这一要求，为此开发了从含钽铌及杂质元素的 HF 与 H_2SO_4 溶液中萃取钽铌的方法，使它们有效地与杂质元素分离及相互间实现高精度分离。与分离工艺的变化相适应，钽铌精矿的分解方法也改为氢氟酸分解法。现代钽铌分离的工艺流程示于图 2-73。图 8-20 则为钽铌矿浆萃取的实际槽模型图。比较图 8-20 与图 2-73 和图 8-19，明显看出溶剂萃取对缩短流程、提高分离效率及降低成本的重大作用。

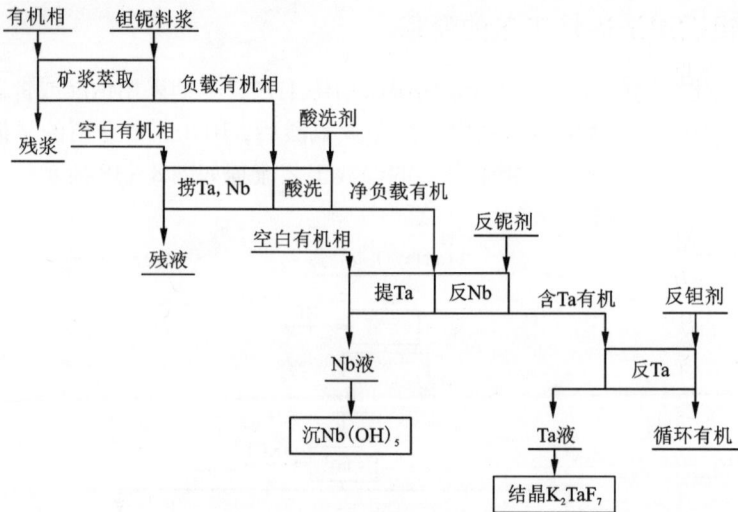

图 8-20   矿浆萃取钽铌槽模型图

8.4.3   石煤提钒工艺的变革

我国石煤中钒(V_2O_5)总储量约为 1.18 亿 t，是我国钒钛磁铁矿中钒总储量的 7 倍，超过世界其他国家钒的总储量，是近十多年来积极开发利用的一种新型钒矿资源。石煤矿属于低品位含钒资源，除我国外，世界上其他国家在工业上开采利用的尚不多见，我国石煤中钒的品位一般为 0.15% ~1.2%，小于边界品位 0.5% 的占 60%，在目前的技术经济条件下，品位达到 0.8% 以上的才具有工业开采价值。

目前我国石煤提钒生产厂家约有数百家，大都规模较小，且主要采用传统生

产工艺,即食盐焙烧—浸出—净化—沉粗钒—重溶—二次沉钒—煅烧而制得精五
氧化二钒。虽然传统的沉淀工艺具有设备简单、投资省、技术难度不大等优点,
但其弊端也十分明显:工艺流程长,由于浸出液钒浓度很低,一般只有 2~3 g/L,
而杂质含量高,净化困难,试剂消耗量大,钒的损失较大,其回收率仅为 40%~
45%;成本高,焙烧烟气及沉粗钒废水对环境的污染也十分严重。随着国家环保
要求日益严格,严禁外排对周边环境造成严重污染的废气、废水,开发无污染或
污染可控可治理的提钒新工艺新技术成了许多研究人员的当务之急。

　　针对石煤提钒传统工艺的缺点,科技人员进行了大量的研究工作,提出了氧
化焙烧—酸浸—溶剂萃取法提钒和无氯焙烧—酸浸—离子交换法提钒的新工艺。
国内从含钒废液中提钒一般采用强碱性季铵盐阴离子交换树脂(商业名称为 201
×7 树脂或 717 树脂),不过这种类型树脂并没有应用于钒生产的主工艺,且对钒
的工作吸附容量较小,钒的富集倍数较低,解吸高峰液钒浓度不高(<50 g/L)。
针对这些问题,冶金分离科学与工程重点实验室开发了采用一种大孔弱碱性阴离
子交换树脂 D314 直接从石煤酸浸液中提取钒的新工艺并成功应用于钒的主流程
工业生产。浸出液 pH 约为 3.0~4.0,具体料液成分如表 8-9 所示。

表 8-9　国内某钒厂石煤酸浸液主要成分(g/L)

元素	V_2O_5	Mg	Al	Si	P	S	Cl	K	Ca	Na
浓度	2.398	0.182	0.0029	0.083	0.0726	1.126	0.761	0.0655	0.996	0.28
元素	Mn	Fe	Ni	Cu	Zn	As	Se	Rb	Sr	Mo
浓度	0.0093	0.0002	0.0028	0.062	0.106	0.0093	0.0002	0.0005	0.0009	0.0154

　　装柱树脂体积为 6 m³,设定吸附穿透点为 0.05 g/L,当料液处理量约为树脂
体积的 135 倍时,接触时间为 60 min 的流出液中钒浓度(V_2O_5)仅为 0.053 g/L,
树脂吸附工作容量达到 280 mg/mL 湿树脂,钒回收率达到 98.61%,对负载钒的
树脂先用一定量的纯水淋洗后再采用 3 mol/L 的 NaOH 溶液进行解吸,解吸接触
时间 60 min,解吸剂用量仅为树脂体积的 2 倍时,解吸基本完全,解吸液中钒浓
度最高可达 200 g/L 以上。解吸高峰液调 pH 后加入一定量的氯化镁除杂后采用
铵盐沉钒,所得的偏钒酸铵晶体经焙烧得到的精钒产品达到国标要求。

　　从以上的结果可以看出,与石煤传统的化学沉淀法生产工艺相比,离子交换
法可以大大简化生产流程,改善工作环境,减少试剂消耗,降低生产成本,并大
大提高钒的回收率。

　　当然,离子交换法也有一些不足之处,如产生的废水量较大,且处理规模较
小。而溶剂萃取法除了可以兼具离子交换法的优点外,还可以很大程度地克服离

子交换法的不足。这也是为什么目前从石煤焙烧酸浸液中采用萃取提钒工艺的厂家占大多数的原因。酸性体系下溶剂萃取法提钒采用的有机相一般为磷酸类萃取剂 P204 与中性磷型萃取剂 TBP 的磺化煤油溶液,其从石煤焙烧酸浸液中萃取提钒的原则工艺流程如图 8 – 21 所示。根据该流程在我国西北建成的年产660 t V_2O_5 的石煤提钒工厂,其运行状况良好,很多生产指标超过了设计要求。萃取料液中 V_2O_5 的平均浓度约为3 g/L,有机相与水相流比为1:2.5,萃取级数7 级,萃取率达到98.4%。负载钒的有机相用 1.5 mol/L 硫酸反萃,有机相与水相流比为6:1,以五级逆流方式反萃,反萃率达99.4%。

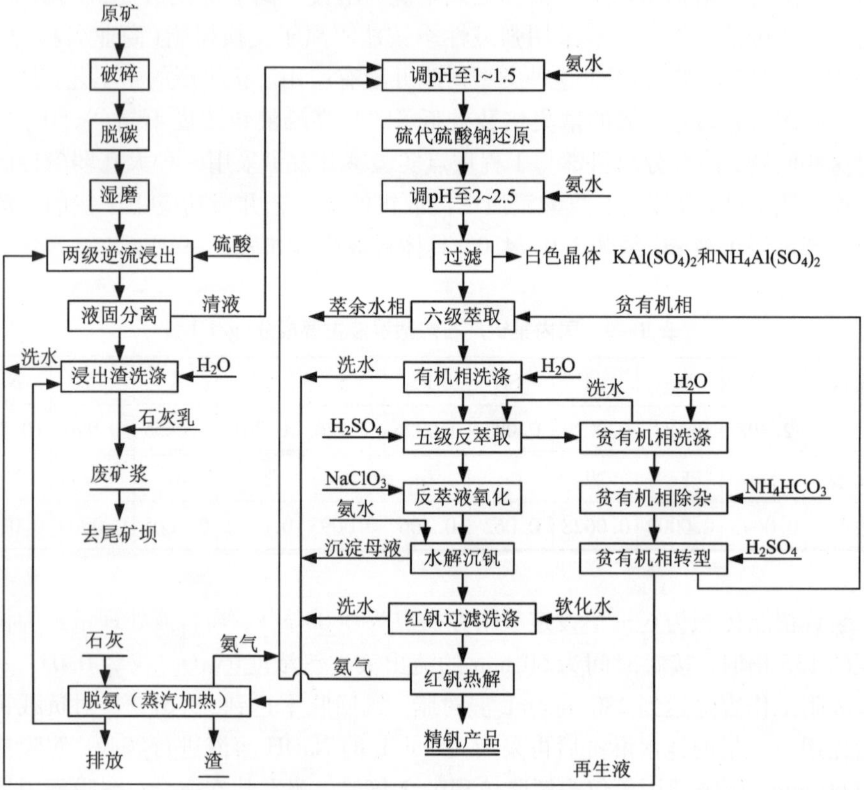

图 8 – 21 石煤酸法提钒原则流程

采用酸性萃取法提钒,料液处理量大,钒的收率高,制得的精钒产品纯度高,工艺成熟稳定。但由于经脱碳焙烧后,石煤中的铁大部分以三价的形式和钒一起进入到溶液中,在低 pH 下,P204 能萃取三价铁而不萃取二价铁,因此在萃取前应先将三价铁还原为二价,从而使钒被萃取铁则留在溶液中,达到钒铁分离的目的。一般的做法是,先将浸出液 pH 调至 1.0 ~ 1.5,然后加入定量的硫代硫酸钠或铁粉还原,再将 pH 调节到萃取所需值(2.0~2.5),加入絮凝剂澄清后萃取。这使得酸性萃取流程比较复杂,且萃余液不能返回浸出,需处理后外排。虽然较传统沉淀工艺有了长足的进步,但仍不可避免地产生较大量的废水。

为了实现废水零排放,并减少浸出液中的杂质,冶金分离科学与工程重点实验室通过系统的实验研究,提出了全新的空白焙烧—加压碱浸—脱硅—萃取提钒的石煤处理新工艺。浸出液 pH 约为 11.5,含钒(V_2O_5)为 2~4 g/L,钒硅质量浓度比为 0.65,虽然硅含量低于常压碱浸液中的含量(20~30 g/L),但为了提高铵盐沉钒工序中的沉钒率以及最终五氧化二钒产品的纯度,该浸出液在进行萃取提钒之前也要先除硅。具体的做法是:先用硫酸将石煤浸出液 pH 调整至 9.0~8.5,使大部分的硅以固态 H_2SiO_3 沉淀析出,残余部分胶态 H_4SiO_4 采用混凝沉淀法除去,除硅率达到 98%。除硅后的净化液采用 15% N263 + 10% TBP + 75% 磺化煤油有机相萃钒,按照有机相的萃取工作容量选择合适的相比,通过 3 级逆流萃取,萃余液中 V_2O_5 浓度低于 0.01 g/L,萃取率达到 99.5%,有机相中 V_2O_5 浓度可以达到 24 g/L。

负载有机相用纯水洗涤后采用 NaOH + NaCl 体系进行反萃,反萃相比 O/A = 5:1,通过三级逆流反萃,钒的反萃率达到 99.3% 以上,反萃液中 V_2O_5 浓度可以达到 125 g/L。

该工艺的优势在于:萃余液返回浸出时,硫酸根、氯离子积累浓度分别不超过 10 g/L 和 7 g/L,钒浸出、萃取均不受影响;整个工艺形成了"水""盐""萃取有机相"的三大循环体系,水、试剂消耗以及三废排放量均低;钒收率高;由于反应体系为碱性,设备防腐要求低。其原则工艺流程如图 8-22 所示。

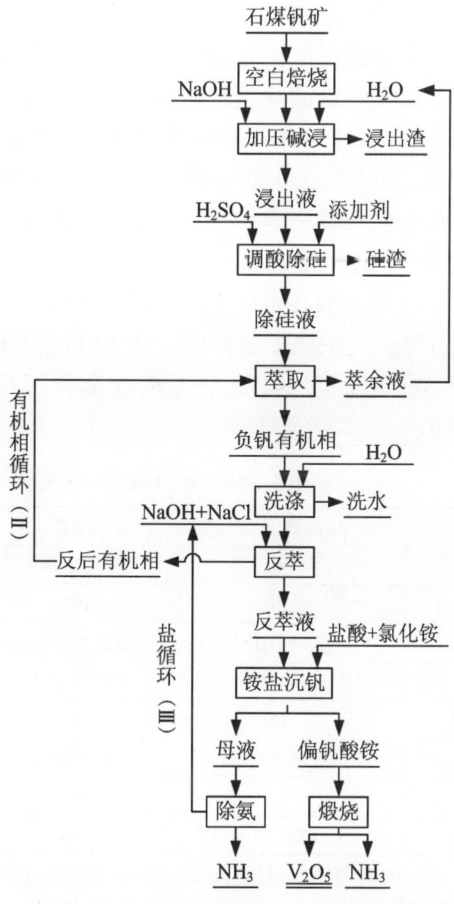

通过石煤提钒工艺变革的

图 8-22 石煤碱法提钒新工艺原则流程

比较，特别是图 8 - 22 所示流程可以明显看出现代分离技术尤其是溶剂萃取对缩短工艺流程、提高金属收率、降低生产成本以及减轻环保压力的重大作用。

8.5 绚丽多彩的贵金属提取工艺

贵金属包括金、银及铂族金属，贵金属常与重金属伴生，因此许多冶金副产品及废料均为提取贵金属的原料，分离提取贵金属的方法覆盖面也相当广，因此提取贵金属的流程也多种多样。基本规律是先将贱金属分离得到贵金属精矿，再以这种精矿为原料提取、分离单一产品。

分离除去绝大部分贱金属得到的贵金属精矿含有 45% ~65% 的金、银及铂族金属，其余为少量二氧化硅、贱金属及硫。提取工艺大致分为三段，即贵金属元素一次全部或分组依次转入溶液；进一步分离贱金属及各个贵金属元素的分离；贵金属元素的精制。

经典的分离提取流程以沉淀法为主，但由于铂族金属性质相近，分离过程十分复杂。例如传统的阿克统精炼厂的工艺至少包括了八种基本的分离程序，进行150 种以上的化学反应及更多次的操作，周期长达 4 ~6 月，传统工艺的缺点是显而易见的，如多次的火法—湿法交替作业，贵金属机械损失大，不少贵金属的烟尘和其他中间产物需返回处理。由于过程多、周期长、中间产品积压量大，所以分离效率及收率均很低。

由于溶剂萃取技术的发展，20 世纪末叶对溶剂萃取分离贵金属进行了大量研究，世界三大铂族金属精炼厂从 20 世纪 80 年代以后相继采用了以溶剂萃取为主的分离提取流程。世界三大铂族金属工厂与我国金川公司的现代工艺汇于表 8 -10。

表 8 -10 世界各工厂主要萃取分离工艺简要对比

	Mintek（Lonrho）	MRR	INCO（Acton）	China（JNMC）
Au	PP	SX（MIBK）	SX（DBC）	SX（DBC）
Ag	PP	PP	PP	PP
Pd	SX（DHS）	SX（羟肟）	SX（DOS）	SX（S201）
Pt	SX（TBP 或叔胺）	SX（TOA）	SX（TBP）	SX（N235）
Rh	IX	IX	SX（PP）	IX 或 PP
Ir	先 IX 再 SX（TBP）	SX（TOA）	SX（PP）	SX（TRPO）
Os	Dt	Dt	Dt	Dt
Ru	SX（TBP 或叔胺）	Dt	Dt	Dt

注：1. 表中国外工艺情况出自 2001 年的有关报道，仅供参考。

2. 符号意义：PP—沉淀分离；SX—溶剂萃取；IX—离子交换；Dt—蒸馏。

可见，它们在采用溶剂萃取工艺时，根据各自的需要，仍配合采用了蒸馏及离子交换或沉淀法。我们在本书中不可能详细介绍各厂提取工艺的发展轨迹，仅以阿克统厂为例，列出了该厂传统及现代的提取分离流程以对比[图 8 – 23（a）、图 8 – 23（b）、图 8 – 24]。据报道，该厂铑、铱分离又恢复了沉淀法，故表 8 – 10 中用括号标示。现该厂已被 INCO 公司收购。INCO 公司新开发的含有两个取代酰胺的叔胺类萃取剂（HBMOEAA）取得了很好的铑的萃取效果，可能用于在提铱之前先萃取铑。

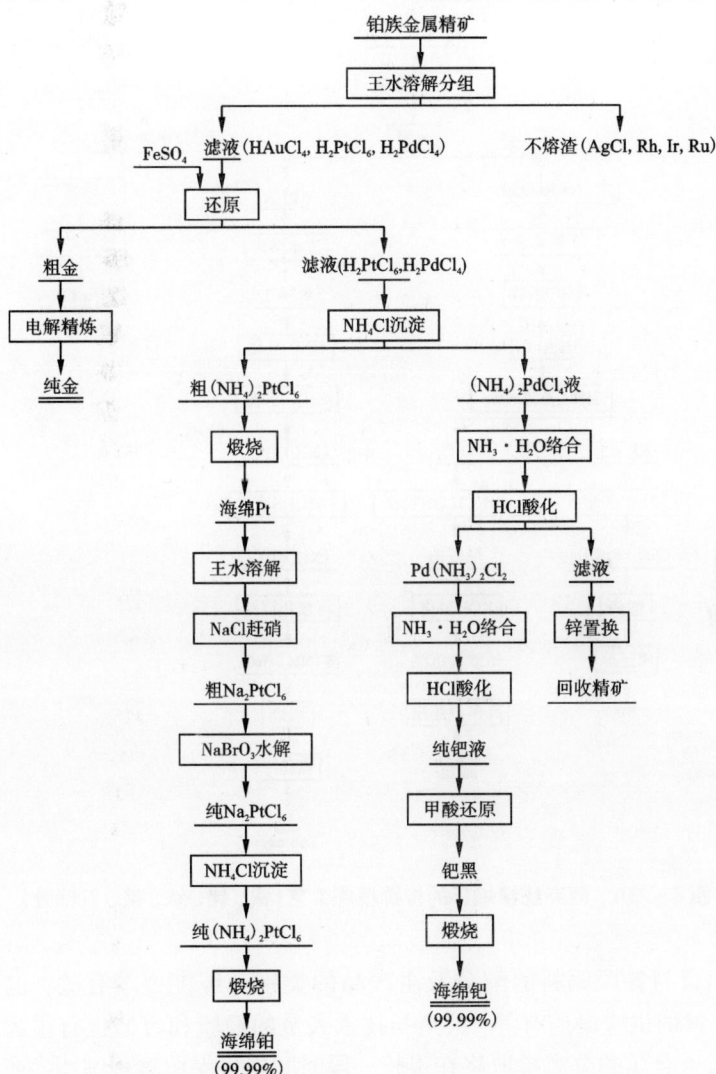

图 8 – 23a　阿克统精炼厂的传统精炼工艺（铂钯金部分）

王水不溶物(AgCl、Rh、Ir、Ru等)

硼砂+苏打+碳酸铅+炭 → 铅富集熔炼 → 炉渣

铅合金水淬

硝酸溶解

不溶Rh、Ir、Ru等

NaHSO 熔融

Rh$_2$(SO$_4$)$_3$液

NaOH水解

Rh(OH)$_3$

HCl溶解

H$_3$RhCl$_6$

NaNO$_2$络合

Na$_3$Rh(NO$_2$)$_6$

HCl浸煮

阳离子交换

H$_3$RhCl$_6$

甲酸煮沸还原

煅烧

氢还原

Rh
(99.9%)

不溶Ir、Ru

Na$_2$O$_2$熔融

水浸

Na$_2$RuO$_4$液

Cl$_2$氧化蒸馏

HCl吸收

H$_2$RhCl$_6$

HNO$_3$煮沸赶Os

H$_2$RhCl$_6$ / OsO$_4$

NH$_4$Cl沉淀 / NaOH/CH$_3$OH吸收

(NH$_4$)RhCl$_6$ / 锇酸钠

煅烧 / KOH转化

氢还原 / 锇酸钾沉淀

Ru / 高压氢还原
(99.9%)

锇粉

不溶IrO$_2$

王水溶解

H$_2$IrCl$_6$

HNO$_3$氧化

NH$_4$Cl沉淀

(NH$_4$)$_2$IrCl$_6$

(NH$_4$)$_2$S净化

(NH$_4$)$_3$IrCl$_6$

再氧化沉淀

纯(NH$_4$)$_2$IrCl$_6$

煅烧

氢还原

Ir
(99.9%)

Pb(NO$_3$)$_2$/AgNO$_3$溶液

硫酸转化

Ag溶液 / **PbSO 沉淀**

HCl → 沉淀AgCl / Na$_2$CO$_3$处理

苏打+木炭 → 熔炼 / **PbCO$_3$**
(返回熔炼)

电解精炼

熔化粒化

Ag粒
(99.9%)

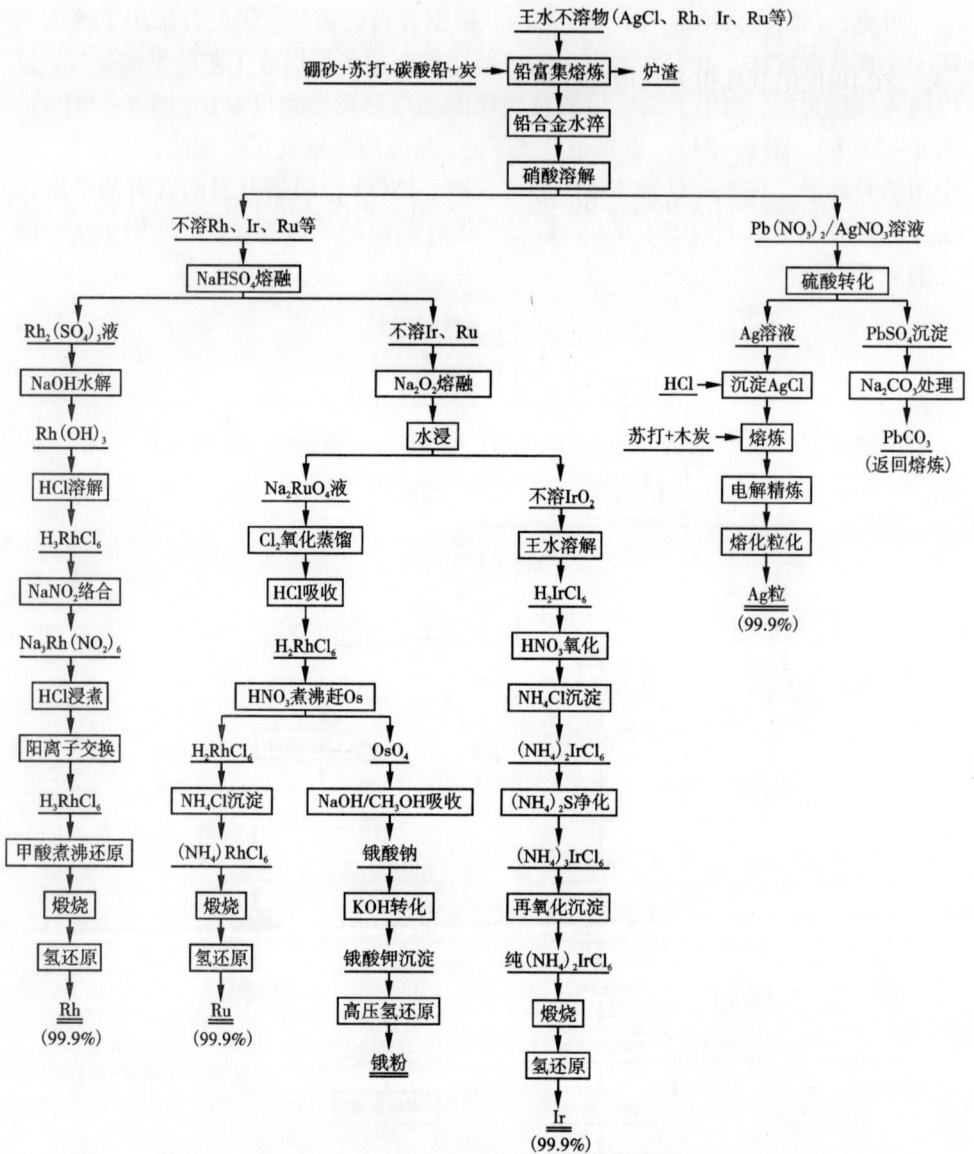

图8-23b 阿克统精炼厂的传统精炼工艺(银、铑、铱、锇、钌部分)

　　流程组合与各厂原料的配分及主产品的类别及纯度要求有关,也与气候条件、化工原料的供应渠道有关,甚至与技术人员的经验和习惯也有很大关系。因此可以相信贵金属的分离提取将在很长一段时间内仍保留这种绚丽多彩的局面。

　　尽管表8-10比较简单,但以萃取法为主的阿克统流程与以火法与湿法相结合、湿法则以各种沉淀法为主的传统流程相比较,萃取法在缩短流程方面显示了明显的优势。贵金属分离工艺的进步与现代科学技术对它们纯度要求日益提高有关。在18世纪制取得到可锻性铂已属不易，19世纪98%的铂、钯就认为是很纯净的了，20世纪50年代以前，工业生产铂、钯纯度为99.9%，铑、铱仅为99%，而目前已能生产7N的高纯铂。目前各国精炼厂的产品纯度大都是铂、钯99.9%～99.99%，铑、铱、钌为99%～99.9%。这一事实再次证明了社会发展的需求是科技进步的动力，而分离科学与技术的进步，则是湿法冶金工艺进步的保障。

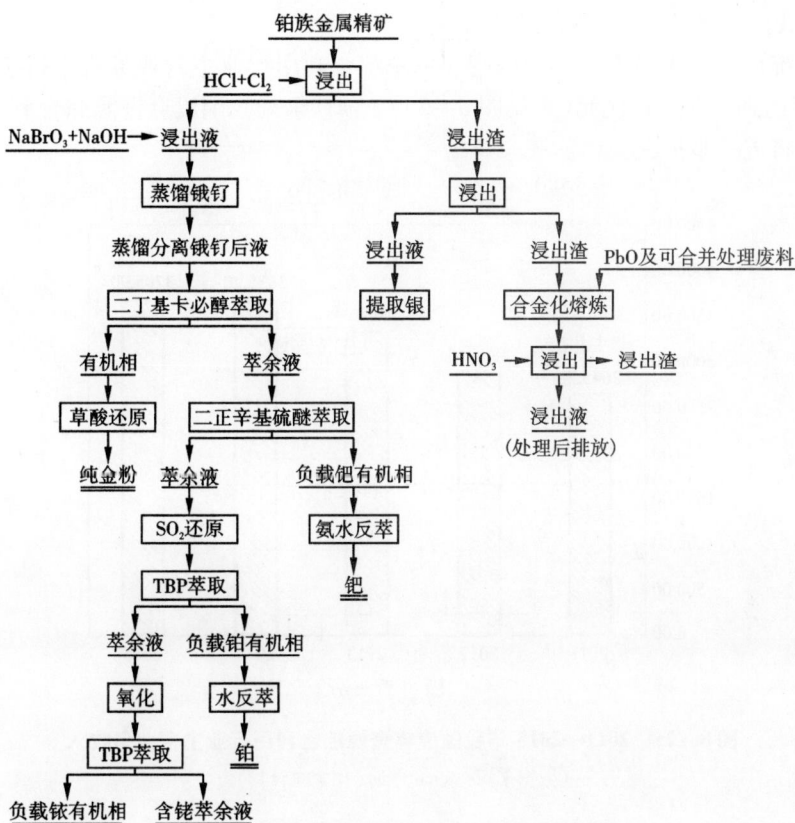

图8-24　阿克统铂精炼厂萃取流程

8.6　现代冶金分离技术促进了废弃资源综合利用行业的发展

8.6.1　概述

在8.2至8.5节中以新旧工艺对比的手法，概括了在冶金行业的各个领域，应用现代分离科学与技术改造行业技术面貌、发展绿色冶金生产的成就。本节拟选择若干实例介绍科技工作者应用现代分离技术提升废弃资源综合利用行业技术水平的进展。

废弃资源综合利用是一个几乎涉及国民经济所有领域的行业，回收利用有色金属只是其中一个分支。它同时也是冶金工业的一个重要部分。由于原料种类多，成分复杂，产品质量一般，档次较差且不稳定，生产规模又偏小而分散，在旧体制下得不到重视而发展缓慢。但随着社会的发展进步，对环境保护的要求不断提高，人类需求增加与资源缺乏的矛盾也日益突出，这一产业才引起各国政府的重视，我国已将其列入战略性新兴行业。

据统计，自 2003 年起，我国废弃资源综合利用行业主营业务收入持续增长，2015 年达到 3705.90 亿元(参见图 8 – 25)，预计未来我国废弃资源综合利用市场规模仍将进一步扩大。

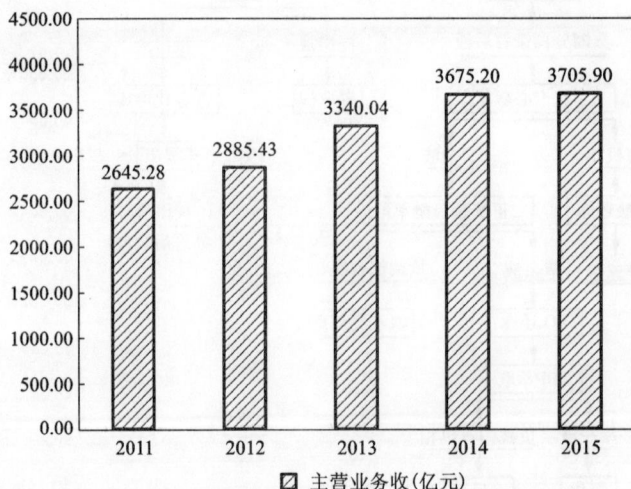

图 8 – 25　2011—2015 年我国废弃资源综合利用行业主营业务收入

(数据来源：Wind 咨询、国家统计局)

2011—2015 年，我国废弃资源综合利用行业的资产总额总体呈上升趋势，截至 2015 年 12 月，我国废弃资源综合利用行业内有 1526 家企业，行业的资产总计大约 1892.50 亿元。

8.6.2　镍钴资源的回收利用

镍与钴均属于重要战略物质，回收镍、钴废旧资源意义重大。美、日等国家对镍资源的回收率达到 80% 以上，而再生钴已占全球钴产量的 20%。我国镍钴资源缺乏，回收其废旧资源更显迫切和重要。目前镍、钴废料的主要来源有：铜冶炼废渣,电镀废料,废催化剂,废弃硬质合金,不锈钢边角料及废弃不锈钢制品,含镍钴废弃电池,废弃高温合金零部件。废弃不锈钢及高温合金类废料大部分经过重熔、配料加工成民用不锈钢进入市场;废弃硬质合金在回收钨的同时回收钴(镍);而相关各类废弃电池及电镀废料成为专门回收钴、镍的重要原料。

8.6.2.1　用废旧电池资源生产锂离子电池多元正极材料

图 8-26 为主要以废旧电池回收料为原料,回收镍、钴生产三元动力电池正

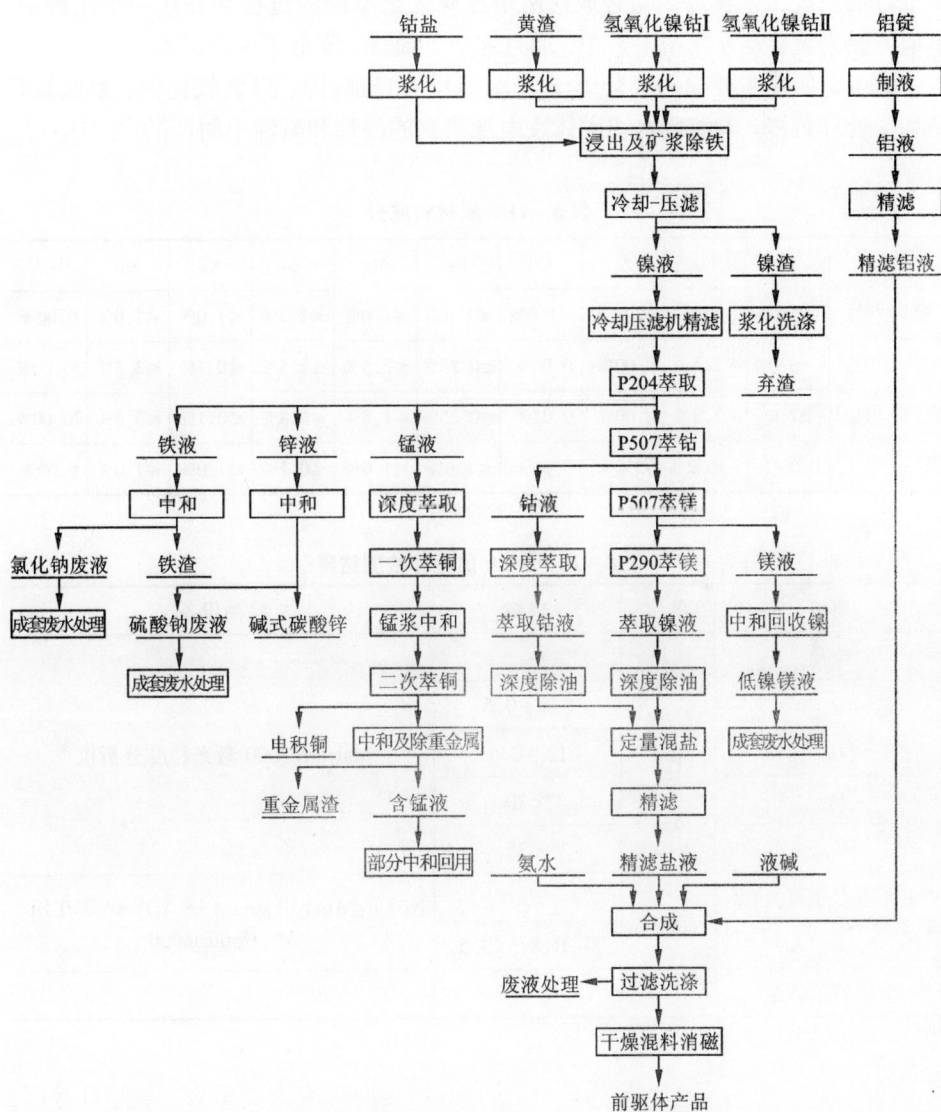

图 8-26　广东芳源环保股份有限公司用废料生产 NCA 三元电池材料前驱体工艺流程

极材料前驱体的一个工艺流程图。该流程的主产品为镍钴铝（NCA）电池正极材料的前驱体，用于生产锂离子电池的镍钴铝锂正极。电池正极材料的质量与制备它的前驱体有很大关系，它不但与前驱体的化学成分有关，而且与它的结构及形貌有很大关系。因此，一般情况下，均是有关厂家自行购买冶炼厂的化学成分合乎要求的镍盐、钴盐合成电池材料的前驱体，再生产正极材料。由粗原料生产成分合格的金属盐是一个分离提纯过程；由纯的金属盐生产电极前驱体是一个化学合成过程。此工艺将分离与合成这两个性质完全不同的过程合并在一个流程中，不但变废为宝，充分利用了资源，而且缩短了流程，降低了生产成本。

此工艺所用主要原料成分列于表 8 – 11。粗硫酸镍、粗氢氧化镍、粗氢氧化钴均为处理黄渣、电镀废水或固体废电池得到的酸性和碱性中间产品。

表 8 – 11　原材料成分

名称	Ni	Co	Al	Cu	Fe	Mg	Zn	Ca	Mn	H_2O
粗 Ni_2SO_4	~25.0%	0.00%	0.00%	~1.0%	≤1.0%	≤1.0%	≤1.5%	≤1.0%	≤1.0%	0.00%
粗 $Ni(OH)_2$ I	~46.0%	~2.5%	0.00%	0.00%	≤0.25%	≤2.5%	≤0.5%	≤0.1%	≤3.5%	50.00%
粗 $Ni(OH)_2$ II	~37.0%	~3.8%	0.00%	0.05%	≤0.25%	≤1.5%	≤0.8%	≤0.1%	≤5.5%	70.00%
粗 $Co(OH)_2$	0.00%	~30.0%	0.00%	0.00%	≤1.0%	≤1.0%	≤0.1%	≤1.0%	≤1.0%	0.00%

表 8 – 12　NCA 前驱体检测结果

项目	单位	规格	检测设备
粒径			
D_{10}		6.5 ± 0.5	
D_{50}	μm	12 ± 0.5	Malvern 3000 激光粒度分析仪
D_{90}		< 20	
D_{max}		< 35	
主元素摩尔百分比			Ni/Co：Analytikjena AAS NOVAA 350 BU
Ni：Co：Al		88.0：8.5：3.5	Al：Optima8000
杂质离子含量			

续上表

项目	单位	规格	检测设备
Fe		<15	
Cr		<5	
Mn		<10	
Na		<100	
Ca		<50	Optima8000
Mg	ppm	<100	
Ti		<100	
Zn		<10	
Cd		<10	
Cu		<5	Analytikjena AAS NOVAA 350 BU
Pb		<10	
阴离子			
SO_4^{2-}	ppm	<1000	UV – 8000S
Cl^-		<100	
水分	%	<1.5	Mettler Toledo DL39
振实密度	g/cm^3	1.7 ± 0.1	Micromeritics GeoPyc 1360
松散密度	g/cm^3	>1.3	/
比表面积 BET	m^2/g	25 ± 4	Quantachrome NOVA1000e
磁性物质(Fe + Cr)	ppb	<50	Optima8000
异物			用 200 目标准筛, 抽检, 100% 通过

从技术角度分析, 此工艺分为三大阶段, 第一阶段为配料制液, 将酸性和碱性原料按一定比例分别调浆混合, 调整至铁盐沉淀的最佳 pH, 将原料中的大量杂质铁除去。与单独处理各原料的方法相比, 减少了酸、碱用量, 提高了生产效率; 第二阶段为分离提取阶段, 其技术核心是萃取。一般镍、钴冶炼厂技术发展的基本趋势如 8.2.2.2 节所述, 即寻求高分离因素的萃取剂, 希望以简单的步骤及尽可能少的萃取级数获得含钴或镍的纯溶液, 而这种萃取剂的价格是比较贵的, 而在废旧资源回收企业则不同, 它视杂质也是资源, 因此利用传统的便宜的萃取剂 P204 尽可能地先将 Fe、Zn、Mn、Cu 萃入有机相, 用控制萃洗剂的种类与酸度的

措施，通过多出口工艺，分段甩掉微量铁，回收 Zn、Mn、Cu，再用 P507 萃钴与镍分离；第三阶段是在深度除镁，纯钴或镍液深度脱油基础上，通过精确控制、定量混合盐溶液，直接合成 NCA 前驱体材料。与此同时还分别得到 Zn、Mn、Cu 的副产品。不计副产品收益，仅由于省去了硫酸镍结晶环节，生产成本可降低约 8% ~ 10%，流程总收率大于 99%。通过这一流程生产的 NCA 前驱体材料的分析结果示于表 8 - 12。

检测结果表明，与其他方法制备的前驱体相比，具备形貌为球形、粒度分布良好、比重高等特点。目前，广东芳源环保股份有限公司用该工艺流程生产的 NCA 和 NCM（镍、钴、锰）等多种前驱体材料均已通过客户检测，投入批量生产，其前驱体产品已经批量销往日本及国内锂离子正极材料生产企业。

8.6.2.2 从电镀污泥中回收镍生产硫酸镍

中国的电镀工业每年产生的电镀废水约 40 亿 m^3，经中和沉淀处理后每年约产生约 1000 万 t 的电镀污泥，其一般含 1 ~ 2% 的铜，0.5 ~ 1% 的镍，2 ~ 3% 的铬。目前常规的湿法处理工艺为硫酸酸浸，酸浸液采用铜萃取剂选择性萃铜后，萃余液直接加碱中和沉淀作低品位粗镍产品出售，过程镍回收率低，不到 85%，且镍品位低，经济效益差。冶金分离科学与工程重点实验室应用 HBL110 协萃体系直接从电镀污泥酸浸液中提镍，并于 2014 年 8 月在宁波双能有色金属固废利用厂成功投产，至今已稳定运行 2 年多。直接萃镍生产典型数据如表 8 - 13 所示。

表 8 - 13　直接萃镍工艺处理电镀污泥酸浸液工业生产典型数据

元素 /(g·L⁻¹)	Ni	Fe	Mg	Mn	Ca	Zn	Al	Cr	SiO₂
原料液	11.5	2.68	0.61	0.022	0.68	2.30	2.09	7.54	0.154
反萃液	42.73	0.079	0.0061	0.0012	0.011	0.155	0.034	0.064	0.0071
萃余液	0.016	2.25	0.58	0.021	0.63	2.28	2.01	6.94	0.145
萃取率 /%	99.5	—	—	—	—	—	—	—	—
杂质去除率 /%	—	99.2	99.73	98.51	99.57	98.18	99.56	99.77	98.75

从表 8 - 13 中可以看出镍的萃取率稳定在 99.5%，杂质铁、镁、锰、钙、锌、铝、铬和硅的除去率均在 99% 左右，反萃液中的镍稳定在 40 g/L 以上，实现了镍与杂质的高效分离和镍的高倍富集。得到的反萃液经简单处理后直接蒸发浓缩结

晶生产国标 1 级硫酸镍产品。HBL110 协萃体系在电镀污泥酸浸液中直接提镍工业化的成功应用进一步表明了其技术的先进性和成熟可靠。表 8 – 14 列出了该厂电镀污泥传统处理工艺与直接萃镍新工艺在试剂消耗、镍回收率等方面的比较。

表 8 – 14　电镀污泥传统处理工艺和直接萃镍新工艺初步经济比较

项目		单价 /(元·t^{-1})	新工艺	现行工艺	新工艺节省 费用/元
试剂消耗量 (t/t Ni)	氢氧化钠固碱	2500	1.7t	2.5t	2000.00
	硫酸(98%)	500	2.2t	1.9t	– 150.00
	镍特效萃取剂	150000	0.02	—	– 3000.00
	30% 双氧水	1000	0.05	0.49	440.00
	氟化钠	4000	—	0.25	1000.00
能源消耗量	蒸汽(t/t Ni)	150		10t	1500.00
镍损	kg/t Ni	100(元/kg)	– 120		12000.00
合计					13790.00

从上表中可以看出，相较于传统处理工艺，采用直接萃镍新工艺镍的回收率提高了至少 12 个百分点，试剂和能源消耗也大大降低，生产 1 t 镍其成本降低近12000 元，为企业带来了巨大的经济效益和社会效益。

8.6.3　含钨废料的回收利用

钨的资源包括了钨原生矿物资源和钨的二次资源，随着其原生资源量的减少，钨二次资源的使用量必然增加，甚至会成为主要的提取钨的资源。据报道，西方大约有三分之一的钨产量是从二次资源中获得的。钨的二次资源主要包括以下几类：(1)废钨制品及其加工废料；(2)钨中间制品生产过程废料；(3)合金废料；(4)含钨废催化剂；(5)含钨冶炼渣。这些二次资源中，如不计钨冶炼过程中浸出残渣及净化渣中可回收的钨，则直接来自深加工过程的废料大约占1/3，而使用后报废的零部件占2/3。钨深加工行业生产产生的废料及使用后报废的深加工制品的主要特点是其含钨量不但比钨矿石高，而且比选矿厂的精矿品位还要高，一般含钨量从40%到95%不等。回收利用这些废料的基本技术路线有两条：(1)保持金属、合金或碳化钨的组成不变，而直接重新利用的工艺路线；(2)将钨转变成粗钨酸钠生产 APT 的工艺路线。本节主要介绍冶金分离科学与工程重点实验室从钨再加工领域生产过程中直接产生的废料及使用报废的钨制品中回收利用钨生产 APT 的两个典型例子。

8.6.3.1 离子交换工艺从含钨废料中回收钨

湖北荆门德威格林美钨资源循环利用有限公司采用冶金分离科学与工程重点实验室开发的离子交换法从废碳化钨粉和废磨削料中生产 APT，于 2011 年在湖北荆门建立了一条年产 3000 t APT 的钨生产线，并于 2012 年 6 月成功投产，至今已稳定运行 4 年多。其 APT 生产采用"焙烧—碱浸—稀释—离子交换—硫化法除钼—蒸发结晶"的工艺制取高品质仲钨酸铵（APT），具体流程如图 8 - 26 所示。本工艺的主要优点在于：（1）对原料的适应性强，对各种牌号的废硬质合金以及各种含钨磨削料及粉体废料均可处理；（2）焙烧靠自热进行，能耗低，不加化学试剂焙料，烟气无污染，生产成本低；（3）生产过程中解决了钨钼分离、钨钒分离、钨铬分离等特别原料的杂质分离问题，得到的产品 APT 质量高；（4）与钨的酸性溶剂萃取法相比，离子交换法能在钨转型的同时除去磷、砷、硅等阴离子杂质，工艺流程短，操作简单。自投产以来，生产出来的 APT 产品质量稳定达到 0 级 - APT 国家标准，工艺过程钨的总收率达到 96.5% 以上，为企业带来了良好的经济效益。

8.6.3.2 碱性萃取工艺从含钨废料中回收钨

湖南懋天世纪新材料有限公司是 2013 年在宁乡经济开发注册成立的一家股份制公司，公司采用冶金分离科学与工程重点实验室开发的最新的钨碱性萃取废水零排放成套技术从废碳化钨粉和磨削料中生产 APT，于 2015 年在宁乡经开区内新建了一条年产 2000 t APT 的钨深加工生产线，并于 2016 年 3 月成功投产。其 APT 生产采用"焙烧—碱浸—碱性萃取—硫化法离子交换除钼—蒸发结晶"的新工艺制取高品质仲钨酸铵（APT），具体流程如图 8 - 27 所示。本工艺的主要优点在于：（1）同时采用回转炉氧化焙烧和台车炉苏打烧结，能获得更高的钨金属回收率；（2）选用了碱性萃取新技术新工艺，能做到工业废水零排放；（3）采用了离子交换钨钼分离技术，能使用含钼较高的废料，扩大了原料来源，产品质量能达到高的标准；（4）工艺过程废水循环利用，可做到零排放。自投产以来，已稳定运行近 6 个多月，生产出来的 APT 产品质量稳定达到 0 级 - APT 国家标准，工艺过程钨的总收率达到 97.8% 以上，为企业带来了良好的社会和经济效益。

从以上两个例子可以看出，无论主体工艺是采用离子交换法还是碱性萃取新技术，都能从含钨废料生产出高品质的 APT 产品。如果废旧金属回收环节得到完善，政策鼓励制度进一步加强，我国的废旧钨材料回收利用率可得到极大的提高，如果能从现在的 20% ~ 25% 的回收利用率增加到西方工业国家的 40% ~ 45% 的水平，相当于增加了一座年产 10000 t 钨的特大型钨矿山。而且钨二次资源在回收利用过程中成本更低，对环境的污染与钨精矿处理相比要小得多。同时也可以看出，随着环保要求日益严格，现有的离子交换法由于存在耗水量大、废水排放量大的缺点，钨的碱性萃取新技术将会得到越来越广泛的应用。

高品位碳化钨废料

↓

氧化焙烧

↓

粗三氧化钨

↓

NaOH+H₂O → 碱浸

↓

过滤

├──────────────┐

碱浸渣　　废硬质合金磨削料

└──────┬───────┘

苏打烧结 ← Na₂CO₃

↓

水浸

├────────────────────────┐

粗钨酸钠溶液　　　　　　　水浸渣
　　　　　　　　　　　　（提取镍钴）

H₂O → 混合稀释 ←──────┐

↓

吸附 → 交后液
　　　（处理后排放）

NH₃·H₂O+NH₄Cl → 解吸

↓

钨酸铵溶液

↓

离子交换除钼

↓　　　　　(NH₄)₂S

纯钨酸铵溶液

↓

蒸发结晶

├──────────┐

湿APT　　　结晶母液

↓　　　　　↓

烘干过筛　　离子交换

↓　　　　　↓

APT　　　钨酸钠溶液

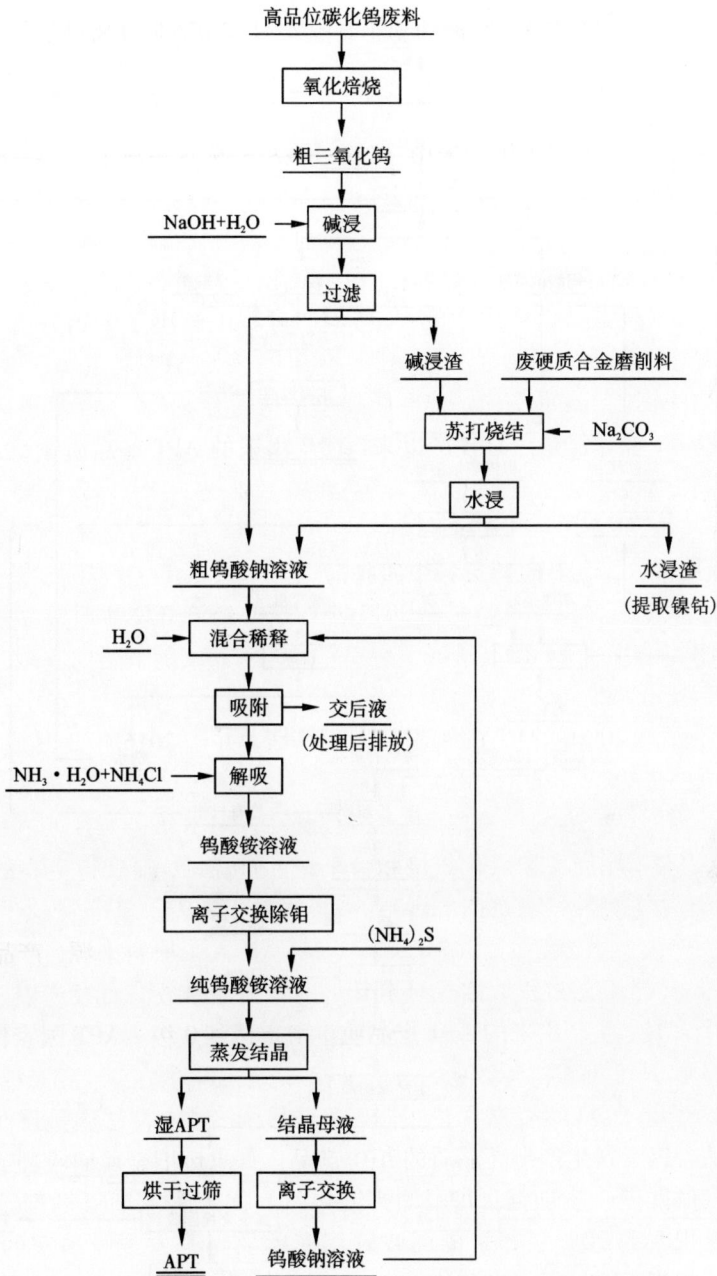

图 8-26　从含钨废料生产 APT 的离子交换法原则工艺流程

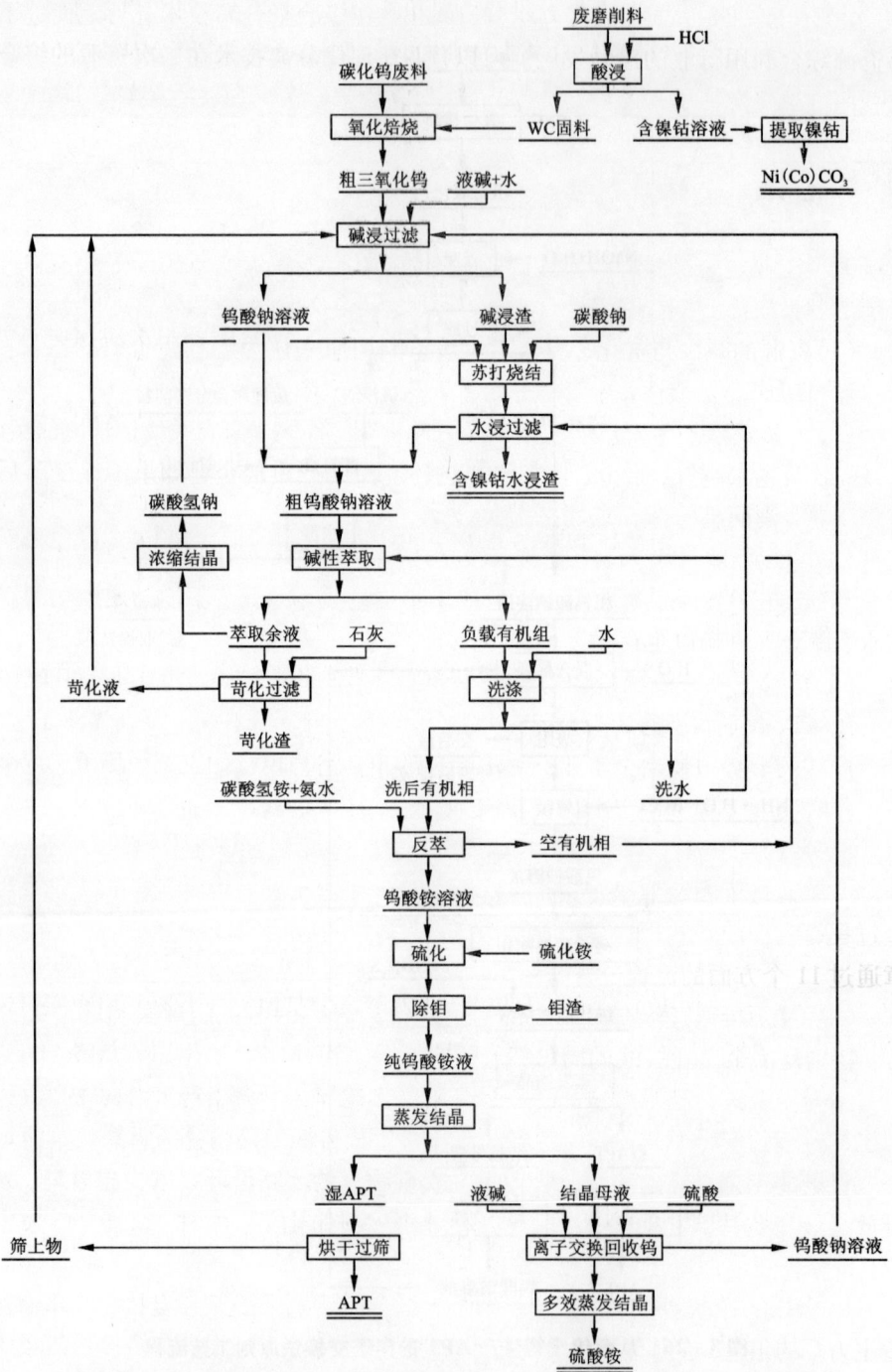

图 8 - 27 从含钨废料生产钨酸钠和 APT 的碱性萃取法原则工艺流程

由8.6.2和8.6.3小节的介绍可以看出，现代冶金分离技术有力地促进了废弃资源综合利用行业的蓬勃发展。可以预见，现代分离技术在二次资源的综合回收利用方面将发挥越来越重要的作用。

8.7　总结

冶金工业是国民经济的支柱产业，但是在社会发展大变革的今天却面临自身发展的巨大压力。

(1)资源的减少与贫化，冶金工业被迫利用原来认为无利用价值的原料，而这些原料组成的复杂性，却使现有冶金工艺无法适应。

(2)人类对保护生态环境的认识越来越深刻，各国政府有关保护环境的法律、法规、政策越来越严，冶金、化工这类对环境污染严重的企业如果不改变落后的生产工艺，则面临停产、关门的威胁。

(3)高纯金属表现出人类始料未及的一些特殊性质与用途，现代科技与国防对新材料提出了更高要求，冶金工业如果不提高技术水平，不能满足市场的特殊需求，就会失去赖以生存的市场。

(4)能源紧缺。能源价格上扬使冶金工业生产成本上升，面对这种形势，企业必须采取更加节能的工艺。

严峻的形势迫使冶金工业必须不断地改革、完善现行的工艺。因此，冶金科技工作者要责无旁贷地担起这副重担。在湿法冶金领域，冶金分离科学与工程学科的任务就是研究用现代分离科学理论与方法开发、完善新的冶金单元过程，并用这些单元过程去组合高效、节能、环保的新工艺流程。为此，本书在介绍对冶金过程有应用前景的现代分离方法及54个它们的应用实例的基础上，在最后一章通过11个方面的流程分析介绍了这些分离技术对发展冶金新工艺的作用与贡献。当然这不可能是全部，更多的例子将留给研究冶金史的专家和感兴趣的读者，特别是冶金工业一线的同仁们去研究。

冶金企业进行技术改造的终极目标就是实现绿色冶金生产。由本书介绍的大量工艺流程的实例不难看出，达到绿色冶金生产目标的路线就是用高效益的短流程取代老的工艺。在这种短流程内尽量实现物流的闭路循环以减少排放口、减少排放量。在此基础上，进一步联合其他行业，例如化工、建材、交通、环保等行业，按循环经济原则组织生产，实现零排放。

由本书介绍的这些新工艺实例不难看出，溶剂萃取在这场冶金技术变革中扮演着主力军的角色，在其他现代分离技术如离子交换、色层、膜分离及成熟的经典分离技术如沉淀、结晶等方法的配合下形成新的闭合短流程。因此，改进、发展、完善萃取工艺本身是实现冶金技术变革的重要措施。为此，需要合成具有高选择性、高稳定性及低水溶性的新萃取剂，设计传质效率高的安全可靠的萃取设备，深入研究萃取机理以及相关的溶液理论与有机合成路线都是值得重视的研究领域。

但是分离、净化仅仅是湿法冶金的一个部分。如果仅仅有萃铜的选择性萃取剂，而没有高压浸出、生物堆浸这些技术的发展，同样不可能诞生现代湿法炼铜工艺；同样，如果只有成功的从氢氟酸–硫酸混酸中萃取提取、分离、净化的钽铌新工艺，而钽铌原料溶出工艺仍用碱法老工艺也无法形成现今的高效短流程。众所周知，浸出是湿法冶金的大门，是它的第一道关口，在浸出阶段最大限度地使有价元素进入溶液的同时而使无用的杂质元素尽可能留在浸出残渣中的工艺也是实现湿法冶金高效短流程的重大措施。

在一个好的闭路工艺中，上下工序的有机衔接必然会产生调整溶液酸、碱度或pH 的需要。不仅需要将多余的酸与碱分离回收，而且常常加入酸或碱作中和剂以调整溶液的 pH，当加入盐酸或硫酸时，它们的氢离子是有用离子，而同时带进溶液中的氯离子、硫酸根又可能是对后续工序有害的离子；当加入氢氧化钠或氨水时，氢氧根是有用离子，而同时带进溶液中的钠或铵离子却可能是对后续工序有害的离子。因此，我们需要开发无有害离子进入的酸、碱度（或 pH）调整方法。

在第八章 8.2.3 节介绍的 Skorpion 及 Hydrozinc 萃取锌过程都提及用流程中产生的中间产品–碱式硫酸锌返回作下一作业周期的 pH 调整剂。这一方法实际上为广大冶金工作者熟悉和认可的方法。除此之外，现代分离技术为我们提供了一些可以选择的新方法。例如：

（1）用膜法分离回收过剩的酸和碱，既可用离子交换膜，也可用压力驱动膜。

（2）用萃取法或离子交换法调整溶液的 pH，当溶液 pH 需作小幅度调整时，用氢型阳离子萃取剂与碱性溶液接触，使氢离子进入溶液与溶液中的钠离子交换，此时长碳链的 R 基仍留在有机相中；同理，用离子交换树脂也可起中和作用，如用氢氧根型的阴树脂与酸性溶液接触，羟基进入溶液中和酸，而溶液中的氯根或硫酸根则被交换进入树脂相离开溶液。当然，当树脂或萃取剂再生时同样会产生无用的无机盐，但与直接用酸或碱加入溶液调整 pH 情况不一样，此时在被中和溶液体系外产生的无机盐是纯的盐，可以比较方便地加以利用。

（3）用膜将盐劈裂为相应的酸和碱返回流程使用。可利用单阳离子交换膜或单阴离子交换膜的隔膜电解法，也可用双极膜法，或者电渗析复分解反应，在第六章已经介绍了具体的应用方式。

（4）用双极膜电渗析法调整溶液的 pH，因为双极膜的一侧产生氢离子，另一侧产生氢氧根离子，因此，用双极膜与单阳离子交换膜或单阴离子交换膜配合则可组成"膜中和反应池"。

同理，在组合闭合流程时，不同工序溶液除有酸碱度的匹配问题外，也还有离子或酸、碱、盐的浓度匹配问题以及水的平衡问题。也就是经常会遇到稀溶液的浓缩或浓溶液的稀释问题。一般而言，任何一个分离过程都有一个较合适的溶液浓度范围，太稀则分离成本高，水平衡工作量大；太浓则分离效果变差甚至恶化。需要注意的是，当我们用溶液科学的眼光观察浓度的影响时，不应采用工程上的 g/L 浓度，而应采用国际单位制的"物质的量浓度，即 mol/L"。例如从高浓度含铜溶液中的萃取剂开发成功，可以从含铜达 35 g/L 的溶液中萃铜，与从含铜约 2 g/L 的溶液萃铜相比，料液铜浓度已相当高了，但换算成"物质的量浓度"，也仅仅只是 0.55 mol/L。又如在第八章中介绍的酸性萃钨工艺，料液含 WO_3 约 100 g/L，表面看浓度比较高，但此时钨是以 $H_2W_{12}O_{40}^{6-}$（分子量 2850）形式的偏钨酸根存在，钨的"物质的量浓度"实际约为 0.04 mol/L，是一种很稀的溶液。苏联的工程技术人员曾以这种溶液直接用离子交换树脂转型成钨酸铵，20 世纪 80 年代，北京核五所（即现在的核化工研究院）用合成的低交联度树脂做了同样的工作，并在湖南郴州地区建厂投入生产，其以 g/L 计的料液钨浓度表面上比我国现行离子交换法的浓度高十数倍，但即使按 WO_3 计的钨浓度达 280 g/L 计算，其"物质的量浓度"也只有约 0.1 mol/L，但它却失去了现行以碱性低浓度（约 20 g/L WO_3）的钨酸钠溶液进料的离子交换法的除杂效果。而后者的缺点是需用大量水稀释浸出液。显然对每一种分离体系都有其合适的浓度范围。浓缩溶液耗能，稀释溶液耗水，这可能是每一种流程都会碰到的问题，解决这些问题，只有向化工行业取经，到底是用多效蒸发或多级闪蒸还是膜技术浓缩来取代现行冶金行业的蒸发法，视不同企业的具体条件与工艺可以有不同的选择。日前较一致的看法认为膜浓缩是一种最节能的工艺。解决水平衡的问题，重点应关注废水的处理与回用，在前期综合处理的基础上应用膜技术可实现水的回用，如果是返回流程内使用，处理要求相应低一些，如果分流到流程外利用，则处理要求则更高一些。

　　显然，建立绿色冶金生产体系是一个涉及多学科领域的复杂任务，冶金分离科学与工程学科只能分担其中的部分任务。收入本书的现代分离方法也只是一部分，随着社会的发展，可能还会有更好的新方法出现，现在的某些方法也可能会在竞争中被淘汰。但不管具体的方法如何改变，冶金分离科学与工程学科的研究领域、目标，如上所述，却不会变。

　　开发新的冶金单元过程，创建一个无污染的冶金新工艺，需要新的分离材料及分离设备的支撑。第八章介绍的用于镍钴湿法冶金的 HBL110 萃取剂，用于吸附硫代钼酸根且易于用稀碱液解吸的 HBDM 树脂，第四章介绍的用于钨冶金及镍冶金的密实移动床 – 流化床循环系统均是冶金分离科学与工程重点实验室在践行这一理念时的科研成果。

　　本书反复强调任何分离方法都是利用被分离对象的某种性质差异，所以冶金工程技术人员必须密切关注元素化学及配位化学的新进展、新发现，注意从基础科学的新成就中获取营养，冶金科技人员应不断巩固、加深基础科学的学习，扩大知识面。为此，无论是开发工作的进行还是工程项目的建设都应尽可能采取跨行业协作模式，充分发挥多学科、多领域人才的共同智慧。

总之，结果正如毛泽东同志所言："人类的历史，就是一个不断地从必然王国向自由王国发展的历史。这个历史永远不会完结。……在生产斗争和科学实验范围内，人类总是不断发展的，自然界也总是不断发展的，永远不会停止在一个水平上。"作为人类历史长河中的一条小溪，分离科学技术还将不断发展，新分离方法将继续出现，原有的分离方法将不断完善、提高。各种学科的互相渗透，各种分离方法的有机结合将促使湿法冶金工艺水平向更高的高度推进，而冶金分离科学与工程学科也将日趋完善、成熟。

参考文献

[1] D S Flett. Developments in Separation Science in Hydrometallurgy[A]. R L Haughton. MINTEK 5O [C]. Int. Conf. Mine. Sci. Tech. The Council for Mineral Technology, 1984：63.

[2] 相佼庸，刘大星. 萃取[M]. 北京：冶金工业出版社，1988.

[3] Peter Tetlow 世界主要铜萃取工厂[A]. 铜湿法冶金技术的研讨会文集[C]. Avecia'2001，北京：5.

[4] Geoff Richmond, Brian Tounson. 新技术的成功实施——硫化矿加压氧化浸出. 芒特. 高登的建成和运作[A]. 铜湿法冶金技术研讨会文集[C]. Avecia'2001，北京：34.

[5] 从铜精矿浸出液中萃取铜[A]. 1999 昆明湿法冶金研讨会技术论文集[D]. 昆明，1999：60.

[6] 张启修，黄芍英，吴辉云. 论钨冶炼技术的第二次革命[A]. 全国稀有金属学委会第二届钨钼学术交流会报告论文集[C]. 中南工业大学，1987：122.

[7] 张启修. 再论钨冶炼技术的第二次革命[J]. 中南矿冶学院学报，钨专辑，1994.

[8] 肖连生，张启修，李青刚. 我国钨冶炼技术的新进展.[J] 稀有金属，2003，27(n1)：18.

[9] 稀土编写组. 稀土[M]. 北京：冶金工业出版社，1978.

[10] 张启修等. 仲辛醇矿浆萃取从栗木锡矿炼锡炉渣中分离提取钽铌总结报告[R]. 1976.

[11] 汪家鼎，陈家镛. 溶剂萃取手册[M]. 北京：化学工业出版社，2001：632.

[12] 张启修，吴炳乾. 稀土冶金学[M]. 长沙：中南工大出版社，1997：113.

[13] N Jackson. Rare Earth Report on a Visit to the P. R. C by an Australian Delegation [R]. 1986, 4.

[14] 卢宜源，宾万达. 贵金属冶金学[M]. 长沙：中南工业大学出版社，1990.

[15] 何焕华，黎鼎鑫. 贵金属提取与精炼[M]. 长沙：中南工业大学出版社，1991：478.

[16] M streat D Naden. Ion Exchange and Sorption Processes in hydrometallurgy[A]. G A Davies. Separation Processes in Hydrometallurgy[C]. England, 1987：357.

[17] Gord Bacon, Indje Mihaylov. Solvent Extraction as an Elabling Technology in the Nickel Industry[A]. ISEC'2003 [C].

[18] 张启修，张贵清，唐瑞仁，等. 萃取冶金原理与实践[M]. 长沙：中南大学出版社，2014.

湖南宏邦新材料有限公司的萃取剂、离子交换树脂产品

商品名	用途	备注
HBL110 萃取剂	低 pH 下选择性萃取镍钴与铁、铝、铬、锰、镁、钙等金属高效分离	萃镍性能类似于醛肟类萃取剂选择性萃铜
HBW201 萃取剂	铵／钠盐体系中选择性萃取钨，实现钨与钼的深度分离	胺类碱性萃取剂，萃取容量大，反萃容易
HBW263 萃取剂	碱性体系下的钨萃取剂，同时实现钨的转型和富集	胺类碱性萃取剂，萃取容量大，选择性强
HBDM-1 树脂	钨酸盐体系中深度除钼（硫代钼酸根）离子交换树脂	吸附容量大，负钼树脂用稀 NaOH 溶液即可解吸完全，除钼后液钼钨比可降至 0.001%以下
HBDW-1 树脂	钼酸盐体系中深度除钨离子交换树脂	吸附容量大，选择性强，除钨后液 WO_3 浓度可降至 20 ppm
HBMV 树脂	钼酸盐体系中深度除钒离子交换树脂	吸附容量大，选择性强，除钒后液 V_2O_5/Mo 质量比可降至 0.001%以下
HBEV 树脂	钒湿法提取专用树脂	吸附容量大，选择性强，易解吸

　　湖南宏邦新材料有限公司是依托难冶有色金属资源循环利用国家工程中心组成部分之一的中南大学冶金分离科学与工程有色金属行业重点实验室而组建的集科、工、贸于一体的高新技术公司。其生产的萃取剂和离子交换树脂广泛应用于稀有金属（钨、钼、钒）、镍、钴、铜的高效提取和深度分离。

手机：13667406848；Tel：0730-6808900 / 6808905；Fax：0730-6808916

Web site: www.hnhb2007.com；Email: hongbangpurify168@163.com

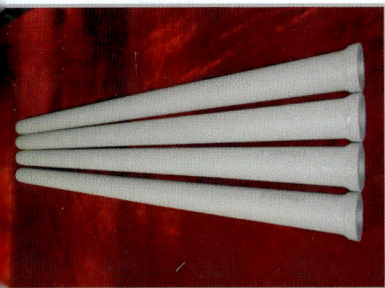

YT 刚性膜

➤ 耐高温，可在550℃以上过滤；

➤ 高精度过滤，净气含尘＜5mg/Nm³；

➤ 强度高、滤芯壁薄≤3mm、阻力小、通量大、易反吹；

➤ 抗高温硫化，耐腐蚀性强；

➤ 抗碳化、无高温催化裂；

➤ 允许跨膜压差大，寿命长。

YT 柔性膜

➤ 过滤精度高，过滤后气体含尘量可小于5mg/Nm³，过滤精度达0.1μm；

➤ 耐高温，最高可达450℃；

➤ 过滤阻力小，通气量大；

➤ 能有效替代布袋滤材，解决烧袋并拓展过滤工作温度和提升过滤精度；也能完全替代电除尘并提升净化精度。

□ 国家重点高新技术企业
□ 四川省博士后实践基地
□ 科技计划重点支撑企业
□ 建国家、行业标准企业
□ 技术进入国家推荐目录

某化工

电厂

磷化工

有色冶金

部分工程案例——

★青海际华江源50万吨/年的镍铬合金矿热炉工程高温炉气净化装置及煤气输送系统项目；

★河南佰利联2*15万吨/年富钛料电炉煤气净化回收系统项目；

★国电贺斯格乌拉褐煤低温热解高温除尘项目；

★兰州金川新材料四氧化三钴焙烧高温烟气过滤器收尘净化项目；

★德昌湧鑫钒生产回转窑煅烧尾气除尘净化项目；

★伊犁川宁生物制药喷雾干燥尾气除尘净化项目.

公司地址：成都市高新区天府大道中段688号大源国际中心A3幢1901

上海御隆膜分离设备有限公司

SHANGHAI U-LUM MEMBRANE SEPARATECH CO., LTD.

U-LUM 御隆

传统工艺处理含重金属离子废水采用加碱调 pH 值至碱性，加絮凝剂沉降，清液通过超滤、反渗透过滤达到回用或排放标准。该工艺流程长，占地大，投资高，且过量的絮凝剂污堵超滤及反渗透膜。采用膨体聚四氟乙烯过滤膜工艺无需沉降，不投加有机絮凝剂，碱性状态直接过滤，滤清液 SS ≤ 1mg/L，滤清液可直接进入反渗透。流程短、占地小、投资省，且有效地保护了后续的反渗透膜，为用户带来可观的经济及环保效益。

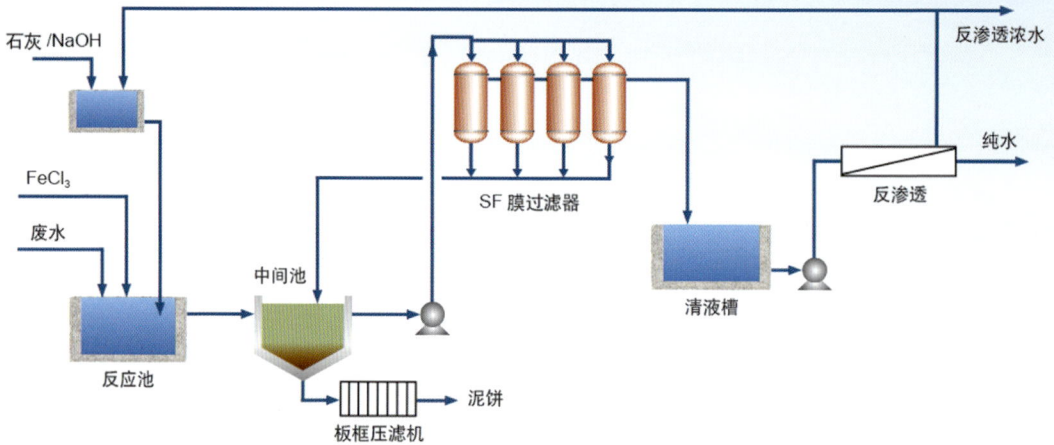

专用膨体聚四氟乙烯滤膜—SF 膜

- 高装填密度达到高处理量
- 双向拉伸膜，一次浇铸成型
- 表面过滤，适用性广
- 超强抗污染能力
- 安装极简单，只需两片法兰对夹即可

重金性离子废水 SF 膜过滤技术：

- 柔性悬挂的高强度膜，无断裂风险，耐受高污染环境，可用任意药剂清洗
- 0.05MPa 低压错流过滤，能耗低，工艺简单
- 过滤、反冲、排泥、酸洗完全自动控制
- 保留了聚四氟膜高精度、耐强酸强碱、耐氧化和高温的特点
- 取代了沉降、超滤，维修简单，大大节省投资及占地
- 操作方便，无需特殊培训即可完成换膜、运行操作

地址：上海市松江区华磊路 108 弄 11 号　邮编：201612　电话：021-57685087　传真：021-57685085